I0073148

EBENE UND SPHÄRISCHE TRIGONOMETRIE

VON

HEINRICH DÖRRIE

VERLAG VON R. OLDENBOURG
MÜNCHEN 1950

Copyright 1950 by R. OLDENBOURG, München
Satz und Druck: „MUSTER-SCHMIDT" KG., Göttingen
Buchbinderarbeiten: R. OLDENBOURG, München

Vorwort.

Bei dem gewaltigen Umfang und der außerordentlichen Mannigfaltigkeit der mathematischen Lehrbuchliteratur Deutschlands erscheint es fast unbegreiflich, daß an deutschen Lehrbüchern der Trigonometrie auffälliger Mangel herrscht. Zur Ausfüllung dieser empfindlichen Lücke beizutragen, ist der Zweck des vorliegenden Buches.

Das Ziel, welches dem Verfasser bei seiner Arbeit vorschwebte, kann kurz wie folgt umrissen werden.

Unter Trigonometrie verstand man bekanntlich ursprünglich lediglich die Lehre von den Beziehungen zwischen den Winkeln und Seiten eines Dreiecks; dieser engen Auffassung gegenüber hat sich der Trigonometriebegriff heute wesentlich gewandelt: die Trigonometrie umfaßt jetzt alle mathematischen Untersuchungen über Winkel, gleichgültig, ob es sich um Dreiecks- oder andere Winkel handelt, umfaßt m. a. W. die Untersuchung der Eigenschaften der Kreisfunktionen Sinus und Cosinus. Da bei einer so allgemein gefaßten Begriffsbildung ein die gesamte Trigonometrie enthaltendes Lehrbuch zu unförmlicher Dicke anschwellen, vor allem aber auch mit entlegeneren Partien wie Fourierreihen und Integralen trigonometrischer Funktionen über Wunsch und Bedarf der meisten Leser weit hinausgehen würde, so war eine praktischen Erwägungen entsprechende Beschränkung des Problemkreises unerläßlich.

Demgemäß zerfällt das vorliegende Buch in zwei Hauptteile: Ebene und Sphärische Trigonometrie. Im ersten Teil werden die grundlegenden Eigenschaften der Kreisfunktionen, das Auftreten dieser Funktionen in der Geometrie sowie die Beziehungen der Kreisfunktionen zur Exponentialfunktion erörtert; der zweite Teil ist der Schilderung der wichtigsten Gesetze der Kugeldreiecke und ihrer Anwendungen gewidmet. Uber Einzelheiten in der Umfangsbemessung sagt ein Blick auf das Inhaltsverzeichnis alles Nähere. Was dabei die zum Verständnis der zahlreich vorkommenden Reihenentwicklungen notwendigen analytischen Vorkenntnisse anbetrifft, so wird dem Leser, dem diese Kenntnisse nicht geläufig sind, keineswegs zugemutet, sie sich unter Heranziehung anderer Bücher mehr oder weniger umständlich zu beschaffen: er findet diese Vorkenntnisse in hinreichender Ausführlichkeit und zugleich wünschenswerter Kürze bequem jeweils an Ort und Stelle vermittelt.

Der Verfasser hat sich ernstlich bemüht, den Stoff so einfach, abwechslungsreich und anregend wie möglich zu gestalten, sowie die Darstellung durch zahlreiche Anwendungen auf berühmte und wichtige Probleme der Geometrie, Feldmessung, Geodäsie, Nautik und Sphärischen Astronomie weitgehend zu beleben.

Er gibt sich der Hoffnung hin, gezeigt zu haben, daß Trigonometrie keine trockene Zusammenstellung von Formeln bedeutet, daß sie vielmehr einen Zweig der mathematischen Wissenschaft bildet, welcher an Fülle der Ideen, an Farbenpracht und aesthetischer Wirkung den reinen Geometrien in nichts nachsteht.

Hofstetten bei Ebern, im Juli 1949.

Heinrich Dörrie

Inhaltsverzeichnis.

I. Teil: Ebene Trigonometrie.

II. Teil: Sphärik.

Seite

2. Abschnitt: Anwendungen der sphärischen Trigonometrie auf Raumgebilde

3. Abschnitt: Sphärische Astronomie

Aufgaben.

Errata

Erläuterung: 37^4 bzw. 37_4 heißt Seite 37 Zeile 4 von oben bzw. unten.

Auf	falsch:	richtig:
89^1	$\frac{\sin\frac{x}{2}}{\sin\frac{x}{2}}$	$\frac{\sin\frac{x}{2}}{\sin\frac{x}{2n}}$
118^{16}	$4\nu+1$	$4\nu-1$
121^6	9793,	979323846 . . . ,
128^{12}	$x_{n-1}, x_n)$	, (x_{n-1}, x_n)
168^{14}	γ	λ
174^1 und 174^6	konzentralaren	kozentralen
231^{19}	$\lim\limits_{n\to\infty} t_n$	$\underline{\lim}_{n\to\infty} t_n$
249_9	$\mathfrak{R}^p$	$\mathfrak{R}_n^p$
254^6	$\frac{2n+1}{2n+2}\cdot\frac{2n+1}{2n+3}$	$\lim\frac{2n+1}{2n+2}\cdot\frac{2n+1}{2n+3}$
272_3	$-\pi<\tau\leqq+\pi$	$-\pi<2\tau\leqq+\pi$
471_9	$(2M+2\varepsilon\sin M)$	$\sin(2M+2\varepsilon\sin M)$
471_8	$\sin 2ME =$	$=$
471_5	$\sin 3E \sin 3M$	$\sin 3M$

Erster Teil

Ebene Trigonometrie

Erster Abschnitt

Die Hauptsätze der ebenen Trigonometrie

§ 1

Winkelmessung.

Die Mathematik benutzt zur Messung von Winkeln zwei Methoden, die wir die praktische Methode und die theoretische Methode nennen wollen, ohne damit zu behaupten, daß die theoretische Methode unpraktisch ist. Bei der praktischen Methode, man könnte sie auch in Ansehung ihres Alters die klassische Methode nennen, dient als Winkeleinheit der Grad (1^0). Der Grad ist der 360ste Teil des Vollwinkels oder der 180ste Teil eines gestreckten Winkels oder endlich der 90ste Teil des rechten Winkels.

Demnach umfaßt die Hälfte eines Rechtwinkels 45 Grad oder 45^0. Ein Kreissextant ist ein Kreissektor, dessen Zentriwinkel 60^0 mißt.

Für genauere Winkelmessungen benutzt man noch die abgeleiteten kleineren Winkeleinheiten 1 Minute $= 1'$ und 1 Sekunde

$= 1''$. Eine Minute ist der 60ste Teil eines Grades, eine Sekunde der 60ste Teil einer Minute, so daß

$$1^0 = 60', \qquad 1' = 60''$$

ist.

Ergibt sich die Notwendigkeit, die hier eingeführte Minute bzw. Sekunde von der Zeitminute (1^m) bzw. Zeitsekunde (1^s) zu unterscheiden, so sagt man ausführlich „Winkelminute" bzw. „Winkelsekunde" oder auch wohl „Bogenminute" bzw. „Bogensekunde". Schriftlich ist dieser Unterschied schon durch die Bezeichnungen kenntlich gemacht.

Bei Hinzunahme der abgeleiteten Einheiten $1'$ und $1''$ zur obigen Ausgangseinheit 1^0 können wir sagen:

Nach der praktischen Methode werden die Winkel in Grad, Minuten und Sekunden gemessen.

So ist z. B. der Zentriwinkel des regulären Siebzehnecks, der also $^1/_{17}$ des Vollwinkels ausmacht,

$$21^0\ 10'\ 35{,}3'',$$

wobei der Fehler noch nicht eine Hundertstel Sekunde beträgt.

Will man auf Minuten- und Sekundenangaben verzichten, so muß man natürlich zur dezimalen Schreibweise greifen. Der obige Winkel ist dann

$$21{,}17647^0$$

Da man bei Benutzung der dezimalen Schreibweise mit der einen Winkeleinheit „Grad" auskommt, so sagt man auch statt „Der Winkel W ist nach der praktischen Methode gemessen" „Der Winkel W ist im Gradmaß gemessen".

Bei der theoretischen Methode—so genannt, weil sie vorwiegend bei theoretischen Untersuchungen Anwendung findet—wird ein Winkel als von den Winkelschenkeln begrenzter Kreisbogen dargestellt, der um den Winkelscheitel als Zentrum mit möglichst einfachem Radius, d. h. mit dem Radius 1 beschrieben wird. Die Länge dieses Bogens ist das Maß oder die Größe des Winkels, und man sagt „der Winkel ist im Bogenmaß gemessen".

Man muß zugeben, daß **diese** Bestimmung des Winkels und seiner Größe die natürlichste Sache von der Welt ist, natürlicher jedenfalls als die Messung des Winkels im Gradmaß!

Bei dieser theoretischen oder Bogenmaßmethode dient als Winkeleinheit gewissermaßen die Längeneinheit selbst, genauer genommen der Bogen e des Einheitskreises, dessen Länge gleich der Längeneinheit ist. Wir nennen diesen als Winkeleinheit dienenden Bogen in Ermangelung eines besseren Ausdrucks ein *twe* (Anfangsbuchstaben der drei Wörter „theoretische, Winkel, Einheit"). [Engländer und Franzosen nennen den Bogen e ein „radian".] Das *twe* umfaßt im Gradmaß ν^0, wo sich die Zahl ν aus der Proportion

$$e : 2\pi = \nu : 360$$

bestimmt. Das gibt

$$\boxed{\nu = \frac{180}{\pi} = 57{,}29577951\ \ldots} \ .$$

Für die Umwandlung aus Gradmaß in Bogenmaß und umgekehrt haben wir also die

Umwandlungsvorschrift

$$\boxed{1\,twe = \nu^0} \qquad \nu = \frac{180}{\pi} = 57{,}29577951.$$

Um einen Winkel von α^0 in Bogenmaß: a *twe* zu verwandeln haben wir $a\ twe = a\,\nu^0 = \alpha^0$, also $a = \alpha : \nu$ oder

$$\underset{\textit{im Bogenmaß}}{a} \qquad \boxed{a = \frac{\pi}{180}\alpha} \ . \qquad \underset{\textit{im Gradmaß}}{\alpha}$$

Die hier auftretende einfache Linearfunktion $\frac{\pi}{180}\alpha$ von α heißt der **Arcus von** α und wird abgekürzt arc α geschrieben:

$$\boxed{\operatorname{arc} \alpha = \frac{\pi}{180}\alpha} \ ,$$

wobei α **in Grad** gemessen zu denken ist.

Für die Umwandlung eines Winkels von α Grad in Bogenmaß: a *twe* dient sonach die leicht zu merkende

Umwandlungsformel

$$\boxed{a = \operatorname{arc} \alpha}\ .$$

Natürlich gibt es auch arc 1′; das ist

$$\operatorname{arc} 1' = \operatorname{arc} \frac{1^0}{60} = \frac{\pi}{10\,800}.$$

Ebenso ist

$$\operatorname{arc} 1'' = \frac{\pi}{648\,000}.$$

Ferner

$$\operatorname{arc} \beta' = \frac{\pi}{10\,800}\,\beta, \qquad \operatorname{arc} \gamma'' = \frac{\pi}{648\,000}\,\gamma$$

und allgemein

$$\operatorname{arc} \alpha^0 \beta' \gamma'' = \frac{\pi}{180}\alpha + \frac{\pi}{10\,800}\beta + \frac{\pi}{648\,000}\gamma.$$

Die rechte Seite der letzten Gleichung stellt den Winkel $\alpha^0\ \beta'\ \gamma''$ im Bogenmaß, d. h. in *twe* dar.

Zusatz 1. Oben wurde gezeigt, daß die theoretische Winkel-Einheit (das *twe*) $57{,}2957\underline{8}^0$ umfaßt. Wir geben noch an

$1\ twe = 3437{,}74\underline{7}'$, $\qquad 1\ twe = 20626\underline{5}''\ (206264{,}8'')$.

Zusatz 2. Es ist erwünscht, bei einem Bogen A (A Längeneinheiten) eines Kreises vom Radius r sofort angeben zu können, wieviel theoretische oder praktische Winkeleinheiten der Bogen umfaßt.

Um diese Frage zu beantworten, zeichnen wir den konzentrischen Einheitskreisbogen a, dessen Endpunkte auf den Verbindungslinien des Kreiszentrums mit den Endpunkten des Bogens A liegen. Der durch den Bogen A bestimmte Winkel umfaßt a *twe*, und es gilt die Proportion $A : a = r : 1$. Folglich:

Der Bogen A eines Kreises von Radius r bestimmt den Winkel $\frac{A}{r}$ *twe*. Das sind $\nu\, A : r$ Grad $= \frac{180\,A}{\pi r}$ Grad.

§ 2

Definition der Kreisfunktionen.

Wir denken uns einen Kreis $\mathfrak{C}$ vom Zentrum O und Radius 1, den sog. Einheitskreis. Die Lage eines Punktes P auf $\mathfrak{C}$ fixieren wir durch seine Abstände von zwei festen zueinander rechtwinkligen durch O laufenden Achsen, der waagrechten x-Achse oder Abszissenachse und der lotrechten y-Achse oder Ordinatenachse. Jede dieser Achsen denken wir uns aus zwei „Hälften“ bestehend, die x-Achse aus der von O nach rechts laufenden „positiven“ Hälfte und der von O nach links laufenden „negativen“ Hälfte, ebenso die y-Achse, aus der von O nach oben laufenden positiven Hälfte und der von O nach unten laufenden negativen Hälfte. Auch eine solche Hälfte wird häufig Achse genannt, die erst genannte z. B. die „positive x-Achse“, die letzt genannte die „negative y-Achse“. Abszissenachse und Ordinatenachse werden mit dem gemeinsamen Namen „Koordinatenachsen“ bezeichnet. Der Schnittpunkt O der Koordinatenachsen heißt Koordinatenursprung oder kurz Ursprung (wohl auch Nullpunkt).

Allgemein wird die Lage eines beliebigen Punktes Z durch seine sog. Koordinaten, nämlich seine Abszisse x und seine Ordinate y fixiert. Unter der Abszisse x des Punktes Z versteht man den Abstand dieses Punktes von der Ordinatenachse, wobei dieser Abstand positiv oder negativ gerechnet wird, je nachdem er von der y-Achse aus nach rechts oder links läuft. Unter der Ordinate y des Punktes Z versteht man den Abstand des Punktes Z von der Abszissenachse, wobei dieser Abstand positiv oder negativ genommen wird, je nachdem man, um von der x-Achse nach Z zu kommen, nach oben oder unten gehen muß.

Vielfach erklärt man auch in umgekehrter Reihenfolge; erst die Ordinate wie oben und dann die Abszisse wie folgt: Unter der Abszisse des Punktes Z versteht man den — auf der Abszissenachse liegenden — Abstand des Ordinatenfußpunktes vom Koordinatenursprung O. (Ordinatenfußpunkt ist natürlich der Fußpunkt des von Z auf die Abszissenachse gefällten Lots.) Dabei wird dieser Abstand positiv oder negativ gerechnet, je nachdem er auf der positiven oder negativen Abszissenachse liegt.

Die Abstände des Punktes Z von den beiden Achsen werden mit Vorzeichen behaftet, damit die Lage von Z durch die beiden Koordinaten x und y eindeutig bestimmt ist, damit man m. a. W. sofort weiß, in welchem Quadranten der Ebene der Punkt Z liegt. Unter einem Quadranten versteht man dabei den Raum des Rechtwinkels, der von einer x-Achsenhälfte und einer y-Achsenhälfte gebildet wird. Es gibt also im ganzen vier Quadranten: der erste Quadrant ist der Rechtwinkelraum, der von der positiven x-Achse und positiven y-Achse begrenzt wird, der zweite Quadrant ist der von der positiven y-Achse und negativen x-Achse eingeschlossene Rechtwinkelraum, der dritte Quadrant ist der Rechtwinkelraum, der von der negativen x-Achse und der negativen y-Achse gebildet wird, und der vierte Quadrant endlich ist der von der negativen y-Achse und positiven x-Achse eingeschlossene Rechtwinkelraum.

So wird also auch die Lage eines beliebigen Punktes P des Einheitskreises durch seine Abszisse und Ordinate bestimmt.

Unsere Aufmerksamkeit gilt im folgenden insbesondere Winkeln. Dabei wird ein Winkel durch einen Bogen des Einheitskreises $\mathfrak{E}$ festgelegt. Wir wählen auf $\mathfrak{E}$ einen festen Anfangspunkt A, einen sog. Nullpunkt für Winkelabmessungen, als welchen wir den Schnittpunkt des Einheitskreises mit der positiven Abszissenachse nehmen. Darauf tragen wir den Winkel, auf den wir unsere Aufmerksamkeit lenken wollen, als Bogen des Einheitskreises von A aus „im positiven Sinne", d. h. im entgegengesetzten Sinne des Uhrzeigers (also links herum) auf $\mathfrak{E}$ ab, wodurch etwa der Bogen $A\dot{P} = w$ in Anspruch genommen wird. Wir sprechen dann von dem Winkel w mit dem Endpunkte P (und dem ein für alle Mal fixierten Anfangspunkte A).

Nun zur Definition der Kreisfunktionen sin w und cos w! Unter dem Sinus des Winkels w, abgekürzt geschrieben: sin w, gesprochen: *Sinus w*, versteht man die Ordinate des Winkelendpunkts.

Unter dem Cosinus des Winkels w, abgekürzt geschrieben: *cos w*, gesprochen: *Cosinus w*, versteht man die Abszisse des Winkelendpunkts.

In der Figur sind der Winkel w und sein Sinus v sowie sein Cosinus u dargestellt ($u = OF$, $v = FP$, $PF \perp OA$).

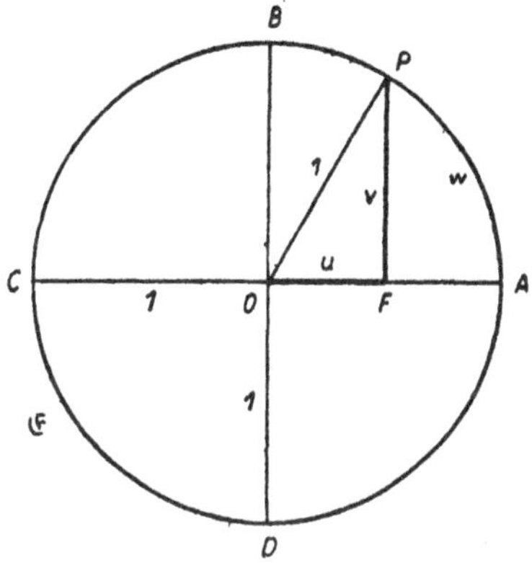

Anmerkung.

Für spitze Winkel w läßt sich eine Definition des Sinus und Cosinus geben, die den Vorteil bietet, auf den Einheitskreis nicht Bezug nehmen zu müssen. Man braucht zu dem Zwecke nur das Rechtwinkeldreieck OFP aus dem Zusammenhange mit unserer Figur zu lösen und erhält dann folgende einfache Definition:

Man denke sich ein Rechtwinkeldreieck mit der Hypotenuse 1 und dem spitzen Winkel w;
dann ist $\sin w$ die Gegenkathete, $\cos w$ die Ankathete des Winkels w.

Nach dieser für die trigonometrische Praxis wichtigen Bemerkung kehren wir zu unserer Figur zurück.

Die beiden Größen

$$v = \sin w \qquad \text{und} \qquad u = \cos w$$

nennt man, weil sie mittels des Kreises 𝔈 erklärt werden,

Kreisfunktionen.

Der veränderlich zu denkende Winkel w ist die unabhängige Variable, kürzer das Argument; u und v sind zwei Funktionen des Arguments w.

Es muß gleich darauf aufmerksam gemacht werden, daß u und v nicht unabhängig von einander sind; vielmehr besteht zwischen ihnen die pythagoreische Relation

$$u^2 + v^2 = 1,$$

ausführlich geschrieben:

$$(\sin w)^2+(\cos w)^2=1,$$

kürzer geschrieben:

$$\boxed{\sin^2 w+\cos^2 w=1}\,.$$

Diese pythagoreische Relation folgt sofort aus dem Anblick des rechtwinkligen Dreiecks *OPF*.

Definition der Kreisfunktionen Tangens und Cotangens, Secans und Cosecans.

Außer den beiden Funktionen Sinus und Cosinus gibt es noch einige andere häufig vorkommende Kreisfunktionen. Es sind dies die Funktionen Tangens und Cotangens, Secans und Cosecans.

Nennen wir den Winkel (das Argument), von dem diese Funktionen abhängen, wieder w, so schreiben wir diese Funktionen kurz

$$\operatorname{tg} w, \qquad \cot w, \qquad \sec w, \qquad \csc w,$$

wobei zu erwähnen ist, daß manche Autoren auch die Schreibweisen $\tan w$ (statt $\operatorname{tg} w$), $\operatorname{ctg} w$ (statt $\cot w$), $\operatorname{cosec} w$ (statt $\csc w$) verwenden. Diese Funktionen werden folgendermaßen definiert:

$$\boxed{\operatorname{tg} w=\frac{\sin w}{\cos w}, \qquad \cot w=\frac{\cos w}{\sin w},}$$

$$\boxed{\sec w=\frac{1}{\cos w}, \qquad \csc w=\frac{1}{\sin w}.}$$

Tangens und Cotangens sind also reziproke Werte. Formelmäßig:

$$\boxed{\operatorname{tg} w \cdot \cot w=1}\,.$$

Auch Secans und Cosinus sind reziproke Werte, was ja schon in der Definition des Secans niedergelegt ist.

Eine ähnliche Relation wie zwischen Sinus und Cosinus besteht zwischen Secans und Tangens.

Sie lautet

$$(\sec w)^2 - (\operatorname{tg} w)^2 = 1$$

oder, wie man gewöhnlich schreibt,

$$\boxed{\sec^2 w - \operatorname{tg}^2 w = 1}\,.$$

Der Beweis ist überaus einfach.

Wir haben

$$\sec^2 w - \operatorname{tg}^2 w = \frac{1}{\cos^2 w} - \frac{\sin^2 w}{\cos^2 w} = \frac{1-\sin^2 w}{\cos^2 w}.$$

Da aber, der pythagoreischen Relation $\sin^2 w + \cos^2 w = 1$ gemäß, $1 - \sin^2 w = \cos^2 w$ ist, so hat die rechte Seite unserer Gleichung den Wert 1, w. z. b. w.

Zusatz 1.

Bei den obigen Erklärungen haben wir den Winkel w zunächst im Bogenmaß ausgedrückt. Aber auch wenn er als Winkel α im Gradmaß ausgedrückt erscheint, so daß

$$w = \operatorname{arc} \alpha$$

ist, spricht man vom Sinus, Cosinus, Tangens, Secans etc. des Winkels α und versteht darunter den Sinus, Cosinus, Tangens, Secans etc. von w, in Zeichen: $\sin \alpha = \sin w$, $\cos \alpha = \cos w$, $\operatorname{tg} \alpha = \operatorname{tg} w$, $\sec \alpha = \sec w$ etc. So ist z. B.

$$\sin 1^0 = \sin \frac{\pi}{180}, \quad \sin 30^0 = \sin \frac{\pi}{6}, \qquad \sin 180^0 = \sin \pi \qquad \text{u.s.w.}$$

Zusatz 2.

Die Funktion Cosinus heißt die Cofunktion der Funktion Sinus. Umgekehrt heißt die Sinusfunktion die Cofunktion der Cosinusfunktion.

Ebenso heißt die Cotangensfunktion die Cofunktion der Tangensfunktion und diese wieder die Cofunktion der Cotangensfunktion. Ähnlich bei Secans und Cosecans.

§ 3
Verlauf der Kreisfunktionen.

Wir wollen uns jetzt eine erste Vorstellung über den Verlauf der Funktionen

$$v = \sin w \qquad \text{und} \qquad u = \cos w$$

verschaffen. Dazu nehmen wir wieder den Einheitskreis $\mathfrak{E}$ zu Hilfe. Wir zerlegen $\mathfrak{E}$ durch seine Schnittpunkte A, B, C, D mit der positiven Abszissenachse, positiven Ordinatenachse, negativen Abszissenachse, negativen Ordinatenachse in die vier Quadranten I, II, III, und IV. Der Winkel w werde wieder von A aus im positiven Sinne als Bogen AP auf $\mathfrak{E}$ abgetragen. Dann ist die Ordinate v des Winkelendpunkts P der Sinus, die Abszisse u von P der Cosinus des Winkels w:

$$v = \sin w, \qquad u = \cos w.$$

Bislang haben wir uns den Punkt P als einen zwar beliebig auf $\mathfrak{E}$ ausgewählten, aber fest gehaltenen Punkt vorgestellt. Jetzt jedoch denken wir uns P beweglich und sprechen dann vom Mobil P. Das Mobil P (der Winkelendpunkt P) durchlaufe, in A beginnend, im positiven Sinne den Einheitskreis; was tun sein Sinus v und sein Cosinus u?

Die Frage ist leicht zu beantworten.

I.

Während das Mobil P den ersten Quadrant durchwandert, steigt der Sinus von seinem Anfangswerte $\sin 0 = 0$ ständig an, um bei $w = \frac{\pi}{2}$ seinen höchstmöglichen Wert $\sin \frac{\pi}{2} = \sin 90^0 = 1$ zu erreichen; während der Cosinus von seinem Anfangswerte $\cos 0 = 1$ aus ständig fällt, um bei $w = \frac{\pi}{2}$ den Wert $\cos \frac{\pi}{2} = \cos 90^0 = 0$ zu erreichen.

Für $w = \frac{\pi}{4} = \text{arc } 45^0$ sind u und v einander gleich, und wegen $u^2 + v^2 = 1$ ist $u = v = 1 : \sqrt{2}$ also,

$$\sin \frac{\pi}{4} = \sin 45^0 = \frac{1}{2}\sqrt{2}, \qquad \cos \frac{\pi}{4} = \cos 45^0 = \frac{1}{2}\sqrt{2}.$$

Für $w = \frac{\pi}{3}$ (60^0) liegt P genau lotrecht über der Mitte von OA, ist mithin $u = \frac{1}{2}$ und wegen $u^2 + v^2 = 1$, $v = \frac{1}{2}\sqrt{3}$ oder

$$\sin\frac{\pi}{3} = \sin 60^0 = \frac{1}{2}\sqrt{3}, \qquad \cos\frac{\pi}{3} = \cos 60^0 = \frac{1}{2}.$$

Man präge sich fest ein:

Bei wachsendem spitzen Winkel steigt der Sinus während der Cosinus fällt.

II.

Wenn das Mobil P den zweiten Quadrant durchwandert, durchläuft der Sinus dieselben Werte wie vorher, nur in umgekehrter Reihenfolge: er sinkt von $\sin\frac{\pi}{2} = \sin 90^0 = 1$ über $\sin\frac{2\pi}{3} = \sin 120^0 = \frac{1}{2}\sqrt{3}$ und $\sin\frac{3\pi}{4} = \sin 135^0 = \frac{1}{2}\sqrt{2}$ auf $\sin\pi = \sin 180^0 = 0$ herab. Der Cosinus dagegen setzt seine im ersten Quadrant vollzogene Abnahme von 1 auf 0 weiter fort, fällt nämlich von $\cos\frac{\pi}{2} = \cos 90^0 = 0$, negativ werdend, über $\cos\frac{2\pi}{3} = \cos 120^0 = -\frac{1}{2}$ und $\cos\frac{3\pi}{4} = \cos 135^0 = -\frac{1}{2}\sqrt{2}$ bis auf seinen kleinstmöglichen Wert

$$\cos\pi = \cos 180^0 = -1 \text{ herab.}$$

Man merke sich:

Bei wachsendem stumpfem Winkel fallen Sinus und Cosinus alle beide.

Bei wachsendem konkavem Winkel fällt der Cosinus ununterbrochen (von $+1$ auf -1).

III.

Im dritten Quadrant setzt der Sinus, mit $\sin\pi = 0$ beginnend sein Fallen fort: er sinkt, negativ werdend, von 0 bis auf seinen kleinsten Wert $\sin 3\frac{\pi}{2} = \sin 270^0 = -1$ herab. Der

Cosinus dagegen wächst wieder ständig von $\cos \pi = -1$ bis auf $\cos 3 \frac{\pi}{2} = 0$.

IV.

Im vierten Quadrant endlich steigt der Sinus, mit $\sin 270^0 = -1$ beginnend, wieder bis zu seinem Ausgangswerte 0 an: $\sin 2\pi = \sin 360^0 = 0$. Auch der Cosinus wächst ununterbrochen: er steigt von $\cos 270^0 = 0$ bis $\cos 360^0 = 1$, welcher Schlußwert wieder mit dem Ausgangswerte $\cos 0 = 1$ zusammenfällt.

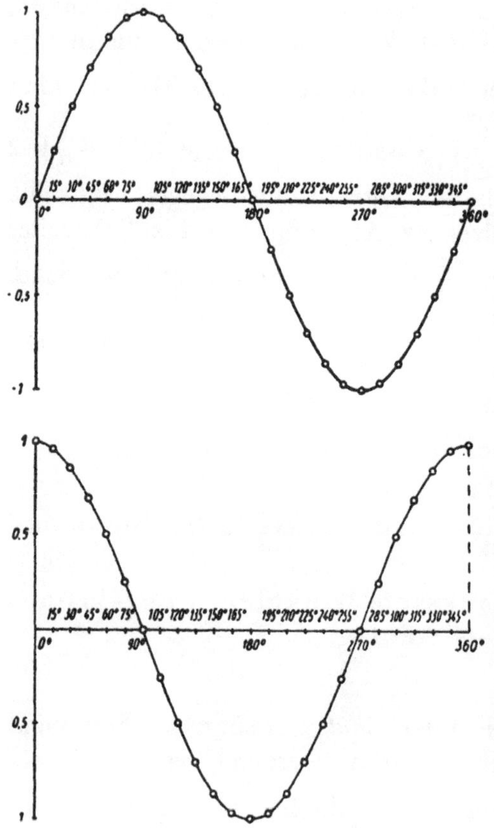

Das beschriebene Wachsen und Fallen der beiden Kreisfunktionen wird zweckmäßig in zwei Schaukurven, der Sinuslinie und der Cosinuslinie, zur zeichnerischen Darstellung gebracht. Nebenstehende Figur veranschaulicht diese Linien. Wie die Überlegung an Hand des Einheitskreises 𝔈 erkennen läßt, besteht sowohl die Sinuskurve als auch die Cosinuskurve aus vier stetig aufeinander folgenden kongruenten Bogen, die man ihrer Herkunft gemäß als Quadranten der Schaukurven bezeichnen kann.

Sowohl die Sinuslinie als auch die Cosinuslinie wendet der $\mathfrak{w}$-Achse ihre hohle Seite zu.

In der Tat; betrachten wir z. B. $\sin \mathfrak{w}$ im ersten Quadrant des Einheitskreises an drei in gleichen Winkelabständen aufeinander folgenden Stellen

$$\mathfrak{w} = \alpha - \delta, \qquad \mathfrak{w} = \alpha, \qquad \mathfrak{w} = \alpha + \delta!$$

Die zugehörigen Sinus seien

$$a, \qquad b, \qquad c.$$

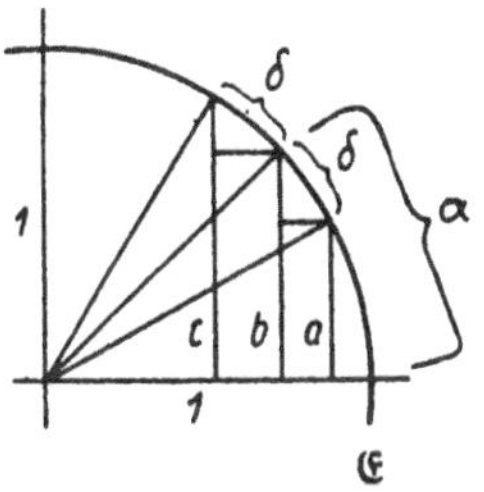

Wie die Figur zeigt, ist der Zuwachs $b - a$, den der Sinus in der ersten Hälfte des Intervalls $(\alpha - \delta, \alpha + \delta)$ erfährt, größer als der Zuwachs $c - b$, den er in der zweiten Intervallhälfte erfährt. Das bedeutet aber für die graphische Darstellung, daß die Sinuskurve im Intervall $(\alpha - \delta, \alpha + \delta)$ gegen die $\mathfrak{w}$-Achse hohl ist.

Für die Cosinuslinie ist die Überlegung ganz ähnlich.

Verlauf der Tangensfunktion.

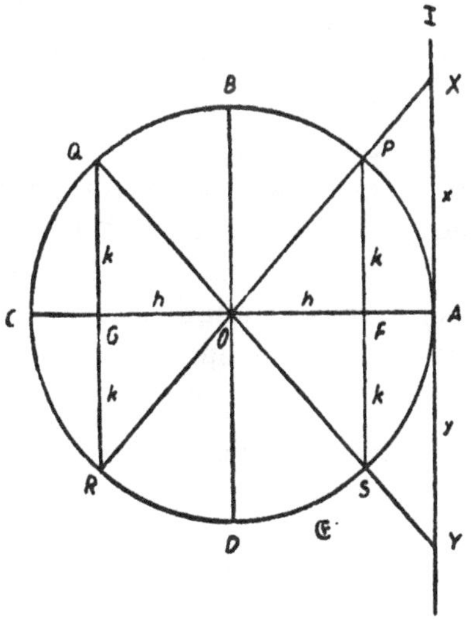

Den Verlauf der Funktion $t = \operatorname{tg} \mathfrak{w}$ im Intervall $\mathfrak{w} = 0$ bis $\mathfrak{w} = 2\pi$ erschließen wir am bequemsten aus einem Diagramm.

Auf dem Einheitskreise $\mathfrak{E}$ vom Zentrum O tragen wir die vier Winkel oder Bogen $AP = \mathfrak{w}$, $ABQ = \pi - \mathfrak{w}$, $ABCR = \pi + \mathfrak{w}$, $ABCDS = 2\pi - \mathfrak{w}$ ab Dann ist das Viereck $PQRS$ ein Rechteck, dessen Diagonalen PR und QS Durchmesser von $\mathfrak{E}$ sind. Sind noch F und G die Schnittpunkte von PS und QR mit dem waagrechten Durchmesser AC, so haben die beiden Strecken OF und OG dieselbe Länge h, ferner die vier Strecken FP, GQ, GR und FS dieselbe Länge k.

Wir legen in A die (lotrechte) Tangente $\mathfrak{T}$ an $\mathfrak{E}$ und nennen ihre Schnittpunkte mit den Verlängerungen der Durchmesser RP und QS X und Y und die Strecken AX und AY x und y. Es ist dann $y=x$. Nun bestimmen wir sukzessiv

$$\operatorname{tg} w, \qquad \operatorname{tg}(\pi - w), \qquad \operatorname{tg}(\pi + w), \qquad \operatorname{tg}(2\pi - w):$$

$$\operatorname{tg} w = \frac{\sin w}{\cos w} = \frac{k}{h}, \ \operatorname{tg}(\pi - w) = \frac{\sin(\pi - w)}{\cos(\pi - w)} = \frac{k}{-h} = -\frac{k}{h},$$

$$\operatorname{tg}(\pi + w) = \frac{\sin(\pi + w)}{\cos(\pi + w)} = \frac{-k}{-h} = \frac{k}{h},$$

$$\operatorname{tg}(2\pi - w) = \frac{\sin(2\pi - w)}{\cos(2\pi - w)} = \frac{-k}{h} = -\frac{k}{h}.$$

Nach dem Strahlensatze ist aber

$$\frac{FP}{OF} = \frac{AX}{OA} \qquad \text{oder} \qquad \frac{k}{h} = \frac{x}{1} = x = y.$$

Folglich wird

$$\operatorname{tg} w = x, \ \operatorname{tg}(\pi - w) = -y, \ \operatorname{tg}(\pi + w) = +x, \ \operatorname{tg}(2\pi - w) = -y.$$

Dieses Gleichungsquadrupel sagt aus:

Durchläuft ein Mobil P, in A beginnend, im positiven Sinne den Kreis $\mathfrak{E}$, wobei der Bogenabstand des Mobils von A jeweils den variablen von 0 bis 2π wachsenden Winkel w bedeutet, so stellt der jeweilige Abstand des Schnittpunkts der Graden OP mit der Tangente $\mathfrak{T}$ von A den Tangens des Winkels w dar und zwar mit positivem oder negativem Vorzeichen, je nachdem dieser Schnittpunkt oberhalb oder unterhalb des waagrechten Durchmessers AC liegt.

Dieser einfache Sachverhalt liefert folgendes

Ergebnis:

Durchläuft der Winkel w den ersten Quadrant, so wächst der Tangens vom Anfangswerte Null stetig und ununterbrochen ins positiv Unendliche. In dem Augenblicke, wo w den Wert $x = \frac{\pi}{2}$ überschreitet, springt der Tangens von $+\infty$ auf $-\infty$, um dann wieder, während der Winkel den zweiten Quadrant durchwandert, stetig und ununterbrochen steigend, die Reihe der negativen Zahlen bis zum Endwerte 0 zu durchlaufen. Dabei ist zu beachten, daß zu supplementären Winkelwerten entgegengesetzte Tangenswerte gehören.

Beim Übergang aus dem zweiten in den dritten Quadrant wird der Tangens wieder positiv, um dann während der Wanderung des Winkels durch den dritten und vierten Quadranten dieselben Werte in derselben Reihenfolge wie im ersten und zweiten Quadrant zu durchlaufen.

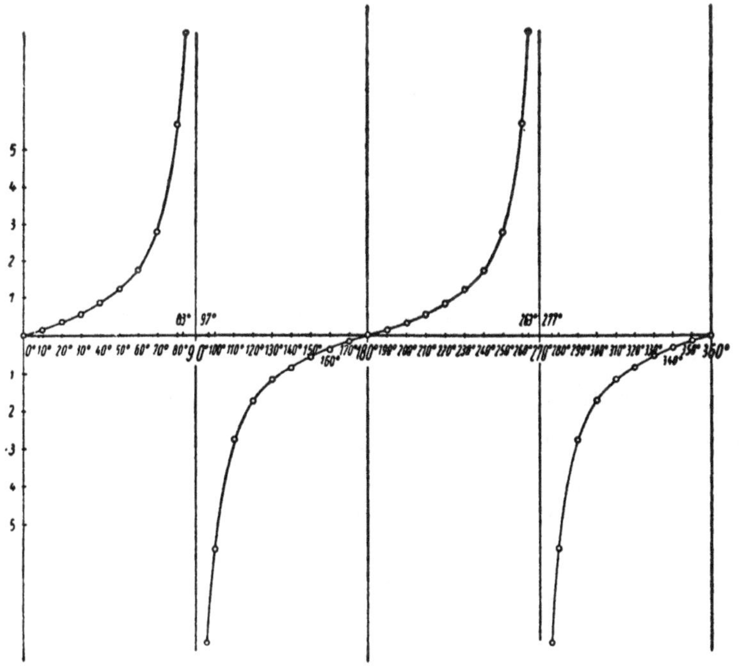

Obenstehende graphische Darstellung zeigt den Verlauf der Tangenskurve.

Was den Verlauf der Cotangens-, Secans- und Cosecansfunktion anbetrifft, so wird es dem Leser keine Schwierigkeit mehr bereiten, ihn zu schildern und die Schaukurven dieser drei Funktionen zu zeichnen.

§ 4
Periodizität der Kreisfunktionen.

Man kann den Winkel w, d. h. den Bogen AP des Einheitskreises $\mathfrak{E}$ auch als den Weg auffassen, den das Mobil zurücklegt, um aus seiner Anfangslage A in die Lage P zu kommen. Diese Auffassung ermöglicht es, den Winkelbegriff auch auf Winkel auszudehnen, die größer als 360^0 und kleiner als 0^0, d. h. negativ sind. Man definiert:

Welchen Wert auch die reelle Zahl w hat, der Winkel w ist der Weg w, den ein auf dem Einheitskreise wanderndes Mobil beschreibt.

Als Anfangspunkt dieser Wanderung dient, wenn nichts anderes vereinbart wird, der Punkt A.

Wenn das Mobil z. B. den Einheitskreis zweimal im positiven Sinne durchläuft, beschreibt es den Winkel 4π oder 720^0; wenn es den Einheitskreis durchläuft und noch 30^0 weiterläuft, beschreibt es den Winkel 390^0 oder $2\frac{1}{6}\pi$.

Wenn das Mobil (in A beginnend) im negativen Sinne, d. h, im Uhrzeigersinne wandert, beschreibt es „negative Winkel", z. B. den Winkel $-\frac{\pi}{2}$ oder -90^0, wenn es von A aus im Uhrzeigersinn den vierten Quadrant durchwandert.

Daß ein so beschriebener Winkel negativ genannt und negativ in Rechnung gestellt werden muß, zeigt auch folgende Überlegung.

Wenn das Mobil im positiven Sinne zuerst den Bogen $AH = a$, dann den Bogen $HK = b$ durchläuft, ist der beschriebene Winkel $AOK = a + b$. Wenn es dagegen zuerst im positiven Sinne den Bogen $AH = a$, dann im Uhrzeigersinne den Bogen $HL = b$ durchläuft, ist der beschriebene Winkel $AOL = a - b$, woraus zu ersehen ist, daß im Uhrzeigersinn beschriebene Bogen als negativ in Rechnung zu stellen sind.

Unsere Überlegungen liefern — wie man sich am Einheitskreise leicht klar machen kann — folgende wichtige Eigenschaften der Kreisfunktionen:

I

Für jeden Winkel w ist

$$\boxed{\sin(w+2\pi)=\sin w}, \qquad \boxed{\cos(w+2\pi)=\cos w}$$

oder, wenn der Winkel im Gradmaß ausgedrückt ist: α Grad, so daß $w = \operatorname{arc}\alpha$,

$$\boxed{\sin(\alpha+360^0)=\sin\alpha}, \qquad \boxed{\cos(\alpha+360^0)=\cos\alpha}.$$

II

Für jeden negativen Winkel $-p$ ist

$$\boxed{\sin(-p)=-\sin p}, \qquad \boxed{\cos(-p)=\cos p},$$

wobei p sowohl im Bogenmaß als auch im Gradmaß ausgedrückt sein kann.

Die erste dieser Eigenschaften heißt in Worten:

Periodizitätssatz:

Die Kreisfunktionen Sinus und Cosinus sind periodisch. Ihre Periode hat den Wert 2π (bzw. 360^0).

Erläuterung. Eine Funktion $\mathfrak{f}(x)$ des Arguments x heißt periodisch mit der Periode P, wenn sie bei Vermehrung des Arguments um P unverändert bleibt, wenn also

$$\mathfrak{f}(x+P) = \mathfrak{f}(x)$$

ist. Bei einer solchen Funktion kann man das Argument um ein beliebiges Multiplum der Periode vermehren oder vermindern, ohne eine Änderung der Funktion zu bewirken. So ist z. B. nach der obigen Periodizitätseigenschaft

$\mathfrak{f}(x+3P) = \mathfrak{f}([x+2P]+P) = \mathfrak{f}(x+2P) = \mathfrak{f}([x+P]+P) = \mathfrak{f}(x+P) = \mathfrak{f}(x)$ oder $\mathfrak{f}(x-P) = \mathfrak{f}([x-P]+P) = \mathfrak{f}(x)$ u. s. w.

Wir prägen uns ein:

Sinusfunktion wie auch Cosinusfunktion bleiben unverändert, wenn man den Winkel um ein beliebiges ganzzahliges Vielfaches von 2π (bzw. 360^0) vermehrt oder vermindert.

Die Periodizitätseigenschaft der Kreisfunktionen ist eine ihrer wichtigsten Eigenschaften.

Die obige Definition einer „periodischen Funktion $f(x)$ mit der Periode P" muß noch etwas genauer formuliert werden: $f(x)$ heißt eine periodische Funktion mit der Periode P, wenn für jedes x

$$f(x+P) = f(x)$$

ist und keine betraglich unterhalb P liegende Zahl p existiert, für welche gleichfalls bei jedem x

$$f(x+p) = f(x)$$

ist.

Erst bei dieser genaueren Definition der periodischen Funktion gewinnt der obige Satz „Die Funktionen $\sin x$ und $\cos x$ sind periodisch mit der Periode 2π" seine volle Bedeutung. Es gibt eben keine kleinere Positivzahl τ als 2π, für welche bei jedem x

$$\sin(x+\tau) = \sin x \quad \text{oder} \quad \cos(x+\tau) = \cos x$$

ist. Von allen Zahlen λ, die bei jedem x die Gleichung

$$\sin(x+\lambda) = \sin x \quad \text{oder} \quad \cos(x+\lambda) = \cos x$$

erfüllen, ist $\lambda = 2\pi$ die kleinste!

Die oben angegebene Eigenschaft II drückt man in Worten folgendermaßen aus:

Paritätssatz der Kreisfunktionen:

Die Sinusfunktion ist eine ungrade, die Cosinusfunktion eine grade Funktion des Arguments.

Erläuterung. Eine Funktion $f(x)$ des Arguments x heißt grade, wenn $f(-x) = f(x)$ ist; sie heißt ungerade, wenn $f(-x) = -f(x)$ ist. Beispielsweise ist $f(x) = x^2$ eine grade,

$f(x) = x^5$ eine ungrade Funktion, während die Funktion $f(x) = 2^x$ weder grade noch ungrade ist.

Der Paritätssatz gibt sofort Aufschluß über die Änderung der Funktionen Sinus und Cosinus bei

Umwandlung des Arguments in sein Implement:

Verwandelt man bei Sinus und Cosinus das Argument in sein Implement, so bleibt der Cosinus unverändert, während der Sinus in seinen entgegengesetzten Wert übergeht.

In Zeichen:

$$\boxed{\cos(2\pi - w) = \cos w}, \quad \boxed{\sin(2\pi - w) = -\sin w}$$

bzw. $$\boxed{\cos(360^0 - \alpha) = \cos\alpha}, \quad \boxed{\sin(360^0 - \alpha) = -\sin\alpha}$$

Beweis. Nach dem Periodizitätssatz ist

$$\sin(2\pi - w) = \sin(-w)$$

und nach dem Paritätssatz weiter

$$\sin(-w) = -\sin w.$$

Ebenso ist

$$\cos(2\pi - w) = \cos(-w) = \cos w.$$

Argumentänderung um eine Halbperiode und um eine Viertelperiode.

Da 2π (bzw. 360^0) die Periode der Sinus- und Cosinusfunktion ist, gibt es keine unterhalb 2π liegende Zahl τ, für die bei jedem w

$$\sin(w + \tau) = \sin w \text{ oder } \cos(w + \tau) = \cos w$$

ist. Gleichwohl zeigen die Funktionen Sinus und Cosinus bei Abänderung des Arguments um π (bzw. 180^0) und $\varkappa = \pi : 2$ (bzw. 90^0) noch ein sehr einfaches Verhalten, welches wir uns an unserer Einheitskreisfigur leicht zurechtlegen können.

Ia. Winkeländerung um π bzw. 180^0.

Vermehrt oder vermindert man bei einer der beiden Kreisfunktionen Sinus und Cosinus das Argument (den Winkel) um π bzw. 180^0, so nimmt die Funktion ihren entgegengesetzten Wert an.

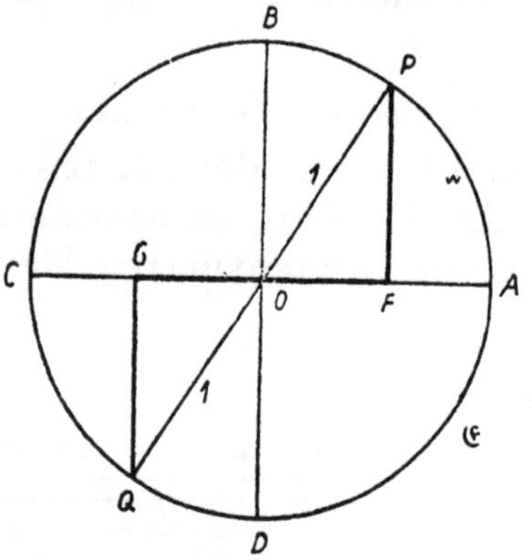

In Zeichen:

$$\boxed{\sin(w \pm \pi) = -\sin w}\,, \quad \boxed{\cos(w \pm \pi) = -\cos w}$$

bzw.

$$\boxed{\sin(\alpha \pm 180^0) = -\sin\alpha}\,, \quad \boxed{\cos(\alpha \pm 180^0) = -\cos\alpha}$$

Beweis. In nebenstehender Figur sei Bogen $AP = w$, PQ ein Durchmesser des Einheitskreises $\mathfrak{E}$, also Bogen $APBCQ = \pi + w$, PF das von P, GQ das von Q auf AC gefällte Lot.

Dann ist

$$\sin w = FP, \qquad \sin(w + \pi) = -GQ,$$
$$\cos w = OF, \qquad \cos(w + \pi) = -OG.$$

Aus $GQ = FP$ und $OG = OF$ folgt

$$\sin(w + \pi) = -\sin w \qquad \text{und} \qquad \cos(w + \pi) = -\cos w$$

Für $\sin(w - \pi)$ und $\cos(w - \pi)$ verläuft der Beweis ganz ähnlich.

Ib. Winkeländerung um $\varkappa$ bzw. 90^0.

Vermehrt man bei Sinus und Cosinus das Argument um $\varkappa = \frac{\pi}{2}$ bzw. 90^0, so geht der Sinus in den Cosinus, der Cosinus in den entgegengesetzten Sinus über:

$$\boxed{\sin(w + \varkappa) = \cos w}\,, \quad \boxed{\cos(w + \varkappa) = -\sin w}$$

bzw.

$$\boxed{\sin(\alpha + 90^0) = \cos\alpha}\,, \quad \boxed{\cos(\alpha + 90^0) = -\sin\alpha}$$

Vermindert man dagegen das Argument um $\varkappa = \frac{\pi}{2}$ bzw. 90^0, so geht der Cosinus in den Sinus, der Sinus in den entgegengesetzten Cosinus über:

$$\boxed{\sin(w - \varkappa) = -\cos w}, \quad \boxed{\cos(w - \varkappa) = \sin w}$$

bz.w $\boxed{\sin(\alpha - 90^0) = -\cos\alpha}$, $\boxed{\cos(\alpha - 90^0) = \sin\alpha}$

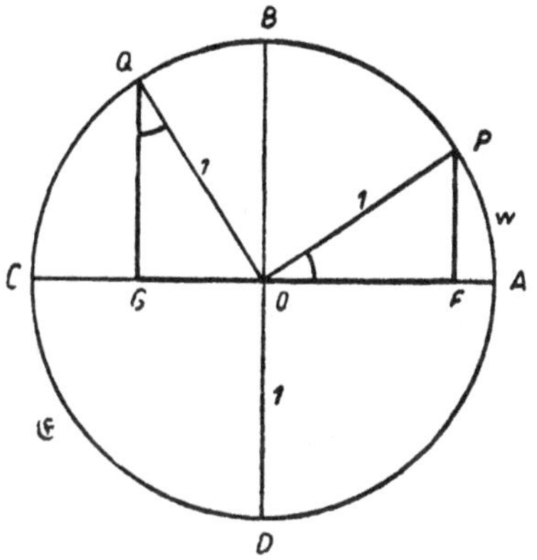

Beweis. In nebenstehender Figur sei Bogen $AP = w$, Bogen $PBQ = \varkappa = \frac{\pi}{2}$, also Bogen $APBQ = w + \varkappa$, PF das von P, QG das von Q auf AC gefällte Lot. Dann ist

$$\sin(w + \varkappa) = GQ,$$
$$\cos(w + \varkappa) = -OG,$$
$$\cos w = OF, \qquad \sin w = FP.$$

Da aber die Rechtwinkeldreiecke OGQ und OFP kongruent sind, ist

$$GQ = OF \quad \text{und} \quad OG = FP.$$

Hieraus folgt

$$\sin(w + \varkappa) = \cos w \quad \text{und} \quad \cos(w + \varkappa) = -\sin w.$$

Für die Verminderung um $\varkappa$ wird der Beweis ähnlich geführt.

Ic. Umänderung des Arguments in sein Supplement. Supplementsatz.

Verwandelt man bei Sinus und Cosinus das Argument in sein Supplement, so bleibt der Sinus unverändert, während der Cosinus in seinen entgegengesetzten Wert übergeht:

$$\boxed{\sin(\pi - w) = \sin w}, \quad \boxed{\cos(\pi - w) = -\cos w}$$

bzw.

$$\boxed{\sin(180^0 - \alpha) = \sin\alpha}, \quad \boxed{\cos(180^0 - \alpha) = -\cos\alpha}.$$

Kennzeichnet man, wie üblich, das Supplement eines Winkels durch Überstreichen, so wird etwas kürzer

$$\boxed{\sin\bar{\varphi} = \sin\varphi}, \quad \boxed{\cos\bar{\varphi} = -\cos\varphi}.$$

Der Beweis kann wieder an der Einheitskreisfigur abgelesen werden.

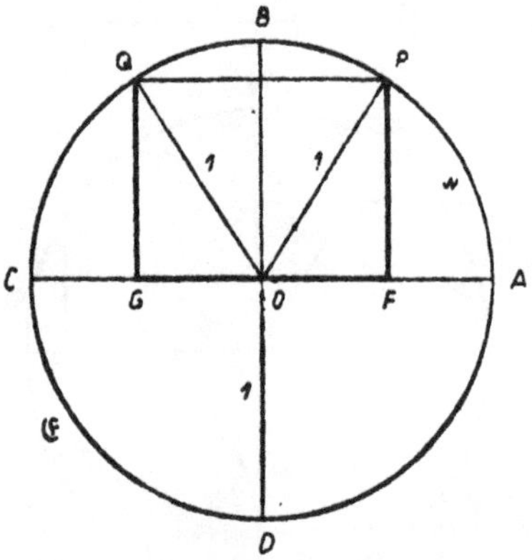

In nebenstehender Figur sei Bogen $AP = w$, PQ die zu AC parallele Einheitskreissehne, also Bogen $AQ = \pi - w$, endlich PF das von P, QG das von Q auf AC gefällte Lot. Dann ist $\sin w = FP$, $\sin(\pi - w) = GQ$ $\cos w = OF$, $\cos(\pi - w) = -OG$. Aus $GQ = FP$ und $OG = OF$ folgt

$$\sin(\pi - w) = \sin w \quad \text{und}$$
$$\cos(\pi - w) = -\cos w.$$

Er kann vermöge Ia und der Parität der Kreisfunktionen aber auch rein analytisch geführt werden:

$$\sin(\pi - w) = -\sin(w - \pi) = --\sin w = \sin w,$$
$$\cos(\pi - w) = \cos(w - \pi) = -\cos w.$$

Id. Umwandlung des Arguments in sein Komplement, Komplementsatz.

Verwandelt man den Winkel in sein Komplement, so geht jede Kreisfunktion in ihre Cofunktion über.

In Zeichen:

$$\boxed{\sin(\varkappa - w) = \cos w}, \quad \boxed{\cos(\varkappa - w) = \sin w}$$

bzw. $$\boxed{\sin(90^0 - \alpha) = \cos\alpha}, \quad \boxed{\cos(90^0 - \alpha) = \sin\alpha}.$$

Bezeichnet man das Komplement des beliebigen Winkels φ mit φ', so schreibt sich der Satz kurz

$$\boxed{\sin\varphi' = \cos\varphi}, \quad \boxed{\cos\varphi' = \sin\varphi}.$$

Der Beweis ist bei einem spitzen Winkel φ äußerst einfach. Man denke sich die Winkel φ und φ' als Winkel eines Rechtwinkeldreiecks mit der Hypotenuse 1. In diesem Dreieck ist der Sinus jedes spitzen Winkels die Gegenkathete, der Cosinus die Ankathete (§ 3). Daher ist

$$\sin\varphi' = \cos\varphi, \qquad \cos\varphi' = \sin\varphi.$$

Ist φ z. B. stumpf, $\varphi = \pi - \psi$ mit spitzem ψ und ψ' das Komplement von ψ, so ist $\psi' = \varphi - \varkappa$, und

$$\sin\varphi = \sin\psi = \cos\psi' = \cos(\varphi - \varkappa) = \cos(\varkappa - \varphi) = \cos\varphi'$$

sowie

$$\cos\varphi = -\cos\psi = -\sin\psi' = -\sin(\varphi - \varkappa) = \sin(\varkappa - \varphi) = \sin\varphi'.$$

Bei anderen Winkeln ist es ähnlich.

Periodizität der Tangensfunktion.

Auch die Funktion

$$t = \operatorname{tg} w$$

ist periodisch. Das geht schon aus dem Diagramm von § 3 hervor, in welchem der Tangens des Winkels w als Tangente des Einheitskreises veranschaulicht wurde. Dort wurde festgestellt, daß

$$\boxed{\operatorname{tg}(w + \pi) = \operatorname{tg} w}$$

ist, daß also die Tangensfunktion die Periode π hat. Und das folgt auch rein rechnerisch aus der (analytischen) Definition der Tangensfunktion

$$\operatorname{tg} w = \sin w : \cos w$$

und dem bekannten Verhalten der Sinus- und Cosinusfunktion bei Vermehrung des Arguments um π:

$$\sin(w + \pi) = -\sin w, \qquad \cos(w + \pi) = -\cos w.$$

Auf Grund dieser beiden Relationen ist nämlich

$$\sin(w + \pi) : \cos(w + \pi) = \sin w : \cos w,$$

mithin

$$\operatorname{tg}(w + \pi) = \operatorname{tg} w.$$

Also:

Periodizitätssatz der Tangensfunktion:

Die Funktion $t = \operatorname{tg} w$ ist periodisch; ihre Periode hat den Wert π.

Wird das Argument im Gradmaß ausgedrückt, so schreibt sich die Periodizitätsrelation natürlich

$$\boxed{\operatorname{tg}(\alpha + 180^0) = \operatorname{tg}\alpha},$$

wobei man sich α als Variable zu denken hat.

Man halte fest:

Die Tangensfunktion bleibt unverändert, wenn man ihr Argument um ein beliebiges Multiplum von π (bzw. von 180^0) vermehrt.

Dasselbe gilt für die Cotangensfunktion; auch diese besitzt die Periode π bzw. 180^0.

Aus den Supplement- und Komplementsätzen für die Sinus- und Cosinusfunktion ergeben sich in Gemäßheit der Relation $\operatorname{tg} w = \sin w : \cos w$ sofort die entsprechenden Sätze für die Tangens- und Cotangensfunktion. Es wird genügen, die zugehörigen Formeln zu vermerken:

$$\boxed{\operatorname{tg}(\pi - w) = -\operatorname{tg} w}, \quad \boxed{\cot(\pi - w) = -\cot w}$$

bzw. $\boxed{\operatorname{tg}(180^0 - \alpha) = -\operatorname{tg}\alpha}$, $\boxed{\cot(180^0 - \alpha) = -\cot\alpha}$.

Ferner:

$$\boxed{\operatorname{tg}(90^0 + \alpha) = -\cot\alpha}, \quad \boxed{\cot(90^0 + \alpha) = -\operatorname{tg}\alpha}.$$

Endlich: $\boxed{\operatorname{tg}(90^0 - \alpha) = \cot\alpha \quad \cot(90^0 - \alpha) = \operatorname{tg}\alpha}$

In Worten: Verwandelt man den Winkel in sein Komplement, so geht jede der beiden Funktionen Tangens und Cotangens in ihre Cofunktion über.

Zum Schluß notieren wir noch:

Die Funktionen $\operatorname{tg} w$ und $\cot w$ sind beide ungerade Funktionen von w.

In Zeichen:

$$\boxed{\operatorname{tg}(-w) = -\operatorname{tg} w}, \quad \boxed{\cot(-w) = -\cot w}$$

Auch die Funktionen

$$s = \sec w \qquad \text{und} \qquad r = \operatorname{cosec} w$$

sind periodisch; beide besitzen wie die Sinus- und Cosinusfunktion die Periode 2π.

§ 5

Kreisfunktionen und Rechtwinkeldreieck.

Der Sinus und Cosinus eines spitzen Winkels stehen in engen Beziehungen zu den Seiten eines rechtwinkligen Dreiecks, in dem dieser Winkel vorkommt. Sich mit diesen Beziehungen vertraut zu machen, ist von allergrößter Wichtigkeit.

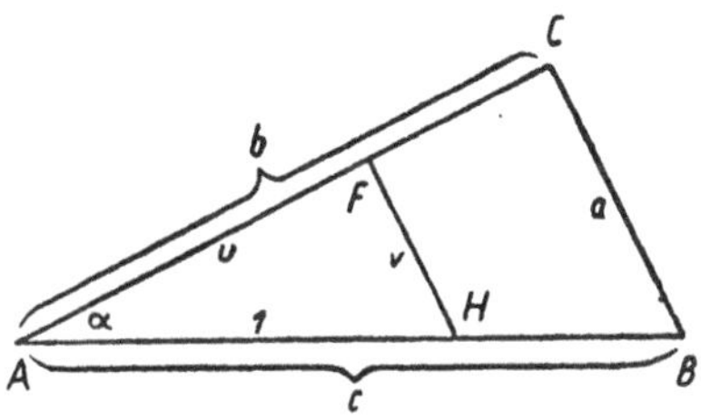

ABC sei ein Rechtwinkeldreieck mit der Hypotenuse $AB = c$ und den Katheten $BC = a$ und $AC = b$. Wir achten auf den bei A liegenden spitzen Winkel α dieses Dreiecks. Ob α dabei im Gradmaß oder im Bogenmaß gemessen wird, bleibt sich gleich. Wir tragen von A aus auf der Hypotenuse die Längeneinheit $AH = 1$ ab und fällen von H auf AC das Lot $HF = v$, welches auf AC das Stück $AF = u$ erzeugt. Dann ist

$$v = \sin w = \sin \alpha, \qquad u = \cos w = \cos \alpha,$$

wobei

$$w = \alpha \qquad \text{oder} \qquad w = \operatorname{arc} \alpha$$

ist, je nachdem α im Bogen- oder Gradmaß gemessen wird.

Nun ergibt sich nach dem Strahlensatze

$$\frac{HF}{AH} = \frac{BC}{AB} \qquad \text{und} \qquad \frac{AF}{AH} = \frac{AC}{AB}$$

oder, da $AH = 1$ ist,

$$v = \frac{a}{c} \qquad \text{und} \qquad u = \frac{b}{c}$$

oder endlich

$$\boxed{\sin \alpha = \frac{a}{c}} \qquad \text{und} \qquad \boxed{\cos \alpha = \frac{b}{c}}.$$

Damit haben wir die beiden fundamentalen Regeln:

Der Sinus eines der beiden spitzen Winkel eines rechtwinkligen Dreiecks ist gleich dem Verhältnis der diesem Winkel gegenüberliegenden Kathete zur Hypotenuse.

Der Cosinus eines spitzen Winkels eines Rechtwinkeldreiecks ist gleich dem Verhältnis der diesem Winkel anliegenden Kathete zur Hypotenuse.

Wir prägen uns kurz ein:

$$\boxed{\sin\alpha = \frac{\text{Gegenkathete}}{\text{Hypotenuse}}}, \qquad \boxed{\cos\alpha = \frac{\text{Ankathete}}{\text{Hypotenuse}}}.$$

Lösen wir unsere Formeln

$$\sin\alpha = \frac{a}{c}, \qquad \cos\alpha = \frac{b}{c}$$

nach a und b auf, so haben wir

$$\boxed{a = c\sin\alpha}, \qquad \boxed{b = c\cos\alpha}.$$

Diese beiden Formeln enthalten die überaus wichtigen

Kathetenregeln:

Man findet eine Kathete, indem man den Sinus ihres Gegenwinkels mit der Hypotenuse multipliziert.

Man findet eine Kathete, indem man den Cosinus ihres Anwinkels mit der Hypotenuse multipliziert.

Teilen wir unsere beiden Formeln durcheinander, so entsteht (wegen $\operatorname{tg}\alpha = \sin\alpha : \cos\alpha$, $\cot\alpha = \cos\alpha : \sin\alpha$)

$$\boxed{\operatorname{tg}\alpha = \frac{a}{b}}, \qquad \boxed{\cot\alpha = \frac{b}{a}},$$

was wir uns folgendermaßen merken:

$$\boxed{\operatorname{tg}\alpha = \frac{\text{Gegenkathete}}{\text{Ankathete}}}, \qquad \boxed{\cot\alpha = \frac{\text{Ankathete}}{\text{Gegenkathete}}}.$$

Schreiben wir die neuen Formeln

$$\boxed{a = b\operatorname{tg}\alpha}, \qquad \boxed{b = a\cot\alpha},$$

so haben wir die weiteren

Kathetenregeln:

Man findet eine Kathete, indem man den Tangens ihres Gegenwinkels mit der anderen Kathete multipliziert.

Man findet eine Kathete, indem man den Cotangens ihres Anwinkels mit der anderen Kathete multipliziert.

Häufige Anwendung findet auch noch folgende

Hypotenusenregel:

Man findet die Hypotenuse, indem man eine Kathete mit dem Secans ihrer Neigung gegen die Hypotenuse multipliziert.

Diese Regel ist aus unserer obigen Gleichung $b = c \cos \alpha$, wenn man sie $c = b \sec \alpha$ schreibt, sofort abzulesen.

Im engen Zusammenhange mit den hier erörterten Beziehungen im Rechtwinkeldreieck steht der Projektionssatz.

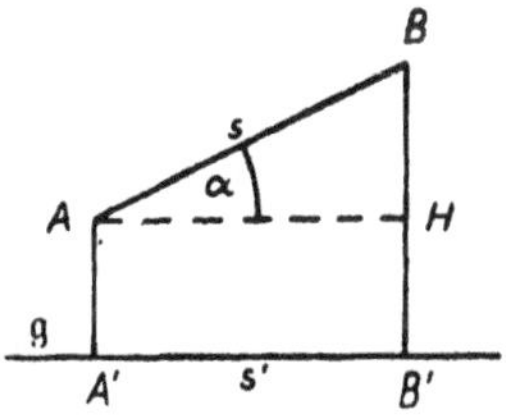

$AB = s$ sei eine beliebige Strecke, der spitze Winkel α ihre Neigung gegen eine Gerade g, $A'B' = s'$ die Projektion (Orthogonalprojektion) von AB auf g.

Die durch A laufende Parallele treffe das von B auf g gefällte Lot BB' in H. Dann ist ABH ein Rechtwinkeldreieck mit dem spitzen Winkel $BAH = \alpha$, mit der Hypotenuse $AB = s$ und der Kathete $AH = A'B' = s'$.

Nach der Kathetenregel ist $AH = AB \cdot \cos \alpha$ oder

$$\boxed{s' = s \cos \alpha}\,.$$

Diese Formel enthält den sehr wichtigen

Projektionssatz:

Man findet die Projektion einer Strecke auf eine Gerade, indem man die Strecke mit dem Cosinus ihrer Neigung gegen die Gerade multipliziert.

§ 6

Spezielle Funktionswerte.

Wir bringen jetzt eine Zusammenstellung der Funktionswerte besonders oft vorkommender Winkel, nämlich der Winkel

$18^0,\ 30^0,\ 36^0,\ 45^0,\ 54^0,\ 60^0,\ 72^0.$

I

Sinus und Cosinus von 45^0.

Diese sind uns aus § 3 schon bekannt:

$$\boxed{\sin 45^0 = 1 : \sqrt{2}}, \qquad \boxed{\cos 45^0 = 1 : \sqrt{2}}.$$

II

Sinus und Cosinus von 30^0 und 60^0.

Aus § 3 sind der Sinus und Cosinus von 60^0 schon bekannt:

$$\boxed{\sin 60^0 = \frac{1}{2}\sqrt{3}}, \qquad \boxed{\cos 60^0 = \frac{1}{2}}.$$

Den Sinus und Cosinus von 30^0 finden wir nach dem Komplementsatze:

$$\sin 30^0 = \cos 60^0 \qquad \text{bezw.} \qquad \cos 30^0 = \sin 60^0$$

zu

$$\boxed{\sin 30^0 = \frac{1}{2}}, \qquad \boxed{\cos 30^0 = \frac{1}{2}\sqrt{3}}.$$

Zusammenstellung

$$\boxed{\begin{array}{l} \sin 30^0 = \frac{1}{2} \\ \sin 45^0 = \frac{1}{2}\sqrt{2} \\ \sin 60^0 = \frac{1}{2}\sqrt{3} \end{array}}, \qquad \boxed{\begin{array}{l} \cos 30^0 = \frac{1}{2}\sqrt{3} \\ \cos 45^0 = \frac{1}{2}\sqrt{2} \\ \cos 60^0 = \frac{1}{2} \end{array}}.$$

Dazu kommt noch

$$\boxed{\begin{array}{l} \operatorname{tg} 30^0 = \frac{1}{\sqrt{3}} \\ \operatorname{tg} 45^0 = 1 \\ \operatorname{tg} 60^0 = \sqrt{3} \end{array}}, \qquad \boxed{\begin{array}{l} \cot 30^0 = \sqrt{3} \\ \cot 45^0 = 1 \\ \cot 60^0 = \frac{1}{\sqrt{3}} \end{array}}.$$

Alle diese Werte sind dem Gedächtnis gut einzuprägen.

Die Sinus und Cosinus von 18°, 36°, 54°, 72°.

Wir zeichnen ein gleichschenkliges Dreieck ABC mit den Schenkeln $CA = CB = 1$ und dem Basiswinkel 72°, in dem also der Spitzenwinkel 36° ausmacht. Um den Winkel 18° in die Figur hinein zu bekommen, konstruieren wir die Basishöhe CM; im rechtwinkligen Dreieck AMC ist dann $\sphericalangle ACM = 18°$.

Um sin 18° zu berechnen, benötigen wir die Basishälfte

$$AM = BM = m.$$

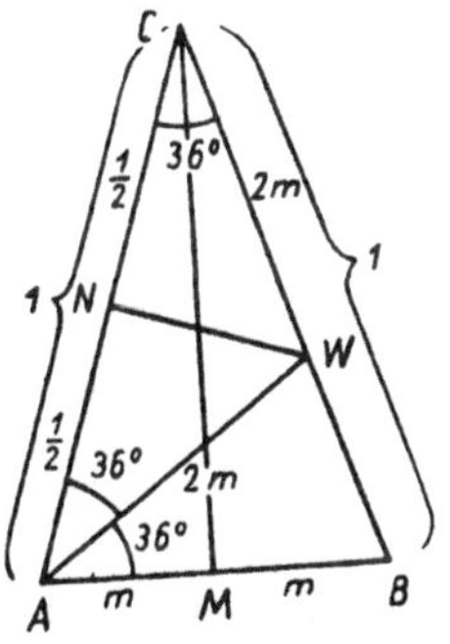

Letztere bekommen wir folgendermaßen. Wir zeichnen im Dreieck ABC den Halbierer AW des Winkels CAB. Die dadurch entstehenden Dreiecke AWC und BAW sind gleichschenklig, das erstere, weil $\sphericalangle WAC = \sphericalangle WCA = 36°$, das andere, weil $\sphericalangle AWB$ als Außenwinkel zum Dreieck AWC 72° beträgt und deshalb dem Winkel ABW gleicht. Aus der Gleichschenkligkeit der genannten Dreiecke folgt

$$CW = AW \qquad \text{und} \qquad AW = AB.$$

Folglich ist

$$AW = CW = AB = 2m$$

und

$$BW = 1 - 2m.$$

Aus der Ähnlichkeit der Dreiecke ACB und BAW ergibt sich jetzt die Proportion

$$AB : AC = BW : AB$$

oder

$$2m : 1 = (1 - 2m) : 2m.$$

Damit haben wir für m die quadratische Gleichung

$$4m^2 + 2m - 1 = 0,$$

aus welcher

$$m = \frac{r - 1}{4}, \qquad \text{mit } r = \sqrt{5}$$

folgt.

Aus dem rechtwinkligen Dreieck *AMC* ergibt sich nun

$$\sin 18^0 = \cos 72^0 = \frac{m}{1} = \frac{r-1}{4}.$$

Um auch gleichzeitig cos 18° und sin 72° zu bekommen, quadrieren wir sin 18° (= cos 72°):

$$\sin^2 18^0 = \cos^2 72^0 = \frac{3-r}{8},$$

erwägen, daß

$$\sin^2 18^0 + \cos^2 18^0 = 1, \qquad \sin^2 72^0 + \cos^2 72^0 = 1$$

ist, und finden

$$\cos^2 18^0 = \sin^2 72^0 = \frac{5+r}{8},$$

so daß

$$\cos 18^0 = \sin 72^0 = \sqrt{\frac{5+r}{8}}$$

ist.

Um auch die Sinus und Cosinus von 36° und 54° zu bekommen, zeichnen, wir zunächst noch im gleichschenkligen Drei- *AWC* die Basishöhe *WN*. Sie erzeugt das rechtwinklige Dreieck *CNW* mit den Winkeln 36° (bei *C*) und 54° (bei *W*). Wegen $CN = 0{,}5$ und $CW = 2m$ wird nun

$$\cos 36^0 = \sin 54^0 = \frac{0{,}5}{2m} = \frac{1}{r-1} = \frac{r+1}{4}.$$

Hieraus folgt dann noch ähnlich wie oben

$$\cos^2 36^0 = \sin^2 54^0 = \frac{3+r}{8},$$

also

$$\sin^2 36^0 = \cos^2 54^0 = \frac{5-r}{8}$$

und schließlich

$$\sin 36^0 = \cos 54^0 = \sqrt{\frac{5-r}{8}}.$$

Als Ergebnis unserer Untersuchung erscheint folgende bemerkenswerte

Tabelle

$\sin 18^0 = \sqrt{\frac{3-r}{8}} = \cos 72^0$	
$\sin 36^0 = \sqrt{\frac{5-r}{8}} = \cos 54^0$	mit $r = \sqrt{5}$.
$\sin 54^0 = \sqrt{\frac{3+r}{8}} = \cos 36^0$	
$\sin 72^0 = \sqrt{\frac{5+r}{8}} = \cos 18^0$	

Natürlich gelten auch noch die einfacheren Gleichungen

$$\sin 18^0 = \cos 72^0 = \frac{r-1}{4},$$

$$\sin 54^0 = \cos 36^0 = \frac{r+1}{4}.$$

§ 7

Winkel-Verdopplung und -Verdreifachung.

Vorgelegt sind ein Winkel φ und sein Sinus und Cosinus.

Gesucht sind die Sinus und Cosinus des Winkeldoppels 2φ und des Winkeldreifachen 3φ.

I. Verdopplung.

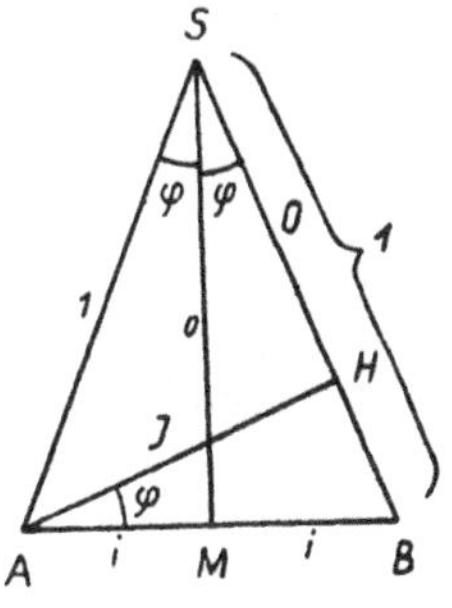

Wir zeichnen ein gleichschenkliges Dreieck *ASB* mit den Schenkeln $SA = SB = 1$ und dem Spitzenwinkel 2φ. Durch den Basishalbierer *SM* werden $i = \sin\varphi$ als *MA* oder *MB* und $o = \cos\varphi$ als *SM*, durch die Schenkelhöhe *AH* $J = \sin 2\varphi$ als *AH* und $O = \cos 2\varphi$ als *SH* geometrisch dargestellt, wie sich durch Anwendung der Kathetenregel sofort ergibt.

Die Anwendung der Kathetenregel auf das Dreieck ABH, in welchem der Winkel bei A gleich φ ist, liefert

$$BH = 2i \cdot \sin\varphi \qquad \text{und} \qquad AH = 2i \cdot \cos\varphi$$

oder, da

$$BH = 1 - O, \qquad AH = J$$

ist,

$$1 - O = 2i^2 \qquad \text{und} \qquad J = 2io.$$

Damit erhalten wir das Formelpaar

$$\boxed{\sin 2\varphi = 2\sin\varphi\cos\varphi} \qquad \boxed{\cos 2\varphi = 1 - 2\sin^2\varphi}.$$

Ersetzt man in der zweiten Formel $\sin^2\varphi$ durch $1 - \cos^2\varphi$, so entsteht

$$\boxed{\cos 2\varphi = 2\cos^2\varphi - 1};$$

ersetzt man die Einheit durch

$\cos^2\varphi + \sin^2\varphi$, so entsteht

$$\boxed{\cos 2\varphi = \cos^2\varphi - \sin^2\varphi}.$$

Bei der Herleitung dieser vier Formeln wurde vorausgesetzt, daß φ ein spitzer Winkel ist.

Es läßt sich aber leicht zeigen (vgl. § 4), daß die Formeln für jeden Winkel φ gelten.

II. Verdreifachung.

Wir zeichnen einen Halbkreis $\mathfrak{h}$ mit dem Radius 1, dem

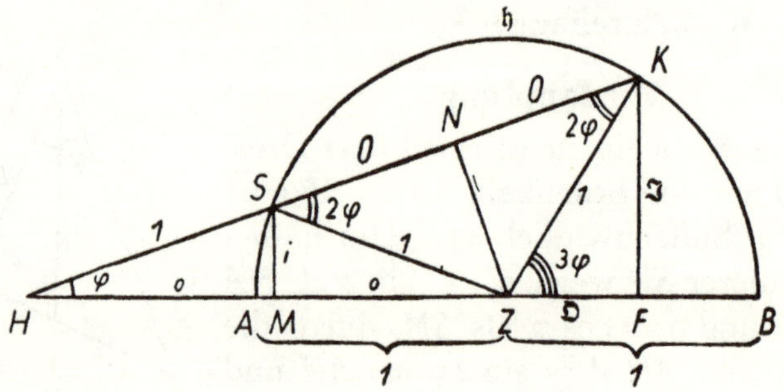

Zentrum Z und den Endpunkten A und B sowie ein gleichschenkliges Dreieck ZSH mit dem Basiswinkel φ, dessen Spitze

S auf $\mathfrak{h}$, dessen Basismitte M auf ZA, dessen Basisecke H auf der Verlängerung von ZA liegt. Die Verlängerung von HS treffe $\mathfrak{h}$ in K, und die Mitte der Sehne SK sei N. Schließlich fällen wir noch von K das Lot KF auf den Durchmesser AB.

In den rechtwinkligen Dreiecken ZMS und HMS ist nach der Kathetenregel

$$MS = i = \sin \varphi, \qquad MZ = MH = o = \cos \varphi.$$

Da der Basiswinkel SZK des gleichschenkligen Dreiecks SZK als Außenwinkel des Dreiecks ZSH gleich 2φ ist, so liefert die auf die rechtwinkligen Dreiecke ZNS und ZNK angewandte Kathetenregel

$$SN = NK = O = \cos 2\varphi.$$

Da ferner der Winkel KZF des Rechtwinkeldreiecks ZFK als Außenwinkel des Dreiecks ZHK, in dem die Winkel bei H und K φ und 2φ sind, den Wert 3φ hat, so ist nach der Kathetenregel

$$KF = \mathfrak{J} = \sin 3\varphi \qquad \text{und} \qquad ZF = \mathfrak{O} = \cos 3\varphi.$$

Nun folgt nach dem Strahlensatze

$$\frac{\mathfrak{J}}{i} = \frac{1+2\,O}{1} \qquad \text{und} \qquad \frac{\mathfrak{O}+2\,o}{o} = \frac{1+2\,O}{1}.$$

In der ersten dieser Proportionen ersetzen wir nach I O durch $1-2\,i^2$, in der zweiten O durch $2\,o^2-1$ und erhalten

$$\mathfrak{J} = 3\,i - 4\,i^3 \qquad \text{und} \qquad \mathfrak{O} = 4\,o^3 - 3\,o$$

oder

$$\boxed{\sin 3\varphi = 3\,\sin\varphi - 4\,\sin^3\varphi}$$

und

$$\boxed{\cos 3\varphi = 4\,\cos^3\varphi - 3\,\cos\varphi}.$$

Das gefundene Formelpaar ist hier unter der Voraussetzung der Spitzwinkligkeit von 3φ abgeleitet. Es läßt sich aber leicht zeigen (vgl. § 8), daß es für **jeden** Winkel φ gilt.

Die in diesem Paragraphen gefundenen 6 Formeln gestatten, den Sinus und Cosinus von 2φ und 3φ durch den Sinus und Cosinus von φ auszudrücken.

Die bei der Ableitung des letzten Formelpaares benutzte Halbkreisfigur geht auf Archimedes zurück.

Archimedes löste mit Hilfe dieser Figur durch Einschiebung das Problem der Winkeltrisektion.

Man bringe den zu trisezierenden Winkel Φ als Zentriwinkel KZB im Halbkreise $\mathfrak{h}$ unter. Man markiere auf der Kante eines Papierstreifens zwei Punkte H und S, die um den Radius von $\mathfrak{h}$ voneinander abstehen. Man verschiebe den Streifen, wobei man seine Kante stets durch K laufen läßt, bis die markierten Stellen S und H auf $\mathfrak{h}$ und die Verlängerung von BA fallen; dann ist $\sphericalangle\, KHB = \Phi : 3$.

Daß man von Formeln, die wie die hier abgeleiteten nur theoretisches Interesse zu haben scheinen, sehr wohl auch praktische Anwendungen machen kann, zeige die Lösung der Aufgabe: sin 18^0 zu berechnen.

Wir setzen $\varphi = 18^0$ und denken uns ein Rechtwinkeldreieck mit den spitzen Winkeln 2φ und 3φ. In diesem ist

$$\cos 3\varphi = \sin 2\varphi$$

oder mit

$$\cos \varphi = o, \quad \sin \varphi = i$$

$$4o^3 - 3o = 2io$$

oder

$$4o^2 - 3 = 2i$$

oder endlich, o^2 durch $1 - i^2$ ersetzend,

$$4i^2 + 2i - 1 = 0.$$

Das gibt

$$i = \sin 18^0 = \frac{\sqrt{5} - 1}{4}$$

§ 8

Das Additionstheorem.

Fundamentalaufgabe. Sinus und Cosinus der Summe und Differenz zweier Winkel zu berechnen, wenn die Sinus und Cosinus der Winkel bekannt sind.

Lösung. Die vorgelegten Winkel seien α und β; ihre Summe sei σ, ihre Differenz δ:

$$\alpha + \beta = \sigma, \qquad \alpha - \beta = \delta.$$

Um bequemes Schreiben zu haben, kürzen wir für jeden vorkommenden Winkel ω cos ω mit ω_0, sin ω mit ω_1 ab.

Wir tragen an einen festen von *O* ausgehenden Schenkel I den Winkei α an und an seinen freien Schenkel II einmal im positiven Sinne, einandermal — in einer zweiten Figur — im negativen Sinne den Winkel β an. Dadurch entsteht der Winkel σ bezw. δ. Auf dem freien Schenkel dieses Winkels tragen wir die Längeneinheit $OE = 1$ ab. Wir fällen von *E* die Lote *EF* auf I und *EG* auf II, sodann von *G* die Lote *GH* auf I und *GK* auf *EF*.

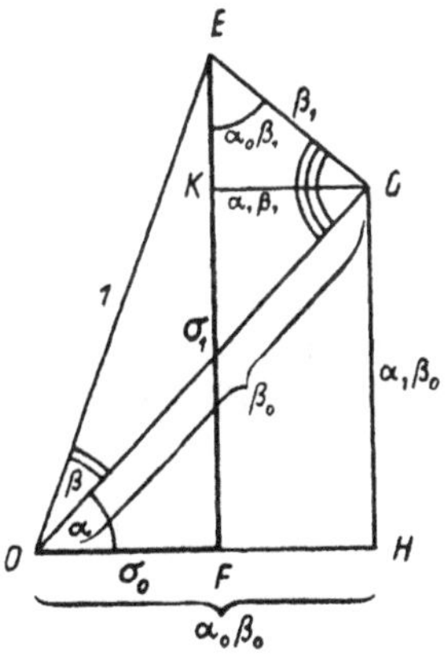

Jede der beiden so entstandenen Figuren enthält vier rechtwinklige Dreiecke:

Erstens das Dreieck *OEG* mit der Hypotenuse $OE = 1$, dem Winkel $EOG = \beta$ und den Katheten

$$OG = \beta_0 \qquad \text{und} \qquad EG = \beta_1,$$

zweitens das Dreieck *OHG* mit der Hypotenuse $OG = \beta_0$, dem Winkel $GOH = \alpha$ und den Katheten (man denke an die Kathetenregel)

$$OH = \alpha_0 \beta_0 \qquad \text{und} \qquad GH = \alpha_1 \beta_0,$$

drittens das Dreieck *EKG* mit der Hypotenuse $EG = \beta_1$, dem Winkel $GEK = \alpha$ (seine Schenkel stehen auf denen von α senkrecht) und den Katheten

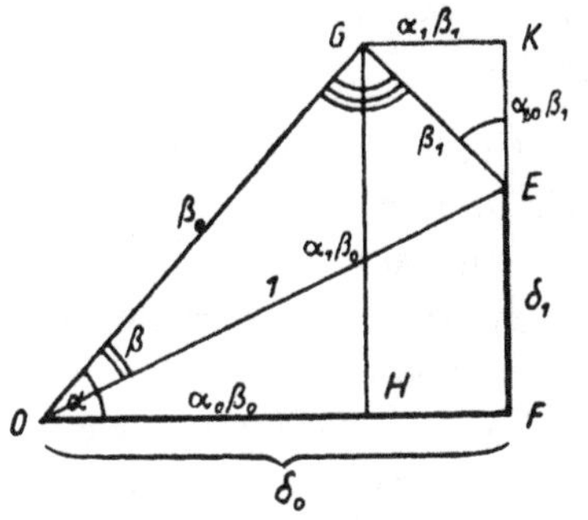

$$EK = \alpha_0 \beta_1 \qquad \text{und} \qquad GK = \alpha_1 \beta_1,$$

viertens endlich das Dreieck *OFE* mit der Hypotenuse $OE = 1$, dem Winkel $FOE = \sigma$ bzw. δ und den Katheten

$$OF = \sigma_0, \qquad FE = \sigma_1 \qquad \text{bzw.} \qquad OF = \delta_0, \qquad FE = \delta_1.$$

Die aufgezählten Größen sind in der Figur vermerkt; und nun lesen wir ohne weiteres aus der Figur ab

$$\sigma_1 = \alpha_1 \beta_0 + \alpha_0 \beta_1, \qquad \sigma_0 = \alpha_0 \beta_0 - \alpha_1 \beta_1$$

bzw. (in der zweiten Figur)

$$\delta_1 = \alpha_1 \beta_0 - \alpha_0 \beta_1, \qquad \delta_0 = \alpha_0 \beta_0 + \alpha_1 \beta_1,$$

in ausführlicher Schreibung

$$\boxed{\sin(\alpha + \beta) = \sin\alpha \cos\beta + \cos\alpha \sin\beta}$$

$$\boxed{\cos(\alpha + \beta) = \cos\alpha \cos\beta - \sin\alpha \sin\beta}$$

$$\boxed{\sin(\alpha - \beta) = \sin\alpha \cos\beta - \cos\alpha \sin\beta}$$

$$\boxed{\cos(\alpha - \beta) = \cos\alpha \cos\beta + \sin\alpha \sin\beta}$$

Dieses Formelquadrupel bildet das sog. Additionstheorem der Kreisfunktionen Sinus und Cosinus. Es enthält die Lösung der gestellten Fundamentalaufgabe.

Häufig schreibt man das Additionstheorem auch als

Formelpaar:

$$\boxed{\begin{aligned} \sin(\alpha \pm \beta) &= \sin\alpha \cos\beta \pm \cos\alpha \sin\beta \\ \cos(\alpha \pm \beta) &= \cos\alpha \cos\beta \mp \sin\alpha \sin\beta \end{aligned}}$$

wo entweder nur die oberen oder nur die unteren Vorzeichen gelten.

Unsere Ableitung des Additionstheorems bezog sich zunächst nur auf spitze Winkel α und β, unsere erste Figur sogar nur auf den Fall, wo $\sigma = \alpha + \beta$ auch noch spitz ausfällt. Doch erleidet unsere Betrachtung nur eine geringe Modifikation, wenn σ stumpf ist: *OF* ist dann nicht mehr gleich σ_0, sondern gleich $-\sigma_0$; die erste der aus der Figur abzulesenden Gleichungen bleibt unverändert, die zweite wird $\alpha_1 \beta_1 = \alpha_0 \beta_0 - \sigma_0$, welche Gleichung aber wieder zu $\sigma_0 = \alpha_0 \beta_0 - \alpha_1 \beta_1$ wird. Das Theorem gilt demnach auch in diesem Falle.

Ist α stumpf und β spitz, so setze man $\alpha = a + \varkappa$ (wo $\varkappa = \frac{\pi}{2}$ ein Rechtwinkel ist). Dann wird z. B. [vgl. § 4, Ib]

$$\sin(\alpha + \beta) = \sin(a + \beta + \varkappa) = \cos(a + \beta) = \cos a \cos\beta - \sin a \sin\beta$$

oder

$$\sin(\alpha + \beta) = \sin\alpha\cos\beta + \cos\alpha\sin\beta.$$

Für $\cos(\alpha + \beta)$ ist's ähnlich.

Sind α und β beide stumpf, so setze man $\alpha = a + \varkappa$, $\beta = b + \varkappa$. Dann hat man z. B. [§ 4, Ia]

$$\begin{aligned}\cos(\alpha + \beta) &= \cos(a + b + \pi) = -\cos(a + b)\\ &= \sin a \sin b - \cos a \cos b\end{aligned}$$

oder

$$\cos(\alpha + \beta) = \cos\alpha\cos\beta - \sin\alpha\sin\beta.$$

Sind α und β beide überstumpf, so setze man $\alpha = a + \pi$, $\beta = b + \pi$. Dann wird

$$\begin{aligned}\sin(\alpha + \beta) &= \sin(a + b + 2\pi) = \sin(a + b)\\ &= \sin a \cos b + \cos a \sin b\end{aligned}$$

oder [§ 4, Ia]

$$\sin(\alpha + \beta) = \sin\alpha\cos\beta + \cos\alpha\sin\beta.$$

Man erkennt, daß man in dieser Weise ohne jedwede Figur alle Möglichkeiten erörtern kann. Mit Zuhilfenahme des Paritätssatzes lassen sich auch die Fälle mit einbeziehen, in denen α oder β oder gar beide negativ sind. Bei Zulassung negativer Winkel kann man übrigens auf die beiden Gleichungen für $\sin(\alpha - \beta)$ und $\cos(\alpha - \beta)$ verzichten, Es gilt eben der

Satz:

Welche reellen Werte α und β auch haben mögen, stets ist

$$\boxed{\begin{aligned}\sin(\alpha + \beta) &= \sin\alpha\cos\beta + \cos\alpha\sin\beta\\ \cos(\alpha + \beta) &= \cos\alpha\cos\beta - \sin\alpha\sin\beta\end{aligned}}.$$

Man nennt dieses das Additionstheorem darstellende Formelpaar auch das

Funktionaltheorem der Kreisfunktionen.

Das Funktionaltheorem der Exponentialfunktion $\mathfrak{f}(x) = a^x$ [a ist eine Konstante] lautet beispielsweise

$$\mathfrak{f}(x+y) = \mathfrak{f}(x) \cdot \mathfrak{f}(y).$$

Wie man weiß, stellt es die wichtigste Eigenschaft der Exponentialfunktion a^x dar.

Schreibt man $\sin x = \varphi(x)$, $\cos x = \psi(x)$, so lautet das Funktionaltheorem des Funktionenpaares $\varphi(x)$, $\psi(x)$

$$\boxed{\begin{aligned}\varphi(x+y) &= \varphi(x)\,\psi(y) + \varphi(y)\,\psi(x)\\ \psi(x+y) &= \psi(x)\,\psi(y) - \varphi(x)\,\varphi(y)\end{aligned}}\,.$$

Schon diese einfache Betrachtung zeigt, daß das Funktionaltheorem eine der wichtigsten Eigenschaften — wenn nicht die wichtigste! — der Kreisfunktionen darstellt. In der Tat kann man sagen:

Periodizität und Funktionalsatz sind die wichtigsten Eigenschaften der Kreisfunktionen.

Zusatz. Wir verzeichnen noch zwei Formeln, die mit dem Additionstheorem eng zusammenhängen und wegen ihres häufigen Vorkommens memoriert werden sollten:

$$\boxed{\sin(\alpha+\beta) \cdot \sin(\alpha-\beta) = \sin^2\alpha - \sin^2\beta}\,,$$

$$\boxed{\cos(\alpha+\beta) \cdot \cos(\alpha-\beta) = \cos^2\alpha + \cos^2\beta - 1}\,.$$

Beweis. Man wendet auf jeden Faktor der linken Seiten das Additionstheorem an, multipliziert die Klammern aus und ersetzt in dem entstehenden ersten Ausdruck jedes Cosinusquadrat durch $1 - \sin^2$, im zweiten Ausdruck jedes $\sin^2$ durch $1 - \cos^2$.

Additionstheorem der Funktionen Tangens und Cotangens.

Aus dem Additionstheorem der Sinus- und Cosinusfunktion ergibt sich sofort das Additionstheorem für die Tangens- und Cotangensfunktion.

Man hat

$$\operatorname{tg}(\alpha \pm \beta) = \frac{\sin(\alpha \pm \beta)}{\cos(\alpha \pm \beta)} = \frac{\sin\alpha\cos\beta \pm \cos\alpha\sin\beta}{\cos\alpha\cos\beta \mp \sin\alpha\sin\beta}.$$

Teilt man den Zäbler und Nenner des entstandenen Bruches durch $\cos\alpha \cos\beta$, so entsteht

$$\operatorname{tg}(\alpha \pm \beta) = \frac{\frac{\sin\alpha}{\cos\alpha} \pm \frac{\sin\beta}{\cos\beta}}{1 \mp \frac{\sin\alpha}{\cos\alpha}\frac{\sin\beta}{\cos\beta}}$$

oder

$$\boxed{\operatorname{tg}(\alpha \pm \beta) = \frac{\operatorname{tg}\alpha \pm \operatorname{tg}\beta}{1 \mp \operatorname{tg}\alpha \operatorname{tg}\beta}}.$$

Diese Formel bildet das Additionstheorem der Tangensfunktion.

Hält man den Paritätssatz der Tangensfunktion bereit, so kann man auf das untere Vorzeichen der Formel verzichten und das Additionstheorem der Tangensfunktion folgendermaßen aussprechen:

Funktionalsatz der Tangensfunktion:

Für beliebige Winkel x, y ist

$$\boxed{\operatorname{tg}(x+y) = \frac{\operatorname{tg}x + \operatorname{tg}y}{1 - \operatorname{tg}x \operatorname{tg}y}}.$$

Der Funktionalsatz der Tangensfunktion ist insofern einfacher als z. B. der Funktionalsatz der Sinusfunktion als nur der Tangens selbst in ihm auftritt, während beim Funktionalsatz der Sinusfunktion außer dem Sinus auch der Cosinus auftritt [wofern man nicht die Unbequemlichkeit in Kauf nehmen will,

$$\sin(x+y) = \sin x \cdot \sqrt{1 - \sin^2 y} + \sin y \cdot \sqrt{1 - \sin^2 x}$$

zu schreiben]; insofern weniger einfach, als $\operatorname{tg}(x+y)$ keine ganze, sondern eine gebrochene Funktion von $\operatorname{tg}x$ und $\operatorname{tg}y$ ist.

Wer auf eine geometrische Herleitung des Additionstheorems der Tangensfunktion erpicht ist, kann wie folgt verfahren.

Man zeichne die waagrechte Strecke $EF = 1$ und trage in E zu beiden Seiten der Strecke die Winkel α und β an. Die in F

EF errichtete Senkrechte treffe die freien Schenkel von α und β in A und B. Dann ist

$$\operatorname{tg}\alpha = FA, \qquad \operatorname{tg}\beta = FB.$$

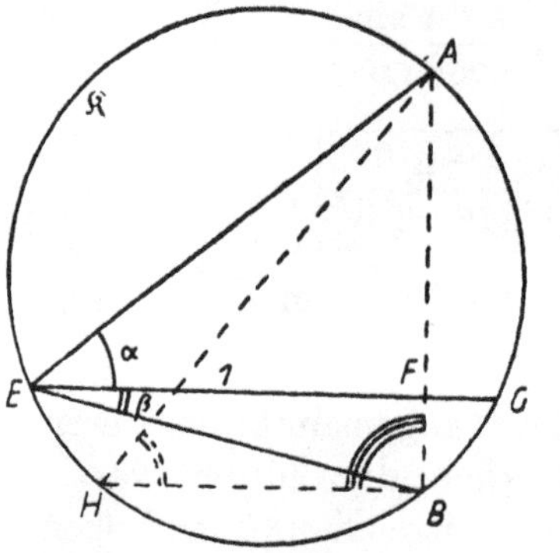

Man zeichne den Umkreis 𝔎 des Dreiecks ABE und nenne den Schnittpunkt der Verlängerung von EF mit 𝔎 G. Dann ist nach dem Sehnensatz $FE \cdot FG = FA \cdot FB$ oder

$$FG = \operatorname{tg}\alpha \cdot \operatorname{tg}\beta.$$

Schließlich zeichne man noch die Parallelsehne BH zu GE und verbinde H mit A. Dann ist der Winkel AHB als Randwinkel über der Sehne AB gleich $\sphericalangle AEB = \alpha + \beta$, und außerdem ist

$$BH = EF - FG = 1 - \operatorname{tg}\alpha \operatorname{tg}\beta.$$

Nun folgt aus dem bei B rechtwinkligen Dreieck ABH

$$\operatorname{tg} AHB = AB : BH$$

oder

$$\boxed{\operatorname{tg}(\alpha+\beta) = \frac{\operatorname{tg}\alpha + \operatorname{tg}\beta}{1 - \operatorname{tg}\alpha \operatorname{tg}\beta}}.$$

Additionstheorem der Cotangensfunktion.

Es ist

$$\cot(\alpha \pm \beta) = \frac{\cos(\alpha \pm \beta)}{\sin(\alpha \pm \beta)} = \frac{\cos\alpha\cos\beta \mp \sin\alpha\sin\beta}{\sin\alpha\cos\beta \pm \cos\alpha\sin\beta}.$$

Hier teilen wir Zähler und Nenner des rechts stehenden Bruches durch $\sin\alpha \sin\beta$ und erhalten

$$\cot(\alpha \pm \beta) = \frac{\dfrac{\cos\alpha}{\sin\alpha} \cdot \dfrac{\cos\beta}{\sin\beta} \mp 1}{\dfrac{\cos\beta}{\sin\beta} \pm \dfrac{\cos\alpha}{\sin\alpha}}$$

oder

$$\boxed{\cot(\alpha \pm \beta) = \frac{\cot\beta\cot\alpha \mp 1}{\cot\beta \pm \cot\alpha}},$$

welche Formel das gesuchte Additionstheorem darstellt.

Auch hier genügt es, im Hinblick auf die Parität der Cotangensfunktion [$\cot(-x) = -\cot x$], nur das obere Zeichen zu verwenden und zu schreiben

$$\boxed{\cot(x+y) = \frac{\cot y \cot x - 1}{\cot y + \cot x}}.$$

Diese Formel gilt für beliebige positive oder negative Winkel x und y.

Sinus, Cosinus und Tangens eines Trinoms.

Nach dem Additionstheorem ist

$$\sin(\alpha+\beta+\gamma) = \sin(\alpha+\beta)\cos\gamma + \cos(\alpha+\beta)\sin\gamma,$$

$$\cos(\alpha+\beta+\gamma) = \cos(\alpha+\beta)\cos\gamma - \sin(\alpha+\beta)\sin\gamma,$$

$$\operatorname{tg}(\alpha+\beta+\gamma) = \frac{\operatorname{tg}(\alpha+\beta)+\operatorname{tg}\gamma}{1-\operatorname{tg}(\alpha+\beta)\operatorname{tg}\gamma}.$$

Wendet man hier rechts wieder das Additionstheorem an, so wird weiter

$$\sin(\alpha+\beta+\gamma) = \sin\alpha\cos\beta\cos\gamma + \cos\alpha\sin\beta\cos\gamma + \cos\alpha\cos\beta\sin\gamma - \sin\alpha\sin\beta\sin\gamma,$$

$$\cos(\alpha+\beta+\gamma) = \cos\alpha\cos\beta\cos\gamma - \sin\alpha\sin\beta\cos\gamma - \sin\alpha\cos\beta\sin\gamma - \cos\alpha\sin\beta\sin\gamma,$$

$$\operatorname{tg}(\alpha+\beta+\gamma) = \frac{\dfrac{\operatorname{tg}\alpha+\operatorname{tg}\beta}{1-\operatorname{tg}\alpha\operatorname{tg}\beta}+\operatorname{tg}\gamma}{1-\dfrac{\operatorname{tg}\alpha+\operatorname{tg}\beta}{1-\operatorname{tg}\alpha\operatorname{tg}\beta}\cdot\operatorname{tg}\gamma} =$$

$$\frac{\operatorname{tg}\alpha+\operatorname{tg}\beta+\operatorname{tg}\gamma-\operatorname{tg}\alpha\operatorname{tg}\beta\operatorname{tg}\gamma}{1-\operatorname{tg}\alpha\operatorname{tg}\beta-\operatorname{tg}\alpha\operatorname{tg}\gamma-\operatorname{tg}\beta\operatorname{tg}\gamma}.$$

Die gefundenen Formeln, die oft mit Vorteil Verwendung finden, schreiben wir — nach dem Prinzip der zyklischen Vertauschung — folgendermaßen:

$$\boxed{\sin(\alpha+\beta+\gamma) = \cos\beta\cos\gamma\cdot\sin\alpha + \cos\gamma\cos\alpha\cdot\sin\beta + \cos\alpha\cos\beta\cdot\sin\gamma - \sin\alpha\sin\beta\sin\gamma}$$

$$\boxed{\cos(\alpha+\beta+\gamma) = \cos\alpha\cos\beta\cos\gamma - \sin\beta\sin\gamma\cdot\cos\alpha - \sin\gamma\sin\alpha\cdot\cos\beta - \sin\alpha\sin\beta\cdot\cos\gamma}$$

$$\boxed{\operatorname{tg}(\alpha+\beta+\gamma)=\frac{\operatorname{tg}\alpha+\operatorname{tg}\beta+\operatorname{tg}\gamma-\operatorname{tg}\alpha\operatorname{tg}\beta\operatorname{tg}\gamma}{1-\operatorname{tg}\beta\operatorname{tg}\gamma-\operatorname{tg}\gamma\operatorname{tg}\alpha-\operatorname{tg}\alpha\operatorname{tg}\beta}}\,.$$

§ 9

Multiplikation und Division.

Die ersten Anwendungen des Additionstheorems beziehen sich auf die Multiplikation und Teilung von Winkeln. Die einfachste in dieser Hinsicht zu stellende Aufgabe lautet:

Gegeben sind der Sinus und Cosinus eines Winkels gesucht der Sinus und Cosinus des doppelten und halben Winkels.

Lösung. In den Additionsformeln

$$\sin(\alpha+\beta)=\sin\alpha\cos\beta+\cos\alpha\sin\beta,$$
$$\cos(\alpha+\beta)=\cos\alpha\cos\beta-\sin\alpha\sin\beta$$

setzen wir $\alpha=\beta=\varphi$ und erhalten

$$\boxed{\sin 2\varphi=2\sin\varphi\cos\varphi}\,,\qquad\boxed{\cos 2\varphi=\cos^2\varphi-\sin^2\varphi}\,.$$

In der zweiten dieser Formeln kann man noch $\sin^2\varphi$ durch $1-\cos^2\varphi$ oder aber $\cos^2\varphi$ durch $1-\sin^2\varphi$ ersetzen. Dadurch entstehen die beiden Relationen

$$\boxed{\cos 2\varphi=2\cos^2\varphi-1}\qquad\boxed{\cos 2\varphi=1-2\sin^2\varphi}\,.$$

Mit diesen vier schon einmal (§ 7) gefundenen Formeln ist das Problem der Winkelverdopplung gelöst.

Nun zur Halbierung!

In den beiden letzten Formeln setzen wir $2\varphi=\psi$, $\varphi=\frac{\psi}{2}$ und lösen nach $\cos\frac{\psi}{2}$ und $\sin\frac{\psi}{2}$ auf. Das gibt

$$\boxed{\cos\frac{\psi}{2}=\sqrt{\frac{1+\cos\psi}{2}}}\,,\qquad\boxed{\sin\frac{\psi}{2}=\sqrt{\frac{1-\cos\psi}{2}}}\,.$$

Durch diese Halbierungformeln werden $\cos\frac{\psi}{2}$ und $\sin\frac{\psi}{2}$ durch den Cosinus von ψ ausgedrückt.

Es ist auch möglich, $\cos\frac{\psi}{2}$ und $\sin\frac{\psi}{2}$ durch den Sinus von ψ auszudrücken. Wir beschränken uns dabei aber auf konkave Winkel ψ. Der bequemeren Schreibung wegen sei $O = \cos\psi$, $J = \sin\psi$, $o = \cos\frac{\psi}{2}$, $i = \sin\frac{\psi}{2}$. Wir gehen aus von der Formel

$$2\,o^2 = 1 + O$$

und formen folgendermaßen um:

$$4\,o^2 = 2 + 2\,O = (1 + J) + (1 - J) \pm 2\sqrt{1 - J^2},$$

wo das obere oder untere Vorzeichen gilt, je nachdem ψ spitz oder stumpf ist. Weiter wird

$$4\,o^2 = (1 + J) + (1 - J) \pm 2\sqrt{1+J}\sqrt{1-J}$$
$$= (\sqrt{1+J} \pm \sqrt{1-J})^2.$$

Hieraus wird durch Radizierung

$$o = \frac{\sqrt{1+J} \pm \sqrt{1-J}}{2},$$

ausführlich geschrieben:

$$\boxed{\cos\frac{\psi}{2} = \frac{\sqrt{1+\sin\psi} \pm \sqrt{1-\sin\psi}}{2}}.$$

Bei $\sin\frac{\psi}{2}$ ist der Rechnungsverlauf der gleiche; nur daß es statt $+\,O$ $\quad -\,O$ und daraufhin statt $\pm\sqrt{1-J^2}$ $\quad \mp\sqrt{1-J^2}$ heißt.

$$\boxed{\sin\frac{\psi}{2} = \frac{\sqrt{1+\sin\psi} \mp \sqrt{1-\sin\psi}}{2}}.$$

Das neue Formelpaar drückt $\cos\frac{\psi}{2}$ und $\sin\frac{\psi}{2}$ durch $\sin\psi$ aus. In ihm gilt das obere oder untere Zeichen, jenachdem ψ spitz oder stumpf ist.

Mit den vier letzten eingerahmten Formeln ist auch das Problem der Winkelhalbierung gelöst.

Aufgabe 2. Aus dem Tangens eines Winkels den Tangens des doppelten Winkels zu berechnen.

Die Lösung ergibt sich unmittelbar aus dem Additionstheorem für die Tangensfunktion, indem wir jeden der beiden hier auftretenden Winkel gleich φ setzen. So entsteht sofort

$$\boxed{\operatorname{tg} 2\varphi = \frac{2 \operatorname{tg} \varphi}{1 - \operatorname{tg}^2 \varphi}}.$$

Natürlich läßt sich diese Verdopplungsformel auch aus den beiden obigen Verdopplungsformeln

$$\sin 2\varphi = 2 \sin \varphi \cos \varphi, \qquad \cos 2\varphi = \cos^2 \varphi - \sin^2 \varphi$$

herleiten:

$$\operatorname{tg} 2\varphi = \frac{\sin 2\varphi}{\cos 2\varphi} = \frac{2 \sin \varphi \cos \varphi}{\cos^2 \varphi - \sin^2 \varphi} = \frac{2 \cdot \dfrac{\sin \varphi}{\cos \varphi}}{1 - \dfrac{\sin^2 \varphi}{\cos^2 \varphi}} = \frac{2 \operatorname{tg} \varphi}{1 - \operatorname{tg}^2 \varphi}.$$

Diese Überlegung ist nicht nutzlos: sie regt dazu an,

$$\sin 2\varphi = \frac{2 \sin \varphi \cos \varphi}{\cos^2 \varphi + \sin^2 \varphi} = \frac{2 \operatorname{tg} \varphi}{1 + \operatorname{tg}^2 \varphi}$$

und

$$\cos 2\varphi = \frac{\cos^2 \varphi - \sin^2 \varphi}{\cos^2 \varphi + \sin^2 \varphi} = \frac{1 - \operatorname{tg}^2 \varphi}{1 + \operatorname{tg}^2 \varphi}$$

zu schreiben. Damit haben wir ein bedeutsames Formeltripel gewonnen. Um es dem Gedächtnis leicht einzuprägen, setzen wir $2\varphi = \Phi$ und $\operatorname{tg} \varphi = \operatorname{tg} \frac{\Phi}{2} = t$.

Das Tripel lautet

$$\boxed{\sin \Phi = \frac{2t}{1 + t^2}, \cos \Phi = \frac{1 - t^2}{1 + t^2}, \operatorname{tg} \Phi = \frac{2t}{1 - t^2}}.$$

Durch dieses überaus wichtige Formeltripel werden Sinus, Cosinus und Tangens eines Winkels Φ **rational** durch den Tangens t des halben Winkels dargestellt.

Da die dritte Formel aus den beiden ersten ohne weiteres abzulesen ist, kann übrigens auf ihre Niederschrift verzichtet werden.

Aufgabe 3. sin 3φ durch sin φ und cos 3φ durch cos φ auszudrücken.

Lösung. In den Formeln

$$\sin(\alpha+\beta) = \sin\alpha\cos\beta + \cos\alpha\sin\beta,$$
$$\cos(\alpha+\beta) = \cos\alpha\cos\beta - \sin\alpha\sin\beta$$

des Additionstheorems setzen wir $\alpha = 2\varphi$, $\beta = \varphi$ und erhalten

$$\sin 3\varphi = \sin 2\varphi\cos\varphi + \cos 2\varphi\sin\varphi,$$
$$\cos 3\varphi = \cos 2\varphi\cos\varphi - \sin 2\varphi\sin\varphi.$$

In der oberen Formel ersetzen wir $\cos 2\varphi$ durch $1 - 2\sin^2\varphi$, in der unteren $\cos 2\varphi$ durch $2\cos^2\varphi - 1$, in beiden $\sin 2\varphi$ durch $2\sin\varphi\cos\varphi$. Das gibt

$$\sin 3\varphi = \sin\varphi - 2\sin^3\varphi + 2\sin\varphi\cdot\cos^2\varphi,$$
$$\cos 3\varphi = 2\cos^3\varphi - \cos\varphi - 2\cos\varphi\cdot\sin^2\varphi.$$

Hier ersetzen wir $\cos^2\varphi$ durch $1 - \sin^2\varphi$ und $\sin^2\varphi$ durch $1 - \cos^2\varphi$. Dann entsteht schließlich

$$\boxed{\begin{aligned}\sin 3\varphi &= 3\sin\varphi - 4\sin^3\varphi\\ \cos 3\varphi &= 4\cos^3\varphi - 3\cos\varphi\end{aligned}},$$

womit die gestellte Aufgabe gelöst ist. Der Leser wird in diesen Formeln zwei alte Bekannte aus § 7 wiedererkennen.

Aufgabe 4. cos 4φ und sin 4φ : sin φ durch cos φ auszudrücken.

Lösung. Nach der Verdopplungsformel ist

$$\cos 4\varphi = 2\cos^2 2\varphi - 1$$

und nach derselben Formel

$$\cos 4\varphi = 2\,[2\cos^2\varphi - 1]^2 - 1.$$

Das gibt

$$\boxed{\cos 4\varphi = 8\cos^4\varphi - 8\cos^2\varphi + 1}.$$

Ähnlich wird

$$\sin 4\varphi = 2\sin 2\varphi\cos 2\varphi = 4\sin\varphi\cos\varphi\,(2\cos^2\varphi - 1),$$

mithin

$$\boxed{\frac{\sin 4\varphi}{\sin\varphi} = 8\cos^3\varphi - 4\cos\varphi}.$$

Aufgabe 5. $\sin 5\varphi$ durch $\sin\varphi$ und $\cos 5\varphi$ durch $\cos\varphi$ auszudrücken.

Lösung. Man schreibe z. B.

$$\sin 5\varphi = \sin(3\varphi + 2\varphi) = \sin 3\varphi \cos 2\varphi + \cos 3\varphi \sin 2\varphi =$$
$$(3\sin\varphi - 4\sin^3\varphi)(1 - 2\sin^2\varphi) + (4\cos^3\varphi - 3\cos\varphi)\, 2\sin\varphi\cos\varphi.$$

Hier wird der erse Posten der rechten Seite $3\sin\varphi - 10\sin^3\varphi + 8\sin^5\varphi$, der zweite zunächst $2\cos^2\varphi\,(4\cos^2\varphi - 3)\sin\varphi$ und, nachdem man $\cos^2\varphi$ durch $\sin^2\varphi$ ausgedrückt hat, $2\sin\varphi - 10\sin^3\varphi + 8\sin^5\varphi$.

Folglich

$$\boxed{\sin 5\varphi = 5\sin\varphi - 20\sin^3\varphi + 16\sin^5\varphi}\,.$$

Die Bestimmung von $\cos 5\varphi$ verläuft ganz ähnlich, so daß es genügt, das Ergebnis hinzuschreiben:

$$\boxed{\cos 5\varphi = 5\cos\varphi - 20\cos^3\varphi + 16\cos^5\varphi}\,.$$

§ 10

Die Verwandlungsformeln.

Wir verbinden die beiden Formeln

$$\sin(\alpha + \beta) = \sin\alpha\cos\beta + \cos\alpha\sin\beta$$
$$\sin(\alpha - \beta) = \sin\alpha\cos\beta - \cos\alpha\sin\beta$$

desAdditionstheorems der Sinusfunktion einmal durch Addition, einmal durch Subtraktion. Das gibt

$$\sin(\alpha + \beta) + \sin(\alpha - \beta) = 2\sin\alpha\cos\beta,$$
$$\sin(\alpha + \beta) - \sin(\alpha - \beta) = 2\cos\alpha\sin\beta.$$

Hier führen wir statt der griechischen Buchstaben lateinische ein nach der Vorschrift

$$\alpha + \beta = x, \qquad \alpha - \beta = y,$$
$$\alpha = \frac{x+y}{2}, \qquad \beta = \frac{x-y}{2}.$$

Dadurch erhalten die gewonnenen Gleichungen die Form

$$\boxed{\sin x + \sin y = 2 \sin \frac{x+y}{2} \cos \frac{x-y}{2}},$$

$$\boxed{\sin x - \sin y = 2 \cos \frac{x+y}{2} \sin \frac{x-y}{2}}.$$

Diese beiden Formeln gestatten, die Summe und die Differenz zweier Sinus in ein Produkt zu verwandeln.

Verfahren wir in gleicher Weise mit dem Formelpaar

$$\left\{\begin{array}{l}\cos(\alpha+\beta) = \cos\alpha\cos\beta - \sin\alpha\sin\beta \\ \cos(\alpha-\beta) = \cos\alpha\cos\beta + \sin\alpha\sin\beta\end{array}\right\},$$

so lautet das Ergebnis

$$\boxed{\cos x + \cos y = 2 \cos \frac{x+y}{2} \cos \frac{x-y}{2}},$$

$$\boxed{\cos y - \cos x = 2 \sin \frac{x+y}{2} \sin \frac{x-y}{2}}.$$

Damit ist sowohl die Summe als auch die Differenz zweier Cosinus in ein Produkt verwandelt.

Ersetzen wir in den beiden letzten Formeln x durch φ, y durch 0, so entsteht noch

$$\boxed{1 + \cos\varphi = 2\cos^2\frac{\varphi}{2}},$$

$$\boxed{1 - \cos\varphi = 2\sin^2\frac{\varphi}{2}}.$$

Das sind zwei Formeln, die die Verwandlung von $1 + \cos\varphi$ und $1 - \cos\varphi$ in Produkte bewirken.

Da man einen Sinus stets in einen Cosinus und umgekehrt verwandeln kann [$\sin\varphi = \cos\psi$ mit $\psi = \text{co}\,\varphi$], so läßt sich auch die Summe bzw. Differenz von einem Sinus und einem Cosinus in ein Produkt verwandeln. Wir beschränken uns aber hier auf die Angabe der Verwandlung von $\sin x \pm \cos x$ (wo also die beiden Winkel gleich sind). Die Formel lautet

$$\boxed{\sin x \pm \cos x = \sqrt{2} \cdot \sin (x \pm 45^0)}$$

wie aus der Entwicklung der rechten Seite dieser Gleichung nach dem Additionstheorem sofort ersichtlich wird.

Vier weitere Formeln dieser Art gewinnen wir durch die Betrachtung der Ausdrücke

$$\cot x \pm \operatorname{tg} x \qquad \text{und} \qquad \operatorname{cosec} x \pm \cot x.$$

Es ist

$$\cot x + \operatorname{tg} x = \frac{\cos x}{\sin x} + \frac{\sin x}{\cos x} = \frac{\cos^2 x + \sin^2 x}{\sin x \cos x}$$

$$= \frac{1}{\sin x \cos x} = \frac{2}{\sin 2x}$$

und folglich

$$\boxed{\cot x + \operatorname{tg} x = 2 \operatorname{cosec} 2x}.$$

Ebenso

$$\cot x - \operatorname{tg} x = \frac{\cos^2 x - \sin^2 x}{\sin x \cos x} = \frac{2 \cos 2x}{\sin 2x},$$

mithin

$$\boxed{\cot x - \operatorname{tg} x = 2 \cot 2x}.$$

Sodann

$$\operatorname{cosec} x + \cot x = \frac{1 + \cos x}{\sin x} = \frac{2 \cos^2 \frac{x}{2}}{2 \sin \frac{x}{2} \cos \frac{x}{2}} = \frac{\cos \frac{x}{2}}{\sin \frac{x}{2}}$$

oder

$$\boxed{\operatorname{cosec} x + \cot x = \cot \frac{x}{2}}.$$

Endlich

$$\operatorname{cosec} x - \cot x = \frac{1 - \cos x}{\sin x} = \frac{2 \sin^2 \frac{x}{2}}{2 \sin \frac{x}{2} \cos \frac{x}{2}} = \frac{\sin \frac{x}{2}}{\cos \frac{x}{2}}$$

oder

$$\boxed{\operatorname{cosec} x - \cot x = \operatorname{tg}\frac{x}{2}}\,.$$

Wir verzeichnen noch zwei Formeln für die Verwandlung der Summe und Differenz zweier Tangens in ein Produkt.

Man hat

$$\operatorname{tg} x + \operatorname{tg} y = \frac{\sin x}{\cos x} + \frac{\sin y}{\cos y} = \frac{\sin x \cos y + \cos x \sin y}{\cos x \cos y}$$

$$= \frac{\sin (x + y)}{\cos x \cos y}\,,$$

also

$$\boxed{\operatorname{tg} x + \operatorname{tg} y = \frac{\sin (x + y)}{\cos x \cos y}}\,.$$

Ebenso wird

$$\boxed{\operatorname{tg} x - \operatorname{tg} y = \frac{\sin (x - y)}{\cos x \cos y}}\,.$$

Die 14 eingerahmten Formeln dieses Paragraphen werden wir im folgenden kurzweg Verwandlungsformeln nennen, insofern sie die Summe und Differenz von zwei Kreisfunktionen in ein Produkt verwandeln (von dem in der elften und zwölften Formel ein Faktor allerdings die Einheit ist).

Es darf nicht unerwähnt bleiben, daß die zehnte und elfte dieser Formeln häufig in einer anderen Schreibweise erscheinen:

$$\boxed{\operatorname{tg} x = \cot x - 2 \cot 2x}\,,$$

$$\boxed{\operatorname{cosec} x = \cot \frac{x}{2} - \cot x}\,.$$

Durch diese Schreibung wird zum Ausdruck gebracht, daß die beiden Funktionen Tangens und Cosecans durch die Cotangensfunktion allein ausgedrückt werden können.

Die Verwandlungsformeln eignen sich besonders dazu, Summen und Differenzen von Kreisfunktionswerten der logarithmischen Rechnung zugänglich zu machen. Ihre Hauptaufgabe besteht aber darin, bei der Umformung trigonometrischer Ausdrücke wertvolle Dienste zu leisten.

Quasireziproke Werte.

Eine unmittelbare Anwendung der Verwandlungsformeln bildet die Ermittlung der quasireziproken Werte der fünf Größen

$$\frac{\sin\beta}{\sin\alpha}, \qquad \frac{\operatorname{tg}\beta}{\operatorname{tg}\alpha}, \qquad \frac{\cos\alpha}{\cos\beta}, \qquad \operatorname{tg}\alpha, \qquad \cot\alpha.$$

Unter dem quasireziproken Wert oder Quasireziprok des Bruches $\frac{b}{a}$ versteht man den Bruch $\frac{a-b}{a+b}$. Der Grund für diese Benennung liegt darin, daß der quasireziproke Wert von $\frac{a-b}{a+b}$ wieder der ursprüngliche Bruch $\frac{b}{a}$ ist.

Der quasireziproke Wert von $\frac{\sin\beta}{\sin\alpha}$ ist $\frac{\sin\alpha - \sin\beta}{\sin\alpha + \sin\beta}$, und dieser Bruch hat nach der ersten und zweiten Verwandlungsformel den Wert

$$\frac{2\cos\frac{\alpha+\beta}{2}\sin\frac{\alpha-\beta}{2}}{2\sin\frac{\alpha+\beta}{2}\cos\frac{\alpha-\beta}{2}} = \operatorname{tg}\frac{\alpha-\beta}{2} : \operatorname{tg}\frac{\alpha+\beta}{2}.$$

Wegen dieses Sachverhalts ist der quasireziproke Wert des Bruches

$\frac{\sin(\alpha-\beta)}{\sin(\alpha+\beta)}$ $\quad \frac{\operatorname{tg}\beta}{\operatorname{tg}\alpha}$, mithin der quasireziproke Wert von

$$\frac{\operatorname{tg}\beta}{\operatorname{tg}\alpha} \qquad \frac{\sin(\alpha-\beta)}{\sin(\alpha+\beta)}.$$

Der quasireziproke Wert von $\frac{\cos\alpha}{\cos\beta}$ ist $\frac{\cos\beta - \cos\alpha}{\cos\beta + \cos\alpha}$, und dieser Bruch hat nach der dritten und vierten Verwandlungsformel den Wert

$$\frac{2\sin\frac{\alpha+\beta}{2}\sin\frac{\alpha-\beta}{2}}{2\cos\frac{\alpha+\beta}{2}\cos\frac{\alpha-\beta}{2}} = \operatorname{tg}\frac{\alpha+\beta}{2}\cdot\operatorname{tg}\frac{\alpha-\beta}{2}.$$

Das Quasireziprok von tg α ist $\frac{1 - \text{tg}\,\alpha}{1 + \text{tg}\,\alpha} = \frac{\text{tg}\,\lambda - \text{tg}\,\alpha}{1 + \text{tg}\,\lambda\ \text{tg}\,\alpha}$, wo λ den Winkel $\frac{\pi}{4}$ oder 45^0 bedeutet, d. h. also $\text{tg}\,(\lambda - \alpha) = \cot\,(\alpha + \lambda)$.

Das Quasireziprok von cot α endlich ist (wegen $\cot\alpha = 1 : \text{tg}\,\alpha$)

$$\frac{\text{tg}\,\alpha - 1}{\text{tg}\,\alpha + 1} = \frac{\text{tg}\,\alpha - \text{tg}\,\lambda}{1 + \text{tg}\alpha\,\text{tg}\,\lambda} = \text{tg}\,(\alpha - \lambda).$$

Ergebnis:

Die quasireziproken Werte der fünf Größen

$\frac{\sin\beta}{\sin\alpha}$	$\frac{\text{tg}\,\beta}{\text{tg}\,\alpha}$	$\frac{\cos\alpha}{\cos\beta}$	$\text{tg}\,\alpha$	$\cot\alpha$
sind				
$\frac{\text{tg}\,\frac{\alpha-\beta}{2}}{\text{tg}\,\frac{\alpha+\beta}{2}}$	$\frac{\sin(\alpha-\beta)}{\sin(\alpha+\beta)}$	$\text{tg}\,\frac{\alpha-\beta}{2} \cdot \text{tg}\,\frac{\alpha+\beta}{2}$	$\cot\,(\alpha+\lambda)$	$\text{tg}\,(\alpha-\lambda)$

mit $\lambda = \frac{\pi}{4}$ bzw. $\lambda = 45^0$.

§ 11
Moivres Formel.

Wir greifen nochmals auf die Definitionsfigur der Kreisfunktionen (§ 2) zurück. Wir denken uns die Zeichenebene als Gaußebene, d. h. als Ebene der komplexen Zahlen, *O* als den Nullpunkt der Gaußebene, die waagrechte Achse *COA* als Achse der reellen, die lotrechte Achse *DOB* als Achse der imaginären Zahlen. Dann repräsentiert der Einheitskreispunkt *P* mit der Abszisse $OF = u$ und der Ordinate $FP = v$ die komplexe Zahl

$$u + iv = \cos w + i \sin w.$$

Die komplexen Zahlen, deren Realteil der Cosinus, deren Imaginärteil der Sinus eines Winkels ist, hat zuerst Gauß eingehend untersucht. Wir nennen solche Zahlen deshalb **Gaußzahlen**, den in ihnen auftretenden Winkel ihren Winkel.

Wir achten in diesem Paragraphen lediglich auf die Multiplikation, Division, Potenzierung und Radizierung von Gaußzahlen.

I Multiplikation.

Wir bilden das Produkt der beiden Gaußzahlen

$$\mathfrak{a} = \cos\alpha + i\sin\alpha, \qquad \mathfrak{b} = \cos\beta + i\sin\beta.$$

Wir finden

$$\mathfrak{a}\,\mathfrak{b} = (\cos\alpha + i\sin\alpha)\,(\cos\beta + i\sin\beta)$$

$$= [\cos\alpha\cos\beta - \sin\alpha\sin\beta] + i\left\{\sin\alpha\cos\beta + \cos\alpha\sin\beta\right\}.$$

Nach dem Additionstheorem ist die eckige Klammer $\cos(\alpha+\beta)$, die geschweifte $\sin(\alpha+\beta)$.

Daher wird

$$\mathfrak{a}\,\mathfrak{b} = \cos(\alpha+\beta) + i\sin(\alpha+\beta),$$

ausführlich:

$$\boxed{(\cos\alpha + i\sin\alpha)\,(\cos\beta + i\sin\beta) = \cos(\alpha+\beta) + i\sin(\alpha+\beta)}\,.$$

Dies ist die Fundamentalformel dieses Paragraphen. Sie lautet in Worten:

Das Produkt zweier Gaußzahlen ist wieder eine Gaußzahl; der Winkel des Produkts ist gleich der Summe der Winkel der Faktoren.

Nunmehr findet sich für das Produkt von drei Gaußzahlen

$$\mathfrak{a} = \cos\alpha + i\sin\alpha, \qquad \mathfrak{b} = \cos\beta + i\sin\beta, \qquad \mathfrak{c} = \cos\gamma + i\sin\gamma$$

$$\mathfrak{a}\,\mathfrak{b}\,\mathfrak{c} = \mathfrak{a}\,\mathfrak{b}\cdot\mathfrak{c} = [\cos(\alpha+\beta) + i\sin(\alpha+\beta)]\;[\cos\gamma + i\sin\gamma].$$

Nach der eben aufgeführten Regel ist die rechte Seite dieser Gleichung $\cos(\alpha+\beta+\gamma) + i\sin(\alpha+\beta+\gamma)$.

Folglich

$$\mathfrak{a}\,\mathfrak{b}\,\mathfrak{c} = \cos(\alpha+\beta+\gamma) + i\sin(\alpha+\beta+\gamma).$$

Tritt noch ein vierter Faktor

$$\mathfrak{d} = \cos\delta + i\sin\delta$$

hinzu, so wird

$$\mathfrak{a}\,\mathfrak{b}\,\mathfrak{c}\cdot\mathfrak{d} = [\cos(\alpha+\beta+\gamma) + i\sin(\alpha+\beta+\gamma)]\cdot[\cos\delta + i\sin\delta]$$

$$= \cos(\alpha+\beta+\gamma+\delta) + i\sin(\alpha+\beta+\gamma+\delta)$$

u. s. w. Es gilt also folgende

Produktregel:

Das Produkt mehrerer Gaußzahlen ist wieder eine Gaußzahl; der Winkel des Produkts ist gleich der Summe der Winkel der Faktoren.

II Division

Wir betrachten zuerst den Kehrwert einer Gaußzahl $\mathfrak{a} = \cos\alpha + i\sin\alpha$:

$$\frac{1}{\mathfrak{a}} = \frac{1}{\cos\alpha + i\sin\alpha} = \cos\alpha - i\sin\alpha,$$

da $(\cos\alpha + i\sin\alpha)(\cos\alpha - i\sin\alpha) = \cos^2\alpha + \sin^2\alpha = 1$.

Der Kehrwert einer Gaußzahl ist also die Konjugierte* der Gaußzahl.

Nun finden wir den Quotient $\mathfrak{a} : \mathfrak{b}$ der beiden Gaußzahlen

$$\mathfrak{a} = \cos\alpha + i\sin\alpha, \qquad \mathfrak{b} = \cos\beta + i\sin\beta$$

leicht:

$$\frac{\mathfrak{a}}{\mathfrak{b}} = \frac{\cos\alpha + i\sin\alpha}{\cos\beta + i\sin\beta} = (\cos\alpha + i\sin\alpha)(\cos\beta - i\sin\beta) =$$

$$[\cos\alpha + i\sin\alpha][\cos(-\beta) + i\sin(-\beta)] = \cos(\alpha-\beta) + i\sin(\alpha-\beta).$$

Also:

$$\boxed{\frac{\cos\alpha + i\sin\alpha}{\cos\beta + i\sin\beta} = \cos(\alpha-\beta) + i\sin(\alpha-\beta)}.$$

In Worten:

Der Quotient zweier Gaußzahlen ist wieder eine Gaußzahl; der Winkel des Quotienten wird gefunden, indem man den Zählerwinkel um den Nennerwinkel vermindert.

III Potenzieren.

Wir suchen die n^{te} Potenz einer Gaußzahl $\mathfrak{a} = \cos\alpha + i\sin\alpha$, wo n eine natürliche Zahl bedeutet.

---

* Unter der Konjugierten der Komplexzahl $a + ib$ versteht man die Zahl $a - ib$.

Nach der Produktregel wird $\mathfrak{a}^n$, weil gleich $\mathfrak{a} \cdot \mathfrak{a} \cdot \mathfrak{a} \cdot \cdots \cdot \mathfrak{a}$ [n Faktoren], gleich $\cos(\alpha + \alpha + \alpha + \cdots + \alpha) + i \sin(\alpha + \alpha + \alpha + \cdots + \alpha)$, wo in jeder Klammer n Summanden α stehen, also gleich $\cos n\alpha + i \sin n\alpha$.

Ergo
$$\boxed{(\cos\alpha + i\sin\alpha)^n = \cos n\alpha + i\sin n\alpha}.$$

Nach dieser Formel findet sich auch leicht $\mathfrak{a}^{-n}$:

$$\mathfrak{a}^{-n} = \frac{1}{\mathfrak{a}^n} = \frac{1}{\cos n\alpha + i\sin n\alpha} = \cos n\alpha - i\sin n\alpha,$$

so daß
$$\boxed{(\cos\alpha + i\sin\alpha)^{-n} = \cos n\alpha - i\sin n\alpha}$$
ist.

Die gefundenen Formeln enthalten die

Potenzregel:

Die Potenz einer Gaußzahl ist wieder eine Gaußzahl; der Winkel der Potenz wird gefunden, indem man den Winkel der Basis mit dem Potenzexponent multipliziert.

IV Radizieren.

Wir suchen die n^{te} Wurzel aus der Gaußzahl $\mathfrak{a} = \cos\alpha + i\sin\alpha$, d. h. eine Zahl ζ, deren n^{te} Potenz $\mathfrak{a}$ ist. Diese Zahl heißt

$$\zeta = \cos\frac{\alpha}{n} + i\sin\frac{\alpha}{n}.$$

Tatsächlich ist nach III

$$\zeta^n = \left(\cos\frac{\alpha}{n} + i\sin\frac{\alpha}{n}\right)^n = \cos\alpha + i\sin\alpha = \mathfrak{a}.$$

Demnach gilt die Formel

$$\boxed{\sqrt[n]{\cos\alpha + i\sin\alpha} = \cos\frac{\alpha}{n} + i\sin\frac{\alpha}{n}}.$$

In Worten: Wurzelregel:

Die Wurzel einer Gaußzahl ist wieder eine Gaußzahl, deren Winkel gefunden wird, indem man den Winkel der Wurzelbasis durch den Wurzelexponent teilt.

V Potenz mit gebrochenem Exponent.

Zum Schluß bestimmen wir noch

$$\left(\cos\alpha + i\sin\alpha\right)^{\frac{m}{n}},$$

wo $m : n$ ein positiver oder negativer rationaler Bruch ist und zwar m beliebig ganzzahlig, n positiv ganzzahlig.

Wir schreiben diesen Ausdruck

$$\sqrt[n]{\cos\alpha + i\sin\alpha}^{\,m}$$

und bekommen nach III und IV

$$\left(\cos\frac{\alpha}{n} + i\sin\frac{\alpha}{n}\right)^m = \cos\frac{m}{n}\alpha + i\sin\frac{m}{n}\alpha.$$

Also

$$\boxed{\left(\cos\alpha + i\sin\alpha\right)^{\frac{m}{n}} = \cos\frac{m}{n}\alpha + i\sin\frac{m}{n}\alpha}.$$

Bedeutet sonach r eine beliebige Rationalzahl, so ist

$$\boxed{\left(\cos\alpha + i\sin\alpha\right)^r = \cos r\alpha + i\sin r\alpha}.$$

Dies ist die Formel von Moivre.

Moivres Formel gestattet zahlreiche Anwendungen. Zwei besonders wichtige geben wir gleich hier an.

Es handle sich zuerst um das Problem

Cosinus und Sinus eines Multiplums $n\varphi$ des Winkels φ durch $u = \cos\varphi$ und $v = \sin\varphi$ auszudrücken.

Lösung. Nach Moivre ist

$$\cos n\varphi + i\sin n\varphi = (u + iv)^n.$$

Hier entwickeln wir $(u + iv)^n$ nach dem binomischen Satze:

$$(u + iv)^n = u^n + n_1 u^{n-1} v i + n_2 u^{n-2} v^2 i^2 + n_3 u^{n-3} v^3 i^3 + \cdots$$

Hier ersetzen wir $i, i^2, i^3, i^4; i^5, i^6, i^7, i^8; \ldots$ durch $i, -1, -i, +1; i, -1, -i, +1; \ldots$ und erhalten

$$\cos n\varphi + i\sin n\varphi = (u^n - n_2 u^{n-2} v^2 + n_4 u^{n-4} v^4 - + \ldots)$$
$$+ i\,(n u^{n-1} v - n_3 u^{n-3} v^3 + n_5 u^{n-5} v^5 - + \ldots).$$

Daher gilt das wichtige Formelpaar

$$\left\{\begin{aligned}\cos n\varphi &= u^n - n_2 u^{n-2} v^2 + n_4 u^{n-4} v^4 - n_6 u^{n-6} v^6 + - \ldots \\ \sin n\varphi &= n u^{n-1} v - n_6 u^{n-3} v^3 + n_5 u^{n-5} v^5 - n_7 u^{n-7} v^7 + - \ldots\end{aligned}\right\}$$

$$\text{mit } u = \cos\varphi,\ v = \sin\varphi$$

Es handle sich zweitens um die

Bestimmung der n^{ten} Wurzeln aus einer Zahl.

Vorgelegt sei die beliebige komplexe Zahl

$$c = a + ib$$

mit dem Realteil a und Imaginärteil b.

Gesucht sind alle möglichen n^{ten} Wurzeln aus c, wo n eine gegebene natürliche Zahl bedeutet.

Ist $z = x + iy$ eine solche Wurzel, so muß also die Gleichung

$$z^n = c$$

befriedigt sein. Unser Problem kann demnach auch so formuliert werden:

Die Wurzeln der binomischen Gleichung

$$z^n = c$$

zu ermitteln.

Lösung. Wir denken uns jede der beiden Zahlen c und z auf die „trigonometrische Form"

$$c = d(\cos\alpha + i\sin\alpha), \qquad z = r(\cos\varphi + i\sin\varphi)$$

geschafft. Die „Beträge" d und r und „Winkel" α und φ der Zahlen $c = a + ib$ und $z = x + iy$ bestimmen sich dabei durch die Formeln

$$d = \left|\sqrt{a^2 + b^2}\right|, \qquad r = \left|\sqrt{x^2 + y^2}\right|,$$

$$\cos\alpha = \frac{a}{d}, \qquad \sin\alpha = \frac{b}{d}, \qquad \cos\varphi = \frac{x}{r}, \qquad \sin\varphi = \frac{y}{r}.$$

Dann nimmt unsere Gleichung die Form an

$$r^n(\cos\varphi + i\sin\varphi)^n = d(\cos\alpha + i\sin\alpha)$$

oder gemäß Moivres Formel

$$r^n(\cos n\varphi + i\sin n\varphi) = d(\cos\alpha + i\sin\alpha).$$

Da die linke Seite dieser Gleichung den Betrag r^n, die rechte den Betrag d hat, ist zunächst

$$r^n = d \qquad \text{oder} \qquad r = \sqrt[n]{d}.$$

Dann wird weiter

$$\cos n\varphi + i \sin n\varphi = \cos\alpha + i \sin\alpha,$$

und hieraus

$$\cos n\varphi = \cos\alpha \qquad \text{und} \qquad \sin n\varphi = \sin\alpha.$$

Nach der Periodizität der Kreisfunktionen Sinus und Cosinus muß der Unterschied $n\varphi - \alpha$ ein ganzzahliges Vielfaches, etwa das s-fache, von 2π sein:

$$n\varphi - \alpha = s \cdot 2\pi.$$

Setzen wir also

$$\frac{\alpha}{n} = \nu\,, \qquad \frac{2\pi}{n} = \varepsilon,$$

so wird

$$\varphi = \nu + s\varepsilon,$$

und für jedes derartige φ — mit beliebigem ganzzahligem s — ist $\cos n\varphi = \cos\alpha$, $\sin n\varphi = \sin\alpha$ und

$$z^n = c.$$

Danach scheint es, als ob die Gleichung $z^n = c$ unendlich viele Wurzeln

$$z = r(\cos\varphi + i \sin\varphi)$$

hätte. Wir notieren zunächst einmal die n Wurzeln z_0, z_1, z_2, . . . , z_{n-1} die sich ergeben, wenn man für s sukzessiv die Werte 0, 1, 2, . . . , $n - 1$ wählt. Diese sind alle voneinander verschieden, da aus $z_h = z_k$ oder

$$r(\cos[\nu + h\varepsilon] + i \sin[\nu + h\varepsilon]) = r(\cos[\nu + k\varepsilon] + i \sin[\nu + k\varepsilon])$$

für den Unterschied $(h - k)\varepsilon$ der beiden Winkel $[\nu + h\varepsilon]$ und $[\nu + k\varepsilon]$ ein ganzzahliges Vielfaches von 2π herauskommen müßte, was wegen $|h - k| < n$ nicht zutrifft.

Weitere Wurzeln als die n genannten kann es aber nicht geben. Ist nämlich σ ein Zeiger, der sich nicht in der Folge 0, 1, 2, . . . , n—1 findet, so existiert in der Folge ein Zeiger s derart, daß der Unterschied $\sigma - s$ ein Multiplum $\mu\, n$ von n darstellt, so daß $\sigma - s = \mu\, n$ ist.

Dann hat man wegen $\sigma\,\varepsilon - s\,\varepsilon = \mu \cdot 2\pi$

$$z_\sigma = r\,(\cos\,[\nu + \sigma\,\varepsilon] + i \sin\,[\nu + \sigma\,\varepsilon])$$
$$= r\,(\cos\,[\nu + s\,\varepsilon] + i \sin\,[\nu + s\,\varepsilon]) = z_s\,,$$

so daß z_σ keine neue Wurzel ist.

Ergebnis:

Die binomische Gleichung

$$z^n = c$$

hat genau n verschiedene Wurzeln

$$z_0\ ,\quad z_1\ ,\quad z_2\ ,\quad \ldots\ ,\ z_{n-1}.$$

Man findet sie, indem man in

$$z_s = r\,(\cos\,[\nu + s\,\varepsilon] + i \sin\,[\nu + s\,\varepsilon])$$

den Zeiger s die n Zahlen 0, 1, 2, . . . , $n - 1$ durchlaufen läßt, wobei

$$\nu = \frac{\alpha}{n}\,,\qquad \varepsilon = \frac{2\pi}{n}\,,\qquad r = \sqrt[n]{d}$$

ist und d den Betrag, α den Winkel der vorgelegten Zahl $c = a + i\,b$ bedeutet.

$$[d = +\sqrt{a^2 + b^2} = |\,c\,|,\qquad \cos\alpha = a : d,\qquad \sin\alpha = b : d]$$

§ 12
Der Cosinussatz.

Zwischen dem Cosinus eines Winkels eines Dreiecks und den drei Seiten des Dreiecks besteht eine Beziehung; diese Beziehung wird der Cosinussatz genannt.

Es gibt zwei Ableitungen des Cosinussatzes; die eine beruht auf dem pythagoreischen Satze, die andere auf dem Projektionssatze.

Erste Herleitung.

Wir greifen den Winkel α des Dreiecks ABC heraus und fällen von der Ecke C auf die Gegenseite c das Lot $CF = l$. Dieses zerlegt die Seite c — die beiden Winkel α und β als spitz vorausgesetzt — in die beiden Stücke $AF = p$ und $BF = q$, so daß $p + q = c$ ist.

Nach dem auf das rechtwinklige Dreieck BFC angewandten pythagoreischen Satze ist

$$a^2 = l^2 + q^2.$$

In dieser Gleichung ersetzen wir q durch $(c - p)$ und erhalten

$$a^2 = l^2 + (c - p)^2 = l^2 + p^2 + c^2 - 2\,cp.$$

Nach dem auf das rechtwinklige Dreieck AFC angewandten pythagoreischen Satze ist aber $l^2 + p^2 = b^2$, so daß einfacher

$$a^2 = b^2 + c^2 - 2\,cp$$

wird.

Nun schreiben wir auf Grund der Kathetenregel für die Kathete p des rechtwinkligen Dreiecks AFC $b \cos \alpha$ und finden

(1) $$\boxed{a^2 = b^2 + c^2 - 2\,bc \cos \alpha}.$$

Diese Formel bildet den Cosinussatz. Lösen wir die gefundene Gleichung nach $\cos \alpha$ auf, so ergibt sich

(2) $$\boxed{\cos \alpha = \frac{b^2 + c^2 - a^2}{2\,bc}}\,.$$

Auch diese Formel wird Cosinussatz genannt.

Es ist ratsam, diese beiden Fassungen des Cosinussatzes auch textlich darzustellen und sich den Wortlaut einzuprägen. Also:

Cosinussatz:

Das Quadrat einer Dreiecksseite ist gleich der Summe der Quadrate der andern beiden Dreiecksseiten, vermindert um das mit dem Cosinus ihres Zwischenwinkels multiplizierte Doppelprodukt dieser beiden Seiten.

Der Cosinus eines Dreieckswinkels ist gleich der Summe der Quadrate der beiden Anseiten, vermindert um das Quadrat der Gegenseite, das ganze geteilt durch das doppelte Anseitenprodukt.

Zusatz. Wir haben bei unserer Herleitung die Winkel α und β als spitz vorausgesetzt. Wenn β stumpf ist, muß $q_{/}$ durch $p - c$ ersetzt werden, was aber das Ergebnis in keiner Weise ändert. Ist aber α stumpf, so muß q durch $c+p$ und in der entstehenden Gleichung $a^2 = b^2 + c^2 + 2\,cp$ p durch $-b\cos\alpha$ ersetzt werden, wodurch wiederum dasselbe Ergebnis entsteht.

Der Cosinussatz gilt also sowohl für spitzwinklige als auch für stumpfwinklige Dreiecke. Selbstverständlich behält er auch bei rechtwinkligen Dreiecken seine Gültigkeit.

Zweite Herleituung.

Die zweite Herleitung des Cosinussatzes beruht auf dem unmittelbar aus dem Projektionssatze (§ 5) folgenden Lemma:

Sind r, s, t, drei Dreiecksseiten, ρ und σ die Gegenwinkel von r und s, so ist

$$\boxed{r\cos\sigma + s\cos\rho = t}.$$

Und man überzeugt sich leicht davon, daß dieses Lemma allgemein gilt, gleichgültig ob einer der beiden Winkel ρ und σ stumpf ist oder nicht.

Wenden wir dieses Lemma auf das Dreieck ABC mit den Seiten a, b, c, mit den Winkeln α, β, γ an, so entstehen die drei Gleichungen

$$\left\{\begin{array}{l} a = b\cos\gamma + c\cos\beta \\ b = c\cos\alpha + a\cos\gamma \\ c = a\cos\beta + b\cos\alpha \end{array}\right\}.$$

Wir multiplizieren die erste dieser Gleichungen mit a, die zweite mit b, die dritte mit c, wodurch ein neues Gleichungstripel entsteht. Wir addieren die beiden ersten Gleichungen dieses Tripels und vermindern das Ergebnis um die dritte Tripelgleichung. Das gibt

$$\boxed{a^2 + b^2 - c^2 = 2\,a\,b\cos\gamma}, \tag{3}$$

und dies ist der Cosinussatz!

Diese zweite Herleitung des Cosinussatzes benötigt den pythagoreischen Satz nicht und ist trozdem mindestens ebenso einfach wie die erste Herleitung.

Wie aus dem Anblick der beiden fundamentalen Formeln (1) und (2) ersichtlich ist, gestattet der Cosinussatz die Lösung der beiden

Grundaufgaben:

Eine Seite eines Dreiecks zu berechnen, wenn die beiden anderen Seiten und ihr Zwischenwinkel gegeben sind.

Die Winkel eines Dreiecks zu berechnen, wenn die Seiten bekannt sind.

Diese Berechnungen sind harmlos, wenn die gegebenen Seiten einfache Zahlwerte haben; sie werden aber mühsam, wenn jene Seiten etwa fünfstellige Dezimalbrüche sind. In solchen Fällen wird man die erste dieser Aufgaben mit Hilfe des Sinus-Tangenssatzes (§ 15), die zweite mittels des Tangenssatzes (§ 16) lösen, welche beiden Sätze ununterbrochenes logarithmisches Rechnen gestatten.

Die teilweise Unbrauchbarkeit des Cosinussatzes für derartige numerische Rechnungen hat wenig zu bedeuten, da die Aufgaben, die der Cosinussatz zu lösen hat, vorwiegend theoretischer Natur sind.

Der Cosinussatz ist der wichtigste Satz der ganzen Trigonometrie, was schon daraus hervorgeht, daß die meisten trigonometrischen Sätze sich mit alleiniger Benutzung des Cosinussatzes herleiten lassen (cfr §§ 13, 16, 28, 29).

§ 13

Der Sinussatz.

Der Sinussatz drückt das Verhältnis der Sinus der Winkel eines Dreiecks durch die Seiten des Dreiecks aus.

ABC sei ein beliebiges Dreieck mit den Seiten a, b, c, den Winkeln α, β, γ. Wir achten zunächst nur auf einen dieser

Winkel, etwa auf α. Wir zeichnen den Umkreis $\mathfrak{U}$ des Dreiecks und den von C ausgehenden Umkreisdurchmesser $CG = d$. Dadurch kommen wir zu dem rechtwinkligen Dreieck BCG, in welchem der bei G liegende Winkel φ gleich α oder gleich dem Suplement $\bar{\alpha}$ von α ist, je nachdem, der Winkel α spitz oder stumpf ist. Aus diesem Dreieck folgt

$$\sin \varphi = a : d,$$

und diese Gleichung schreibt sich im Hinblick auf den Wert von φ

$$\sin \alpha = a : d.$$

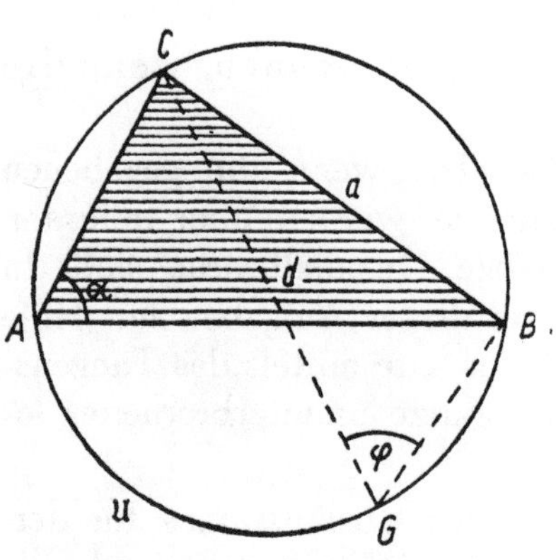

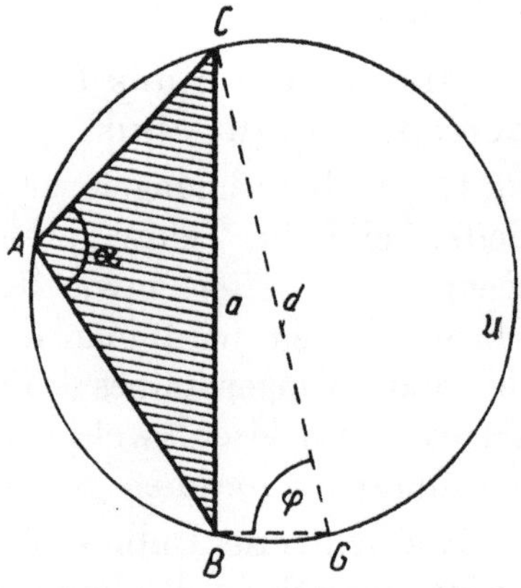

Es ist von Wichtigkeit, diese Gleichung auch noch in den beiden Formen $a = d \sin \alpha$ und $d = a : \sin \alpha$ zu schreiben. So erhalten wir das

fundamentale Formeltripel

$\sin \alpha = \dfrac{a}{d}$	$a = d \sin \alpha$	$d = a : \sin \alpha$

Wir fassen es folgendermaßen in Worte:

Durchmessersatz:

Man findet den Sinus eines Dreieckswinkels, indem man die Gegenseite durch den Umkreisdurchmesser teilt.

Man findet eine Dreiecksseite, indem man den Sinus ihres Gegenwinkels mit dem Umkreisdurchmesser multipliziert.

Man findet den Umkreisdurchmesser, indem man irgend eine Seite des Dreiecks durch den Sinus ihres Gegenwinkels teilt.

Diese drei Regeln sind von erstaunlicher Anwendungsfähigkeit und deshalb dem Gedächtnis fest einzuprägen.

Vom Durchmessersatz zum Sinussatz ist nur ein Schritt. Nach dem Durchmessersatz ist

$$d = \frac{a}{\sin\alpha}, \qquad d = \frac{b}{\sin\beta}, \qquad d = \frac{c}{\sin\gamma},$$

und hieraus folgt sofort

$$\frac{a}{\sin\alpha} = \frac{b}{\sin\beta} = \frac{c}{\sin\gamma}$$

oder

$$\boxed{\sin\alpha : \sin\beta : \sin\gamma = a : b : c}\,.$$

Diese Proportion enthält den

Sinussatz:

Im Dreieck verhalten sich die Sinus der Winkel wie die Gegenseiten der Winkel.

Gewöhnlich beschränkt man sich auf zwei Winkel, etwa α und β und schreibt den Sinussatz

$$\boxed{\sin\alpha : \sin\beta = a : b}\,.$$

In Worten:

Sinussatz:

Die Sinus zweier Winkel eines Dreiecks verhalten sich wie die Gegenseiten der Winkel.

In den Lehrbüchern der Trigonometrie wird dieser Satz meist wie folgt hergeleitet:

Man fällt von der Dreiecksecke C das Lot $CF = l$ auf die Seite c. Dadurch entstehen die beiden rechtwinkligen Dreiecke AFC und BFC mit der gemeinsamen Kathete l. Die zweimalige Anwendung der Kathetenregel auf diese Kathete liefert die Formeln

$$l = b\sin\alpha \quad , \quad l = a\sin\beta.$$

Hieraus folgt

$$b \sin \alpha = a \sin \beta$$

oder

$$\boxed{\sin \alpha : \sin \beta = a : b}\,.$$

So einfach diese Herleitung des Sinussatzes auch ist, über die geometrische Bedeutung jeder Seite der Proportion

$$\frac{a}{\sin \alpha} = \frac{b}{\sin \beta}$$

gibt sie keinen Aufschluß! woraus schon die Überlegenheit der obigen auf dem Durchmessersatze beruhenden Herleitung hervorgeht.

Dritte Herleitung des Sinussatzes.

Nach dem Cosinussatze

$$\cos \alpha = \frac{b^2 + c^2 - a^2}{2bc}$$

ist

$$1 - \cos^2 \alpha = \frac{4 b^2 c^2 - (b^2 + c^2 - a^2)^2}{4 b^2 c^2}$$

oder

$$\sin^2 \alpha = \frac{2 (b^2 c^2 + c^2 a^2 + a^2 b^2) - (a^4 + b^4 + c^4)}{4 b^2 c^2}.$$

Nach der Heronischen Formel stellt der Zähler der rechten Seite dieser Gleichung das 16fache Quadrat des Dreiecksinhalts Δ dar. Damit wird

$$\sin^2 \alpha = \frac{4 \Delta^2}{b^2 c^2}$$

oder

$$\frac{\sin \alpha}{a} = \frac{2 \Delta}{a b c}.$$

Ebenso ist natürlich

$$\frac{\sin \beta}{b} = \frac{2 \Delta}{a b c}.$$

Aus den beiden letzten Gleichungen folgt sofort der Sinussatz in der Form

$$\frac{\sin \alpha}{a} = \frac{\sin \beta}{b}.$$

Wenn diese Herleitung des Sinussatzes auch länger als jede der beiden oben gegebenen Herleitungen ist, so besitzt sie doch ihre Bedeutung, insofern sie zeigt, daß **sich der Sinussatz auf den Cosinussatz zurückführen läßt.**

Übrigens erhält man durch den Vergleich der beiden Gleichungen

$$\frac{\sin\alpha}{a} = \frac{1}{d}, \quad \frac{\sin\alpha}{a} = \frac{2\Delta}{a\,b\,c}$$

die wichtige Formel

$$\boxed{d = \frac{a\,b\,c}{2\Delta}},$$

durch welche der Umkreisdurchmesser d als Funktion der Dreiecksseiten a, b, c dargestellt wird.

Der Sinussatz gestattet zahlreiche praktische wie auch theoretische Anwendungen.

Als einfachste Anwendung erscheint die Lösung der

Grundaufgabe: Von einem Dreieck sind eine Seite und zwei Winkel bekannt; die anderen beiden Seiten sind zu berechnen.

Der Sinussatz des Vierecks.

Aus dem Sinussatz folgt unmittelbar ein Satz über die Sinusbrüche der vier Winkelpaare, die auf den Seiten eines Vierecks stehen, welcher Satz der Sinussatz des Vierecks heißt.

Ein Viereck $ABCD$ habe die Seiten $AB = a$, $BC = b$, $CD = c$, $DA = d$ und Diagonalen $AC = e$, $BD = f$, die Winkel α, β, γ, δ an den Ecken A, B, C, D. In diesem Viereck stehen auf (über) jeder Seite zwei Winkel, einer links, der andere rechts z. B. auf der Seite a der Winkel $ADB = \mathfrak{a}$ links, der Winkel $ACB = \mathfrak{a}'$ rechts. Auf der Seite b steht links der Winkel $BAC = \mathfrak{b}$, rechts der Winkel $BDC = \mathfrak{b}'$, auf der Seite c steht links $\sphericalangle\, CBD = \mathfrak{c}$, rechts $\sphericalangle\, CAD = \mathfrak{c}'$, auf der Seite $DA = d$ endlich links $\sphericalangle\, DCA = \mathfrak{d}$, rechts $\sphericalangle\, DBA = \mathfrak{d}'$.

Jedes Winkelpaar bestimmt ein Sinusverhältnis oder einen Sinusbruch, das Paar $(\mathfrak{a}, \mathfrak{a}')$ z. B. den Sinusbruch $\sin \mathfrak{a} : \sin \mathfrak{a}'$, welcher der „Sinusbruch des Paares $(\mathfrak{a}, \mathfrak{a}')$" genannt wird, und es gilt der

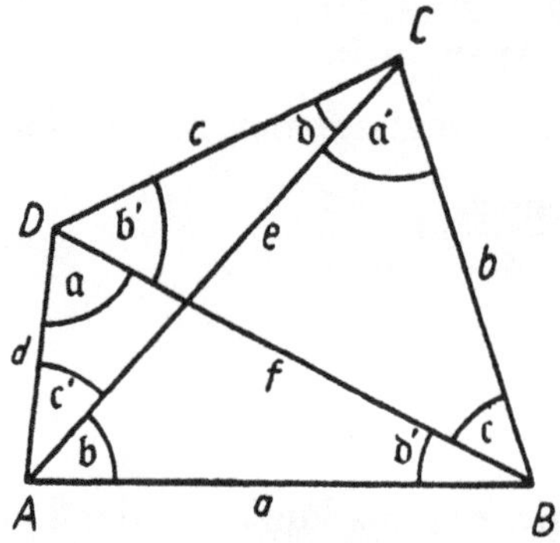

Viereckssinussatz:

Im Viereck hat das Produkt der Sinusbrüche der auf den Seiten stehenden Winkelpaare den Wert 1.

In Zeichen:

$$\frac{\sin \mathfrak{a}}{\sin \mathfrak{a}'} \cdot \frac{\sin \mathfrak{b}}{\sin \mathfrak{b}'} \cdot \frac{\sin \mathfrak{c}}{\sin \mathfrak{c}'} \cdot \frac{\sin \mathfrak{d}}{\sin \mathfrak{d}'} = 1,$$

welche Gleichung kürzer noch

$$\boxed{\sin \mathfrak{a} \sin \mathfrak{b} \sin \mathfrak{c} \sin \mathfrak{d} = \sin \mathfrak{a}' \sin \mathfrak{b}' \sin \mathfrak{c}' \sin \mathfrak{d}'}$$

geschrieben werden kann. Mit dem Text:

Das Produkt der Sinus der links stehenden Winkel ist gleich dem Produkt der Sinus der rechts stehenden Winkel.

Beweis. Die Anwendung des Sinussatzes auf die vier Dreiecke *ABC*, *BCD*, *CDA*, *DAB* liefert die vier Relationen

$$\frac{e}{\sin \beta} = \frac{b}{\sin \mathfrak{b}} = \frac{a}{\sin \mathfrak{a}'},$$

$$\frac{f}{\sin \gamma} = \frac{c}{\sin \mathfrak{c}} = \frac{b}{\sin \mathfrak{b}'},$$

$$\frac{e}{\sin \delta} = \frac{d}{\sin \mathfrak{d}} = \frac{c}{\sin \mathfrak{c}'},$$

$$\frac{f}{\sin \alpha} = \frac{a}{\sin \mathfrak{a}} = \frac{d}{\sin \mathfrak{d}'}.$$

Die Multiplikation dieser vier Gleichungen ergibt für den Ausdruck $e^2 f^2 : \sin \alpha \sin \beta \sin \gamma \sin \delta$ einmal den Wert $abcd : \sin \mathfrak{a} \sin \mathfrak{b} \sin \mathfrak{c} \sin \mathfrak{d}$, einmal den Wert $abcd : \sin \mathfrak{a}' \sin \mathfrak{b}' \sin \mathfrak{c}' \sin \mathfrak{d}'$, so daß diese beiden Werte einander gleichen, und ihre Gleichsetzung gibt sofort die Behauptung.

§ 14

Geometrische Darstellung der Sinus und Cosinus von Dreieckswinkeln.

ABC sei ein Dreieck mit den Seiten a, b, c und den Winkeln α, β, γ.

Bedeutet d den Durchmesser seines Umkreises, so ist nach der Durchmesserregel

$$a = d \sin\alpha \quad , \qquad b = d \sin\beta \quad , \qquad c = d \sin\gamma .$$

Wählen wir den Umkreisdurchmesser als Längeneinheit, so wird einfach

$$\sin\alpha = a \quad , \qquad \sin\beta = b \quad , \qquad \sin\gamma = c.$$

Damit sind die Sinus der Winkel eines Dreiecks geometrisch dargestellt: sie sind die Seiten eines diese Winkel besitzenden

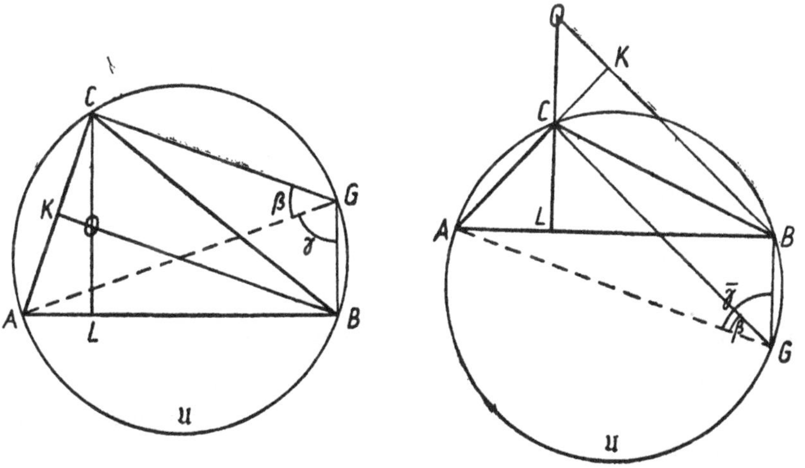

Dreiecks, dessen Umkreisdurchmesser die Längeneinheit ist. Um auch die Cosinus der drei Winkel α, β, γ geometrisch darzustellen, zeichnen wir im Dreieck ABC, dessen Umkreisdurchmesser die Längeneinheit ist, die drei durch das Orthozentrum (den Höhenschnittpunkt) O laufenden Höhen AH, BK, CL — unsere Figur, in der die beiden Fälle „γ spitz" und „γ stumpf" veranschaulicht sind, enthält nur die beiden Höhen BK und

CL —, den von A auslaufenden Umkreisdurchmesser $AG = 1$ und die Verbindungslinien des Gegenpunktes G mit B und C.

Da GB wie auch CL auf AB senkrecht steht, ist

(1) $$GB \parallel CO;$$

da GC wie auch BK auf AC senkrecht steht, ist

2) $$GC \parallel BO.$$

Aus (1) und (2) folgt: das Viereck $OBGC$ ist ein Parallelogramm und hieraus:

(3) $OB = GC$ und (4) $OC = GB$.

Nun ist aber $\sphericalangle\, AGC = \beta$, $\sphericalangle\, AGB = \gamma$ bzw. $= \bar{\gamma}$ $(= 180^0 - \gamma)$ [nach dem Randwinkelsatz bzw. nach dem Satze vom Kreisviereck]. Aus dem Rechtwinkeldreieck AGC, in dem die Hypotenuse 1, der Winkel bei G β ist, entsteht daher nach der Kathetenregel

(3') $$GC = \cos\beta;$$

aus dem Rechtwinkeldreieck AGB, in dem der Winkel bei G γ bzw. $\bar{\gamma}$ ist, ebenso

(4') $$GB = \cos\gamma \quad \text{bzw.} = \cos\bar{\gamma}.$$

Nun ergibt sich aus (3) und (3')

$$OB = \cos\beta,$$

aus (4) und (4')

$$OC = \cos\gamma \quad \text{bzw.} = \cos\bar{\gamma} = -\cos\gamma.$$

Damit sind auch $\cos\beta$ und $\cos\gamma$ geometrisch dargestellt:

$$\cos\beta = OB \quad , \quad \cos\gamma = OC \quad \text{bzw.} = -OC.$$

Das Ergebnis unserer Betrachtung ist der bemerkenswerte

Satz:

Um die Sinus und Cosinus der Winkel eines Dreiecks mit den Winkeln α, β, γ geometrisch darzustellen, zeichnen wir das Dreieck so, daß sein Umkreisdurchmesser der Längeneinheit gleicht.

Die Sinus der drei Winkel sind die Seiten dieses Dreiecks, die Cosinus der drei Winkel sind die an die Dreiecksecken stoßenden Höhenabschnitte, wobei jedoch ein an eine etwaige **stumpfe** Ecke stoßender Höhenabschnitt negativ zu nehmen ist.

§ 15

Der Sinus-Tangens-Satz.

Der neben dem Cosinussatz und Sinussatz wichtigste Satz der Trigonometrie ist der Sinustangenssatz. Er vermittelt den Übergang von einem Sinusverhältnis zu einem Tangensverhältnis, wodurch sich der Name erklärt.

Wir gehen aus von dem Verhältnis $\sin\alpha : \sin\beta$ zweier Sinus, welches wir geometrisch als Verhältnis zweier Strecken darstellen. Zu diesem Behufe zeichnen wir ein gleichschenkliges Dreieck ASB mit den Schenkeln $SA = SB$ und mit dem Spitzenwinkel $ASB = \alpha + \beta$. Die Transversale $SF = t$ markiere die beiden Bestandteile $ASF = \alpha$ und $BSF = \beta$ des Spitzenwinkels und zerlege die Basis AB in die beiden Stücke $AF = m$ und $BF = n$. Führen wir noch die Basiswinkel SAB und $SBA = \varphi$ ein, so erhalten wir nach dem auf die Dreiecke ASF und BSF angewandten Sinussatze die Gleichungen

$$\sin\alpha : \sin\varphi = m : t \qquad \text{und} \qquad \sin\beta : \sin\varphi = n : t,$$

woraus sich durch Division die Gleichung

$$(1) \qquad \frac{\sin\alpha}{\sin\beta} = \frac{m}{n}$$

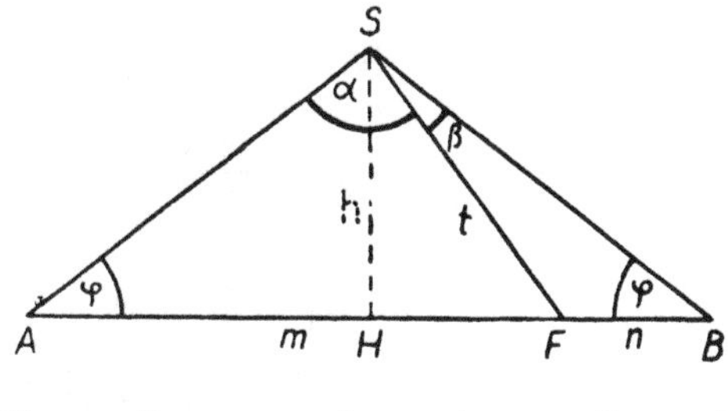

ergibt. Damit ist die Darstellung des Sinusverhältnisses $\sin\alpha : \sin\beta$ als Streckenverhältnis vollzogen.

Wir können die Proportion (1) auch in Worte fassen und gewinnen dann den Satz:

Jede Spitzentransversale eines gleichschenkligen Dreiecks teilt die Basis in zwei Abschnitte, die sich wie die Sinus ihrer scheinbaren Größen in der Spitze verhalten.

Wir zeichnen jetzt die Basishöhe $SH = h$. Dadurch entstehen die Rechtwinkeldreiecke SHA und SHF, deren bei S liegende Winkel die Werte

$$\sphericalangle ASH = \frac{\alpha + \beta}{2}, \qquad \sphericalangle FSH = \frac{\alpha - \beta}{2}$$

haben, deren auf der Basis liegende Katheten

$$AH = \frac{m + n}{2}, \qquad FH = \frac{m - n}{2}$$

sind. Aus den Rechtwinkeldreiecken lesen wir ab:

$$\operatorname{tg} \frac{\alpha + \beta}{2} = \frac{AH}{h} = \frac{m + n}{2} : h, \quad \operatorname{tg} \frac{\alpha - \beta}{2} = \frac{FH}{h} = \frac{m - n}{2} : h.$$

Aus diesen Gleichungen entsteht durch Division:

$$(2) \qquad \frac{\operatorname{tg} \frac{\alpha - \beta}{2}}{\operatorname{tg} \frac{\alpha + \beta}{2}} = \frac{m - n}{m + n}.$$

Der Übergang von Gleichung (1) zu Gleichung (2) stellt den Sinustangenssatz dar. Wir sprechen ihn folgendermaßen aus:

Sinus-Tangens-Satz.

Aus

$$\frac{\sin \alpha}{\sin \beta} = \frac{m}{n}$$

folgt

$$\frac{\operatorname{tg} \frac{\alpha - \beta}{2}}{\operatorname{tg} \frac{\alpha + \beta}{2}} = \frac{m - n}{m + n}.$$

Wir haben den Sinustangenssatz hier unter der Annahme hergeleitet, daß $\alpha > \beta$ und $\alpha + \beta$ ein konkaver Winkel ist.

Der Satz gilt aber auch, wenn die Winkel α und β keinen Einschränkungen unterworfen sind.

Um das einzusehen, seien also α und β zwei beliebige Winkel, m und n zwei beliebige Zahlen derart, daß die Voraussetzung

$$\frac{\sin\alpha}{\sin\beta} = \frac{m}{n}$$

erfüllt ist.

Durch Anwendung des Satzes von der korrespondierenden Addition und Subtraktion erhalten wir zunächst

$$\frac{\sin\alpha - \sin\beta}{\sin\alpha + \sin\beta} = \frac{m-n}{m+n}.$$

Hier ersetzen wir links auf Grund der Verwandlungsformeln

$$\sin\alpha - \sin\beta \quad \text{durch} \quad 2\cos\frac{\alpha+\beta}{2}\sin\frac{\alpha-\beta}{2}$$

$$\sin\alpha + \sin\beta \quad \text{durch} \quad 2\sin\frac{\alpha+\beta}{2}\cos\frac{\alpha-\beta}{2}.$$

Dadurch nimmt die linke Seite unserer Gleichung die Form

$$\frac{\operatorname{tg}\frac{\alpha-\beta}{2}}{\operatorname{tg}\frac{\alpha+\beta}{2}}$$

an, und die Gleichung geht über in

$$\frac{\operatorname{tg}\frac{\alpha-\beta}{2}}{\operatorname{tg}\frac{\alpha+\beta}{2}} = \frac{m-n}{m+n}, \qquad \text{w. z. b. w.}$$

Diese Herleitung läßt an Kürze und Einfachheit nichts zu wünschen übrig.

Die Anwendungen des Sinustangenssatzes sind zahlreich. Wir verweisen hier nur auf die Lösung der

Grundaufgabe: Von einem Dreieck sind zwei Seiten und ihr Zwischenwinkel gegeben; die fehlenden drei Stücke sind zu berechnen.

Lösung: a und b seien die gegebenen Seiten, γ der gegebene Winkel. Aus $\sin\alpha : \sin\beta = a : b$ liefert der Sinustangenssatz

$$\operatorname{tg}\frac{\alpha-\beta}{2} = \frac{a-b}{a+b}\cdot\operatorname{tg}\frac{\alpha+\beta}{2}.$$

In dieser Formel ist die rechte Seite bekannt, da $\frac{\alpha+\beta}{2}$ das Komplement von $\frac{\gamma}{2}$ ist. Sie läßt sich also — und zwar logarithmisch! — berechnen. Damit haben wir $\operatorname{tg}\frac{\alpha-\beta}{2}$, und weiter $\frac{\alpha-\beta}{2}$. Aus $\frac{\alpha+\beta}{2}$ und $\frac{\alpha-\beta}{2}$ bekommen wir durch Addition und Subtraktion α und β.

Die Berechnung der fehlenden Seite c vollzieht sich nun einfach auf Grund der Sinusformel

$$c : \sin\gamma = a : \sin\alpha.$$

§ 16

Der Tangenssatz.

Zu den drei Sätzen Cosinussatz, Sinussatz und Sinustangenssatz gesellt sich als vierter im Bunde der Tangenssatz. Er löst wie der Cosinussatz die Aufgabe, einen Dreieckswinkel als Funktion der Dreiecksseiten — jedoch in einer für logarithmisches Rechnen geeigneten Form — darzustellen.

Auch von ihm geben wir zwei Herleitungen, die erste, mehr geometrische, mit Hilfe des Inkreises, die zweite, mehr arithmetische, mit Hilfe des Cosinussatzes.

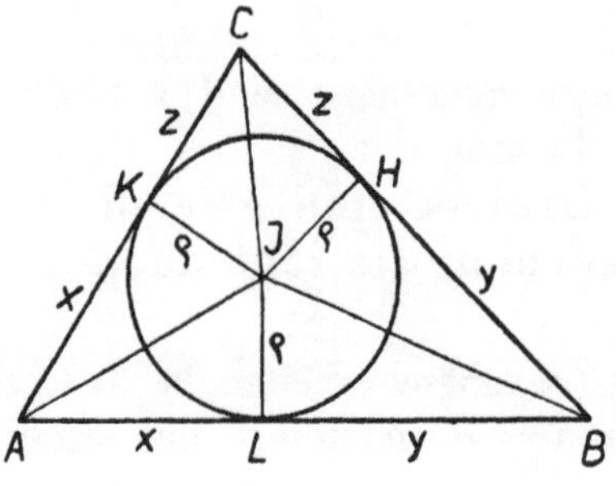

Erste Herleitung.

Vom Inkreismittelpunkt J des Dreiecks ABC fällen wir auf die Dreiecksseiten a, b, c die Lote

$$JH = \rho \;, \quad JK = \rho \;, \quad JL = \rho \;,$$

wo also ρ den Inkreisradius bedeutet. Sie zerlegen die Seiten a, b, c in die Stücke

$$BH = y, \; CH = z; \; CK = z, \quad AK = x; \; AL = x, \; BL = y,$$

so daß das Gleichungstripel

$$y+z=a \quad , \quad z+x=b \quad , \quad x+y=c$$

gilt. Es liefert

$$x=s-a,\ y=s-b,\ z=s-c \quad \text{mit } s=\frac{a+b+c}{2}.$$

Sodann folgt aus den rechtwinkligen Dreiecken *AJL*, *BJH*, *CJK* in denen bei *A*, *B*, *C* die Winkel $\alpha/2$, $\beta/2$, $\gamma/2$ liegen,

$$\operatorname{tg}\frac{\alpha}{2}=\frac{\rho}{x}, \qquad \operatorname{tg}\frac{\beta}{2}=\frac{\rho}{y}, \qquad \operatorname{tg}\frac{\gamma}{2}=\frac{\rho}{z}.$$

Wenn wir also noch den Inkreisradius ρ durch die Seiten a, b, c ausdrücken können, ist unsere Aufgabe gelöst.

Nun setzt sich aber der Inhalt Δ des Dreiecks *ABC* aus den drei Bestandteilen $\frac{1}{2}\rho\, a$, $\frac{1}{2}\rho\, b$, $\frac{1}{2}\rho\, c$ zusammen, die die Inhalte der drei Dreiecke *JBC*, *JCA*, *JAB* darstellen. Mithin ist

$$\Delta=\rho\, s \qquad \text{oder} \qquad \rho=\Delta : s.$$

Anderseits ist nach der Heronischen Formel

$$\Delta=\sqrt{s\,(s-a)\,(s-b)\,(s-c)}=\sqrt{x\,y\,z\,s}\,.$$

Daher wird

$$\rho=\sqrt{\frac{x\,y\,z}{s}}\,,$$

welche Formel den Inkreisradius als Funktion der Seiten darstellt.

Unsere für die Tangenten der Halbwinkel gefundenen Formeln gehen damit in

$$\boxed{\operatorname{tg}\frac{\alpha}{2}=\sqrt{\frac{y\,z}{x\,s}}, \qquad \operatorname{tg}\frac{\beta}{2}=\sqrt{\frac{z\,x}{y\,s}}, \qquad \operatorname{tg}\frac{\gamma}{2}=\sqrt{\frac{x\,y}{z\,s}}}$$

über. Dieses Formeltripel, in dem

$$s=\frac{a+b+c}{2},\quad x=s-a\,,\ y=s-b\,,\ z=s-c$$

ist, bildet den Tangenssatz.

Da diese Formeln durch zyklische Vertauschung auseinander hervorgehen, genügt es, eine von ihnen, etwa die erste, anzugeben. Unter Verzicht auf die Abkürzungen x, y, z schreibt sich dann der

Tangenssatz:

$$\boxed{\operatorname{tg}\frac{\alpha}{2}=\sqrt{\frac{(s-b)(s-c)}{s(s-a)}}},$$

wobei s den halben Dreiecksumfang bedeutet.

Zweite Herleitung.

Nach dem Cosinussatze ist

$$1+\cos\alpha=1+\frac{b^2+c^2-a^2}{2bc}=\frac{(b+c)^2-a^2}{2bc}$$

und

$$1-\cos\alpha=1-\frac{b^2+c^2-a^2}{2bc}=\frac{a^2-(b-c)^2}{2bc}.$$

Nach den Verwandlungsformeln ist

$$1+\cos\alpha=2\cos^2\frac{\alpha}{2},\qquad 1-\cos\alpha=2\sin^2\frac{\alpha}{2}.$$

Mithin wird

$$\sin^2\frac{\alpha}{2}=\frac{a^2-(b-c)^2}{4bc},\qquad \cos^2\frac{\alpha}{2}=\frac{(b+c)^2-a^2}{4bc}.$$

Durch Division folgt hieraus

$$\operatorname{tg}^2\frac{\alpha}{2}=\frac{a^2-(b-c)^2}{(b+c)^2-a^2},$$

womit die Darstellung von α als Funktion der drei Seiten a, b, c schon vollzogen ist.

Um die obige Schreibweise des Tangenssatzes zu erzielen, brauchen wir nur

statt $a^2-(b-c)^2$ $\qquad (a+c-b)(a+b-c)$,
statt $(b+c)^2-a^2$ $\qquad (b+c+a)(b+c-a)$

zu schreiben. Dann wird

$$\operatorname{tg}^2\frac{\alpha}{2}=\frac{(a+c-b)\,(a+b-c)}{(a+b+c)\,(b+c-a)}=\frac{(s-b)\,(s-c)}{s\,(s-a)},$$

also

$$\text{tg } \frac{\alpha}{2} = \sqrt{\frac{(s-b)\,(s-c)}{s\,(s-a)}}$$

wie oben.

Wenn es sich nur darum handelt, einen bestimmten Winkel, etwa α, des Dreiecks mit den gegebenen Seiten a, b, c zu berechnen, wird man diese Schreibung des Tangenssatzes wählen.

Wenn aber alle drei Winkel berechnet werden sollen, ist die obige Schreibung

$$\text{tg } \frac{\alpha}{2} = \frac{\rho}{x}, \qquad \text{tg } \frac{\beta}{2} = \frac{\rho}{y}, \qquad \text{tg } \frac{\gamma}{2} = \frac{\rho}{z}$$

vorzuziehen, wobei dann ρ durch die Formel

$$\rho = \sqrt{\frac{x\,y\,z}{s}}$$

gegeben ist. $[x = s - a, y = s - b, z = s - c]$

§ 17
Schranken für den Sinus eines spitzen Winkels.

Wir stellen uns die Aufgabe, zwei möglichst einfache Schranken für den Sinus eines spitzen Winkels x zu finden. Dabei sei x im Bogenmaß ausgedrückt.

Obere Schranke.

O sei das Zentrum, A ein Punkt des Einheitskreises $\mathfrak{E}$, Ap der auf $\mathfrak{E}$ liegende spitze Winkel x, $pf = i$ das von p auf OA gefällte Lot, zugleich der Sinus von x, $Aq = t$ die von den Schenkeln des Winkels x begrenzte auf OA errichtete Senkrechte, zugleich der Tangens von x.

Wir achten auf die Inhalte des Dreiecks OAp, des Kreissektors OAp und des Dreiecks OAq. Von diesen Inhalten ist, wie ein Blick auf die umstehende Figur zeigt, der erste der kleinste, der letzte der größte. Da nun diese Inhalte die Werte

$$i:2 \quad , \quad x:2 \quad , \quad t:2$$

haben, folgt sofort

$$i < x < t$$

oder

$$\boxed{\sin x < x < \operatorname{tg} x} \, .$$

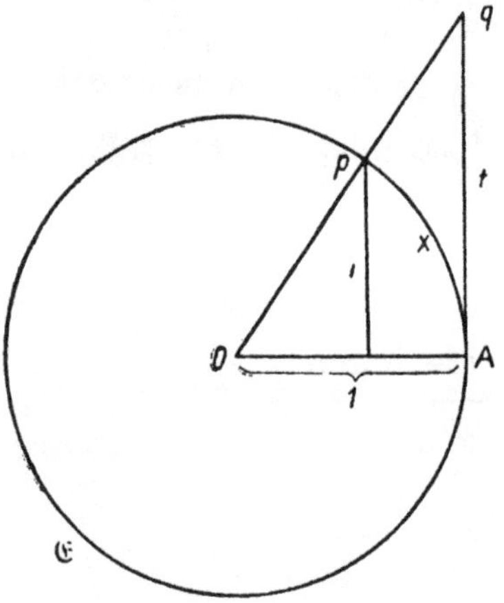

Damit haben wir eine obere Schranke, nämlich x, für $\sin x$ gefunden:

$$\boxed{\sin x < x}$$

und zugleich erkannt, daß x zugleich untere Schranke für $\operatorname{tg} x$ ist:

$$\boxed{x < \operatorname{tg} x} \, .$$

Untere Schranke.

Eine erste untere Schranke für $\sin x$ finden wir sofort, wenn wir in der letzten Ungleichung $\operatorname{tg} x$ durch $\sin x : \cos x$ ersetzen. Dann entsteht nämlich

$$\boxed{\sin x > x \cos x} \, ,$$

so daß $x \cos x$ als untere Schranke von $\sin x$ erscheint.

Es ist instruktiv, die beiden gefundenen Schranken in einer Ungleichung zu vereinigen:

$$\boxed{x \cos x < \sin x < x} \, .$$

Um eine untere Schranke für $\sin x$ zu bekommen, die wie die obere ein Polynom von x ist, schreibt man

$$\sin x = 2 \sin \frac{x}{2} \cos \frac{x}{2} = 2 \operatorname{tg} \frac{x}{2} \cos^2 \frac{x}{2}$$

oder

$$\sin x = 2 \operatorname{tg} \frac{x}{2} \cdot \left(1 - \sin^2 \frac{x}{2}\right) .$$

Nun ist

$$\operatorname{tg} \frac{x}{2} > \frac{x}{2} \, ,$$

$$\sin\frac{x}{2} < \frac{x}{2}, \qquad \text{also} \qquad 1 - \sin^2\frac{x}{2} > 1 - \frac{x^2}{4}.$$

Folglich wird

$$\sin x > x - \frac{x^3}{4},$$

und wir bekommen

$$\boxed{x - \frac{1}{4}x^3 < \sin x < x},$$

womit wir sin x in zwei Schranken eingeschlossen haben, die beide einfache Polynome von x sind.

Für kleine Winkel x ist x^3 ein sehr kleiner echter Bruch, $x^3 : 4$ ist noch kleiner und kann in unserer Ungleichung gegenüber dem Minuenden x vernachlässigt werden, wodurch die Ungleichung in eine Gleichung — natürlich Näherungsgleichung — übergeht. Damit haben wir den bemerkenswerten Satz:

Für kleine Winkel x ist angenähert $\sin x = x$.

Um zu sehen, wie weit die hier behauptete Gleichheit geht, nehmen wir etwa

$$x = \operatorname{arc} 1^0 = \frac{\pi}{180} \qquad \text{d. h. im Gradmaß } 1^0.$$

Dann ist $x^3 : 4 < 0{,}00000133$, stimmt also $\sin x$ mit x auf mindestens 5 Dezimalen überein:

$$\sin 1^0 = \operatorname{arc} 1^0 \text{ (auf 5 Dezimalen genau).}$$

Wir haben demnach genauer:

Für Winkel, die 1^0 nicht überschreiten, ist auf mindestens 5 Dezimalen genau

$$\sin x = x.$$

Für kleinere Winkel gilt diese Näherungsgleichung noch genauer.

Für $1'$ z. B. stimmen

$$\sin 1' \text{ und } \operatorname{arc} 1' = \pi : 10800$$

schon auf 11 Dezimalen überein.

Die obige untere Schranke $x - \frac{1}{4} x^3$ für $\sin x$ ist eine kubische Funktion von x. Wir können sogar eine Linearfunktion von x als untere Schranke für $\sin x$ angeben.

In der Tat. Es ist $\operatorname{tg} x > x$ oder

$$\frac{\sin x}{x} > \cos x.$$

Ferner ist $$\left(\frac{\pi}{2} - x\right) > \sin\left(\frac{\pi}{2} - x\right)$$ oder

$$\frac{\pi}{2} - x > \cos x.$$

Durch Multiplikation der beiden aufgestellten Ungleichungen entsteht

$$\frac{\pi}{2} \frac{\sin x}{x} - \sin x > \cos^2 x$$

oder

$$\frac{\pi}{2} \frac{\sin x}{x} > \sin x + \cos^2 x.$$

Nun ist

$$\sin x + \cos^2 x > \sin^2 x + \cos^2 x = 1.$$

Folglich wird

$$\frac{\pi}{2} \frac{\sin x}{x} > 1$$

oder

$$\boxed{\sin x > \frac{2}{\pi} x},$$

womit die angesagte untere Schranke für $\sin x$ gefunden ist.

In Ansehung der Wichtigkeit dieser Ungleichung geben wir noch eine zweite Herleitung.

O sei das Zentrum, A ein Punkt des Einheitskreises $\mathfrak{E}$, Ap der auf $\mathfrak{E}$ liegende spitze Winkel x, AP der größere spitze Winkel X, $pf = i$ bzw. $PF = I$ das von p bzw. P auf OA gefällte Lot, zugleich der Sinus von x, bzw. X, S der Schnittpunkt der Verlängerungen von Pp und OA, $Sp = u$, $SP = U$.

Wir gehen aus von der Tatsache, daß der **Bogen** Pp größer als die **Sehne** Pp ist, daß also

$$X - x > U - u.$$

Mit dieser Ungleichung multiplizieren wir die Ungleichung

$$\frac{1}{x} > \frac{1}{u}.$$

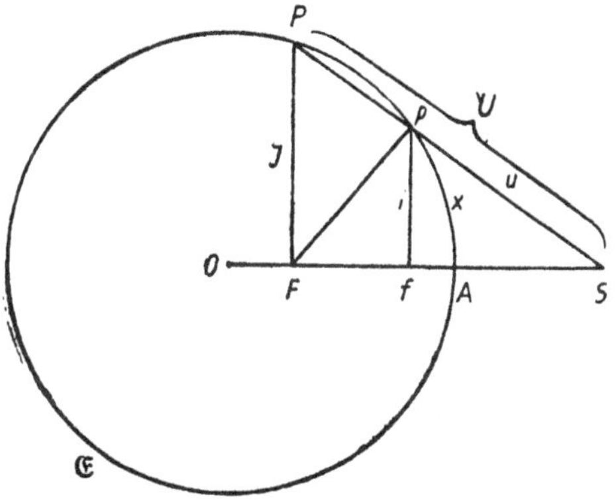

(Letztere folgt aus der Ungleichung $x < u$ und diese aus dem Umstande, daß der Kreissektor OAp geringeren Inhalt als das Dreieck OSp hat. Der Sektorinhalt ist $x : 2$, der Dreiecksinhalt $uv : 2$, wo v die zur Seite u gehörige Höhe und als solche kürzer als der Radius 1 ist. Aus $uv > x$ ergibt sich, daß a. f. $u > x$ ist.) Die Multiplikation liefert

$$\frac{X}{x} - 1 > \frac{U}{u} - 1$$

oder

$$\frac{X}{x} > \frac{U}{u}.$$

Ersetzt man hier rechts auf Grund des Strahlensatzes $U : u$ durch $I : i$, so entsteht

$$\frac{X}{x} > \frac{I}{i}$$

oder

$$\boxed{\frac{\sin X}{X} < \frac{\sin x}{x}}.$$

In **Worten:**

Die Funktion $\sin x : x$ **ist eine fallende Funktion.**

Dieser Satz gilt mindestens bis $X = \frac{\pi}{2}$ einschließlich und gibt in diesem Falle für spitzes x $2 : \pi < \sin x : x$ oder

$$\boxed{\sin x > \frac{2}{\pi} x}.$$

Durch Zusammenfassung der beiden Linearschranken x und $2x : \pi$ für $\sin x$ ergibt sich die

fundamentale Ungleichung

$$\boxed{\frac{2}{\pi} x < \sin x < x},$$

die für alle spitzen Winkel x gilt.

§ 18

Schranken für sin x und cos x.

Die Aufgabe dieses Paragraphen besteht in der Ermittlung von Schranken für die beiden Kreisfunktionen $\sin x$ und $\cos x$, wobei der Winkel x wieder im Bogenmaß ausgedrückt wird.

Wir bestimmen zunächst eine obere Schranke für $\sin x$.

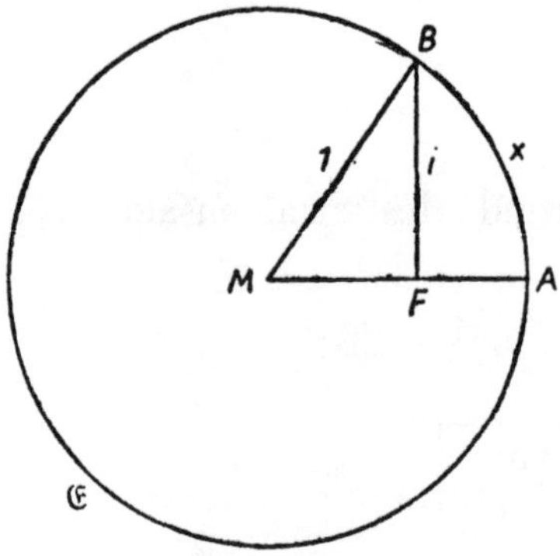

$AB = x$ sei ein unterhalb der Länge des Halbkreises liegender Bogen des Einheitskreises, $BF = i$ der Sinus des Winkels x. Dann hat, unter M den Kreismittelpunkt verstanden, der Kreissektor MAB den Inhalt $x : 2$, das Dreieck MAB den Inhalt $i : 2$. Da aber das Dreieck kleiner als der Sektor ist, so gilt die Ungleichung $i < x$ oder

$$\boxed{\sin x < x} \qquad \text{mit } 0 < x < \pi,$$

womit schon eine obere Schranke für $\sin x$ gefunden ist.

Zur Auffindung einer unteren Schranke benutzen wir den Satz vom Bogenkubus, den wir zunächst herleiten werden.

$\widehat{AB} = b$ sei ein beliebiger unterhalb 180^0 gelegener Bogen des Kreises vom Zentrum M und Radius r, $\overline{AB} = s$ die zugehörige Sehne, C der Bogenmittelpunkt.

Das Dreieck ABC, dessen Inhalt Δ sei, heiße das zum Bogen b gehörige Dreieck, das Segment ABC, dessen Inhalt S sei, das zu b gehörige Segment. Durch den Punkt C ist der Bogen b in die beiden gleichen Bogen $\widehat{AC} = b'$ und $\widehat{BC} = b'$ mit $b' = b:2$ zerlegt worden, zu denen die Sehnen $\overline{AC} = s'$ und $\overline{BC} = s'$ gehören.

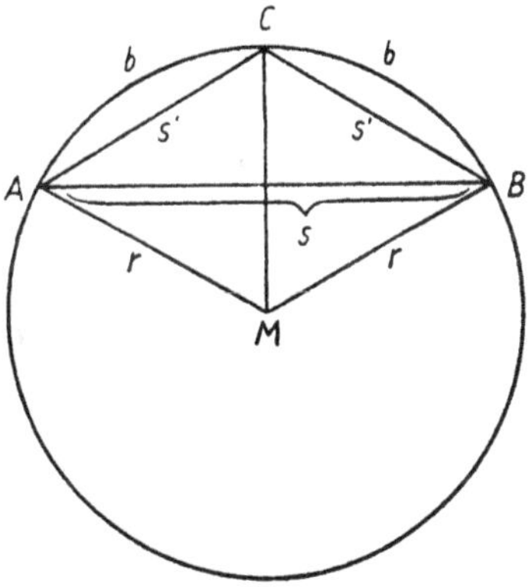

Wenden wir auf das Dreieck ABC die bekannte Beziehung

$$abc = 4r\Delta$$

an, welche zwischen den Seiten a, b, c, dem Umkreisradius r und dem Inhalt Δ eines beliebigen Dreiecks besteht, so ergibt sich

$$\Delta = \frac{s\,s'\,s'}{4r}.$$

Da nun $s < b$ und $s' < b'$ ist, so erhalten wir die Ungleichung

$$\Delta < b\,b'^2 : 4r$$

oder wegen $b' = b:2$

(0) $$\Delta < \mathfrak{A} \qquad \text{mit} \qquad \mathfrak{A} = b^3 : 16r.$$

Für jedes der 2 zu den 2 Bogen b' und b' gehörigen Dreiecke, deren gemeinsamer Inhalt Δ' sei, gilt ebenso die Ungleichung

$$\Delta' < \mathfrak{A}' \qquad \text{mit} \qquad \mathfrak{A}' = b'^3 : 16r$$

oder wegen $b' = b:2$

(1) $$\Delta' < \mathfrak{A} : 2^3.$$

Wir zerlegen jeden der zwei Bogen b' und b' in zwei gleiche Bogen b'' und b'', so daß also $b'' = b':2$ ist. Für jedes der 2^2 zu den 2^2 Bogen b'' gehörigen Dreiecke, deren gemeinsamer Inhalt Δ'' sei, gilt wieder die Ungleichung

$$\Delta'' < \mathfrak{A}'' \qquad \text{mit} \qquad \mathfrak{A}'' = b''^3 : 16r$$

oder wegen $b'' = b' : 2 = b : 2^2$

(2) $$\Delta'' < \mathfrak{A} : (2^2)^3.$$

Jetzt zerlegen wir jeden der 2^2 Bogen b'' in die beiden gleichen Bogen b''' und b''', so daß $b''' = b'' : 2$ ist. Für jedes der 2^3 zu den 2^3 Bogen b''' gehörigen Dreiecke, deren gemeinsamer Inhalt Δ''' sei, gilt die Ungleichung

$$\Delta''' < \mathfrak{A}''' \qquad \text{mit} \qquad \mathfrak{A}''' = b'''^3 : 16r$$

oder wegen $b''' = b'' : 2 = b' : 2^2 = b : 2^3$

(3) $$\Delta''' < \mathfrak{A} : (2^3)^3$$

u.s.w.

Nun besteht der Inhalt S unseres Kreissegments aus folgenden Posten

$$2^0 \cdot \Delta, \qquad 2^1 \cdot \Delta', \qquad 2^2 \cdot \Delta'', \qquad 2^3 \cdot \Delta''', \qquad \text{u.s.w.}$$

Mithin ergibt sich durch Addition der mit 2^0, 2^1, 2^2, 2^3, ... multiplizierten Ungleichungen (0), (1), (2), (3), ...

$$S < \mathfrak{A}\left[1 + \frac{1}{2^2} + \frac{1}{(2^2)^2} + \frac{1}{(2^3)^2} + \frac{1}{(2^4)^2} + \ldots\right]$$

oder $$S < \mathfrak{A}\left[1 + \frac{1}{4} + \frac{1}{4^2} + \frac{1}{4^3} + \frac{1}{4^4} + \ldots\right]$$

oder $$S < \frac{4}{3}\,\mathfrak{A}$$

oder endlich $$\boxed{S < b^3 : 12r}\,.$$

Diese bemerkenswerte Ungleichung bildet den

Satz vom Bogenkubus:

Das zu einem Kreisbogen gehörige Segment ist kleiner als der durch den 12fachen Radius geteilte Bogenkubus.

Der Satz vom Bogenkubus setzt uns sofort instand, eine untere Schranke für $\sin x$ zu bestimmen.

$\widehat{AB} = x$ sei ein spitz- oder stumpfwinkliger Bogen des Einheitskreises, $FB = i$ sein Sinus. Dann hat, unter M den Kreismittelpunkt verstanden, der Kreissektor MAB den Inhalt $x:2$, das Dreieck AMB den Inhalt $i:2$, das zum Bogen x gehörige Segment also den Inhalt

$$S = \frac{x - i}{2}.$$

Nach dem Satze vom Bogenkubus muß dieses kleiner als $x^3 : 12$ sein. Daher gilt die Ungleichung

$$x - i < x^3 : 6$$

oder

$$\boxed{\sin x > x - \frac{1}{6}x^3} \qquad \text{mit } 0 < x < \pi,$$

welche die für $\sin x$ gesuchte untere Schranke liefert.

Unsere Ergebnisse lassen sich in der einen Ungleichung

$$\boxed{x - \frac{1}{6}x^3 < \sin x < x} \qquad \text{mit } 0 < x < \pi$$

zusammenfassen.

Die gefundene Ungleichung gestattet wichtige Folgerungen, die zum Teil schon in § 17 erörtert wurden.

Da der Kubus eines *kleinen* Winkels x sehr klein ist, so ist

für *kleine Winkel näherungsweise* $\boxed{\sin x = x}$.

Um über den Grad der durch diese *Näherungsgleichung* bewirkten Annäherung eine Vorstellung zu bekommen, betrachten wir z. B.

$$\sin 1^0 = \sin \frac{\pi}{180}.$$

Hier ist $\pi : 180 = 0{,}017453$, der Kubus hiervon $< 0{,}00000532$, dessen 6ter Teil $< 0{,}000001$.

Daher ist auf 5 Dezimalen genau

$$\sin 1^0 = \sin \frac{\pi}{180} = \frac{\pi}{180} = \text{arc } 1^0.$$

Für kleinere Winkel gilt die Näherungsgleichung

$$\sin x = x$$

noch genauer; z. B. stimmen

$$\sin 1' = \sin \frac{\pi}{10800} \qquad \text{und} \qquad \frac{\pi}{10800} = \operatorname{arc} 1'$$

schon auf 11 Dezimalen überein.

Unsere Ungleichung gestattet auch die schnelle Ermittlung des vielfach in der Mathematik gebrauchten wichtigen Grenzwerts

$$\lim_{x \to 0} \sin x : x \, .$$

Aus

$$1 - \frac{x^2}{6} < \frac{\sin x}{x} < 1$$

folgt nämlich durch Übergang zur Grenze: $x \to 0$ sofort

$$\boxed{\lim_{x \to 0} \frac{\sin x}{x} = 1} \, .$$

Die Schranken für $\cos x$ lassen sich aus denen für $\sin x$ gemäß der Formel

$$\cos x = 1 - 2 \sin^2 \frac{x}{2}$$

leicht ermitteln.

Aus

$$2 - \frac{x^3}{48} < \sin^{x} < \frac{x}{2} \qquad \text{mit } 0 < x < 2\pi$$

folgt durch Quadrierung

$$\frac{x^2}{4} - \frac{x^4}{48} < \sin^2 \frac{x}{2} < \frac{x^2}{4}$$

und hieraus nach obiger Formel

$$\boxed{1 - \frac{x^2}{2} < \cos x < 1 - \frac{x^2}{2} + \frac{x^4}{24}} \qquad 0 < x < 2\pi.$$

Aus dieser Ungleichung sieht man, daß

$$1 - \frac{x^2}{2} \text{ eine untere Schranke,}$$

$$1 - \frac{x^2}{2} + \frac{x^4}{24} \text{ eine obere Schranke}$$

für $\cos x$ ist, falls der Winkel x zwischen 0 und 2π liegt.

§ 19
Quasiarithmetische Reihen.

Wir stellen uns die Aufgabe, die beiden Reihen

$$\mathrm{I} = \sin\alpha + \sin(\alpha + \delta) + \sin(\alpha + 2\delta) + \cdots + \sin(\alpha + \overline{n-1}\,\delta)$$

und

$$\mathrm{II} = \cos\alpha + \cos(\alpha + \delta) + \cos(\alpha + 2\delta) + \cdots + \cos(\alpha + \overline{n-1}\,\delta)$$

zu summieren.

Eine einfache Lösung dieser Aufgabe besteht darin, jede Reihe mit

$$2 \sin \frac{\delta}{2}$$

zu multiplizieren und jedes dann entstehende Produkt von der Form

$$2 \sin \frac{\delta}{2} \cdot \sin(\alpha + \nu\delta) \qquad \text{bzw.} \qquad 2 \sin \frac{\delta}{2} \cdot \cos(\alpha + \nu\delta)$$

auf Grund der Verwandlungsformeln als Differenz darzustellen, das erste Produkt als die Differenz

$$\cos\left(\alpha + \frac{2\nu - 1}{2}\,\delta\right) - \cos\left(\alpha + \frac{2\nu + 1}{2}\,\delta\right)$$

das zweite Produkt als die Differenz

$$\sin\left(\alpha + \frac{2\nu + 1}{2}\,\delta\right) - \sin\left(\alpha + \frac{2\nu - 1}{2}\,\delta\right).$$

Das gibt für $\mathrm{I} \cdot 2 \sin \frac{\delta}{2}$ die Summe der Differenzen

$$\cos\left(\alpha - \frac{\delta}{2}\right) - \cos\left(\alpha + \frac{\delta}{2}\right)$$

$$\cos\left(\alpha + \frac{\delta}{2}\right) - \cos\left(\alpha + 3\,\frac{\delta}{2}\right)$$

$$\cos\left(\alpha + 3\,\frac{\delta}{2}\right) - \cos\left(\alpha + 5\,\frac{\delta}{2}\right)$$

$$\cos\left(\alpha + \frac{2n-3}{2}\delta\right) - \cos\left(\alpha + \frac{2n-1}{2}\delta\right),$$

für $\mathrm{II} \cdot 2 \sin \frac{\delta}{2}$ die Summe der Differenzen

$$\sin\left(\alpha + \frac{\delta}{2}\right) - \sin\left(\alpha - \frac{\delta}{2}\right)$$

$$\sin\left(\alpha + 3\frac{\delta}{2}\right) - \sin\left(\alpha + \frac{\delta}{2}\right)$$

$$\sin\left(\alpha + 5\frac{\delta}{2}\right) - \sin\left(\alpha + 3\frac{\delta}{2}\right)$$

$$\sin\left(\alpha + \frac{2n-1}{2}\delta\right) - \sin\left(\alpha + \frac{2n-3}{2}\delta\right),$$

gibt demnach für $\mathrm{I} \cdot 2 \sin \frac{\delta}{2}$ den Wert

$$\cos\left(\alpha - \frac{\delta}{2}\right) - \cos\left(\alpha + \frac{2n-1}{2}\delta\right),$$

für $\mathrm{II} \cdot 2 \sin \frac{\delta}{2}$ den Wert

$$\sin\left(\alpha + \frac{2n-1}{2}\delta\right) - \sin\left(\alpha - \frac{\delta}{2}\right).$$

Nach den Verwandlungsformeln ist der erste dieser Werte

$$2\sin\left(\alpha + \frac{n-1}{2}\delta\right) \cdot \sin n\frac{\delta}{2},$$

der zweite

$$2\cos\left(\alpha + \frac{n-1}{2}\delta\right) \cdot \sin n\frac{\delta}{2}.$$

Somit wird

$$\mathrm{I} = \sin\left(\alpha + \frac{n-1}{2}\delta\right) \cdot \frac{\sin n\frac{\delta}{2}}{\sin\frac{\delta}{2}}, \mathrm{II} = \cos\left(\alpha + \frac{n-1}{2}\delta\right) \cdot \frac{\sin n\frac{\delta}{2}}{\sin\frac{\delta}{2}}.$$

Bedenken wir noch, daß der Klammerausdruck $\alpha + \frac{n-1}{2}\delta$ der Mittelwert μ aller vorkommenden Winkel

$$\alpha,\ \alpha+\delta,\ \alpha+2\delta,\ \ldots,\ \alpha+\overline{n-1}\,\delta$$

ist, zugleich auch der Mittelwert μ des ersten (α) und letzten ($\alpha+\overline{n-1}\,\delta$) dieser Winkel ist, so schreibt sich etwas einfacher

$$\mathrm{I} = \sin\mu \cdot \frac{\sin n\frac{\delta}{2}}{\sin\frac{\delta}{2}}, \qquad \mathrm{II} = \cos\mu \cdot \frac{\sin n\frac{\delta}{2}}{\sin\frac{\delta}{2}}.$$

Hätten die vorgelegten Reihen

$$\mathrm{I}' = \alpha + (\alpha+\delta) + (\alpha+2\delta) + \cdots + (\alpha+\overline{n-1}\,\delta)$$

$$\mathrm{II}' = \alpha + (\alpha+\delta) + (\alpha+2\delta) + \cdots + (\alpha+\overline{n-1}\,\delta)$$

geheißen, so wäre nach der Summenformel für arithmetische Reihen

$$\mathrm{I}' = \mu \cdot n \qquad , \qquad \mathrm{II}' = \mu \cdot n$$

gewesen. Wir sehen, daß in den Summenformeln für I und II statt des „Mittelgliedes“ μ der Sinus bzw. Cosinus des „Mittelgliedes” μ, statt der Gliederzahl n der Quotient $\sin n\frac{\delta}{2} : \sin\frac{\delta}{2}$ steht, welcher übrigens für unendlich kleines δ gleich n wird. Wegen dieser Beziehung zu den gewöhnlichen arithmethischen Reihen wird man die hier erörterten trigonometrischen Reihen I und II zweckmäßig quasiarithmetische Reihen nennen.

Ergebnis.

Es gelten die beiden Summenformeln

$$\sin\alpha + \sin(\alpha+\delta) + \sin(\alpha+2\delta) + \cdots + \sin(\alpha+\overline{n-1}\,\delta) = \tilde{n}\sin\mu$$

$$\cos\alpha + \cos(\alpha+\delta) + \cos(\alpha+2\delta) + \cdots + \cos(\alpha+\overline{n-1}\,\delta) = \tilde{n}\cos\mu$$

Dabei ist $\tilde{n} = \sin n \frac{\delta}{2} : \sin \frac{\delta}{2}$ und μ der Mittelwert der beiden Winkel α und $\alpha + \overline{n-1}\,\delta$ oder auch der n Winkel α, $\alpha + \delta$, $\alpha + 2\delta, \cdots, \alpha + \overline{n-1}\,\delta$.

§ 20
Mittelwerte der Kreisfunktionen.

Wir suchen die Mittelwerte der Funktionen $\sin x$ und $\cos x$ im Intervall $(0, x)$. Unter dem Mittelwert einer stetigen Funktion $\mathfrak{f}(x)$ im Intervall $(0, x)$ versteht man bekanntlich den Grenzwert des Quotienten

$$\frac{\mathfrak{f}\left(\frac{x}{n}\right) + \mathfrak{f}\left(2\frac{x}{n}\right) + \mathfrak{f}\left(3\frac{x}{n}\right) + \cdots + \mathfrak{f}\left(n\frac{x}{n}\right)}{n}$$

für unbegrenzt wachsendes n. Man schreibt ihn

$$\overset{x}{\underset{0}{\mathfrak{M}}}\, \mathfrak{f}(x)$$

und hat demgemäß die Definition

$$\overset{x}{\underset{0}{\mathfrak{M}}}\, \mathfrak{f}(x) = \lim_{n \to \infty} \sum_{r}^{1,n} \mathfrak{f}\left(r\frac{x}{n}\right) : n.$$

So ist der Mittelwert von $\sin x$ im Intervall $(0, x)$ der Grenzwert von

$$u = \frac{\sin\frac{x}{n} + \sin 2\frac{x}{n} + \sin 3\frac{x}{n} + \cdots + \sin n\frac{x}{n}}{n}$$

der Mittelwert von $\cos x$ im Intervall $(0, x)$ der Grenzwert von

$$v = \frac{\cos\frac{x}{n} + \cos 2\frac{x}{n} + \cos 3\frac{x}{n} + \cdots + \cos n\frac{x}{n}}{n}$$

für unbegrenzt wachsendes n.

Nach der Summenformel für quasiarithmetische Reihen ist nun der Zähler von u $\quad \sin\frac{n+1}{n}\frac{x}{2} \cdot \frac{\sin\frac{x}{2}}{\sin\frac{x}{2n}}$, der Zähler von v $\qquad \cos \frac{n+1}{n} \frac{x}{2} \cdot \frac{\sin \frac{x}{2}}{\sin \frac{x}{2}}$.

Daher ergeben sich für u und v die Schreibungen

$$u = \frac{2 \sin \frac{x}{2}}{x} \cdot \sin \frac{n+1}{n} \frac{x}{2} : \frac{\sin \frac{x}{2n}}{\frac{x}{2n}} ,$$

$$v = \frac{2 \sin \frac{x}{2}}{x} \cdot \cos \frac{n+1}{n} \frac{x}{2} : \frac{\sin \frac{x}{2n}}{\frac{x}{2n}} .$$

Bei unbegrenzt wachsendem n strebt der zweite Faktor der rechten Seite gegen $\sin \frac{x}{2}$ bzw. $\cos \frac{x}{2}$, der Divisor gegen 1 [es ist nach § 18 $\lim\limits_{\varphi \to 0} \sin \varphi : \varphi = 1$]. Daher wird

$$\lim u = 2 \sin^2 \frac{x}{2} : x , \qquad \lim v = 2 \sin \frac{x}{2} \cos \frac{x}{2} : x .$$

oder

$$\lim u = \frac{1 - \cos x}{x} , \qquad \lim v = \frac{\sin x}{x} .$$

Unser Ergebnis lautet:

Mittelwertsatz

Der Mittelwert der Funktion $\sin x$ im Intervall 0 bis x ist

$$\frac{1 - \cos x}{x} .$$

Der Mittelwert der Funktion $\cos x$ im Intervall 0 bis x ist

$$\frac{\sin x}{x} .$$

In Zeichen:

$$\boxed{\overset{x}{\underset{0}{\mathfrak{M}}} \sin x = \frac{1 - \cos x}{x}}, \qquad \boxed{\overset{x}{\underset{0}{\mathfrak{M}}} \cos x = \frac{\sin x}{x}}.$$

Geometrische Bestimmung der Mittelwerte von sin x und cos x.

Wir zeichnen den Quadranten AB des Einheitskreises vom Zentrum O und tragen auf ihm von A aus den Winkel x ab. Wir teilen x in n gleiche Bogen e, wobei n so groß gewählt werde, daß die Bogen e als Strecken aufgefaßt werden können. Wir greifen eine beliebige dieser Strecken — sie heiße $\mathfrak{e}$ — heraus. Ihre Mitte habe von A den Bogenabstand $\mathfrak{x}$, also von OA den Abstand $\sin \mathfrak{x}$, von OB den Abstand $\cos \mathfrak{x}$. Der Mittelwert der Sinus- bzw. Cosinusfunktion im Intervall $(0, x)$ ist dann

$$u = \Sigma \sin \mathfrak{x} : n \qquad \text{bzw.} \qquad v = \Sigma \cos \mathfrak{x} : n ,$$

wobei die Summierung über alle n auftretenden Bogen $\mathfrak{x}$ zu erstrecken ist. Wir multiplizieren beide Gleichungen mit $x = n\,e$ und erhalten

$$u\,x = \Sigma\, e \sin \mathfrak{x} \quad , \qquad v\,x = \Sigma\, e \cos \mathfrak{x} .$$

Nun ist nach dem Projektionssatze (§ 5) $e \sin \mathfrak{x}$ bzw. $e \cos \mathfrak{x}$ die Projektion p bzw. q von $\mathfrak{e}$ auf OA bzw. OB ($\mathfrak{e}$ hat gegen OA die Neigung $\frac{\pi}{2} - \mathfrak{x}$, gegen OB die Neigung $\mathfrak{x}$). Mithin ist

$$u\,x = \Sigma\, p \quad , \qquad v\,x = \Sigma\, q .$$

Die Summe der Projektionen p bzw. q ist aber, wie man sofort übersieht, $1 - \cos x$ bzw. $\sin x$. Folglich: Der Mittelwert der Funktion $\sin x$ bzw. $\cos x$ im Intervall $(0, x)$ ist

$$u = \frac{1 - \cos x}{x} \qquad \text{bzw.} \qquad v = \frac{\sin x}{x} .$$

§ 21
Näherungsformeln für sin x und cos x.

Wir entwickeln in diesem Paragraphen eine Reihe von sukzessiven Ungleichungen, die die Funktionen $\sin x$ und $\cos x$ in immer engere Schranken einschließen, so daß diese Ungleichungen auch als Näherungsgleichungen geschrieben werden können, die umso genauer sind, je mehr Glieder sie enthalten.

Der Herleitung dieser Ungleichungen liegt das Lemma zugrunde:

Ist eine stetige Funktion f(x) von x kleiner als eine andere F(x):

$$\mathrm{f}(x) \leqq \mathrm{F}(x) \qquad \text{(für jedes } x\text{)} \quad ,$$

so ist auch der Mittelwert von f(x) in einem Intervalle kleiner als der Mittelwert von F(x) in diesem Intervalle.

Bei der Berechnung der vorkommenden Mittelwerte machen wir von folgenden drei Hilfssätzen Gebrauch, in denen das zugrunde gelegte Intervall überall dasselbe sei (wir haben es im folgenden nur mit dem Intervall $(0,x)$ zu tun).

Hilfsatz 1: Der Mittelwert einer Summe von Funktionen ist gleich der Summe der Mittelwerte dieser Funktionen.

Hilfssatz 2: Der Mittelwert des Produkts aus einer Konstante und einer Funktion ist gleich dem Produkt aus der Konstante und dem Mittelwert der Funktion.

Hilfssatz 3: Der Mittelwert der Funktion x^p, wo p eine natürliche Zahl bedeutet, im Intervalle $(0,x)$ ist $x^p : P$ mit $P = p + 1$.

Von diesen Sätzen leuchten das Lemma und die Hilfssätze 1 und 2 sofort ein; Hilfssatz 3 bedarf eines Beweises.

Beweis von Hilfssatz 3. Wir gehen aus von der Formel

$$\frac{X^P - x^P}{X - x} = X^p + X^{p-1}\,x + X^{p-2}\,x^2 + \cdots + x^p, \quad (P = p + 1)$$

Für $X > x \geqq 0$ ist die rechte Seite größer als Px^p, dagegen kleiner als PX^p. Mithin gilt die Ungleichung

$$P\,x^p < \frac{X^P - x^P}{X - x} < P\,X^p \qquad \text{mit } X > x \geqq 0.$$

Wir zerlegen das Intervall $(0,x)$ in n gleiche Teile; die Teilpunkte seien

$$x_1 = e,\; x_2 = 2e,\; x_3 = 3\,e,\; \cdots \quad ,\; x_n = ne = x.$$

Wir bilden den Mittelwert der n für diese Teilpunkte berechneten Funktionswerte

$$M = \frac{x_1^P + x_2^P + \cdots + x_n^P}{n}.$$

Um ihn abzuschätzen, wenden wir die aufgestellte Ungleichung auf die n Zahlenpaare $(0, x_1)$, (x_1, x_2), (x_2, x_3), $\cdots$, (x_{n-1}, x_n) an. Das gibt das System

$$\left\{\begin{array}{c} P \cdot 0^P < \dfrac{x_1^P - 0^P}{e} < P \cdot x_1^P \\ P \cdot x_1^P < \dfrac{x_2^P - x_1^P}{e} < P \cdot x_2^P \\ P \cdot x_2^P < \dfrac{x_3^P - x_2^P}{e} < P \cdot x_3^P \\ \cdot \quad \cdot \\ P \cdot x_{n-1}^P < \dfrac{x_n^P - x_{n-1}^P}{e} < P \cdot x_n^P \end{array}\right\}$$

Durch Addition dieser n Ungleichungen bekommen wir, $x_1^P + x_2^P + \cdots + x_n^P$ gleich $n\,M$ setzend,

$$P \cdot (n\,M - x^P) < x^P : e < P \cdot n\,M$$

oder, durch n teilend und $n\,e$ durch x ersetzend,

$$P \cdot \left(M - \frac{x^P}{n}\right) < x^P < P \cdot M$$

oder endlich

$$\frac{x^P}{P} < M < \frac{x^P}{P} + \frac{x^P}{n}.$$

Nun lassen wir n unbegrenzt wachsen. Dann strebt M gegen den gesuchten Mittelwert μ der Funktion x^P im Intervalle $(0, x)$, das zweite Glied der rechten Seite der gefundenen Ungleichung gegen Null, und wir erhalten

$$\mu = x^P : P \qquad , \qquad \text{w. z. b. w.}$$

Nach diesen Vorbereitungen gehen wir zur eingangs angekündigten Entwicklung über. Wir beginnen mit der selbstverständlichen Ungleichung

$$\cos x \leqq 1 \qquad ,$$

wobei das Gleichheitszeichen nur gilt, wenn x ein ganzzahliges Vielfaches von 2π ist. (Wir wollen nicht unerwähnt lassen, daß alle hier vorkommenden Winkel x im Bogenmaß ausgedrückt sind.)

Da der Mittelwert von $\cos x$ im Intervall $(0, x)$ den Wert $\sin x : x$ hat (§ 20), der Mittelwert von 1 den Wert 1 hat, so folgt nach dem Lemma aus unserer Ungleichung

$$\sin x : x \leqq 1 \qquad \text{oder} \qquad \sin x \leqq x \,.$$

Diese Ungleichung ist uns aus § 17 schon bekannt. In ihr gilt das Gleichheitszeichen nur für $x = 0$.

Wenden wir auf sie das Lemma an, so folgt, da nach § 20 der Mittelwert von $\sin x$ im Intervall $(0, x)$ den Wert $(1 - \cos x)$ $: x$ hat, $(1 - \cos x) : x \leqq x : 2$ oder

$$\cos x \geqq 1 - \frac{x^2}{2} \,.$$

Auch diese Ungleichung, in welcher das Gleichheitszeichen nur für $x = 0$ gilt, ist uns aus § 18 bekannt.

Die Anwendung des Lemmas auf die neue Ungleichung — als Intervall gilt immer das Intervall $(0, x)$ — liefert

$$\frac{\sin x}{x} \geqq 1 - \frac{x^2}{2 \cdot 3}$$

oder

$$\sin x \geqq x - \frac{x^3}{6} \,.$$

Auch diese Ungleichung ist uns noch bekannt (§ 18).

Nun allerdings entstehen bei fortgesetzter Anwendung des Lemmas auf die neu erscheinenden Ungleichungen lauter bislang unbekannte Ungleichungen.

Die erste von ihnen heißt

$$\frac{1 - \cos x}{x} \geqq \frac{x}{2} - \frac{x^3}{4!}$$

oder

$$\cos x \leqq 1 - \frac{x^2}{2!} + \frac{x^4}{4!} \,,$$

die zweite:

$$\frac{\sin x}{x} \leqq 1 - \frac{x^2}{3!} + \frac{x^4}{5!}$$

oder
$$\sin x \leqq x - \frac{x^3}{3!} + \frac{x^5}{5!},$$

die folgende:

$$\frac{1 - \cos x}{x} \leqq \frac{x}{2!} - \frac{x^3}{4!} + \frac{x^5}{6!}$$

oder
$$\cos x \geqq 1 - \frac{x^2}{2!} + \frac{x^4}{4!} - \frac{x^6}{6!},$$

die nächste:

$$\frac{\sin x}{x} \geqq 1 - \frac{x^2}{3!} + \frac{x^4}{5!} - \frac{x^6}{7!}$$

oder
$$\sin x \geqq x - \frac{x^3}{3!} + \frac{x^5}{5!} - \frac{x^7}{7!}$$

u. s. w.

Man sieht deutlich, wie es weiter geht. Um unser mühelos gewonnenes Ergebnis bequem aussprechen zu können, verabreden wir folgende Definition:

Unter dem ersten, zweiten, dritten, . . . Näherungswert der Funktion $\sin x$ bzw. $\cos x$ versteht man die Polynome

	bzw.
x	1
$x - \frac{x^3}{3!}$	$1 - \frac{x^2}{2!}$
$x - \frac{x^3}{3!} + \frac{x^5}{5!}$	$1 - \frac{x^2}{2!} + \frac{x^4}{4!}$
$x - \frac{x^3}{3!} + \frac{x^5}{5!} - \frac{x^7}{7!}$	$1 - \frac{x^2}{2!} + \frac{x^4}{4!} - \frac{x^6}{6!}$
u. s. w.	u. s. w.

Ergebnis:

$\sin x$ liegt stets zwischen zwei sukzessiven seiner Näherungswerte.

$\cos x$ liegt stets zwischen zwei sukzessiven seiner Näherungswerte.

Beispielsweise ist

$$x - \frac{x^3}{3!} + \frac{x^5}{5!} - \frac{x^7}{7!} \leqq \sin x \leqq x - \frac{x^3}{3!} + \frac{x^5}{5!} - \frac{x^7}{7!} + \frac{x^9}{9!}$$

und

$$1 - \frac{x^2}{2!} + \frac{x^4}{4!} - \frac{x^6}{6!} \leqq \cos x \leqq 1 - \frac{x^2}{2!} + \frac{x^4}{4!} - \frac{x^6}{6!} + \frac{x^8}{8!}.$$

Setzt man also

$$\sin x = x - \frac{x^3}{3!} + \frac{x^5}{5!} - \frac{x^7}{7!},$$

$$\cos x = 1 - \frac{x^2}{2!} + \frac{x^4}{4!} - \frac{x^6}{6!},$$

so ist der damit begangene Fehler

im ersten Falle höchstens $x^9 : 9!$,
im zweiten Falle höchstens $x^8 : 8!$.

Handelt es sich z. B. darum, die Seite s des regulären Siebenecks im Einheitskreise zu berechnen, so ist $s = 2 \sin \frac{\pi}{7}$. Setzen wir also

$$\sin \frac{\pi}{7} = \alpha - \frac{\alpha^3}{3!} + \frac{\alpha^5}{5!} - \frac{\alpha^7}{7!} \qquad \text{mit } \alpha = \pi : 7,$$

so ist der damit begangene Fehler höchstens

$$\alpha^9 : 9! = 0{,}000\,000\,002,$$

so daß die angesetzte Gleichung auf mindestens 8 Dezimalen genau ist.

Allgemein kann, wie jetzt gezeigt werden soll, der Term

$$t = x^n : n!$$

bei gegebenem x für hinreichend groß gewähltes n beliebig klein gemacht werden.

Für große n ist nämlich

$$n \cdot 1 = n, \ (n-1) \cdot 2 > n, \ (n-2) \cdot 3 > n, \ (n-3) \cdot 4 > n, \cdots,$$
$$1 \cdot n = n,$$

und das Produkt dieser n Ungleichungen gibt

$$n!^2 > n^n \qquad \text{oder} \qquad n! > (\sqrt{n})^n,$$

so daß

$$t < \left(\frac{x}{\sqrt{n}}\right)^n$$

wird. Wählt man also n so groß, daß $x : \sqrt{n}$ kleiner ausfällt als der vorgelegte beliebig kleine positive Echtbruch ε, so ist

$$t < \varepsilon^n, \text{ mithin erst recht } t < \varepsilon,$$

so daß t unter die beliebig kleine Zahl ε herabgedrückt werden kann.

Hält man sich diese Tatsache vor Augen, so erkennt man, daß die

Näherungsgleichungen für sin x und cos x

$$\sin x = x - \frac{x^3}{3!} + \frac{x^5}{5!} - + \cdots - \frac{x^{4n-1}}{(4n-1)!}$$

$$\sin x = x - \frac{x^3}{3!} + \frac{x^5}{5!} - + \cdots + \frac{x^{4n+1}}{(4n+1)!}$$

$$\cos x = 1 - \frac{x^2}{2!} + \frac{x^4}{4!} - + \cdots - \frac{x^{4n-2}}{(4n-2)!}$$

$$\cos x = 1 - \frac{x^2}{2!} + \frac{x^4}{4!} - + \cdots + \frac{x^{4n}}{(4n)!}$$

wo n eine natürliche Zahl bedeutet,

um so genauer gelten, je mehr Glieder sie enthalten.

Und daß man absolute Genauigkeit erzielt, wenn man unendlich viele Glieder nimmt!

Damit haben wir die

Unendlichen Reihen für sin x und cos x:

$$\sin x = x - \frac{x^3}{3!} + \frac{x^5}{5!} - \frac{x^7}{7!} + - \cdots \text{ in inf}$$

$$\cos x = 1 - \frac{x^2}{2!} + \frac{x^4}{4!} - \frac{x^6}{6!} + - \cdots \text{ in inf}$$

Bricht man eine dieser Reihen irgendwo ab, so hat man nur noch eine Näherungsgleichung; aber der durch das Abbrechen entstehende Fehler ist kleiner als das erste nicht berücksichtigte Glied.

Die unendlichen Reihen für sin x und cos x wurden — allerdings auf einem weit mühseligeren Wege — im Jahre 1665 von Newton entdeckt.

Zusatz: Wir haben die Reihen für sin x und cos x unter der stillschweigenden Voraussetzung positiver Winkel x hergeleitet. Man überzeugt sich aber leicht davon, daß sie auch für negative Winkel x gelten; und dasselbe ist auch bei den Näherungsgleichungen der Fall.

Mittels der unendlichen Reihen bzw. mittels der Näherungsformeln für sin x und cos x, kann der Sinus oder Cosinus eines beliebig vorgegebenen Winkels mit beliebiger Genauigkeit berechnet werden.

Die Herstellung der für die Mathematik, Physik, Technik und Astronomie unerläßlichen fünf-, sieben- und selbst dreizehnstelligen Tafeln der Kreisfunktionen ist erst durch die Newtonsche Entdeckung möglich geworden.

§ 22
Trigonometrische Tafeln.

Die Kreisfunktionen sind für die Arithmetik, Geometrie, Physik, Technik, Geodäsie, Feldmessung, Nautik und Astronomie von so überragender Bedeutung, daß die unumgängliche Notwendigkeit trigonometrischer Tafeln schon vor Jahrhunderten erkannt wurde und solche Tafeln schon frühzeitig berechnet wurden.

Wir setzen hier kurz auseinander, wie eine trigonometrische Tafel hergestellt werden kann.

Als unentbehrliches Hilfsmittel kommen dabei die Reihen für sin x und cos x in Betracht. Sie gestatten ja, zu jedem vorgelegten Winkel x den zugehörigen Sinus und Cosinus und damit auch tg x und cot x zu berechnen. Diese Berechnungen werden durch einige günstige Umstände erleichtert. Zunächst braucht man nicht alle Winkel von 0 bis $x = \frac{\pi}{2}$ (90^0) zu nehmen.

Da nämlich $\sin(\lambda + \varphi) = \cos(\lambda - \varphi)$ und $\cos(\lambda + \varphi) = \sin(\lambda - \varphi)$ ist, wo $\lambda = \frac{\pi}{4}$, so genügt es, nur die Winkel von 0 bis λ zu nehmen. Aber der Winkelbereich kann noch weiter herabgedrückt werden. Da nämlich die Formeln

$$\left\{\begin{array}{l}\sin(\nu + \varphi) = \cos\varphi - \sin(\nu - \varphi)\\ \cos(\nu + \varphi) = \cos(\nu - \varphi) - \sin\varphi\end{array}\right\} \quad \text{mit } \nu = \frac{\pi}{6}$$

gelten, genügt es, nur die Winkel von 0 bis $\nu = \frac{\pi}{6}$ (30^0) durchzugehen.

Diese Reduktion auf ν (30^0) nicht überschreitende Winkel bringt außerdem den Vorteil mit sich, daß die zur Berechnung dienenden Reihen für $\sin x$ und $\cos x$ schnell konvergieren. Selbst für den größten vorkommenden Winkel (ν) konvergiert beispielsweise die Sinusreihe so schnell, daß wegen

$$\nu^{11} : 11! = 0{,}0000000000203$$

schon die ersten 5 Glieder ausreichen, um $\sin\nu$ auf 10 Dezimalen genau zu bekommen.

Man wird nun etwa alle Multipla von

$$\varepsilon = \frac{\pi}{64800} = 10''$$

von 0 bis 30^0 ins Auge fassen und ihre Sinus und Cosinus berechnen. Damit wäre eine recht vollständige Tafel gewonnen, denn in den gewöhnlichen fünfstelligen Tafeln schreiten die Winkel nur von Minute zu Minute oder gar nur um je 10 Minuten fort. Bei dieser Berechnung leisten die sog. Simpsonschen Formeln gute Dienste. Diese Formeln führen die Differenzen

$$u_n = \sin \overline{n+1}\,\varepsilon - \sin n\,\varepsilon \quad \text{und} \quad v_n = \cos n\,\varepsilon - \cos \overline{n+1}\,\varepsilon$$

auf die Differenzen

$$u_{n-1} = \sin n\,\varepsilon - \sin \overline{n-1}\,\varepsilon \quad \text{und} \quad v_{n-1} = \cos \overline{n-1}\,\varepsilon - \cos n\,\varepsilon$$

zurück. Sie entstehen folgendermaßen. Zunächst hat man auf 18 Dezimalen genau

$$k = \varepsilon^2 = 0{,}00000\,00023\,50443\,053.$$

Darauf setzt man — auf 16 Dezimalen genau! —

$$\cos \varepsilon = 1 - \frac{1}{2}\varepsilon^2 \quad \text{oder} \quad 2\cos\varepsilon = 2 - k$$

und hat nun

$$\sin \overline{n+1}\,\varepsilon + \sin \overline{n-1}\,\varepsilon = 2\sin n\varepsilon - k \sin n\varepsilon$$

sowie

$$\cos \overline{n-1}\,\varepsilon + \cos \overline{n+1}\,\varepsilon = 2\cos n\varepsilon - k\cos n\varepsilon$$

oder

$$\boxed{\begin{aligned} u_n &= u_{n-1} - k \sin n\varepsilon \\ v_n &= v_{n-1} + k \cos n\varepsilon \end{aligned}}$$

mit $u_n = \sin \overline{n+1}\,\varepsilon - \sin n\varepsilon$, $\quad v_n = \cos n\varepsilon - \cos \overline{n+1}\,\varepsilon$.

Dies sind die Formeln von Simpson.

Sie gestatten, jedes Glied der Folge $u_0, u_1, u_2, u_3, \ldots$ sowie jedes Glied der Folge $v_0, v_1, v_2, v_3, \ldots$ auf das vorhergehende zurückzuführen, wobei jeweils nur eine Multiplikation mit dem Faktor k zu bewirken ist. Die Ausgangswerte sind

$u_0 = 0{,}00004.84813.68092$, $v_0 = 0{,}00000.00011.75221.527$.

Prinzip der Proportionalität.

In einer trigonometrischen Tafel, die die Sinus aller Multipla von 10′, d. h. von

$$e = \frac{\pi}{1080} = 0{,}00291$$

enthält, sei etwa sin 17° 24′ zu bestimmen. In der Tafel findet man

$$\sin 17^\circ 20' = 0{,}29793 \quad , \quad \sin 17^\circ 30' = 0{,}30071.$$

Der gesuchte Sinus wird dann nach dem im Folgenden erörterten Prinzip der Proportionalität ermittelt.

Man hat, unter x und h spitze Winkel verstanden,

$$z = \sin(x+h) - \sin x = \sin x(\cos h - 1) + \cos x \sin h.$$

Wir kürzen $\cos x$ und $\sin x$ mit a und b ab und schreiben

$$z = ah - \zeta \quad \text{mit } \zeta = a(h - \sin h) + b\,[1 - \cos h].$$

Wir schätzen ζ ab unter der Annahme, daß h nicht oberhalb e liegt. Wie wir wissen, ist die runde Klammer $< \frac{1}{6}h^3$, also auch $< \frac{1}{6}\,\mathfrak{e}^3$, die eckige $< \frac{1}{2} h^2$, mithin auch $< \frac{1}{2}\,\mathfrak{e}^2$. Daher ist

$$\zeta < \frac{1}{2}\,\mathfrak{e}^2 + \frac{1}{6}\,\mathfrak{e}^3 < 0{,}0000043.$$

Demnach dürfen wir angenähert $z = a\,h$

oder $\boxed{\sin(x+h) - \sin x = a\,h}$ mit $a = \cos x$

setzen, wo der begangene Fehler noch nicht eine halbe Einheit der 5ten Dezimale ausmacht, so daß unsere Näherungsgleichung auf 5 Dezimalen genau ist. In der gefundenen Relation stellt h den Winkelzuwachs, die linke Seite den Sinuszuwachs dar, und die Gleichung heißt in Worten:

Der Sinuszuwachs ist dem Winkelzuwachs proportional. Die Proportionalitätskonstante ist $a = \cos x$.

Dabei ist allerdings vorauszusetzen, daß der Winkelzuwachs hinreichend klein ist; in unserem Falle, wo eine Genauigkeit von 5 Dezimalen erreicht werden soll, darf der Winkelzuwachs h nicht oberhalb $\mathfrak{e}$ (10′) liegen. Wir dürfen daher folgendermaßen schließen: Wenn der Winkel von 17° 20′ um 10′ auf 17° 30′ wächst, wächst der Sinus um 0,00278, also um 278 Einheiten der 5ten Dezimale. Da das Sinuswachstum dem Winkelwachstum proportional erfolgt, so wächst der Sinus beim Winkelzuwachs 4′ um 4.278 : 10 Einheiten der 5ten Dezimale, das sind, abgerundet, 111 Einheiten. Daher ist

$$\sin 17^0\,24' = 0{,}29904.$$

Ganz ähnliche Erwägungen lassen sich für die Cosinusfunktion anstellen. Die entstehende Näherungsgleichung hat die Form

$\boxed{\cos x - \cos(x+h) = b\,h}$ mit $b = \sin x$.

Sie sagt aus:

Die Cosinusabnahme ist dem Winkelzuwachs proportional. Die Proportionalitätskonstante ist $b = \sin x$.

Auch hier wird vorausgesetzt, daß der Winkelzuwachs hinreichend klein, in unserem Falle $\leqq \mathfrak{e}$ (10′) ist.

Bei der Tangensfunktion wird

$$\operatorname{tg}(x+h)-\operatorname{tg}x=$$
$$\frac{\sin(x+h)}{\cos(x+h}-\frac{\sin x}{\cos x}=\frac{\sin(x+h)\cos x-\cos(x+h)\sin x}{\cos x\cos(x+h)}=$$
$$\frac{\sin h}{\cos x\cos(x+h)}.$$

Wir schreiben $\operatorname{tg}(x+h)-\operatorname{tg}x=\frac{h}{\cos^2 x}+\zeta$
mit

$$\zeta=\frac{\sin h}{\cos x\cos(x+h)}-\frac{h}{\cos^2 x}=\frac{a(\sin h-h\cos h)+b\,h\sin h}{\cos^2 x\cos(x+h)}.$$

Um ζ abzuschätzen, schreiben wir [h sei $<\mathfrak{e}$]

$$\sin h<h-\frac{1}{6}h^3+\frac{1}{120}h^5\ ,\quad -h\cos h<-h+\frac{1}{2}h^3$$

und haben durch Addition

$$(\sin h-h\cos h)<\frac{1}{3}h^3+\frac{1}{120}h^5<\frac{1}{3}h^3+\frac{1}{6}h^3=\frac{1}{2}h^3.$$

Außerdem ist $\qquad h\sin h<h^2.$

Folglich ist der Zähler des Bruches ζ kleiner als $2h^2$, mithin

$$\zeta<\frac{2h^2}{\cos^2 x\cos(x+h)}.$$

Bei hinreichend kleinem h kann also, wofern $\cos x$ und $\cos(x+h)$ nicht zu klein sind, ζ gegen $h:\cos^2 x$ vernachlässigt und geschrieben werden:

$$\boxed{\operatorname{tg}(x+h)-\operatorname{tg}x=c\,h}\qquad \text{mit } c=\frac{1}{\cos^2 x}.$$

In Worten: Bei hinreichend kleinem Winkelzuwachs ist der Tangenszuwachs dem Winkelzuwachs proportional.

Die Proportionalitätskonstante ist $c=\sec^2 x$.

Dieses Ergebnis kam dadurch zustande, daß der Zusatzposten ζ vernachlässigt wurde, was ja bei hinreichend kleinem h auch keine Bedenken hat. Wenn aber wie hier der Winkelzuwachs h bis zum Werte $\mathfrak{e}$ (10′) ansteigen kann, ist diese Vernachlässigung nur noch bei x-Werten zulässig, die nicht zu groß sind. Da nämlich $\sin h-h\cos h$ (wegen $\operatorname{tg}h>h$) positiv ausfällt, ist

$$\ldots > \frac{b\,h \sin h}{\cos^2 x \cos(x+h)} > \frac{b\,h \sin h}{\cos^3 x}\,.$$

und der rechts stehende Bruch kann bei x-Werten, die von $\frac{\pi}{2}$ (90°) nicht weit abweichen, trotz der hier in Betracht kommenden h-Werte (1′, 2′, 3′, . . . , 9′) so groß werden, daß von einer Vernachlässigung des Zusatzpostens ζ keine Rede mehr sein kann.

Bei einer Tangenstafel ist sonach das Proportionalitätsprinzip auf die Berechnung der Tangens von großen spitzen Winkeln nicht mehr anwendbar. Es handle sich z. B. um die Bestimmung von tg 89° 24′.

In der Tangenstafel steht

$$\text{tg } 89°20' = 85{,}9398, \qquad \text{tg } 89°30' = 114{,}5887.$$

Hier beträgt der Tangenszuwachs bei 10′ Winkelzuwachs 28,6489 Einheiten. Die Anwendung des Proportionalitätsprinzips würde pro Minute den Zuwachs 2,86489, für 4′ also den Zuwachs 11,4596 ergeben, so daß tg 89° 24′ = 97,3994 sein müßte. In Wahrheit ist jedoch

$$\text{tg } 89°24' = 95{,}4895,$$

wie man z. B. findet, wenn man

$$\text{tg } 89°24' = \cot 36' = \cos 36' : \sin 36'$$

schreibt und cos 36′ sowie sin 36′ vermöge der Reihen für $\cos \varphi$ und $\sin \varphi$ mit $\varphi = \text{arc } 36' = \pi/300$ berechnet.

Wie bei einer Tangenstafel das Proportionalitätsprinzip auf große Winkel nicht anwendbar ist, so darf man es bei einer Cotangenstafel nicht auf kleine Winkel anwenden.

Es gibt noch einen anderen Fall, wo es mit der Anwendung des Proportionalitätsprinzips hapert. Es sei z. B. der Winkel φ zu bestimmen, dessen Sinus

$$\sin \varphi = 0{,}99987$$

ist. In einer fünfstelligen Sinustafel, die die Sinus aller Multipla von ε (10′) enthält, steht

$$\sin 89°0' = 0{,}99985, \qquad \sin 89°\,10' = 0{,}99989,$$

wobei die 5te Dezimale im ersten Falle etwas zu groß, im zweiten

Falle etwas zu klein ist. Der genaue Unterschied dieser beiden Sinus beträgt also nicht 4, sondern vielleicht $4^1/_2$ Einheiten der 5ten Dezimale. Da wird es begreiflich, daß sich die Proportionalitätskonstante, die den auf die Minute Winkelzuwachs bezogenen Sinuszuwachs angibt, nicht genau bestimmen läßt.

In solchen Fällen — wo also der vorgelegte Sinus nahe an 1 liegt — verfährt man wie folgt.

Aus $$\sin\varphi = e$$
findet man für das Komplement $2\,\psi$ von φ $\quad \cos 2\,\psi = e$ oder $2\sin^2\psi = 1 - e$ und
$$\sin\psi = \sqrt{\frac{1-e}{2}}\ .$$
Diese Gleichung liefert mit Hilfe der Tafel ψ, und dann hat man $\varphi = 90 - 2\psi$.

Eine ähnliche Erscheinung zeigt sich, wenn der Cosinus eines Winkels φ aus der Bedingung
$$\cos\varphi = e$$
bestimmt werden soll, wo e ein der Einheit nahe kommender Wert ist. In diesem Falle tut man gut, den Winkel $\psi = \frac{\varphi}{2}$ aus der Bedingung $$\sin\psi = \sqrt{\frac{1-e}{2}}$$
zu bestimmen. Man hat dann $\varphi = 2\,\psi$.

§ 23
Ableitungen der Kreisfunktionen.

Bei zahlreichen Untersuchungen, in denen die Kreisfunktionen eine Rolle spielen, kommen auch die Ableitungen der Kreisfunktionen vor, so daß es geboten erscheint, diese Ableitungen hier anzugeben.

Unter der Ableitung oder dem Differentialquotient einer Funktion $\mathfrak{f}(x)$ versteht man bekanntlich den Grenzwert, dem der Differenzenquotient
$$\mathfrak{D} = \frac{\mathfrak{f}(X) - \mathfrak{f}(x)}{X - x}$$

der Funktion zustrebt, wenn — bei festgehaltenem Argumentwert x — der Argumentwert X sich dem Argumentwert x unbegrenzt nähert.

Die Bestimmung der Ableitungen der Kreisfunktionen $\sin x$ und $\cos x$ — wobei x im Bogenmaß zu denken ist — kann auf zwei Wegen erfolgen. Beim ersten Weg bestimmt man zwei Schranken für den Differenzenquotient der Funktion, zwischen denen der Differenzenquotient liegt, und die bei unbegrenzter Annäherung von X an x demselben Werte zustreben. Dieser Wert ist dann die gesuchte Ableitung.

Bei dem andern Wege macht man von der bekannten Limesgleichung (§ 18) $\lim\limits_{\mathfrak{w} \to 0} \frac{\sin \mathfrak{w}}{\mathfrak{w}} = 1$ Gebrauch.

Erster Weg.

Auf dem Quadrant AB des Einheitskreises vom Zentrum O tragen wir die Bogen

$$Ap = x \qquad \text{und} \qquad AP = X = x + \xi$$

ab, so daß Bogen $pP = \xi$ ist. Von P fällen wir das Lot PF, von p das Lot pf auf OA, ferner von p das Lot pg auf PF. Dann ist

$$fp = \sin x = Fg \qquad \text{und} \qquad FP = \sin X, \text{ also}$$

$$Pg = \eta = \sin X - \sin x.$$

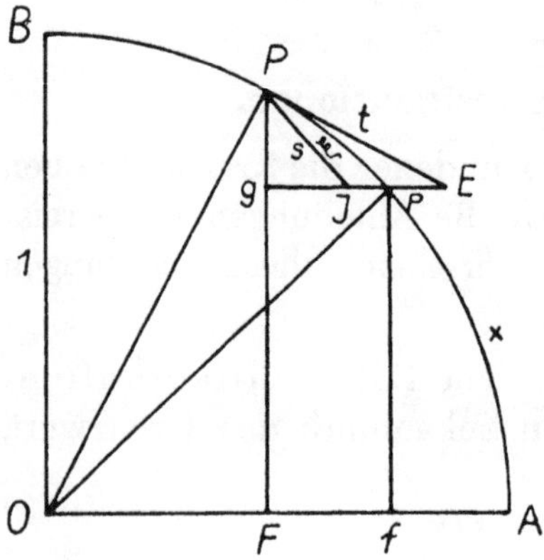

Von P aus zeichnen wir die Strecken

$$PJ = s \perp Op \qquad \text{und}$$

$$PE = t \perp OP,$$

deren Endpunkte J und E auf der Graden pg liegen, J innerhalb, E außerhalb des Kreises.

Nun ist $s < \xi < t$ oder $\frac{1}{t} < \frac{1}{\xi} < \frac{1}{s}$ oder $\frac{\eta}{t} < \frac{\eta}{\xi} < \frac{\eta}{s}$

oder, da $\mathfrak{D} = \frac{\sin X - \sin x}{X - x}$

der Differenzenquotient der Sinusfunktion ist,

$$\frac{\eta}{t} < \mathfrak{D} < \frac{\eta}{s} .$$

Nun stehen die Schenkel des Winkels gPJ auf denen des Winkels x, die Schenkel des Winkels gPE auf denen des Winkels X senkrecht; folglich ist

$$\sphericalangle gPJ = x \quad , \quad \sphericalangle gPE = X.$$

Daher ergibt sich aus den Rechtwinkeldreiecken gPJ und gPE

$$\cos x = \frac{\eta}{s} \quad \text{und} \quad \cos X = \frac{\eta}{t} .$$

Die Verknüpfung dieses Gleichungspaares mit der obigen Ungleichung liefert die gesuchte Schrankenformel

I $$\boxed{\cos X < \frac{\sin X - \sin x}{X - x} < \cos x} \quad , \quad X > x \geqq 0.$$

In Worten:

Der Differenzenquotient der Funktion $\sin x$ liegt zwischen $\cos x$ und $\cos X$.

Wir haben diesen Satz hier zwar nur für spitze Winkel x hergeleitet. Es macht aber nicht die geringste Schwierigkeit, ihn auf alle Winkelarten auszudehnen.

Die Einschließung des Differenzquotienten

$$\mathfrak{d} = \frac{\cos X - \cos x}{X - x}$$

der Funktion $\cos x$ in Schranken erfolgt ganz ähnlich, so daß es genügen wird, das Ergebnis hinzuschreiben:

II $$\boxed{-\sin X < \frac{\cos X - \cos x}{X - x} < -\sin x} \quad , \quad X > x \geqq 0.$$

Textlich:

Der Differenzenquotient der Funktion $\cos x$ liegt zwischen $-\sin x$ und $-\sin X$.

Von den gewonnenen Ungleichungen zum Differentialquotient der Funktion $\sin x$ bzw. $\cos x$ ist nur ein Schritt. Wir halten x fest und lassen X dem Werte x unbegrenzt näher rücken. Dann rückt auch die untere Schranke $\cos X$ bzw. $-\sin X$ der

Ungleichung I bzw. II der oberen Schranke cos x bzw. — sin x unbegrenzt nahe, so daß schließlich beide Schranken denselben Wert, nämlich cos x bzw. — sin x haben. Man bezeichnet die unbegrenzte Annäherung einer variablen Größe X an eine feste Größe x kurz durch

$$X \to x.$$

Wir können dann sagen:

Der Grenzwert des Differenzenquotienten der Funktion sin x bzw. cos x für $X \to x$ ist cos x bzw. — sin x.

In Zeichen:

$$\boxed{\lim_{X \to x} \frac{\sin X - \sin x}{X - x} = \cos x} \qquad \boxed{\lim_{X \to x} \frac{\cos X - \cos x}{X - x} = -\sin x} \quad .$$

In kürzerer Redeweise:

Die Ableitung der Funktion sin x ist cos x, die Ableitung der Funktion cos x ist — sin x.

Bezeichnet man eine Funktion durch einen Buchstaben, die Funktion $\mathfrak{f}(x)$ etwa durch den Buchstaben y:

$$y = \mathfrak{f}(x),$$

so bezeichnet man die Ableitung der Funktion nach Lagrange durch y' oder auch durch $\mathfrak{f}'(x)$, so daß

$$y' = \mathfrak{f}'(x)$$

ist. Mit dieser Bezeichnung drückt sich unser obiges Ergebnis folgendermaßen aus:

Die Ableitungen der Funktionen

$$u = \sin x \qquad \text{und} \qquad v = \cos x$$

sind $u' = \cos x$ und $v' = -\sin x$.

Mit der Cauchyschen Schreibung Dy für die Ableitung der Funktion y (von x) wird unser Ergebnis durch die beiden Formeln

$$\boxed{D \sin x = \cos x \quad , \quad D \cos x = -\sin x}$$

dargestellt.

Zweiter Weg.

Nach den Verwandlungsformeln ist

$$\sin X - \sin x = 2 \cos \frac{X + x}{2} \sin \frac{X - x}{2},$$

$$\cos X - \cos x = -2 \sin \frac{X + x}{2} \sin \frac{X - x}{2}$$

oder, indem wir $\frac{X + x}{2} = \mathfrak{x}$, $\frac{X - x}{2} = u$

abkürzen und zum Differenzenquotienten übergehen,

$$\frac{\sin X - \sin x}{X - x} = \cos \mathfrak{x} \cdot \frac{\sin u}{u}, \quad \frac{\cos X - \cos x}{X - x} = -\sin \mathfrak{x} \cdot \frac{\sin u}{u}.$$

Um den Grenzwert der linken Seite jeder dieser Gleichungen für $X \to x$ zu erfahren, brauchen wir nur den Grenzwert der rechten Seite zu bestimmen. Diese besteht aus zwei Faktoren, deren erster den Grenzwert $\cos x$ bzw. $-\sin x$ hat, so daß es nur noch auf die Ermittlung des Grenzwerts des andern Faktors, $\sin u : u$, für $X \to x$ oder $u \to 0$ ankommt. Nach der oben erwähnten Limesgleichung ist aber

$$\lim_{u \to 0} \frac{\sin u}{u} = 1.$$

Daher ist der Grenzwert der rechten Seite $\cos x$ bzw. $-\sin x$, und dieses ist zugleich der gesuchte Grenzwert der linken Seite. Wiederum entsteht das Formelpaar

$$\boxed{D \sin x = \cos x \quad , \quad D \cos x = -\sin x} \; .$$

Die Ableitung der ersten Ableitung $y' = \mathfrak{f}'(x)$ einer Funktion $y = \mathfrak{f}(x)$ nennt man die zweite Ableitung der Funktion y und bezeichnet sie durch y'' oder durch $\mathfrak{f}''(x)$ oder durch $D^2 y$ bzw. $D^2 \mathfrak{f}(x)$.

Demnach ist

$$\boxed{D^2 \sin x = -\sin x \quad , \quad D^2 \cos x = -\cos x} \; .$$

Bei der zweiten Ableitung der Funktion $\sin x$ wie auch der Funktion $\cos x$ kommt die Funktion — nur mit entgegengesetztem Vorzeichen — wieder zum Vorschein.

§ 24

Newtons Näherungsgleichung.

Wir stellen uns die Aufgabe, den Winkel x **angenähert** als Rationalfunktion der beiden Kreisfunktionen

$$i = \sin x \qquad \text{und} \qquad o = \cos x$$

darzustellen.

Da für kleine Winkel x schon angenähert

$$x = i$$

ist, liegt es nahe, um eine noch bessere Annäherung zu erzielen, die rechte Seite dieser Näherungsgleichung mit einem passenden Faktor $\mathrm{h}(x)$ zu behaften. Dieses $\mathrm{h}(x)$ denkt sich Newton als eine möglichst einfache Funktion von o, also als eine homographische Funktion

$$\mathrm{h}(x) = \frac{a + b\,o}{c + d\,o}$$

von o, deren konstante Koeffizienten a, b, c, d eben so zu ermitteln sind, daß der Unterschied

$$\varphi(x) = x - i\,\mathrm{h}(x)$$

möglichst klein ausfällt.

Um zunächst für unendlich kleine x völlige Gleichheit:

$$x = i \cdot \frac{a + b\,o}{c + d\,o} = i \cdot \mathrm{h}(x)$$

zu erreichen, muß der Faktor $\mathrm{h}(x)$ für solche x der Einheit gleichen, muß also (wegen $o = 1$)

$$a + b = c + d$$

sein. Demgemäß setzen wir zunächst fest:

$$a - c = d - b = e.$$

Um über das Steigen (oder Fallen) der Funktion φ Aufschluß zu bekommen, bilden wir die Ableitung $\varphi'(x)$. Sie wird

$$\varphi'(x) = 1 - o \cdot \frac{a + b\,o}{c + d\,o} + i^2\,\frac{b\,c - a\,d}{(c + d\,o)^2}$$

oder

$$\varphi'(x) = \frac{\mathfrak{A} - \mathfrak{B}\,o + \mathfrak{C}\,o^2 - \mathfrak{D}\,o^3}{(c + d\,o)^2}$$

mit $\mathfrak{A} = c^2 + b\,c - ad$, $\mathfrak{B} = a\,c - 2\,c\,d$, $\mathfrak{C} = d^2 - 2\,b\,c$, $\mathfrak{D} = b\,d$.

Um möglichst einfache Verhältnisse zu bekommen, wählen wir (s. u.) die Koeffizienten a, b, c, d so, daß der Zähler von φ' ein vollständiger Kubus wird. Die diesbezüglichen Bedingungen lauten

$$\mathfrak{A} = \mathfrak{D}, \qquad \mathfrak{B} = 3\,\mathfrak{D}, \qquad \mathfrak{C} = 3\,\mathfrak{D}$$

oder $c^2 + b\,c = a\,d + b\,d$, $a\,c = 3\,b\,d + 2\,c\,d$, $d^2 = 3\,b\,d + 2\,b\,c$

und es wird $\qquad \varphi'(x) = \mathfrak{D}\,\dfrac{(1 - o)^3}{(c + d\,o)^2}$

Wir bestimmen jetzt das Verhältnis der Koeffizienten a, b, c, d. Zu dem Zwecke ersetzen wir zunächst in der zweiten Gleichung des gefundenen Bedingungstripels a durch $c + e$ und d durch $b + e$. Das gibt

$$e = (b + c)\,\frac{c - 3\,b}{c + 3\,b}\,,$$

und weiter

$$d = b + e = c\,\frac{c - b}{c + 3\,b} \qquad \text{und} \qquad a + b = 2\,c\,\frac{b + c}{c + 3\,b}\,.$$

Die Substitution von d und $a + b$ in der ersten Tripelgleichung liefert $\quad c^2 - 8\,b\,c - 9\,b^2 = 0$

und damit $\quad c = 9\,b.$

Darauf gibt die Substitution von d in der dritten Tripelgleichung $\quad e^2 - b\,e - 2\,b^2 - 2\,b\,c = 0$

oder wegen $c = 9\,b$ $\quad e^2 - b\,e - 20\,b^2 = 0$

und damit $\quad e = 5\,b.$

Demnach ist $\quad a = 14\,b, \quad c = 9\,b, \quad d = 6\,b$

und — indem man $b = 1$ wählt —

$$\mathrm{h}(x) = \frac{14 + o}{9 + 6o}\,.$$

Für diese homographische Funktion ist also (wegen $\mathfrak{D} = bd = 6$)

$$\varphi'(x) = \frac{2}{3}\,\frac{(1 - o)^3}{(3 + 2\,o)^2}$$

Da $(1 - o)$ stets positiv bleibt, ist $\varphi'(x)$ positiv. Das heißt:

Newtons Funktion $\varphi(x) = x - i\,\dfrac{14 + o}{9 + 6o}$ wächst mit zunehmendem x.

An der Stelle $x = \frac{\pi}{4}$ ($= 45^0$) nimmt φ den Wert

$$\nu = \frac{\pi}{4} - \sqrt{0{,}5}\,\frac{14 + \sqrt{0{,}5}}{9 + 6\sqrt{0{,}5}} = \frac{\pi}{4} - \frac{41\sqrt{2} - 25}{42} = 0{,}00009445 \text{ an,}$$

welcher im Gradmaß weniger als $19^1/_2$ Sekunden beträgt.

Da nun $\varphi\,(x)$ für alle Winkel von 0 bis 45^0 unterhalb ν liegt, so ist für diese Winkel φ sicher geringer als eine drittel

Minute. Für $x = \frac{\pi}{6}$ (30°) findet man $\varphi(x) = 0{,}0000053$; das ist im Gradmaß 1,1″. Für alle unterhalb 30° liegenden Winkel ist also $\varphi < 1{,}1''$.

Unser Ergebnis lautet:

Satz von Newton:

Es besteht die Näherungsformel

$$\boxed{x = \sin x \cdot \frac{14 + \cos x}{9 + 6\cos x}};$$

für Winkel, die 45° nicht überschreiten, ist der Überschuß der linken Seite über die rechte kleiner als eine drittel Minute; für unterhalb 30° liegende Winkel ist dieser Überschuß sogar kleiner als 1,1″.

Die Newtonsche Näherungsgleichung bietet demnach ein einfaches Mittel, einen Winkel (ohne Zuhilfenahme der Logarithmentafel) zu berechnen, wenn sein Sinus oder Cosinus bekannt ist.

Beispiel 1. $\sin x = \frac{5}{13}$.

Hier ist $\cos x = \frac{12}{13}$, mithin $x = 0{,}39479$ oder $x = 22^0\,37'\,12''$, welches Ergebnis noch nicht um 1″ falsch ist.

Beispiel 2. $\sin x = \frac{240}{289}$.

Da x viel größer als 45° ist, ermitteln wir zunächst den Sinus von $y = \frac{x}{2}$. Es ist $2\sin y = \sqrt{1 + \sin x} - \sqrt{1 - \sin x} = 16:17$, mithin $\sin y = 8:17$. Da $\cos y = 15:17$ ist, wird nach Newton $y = 0{,}48995 = 28^0\,4'\,21''$. Folglich ist $x = 2y = 56^0\,8'\,42''$. Auch dieses Ergebnis ist nur um 1″ falsch.

§ 25
Zyklometrische Funktionen.

Zyklometrische Funktionen sind die Umkehrungen oder Inversen der Kreisfunktionen.

Ist y eine Funktion von x; etwa

$$y = \mathfrak{f}(x) \quad ,$$

so ist auch x eine Funktion von y, etwa

$$x = \varphi(y);$$

diese Funktion $\varphi(y)$ — oder, wenn zur Argumentbezeichnung wie meist üblich der Buchstabe x dient — die Funktion $\varphi(x)$ heißt die Umkehrung oder Inverse der Funktion $\mathfrak{f}(x)$. Hat man z. B. $y = \mathfrak{f}(x) = 10^x$, so wird die inverse Funktion $x = \log y$, also die logarithmische Funktion.

Von den Umkehrungen der Kreisfunktionen werden vorwiegend die Inversen der vier Kreisfunktionen sin x, cos x, tg x und cot x gebraucht, die man arc sin x, arc cos x, arc tg x und arc cot x nennt, und von denen arc sin x und arc tg x die wichtigsten sind. Man merke: arc tg x, kurz at x geschrieben, ist der Bogen des Einheitskreises, dessen Tangens den Wert x hat. Ebenso: arc sin x, kurz as x geschrieben, ist der Bogen des Einheitskreises, dessen Sinus den Wert x hat, u. s. w.

Die einfachste aller zyklometrischen Funktionen ist die Arcustangensfunktion: $y =$ at x.

Um sie geometrisch zu versinnlichen, legen wir im Punkte A des Einheitskreises $\mathfrak{E}$ eine Tangente $AT = x$ an den Kreis und verbinden ihren Endpunkt T mit dem Kreiszentrum O; diese Verbindungslinie schneidet $\mathfrak{E}$ in einem Punkte S, und der Bogen $AS = y$ ist at x.

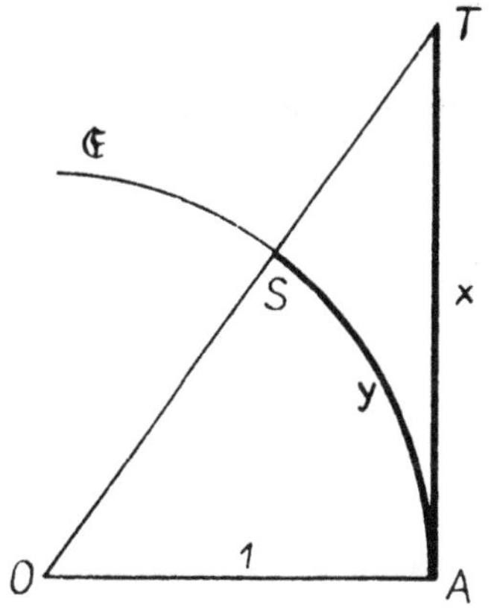

Eine der wichtigsten Eigenschaften der Arcustangensfunktion ist ihr Additionstheorem oder ihre Funktionalgleichung. Sie ist aus dem Additionstheorem der Tangensfunktion leicht herzuleiten:

x und y seien zwei beliebige Argumentwerte, $\xi =$ at x und

$\eta = \operatorname{at} y$ die zugehörigen Funktionswerte. Nach dem Additionstheorem der Tangensfunktion ist

$$\operatorname{tg}(\xi + \eta) = \frac{\operatorname{tg} \xi + \operatorname{tg} \eta}{1 - \operatorname{tg} \xi \operatorname{tg} \eta}$$

oder
$$\operatorname{tg}(\xi + \eta) = \frac{x + y}{1 - xy} .$$

Durch Umkehrung wird hieraus

$$\xi + \eta = \operatorname{at} \frac{x + y}{1 - xy}$$

oder
$$\boxed{\operatorname{at} x + \operatorname{at} y = \operatorname{at} \frac{x + y}{1 - xy}} .$$

Dies ist die Funktionalgleichung der Arcustangensfunktion.

Die Funktion $\operatorname{at} x$ ist eine ungrade Funktion:

$$\boxed{\operatorname{at}(-x) = -\operatorname{at} x}$$

wie aus $\operatorname{tg}(-\xi) = -x$ sofort folgt. Daher ist auch

$$\boxed{\operatorname{at} x - \operatorname{at} y = \operatorname{at} \frac{x - y}{1 + xy}} ,$$

was übrigens auch aus

$$\operatorname{tg}(\xi - \eta) = \frac{\operatorname{tg} \xi - \operatorname{tg} \eta}{1 + \operatorname{tg} \xi \operatorname{tg} \eta}$$

entnommen werden kann.

Von Wichtigkeit sind einige Spezialfälle der Funktionalgleichung. Setzen wir z, B. $y = x$, so entsteht

$$\boxed{\operatorname{at} 2x = \frac{2 \operatorname{at} x}{1 - \operatorname{at}^2 x}} .$$

Setzen wir $y = 1 : x$, so entseht $\operatorname{at} x + \operatorname{at} \frac{1}{x} = \operatorname{at} \infty$.

Da aber $\operatorname{at} \infty$ den Wert $\frac{\pi}{2}$ hat, ergibt sich die Formel

$$\boxed{\operatorname{at} x + \operatorname{at} \frac{1}{x} = \frac{\pi}{2}} \quad \text{mit } 0 < x < \frac{\pi}{2} .$$

Diese bemerkenswerte Formel kann auch direkt gewonnen werden: Sind ξ und η zwei Komplementwinkel, so ist $\operatorname{tg}\xi = \cot\eta = 1 : \operatorname{tg}\eta$ oder $\operatorname{tg}\xi \operatorname{tg}\eta = 1$ oder, $\operatorname{tg}\xi = x$, $\operatorname{tg}\eta = y$ gesetzt, $xy = 1$, und aus $\xi + \eta = \frac{\pi}{2}$ wird

$$\operatorname{at} x + \operatorname{at} \frac{1}{x} = \frac{\pi}{2}\,.$$

Setzen wir in der Funktionalgleichung für y das Quasireziprok von x:

$$y = \frac{1-x}{1+x}\,,$$

wobei wir x als positiven Echtbruch annehmen wollen, so wird

$$\frac{x+y}{1-xy} = 1 \qquad \text{und} \qquad \operatorname{at}\frac{x+y}{1-xy} = \operatorname{at} 1 = \frac{\pi}{4}\,,$$

mithin

$$\boxed{\operatorname{at} x + \operatorname{at}\frac{1-x}{1+x} = \frac{\pi}{4}} \qquad \text{mit } 0 < x < 1.$$

Wir erwähnen noch die nützliche

Formel von Dodgson:

$$\boxed{\operatorname{at}\frac{1}{x+z} + \operatorname{at}\frac{1}{y+z} = \operatorname{at}\frac{1}{z}} \qquad \text{mit } x \cdot y = 1 + z^2.$$

Beweis. Nach dem Additionstheorem ist

$$\operatorname{at}\frac{1}{x+z} + \operatorname{at}\frac{1}{y+z} = \operatorname{at}\frac{x+y+2z}{(x+y)z+2z^2} = \operatorname{at}\frac{1}{z}\,.$$

Beispielsweise ist wegen $1 . 2 = 1 + 1^2$

$$\operatorname{at}\frac{1}{2} + \operatorname{at}\frac{1}{3} = \operatorname{at}\frac{1}{1} = \frac{\pi}{4}\,,$$

wegen $1 . 5 = 1 + 2^2$

$$\operatorname{at}\frac{1}{3} + \operatorname{at}\frac{1}{7} = \operatorname{at}\frac{1}{2}\,.$$

Die zweitwichtigste zyklometrische Funktion ist die Arcussinusfunktion: $y = \operatorname{as} x$.

Um sie geometrisch zu veranschaulichen, errichten wir im Einheitskreise $\mathfrak{E}$ auf dem Radius OA eine Senkrechte $FS = x$, deren Endpunkt S auf $\mathfrak{E}$ liegt; dann ist der Bogen $AS = y = \operatorname{as} x$.

Die Funktionalgleichung der Arcussinusfunktion ist minder einfach als die der Arcustangensfunktion.

Es sei $\xi = \text{as}\, x$ und $\eta = \text{as}\, y$ und umgekehrt $x = \sin\xi$ und $y = \sin\eta$. Aus

$$\sin(\xi + \eta) = \sin\xi \cos\eta + \cos\xi \sin\eta$$

folgt wegen $\cos\xi = \sqrt{1 - \sin^2\xi} = \sqrt{1 - x^2}$ und $\cos\eta = \sqrt{1 - \sin^2\eta} = \sqrt{1 - y^2}$

$$\sin(\xi + \eta) = x\sqrt{1 - y^2} + y\sqrt{1 - x^2}$$

und hieraus durch Umkehrung

$$\xi + \eta = \text{as}\,(x\sqrt{1 - y^2} + y\sqrt{1 - x^2})$$

oder

$$\boxed{\text{as}\, x + \text{as}\, y = \text{as}\,(x\sqrt{1 - y^2} + y\sqrt{1 - x^2})}\,,$$

welche Formel das Additionstheorem oder die Funktionalgleichung der Arcussinusfunktion darstellt.

Beziehungen zwischen Arcustangens und Arcussinusfunktion.

Zwischen der Sinus- und Tangensfunktion bestehen bekanntlich die beiden — ohne weiteres aus einem Rechtwinkeldreieck ablesbaren — Beziehungen

$$\sin\xi = \frac{\text{tg}\,\xi}{\sqrt{1 + \text{tg}^2\xi}} \qquad \text{und} \qquad \text{tg}\,\xi = \frac{\sin\xi}{\sqrt{1 - \sin^2\xi}}\,.$$

Setzen wir $\xi = \text{as}\, x = \text{at}\, \mathfrak{x}$, so gehen diese Beziehungen über in

$$x = \frac{\mathfrak{x}}{\sqrt{1 + \mathfrak{x}^2}} \qquad \text{und} \qquad \mathfrak{x} = \frac{x}{\sqrt{1 - x^2}}\,.$$

Daher gelten die beiden Relationen

$$\boxed{\text{at}\, x = \text{as}\,\frac{x}{\sqrt{1 + x^2}}} \qquad \text{und} \qquad \boxed{\text{as}\, x = \text{at}\,\frac{x}{\sqrt{1 - x^2}}}$$

zwischen Arcustangens und Arcussinus, die übrigens auch unmittelbar aus der oben erwähnten Figur $OATS$ abgelesen werden können, wenn man in ihr noch $SF = \text{as}\, x$ unterbringt.

Diese Relationen können dazu dienen, die Werte der Arcustangensfunktion aus denen der Arcussinusfunktion und umgekehrt zu berechnen.

§ 26
Die Arcustangensreihe.

Fundamentalaufgabe: Die Funktion

$$y = \operatorname{arc}\operatorname{tg} x = \operatorname{at} x$$

in eine nach steigenden Potenzen von x fortschreitende Reihe zu verwandeln.

Die außerordentliche Wichtigkeit dieser Aufgabe wird deutlich, wenn man sie etwas anders formuliert:

Zu beliebig gegebenem Argumentwert x den Funktionswert $y = \operatorname{at} x$ zu berechnen.

Zwar kann diese letztere Aufgabe auch mittels Newtons Näherungsgleichung (§ 24) gelöst werden, indem man — bei echt gebrochenem x — vermöge $\operatorname{tg} y = x$ $\sin y = x : \sqrt{1+x^2}$ und $\cos y = 1 : \sqrt{1+x^2}$ berechnet und dann $y = \sin y\,(14 + \cos y) : (9 + 6 \cos y)$ findet. Doch ist dieses Verfahren nicht angängig, wenn große Genauigkeit verlangt wird, in welchem Falle die Arcustangensreihe vorzuziehen ist.

Bei der Lösung unserer Aufgabe benötigen wir als Hilfen die Schranken für den Differenzenquotient der Arcustangensfunktion, sowie den Mittelwert der Funktion $\mathfrak{f}(x) = \frac{1}{1+x^2}$. Diese beiden Hilfsmittel werden wir uns zunächst verschaffen.

I Schranken für den Differenzenquotient der Arcustangensfunktion.

Unter dem Differenzenquotient von $\operatorname{at} x$ versteht man den Bruch

$$\mathfrak{D} = \frac{\operatorname{at} X - \operatorname{at} x}{X - x},$$

wobei x und X zwei beliebige Argumentwerte bedeuten. Wir betrachten hier nur nicht negative Argumentwerte und nehmen außerdem $X > x$ an. Um $\mathfrak{D}$ in Schranken einzuschließen, verfahren wir wie folgt.

Wir zeichnen den Quadrant AB des Einheitskreises vom Zentrum O, legen an ihn in A die Tangente und tragen auf ihr in gleicher Richtung die Stücke $Ap = x$ und $AP = X$ ab, so daß $pP = X - x = \xi$.

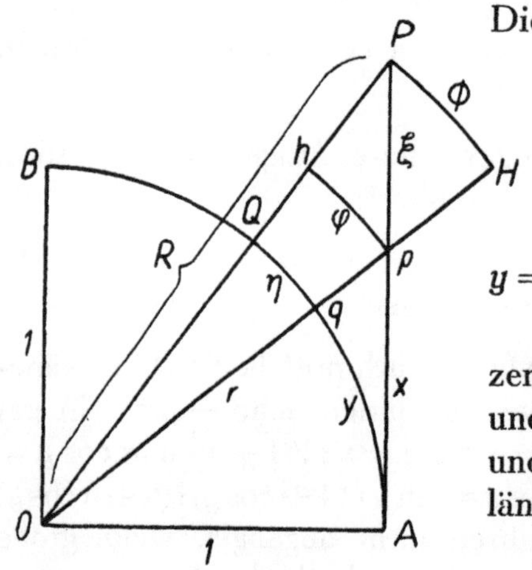

Die Strecken $Op = r$ und $OP = R$ mögen den Quadrant in q und Q schneiden. Dann ist Bogen $Aq = y = \text{at}\,x$ und Bogen $AQ = Y = \text{at}\,X$, so daß Bogen $qQ = \eta = Y - y = \text{at}\,X - \text{at}\,x$.

Wir zeichnen die zu η konzentrischen Kreisbogen $ph = \varphi$ und $PH = \Phi$, deren Endpunkte h und H auf OP und der Verlängerung von Op liegen.

Nun liegt der Inhalt des Dreiecks OpP zwischen den Inhalten der Sektoren Oph und OPH. Daher gilt die Ungleichung

$$r\varphi < \xi < R\Phi.$$

Ersetzen wir in ihr φ durch $r\eta$ und Φ durch $R\eta$, so verwandelt sie sich in

$$r^2\eta < \xi < R^2\eta,$$

so daß wegen $\mathfrak{D} = \eta : \xi$ $\quad \frac{1}{R^2} < \mathfrak{D} < \frac{1}{r^2}$

ist. Aus dem auf die Rechtwinkeldreiecke OAp und OAP angewandten pythagoreischen Satze folgt aber

$$r^2 = 1 + x^2 \quad \text{und} \quad R^2 = 1 + X^2.$$

Daher wird

$$\boxed{\frac{1}{1+X^2} < \frac{\text{at}\,X - \text{at}\,x}{X - x} < \frac{1}{1+x^2}}, \quad X > x \geqq 0.$$

In Worten: Der Differenzenquotient der Funktion $\text{at}\,x$ liegt zwischen den Schranken

$$\frac{1}{1+x^2} \quad \text{und} \quad \frac{1}{1+X^2}.$$

II Mittelwert μ der Funktion $\mathfrak{f}(x) = \frac{1}{1+x^2}$ im Intervall 0 bis x.

Wir teilen das Intervall $(0,x)$ in n gleiche Teile e, so daß $ne = x$ ist, und nennen die Teilpunkte — 0 und x mitgerechnet — x_0, x_1, x_2, . . . , x_n, so daß $x_\nu = \nu e$ ist. In der gefundenen Schrankenformel ersetzen wir das Wertepaar (x, X) sukzessiv durch (x_0, x_1) (x_1, x_2), . . . , (x_{n-1}, x_n) und addieren die entstehenden n Ungleichungen, wobei wir zur Abkürzung den Mittelwert

$$M = \frac{\mathfrak{f}(x_1) + \mathfrak{f}(x_2) + \ldots + \mathfrak{f}(x_n)}{n}$$

der n Funktionswerte $\mathfrak{f}(x_1)$, $\mathfrak{f}(x_2)$, . . . , $\mathfrak{f}(x_n)$ einführen.

Das gibt
$$1 + nM - \mathfrak{f}(x) > \frac{\operatorname{at} x}{e} > nM$$

oder
$$\frac{\operatorname{at} x}{x} > M > \frac{\operatorname{at} x}{x} + \frac{\mathfrak{f}(x) - 1}{n}.$$

Nun lassen wir n unbegrenzt wachsen.

Dann strebt die rechte Seite der gefundenen Ungleichung gegen $\operatorname{at} x : x$, die Mitte gegen den Mittelwert μ der Funktion $\mathfrak{f}(x) = 1 : (1 + x^2)$ im Intervall $(0, x)$, und unsere Ungleichung wird zur Gleichung

$$\boxed{\mu = \frac{\operatorname{at} x}{x}}.$$

In Worten: Der Mittelwert der Funktion $1 : (1 + x^2)$ im Interwall $(0, x)$ ist $\operatorname{at} x : x$.

Nun zur

Herleitung der Arcustangensreihe!

Es ist
$$\mathfrak{f}(x) = \frac{1}{1+x^2} = 1 - \frac{x^2}{1+x^2} = 1 - x^2\,\mathfrak{f},$$

wo der Kürze wegen $\mathfrak{f}$ statt $\mathfrak{f}(x)$ geschrieben wurde. Hier ersetzen wir rechts $\mathfrak{f}$ durch $1 - x^2\mathfrak{f}$ und bekommen

$$\mathfrak{f} = 1 - x^2 + x^4\,\mathfrak{f}.$$

Nochmaliger Ersatz führt auf

$$\mathfrak{f} = 1 - x^2 + x^4 - x^6\,\mathfrak{f},$$

dann auf $\mathfrak{f} = 1 - x^2 + x^4 - x^6 + x^8 \mathfrak{f}$

u. s. w. Es ist demnach

$$\mathfrak{f} = 1 - x^2 + x^4 - x^6 + - \dots - x^{4\nu-2} \cdot \mathfrak{f}$$

und $$\mathfrak{f} = 1 - x^2 + x^4 - x^6 + - \dots + x^{4\nu} \cdot \mathfrak{f}$$

für jedes natürliche ν.

Läßt man hier rechts den Faktor $\mathfrak{f}$ fort, so wird die rechte Seite der ersten Gleichung kleiner, die der zweiten größer. Daher gilt die Ungleichung

$$\varphi(x) < \mathfrak{f}(x) < \Phi(x)$$

mit

$$\varphi(x) = \varphi = 1 - x^2 + x^4 - x^6 + - \dots - x^{4\nu-2}$$

und $$\Phi(x) = \Phi = 1 - x^2 + x^4 - x^6 + - \dots + x^{4\nu}.$$

Somit liegt der Mittelwert von $\mathfrak{f}(x)$ zwischen den Mittelwerten von $\varphi(x)$ und $\Phi(x)$, alle drei Mittelwerte auf das Intervall $(0, x)$ bezogen.

Nun ist der Mittelwert von φ (§ 21)

$$1 - \frac{x^2}{3} + \frac{x^4}{5} - \frac{x^6}{7} + - \dots - \frac{x^{4\nu-2}}{4\nu+1},$$

der von Φ

$$1 - \frac{x^2}{3} + \frac{x^4}{5} - \frac{x^6}{7} + - \dots + \frac{x^{4\nu}}{4\nu+1},$$

der von $\mathfrak{f}$

$$\operatorname{at} x : x.$$

Folglich gilt die Ungleichung

$$\boxed{x - \frac{x^3}{3} + \frac{x^5}{5} - + \dots - \frac{x^{4\nu-1}}{4\nu-1} < \operatorname{at} x < x - \frac{x^3}{3} + \frac{x^5}{5} - + \dots + \frac{x^{4\nu+1}}{4\nu+1}}$$

Bei echt gebrochenem x wie auch bei $x = 1$ kann der Unterschied $x^{4\nu+1} : (4\nu + 1)$ der beiden Schranken dieser Ungleichung durch Wahl eines hinreichend hohen ν unter jeden noch so kleinen positiven Betrag herabgedrückt werden. Daher gelten für hinreichend hohes ν die Näherungsgleichungen

$$\left\{ \begin{aligned} \operatorname{at} x &= x - \frac{x^3}{3} + \frac{x^5}{5} - + \dots - \frac{x^{4\nu-1}}{4\nu-1} \\ \operatorname{at} x &= x - \frac{x^3}{3} + \frac{x^5}{5} - + \dots + \frac{x^{4\nu+1}}{4\nu+1} \end{aligned} \right\} \quad \text{mit } x \leqq 1.$$

Läßt man ν unbegrenzt wachsen, so entsteht die genaue Gleichung

$$\boxed{\operatorname{at} x = x - \frac{x^3}{3} + \frac{x^5}{5} - \frac{x^7}{7} + - \ldots \text{ in inf}}, \qquad x \leqq 1.$$

Dies ist die im Jahre 1671 von dem Engländer Gregory entdeckte unendliche Potenzreihe der Arcustangensfunktion.

Mit ihrer Hilfe kann at x für jeden die Einheit nicht übersteigenden Argumentwert x beliebig genau berechnet werden. Bricht man nämlich die Reihe irgendwo ab, so ist der damit begangene Fehler kleiner als das nächste nicht berücksichtigte Glied, und da dieses Glied die Form $x^m : m$ hat, und dieser Bruch durch Wahl von m beliebig klein gemacht werden kann, so läßt sich jeder gewünschte Genauigkeitsgrad erreichen.

Allerdings ist die Reihe außer für $x = 1$ nur für echt gebrochene Argumentwerte x brauchbar; sie konvergiert nur für $x \leqq 1$, für $x > 1$ divergiert sie, da ihre Glieder $x^m : m$ für hinreichend hohe m beliebig groß ausfallen.

Für $x = 1$ wird, da at $1 = \pi : 4$ ist,

$$\boxed{\frac{\pi}{4} = \frac{1}{1} - \frac{1}{3} + \frac{1}{5} - \frac{1}{7} + - \ldots}.$$

Dies ist Leibniz' Reihe, die Leibniz 1674 unabhängig von Gregory gefunden hat.

Um at x für unecht gebrochenes x zu berechnen, setzt man $y = 1 : x$, wo nun y echt ist, berechnet

$$\operatorname{at} y = y - \frac{y^3}{3} + \frac{y^5}{5} - + \ldots$$

und dann at x nach der Formel

$$\operatorname{at} x + \operatorname{at} y = \frac{\pi}{2}.$$

Aber auch bei echtem in der Nähe von 1 liegendem x ist die Arcustangensreihe zur Berechnung von at x nicht zu empfehlen, da sie dann nur langsam konvergiert, d. h. sehr viele Glieder nötig wären, um at x hinreichend genau zu erhalten. In diesem Falle führt man das Quasireziprok

$$z = \frac{1 - x}{1 + x}$$

von x ein, das dann einen kleinen Echtbruch vorstellt. Man berechnet mittels der Reihe at z und findet at x gemäß der Relation

$$\text{at}\, x + \text{at}\, z = \frac{\pi}{4}.$$

Man sieht, daß für diese Berechnungen, namentlich wenn sie genau sein sollen, eine genaue Kenntnis der Zahl π notwendig ist. Die oben angegebene Leibnizsche Reihe ist wegen ihrer langsamen Konvergenz zur Berechnung der Zahl π schlecht geeignet; die Reihe besitzt nur theoretisches Interesse. Um mit ihr $\frac{\pi}{4}$ so genau zu berechnen, daß der Fehler 0,0001 nicht übersteigt, benötigt man ca. 50000 Glieder! Eine der besten zur Berechnung von π geeigneten Reihen ist die Reihe des Engländers Machin, die dieser im Jahre 1706 bekannt machte. Machin benutzt den Hilfswinkel ε, dessen Tangens $\frac{1}{5}$ ist. Aus tg $\varepsilon = 1:5$ folgt zunächst tg $2\varepsilon = 5:12$, hieraus tg $4\varepsilon = 120:119$, ein nahe an 1 gelegener Wert. Durch Umkehrung entsteht $4\varepsilon =$ at $\frac{120}{119}$ oder

$$\text{at}\,\frac{120}{119} = 4\,\text{at}\,\frac{1}{5}.$$

Die linke Seite dieser Gleichung hat den Wert $\frac{\pi}{2} -$ at $\frac{119}{120}$, at $\frac{119}{120}$ aber, da $\frac{119}{120}$ das Quasireziprok zu $\frac{1}{239}$ ist, den Wert $\frac{\pi}{4} -$ at $\frac{1}{239}$, so daß besagte linke Seite $\frac{\pi}{4} +$ at $\frac{1}{239}$ ist. Daher ergibt sich Machins Formel

$$\boxed{\frac{\pi}{4} = 4\,\text{at}\,\frac{1}{5} - \text{at}\,\frac{1}{239}}.$$

Man berechnet demnach

$$A = \text{at}\,\frac{1}{5} = \frac{1}{5} - \frac{1}{3.5^3} + \frac{1}{5.5^5} - \frac{1}{7.5^7} + - \ldots$$

und

$$a = \operatorname{at}\frac{1}{239} = \frac{1}{239} - \frac{1}{3.239^3} + \frac{1}{5.239^5} - + \dots$$

und hat

$$\frac{\pi}{4} = 4A - a.$$

So berechnete Machin π auf 100 Dezimalen genau. Wir notieren

$$\pi = 3{,}141592653589793,$$
$$1:\pi = 0{,}31830\,98861\,83790\,67153,$$
$$\lg \pi = 0{,}49714\,98726\,94133\,85435.$$

§ 27

Die Arcussinusreihe.

Fundamentalaufgabe: Die Funktion

$$y = \operatorname{arc}\ \sin x = \operatorname{as} x$$

in eine nach steigenden Potenzen von x fortschreitende Reihe zu verwandeln.

Zur Lösung dieser Aufgabe benötigen wir ähnlich wie bei der entsprechenden Aufgabe über die Arcustangensfunktion die Schranken für den Differenzenquotient der Arcussinusfunktion und den Mittelwert der Funktion $\varphi(x) = 1 : \sqrt{1 - x^2}$.

I Schranken für den Differenzenquotient der Funktion $y = \operatorname{as} x$.

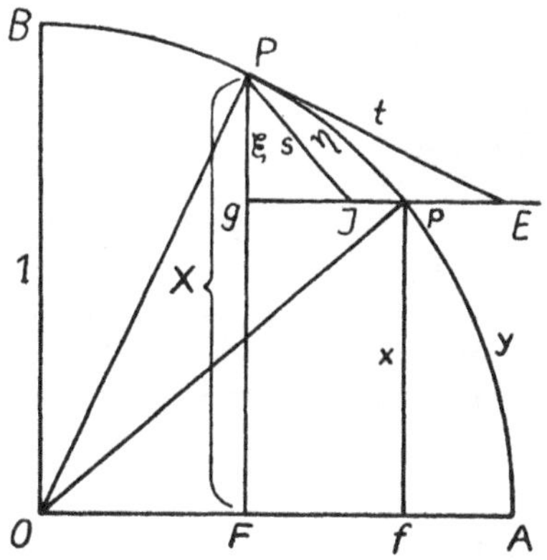

Auf dem Quadrant AB des Einheitskreises vom Zentrum O nehmen wir zwei Punkte p und P willkürlich an, jedoch so, daß p dem Punkte A näher liegt als P. Wir fällen die Lote $pf = x$ und $PF = X$ von p und P auf OA und nennen die Bogen Ap und AP y und Y. Dann ist

$$y = \operatorname{as} x, \qquad Y = \operatorname{as} X.$$

Wir fällen ferner von p das Lot pg auf FP und zeichnen senkrecht zu Op und senkrecht zu OP die beiden Strecken

$$PJ = s \qquad \text{und} \qquad PE = t,$$

deren Endpunkte J und E auf der Grade gp liegen. Schließlich sei noch $gP = \xi$ und Bogen $pP = \eta$.
Dann ist $\xi = X - x$, $\eta = Y - y = \text{as}\, X - \text{as}\, x$ und

$$\mathfrak{D} = \frac{\eta}{\xi} = \frac{Y - y}{X - x} = \frac{\text{as}\, X - \text{as}\, x}{X - x}$$

der Differenzenquotient der Arcussinusfunktion.

Um ihn in Schranken einzuschließen, brauchen wir nur zu erwägen, daß

$$s < \eta < t$$

ist. Diese Ungleichung teilen wir durch ξ und erhalten

$$\frac{s}{\xi} < \mathfrak{D} < \frac{t}{\xi}.$$

Die hier auftretenden Quotienten $s : \xi$ und $t : \xi$ sind einfach ausdrückbare Werte. Da nämlich die Schenkel des Winkels gPJ auf denen des Winkels $AOp = y$, die des Winkels gPE auf denen des Winkels $AOP = Y$ senkrecht stehen, ist $\sphericalangle\, gPJ = y$ und $\sphericalangle\, gPE = Y$, mithin

$$\frac{s}{\xi} = \frac{PJ}{Pg} = \sec y \quad \text{und} \quad \frac{t}{\xi} = \frac{PE}{Pg} = \sec Y.$$

Daher wird

$$\sec y < \mathfrak{D} < \sec Y$$

oder

$$\frac{1}{\cos y} < \mathfrak{D} < \frac{1}{\cos Y}.$$

Nun ist aber

$$\cos y = \sqrt{1 - \sin^2 y} = \sqrt{1 - x^2}$$

und

$$\cos Y = \sqrt{1 - \sin^2 Y} = \sqrt{1 - X^2}.$$

Folglich:

$$\boxed{\frac{1}{\sqrt{1 - x^2}} < \frac{\text{as}\, X - \text{as}\, x}{X - x} < \frac{1}{\sqrt{1 - X^2}}}, \quad X > x \geqq 0.$$

Diese Formel sagt aus: Der Differenzenquotient der Funktion $y = \text{as}\, x$ liegt zwischen den Schranken

$$\frac{1}{\sqrt{1 - x^2}} \text{ und } \frac{1}{\sqrt{1 - X^2}}.$$

Dadurch werden wir zugleich auf den Zusammenhang verwiesen, der zwischen der Arcussinusfunktion und der Funktion

$$\varphi(x) = \frac{1}{\sqrt{1 - x^2}}$$

besteht.

II Mittelwert der Funktion

$$\varphi(x) = \frac{1}{\sqrt{1-x^2}}$$

im Intervall $(0, x)$.

Um diesen für unsere weitere Untersuchung notwendigen Mittelwert zu finden, betrachten wir zunächst die Funktion

$$\psi(x) = \frac{1}{\sqrt{1-x}}$$

und entwickeln sie in eine Potenzreihe. Zu dem Zwecke setzen wir versuchsweise an

$$\psi(x) = c_0 + c_1 x + c_2 x^2 + c_3 x^3 + \ldots,$$

wo die Koeffizienten c passend zu bestimmen sind. Die Berechtigung dieses Ansatzes werden wir weiter unten erkennen. Wir multiplizieren $\psi(x)$ mit sich selbst und erhalten die Relation

$$(c_0 + c_1 x + c_2 x^2 + \ldots)(c_0 + c_1 x + c_2 x^2 + \ldots) = \frac{1}{1-x}.$$

Hier multiplizieren wir links nach der gewöhnlichen Klammerregel aus, unbekümmert darum, ob diese Multiplikation erlaubt ist oder nicht. Wir werden im Verlauf unserer Darlegung sehen, daß dieser Zweifel völlig belanglos ist. Der Koeffizient von x^n wird dann

$$d_n = c_0 c_n + c_1 c_{n-1} + c_2 c_{n-2} + \ldots + c_n c_0$$

und das Produkt der beiden Klammern

$$d_0 + d_1 x + d_2 x^2 + d_3 x^3 + \ldots\ldots.$$

Nun zur rechten Seite unserer Gleichung! Diese läßt sich für echt gebrochene x sicher in eine Potenzreihe entwickeln, da für solche x bekanntlich

$$\frac{1}{1-x} = 1 + x + x^2 + x^3 + \ldots\ldots \text{ in inf}$$

ist. Unsere Gleichung führt also auf

$$d_0 + d_1 x + d_2 x^2 + d_3 x^3 + \ldots = 1 + x + x^2 + x^3 + \ldots\ldots,$$

wo wir nun allerdings $x < 1$ voraussetzen müssen; und diese Gleichung ist sicher erfüllt, wenn jeder der Koeffizienten d den Wert 1 hat. Wir haben uns also nach Zahlen $c_0, c_1, c_2, \ldots$

umzusehen, die für jeden Zeiger n die Formel $d_n = 1$ oder

$$\boxed{c_0 c_n + c_1 c_{n-1} + c_2 c_{n-2} + \ldots + c_n c_0 = 1}$$

befriedigen, und unsere ganze Betrachtung hatte bis jetzt keinen anderen Zweck als auf diese merkwürdige Forderung zu kommen.

Nun, die einfachsten c-Werte sind leicht zu finden.

Aus $d_0 = 1$ oder $\quad c_0 c_0 = 1 \quad$ folgt

$$c_0 = 1,$$

aus $d_1 = 1$ oder $\quad c_0 c_1 + c_1 c_0 = 1 \quad$ folgt

$$c_1 = \frac{1}{2},$$

aus $d_2 = 1$ oder $\quad c_0 c_2 + c_1 c_1 + c_2 c_0 = 1 \quad$ folgt

$$c_2 = \frac{1.3}{2.4}$$

aus $d_3 = 1$ oder $\quad c_0 c_3 + c_1 c_2 + c_2 c_1 + c_3 c_0 = 1 \quad$ folgt

$$c_3 = \frac{1.3.5}{2.4.6},$$

aus $d_4 = 1$ oder $c_0 c_4 + c_1 c_3 + c_2 c_2 + c_3 c_1 + c_4 c_0 = 1$ folgt

$$c_4 = \frac{1.3.5.7}{2.4.6.8}$$

u. s. w. Man wird also vermuten, daß

$$c_n = \frac{1.3.5.7 \ldots . \quad .(2n-1)}{2.4.6.8 \ldots . \quad . \quad (2n)}$$

ist. Um diese Vermutung zur Gewißheit zu erheben, betrachten wir allgemein Ausdrücke von der Form

$$v_n = \frac{v}{1} \, \frac{v+1}{2} \, \frac{v+2}{3} \ldots \frac{v+n-1}{n} \quad \text{mit } n > 0,$$

wozu wir noch $v_0 = 1$ ansetzen.

Wir werden zeigen, daß diese Ausdrücke für jeden Zeiger n die Relation

$$\boxed{(a+b)_n = a_n b_o + a_{n-1} b_1 + a_{n-2} b_2 + \ldots + a_0 b_n}$$

befriedigen.

Für die einfachsten Zeigerwerte läßt sich das leicht bestätigen. Es sei $a + b = q$. Laut Definition ist $q_0 = 1$, laut Formel $q_0 = a_0 b_0 = 1 \cdot 1 = 1$, sodann laut Definition $q_1 = q$, laut Formel $q_1 = a_1 b_0 + a_0 b_1 = a + b = q$, weiter laut Definition $q_2 = q(q+1):2$, laut Formel $q_2 = a_2 b_0 + a_1 b_1 + a_0 b_2 = a(a+1):2 + ab + b(b+1):2 = q(q+1):2$ u. s. w.

Wir nehmen nun an, die Formel für q_n sei für alle Zeiger von 1 bis einschließlich n bewiesen und zeigen, daß sie dann auch für den Zeiger $N = n + 1$ gilt. Der Kürze wegen schreiben wir die Formel
$$(a+b)_n = \Sigma\, a_r\, b_s\,,$$
wo die Summation über alle nichtnegativen Zeiger r und s mit der Summe $r + s = n$ zu erstrecken ist.

Wir führen folgende Abkürzungen ein: $A = a + 1$, $B = b + 1$, $C = a + b + 1$, $R = r + 1$, $S = s + 1$, $R + S = N$. Dann ist noch $R + s = r + S = N - 1 = n$. Gesucht wird der Wert der Summe
$$\zeta = \Sigma\, a_R b_S \quad \text{mit } R + S = N.$$
Wir multiplizieren diese Gleichung mit N:
$$N\zeta = \Sigma\, N a_R b_S = \Sigma\,(R+S)\, a_R b_S = \Sigma\, R a_R \cdot b_S + \Sigma\, a_R \cdot S b_S\,.$$
Hier ersetzen wir $R a_R$ durch $a \cdot A_r$ und $S b_S$ durch $b B_s$. So wird
$$N\zeta = a\, \Sigma\, A_r\, b_S + b\, \Sigma\, a_R B_s\,.$$
Die erste rechts stehende Summe ist voraussetzungsgemäß $(A+b)_n$ oder C_n, die zweite $(a+B)_n$ oder C_n. Daher hat die rechte Seite unserer Gleichung den Wert $(a+b)\, C_n$, und es wird
$$N\zeta = (a+b)\, C_n \quad \text{oder} \quad \zeta = \frac{a+b}{N} \cdot C_n \quad \text{oder} \quad \zeta = (a+b)_N\,.$$
Mithin ist auch für den Zeiger $N = n + 1$
$$(a+b)_N = \Sigma\, a_R b_S \qquad \text{mit } R + S = N,$$
und unsere Formel ist für jeden Zeiger bewiesen.

Ist speziell $a = \frac{1}{2}$, $b = \frac{1}{2}$, also $q = 1$, so entsteht wegen
$$a_n = b_n = \frac{\frac{1}{2}}{1} \cdot \frac{\frac{3}{2}}{2} \cdot \frac{\frac{5}{2}}{3} \cdots\cdots \frac{\frac{2n-1}{2}}{n} = \frac{1 \cdot 3 \cdot 5 \cdots\cdots (2n-1)}{2 \cdot 4 \cdot 6 \cdots\cdots (2n)} = c_n \text{ und}$$
$q_n = 1$
$$c_n c_0 + c_{n-1} c_1 + c_{n-2} c_2 + \ldots + c_0 c_n = 1, \qquad \text{q. e. d.}$$

Auf Grund unserer Betrachtung setzen wir nun an

$$\psi = \frac{1}{\sqrt{1-x}} = c_0 + c_1 x + c_2 x^2 + \ldots + c_n x^n + u,$$

wobei wir x positiv echt gebrochen annehmen und versuchen, den Unterschied u zwischen dem Kehrwert ψ von $w = \sqrt{1-x}$ und dem Polynom

$$\mathfrak{p} = c_0 + c_1 x + c_2 x^2 + \ldots + c_n x^n$$

abzuschätzen.

Es ist aber $$u = \frac{1 - w\mathfrak{p}}{w} = \frac{1 - w^2 \mathfrak{p}^2}{w(1 + w\mathfrak{p})}.$$

Der Subtrahend des rechts stehenden Zählers ist

$$(c_0 + c_1 x + c_2 x^2 + \ldots + c_n x^n)(c_0 + c_1 x + c_2 x^2 + \ldots c_n x^n)$$
$$[1 - x].$$

Hier hat das Produkt der runden Klammern den Wert

$$d_0 + d_1 x + d_2 x^2 + \ldots + d_n x^n + \alpha x^{n+1} + \beta x^{n+2} + \gamma x^{n+3} + \ldots$$
$$+ \nu x^{2n}$$

mit
$$d_0 = d_1 = d_2 = \ldots \quad = d_n = 1,$$
$$\alpha = c_1 c_n + c_2 c_{n-1} + c_3 c_{n-2} + \ldots + c_n c_1,$$
$$\beta = c_2 c_n + c_3 c_{n-1} + c_4 c_{n-2} + \ldots + c_n c_2,$$
$$\gamma = c_3 c_n + c_4 c_{n-1} + c_5 c_{n-2} + \ldots,$$
$$. \quad . \quad . \quad . \quad . \quad . \quad .$$

Wir sehen, daß die positiven Zahlen $\alpha, \beta, \ldots$ alle kleiner als 1 sind, sowie daß wegen $c_1 > c_2 > c_3 > c_4 > \ldots \quad \alpha > \beta > \gamma > \ldots$ ist. Die Multiplikation des gefundenen Ausdrucks

$$1 + x + x^2 + \ldots \quad + x^n + \alpha x^{n+1} + \beta x^{n+2} + \ldots + \nu x^{2n}$$

mit $1 - x$ liefert den Wert

$$1 - (1 - \alpha) x^{n+1} - (\alpha - \beta) x^{n+2} - (\beta - \gamma) x^{n+3} - \ldots - \nu x^{2n+1}.$$

Daher wird

$$1 - w^2 \mathfrak{p}^2 = (1 - \alpha) x^{n+1} + (\alpha - \beta) x^{n+2} + (\beta - \gamma) x^{n+3} + \ldots$$
$$+ (\nu) x^{2n+1},$$

wo alle runden Klammern positive echte Brüche sind. Daher ist

$$1 - w^2 \mathfrak{p}^2 < x^{n+1} + x^{n+2} + x^{n+3} + \ldots \text{ in inf} = \frac{x^{n+1}}{1 - x}$$

und weiter, da $1 + w\mathfrak{p} \geqq 1$ ist,

$$0 < u < x^{n+1} : w^3.$$

Ergebnis.

Es ist

$$\frac{1}{\sqrt{1-x}} = c_0 + c_1 x + c_2 x^2 \ldots + c_n x^n + u$$

mit

$$c_r = \frac{1}{2} \cdot \frac{3}{4} \cdot \frac{5}{6} \cdots \cdot \frac{2r-1}{2r}$$

und

$$0 < u < x^{n+1} : \sqrt{1-x}^{\,3}.$$

Bei echt gebrochenem x strebt die obere Schranke von u mit unbegrenzt wachsendem n gegen Null. Daher gilt die Reihenentwicklung

$$\boxed{\frac{1}{\sqrt{1-x}} = c_0 + c_1 x + c_2 x^2 + \ldots \quad \text{in inf}} \qquad 0 \leqq x < 1.$$

Setzen wir also an

$$\frac{1}{\sqrt{1-x}} = c_0 + c_1 x + c_2 x^2 + \ldots + c_n x^n + \mathfrak{r}$$

so ist

$$\mathfrak{r} = c_{n+1} x^{n+1} + c_{n+2} x^{n+2} + \ldots \text{ in inf, d. h.}$$

wegen

$$c_{n+1} < 1,\ c_{n+2} < 1, \ldots$$

$$\mathfrak{r} < \frac{x^{n+1}}{1-x}.$$

Es ist also auch

$$\varphi(x) = \frac{1}{\sqrt{1-x^2}} = c_0 + c_1 x^2 + c_2 x^4 + \ldots + c_n x^{2n} + \mathfrak{R}$$

mit

$$0 < \mathfrak{R} < \frac{x^{2n+2}}{1-x^2}.$$

Diese Formel gestattet uns, den Mittelwert μ der Funktion $\varphi(x)$ im Bereich $(0, x)$ zu bestimmen. Der Mittelwert von $c_\nu x^\nu$ ist bekanntlich (§ 20) $c_\nu \frac{x^\nu}{\nu+1}$ und der von $\mathfrak{R}$ liegt zwischen 0 und $\frac{x^{2n+2}}{2n+3} : (1-x^2.)$ Daher ist

$$\mu = c_0 + c_1 \frac{x^2}{3} + c_2 \frac{x^4}{5} + \ldots + c_n \frac{x^{2n}}{2n+1} + R$$

mit

$$0 < R < \frac{1}{2n+3} \frac{x^{2n+2}}{1-x^2}.$$

Für echt gebrochenes x und unbegrenzt wachsendes n strebt R gegen Null.

Folglich:

Der Mittelwert μ der Funktion

$$\varphi(x) = \frac{1}{\sqrt{1-x^2}} \quad \text{im Intervall } (0, x)$$

ist die unendliche konvergente Potenzreihe

$$\mu = c_0 + c_1 \frac{x^2}{3} + c_2 \frac{x^4}{5} + c_3 \frac{x^6}{7} + \ldots \qquad (x < 1).$$

Nun zur Arcussinusreihe!

Wir teilen das Intervall von 0 bis x in n gleiche Teile e und nennen die Teilpunkte — 0 und x mit gerechnet — $x_0, x_1, x_2, \ldots, x_n$, so daß $x_\nu = \nu e$ ist. Darauf ersetzen wir in der Schrankenformel für den Differenzenquotienten der Arcussinusfunktion das Paar (x, X) sukzessive durch (x_0, x_1), (x_1, x_2), $\ldots\, x_{n-1}, x_n)$ und addieren die entstehenden n Ungleichungen. Das gibt,

$$\frac{\varphi(x_1) + \varphi(x_2) + \ldots + \varphi(x_n)}{n} = M$$

gesetzt,

$$1 + n\,M - \varphi(x) < \frac{\text{as}\, x}{e} < n\,M$$

oder, durch n geteilt und $n\,e = x$ gesetzt,

$$M - \frac{d}{n} < \frac{\text{as}\, x}{x} < M \qquad \text{mit } d = \varphi(x) - 1.$$

Bei unbegrenzt wechsendem n strebt jede Seite dieser Ungleichung gegen den Mittelwert μ der Funktion $1 : \sqrt{1-x^2}$, und die Ungleichung wird zur Gleichung

$$\frac{\text{as}\, x}{x} = \mu.$$

Hier setzen wir den oben gefundenen Wert für μ ein und erhalten die

Arcussinusreihe:

$$\boxed{\text{as}\, x = x + c_1 \frac{x^3}{3} + c_2 \frac{x^5}{5} + c_3 \frac{x^7}{7} + \ldots} \qquad 0 \leqq x < 1.$$

Hierbei gilt: $$C_n = \frac{1\cdot 3\cdot 5\cdot \;\cdots\; \cdot(2n-1)}{2\cdot 4\cdot 6\cdot \;\cdots\; \cdot \;(2n)}.$$
Sie gestattet, für jedes echt gebrochene x den Wert der Arcussinusfunktion zu berechnen. Setzt man dabei

$$\text{as}\; x = x + c_1 \frac{x^3}{3} + c_2 \frac{x^5}{5} + \ldots + c_n \frac{x^{2n+1}}{2n+1},$$

so ist der damit begangene Fehler kleiner als

$$F = c_{n+1} \frac{x^{2n+3}}{2n+3} : (1 - x^2).$$

[Der unterschlagene Rest der Reihe ist nämlich

$$R = c_{n+1} \frac{x^{2n+3}}{2n+3} + c_{n+2} \frac{x^{2n+5}}{2n+5} + \ldots,$$

und dies ist kleiner als

$$c_{n+1} \frac{x^{2n+3}}{2n+3} + c_{n+1} \frac{x^{2n+5}}{2n+3} + c_{n+1} \frac{x^{2n+7}}{2n+3} + \ldots,$$

welche Reihe als geometrische Reihe mit dem Quotient x^2 den Wert F hat.]

Zweiter Abschnitt

Anwendungen auf geometrische und arithmetische Probleme.

§ 28

Der Dreiecksinhalt.

Der Inhalt eines Dreiecks ist bestimmt, wenn entweder zwei Seiten und der Zwischenwinkel oder eine Seite und die beiden Anwinkel oder endlich alle drei Seiten gegeben sind. Wir entwickeln die zugehörigen Inhaltsformeln.

Das Dreieck habe die Ecken A, B, C, die Seiten a, b, c, die Winkel α, β, γ und den Inhalt Δ.

Aufgabe 1. Den Inhalt Δ zu berechnen, wenn die beiden Seiten a und b und ihr Zwischenwinkel γ gegeben sind.

Lösung. Man fasse a als Grundlinie auf und zeichne die zugehörige Höhe $AH = h$. Dann haben wir zunächst $2\Delta = a\,h$. h aber bekommen wir aus dem rechtwinkligen Dreieck AHC nach der Kathetenregel zu $h = b \sin\gamma$. Das gibt $2\Delta = a\,b \sin\gamma$.

So entsteht die Fundamentalformel

$$\boxed{\Delta = \frac{1}{2}\,a\,b\,\sin\gamma}\ .$$

In Worten:

Der Inhalt eines Dreiecks wird gefunden, indem man das Halbprodukt zweier Seiten mit dem Sinus des Zwischenwinkels multipliziert.

Dies ist einer der wichtigsten Sätze der Geometrie.

Aufgabe 2. Den Inhalt Δ zu berechnen, wenn die Seite c und ihre beiden Anwinkel α und β gegeben sind.

Lösung. Nach obiger Inhaltsformel ist $2\Delta = b\,c \sin\alpha$. Hier ersetzen wir nach der Durchmesserregel b durch $d \sin\beta$, wo d den Umkreisdurchmesser von ABC bedeutet. Das gibt $2\Delta = c\,d \sin\alpha \sin\beta$. Und hier ersetzen wir noch nach der Durchmesserregel d durch $c : \sin\gamma$. So entsteht schließlich $2\Delta = c^2 \sin\alpha \sin\beta : \sin\gamma$ oder

$$\boxed{\Delta = \frac{1}{2}\,c^2\,\frac{\sin\alpha \sin\beta}{\sin\gamma}}\ .$$

Diese Formel drückt den Dreiecksinhalt durch eine Seite und die drei Winkel aus. Will man aus ihr γ noch beseitigen, so ersetze man $\sin\gamma$ durch $\sin(\alpha + \beta)$. [$\alpha + \beta$ und γ sind Supplemente.]

Aufgabe 3. Den Inhalt eines Dreiecks als Funktion seiner Seiten darzustellen.

Wir knüpfen wieder an die Fundamentalformel $2\Delta = a\,b \sin\gamma$ an. Wir quadrieren und ersetzen $\sin^2\gamma$ durch $1 - \cos^2\gamma$. Das gibt $\quad 4\Delta^2 = a^2 b^2 (1 - \cos^2\gamma)$.

Nun ist nach dem Cosinussatz

$$\cos\gamma = \frac{a^2+b^2-c^2}{2ab}, \text{ also } 1-\cos^2\gamma = \frac{4a^2b^2-(a^2+b^2-c^2)^2}{4a^2b^2}.$$

Demnach wird

$$\boxed{16\Delta^2 = 4a^2b^2-(a^2+b^2-c^2)^2}\ .$$

Hier kann man auf zwei Wegen weitergehen:

Entweder wertet man das Klammerquadrat aus und erhält die beachtliche Formel

$$\boxed{16\Delta^2 = 2b^2c^2+2c^2a^2+2a^2b^2-a^4-b^4-c^4}\ ,$$

durch welche das 16fache Inhaltsquadrat als symmetrisches Polynom der Dreiecksseiten dargestellt wird.

Oder man schreibt $4a^2b^2-(a^2+b^2-c^2)^2 = (2ab+a^2+b^2-c^2)(2ab-a^2-b^2+c^2) = ([a+b]^2-c^2)\cdot(c^2-[a-b]^2) = (a+b+c)(a+b-c)\cdot(c+a-b)(b+c-a)$, so daß

$$16\Delta^2 = (a+b+c)(b+c-a)(c+a-b)(a+b-c)$$

wird. Um noch den Faktor 16 zu entfernen, führt man für den Dreiecksumfang die Abkürzung $2s$ ein:

$$a+b+c = 2s,$$

erhält

$$b+c-a = 2(s-a),\ c+a-b = 2(s-b),\ a+b-c = 2(s-c)$$

und hat schließlich

$$\Delta^2 = s(s-a)(s-b)(s-c)$$

oder

$$\boxed{\Delta = \sqrt{s(s-a)(s-b)(s-c)}}\ \text{mit } s = \frac{a+b+c}{2}.$$

Durch diese „Heronische Formel" wird die gestellte Aufgabe gelöst.

Durch Einführung der Inkreistangenten x, y, z d. h. der Tangenten, die von den Dreiecksecken an den Inkreis des Dreiecks gezogen werden, und die sich aus dem Gleichungstripel

$$y+z=a,\quad z+x=b,\quad x+y=c$$

zu

$$x=s-a,\quad y=s-b,\quad z=s-c$$

berechnen, erhält die Heronische Formel die einfache Form

$$\boxed{\Delta = \sqrt{x\,y\,z \cdot s}}\,.$$

Im Hinblick auf diese Formel wird es nicht überflüssig sein, auf die Formel

$$\boxed{\rho = \sqrt{x\,y\,z : s}}$$

hinzuweisen, die den Inkreisradius ρ als Funktion der Seiten darstellt, und die sich sofort aus der leicht ableitbaren Formel $\Delta = \rho s$ ergibt.

§ 29

Dreieckswinkelbeziehungen.

Zwischen den drei Winkeln α, β, γ eines Dreiecks bestehen zahlreiche Beziehungen, von denen wir die markantesten hier angeben wollen.

I Die Cosinusrelation.

Aus

$$\alpha + \beta + \gamma = 180^0$$

folgt zunächst

$$\cos(\alpha + \beta) = -\cos\gamma$$

und hieraus weiter nach dem Additionstheorem

$$\sin\alpha \sin\beta = \cos\alpha \cos\beta + \cos\gamma.$$

Die Quadrierung dieser Gleichung liefert wegen der Sinus und Cosinus eines Winkels verknüpfenden pythagoreischen Relation

$$(1 - \cos^2\alpha)(1 - \cos^2\beta) = (\cos\alpha \cos\beta + \cos\gamma)^2$$

oder, vereinfacht,

$$\boxed{\cos^2\alpha + \cos^2\beta + \cos^2\gamma + 2\cos\alpha\cos\beta\cos\gamma = 1}\,.$$

Dies ist die Cosinusrelation.

Sie läßt sich folgendermaßen umkehren:

Sind α, β, γ positive spitze Winkel, die die Cosinusrelation befriedigen, so beträgt ihre Summe 180^0.

Beweis. Die Relation läßt sich schreiben

$$\sin^2\alpha \sin^2\beta = (\cos\alpha \cos\beta + \cos\gamma)^2,$$

und hieraus folgt wegen der Positivität der drei Cosinus

$$\sin\alpha \sin\beta = \cos\alpha \cos\beta + \cos\gamma$$

oder

$$\cos(\alpha + \beta) = \cos(180^0 - \gamma).$$

Mithin ist $\alpha + \beta = 180^0 - \gamma$.

II Die Sinusrelation.

Wir nehmen den Umkreisdurchmesser des Dreiecks als Längeneinheit. Dann sind die Dreiecksseiten nach der Durchmesserregel $\sin\alpha$, $\sin\beta$, $\sin\gamma$. Nach dem Cosinussatze ist

$$\sin^2\gamma = \sin^2\alpha + \sin^2\beta - 2\sin\alpha\sin\beta\cos\gamma.$$

Diese Gleichung lösen wir nach $\cos\gamma$ auf und quadrieren. Setzen wir dann für $\cos^2\gamma$ $1 - \sin^2\gamma$ und vereinfachen, so entsteht die

Sinusrelation

$$\boxed{\begin{aligned}4\sin^2\alpha\sin^2\beta\sin^2\gamma = 2(\sin^2\beta\sin^2\gamma + \sin^2\gamma\sin^2\alpha + \sin^2\alpha\sin^2\beta)\\ - \sin^4\alpha - \sin^4\beta - \sin^4\gamma.\end{aligned}}$$

Diese Relation kann übrigens direkt niedergeschrieben werden, wenn man bedenkt, daß ihre rechte Seite nach der Heronischen Formel das 16 fache Inhaltsquadrat des Dreiecks darstellt, und daß ihre linke Seite nach der Fundamentalformel für den Dreiecksinhalt ($2\Delta = a\,b\sin\gamma$) dasselbe leistet.

III Die Tangensrelation.

Wir gehen aus von der Gleichung

$$\operatorname{tg}(\alpha + \beta) = -\operatorname{tg}\gamma$$

und ersetzen ihre linke Seite nach dem Additionstheorem durch $(\operatorname{tg}\alpha + \operatorname{tg}\beta) : (1 - \operatorname{tg}\alpha\operatorname{tg}\beta)$. Das gibt nach Vereinfachung sofort die

Tangensrelation:

$$\boxed{\operatorname{tg}\alpha + \operatorname{tg}\beta + \operatorname{tg}\gamma = \operatorname{tg}\alpha\operatorname{tg}\beta\operatorname{tg}\gamma}\ .$$

Sie gestattet die Umkehrung:

Sind α, β, γ positive Konkavwinkel, von denen höchstens einer stumpf ist, die die Relation

$$\operatorname{tg}\alpha + \operatorname{tg}\beta + \operatorname{tg}\gamma = \operatorname{tg}\alpha\operatorname{tg}\beta\operatorname{tg}\gamma$$

befriedigen; so lassen sie sich als Winkel eines Dreiecks auffassen.

Beweis. Die Relation führt auf $\operatorname{tg}(\alpha+\beta)=\operatorname{tg}(-\gamma)$, und hieraus folgt $\alpha+\beta+\gamma=g\pi$ mit ganzzahligem g. Wegen $\alpha+\beta+\gamma<2\pi$ muß $g=1$ sein.

IV Die Cotangensrelation.

Multiplizieren wir die Tangensrelation mit $\cot\alpha\cot\beta\cot\gamma$, so geht sie über in

$$\boxed{\cot\beta\cot\gamma+\cot\gamma\cot\alpha+\cot\alpha\cot\beta=1}\,.$$

Dies ist die zwischen den Winkeln eines Dreiecks bestehende Cotangensrelation. Sie gestattet wie die Tangensrelation die Umkehrung:

Besteht zwischen drei positiven Konkavwinkeln, von denen mindestens zwei spitz sind, die Cotangensrelation, so sind die drei Winkel Winkel eines Dreiecks.

§ 30

Der Vierecksinhalt.

Damit ein Viereck bestimmt ist, müssen bekanntlich fünf Stücke gegeben sein. So erklärt sich die Aufgabe:

Den Inhalt eines Vierecks zu ermitteln, von dem die vier Seiten und die Summe zweier Gegenwinkel bekannt sind.

Das Viereck heiße wie üblich $ABCD$, die Winkel in den Ecken A, B, C, D seien $\alpha, \beta, \gamma, \delta$, die Seiten sind $AB=a$, $BC=b$, $CD=c$, $DA=d$, die Diagonalen $AC=e$ und $BD=f$.

In unserer Aufgabe sind also gegeben a, b, c, d und die Winkelsumme $\alpha+\gamma=2\varepsilon$.

Durch die Diagonale f zerfällt das Viereck in zwei Dreiecke mit den Inhalten $\frac{1}{2}ad\sin\alpha$ und $\frac{1}{2}bc\sin\gamma$, so daß wir für den gesuchten Inhalt V des Vierecks die Gleichung

(1) $$4V=2ad\sin\alpha+2bc\sin\gamma$$

erhalten.

Um eine zweite Gleichung für α und γ zu bekommen, wenden wir auf jedes der genannten Dreiecke den Cosinussatz an:

$$f^2 = a^2 + d^2 - 2\,a\,d \cos\alpha, \quad f^2 = b^2 + c^2 - 2\,b\,c \cos\gamma.$$

Durch Gleichsetzung dieser beiden Werte entsteht

$$(2) \qquad a^2 + d^2 - b^2 - c^2 = 2\,a\,d \cos\alpha - 2\,b\,c \cos\gamma.$$

Wir quadrieren (1) und (2) und addieren. Das gibt, $a^2 + d^2 - b^2 - c^2$ für den Augenblick gleich K gesetzt,

$$16\,V^2 + K^2 = 4\,a^2\,d^2 + 4\,b^2\,c^2 - 8\,a\,b\,c\,d(\cos\alpha\cos\gamma - \sin\alpha\sin\gamma)$$

oder nach dem Additionstheorem

$$16\,V^2 = 4\,a^2\,d^2 + 4\,b^2\,c^2 - K^2 - 8\,a\,b\,c\,d \cos 2\,\varepsilon.$$

Hier schreiben wir für $\cos 2\,\varepsilon$ $\;2\cos^2\varepsilon - 1$ und bekommen

$$16\,V^2 = (2\,a\,d + 2\,b\,c)^2 - K^2 - 16\,a\,b\,c\,d\,o^2 \quad \text{mit } o = \cos\varepsilon.$$

Es ist aber

$$(2\,a\,d + 2\,b\,c)^2 - K^2 = (2\,a\,d + 2\,b\,c + K)\cdot(2\,a\,d + 2\,b\,c - K)$$
$$= ([a + d]^2 - [b - c]^2)\cdot([b + c]^2 - [a - d]^2) =$$
$$(a + d + b - c)\,(a + d + c - b)\cdot(b + c + a - d)\,(b + c + d - a),$$

welcher Ausdruck durch Einführung der Abkürzung s für den Halbumfang des Vierecks:

$$s = \frac{a + b + c + d}{2}$$

die bequemere Form

$$16\,(s - c)\,(s - b)\cdot(s - d)\,(s - a)$$

annimmt. Damit wird

$$\boxed{V^2 = (s - a)\,(s - b)\,(s - c)\,(s - d) - a\,b\,c\,d\cos^2\varepsilon}\;.$$

Diese Formel drückt das Inhaltsquadrat des Vierecks durch die Seiten und die Halbsumme ε zweier Gegenwinkel aus.

Sie enthält die Lösung der gestellten Aufgabe.

Sie enthält aber auch die Lösung der

Extremaufgabe:

Welches von allen Viereken mit gegebenen Seiten hat den größten Inhalt?

In der Tat. Das Inhaltsquadrat und damit die rechte Seite unserer Inhaltsformel wird am größten, wenn der Subtrahend verschwindet, d. h. wenn $\varepsilon = 90^0$, also $2\varepsilon = 180^0$ ist. In diesem Falle ist sonach die Summe $\alpha + \gamma$ zweier Gegenwinkel 180^0, d. h. das Viereck ein Kreisviereck.

Von allen Vierecken mit gegebenen Seiten hat das Kreisviereck den größten Inhalt.

Gleichzeitig finden wir:

Der Inhalt des Kreisvierecks mit den Seiten a, b, c, d ist

$$\boxed{V = \sqrt{(s-a)(s-b)(s-c)(s-d)}},$$

wo s den Halbumfang des Vierecks bedeutet.

Von großer Bedeutung ist auch eine Formel, die den Vierecksinhalt durch die Diagonalen und ihren Zwischenwinkel ausdrückt, und die wir hier noch angeben wollen.

Bedeutet O den Diagonalenschnittpunkt, so sind ABO, BCO, CDO, DAO vier Dreiecke, die das Viereck zusammensetzen. Nennen wir die Strecken OA, OB, OC, OD, x, y, z, t, so haben die genannten Dreiecke die Doppelinhalte xyi, yzi, zti, txi, wo i den Sinus des von den Diagonalen gebildeten Winkels ζ bedeutet. So ergibt sich für den Vierecksinhalt V die Formel

$$2V = i(xy + yz + zt + tx) = i(x+z)(y+t)$$

oder

$$\boxed{V = \frac{1}{2} ef \sin\zeta}.$$

Der Inhalt eines Vierecks wird gefunden, indem man das halbe Diagonalenprodukt mit dem Sinus des Diagonalenzwischenwinkels multipliziert.

Man beachte die Ähnlichkeit dieses Satzes mit der Fundamentalformel für den Dreiecksinhalt.

§ 31

Der Satz von Ptolemäus.

Vorgelegt sei ein Kreis $\mathfrak{K}$, dessen Durchmesser als Längeneinheit diene. Ein beweglicher Punkt durchlaufe, etwa im positiven Sinne, in A beginnend, einmal den Kreis, wobei er nach einander die Punkte B, C, D passieren möge. Dann ist $ABCD$ ein konvexes Kreisviereck. Seine Seiten sind $AB = a$, $BC = b$, $CD = c$, $DA = d$, seine Diagonalen $AC = e$ und $BD = f$. Die in diesem Viereck auf den Seiten a, b, c, d stehenden Winkel seien $\alpha, \beta, \gamma, \delta$, so daß

$$\alpha + \beta + \gamma + \delta = 180^0$$

ist und auf der Diagonale e die supplementären Randwinkel $\alpha + \beta$ und $\gamma + \delta$, auf der Diagonale f die supplementären Randwinkel $\beta + \gamma$ und $\alpha + \delta$ stehen.

Nach der Durchmesserregel lassen sich alle sechs Stücke a, b, c, d, e, f des Vierecks durch die Winkel $\alpha, \beta, \gamma, \delta$ ausdrücken: $a = \sin\alpha$, $b = \sin\beta$, $c = \sin\gamma$, $d = \sin\delta$, $e = \sin(\alpha + \beta)$, $f = \sin(\beta + \gamma)$. Wir berechnen das Diagonalenprodukt:

$$ef = \sin(\alpha + \beta) \cdot \sin(\beta + \gamma).$$

Hier wenden wir rechts auf jeden Faktor das Additionstheorem an, dabei der Kürze wegen für $\cos w$ und $\sin w$ w_0 und w_1 schreibend. Das gibt

$$ef = (\alpha_1 \beta_0 + \alpha_0 \beta_1)(\beta_1 \gamma_0 + \beta_0 \gamma_1)$$

$$= \beta_1 [\beta_0 \gamma_0 \alpha_1 + \gamma_0 \alpha_0 \beta_1 + \alpha_0 \beta_0 \gamma_1 - \alpha_1 \beta_1 \gamma_1] + \alpha_1 \gamma_1 \{\beta_0^2 + \beta_1^2\}.$$

Hier ist die eckige Klammer $\sin(\alpha + \beta + \gamma)$ und damit gleich $\sin\delta$, die geschweifte 1. Daher wird

$$ef = \sin\beta \sin\delta + \sin\alpha \sin\gamma$$

oder

$$\boxed{ef = ac + bd}\,.$$

Diese Formel enthält den

Satz von Ptolemäus:

Im konvexen Kreisviereck ist das Diagonalenprodukt gleich der Summe der Gegenseitenprodukte.

(Ptolemäus, griechischer Mathematiker, um 125 n. Chr.)

Es erhebt sich jetzt die interessante Frage: Ist ein konvexes Viereck, in dem das Diagonalenprodukt der Summe der Gegenseitenprodukte gleicht, ein Kreisviereck?

Zur Beantwortung dieser Frage betrachten wir ein Tripel von drei Strecken

$$OA = a, \quad OB = b, \quad OC = c$$

mit den zusammen 360^0 ausmachenden Zwischenwinkeln

$$\sphericalangle BOC = \alpha, \quad \sphericalangle COA = \beta, \quad \sphericalangle AOB = \gamma,$$

(wobei also einer dieser Winkel konvex sein kann) deren Endpunkte A, B, C die Verbindungslinien

$$BC = x, \quad CA = y, \quad AB = z$$

bestimmen und achten auf die drei Produkte $a\,x$, $b\,y$, $c\,z$.

Wir behaupten, daß jedes dieser Produkte kleiner oder zumindest nicht größer ist als die Summe der beiden anderen, daß also etwa

$$a\,x + b\,y \geqq c\,z$$

ist.

Der Beweis dieser Behauptung besteht in einer Kette von Ungleichungen, von denen jede sowohl aus der vorhergehenden als auch aus der folgenden entsteht, und bei deren Aufstellung die drei aus $\alpha + \beta + \gamma = 360^0$ hervorgehenden Relationen

$$\beta_0\gamma_0 - \alpha_0 = \beta_1\gamma_1, \quad \gamma_0\alpha_0 - \beta_0 = \gamma_1\alpha_1, \quad \alpha_0\beta_0 - \gamma_0 = \alpha_1\beta_1$$

eine Rolle spielen. [Die erste dieser Relationen folgt z. B. aus $\alpha_0 = \cos\alpha = \cos(\beta + \gamma) = \beta_0\gamma_0 - \beta_1\gamma_1$].

Nach dem Cosinussatze ist

$$x^2 = b^2 + c^2 - 2\,b\,c\,\alpha_0, \quad y^2 = c^2 + a^2 - 2\,c\,a\,\beta_0,$$
$$z^2 = a^2 + b^2 - 2\,a\,b\,\gamma_0.$$

Die erwähnte Ungleichungskette erhalten wir nun folgendermaßen:

$$a\,x + b\,y \geqq c\,z \text{ (versuchsweise angesetzt)},$$
$$a^2x^2 + b^2y^2 + 2\,a\,b\,x\,y \geqq c^2z^2,$$
$$a^2(b^2 + c^2 - 2\,b\,c\,\alpha_0) + b^2(c^2 + a^2 - 2\,c\,a\,\beta_0) + 2\,a\,b\,x\,y \geqq c^2(a^2 + b^2 - 2\,a\,b\,\gamma_0),$$
$$x\,y \geqq c\,k - a\,b \quad \text{mit } k = a\,\alpha_0 + b\,\beta_0 - c\,\gamma_0,$$
$$x^2y^2 \geqq c^2k^2 + a^2b^2 - 2\,a\,b\,c\,k,$$

$$(b^2+c^2-2\,bc\alpha_0)(c^2+a^2-2ca\beta_0)\geqq c^2k^2+a^2b^2-2abck,$$
$$a^2\alpha_1^2+b^2\beta_1^2+c^2\gamma_1^2+2ab\alpha_1\beta_1+2bc\beta_1\gamma_1+2ca\gamma_1\alpha_1\geqq 0$$
$$(a\alpha_1+b\beta_1+c\gamma_1)^2\geqq 0.$$
Da die letzte dieser Ungleichungen richtig ist, trifft auch die erste zu; und wenn in einer dieser beiden Ungleichungen das Gleichheitszeichen gilt, so auch in der anderen.

Das Gleichheitszeichen kann aber nur erfüllt sein, wenn
$$a\alpha_1+b\beta_1+c\gamma_1=0$$
ist, und diese Gleichung ist nur möglich, wenn einer der drei Winkel α, β, γ, etwa γ, überstumpf ist, so daß $\delta=360^0-\gamma$ konkav ist. In diesem Ausnahmefalle zeichnen wir den Umkreis $\mathfrak{K}$ des Dreiecks AOB und nennen den Schnittpunkt der Grade OC mit $\mathfrak{K}$ S sowie die Strecken AS, BS, OS bzw. u, v, w. Bedeutet nun d den Durchmesser von $\mathfrak{K}$, so ist nach der Durchmesserregel $u=d\sin\beta$, $v=d\sin\alpha$, $z=d\sin\delta$ und nach dem Satze von Ptolemäus ($OASB$ ist ein konvexes Kreisviereck)
$$wz=ub+va$$
oder
$$w\delta_1=a\alpha_1+b\beta_1.$$
Da aber $a\alpha_1+b\beta_1=c\delta_1$ ist, wird $w\delta_1=c\delta_1$ oder $w=c$, so daß der Punkt S mit dem Punkte C koïnzidiert.

Der einzige Fall, in welchem also
$$ax+by=cz \quad (\text{oder } a\alpha_1+b\beta_1+c\gamma_1=0)$$
ist, tritt ein, wenn die Punkte O, A, C, B ein konvexes Kreisviereck bilden; in jedem andern Falle ist $ax+by>cz$.

Ergebnis.

Ist O, A, B, C ein beliebiger Punktvierer einer Ebene, $OA=a$, $OB=b$, $OC=c$, $BC=x$, $CA=y$, $AB=z$, so ist jedes der drei Produkte ax, by, cz kleiner als die Summe der beiden anderen, mit Ausnahme des Falles, in dem die Punkte ein konvexes Kreisviereck bilden, in welchem Ausnahmefalle das Produkt, dessen Faktoren die Diagonalen dieses Vierecks sind, der Summe der beiden andern Produkte gleicht.

Dieses Ergebnis läßt sich noch etwas anders ausdrücken. Nennt man ein System von vier Punkten A, B, C, D einer Ebene ein Viereck, AB, BC, CD, DA die Seiten, AB und CD, ebenso BC und DA Gegenseiten, AC und BD die Diagonalen des Vierecks, so gilt folgender

Erweiterter Satz von Ptolemäus:

Im Viereck ist das Diagonalenprodukt stets kleiner als die Summe der Gegenseitenprodukte mit alleiniger Ausnahme des Falles, in welchem die vier sukzessiven Vierecksecken zugleich sukzessive Punkte eines Kreises bilden, in welchem Ausnahmefälle das Diagonalenprodukt der Summe der Gegenseitenprodukte gleicht.

Der Fall von vier sukzessiven Punkten A, B, C, D einer Grade, in welchem auch

$$AC \cdot BD = AB \cdot CD + AD \cdot BC$$

ist, bildet nur scheinbar eine Ausnahme, da die Grade als Kreis mit unendlich großem Radius aufgefaßt werden kann.

Legt man den Begriff des vollständigen Vierecks zugrunde, so kann man sich noch etwas anders ausdrücken. Ein vollständiges Viereck ist der Inbegriff von vier Punkten einer Ebene, den vier Ecken des Vierecks, von denen keine drei kollinear sind, und den zwischen ihnen möglichen sechs Verbindungslinien, den sechs Seiten des Vierecks. Zu jeder durch ein Eckenpaar bestimmten Seite gehört eine durch das andere Eckenpaar bestimmte Gegenseite, so daß im ganzen drei Gegenseitenpaare vorhanden sind.

Satz von Ptolemäus:

Ein vollständiges Viereck ist ein Kreisviereck dann und nur dann, wenn eins der drei Gegenseitenprodukte der Summe der andern beiden gleicht.

Im Nichtkreisviereck ist jedes Gegenseitenprodukt kleiner als die Summe der andern beiden Gegenseitenprodukte.

§ 32
Umkreisradien.

Aufgabe 1. Den Umkreisradius r eines Dreiecks mit den gegebenen Seiten a, b, c zu berechnen.

Lösung. Bedeutet γ den Gegenwinkel von c, so ist nach der Durchmesserregel

$$2r = c : \sin\gamma.$$

Ferner ist der doppelte Inhalt 2Δ des Dreiecks

$$2\Delta = ab \cdot \sin\gamma.$$

Die Multiplikation dieser beiden Relationen liefert die Formel

$$4\Delta r = abc,$$

aus welcher der gesuchte Umkreisradius zu

$$\boxed{r = \frac{abc}{4\Delta}}$$

folgt, womit die gestellte Aufgabe gelöst ist, da ja Δ nach der Heronischen Formel bekannt ist.

Aufgabe 2. Den Umkreisradius r eines Kreisvierecks mit den gegebenen Seiten a, b, c, d zu berechnen.

Lösung. Das Kreisviereck habe die Ecken A, B, C, D, und es sei $AB = a$, $BC = b$, $CD = c$, $DA = d$. Wir berechnen zunächst die Diagonalen

$$AC = e \qquad \text{und} \qquad BD = f$$

des Vierecks mittels des Satzes von Ptolemäus. Nach diesem Satze findet man sofort das Produkt der Diagonalen:

$$ef = ac + bd.$$

Um das Verhältnis der Diagonalen zu erhalten, verfährt man wie folgt.

Trägt man die Seiten nicht in der bisherigen Reihenfolge a, b, c, d, sondern einmal in der Reihenfolge a, b, d, c, ein andermal in der Reihenfolge a, c, b, d im Kreise ein, so entstehen zwei neue Kreisvierecke mit den Diagonalen e und h im ersten, f und h im zweiten Viereck. Nach dem Satze von Ptolemäus ist daher

$$eh = ad + bc \qquad \text{und} \qquad fh = ab + cd.$$

Aus diesen beiden Relationen ergibt sich der

Satz vom Diagonalenverhältnis:

$$\boxed{e : f = (ad + bc) : (ab + cd)}\ .$$

Mit Hilfe der beiden für e und f gefundenen Formeln ist es nun leicht, die Diagonalen durch die Seiten auszudrücken. Durch Multiplikation der Formeln ergibt sich

$$e^2 = \frac{(bc + da)(ca + db)}{ab + dc}\ ,$$

durch Division

$$f^2 = \frac{(ca + db)\ (ab + dc)}{bc + da}\ .$$

Die für die Diagonalen gefundenen vier Formeln gelten natürlich unverändert, wenn statt des Durchmessers, wie es z. B. bei der folgenden Untersuchung zu denken ist, eine beliebige andere Strecke als Längeneinheit gewählt wird.

Nun zur Berechnung des Umkreisradius r!

Da r zugleich Umkreisradius des Dreiecks DBC ist, haben wir

$$2r = f : \sin \Gamma\ ,$$

wo Γ den Winkel DCB bedeutet.

f kennen wir schon, muß also noch $\sin \Gamma$ berechnet werden.

Nun ist nach dem auf die beiden Dreiecke DCB und DAB angewandten Cosinussatz [$\sphericalangle DAB = 180^0 - \Gamma$]

$f^2 = b^2 + c^2 - 2bc \cos \Gamma$ und $f^2 = a^2 + d^2 + 2ad \cos \Gamma$.

Durch Gleichsetzung entsteht hieraus

$$\cos \Gamma = \frac{b^2 + c^2 - a^2 - d^2}{2ad + 2bc}$$

und weiter

$$1 + \cos \Gamma = \frac{(b + c)^2 - (a - d)^2}{2(ad + bc)} = \frac{(b + c + a - d)\ (b + c + d - a)}{2(ad + bc)}$$

$$= 2 \cdot \frac{(s - d)\ (s - a)}{ad + bc}\ ,$$

sowie

$$1 - \cos \Gamma = \frac{(a + d)^2 - (b - c)^2}{2(ad + bc)} = \frac{(a + d + b - c)\ (a + d + c - b)}{2(ad + bc)}$$

$$= 2 \cdot \frac{(s - c)\ (s - b)}{ad + bc}\ ,$$

wo s den Halbumfang des Vierecks bedeutet.

Damit wird

$$\sin^2\Gamma = (1+\cos\Gamma)(1-\cos\Gamma) = 4\cdot\frac{(s-a)(s-b)(s-c)(s-d)}{(ad+bc)^2}$$

und

$$\boxed{\sin\Gamma = 2\sqrt{(s-a)(s-b)(s-c)(s-d)} : (ad+bc)}\ .$$

Diesen Wert für sin Γ, sowie den Wert für f, substituieren wir oben und erhalten die gewünschte

Formel für den Umkreisradius:

$$\boxed{4r = \sqrt{\frac{(bc+da)(ca+db)(ab+dc)}{(s-a)(s-b)(s-c)(s-d)}}}\ .$$

Wenn man sich erinnert, daß $\sqrt{(s-a)(s-b)(s-c)(s-d)}$ den Vierecksinhalt V darstellt (§ 30), wird etwas einfacher

$$\boxed{4Vr = \sqrt{(bc+da)(ca+db)(ab+dc)}}\ .$$

§ 33
Kubische Gleichungen regulärer Vielecke.

I Die Siebenecksgleichung.

Der Randwinkel der Seite des dem Einheitskreise einbeschriebenen regulären Siebenecks ist $\sigma = \pi : 7$. Daher haben die Siebenecksseite s und ihr Komplement*) c die Werte

$$s = 2i \text{ und } c = 2o \qquad \text{mit } i = \sin\sigma,\ o = \cos\sigma.$$

Aus
$$3\sigma + 4\sigma = \pi$$
folgen die beiden Gleichungen
$$\sin 3\sigma = \sin 4\sigma \qquad \text{und} \qquad \cos 3\sigma + \cos 4\sigma = 0.$$
Nun ist aber (§ 9)
$$\sin 3\sigma = 3i - 4i^3\ , \qquad \cos 3\sigma = 4o^3 - 3o,$$
$$\sin 4\sigma = o(4i - 8i^3)\ , \qquad \cos 4\sigma = 8o^4 - 8o^2 + 1\ .$$
Folglich wird
$$3\cdot 2i - 8i^3 = 2o\cdot(4i - 8i^3)$$
und
$$8o^3 - 3\cdot 2o + (2o)^4 - 4\cdot(2o)^2 + 2 = 0\ .$$

*) Das Komplement einer Kreisssehne AB entsteht durch Verbindung des Punktes A mit dem Endpunkte des von B ausgehenden Durchmessers.

Ersetzen wir hier $2i$ durch s, $2o$ durch c, so entstehen die Gleichungen

$$3s - s^3 = c(2s - s^3) \quad \text{oder} \quad 3 - s^2 = c(2 - s^2)$$

und

$$c^4 + c^3 - 4c^2 - 3c + 2 = 0.$$

Um eine Gleichung für s zu bekommen, wird die erste dieser Gleichungen quadriert und dann c^2 durch $4 - s^2$ ersetzt. Das gibt

$$\boxed{s^6 - 7s^4 + 14s^2 - 7 = 0}.$$

Diese bikubische Gleichung ist die Gleichung der Siebenecksseite.

Das Quadrat

$$S = s^2$$

der Siebenecksseite befriedigt die kubische Gleichung

$$\boxed{S^3 - 7S^2 + 14S - 7 = 0}.$$

Die Gleichung für das Komplement c der Siebenecksseite ist nur scheinbar biquadratisch. Da sie, wie man leicht prüft, die Wurzel -2 hat, ist ihre linke Seite durch $c + 2$ ohne Rest teilbar. Der Quotient wird $c^3 - c^2 - 2c + 1$, und die Gleichung des Siebenecksseitenkomplements lautet

$$\boxed{c^3 - c^2 - 2c + 1 = 0}.$$

II Die Neunecksgleichung.

Die Seite des regulären Neunecks (im Einheitskreise) und ihr Komplement haben die Werte

$$n = 2i, \; k = 2o \qquad \text{mit } i = \sin \nu, \; o = \cos \nu, \; \nu = \frac{\pi}{9}.$$

Da $3\nu = \frac{\pi}{3}$ (60^0) ist, gelten die beiden Gleichungen

$$\sin 3\nu = \frac{\sqrt{3}}{2} \qquad \text{und} \qquad \cos 3\nu = \frac{1}{2}.$$

Damit folgt aus dem Gleichungspaar

$$(\sin 3\nu = 3i - 4i^3 \;, \; \cos 3\nu = 4o^3 - 3o)$$

$$6i - 8i^3 = \sqrt{3} \qquad , \qquad 8o^3 - 6o = 1.$$

Hier ersetzen wir $2i$ durch n, $2o$ durch k und erhalten die kubische Gleichung der Neunecksseite:

$$\boxed{n^3 - 3n + \sqrt{3} = 0}$$

und die kubische Gleichung für das Komplement der Neunecksseite:

$$\boxed{k^3 - 3k - 1 = 0}\ .$$

III Die Vierzehnecksgleichung.

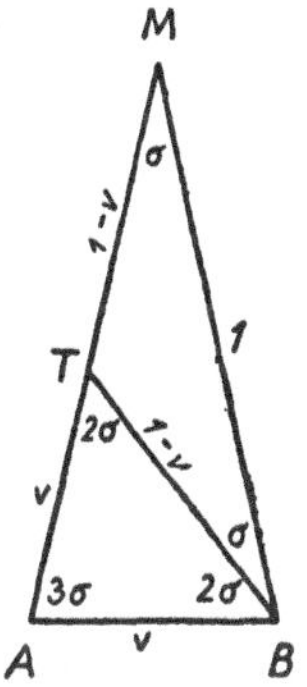

$AB = v = 2\sin\varphi$ mit $\varphi = \pi : 14$ sei die Seite des regulären Vierzehnecks. Zu ihrer Bestimmung benutzen wir zweckmäßig das Bestimmungsdreieck MAB des regulären Vierzehnecks, dessen Zentriwinkel $AMB = \sigma$ ist (s. o.), dessen Basiswinkel (wegen $7\sigma = \pi$) den Wert 3σ hat. Ziehen wir von B nach der Gegenseite die Transversale BT so, daß $\sphericalangle\ MBT = \sigma$ ist, so entstehen die neuen gleichschenkligen Dreiecke MBT und ABT mit den Basiswinkeln σ und 2σ. Da ABT den Schenkel v hat, ist der Schenkel MT von MBT gleich $1 - v$. Aus den beiden gleichschenkligen Dreiecken folgt

$$\cos\sigma = \frac{0{,}5}{1-v} \qquad \text{und} \qquad \cos 2\sigma = \frac{\frac{1-v}{2}}{v}\ .$$

Durch Einsetzung dieser Werte in die Relation

$$\cos 2\sigma = 2\cos^2\sigma - 1$$

entsteht die kubische Gleichung des Vierzehnecks

$$\boxed{v^3 - v^2 - 2v + 1 = 0}\ .$$

Die Vierzehnecksseite und das Komplement der Siebenecksseite befriedigen dieselbe kubische Gleichung.

Die Gleichung $\quad x^3 - x^2 - 2x + 1 = 0$

hat demnach die Wurzeln $\alpha = v = 2\sin\varphi$ und $\beta = c = 2\cos 2\varphi = 2\sin 5\varphi$ (die Winkel 2φ und 5φ sind Komplemente). Die dritte Wurzel γ muß negativ sein, und in Anbetracht der Vietaschen Relation $\alpha + \beta + \gamma = 1$ kann man vermuten, daß sie den

Wert $\gamma = 2 \sin(-3\varphi)$ hat. Tatsächlich ist nach der Summenformel für quasiarithmetische Reihen $\sin(-3\varphi) + \sin(\varphi) + \sin(5\varphi) = \sin\varphi \cdot \frac{\sin 6\varphi}{\sin 2\varphi}$, welcher Wert wegen $\sin 6\varphi = \cos\varphi$ gleich 0,5 ist, so daß man $\alpha + \beta + \gamma = 1$ bekommt.

Die drei Wurzeln der kubischen Gleichung

$$x^3 - x^2 - 2x + 1 = 0$$

sind demnach

$$\alpha = 2 \sin\varphi, \quad \beta = 2 \sin 5\varphi, \quad \gamma = -2 \sin 3\varphi \qquad \text{mit } 14\varphi = \pi.$$

§ 34
Casus irreducibilis.

Bekanntlich wird eine kubische Gleichung in reduzierter Form

$$x^3 = px + q \tag{1}$$

durch die Cardanische Formel

$\boxed{x = u + v}$ mit $u^3 = \frac{q}{2} + \sqrt{D}$, $v^3 = \frac{q}{2} - \sqrt{D}$ und $D = \left(\frac{q}{2}\right)^2 - \left(\frac{p}{3}\right)^3$ gelöst. Die Gleichung hat eine reelle und zwei komplexe Wurzeln oder drei reelle Wurzeln, je nachdem D positiv oder negativ ist, so daß gerade im einfachsten Falle, dem Falle von drei Realwurzeln, die Wurzelbestandteile u und v in komplexer Form erscheinen. Da man in diesem Falle in der ersten Zeit nach Cardanus' Entdeckung mit der Cardanischen Formel nichts anzufangen wußte, nannte man diesen Fall „casus irreducibilis".

Im casus irreducibilis setzt nun die trigonometrische Lösung der kubischen Gleichung ein. Diese beruht auf der bekannten Formel

$$\cos^3\varphi = \frac{3}{4}\cos\varphi + \frac{\cos 3\varphi}{4}.$$

Wir multiplizieren diese Formel mit r^3, wo r eine vorläufig noch unbestimmte positive Zahl bedeutet. Das gibt

$$\xi^3 = \pi\xi + \varkappa \tag{2}$$

$$\text{mit } \xi = r\cos\varphi, \qquad \pi = \frac{3}{4}r^2, \qquad \varkappa = \frac{r^3\cos 3\varphi}{4}.$$

Die kubische Gleichung (2) hat dieselben Wurzeln wie die vorgelegte Gleichung (1), wenn

$$\pi = p \qquad \text{und} \qquad \varkappa = q$$

ist.

Demgemäß bestimmen wir den positiven Multiplikator r und den Hilfswinkel 3φ so, daß

$$\frac{3}{4} r^2 = p \qquad \text{und} \qquad \frac{r^3 \cos 3\varphi}{4} = q$$

ist.

Die Bestimmung von r ist möglich, da p wegen des negativen D positiv sein muß, und liefert

$$r = \sqrt{\frac{4p}{3}}\,.$$

Mit diesem Werte gehen wir in die zweite Bedingungsgleichung ein und finden

$$\cos 3\varphi = \frac{3q}{rp}\,.$$

Die hierdurch vorgeschriebene Bestimmung des Winkels 3φ ist gleichfalls ausführbar, da $3q : rp$ ein echter Bruch ist. Man hat nämlich wegen $D < 0$

$$\left(\frac{q}{2}\right)^2 < \left(\frac{p}{3}\right)^3 \quad \text{oder} \quad \frac{27q^2}{4p^3} < 1$$

$$\text{oder} \quad \frac{9q^2}{p^2 \cdot r^2} < 1 \quad \text{oder} \quad \left|\frac{3q}{rp}\right| < 1\,.$$

Nachdem r und 3φ und damit φ bestimmt sind, hat man die Wurzel x:

$$x = \xi = r\cos\varphi\,.$$

Die kubische Gleichung (1) hat drei reelle Wurzeln, die alle drei durch unser Verfahren ermittelt werden können. Wenn nämlich φ der Vorschrift $\cos 3\varphi = 3q : rp$ gemäß bestimmt ist, befriedigen auch die Winkel $\varphi + 120^0$ und $\varphi + 240^0$ die Vorschrift, da wegen der Periodizität der Cosinusfunktion $\cos 3(\varphi + 120^0) = \cos 3\varphi$ und auch $\cos 3(\varphi + 240^0) = \cos 3\varphi$ ist.

Demnach sind auch

$$x' = \xi' = r\cos(\varphi + 120^0) \quad \text{und} \quad x'' = \xi'' = r\cos(\varphi + 240^0)$$

Wurzeln von (1).

Ergebnis.

Um die kubische Gleichung

$$x^3 = px + q$$

im irreduziblen Falle

$$D = \left(\frac{q}{2}\right)^2 - \left(\frac{p}{3}\right)^3 < 0$$

zu lösen, bestimme man den positiven Multiplikator r und den Hilfswinkel 3φ gemäß den Vorschriften

$$r = \sqrt{\frac{4p}{3}} \qquad \text{und} \qquad \cos 3\varphi = \frac{3q}{rp}\,.$$

Dann sind die drei Wurzeln

$$\alpha = r\cos\varphi,\ \beta = r\cos(\varphi + 120^0),\ \gamma = r\cos(\varphi + 240^0).$$

§ 35
Anschluß an eine Landesvermessung.

Die Lage unbekannter jedoch zugänglicher Punkte der Erdoberfläche durch Peilungen bekannter Punkte zu bestimmen.

Ein Punkt der Erdoberfläche heißt bekannt, wenn seine (etwa durch Länge und Breite gegebene) geographische Lage bekannt ist.

Die gestellte Aufgabe ist von höchster Bedeutung für den Anschluß neuer Punkte der Erdoberfläche an eine Landesvermessung und damit für die Herstellung möglichst genauer Landkarten.

Für Feldmesser, aber auch für Seefahrer kommen namentlich folgende zwei Probleme in Betracht:

I Aufgabe von Snellius-Pothenot.
Aufgabe der drei unzugänglichen Punkte.

Die Lage eines unbekannten zugänglichen Punktes P durch Peilungen dreier unzugänglicher bekannter Punkte A, B, C in P zu bestimmen.

Diese wichtige Feldmessungsaufgabe wurde von dem Niederländer Willebrord Snellius schon 1617 aufgestellt und gelöst, geriet aber wieder in Vergessenheit und wurde 1692 von dem

Franzosen Pothenot erneut gelöst. Seither wird sie meist die Pothenotsche Aufgabe genannt.

II Aufgabe von Hansen.
Aufgabe der unzugänglichen Distanz.

Aus der Lage von zwei bekannten, aber unzugänglichen Punkten A und B die Lage von zwei unbekannten zugänglichen Punkten P und P' durch Peilung von A, B, P' in P und von A, B, P in P' zu bestimmen.

Auf diese wichtige Aufgabe hat vor allem der deutsche Astronom Hansen (1795—1874) aufmerksam gemacht.

Lösung von Pothenots Aufgabe.

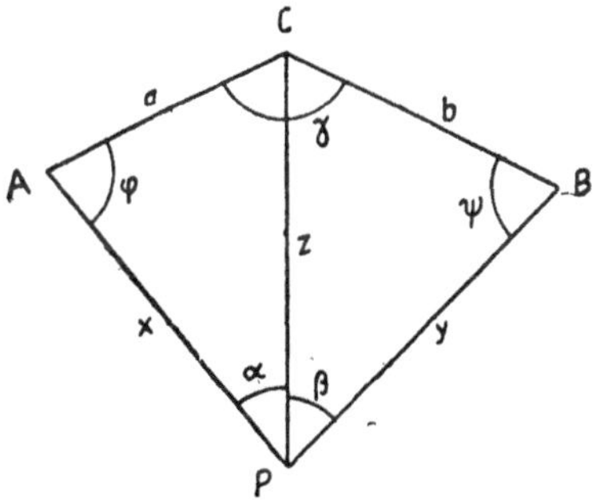

Bekannt sind die 5 Stücke $AC = a$, $BC = b$, $\sphericalangle ACB = \gamma$, $\sphericalangle APC = \alpha$, $\sphericalangle BPC = \beta$, gesucht die 5 Stücke $AP = x$, $BP = y$, $CP = z$, $\sphericalangle CAP = \varphi$, $\sphericalangle CBP = \psi$.

Nach dem auf die Dreiecke ACP und BCP angewandten Sinussatze ist

$$\sin\varphi : \sin\alpha = z : a \qquad \text{und} \qquad \sin\psi : \sin\beta = z : b.$$

Hieraus folgt durch Teilung

$$\frac{\sin\varphi}{\sin\psi} = \frac{b\sin\alpha}{a\sin\beta}.$$

Wir bestimmen den Hilfswinkel ω laut Vorschrift

$$\cot\omega = \frac{b\sin\alpha}{a\sin\beta}.$$

Die gefundene Gleichung schreibt sich dann

$$\frac{\sin\varphi}{\sin\psi} = \cot\omega.$$

Hier bilden wir beiderseits die quasireziproken Werte (§ 10):

$$\frac{\operatorname{tg}\frac{\psi-\varphi}{2}}{\operatorname{tg}\frac{\psi+\varphi}{2}} = \operatorname{tg}(\omega - 45^0).$$

Da $\psi + \varphi = 360^0 - \alpha - \beta - \gamma$ bekannt ist, liefert die gefundene Gleichung $\frac{\psi - \varphi}{2}$. Aus $\frac{\psi + \varphi}{2}$ und $\frac{\psi - \varphi}{2}$ folgen durch Addition und Subtraktion ψ und φ.

Die Unbekannten x, y, z, ergeben sich nun leicht aus den laut Sinussatz gültigen Gleichungen

$$\frac{x}{a} = \frac{\sin(\varphi + \alpha)}{\sin \alpha}, \quad \frac{y}{b} = \frac{\sin(\psi + \beta)}{\sin \beta}, \quad \frac{z}{a} = \frac{\sin \varphi}{\sin \alpha}.$$

Lösung von Hansens Aufgabe.

Bekannt sind die 5 Stücke

$AB = c$, $\sphericalangle APB = \gamma$, $\sphericalangle AP'B = \gamma'$, $\sphericalangle BPP' = \delta$, $\sphericalangle AP'P = \delta'$ und damit auch die Winkel $PAP' = \alpha$ und $PBP' = \beta$, unbekannt die 7 Stücke

$$AP = x,\ AP' = x',\ BP = y,\ BP' = y',$$
$$\sphericalangle BAP' = \varphi,\ \sphericalangle ABP = \psi,\ PP' = s.$$

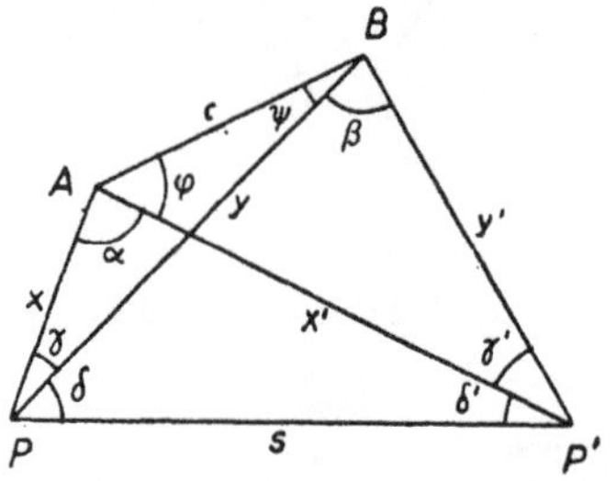

Nach dem Viereckssinussatze ist

$$\sin\alpha \sin\delta \sin\gamma' \sin\psi = \sin\beta \sin\varphi \sin\gamma \sin\delta'$$

oder

$$\frac{\sin \varphi}{\sin \psi} = \frac{\sin\alpha \sin\delta \sin\gamma'}{\sin\beta \sin\gamma \sin\delta'}.$$

Wir bestimmen einen Hilfswinkel ε laut

$$\cot \varepsilon = \frac{\sin\alpha \sin\delta \sin\gamma'}{\sin\beta \sin\gamma \sin\delta'},$$

so daß

$$\sin\varphi : \sin\psi = \cot\varepsilon$$

ist. Hier bilden wir beiderseits die Quasireziproken:

$$\frac{\operatorname{tg} \frac{\psi - \varphi}{2}}{\operatorname{tg} \frac{\psi + \varphi}{2}} = \operatorname{tg}(\varepsilon - 45^0).$$

Diese Formel liefert, da $\frac{\psi + \varphi}{2}$ bekannt ist, $\frac{\psi - \varphi}{2}$. Damit haben wir ψ und φ.

Die noch fehlenden 5 Unbekannten liefert der Sinussatz.

Nach Ermittlung der Unbekannten sind die Lagen der unbekannten Punkte P und P' bestimmt.

§ 36

Das Kreisbinom.

Unter einem Kreisbinom verstehen wir einen Ausdruck von der Form

$$a \cos x + b \sin x,$$

d. h. ein Binom, das sich linear aus den beiden Kreisfunktionen $\cos x$ und $\sin x$ zusammensetzt, wobei die Koeffizienten a und b konstante Größen sind. Der Winkel x heißt das Argument des Binoms oder der Winkel des Binoms.

Aufgabe 1. Den Winkel eines vorgelegten Binoms zu finden, für den das Binom einen gegebenen Wert annimmt.

M. a. W.: Die Gleichung

$$a \cos x + b \sin x = c,$$

in welcher a, b, c gegebene Größen sind, nach der Unbekannten x aufzulösen.

Lösung. Wir bestimmen zunächst einen Hilfswinkel λ, dessen Cosinus und Sinus sich wie die Binomkoeffizienten verhalten. Zu dem Zwecke setzen wir an

$$a = h \cos \lambda \quad , \quad b = h \sin \lambda,$$

wo h eine Hilfsunbekannte bedeutet. Durch Quadrierung und Addition erhalten wir

$$h^2 = a^2 + b^2 \qquad \text{und} \qquad h = \sqrt{a^2 + b^2},$$

wo wir uns die Wurzel mit dem positiven Vorzeichen gewählt denken.

Nach der Bestimmung von h finden wir den Hilfswinkel λ aus dem Gleichungspaar

$$\cos \lambda = a : h \qquad , \qquad \sin \lambda = b : h.$$

Es liefert nur einen nichtnegativen Winkel unterhalb 2π (bzw. 360^0).

Nunmehr ersetzen wir in der vorgelegten Gleichung a und b durch $h \cos \lambda$ und $h \sin \lambda$ und erhalten nach dem Additionstheorem
$$\cos (x - \lambda) = c : h.$$

Diese Gleichung ist nur dann nach dem unbekannten Winkel $X = x - \lambda$ auflösbar, wenn $|c : h| \leqq 1$ ist. Wir nehmen diese Bedingung als erfüllt an. Dann liefert die Gleichung
$$\cos X = c : h$$
nur einen konkaven Winkel $X = A$, und die obige Gleichung läßt sich schreiben
$$\cos (x - \lambda) = \cos A.$$
Für das Bestehen dieser Gleichung ist nötig und hinreichend, daß
$$x - \lambda = A + g \cdot 2\pi$$
mit beliebigem ganzzahligem g ist. Damit wird schließlich
$$x = A + \lambda + 2 g \pi.$$

Ergebnis.

Satz vom Kreisbinom.

Die Gleichung
$$a \cos x + b \sin x = c$$
hat nur reelle Wurzeln, wenn
$$|c| \leqq h$$
ist, wo h die positive Quadratwurzel $\sqrt{a^2 + b^2}$ bedeutet. Diese Wurzeln erhält man sämtlich durch das Rezept
$$x = A + \lambda + 2 g \pi,$$
wo A einen Winkel mit dem Cosinus $c : h$, λ einen durch die Bedingungen $\cos \lambda = a : h$, $\sin \lambda = b : h$ bestimmten Hilfswinkel und g eine beliebige Ganzzahl bedeutet.

Aufgabe 2. Die Maxima und Minima eines Kreisbinoms zu ermitteln.

Wir suchen demnach die Extreme des vorgelegten Kreisbinoms
$$y = a \cos x + b \sin x.$$

Zu dem Zwecke bestimmen wir wieder den durch die Vorschriften
$$\cos \lambda = \frac{a}{h} \quad \text{und} \quad \sin \lambda = \frac{b}{h} \quad \text{mit } h^2 = a^2 + b^2$$
festgelegten Hilfswinkel λ und haben
$$y = h \cos (x - \lambda).$$

Dieser Wert wird ein Maximum oder Minimum, je nachdem $x - \lambda$ ein grades oder ungrades Multiplum von π ist. Das Maximum ist $+h$, das Minimum $-h$. Demnach gilt folgender

Extremsatz des Kreisbinoms.

Das Kreisbinom $a \cos x + b \sin x$ erreicht seinen größten Wert $h = +\sqrt{a^2 + b^2}$ an der Stelle $x = \lambda$ sowie an jeder von λ um ein Multiplum von 2π abweichenden Stelle; es erreicht seinen kleinsten Wert $-\sqrt{a^2 + b^2}$ an der Stelle $x = \lambda + \pi$ und außerdem an jeder davon um ein Multiplum von 2π abweichenden Stelle. Dabei bestimmt sich der Hilfswinkel λ durch die Bedingungen

$$\cos \lambda = a : h, \qquad \sin \lambda = b : h.$$

Aufgabe 3. Die goniometrische Gleichung

$$A \cos^2 x + B \sin^2 x + 2 \Gamma \cos x \sin x = K$$

zu lösen, wobei A, B, Γ, K gegebene Konstanten sind.

Lösung. Wir führen den Winkel $X = 2x$ ein und ersetzen $\cos^2 x$, $\sin^2 x$, $2 \cos x \sin x$ durch $\frac{1 + \cos X}{2}$, $\frac{1 - \cos X}{2}$, $\sin X$. Dadurch geht die Gleichung in

$$a \cos X + b \sin X = c$$

über mit

$$a = A - B, \quad b = 2\Gamma, \quad c = 2K - A - B.$$

Diese Gleichung liefert, wie oben gezeigt wurde, X, und x ist dann gleich $X : 2$.

Aufgabe 4. Maximum und Minimum des Ausdrucks $A \cos^2 \vartheta + B \sin^2 \vartheta + 2 \Gamma \cos \vartheta \sin \vartheta$ zu bestimmen, wo A, B, Γ gegebene Konstanten sind.

Lösung. Wir führen vorübergehend den Winkel $\Theta = 2\vartheta$ ein und setzen $\cos^2 \vartheta = \frac{1 + \cos \Theta}{2}$, $\sin^2 \vartheta = \frac{1 - \cos \Theta}{2}$, $2 \cos \vartheta \sin \vartheta = \sin \Theta$. Dadurch erhält der Ausdruck die Gestalt

$$\frac{S + [D \cos \Theta + 2 \Gamma \sin \Theta]}{2}$$

mit

$S = A + B$ und $D = A - B$, so daß es lediglich darauf ankommt, die Extreme der eckigen Klammer zu finden.

Wie wir aber in Aufgabe 2 gelernt haben, erreicht die Klammer ihren höchsten Wert $E = +\sqrt{D^2 + 4\Gamma^2}$ an der Stelle $\Theta = 2\nu$, ihren tiefsten Wert $-E$ an der Stelle $\Theta = 2\nu + \pi$, wo der Hilfswinkel 2ν durch die Bedingungen

$$\cos 2\nu = D : E, \qquad \sin 2\nu = 2\Gamma : E$$

fixiert ist.

Daher erreicht der vorgelegte Ausdruck sein Maximum $\frac{S+E}{2}$ an der Stelle $\vartheta = \nu$, sein Minimum $\frac{S-E}{2}$ an der Stelle $\vartheta = \nu + \varkappa$ (mit $\varkappa = \frac{\pi}{2}$). Der Winkel ν berechnet sich direkt aus

$$\operatorname{tg} \nu = \frac{2\Gamma}{D+E},$$

da für den durch diese Vorschrift fixierten Winkel ν

$$\cos 2\nu = \frac{1 - \operatorname{tg}^2 \nu}{1 + \operatorname{tg}^2 \nu} = \frac{(D+E)^2 - 4\Gamma^2}{(D+E)^2 + 4\Gamma^2} = \frac{2D^2 + 2DE}{2E^2 + 2DE} = \frac{D}{E}$$

und

$$\sin 2\nu = \frac{2 \operatorname{tg} \nu}{1 + \operatorname{tg}^2 \nu} = \frac{2 \cdot 2\Gamma \cdot (D+E)}{2E^2 + 2DE} = \frac{2\Gamma}{E}$$

ist, wie es sein soll.

Für $\nu + \varkappa$ gilt die Gleichung

$$\operatorname{tg}(\nu + \varkappa) = \frac{2\Gamma}{D-E},$$

$$\text{da } \operatorname{tg}(\nu + \varkappa) = -\cot \nu = -\frac{1}{\operatorname{tg} \nu} = -\frac{D+E}{2\Gamma} = -\frac{2\Gamma}{E-D}.$$

Ergebnis.

Der Ausdruck $A \cos^2 \vartheta + B \sin^2 \vartheta + 2\Gamma \cos \vartheta \sin \vartheta$ erreicht seinen größten Wert $\frac{S+E}{2}$ an der Stelle $\vartheta = \nu$, seinen kleinsten Wert $\frac{S-E}{2}$ an der Stelle $\nu + \varkappa$. Dabei ist

$$S = A + B, \quad D = A - B, \quad E = +\sqrt{D^2 + (2\Gamma)^2},$$

$$\operatorname{tg} \nu = \frac{2\Gamma}{D+E}, \quad \operatorname{tg}(\nu + \varkappa) = \frac{2\Gamma}{D-E}.$$

Wir machen von diesem Ergebnis gleich eine wichtige Anwendung.

Aufgabe 5. Größe und Lage der Achsen des Zentralkegelschnitts

$$A x^2 + B y^2 + 2 \Gamma x y = 1$$

zu bestimmen.

Lösung. Bedeutet r den Abstand des Kegelschnittpunktes (x, y) vom Ursprung, ϑ die Neigung von r gegen die x-Achse, so gelten die Formeln $x = r \cos \vartheta$, $y = r \sin \vartheta$, und wir erhalten für das reziproke Abstandsquadrat

$$\frac{1}{r^2} = A \cos^2 \vartheta + B \sin^2 \vartheta + 2 \Gamma \cos \vartheta \sin \vartheta .$$

Dieser Wert erreicht in den Scheiteln des Kegelschnitts sein Maximum bzw. sein Minimum. Auf Grund von Aufgabe 4 gilt daher folgender

Achsenbestimmungssatz:

Die Halbachsenquadrate des Kegelschnitts $A x^2 + B y^2 + 2 \Gamma x y = 1$ sind

$$\frac{2}{S \pm E},$$

die Achsensteigungen

$$\frac{2 \Gamma}{D \pm E}$$

mit

$$S = A + B, \quad D = A - B, \quad E = + \sqrt{D^2 + (2 \Gamma)^2} .$$

Dabei gelten gleichzeitig die oberen und gleichzeitig die unteren Vorzeichen.

§ 37

Der Dreiwinkelsatz.

Wir beginnen mit drei Hilfssätzen.

I Sinuslemma.

Die Summe wie auch das Produkt der Sinus zweier positiver Winkel von konstanter, 180° nicht überschreitender Summe ist um so größer, je weniger die beiden Winkel von einander abweichen und wird am größten, wenn die Winkel einander gleich werden.

Beweis. Die Winkel seien x und y, ihre konstante Summe $2k$, so daß

$$x + y = 2k$$

ist.

Nun hat man

$$s = \sin x + \sin y = 2 \sin k \cdot \cos \frac{u}{2}$$

und
$$2p = 2 \sin x \cdot \sin y = \cos u - \cos 2k,$$

wobei $u = x - y$ angibt, um wieviel die beiden Winkel x und y von einander abweichen.

Aus den rechten Seiten dieser Gleichungen geht hervor, daß s wie auch p um so größer ausfällt, je kleiner $|u|$ wird, und daß es am größten ausfällt, wenn u verschwindet, d. h. wenn $x = y$ wird.

II Cosinuslemma.

Die Summe wie auch das Produkt der Cosinus zweier spitzer Winkel von konstanter Summe ist um so größer, je weniger die beiden Winkel von einander abweichen und wird am größten bei Gleichheit der beiden Winkel.

Der auf den beiden Formeln

$$s = \cos x + \cos y = 2 \cos k \cdot \cos \frac{u}{2},$$

$$2p = 2 \cos x \cos y = \cos 2k + \cos u$$

beruhende Beweis verläuft ganz ähnlich wie der Beweis des Sinuslemma.

III Tangenslemma.

Die Summe der Tangens zweier spitzer Winkel von konstanter Summe ist um so kleiner, je weniger die beiden Winkel von einander abweichen und erreicht bei Winkelgleichheit ihren kleinsten Wert.

Das Produkt der Tangens zweier spitzer Winkel konstanter Summe $2k$ ist bei stumpfem $2k$ um so kleiner, bei spitzem $2k$ um so größer, je weniger die beiden Winkel von einander abweichen, und erreicht bei Winkelgleichheit im Erstfalle sein Minimum, im Zweitfalle sein Maximum.

Beweis. Man hat

$$s = \operatorname{tg} x + \operatorname{tg} y = \frac{\sin x}{\cos x} + \frac{\sin y}{\cos y} = \frac{\sin 2k}{\cos x \cos y} =$$

$$\frac{2 \sin 2k}{\cos u + \cos 2k},$$

$$p = \operatorname{tg} x \,.\, \operatorname{tg} y = \frac{2 \sin x \sin y}{2 \cos x \cos y} = \frac{\cos u - \cos 2k}{\cos u + \cos 2k}$$

$$= 1 - \frac{2 \cos 2k}{\cos u + \cos 2k}.$$

Da s und $\sin 2k$ positiv sind, ist auch der ganz rechts stehende Nenner positiv. Dieser Nenner wird um so größer, je kleiner u ist. Daher wird s um so kleiner, je weniger sich x und y unterscheiden, und am kleinsten wird s für $x = y$. Bei p sind zwei Fälle zu unterscheiden: $2k > 90^0$ und $2k < 90^0$. Im ersten Falle ist $-2 \cos 2k$ positiv, so daß sich p wie s verhält. Im zweiten Falle ist $2 \cos 2k$ positiv, und p wird um so größer, je kleiner u ist, und wird am größten für $u = 0$, d. h. für $x = y$.

Wir machen von den drei vorgetragenen Hilfssätzen gleich eine wichtige Anwendung.

Aufgabe I. Das Maximum der Funktion

$$s = \sin \varphi + \sin \psi + \sin \chi$$

der drei positiven Winkel φ, ψ, χ zu bestimmen, deren Summe den konstanten 180^0 nicht überschreitenden Wert 3ε hat.

Lösung. Wenn nicht jeder der drei Winkel φ, ψ, χ den Wert ε hat, muß mindestens einer, etwa φ, größer und mindestens einer, etwa ψ, kleiner als ε sein. Für das Spiegelbild λ von ε im Mittelpunkte der beiden auf der Zahlenachse aufgetragenen Zahlen φ und ψ ist dann erstens $\lambda + \varepsilon = \varphi + \psi$, zweitens $|\lambda - \varepsilon| < \varphi - \psi$ und deshalb nach dem Sinuslemma

$$\sin \varphi + \sin \psi < \sin \varepsilon + \sin \lambda.$$

Hieraus ergibt sich

$$s = \sin \varphi + \sin \psi + \sin \chi < \sin \varepsilon + [\sin \lambda + \sin \chi].$$

Da $3\varepsilon = \varphi + \psi + \chi = \lambda + \varepsilon + \chi$, so ist $\lambda + \chi = 2\varepsilon$, mithin nach dem Sinuslemma $[\sin \lambda + \sin \chi] \leqq \sin \varepsilon + \sin \varepsilon$,

wo das Gleichheitszeichen nur im Falle $\lambda = \chi = \varepsilon$ steht.

Folglich wird

$$s < 3 \cdot \sin \varepsilon.$$

Nur im Ausmahmefalle $\varphi = \psi = \chi = \varepsilon$ würde

$$s = 3 \cdot \sin \varepsilon$$

werden. Ergo:

Die Summe der Sinus dreier Winkel konstanter, nicht oberhalb 180° liegender Summe wird ein Maximum, wenn die drei Winkel gleich groß werden.

Aufgabe II. Das Maximum der Funktion

$$p = \sin \varphi \sin \psi \sin \chi$$

der drei positiven Winkel φ, ψ, χ zu bestimmen, deren Summe den konstanten 180° nicht überschreitenden Wert $3\,\varepsilon$ hat.

Lösung. Wenn nicht jeder der drei Winkel φ, ψ, χ den Wert ε hat, muß mindestens einer, etwa φ, größer, mindestens einer, etwa ψ, kleiner als ε sein. Für das Spiegelbild λ von ε im Mittelpunkte der die beiden Zahlen φ und ψ der Zahlenachse verbindenden Strecke ist dann erstens $\lambda + \varepsilon = \varphi + \psi$, zweitens $|\lambda - \varepsilon| < \varphi - \psi$, daher nach dem Sinuslemma

$$\sin \varphi \sin \psi < \sin \varepsilon \sin \lambda.$$

Durch Multiplikation mit $\sin \chi$ entsteht hieraus

$$p = \sin \varphi \sin \psi \sin \chi < \sin \varepsilon \cdot \sin \lambda \sin \chi.$$

Da $\lambda + \chi = 2\,\varepsilon$, ist nach dem Sinuslemma $\sin \lambda \sin \chi \leqq \sin \varepsilon \sin \varepsilon$. Folglich wird

$$p < \sin^3 \varepsilon.$$

Nur im Ausnahmefalle $\varphi = \psi = \chi = \varepsilon$ würde

$$p = \sin^3 \varepsilon$$

werden. Ergo:

Das Produkt $\sin \varphi \sin \psi \sin \chi$ erreicht seinen größten Wert für $\varphi = \psi = \chi = \varepsilon$.

Für die Cosinusfunktion lassen sich auf Grund des Cosinuslemma dieselben Betrachtungen durchführen und liefern das Ergebnis:

Sowohl die Summe als auch das Produkt der Cosinus dreier spitzer Winkel konstanter, 180° nicht übersteigender Summe erreicht bei Gleichheit der drei Winkel den höchstmöglichen Wert.

Und das Tangenslemma führt zu folgendem Ergebnis:

Summe und Produkt der Tangens dreier spitzer Winkel konstanter, 180^0 nicht überschreitender Summe erreichen bei Gleichheit der drei Winkel ihre Extreme und zwar die Summe ein Minimum, das Produkt ein Minimum oder Maximum, je nachdem die Winkelsumme stumpf oder spitz ist.

Es empfiehlt sich, alle drei Sätze in einen zusammenzufassen:

Dreiwinkelsatz.

Summe und Produkt der Sinus, der positiven Cosinus und der positiven Tangens von drei Winkeln konstanter konkaver Summe erreichen bei Gleichheit der drei Winkel ihre Extreme und zwar die Sinus- und Cosinusausdrücke nur Maxima, die Tangenssumme ein Minimum, das Tangensprodukt ein Maximum oder Minimum, je nachdem die Winkelsumme spitz oder stumpf ist.

Dabei gilt 180^0 als konkaver und stumpfer Winkel.

Anwendungen des Dreiwinkelsatzes.

Aufgabe 1. Welches von allen einem Kreise einbeschriebenen Dreiecken hat den größten Umfang?

Lösung. Der Kreisdurchmesser diene als Längeneinheit. Dann sind die Dreiecksseiten nach der Durchmesserregel $\sin\alpha$, $\sin\beta$, $\sin\gamma$, wo α, β, γ die Dreieckswinkel bedeuten. Daher ist der Umfang des Dreiecks

$$s = \sin\alpha + \sin\beta + \sin\gamma.$$

Nach dem Dreiwinkelsatz für Sinus wird diese Summe für $\alpha = \beta = \gamma = 60^0$ am größten. Folglich:

Von allen Indreiecken eines Kreises hat das gleichseitige den größten Umfang.

Aufgabe 2. Welches von allen einem Kreise einbeschriebenen Dreiecken hat den größten Inhalt?

Lösung. Der Doppelinhalt des Dreiecks mit den beiden Seiten $\sin\alpha$ und $\sin\beta$ (s. o.) und dem Zwischenwinkel γ ist $\sin\alpha \cdot \sin\beta \cdot \sin\gamma$, so daß es darauf ankommt, das Produkt

$$p = \sin\alpha \cdot \sin\beta \cdot \sin\gamma$$

zum Maximum zu machen.

Nach dem Dreiwinkelsatz für Sinus erreicht p seinen größten Wert für $\alpha = \beta = \gamma = 60^0$. Folglich:

Von allen Indreiecken eines Kreises hat das gleichseitige den größten Inhalt.

Aufgabe 3. Der Inhalt eines Dreiecks ist stets ein Bruchteil des Inhalts seines Umkreises; wie groß kann dieser Bruchteil höchstens sein?

Lösung. Mit Benutzung der obigen Bezeichnungen ist der Bruchteil

$$e = \frac{\sin\alpha \sin\beta \sin\gamma}{2} : \frac{\pi}{4},$$

und dieser Ausdruck wird nach dem Dreiwinkelsatz am größten für $\alpha = \beta = \gamma = 60^0$, nämlich $3\sqrt{3} : 4\pi$.

Der Bruchteil ist demnach höchstens

$$\sqrt{27} : 4\pi = 0{,}413\ldots$$

Der Umkreisinhalt beträgt mindestens das 2,418fache des Dreiecksinhalts.

Aufgabe 4. Welchen Bruchteil des Dreiecksinhalts kann der Inkreisinhalt höchstens ausmachen?

Lösung. Der Inkreisradius sei ρ. Das Dreieck zerfällt durch die drei Winkelhalbierer und die drei Berührungsradien ρ in 3 Paare kongruenter rechtwinkliger Dreiecke mit den Inhalten $\rho^2 \operatorname{tg}\lambda$, $\rho^2 \operatorname{tg}\mu$, $\rho^2 \operatorname{tg}\nu$, wo λ, μ, ν als Komplemente zu $\frac{\alpha}{2}, \frac{\beta}{2}, \frac{\gamma}{2}$ die konstante Summe 180^0 haben. Der Dreiecksinhalt ist $\Delta = \rho^2(\operatorname{tg}\lambda + \operatorname{tg}\mu + \operatorname{tg}\nu)$, der erwähnte Bruchteil also $\varepsilon = \pi\rho^2 : \rho^2(\operatorname{tg}\lambda + \operatorname{tg}\mu + \operatorname{tg}\nu) = \frac{\pi}{\operatorname{tg}\lambda + \operatorname{tg}\mu + \operatorname{tg}\nu}$, so daß es darauf ankommt, das Minimum von $\operatorname{tg}\lambda + \operatorname{tg}\mu + \operatorname{tg}\nu$ zu bestimmen. Nach dem Dreiwinkelsatz für Tangens wird das Minimum für $\lambda = \mu = \gamma = 60^0$ erreicht und hat den Wert $3\sqrt{3} = \sqrt{27}$.

Der Inkreisinhalt beträgt höchstens $\frac{\pi}{\sqrt{27}} = 0{,}6046$ des Dreiecksinhalts, und dieser Höchstwert tritt auch nur beim gleichseitigen Dreieck ein.

Aufgabe 5. Kreuzen bei Gegenwind.

Wie muß man bei Nordwind mit einem Segelboot kreuzen und wie das Segel stellen, um stündlich möglichst weit nördlich zu kommen?

Lösung. Angenommen, der Wind versetze das Boot bei Südkurs und normal zum Wind gestellten Segel stündlich k sm südlich und übe dabei auf das Segel den Druck D aus.

Das Boot halte nunmehr den Kurs $O\,\varphi^0\,N$, wobei das Segel gegen die Fahrtrichtung um ψ^0, gegen die Nordrichtung um χ^0 geneigt sei, so daß

$$\varphi + \psi + \chi = 90^0$$

ist. Da der Wind jetzt unter dem Neigungswinkel χ auf das Segel fällt, ist der von ihm auf das Segel ausgeübte Druck nur noch $d = D \sin\chi$. Diesen Druck d zerlegen wir in zwei Komponenten $d \cos\psi$ quer zum Boot, d. h. so gut wie wirkungslos, und $d \sin\psi$ in der Fahrtrichtung, so daß der in dieser Richtung wirksame Druck $D \sin\psi \sin\chi$ ist und das Boot in der Fahrtrichtung stündlich $k \sin\psi \sin\chi$ sm versetzt. Die nördliche Versetzung ist mithin $k \sin\psi \sin\chi \cdot \sin\varphi$, so daß es darauf ankommt, das Maximum des Produkts

$$p = \sin\varphi \sin\psi \sin\chi$$

zu ermitteln. Nach dem Dreiwinkelsatz erreicht p sein Maximum bei $\varphi = \psi = \chi = 30^0$.

Das Boot erzielt also die größte nördliche Versetzung, wenn es den Kurs $O\,30^0\,N$ setzt, und wenn das Segel den Winkel zwischen Windrichtung und Bootsachse halbiert.

§ 38

Zwölf Ungleichungen.

Aufgabe 1. Zu zeigen, daß bei spitzen Winkeln α, β, γ

$$\boxed{\sin(\alpha + \beta + \gamma) < \sin\alpha + \sin\beta + \sin\gamma}$$

ist.

Lösung. Man hat

$$\sin(\alpha+\beta+\gamma)=\beta_0\gamma_0\sin\alpha+\gamma_0\alpha_0\sin\beta+\alpha_0\beta_0\sin\gamma-\alpha_1\beta_1\gamma_1,$$

wo, wie schon mehrfach, w_0 den Cosinus, w_1 den Sinus des Winkels w bedeutet.

Nun sind α_0, β_0, γ_0 echte Brüche, $\beta_0\gamma_0$, $\gamma_0\alpha_0$, $\alpha_0\beta_0$ erst recht echte Brüche, und $\alpha_1\beta_1\gamma_1$ ist positiv. Daher ist die rechte Seite unserer Gleichung kleiner als

$$\beta_0\gamma_0\sin\alpha+\gamma_0\alpha_0\sin\beta+\alpha_0\beta_0\sin\gamma<\sin\alpha+\sin\beta+\sin\gamma.$$

Auch erkennt man, daß die Ungleichung nur dann zur Gleichung wird, wenn zwei von den drei Winkeln α, β, γ verschwinden.

Aufgabe 2. Zu zeigen, daß in jedem nichtregulären Dreieck

$$\boxed{\sin 2\alpha+\sin 2\beta+\sin 2\gamma<\sin\alpha+\sin\beta+\sin\gamma}$$

ist.

Lösung. Wir verwandeln zunächst jede Seite unserer Ungleichung in ein Produkt.

$$\sin 2\alpha+\sin 2\beta+\sin 2\gamma=2\sin(\alpha+\beta)\cos(\alpha-\beta)+2\sin\gamma\cos\gamma$$
$$=2\sin\gamma\cdot[\cos(\alpha-\beta)-\cos(\alpha+\beta)]=2\sin\gamma\cdot 2\sin\alpha\sin\beta,$$

$$\sin\alpha+\sin\beta+\sin\gamma=2\sin\frac{\alpha+\beta}{2}\cos\frac{\alpha-\beta}{2}+2\sin\frac{\gamma}{2}\cos\frac{\gamma}{2}$$

$$=2\cos\frac{\gamma}{2}\cdot\left[\cos\frac{\alpha-\beta}{2}+\cos\frac{\alpha+\beta}{2}\right]=2\cos\frac{\gamma}{2}\cdot 2\cos\frac{\alpha}{2}\cos\frac{\beta}{2}.$$

Demnach gelten in jedem Dreieck die Formeln

$$\boxed{\sin 2\alpha+\sin 2\beta+\sin 2\gamma=4\sin\alpha\sin\beta\sin\gamma},$$

$$\boxed{\sin\alpha+\sin\beta+\sin\gamma=4\cos\frac{\alpha}{2}\cos\frac{\beta}{2}\cos\frac{\gamma}{2}}.$$

Mit ihnen kommt unsere Ungleichung auf

$$\sin\alpha\sin\beta\sin\gamma<\cos\frac{\alpha}{2}\cos\frac{\beta}{2}\cos\frac{\gamma}{2}$$

hinaus; und diese wieder reduziert sich wegen

$$\sin\alpha=2\sin\frac{\alpha}{2}\cos\frac{\alpha}{2}\ \text{etc. auf}$$

$$\sin\frac{\alpha}{2}\sin\frac{\beta}{2}\sin\frac{\gamma}{2}<\frac{1}{8}.$$

Diese Ungleichung aber ist richtig, da nach dem Dreiwinkelsatz

$$\sin\frac{\alpha}{2}\sin\frac{\beta}{2}\sin\frac{\gamma}{2} \leqq \frac{1}{8}$$

ist und hier das Gleichheitszeichen nur im Falle $\alpha = \beta = \gamma$ gilt.

Aufgabe 3. Zu zeigen, daß in jedem nichtregulären Dreieck der Inkreisdurchmesser kleiner als der Umkreisradius ist.

Lösung. Der Umkreisdurchmesser diene als Längeneinheit. Dann sind die Dreiecksseiten nach der Durchmesserregel

$$a = \sin\alpha, \qquad b = \sin\beta, \qquad c = \sin\gamma.$$

Für den Inkreisradius ρ gilt die Formel

$$s\rho^2 = xyz \text{ mit } s = \frac{a+b+c}{2}, x = s-a, y = s-b, z = s-c,$$

so daß es sich darum handelt, x, y, z, s durch die Winkel auszudrücken.

Nun ist

$$2x = b + c - a = \sin\beta + \sin\gamma - \sin\alpha = 2\sin\frac{\beta+\gamma}{2}\cos\frac{\beta-\gamma}{2}$$

$$-2\sin\frac{\alpha}{2}\cos\frac{\alpha}{2}$$

$$= 2\cos\frac{\alpha}{2}\cdot\left[\cos\frac{\beta-\gamma}{2} - \cos\frac{\beta+\gamma}{2}\right] = 2\cos\frac{\alpha}{2}\cdot 2\sin\frac{\beta}{2}\sin\frac{\gamma}{2},$$

mithin

$$x = 2\cos\frac{\alpha}{2}\sin\frac{\beta}{2}\sin\frac{\gamma}{2}.$$

Genau so wird

$$y = 2\cos\frac{\beta}{2}\sin\frac{\gamma}{2}\sin\frac{\alpha}{2} \quad\text{und}\quad z = 2\cos\frac{\gamma}{2}\sin\frac{\alpha}{2}\sin\frac{\beta}{2}.$$

Nach Aufgabe 2 ist ferner

$$s = 2\cos\frac{\alpha}{2}\cos\frac{\beta}{2}\cos\frac{\gamma}{2}.$$

Daher wird

$$\boxed{\rho = 2\sin\frac{\alpha}{2}\sin\frac{\beta}{2}\sin\frac{\gamma}{2}}.$$

Nach dem Dreiwinkelsatz ist $\sin\frac{\alpha}{2}\sin\frac{\beta}{2}\sin\frac{\gamma}{2} < \frac{1}{8}$, folglich $\rho < \frac{1}{4}$ und $2\rho < \frac{1}{2}$; d. h. 2ρ ist kleiner als der Umkreishalbmesser, q. e. d.

11*

Aufgabe 4. Zu zeigen, daß die Summe von drei spitzen Winkeln α, β, γ, welche die Bedingung $\cos^2\alpha + \cos^2\beta + \cos^2\gamma = 1$ erfüllen, unterhalb 180^0 liegt:

$$\boxed{\alpha + \beta + \gamma < 180^0}.$$

Lösung. Angenommen, es wäre

$$\alpha + \beta + \gamma \geqq 180^0.$$

Dann ist also

$$\alpha + \beta \geqq 180^0 - \gamma,$$

mithin, da die beiden Winkel $\alpha + \beta$ und $180^0 - \gamma$ dem Intervall $[0^0, 180^0]$ angehören,

$$\cos(\alpha + \beta) \leqq \cos(180^0 - \gamma) = -\cos\gamma$$

oder wegen $\cos(\alpha + \beta) = \cos\alpha\cos\beta - \sin\alpha\sin\beta$

$$\sin\alpha\sin\beta \geqq \cos\gamma + \cos\alpha\cos\beta.$$

Die Quadrierung dieser Ungleichung liefert, wenn $\sin^2$ durch $1 - \cos^2$ ersetzt wird,

$$1 - \cos^2\alpha - \cos^2\beta \geqq \cos^2\gamma + 2\cos\alpha\cos\beta\cos\gamma$$

oder

$$\cos^2\alpha + \cos^2\beta + \cos^2\gamma \leqq 1 - 2\cos\alpha\cos\beta\cos\gamma.$$

Da aber $\cos\alpha\cos\beta\cos\gamma$ nicht verschwindet, muß

$$\cos^2\alpha + \cos^2\beta + \cos^2\gamma < 1$$

sein im Gegensatz zur Voraussetzung. Deshalb trifft die Annahme $\alpha + \beta + \gamma \geqq 180^0$ nicht zu, muß sonach $\alpha + \beta + \gamma < 180^0$ sein, w. z. b. w.

Aufgabe 5. Zu zeigen, daß für spitze Winkel x

$$\boxed{x - \sin x < \operatorname{tg} x - x}$$

ist.

Lösung. Wir führen den Tangens des Winkels $\frac{x}{2}$ ein:

$$t = \operatorname{tg}\frac{x}{2}$$

und drücken $\sin x$ und $\operatorname{tg} x$ durch t aus:

$$\sin x = \frac{2t}{1 + t^2}, \qquad \operatorname{tg} x = \frac{2t}{1 - t^2}.$$

Das gibt

$$\sin x + \operatorname{tg} x = \frac{4t}{1 - t^4}.$$

Folglich ist

$$\sin x + \operatorname{tg} x > 4t = 4 \operatorname{tg} \frac{x}{2}\,.$$

Ferner ist

$$\operatorname{tg} \frac{x}{2} > \frac{x}{2}, \text{ mithin } 4 \operatorname{tg} \frac{x}{2} > 2x.$$

Daher ist erst recht

$$\sin x + \operatorname{tg} x > 2x$$

oder

$$x - \sin x < \operatorname{tg} x - x,$$

w. z. b. w.

Aufgabe 6. Zu zeigen, daß für jeden spitzen Winkel x

$$\boxed{\operatorname{tg} x > x + \frac{1}{3} x^3}$$

ist.

Lösung. Für spitze Winkel x ist (§ 18) $\sin x > x - \frac{1}{6} x^3$ und $\cos x < 1 - \frac{x^2}{2} + \frac{x^4}{24}$. Man hat aber

$$\left[1 - \frac{x^2}{2} + \frac{x^4}{24}\right] \cdot \left\{1 + \frac{x^2}{3}\right\} = 1 - \frac{x^2}{6} - \frac{3}{24} x^4 \left(1 - \frac{x^2}{9}\right).$$

Da nun $x < \frac{\pi}{2} \ll 3$ ist, bedeutet $x^2 : 9$ einen positiven echten Bruch, so daß die runde Klammer einen positiven Wert hat. Darum ist

$$[\quad] \cdot \{\quad\} < 1 - \frac{x^2}{6}$$

und folglich

$$x \cos x \cdot \{\quad\} < [\quad] \cdot \{\quad\} x < x - \frac{x^3}{6} < \sin x,$$

also sicher

$$\operatorname{tg} x = \frac{\sin x}{\cos x} > x \{\quad\} = x + \frac{x^3}{3},$$

w. z. b. w.

Aufgabe 7. Zu zeigen, daß für spitze Winkel x

$$\boxed{x < \frac{2}{3} \sin x + \frac{1}{3} \operatorname{tg} x}$$

ist.

Lösung. Für spitze Winkel x ist

$$\frac{x^3}{6} > x - \sin x,$$

mithin

$$x + \frac{x^3}{3} > 3x - 2\sin x,$$

und da

$$\operatorname{tg} x > x + \frac{1}{3}x^3$$

ist, wird a. f.

$$\operatorname{tg} x > 3x - 2\sin x$$

oder

$$x < \frac{2}{3}\sin x + \frac{1}{3}\operatorname{tg} x.$$

Aufgabe 8. Zu zeigen, daß für jeden Winkel $x \leqq {}^1/_2$

$$\boxed{\operatorname{tg} x < x + \frac{1}{3}x^3 + \frac{1}{5}x^5}$$

ist.

Lösung. Wir setzen $x + \frac{1}{3}x^3 + \frac{1}{5}x^5 = N$ und lassen uns von der Erwägung leiten, daß $\sin x < a$ und $\cos x > b$ ist, wobei $a = x - \frac{1}{6}x^3 + \frac{1}{120}x^5$, $\quad b = 1 - \frac{x^2}{2}$.
Nun ist

$$b\,N = x - \frac{x^3}{6} + \frac{x^5}{30} - \frac{x^7}{10}.$$

Da aber nach Voraussetzung $x^2 \leqq \frac{1}{4}$ ist, so folgt

$$\frac{x^2}{10} \leqq \frac{1}{40} = \frac{1}{30} - \frac{1}{120} \text{ und damit } \frac{x^5}{30} - \frac{x^7}{10} \geqq \frac{x^5}{120},$$

so daß

$$b\,N \geqq x - \frac{x^3}{6} + \frac{x^5}{120} \text{ oder } b\,N \geqq a$$

ist. Jetzt wird

$$\sin x < a \leqq b\,N < N\cos x$$

oder

$$\operatorname{tg} x < N = x + \frac{1}{3}x^3 + \frac{1}{5}x^5, \text{ q. e. d.}$$

Aus

$$x + \frac{1}{3}x^3 < \operatorname{tg} x < x + \frac{1}{3}x^3 + \frac{1}{5}x^5$$

ergibt sich die Näherungsgleichung

$$\boxed{\operatorname{tg} x = x + \frac{1}{3}x^3} \quad (0 \leqq x \leqq \tfrac{1}{2}).$$

Der mit ihr verbundene Fehler liegt unterhalb $x^5 : 5$.

Aufgabe 9. Zu zeigen, daß in jedem nichtregulären Dreieck

$$\boxed{\cot^2\alpha + \cot^2\beta + \cot^2\gamma > 1}$$

ist.

Lösung. Im Dreieck mit den Winkeln α, β, γ gilt die Cotangentenrelation

$$\cot\beta\cot\gamma + \cot\gamma\cot\alpha + \cot\alpha\cot\beta = 1.$$

Da das Dreieck nicht regelmäßig sein soll, können nicht alle drei Differenzen $\cot\beta - \cot\gamma$, $\cot\gamma - \cot\alpha$, $\cot\alpha - \cot\beta$ verschwinden, ist also sicher

$$(\cot\beta - \cot\gamma)^2 + (\cot\gamma - \cot\alpha)^2 + (\cot\alpha - \cot\beta)^2 > 0.$$

Das gibt

$$\left\{\begin{array}{l} 2\,[\cot^2\alpha + \cot^2\beta + \cot^2\gamma] \\ -\,2\,(\cot\beta\cot\gamma + \cot\gamma\cot\alpha + \cot\alpha\cot\beta) \end{array}\right\} > 0$$

oder, da die runde Klammer in Gemäßheit der Cotangensrelation den Wert 1 hat,

$$\cot^2\alpha + \cot^2\beta + \cot^2\gamma > 1\,, \qquad \text{q. e. d.}$$

Aufgabe 10. Nachzuweisen, daß in jedem spitzwinkligen, Dreieck für jeden Dreieckswinkel α die Ungleichung

$$\boxed{\cos\alpha + \sin\alpha - 1 < \rho : r}$$

gilt.

Nachweis. Der Umkreisdurchmesser sei wieder die Längeneinheit, so daß $r = 0{,}5$ und $\rho = 2\sin\frac{\alpha}{2}\sin\frac{\beta}{2}\sin\frac{\gamma}{2}$ ist. (Aufgabe 3).

Die Behauptung lautet demnach

$$\cos\alpha + \sin\alpha - 1 < 4\sin\frac{\alpha}{2}\sin\frac{\beta}{2}\sin\frac{\gamma}{2}\,.$$

Wir setzen $\cos\alpha = 1 - 2\sin^2\frac{\alpha}{2}$, $\sin\alpha = 2\sin\frac{\alpha}{2}\cos\frac{\alpha}{2}$ und erhalten

$$\cos\frac{\alpha}{2} - \sin\frac{\alpha}{2} < 2\sin\frac{\beta}{2}\sin\frac{\gamma}{2}$$

als neue Behauptung. Hier schreiben wir für die rechte Seite $\cos\frac{\beta-\gamma}{2} - \cos\frac{\beta+\gamma}{2}$ oder $\cos\frac{\beta-\gamma}{2} - \sin\frac{\alpha}{2}$ und bekommen nun

$$\cos\frac{\alpha}{2} < \cos\frac{\beta-\gamma}{2}$$

als endgültige Behauptung.

Die letzte Ungleichung ist aber richtig. Da nämlich das Dreieck spitzwinklig ist, hat es nur stumpfe Außenwinkel, muß also der Außenwinkel an der Ecke B, $\alpha+\gamma$, größer als β sein: $\alpha+\gamma > \beta$. Hieraus folgt aber $\alpha > \beta-\gamma$ oder $\frac{\alpha}{2} > \frac{\beta-\gamma}{2}$ und hieraus wieder $\cos\frac{\alpha}{2} < \cos\frac{\beta-\gamma}{2}$, womit unsere Behauptung erwiesen ist.

Aufgabe 11. Folgender Satz ist zu beweisen.

Für spitze Winkel λ, μ, ν mit der Summe 90^0 ist

$$\boxed{\operatorname{tg}\gamma + \operatorname{tg}\mu + \operatorname{tg}\nu \leqq \cot 2\lambda + \cot 2\mu + \cot 2\nu},$$

wo das Gleichheitszeichen nur im Ausnahmefalle $\lambda=\mu=\nu=30^0$ gilt.

Beweis. Wir setzen

$$\operatorname{tg}\lambda = l, \qquad \operatorname{tg}\mu = m, \qquad \operatorname{tg}\nu = n$$

$$\cot 2\lambda = \frac{1}{\operatorname{tg} 2\lambda} = \frac{1-l^2}{2l}, \ \cot 2\mu = \frac{1-m^2}{2m}, \ \cot 2\nu = \frac{1-n^2}{2n},$$

und die Ungleichung verwandelt sich in

$$3(l+m+n) \leqq \frac{1}{l} + \frac{1}{m} + \frac{1}{n} = \frac{mn+nl+lm}{lmn}.$$

Durch Einführung der drei Größen

$$e = l+m+n, \qquad f = mn+nl+lm, \qquad g = lmn$$

schreibt sie sich

$$f \geqq 3eg,$$

so daß es nur darauf ankommt, diese Ungleichung zu beweisen.

Nun gilt aber für beliebige Positivgrößen x, y, z Newtons Ungleichung

$$F^2 \geqq 3EG$$

mit

$$E = x+y+z, \qquad F = yz+zx+xy, \qquad G = xyz,$$

wo das Gleichheitszeichen nur im Falle $x=y=z$ erlaubt ist.

Beweis der Newtonschen Ungleichung. Es ist

$$F^2 = y^2 z^2 + z^2 x^2 + x^2 y^2 + 2 x y z (x + y + z),$$

$$3 E G = yz \cdot zx + zx \cdot xy + xy \cdot yz + 2 x y z (x + y + z),$$

so daß Newtons Ungleichung auf

$$y^2 z^2 + z^2 x^2 + x^2 y^2 \geqq yz \cdot zx + zx \cdot xy + xy \cdot yz$$

hinauskommt. Diese Ungleichung hat aber die Form

$$a^2 + b^2 + c^2 \geqq bc + ca + ab$$

oder

$$\left[\frac{b^2 + c^2}{2} - bc\right] + \left[\frac{c^2 + a^2}{2} - ca\right] + \left[\frac{a^2 + b^2}{2} - ab\right] \geqq 0,$$

und diese Ungleichung ist erfüllt, da die eckigen Klammern Positivzahlen sind, die gleichzeitig nur im Falle $a = b = c$ verschwinden. Mithin gilt auch Newtons Ungleichung, und ihr Gleichheitszeichen besteht nur im Falle $x = y = z$.

Daher ist auch $f^2 \geqq 3 e g$, wo das Gleichheitszeichen nur im Falle $l = m = n$ gilt. Da aber (§ 29) $mn + nl + lm = 1$ ist, hat hier f^2 auch den Wert 1 und ist $f^2 = f$, folglich $f \geqq 3 e g$, q. e. d.

Aufgabe 12. Folgender Satz ist zu beweisen.

Sind X, Y, Z die Abstände eines im Innern des Dreiecks ABC liegenden Punktes P von den Ecken, x, y, z die Abstände des Punktes von den Seiten des Dreiecks, so ist

$$\boxed{X + Y + Z > 2 (x + y + z)}$$

mit Ausnahme des Falles, wo das Dreieck regulär und zugleich P das Dreieckszentrum ist, in welchem Ausnahmefalle

$$X + Y + Z = 2 (x + y + z)$$

ist.

Beweis. Sind E und F die Fußpunkte der von P auf a und b gefällten Lote x und y, so ist $CEPF$ ein Kreisviereck mit dem Durchmesser $CP = Z$, in dem der Winkel bei P gleich $180^0 - \gamma$ ist. In diesem Viereck hat man nach der Durchmesserregel

$$EF = Z \sin \gamma,$$

nach dem auf das Dreieck EPF angewandten Cosinussatz

$$EF = \sqrt{x^2 + y^2 + 2 x y \cos \gamma}\,.$$

Daher ist
$$Z = \sqrt{x^2 + y^2 + 2\,x\,y \cos\gamma} : \sin\gamma.$$
Nun ist identisch
$$x^2 + y^2 + 2\,x\,y\cos\gamma = (x\sin\beta + y\sin\alpha)^2 + (x\cos\beta - y\cos\alpha)^2,$$
mithin
$$\sqrt{x^2 + y^2 + 2\,x\,y\cos\gamma} \geqq x\sin\beta + y\sin\alpha$$
oder
$$Z \geqq x\,\frac{\sin\beta}{\sin\gamma} + y\,\frac{\sin\alpha}{\sin\gamma}.$$
Genau so ergibt sich
$$X \geqq y\,\frac{\sin\gamma}{\sin\alpha} + z\,\frac{\sin\beta}{\sin\alpha} \quad \text{und} \quad Y \geqq z\,\frac{\sin\alpha}{\sin\beta} + x\,\frac{\sin\gamma}{\sin\beta}.$$
Aus den drei letzten Ungleichungen folgt
$$X + Y + Z \geqq x\left[\frac{\sin\beta}{\sin\gamma} + \frac{\sin\gamma}{\sin\beta}\right] + y\left[\frac{\sin\gamma}{\sin\alpha} + \frac{\sin\alpha}{\sin\gamma}\right] + z\left[\frac{\sin\alpha}{\sin\beta} + \frac{\sin\beta}{\sin\alpha}\right],$$
und zwar gilt das Gleichheitszeichen nur, wenn die Differenzen $x\cos\beta - y\cos\alpha$, $y\cos\gamma - z\cos\beta$, $z\cos\alpha - x\cos\gamma$ alle drei verschwinden.

Da jede hier vorkommende eckige Klammer als Summe reziproker Werte $\geqq 2$ ist, so ist die rechte Seite der gefundenen Ungleichung $\geqq 2x + 2y + 2z$, wo das Gleichheitszeichen nur gilt, wenn jede eckige Klammer den Wert 2 hat, d. h. wenn die drei Gleichungen $\beta = \gamma$, $\gamma = \alpha$, $\alpha = \beta$ gelten, d. h. beim gleichseitigen Dreieck.

Demnach kann die Gleichung
$$X + Y + Z = 2x + 2y + 2z$$
nur dann statt haben, wenn das Dreieck regulär und wenn außerdem (s. o.) $x = y = z$ ist. In allen andern Fällen ist
$$X + Y + Z > 2x + 2y + 2z.$$

§ 39
Der Satz von Pappus.

Auf einer Gerade $\mathfrak{g}$ mögen zwei Punkte A und B fest liegen, während ein dritter Punkt P beweglich gedacht wird. Um die jeweilige Lage von P zu bestimmen, genügt nicht die Angabe der Entfernung $A P$ des Punktes P vom Fixpunkte A, man benötigt vielmehr die „Koordinate" $A P$ des Punktes P. Unter der Koordinate $A P$ des Punktes P versteht man die mit einem Vorzeichen behaftete Strecke $A P$, wobei dieses Vorzeichen $+$ oder $-$ ist, je nachdem die Punkte B und P von A aus in gleicher oder entgegengesetzter Richtung liegen.

Ebenso könnte man den Ort des Punktes P durch seine Koordinate $B P$ festlegen, wobei diese Koordinate positiv oder negativ ist, je nachdem die Punkte A und P von B aus in gleicher oder entgegengesetzter Richtung liegen.

Um von diesen beiden Festlegungsmöglichkeiten keine bevorzugen zu müssen, fixiert man die Lage von P weder durch die eine noch durch die andere Koordinate, sondern durch das Koordinatenverhältnis $A P : B P$, welches das Teilverhältnis des Punktes P für das Punktepaar A, B heißt.

Dieses Teilverhältnis ist also positiv oder negativ, je nachdem der Punkt P zwischen A und B liegt oder nicht.

Nehmen wir an, die Grade $\mathfrak{g}$ erstrecke sich von links nach rechts, und A liege links von B. Die Punkte A und B zerlegen $\mathfrak{g}$ in drei Teile: I links von A, II zwischen A und B, III rechts von B. Wenn der Punkt P die Grade $\mathfrak{g}$ von links nach rechts ganz durchwandert, so durchläuft sein Teilverhältnis sukzessiv auf dem Wege I alle Werte von -1 bis -0, auf II alle Werte von $+0$ bis $+\infty$, auf III alle Werte von $-\infty$ bis -1.

Jeder Punkt der Grade ist also durch sein Teilverhältnis genau festgelegt; verschiedene Punkte entsprechen auch verschiedenen Teilverhältnissen.

In ähnlicher Weise erfolgt die Festlegung eines veränderlichen Strahls im Strahlbüschel. Ein Strahlbüschel ist die Gesamtheit aller durch einen Punkt O laufenden Graden, der „Strahlen" des Büschels. Der Punkt O heißt das Zentrum des Büschels. Jeder Strahl des Büschels zerfällt durch O in zwei Hälften; auch eine solche Hälfte wird oft „Strahl" genannt. Da das

Büschel durch den Punkt O völlig bestimmt ist, nennt man es oft kurzweg „das Büschel O".

In unserm Büschel betrachten wir zwei feste Strahlen a und b und einen beweglichen um O rotierenden Strahl r. Die Drehung, die r im positiven Sinne ausführen muß, um von a auf b, oder im negativen Sinne (im Uhrzeigersinne) ausführen muß, um von b auf a zu kommen, habe den konkaven Betrag $\varkappa$.

Die Lage eines beliebigen Büschelstrahls p kann durch den Drehwinkel $a\,p$ (bzw. $b\,p$) fixiert werden, den r beschreiben muß, um aus der Lage a (bzw. b) im positiven (bzw. negativen) Sinne in die Lage p zu gelangen.

Statt nun einen der beiden Drehwinkel zur Bestimmung der Lage von p zu verwenden, zieht man es vor, die Lage des Strahls p durch das „Sinusteilverhältnis $\sin a\,p : \sin b\,p$ des Strahls p für das Strahlpaar a, b" festzulegen, wobei $a\,p$ und $b\,p$ die oben genannten Drehwinkel bedeuten. Es gilt der Satz:

Jeder Lage des Strahls p entspricht genau ein Sinusteilverhältnis, und umgekehrt: zu jedem Werte des Sinusteilverhältnisses gehört genau ein Strahl des Büschels.

Beweis. φ sei der Winkel, den r beschreiben muß, um von b im Uhrzeigersinne auf p zu kommen. Dann ist $\sphericalangle\, a\,p = \varkappa - \varphi$, $\sphericalangle\, b\,p = \varphi$, und das Sinusteilverhältnis des Strahls p ist $t = \frac{\sin a\,p}{\sin b\,p} = \frac{\sin(\varkappa - \varphi)}{\sin \varphi} = \sin \varkappa \cot \varphi - \cos \varkappa$. Wenn der Strahl p, in a beginnend, eine Drehung von 180^0 im positiven Sinne ausführt, durchläuft er alle denkbaren Strahllagen. Dabei fällt der Winkel φ vom Anfangswerte $\varphi = \varkappa$ bis zum Endwerte $\varphi = -(\pi - \varkappa) = \varkappa - \pi$, und $\cot \varphi$ durchläuft alle reellen Werte von $+0$ bis $+\infty$ (bei $\varphi = +0$), springt beim Passieren des Strahls b von $+\infty$ auf $-\infty$ und steigt ununterbrochen weiter, alle negativen Werte durchlaufend, bis zum Endwert -0 (unmittelbar vor Ankunft auf a, wir sagen bei $\varphi = \varkappa - \pi + 0$).

Wir betrachten jetzt das Strahlbüschel O und eine beliebige nicht durch O laufende Grade $\mathfrak{g}$. Wir greifen zwei Strahlen a und b als feste Strahlen des Büschels heraus und wählen ihre Schnittpunkte A und B mit $\mathfrak{g}$ als Fixpunkte der Grade $\mathfrak{g}$. Ein beliebiger Strahl p des Büschels schneide $\mathfrak{g}$ in P. Wir vergleichen das Sinusteilverhältnis $\sin a\,p : \sin b\,p$ des Strahls p für das Strahlpaar a, b mit dem Teilverhältnis des Punktes P für das Punktpaar A, B. Nach dem Sinussatze haben wir

$$\frac{\sin a\,p}{\sin A} = \frac{A\,P}{O\,P} \quad \text{und} \quad \frac{\sin b\,p}{\sin B} = \frac{B\,P}{O\,P},$$

wo $\sin A$ und $\sin B$ die Sinus der Winkel bedeuten, die die Strahlen a und b mit der Grade $\mathfrak{g}$ bilden. Aus diesen beiden Gleichungen folgt durch Division

$$\frac{\sin\,a\,p}{\sin\,b\,P} : \frac{A\,P}{B\,P} = \frac{\sin\,A}{\sin\,B}.$$

Diese Gleichung sagt aus, daß der Quotient aus dem Sinusteilverhältnis des Strahls p und dem Teilverhältnis des Punktes P für alle Strahlen des Büschels und zugehörigen Schnittpunkte P denselben Wert hat.

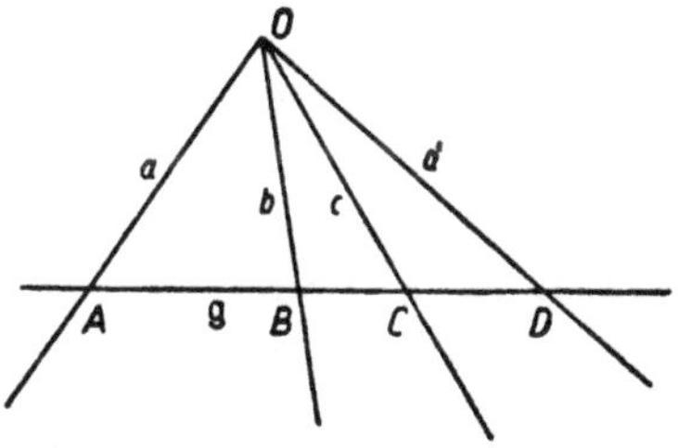

Sind also c und d zwei beliebige Strahlen des Büschels, C und D ihre Schnittpunkte mit $\mathfrak{g}$, so gibt die Relation

$$\frac{\sin a\,c}{\sin b\,c} : \frac{A\,C}{B\,C} = \frac{\sin a\,d}{\sin b\,d} : \frac{A\,D}{B\,D}.$$

Diese bemerkenswerte Formel bildet den Satz von Pappus. Man schreibt sie gewöhnlich wie folgt

$$\boxed{\frac{\sin a\,c}{\sin b\,c} : \frac{\sin a\,d}{\sin b\,d} = \frac{A\,C}{B\,C} : \frac{A\,D}{B\,D}}.$$

Um sie in Worte zu fassen, ist eine neue Begriffsbildung erforderlich.

Unter dem **Doppelverhältnis** von vier kollinearen Punkten A, B, C, D — in dieser Reihenfolge! — versteht man das Verhältnis

$$\frac{A\,C}{B\,C} : \frac{A\,D}{B\,D},$$

unter dem Doppelverhältnis von vier kozentralaren Strahlen a, b, c, d versteht man das Verhältnis

$$\frac{\sin a\,c}{\sin b\,c} : \frac{\sin a\,d}{\sin b\,d}.$$

Und nun haben wir folgenden einfachen Text für den

Satz von Pappus:

Das Doppelverhältnis von vier kozentralaren Strahlen ist gleich dem Doppelverhältnis der vier Punkte, in denen die Strahlen irgend eine Grade schneiden. (Pappus griechischer Mathematiker, lebte am Ende des 3. Jahrhunderts n. Chr.)

Man schreibt die genannten Doppelverhältnisse abgekürzt $(a\,b\,c\,d)$ und $(A\,B\,C\,D)$ und hat dann Pappus' Satz in der einfachen Form

$$\boxed{(a\,b\,c\,d) = (A\,B\,C\,D)}\,.$$

§ 40

Das reguläre Siebzehneck.

Aufgabe von Gauß. Einem vorgelegten Kreise ein reguläres Siebzehneck einzubeschreiben.

Die Lösung dieser berühmten Aufgabe stammt von Gauß. Sie wurde in seinem zahlentheoretischen Hauptwerk „Disquisitiones arithmeticae" im Jahre 1801 veröffentlicht. Wir tragen die Gaußsche Lösung in einer unserm elementaren Standpunkt entsprechenden Form vor.

Der Radius des vorgelegten Kreises sei die Längeneinheit. Dann hat die Seite des einbeschriebenen regelmäßigen Siebzehnecks die Länge

$$s = 2 \sin \varphi,$$

wo φ den 17ten Teil von π bedeutet.
Wir werden zeigen, daß sich

$$o = \cos \varphi$$

mit Zirkel und Lineal konstruieren läßt. Damit ist dann auch die Konstruktionsmöglichkeit von s dargetan, da ja

$$s = 2\sqrt{1 - o^2}$$

doppelt so lang ist wie die zweite Kathete des Rechtwinkeldreiecks mit der Hypotenuse 1 und der ersten Kathete *o*.

Wir gehen aus von der Betrachtung der beiden Summen

$$U = \cos\varphi + \cos 3\varphi + \cos 5\varphi + \ldots + \cos 15\varphi,$$
$$V = \cos 2\varphi + \cos 4\varphi + \cos 6\varphi + \ldots + \cos 16\varphi.$$

Nach der Summenformel für quasiarithmetische Reihen (§ 19) ist

$$U = \cos 8\varphi \cdot \frac{\sin 8\varphi}{\sin\varphi}, \quad V = \cos 9\varphi \cdot \frac{\sin 8\varphi}{\sin\varphi},$$

mithin

$$U = \frac{\sin 16\varphi}{2\sin\varphi} = \frac{1}{2}, \qquad V = -\cos 8\varphi \cdot \frac{\sin 8\varphi}{\sin\varphi} = -\frac{1}{2}.$$

Wir ordnen nun die Glieder von U etwas anders. Zunächst bestimmen wir die Reste, die die 8 ersten Potenzen von 3 ($3^1, 3^2, 3^3, \ldots, 3^8$) bei der Division durch 17 lassen. Diese sind 3, 9, 10, 13, 5, 15, 11, 16. Nur zwei von ihnen sind grade: 10 und 16. Diese ersetzen wir durch ihre Ergänzungen 7 und 1 zu 17. So erhalten wir die Zahlen

3, 9, 7, 13, 5, 15, 11, 1,

und das sind die in U vorkommenden 8 ungraden Zahlen von 1 bis 17, nur in einer andern Reihenfolge. Nach dieser Reihenfolge ordnen wir die Glieder von U an:

$$U = \cos 3\varphi + \cos 9\varphi + \cos 7\varphi + \cos 13\varphi + \cos 5\varphi + \cos 15\varphi + \cos 11\varphi + \cos\varphi.$$

Jetzt spalten wir die Summe U in zwei Teile, von denen der erste das 1te, 3te, 5te, 7te, der zweite das 2te, 4te, 6te, 8te Glied enthält;

$$u = \cos 3\varphi + \cos 7\varphi + \cos 5\varphi + \cos 11\varphi,$$
$$u' = \cos 9\varphi + \cos 13\varphi + \cos 15\varphi + \cos\varphi$$

mit $$u + u' = U = \frac{1}{2}.$$

Der nächste Schritt besteht in der gliedweisen Multiplikation der Summen u und u'. Jedes dabei auftretende Produkt von der Form $\cos m\varphi \cdot \cos n\varphi$ wird nach dem Rezept

$$2\cos m\varphi \cos n\varphi = \cos(m+n)\varphi + \cos(m-n)\varphi$$

zerlegt, worauf noch $\cos(m+n)\varphi$, falls $m+n$ oberhalb 17 liegt, durch $\cos p\varphi$ ersetzt wird, wo p die Ergänzung von $(m+n)$ zu

34 bedeutet (nach der Gleichung $\cos(34\varphi - \Theta) = \cos\Theta$). Das gibt für das Produkt $2uu'$ im ganzen 32 Glieder, die aber spielend leicht hingeschrieben werden können, und bei denen jede der 8 Größen $\cos 2\varphi$, $\cos 4\varphi$, $\cos 6\varphi$, . . . , $\cos 16\varphi$ genau 4 mal auftritt. Daher ist

$$2uu' = 4[\cos 2\varphi + \cos 4\varphi + \cos 6\varphi \ldots + \cos 16\varphi] = 4V = -2$$

oder

$$uu' = -1 .$$

Aus $\quad u + u' = +\frac{1}{2} \quad$ und $\quad uu' = -1$

geht hervor, daß u und u' die Wurzeln der quadratischen Gleichung

$$z^2 - \frac{1}{2}z - 1 = 0$$

sind. Daher ist

$$u = \frac{\sqrt{17}+1}{4}, \qquad u' = \frac{1-\sqrt{17}}{4} .$$

(u' muß wegen der Kleinheit von $\cos 9\varphi = \cos(90^0 + \frac{\varphi}{34})$ und der hohen Beträge der negativen Werte $\cos 15\varphi$, $\cos 13\varphi$ negativ sein.)

Nunmehr bilden wir aus den beiden Summen u und u', dabei mit den Gliedern wieder abwechselnd, die neuen Summen

$$\begin{Bmatrix} x = \cos 3\varphi + \cos 5\varphi \\ \xi = \cos 7\varphi + \cos 11\varphi \end{Bmatrix}, \quad \begin{Bmatrix} y = \cos 9\varphi + \cos 15\varphi \\ \eta = \cos 13\varphi + \cos\varphi \end{Bmatrix} .$$

Ebenso leicht wie oben finden wir wieder

$$2x\xi = \cos 2\varphi + \cos 4\varphi + \cos 6\varphi + \ldots + \cos 16\varphi = -\frac{1}{2}$$

und

$$2y\eta = -\frac{1}{2}$$

oder

$$x\xi = -\frac{1}{4}, \quad y\eta = -\frac{1}{4} .$$

Auf Grund der Gleichungspaare

$$x + \xi = u,\ x\xi = -\frac{1}{4} \quad \text{und} \quad y + \eta = u',\ y\eta = -\frac{1}{4}$$

sind x und ξ die Wurzeln der quadratischen Gleichung

$$z^2 - uz - \frac{1}{4} = 0 ,$$

y und η die Wurzeln der quadratischen Gleichung

$$z^2 - u'z - \frac{1}{4} = 0 .$$

Daher ist

$$\left\{\begin{aligned} x &= \frac{u + \sqrt{u^2+1}}{2} \\ \xi &= \frac{u - \sqrt{u^2+1}}{2} \end{aligned}\right\} \qquad \left\{\begin{aligned} y &= \frac{u' - \sqrt{u'^2+1}}{2} \\ \eta &= \frac{u' + \sqrt{u'^2+1}}{2} \end{aligned}\right\}$$

[$x = \cos 3\varphi + \cos 5\varphi$ muß positiv sein, $y = \cos 9\varphi + \cos 15\varphi$ negativ.]

Unsere Aufmerksamkeit gilt vor allem dem Binom η. Seine beiden Bestandteile haben das Doppelprodukt $2\cos 13\varphi \cdot \cos\varphi = \cos 14\varphi + \cos 12\varphi = -[\cos 3\varphi + \cos 5\varphi] = -x$. Wegen

$$\cos 13\varphi + \cos\varphi = \eta, \qquad \cos 13\varphi \cdot \cos\varphi = -\frac{x}{2}$$

sind $\cos 13\varphi$ und $\cos\varphi$ die Wurzeln der quadratischen Gleichung

$$z^2 - \eta z - \frac{x}{2} = 0;$$

und zwar ist $\cos\varphi$ die positive Wurzel. Daher ergibt sich schließlich

$$o = \cos\varphi = \frac{\eta + \sqrt{\eta^2 + 2x}}{2}.$$

Wir fassen zusammen:

u und u' sind mit Zirkel und Lineal konstruierbare Strecken. Deshalb sind auch x und η derartig konstruierbare Strecken, und hieraus folgt wieder, daß auch die gesuchte Größe o, auf die alles ankommt, eine mit Zirkel und Lineal konstruierbare Strecke ist.

Damit ist die Gaußsche Aufgabe in wahrhaft klassischer Weise gelöst.

§ 41
Der Satz von Feuerbach.

Der Feuerbachkreis eines Dreiecks berührt den Inkreis und die drei Ankreise des Dreiecks.

(K. W. Feuerbach, 1800—1834, Oheim des Malers Anselm Feuerbach.)

Der folgende Beweis dieses interessanten Satzes beruht auf einem Satze über das gleichschenklige Dreieck, den wir zunächst herleiten werden.

Lemma vom gleichschenkligen Dreieck:

SED sei ein gleichschenkliges Dreieck mit der Spitze *S* und dem Schenkel $SE = e$. Trägt man auf dem Schenkel *SD* von *S* aus eine Strecke $SF = f$, auf der Graden *ED* von *E* aus eine Strecke $E\Phi = s$ ab derart, daß $\boxed{s^2 = 4ef}$ ist, so berühren sich die Kreise mit den Zentren *F* und Φ und den Radien *f* und φ, wo φ das Lot von Φ auf die durch *S* laufende Senkrechte von *SE* bedeutet.

Die Berührung erfolgt innerlich oder äußerlich, je nachdem *s* in der Richtung *ED* oder in der Richtung *DE* abgetragen wird.

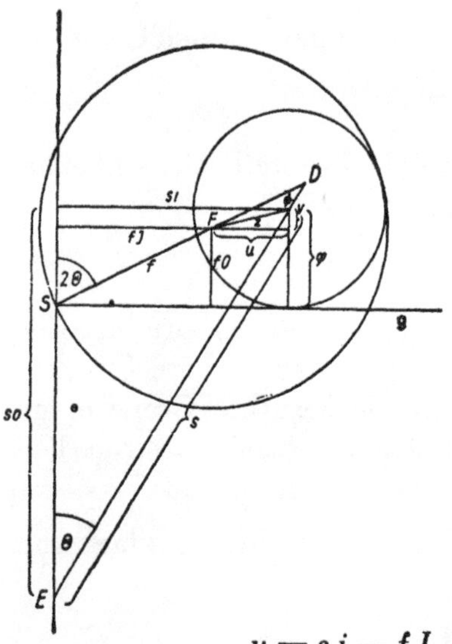

Beweis. Wir denken uns die Figur so gelegt, daß das in *S* auf *SE* errichtete Lot g horizontal verläuft. Dann verlaufen *SE*, sowie die von *F* und Φ auf g gefällten Lote vertikal. Die Vertikalneigung der Basis *ED* sei Θ, mithin die Vertikalneigung von *SF*, wie man leicht feststellt (vgl. Fig.), $2\,\Theta$. Wir setzen die Distanz $F\Phi = z$ und $\cos\Theta = o$, $\sin\Theta = i$, $\cos 2\Theta = O$, $\sin 2\Theta = I$. Bedeutet v die Vertikal-, u die Horizontalprojektion von z, so ist

$$z^2 = u^2 + v^2.$$

Aus der Figur findet sich leicht

$$u = si - fI, \qquad v = \varphi - fO$$

und außerdem, da sich die Vertikalprojektion von *s* aus den Stücken φ und *e* zusammensetzen läßt,

$$os = \varphi + e.$$

Durch Substitution der Werte von *u* und *v* ergibt sich nun

$$z^2 = f^2 + \varphi^2 - 2f\,[O\varphi + i\,(Is - 2ei)],$$

indem $s^2 : 2f$ gemäß Voraussetzung durch $2e$ ersetzt wurde. Nun ist

$$I s - 2ei = 2ios - 2ei = 2i(os - e) = 2i\varphi.$$

Daher wird

$$z^2 = f^2 + \varphi^2 - 2f\varphi\,[O + 2i^2] = f^2 + \varphi^2 - 2f\varphi$$

und

$$z^2 = (f - \varphi)^2 .$$

Diese Gleichung bedeutet geometrisch, daß sich die Kreise mit den Mittelpunkten F und Φ, mit den Radien f und φ innerlich berühren. Wir haben hier angenommen, daß die Abtragung von s auf ED in der Richtung ED erfolgt ist. Bei Abtragung in entgegengesetzter Richtung sind die Projektionen u und v von $F\Phi = z$

$$u = f I + s i, \qquad v = \varphi + f O,$$

und die Vertikalprojektion von s ist

$$os = \varphi - e.$$

Die Gleichungen für z^2 enthalten dann nur Pluszeichen, $os + e$ wird durch φ ersetzt, und die Endformel lautet

$$z = f + \varphi.$$

Diesmal berühren sich die Kreise äußerlich.

Nun zum Beweise des Feuerbachschen Satzes! Der Feuerbachkreis oder Neunpunktekreis eines Dreiecks ist bekanntlich der Kreis, der durch die drei Seitenmitten, die drei Höhenfußpunkte und die drei Mittelpunkte der an die Ecken stoßenden Höhenabschnitte läuft. Der Durchmesser des Feuerbachkreises gleicht dem Halbmesser des Umkreises. ABC sei das vorgelegte Dreieck, U das Zentrum, r der Radius seines Umkreises $\mathfrak{U}$, S die Mitte der Seite AB, M die Mitte des an C stoßenden Höhenabschnittes, E der Schnittpunkt des Umkreises mit dem Halbierer von γ bzw. mit der Mittelsenkrechten von c, $SE = e$, Φ der auf CE liegende Mittelpunkt, φ der Radius des Inkreises, endlich D der Schnittpunkt von SM und CE.

Man stellt zunächst fest, daß $US = r\cos\gamma$ ist. Der an C stoßende Höhenabschnitt CO findet sich durch zweimalige Anwendung der Kathetenregel gleich $b\cos\gamma : \sin\beta$ oder, (da b laut Durchmesserregel gleich $2r\sin\beta$ ist) gleich $2r\cos\gamma$. Daher ist

$$CM = US.$$

und da auch $CM \parallel US$ ist, ist $CUSM$ ein Parallelogramm und

$$SM \parallel CU.$$

Diese Parallelität liefert eine neue Definition des Feuerbachkreises:

Bekanntlich bilden die Dreieckshöhe CM und der Umkreisradius CU einen Winkel, der dem Unterschiede der Winkel α und β gleicht. Dieser Winkel ist zugleich die Neigung des Radius UC gegen die Mittelsenkrechte SU, also auch die Neigung des Feuerbachkreisdurchmessers SM gegen diese Mittelsenkrechte und damit die Neigung des Feuerbachkreises gegen c. So ergibt sich der Satz:

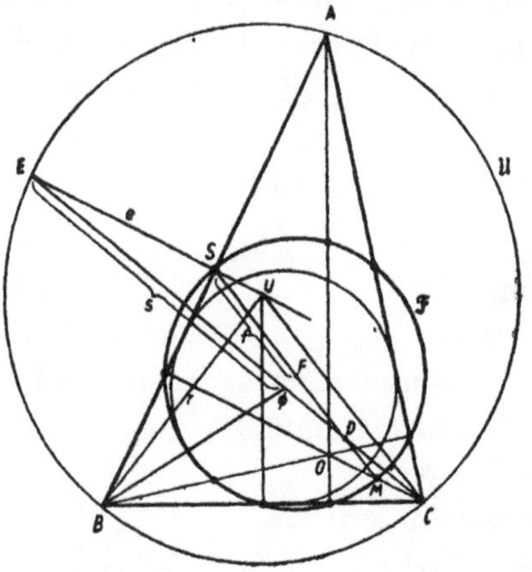

Der Feuerbachkreis ist der Kreis, dessen Neigungen gegen die Dreiecksseiten $\beta - \gamma$, $\gamma - \alpha$, $\alpha - \beta$ sind.

Dabei wird stillschweigend angenommen, daß Dreiecksumfang und Feuerbachkreis im Sinne A, B, C durchlaufen werden, und daß jede der drei Neigungen positiv oder negativ gerechnet wird, je nachdem der Feuerbachkreis beim Durchschreiten der Dreiecksseite in der Seitenmitte in das Dreiecksinnere eindringt oder aus dem Dreiecksinnern herauskommt.

Nach dieser Zwischenbemerkung nehmen wir den Faden unserer Darlegung wieder auf.

Nach dem Strahlensatze hat man

$$SD : UC = SE : UE$$

oder

$$SD = SE = e.$$

Demnach ist SED ein gleichschenkliges Dreieck mit der Spitze S und dem Schenkel $SE = e$.

Weiter ist nach einem bekannten Satze

$$s = E\Phi = EA = EB = 2r \sin\frac{\gamma}{2},$$

und e findet sich zu

$$e = SE = EB \sin\frac{\gamma}{2} = 2r \sin^2\frac{\gamma}{2}.$$

Tragen wir jetzt auf SD von S aus die Strecke

$$SF = f = s^2 : 4e = r : 2$$

ab, so berührt nach dem Lemma der Kreis $\mathfrak{F}$ vom Zentrum F und Halbmesser $f = r : 2$ den Inkreis.

Da aber F die Mitte von $SM = r$ und SM der Durchmesser des Feuerbachkreises ist, muß der Kreis $\mathfrak{F}$ der Feuerbachkreis sein, womit der erste Teil des Feuerbachschen Satzes bewiesen ist.

Was den zweiten Teil angeht, so bedeute jetzt Φ das Zentrum des zur Seite c gehörigen Ankreises. Da E die Mitte der Zentrale von In- und Ankreis ist, hat die neue Abtragung $E\Phi$ auf ED dieselbe Länge s wie die obige Abtragung, ist also wiederum

$$SF = f = s^2 : 4e = r : 2.$$

Wieder berührt der Kreis $\mathfrak{F}$ den Kreis vom Zentrum Φ und Halbmesser φ, wo φ jetzt das von Φ auf c gefällte Lot bedeutet, welcher Kreis aber nichts anderes ist als der erwähnte Ankreis. Damit haben wir auch den zweiten Teil des Feuerbachschen Satzes bewiesen.

Zugleich ist gezeigt, daß der Feuerbachkreis $\mathfrak{F}$ den Inkreis innerlich, die Ankreise äußerlich berührt!

§ 42
Der Satz von Morley.

Teilt man die Winkel des Dreiecks ABC durch die drei Gradenpaare (AY, AZ), (BZ, BX), (CX, CY) in je drei gleiche Teile, so ist das Dreieck XYZ gleichseitig.

Beweis von Dörrie. Der folgende Beweis beruht auf zwei Hilfsformeln:

I

$$\boxed{\sin 3\varphi = 4 \sin\varphi \sin(60^0 + \varphi) \sin(60^0 - \varphi)}\ .$$

II

Für Dreieckswinkel α, β, γ ist

$$\boxed{\sin^2\gamma = \sin^2\alpha + \sin^2\beta - 2 \sin\alpha \sin\beta \cos\gamma}\ .$$

Nachweis von I. Es ist

$$\sin 3\varphi = 3\sin\varphi - 4\sin^3\varphi = 4\sin\varphi \left[\frac{3}{4} - \sin^2\varphi\right]$$

$$= 4\sin\varphi\,[\sin^2 60^0 - \sin^2\varphi] = 4\sin\varphi \sin(60^0 + \varphi)\sin(60^0 - \varphi).$$

Nachweis von II. Nimmt man den Umkreisdurchmesser eines Dreiecks mit den Winkeln α, β, γ als Längeneinheit, so sind die Seiten nach der Durchmesserregel $\sin\alpha$, $\sin\beta$, $\sin\gamma$. Daher ist nach dem Cosinussatze

$$(\sin\gamma)^2 = (\sin\alpha)^2 + (\sin\beta)^2 - 2(\sin\alpha)(\sin\beta)\cos\gamma.$$

Nun zum Beweise von Morleys Satz!

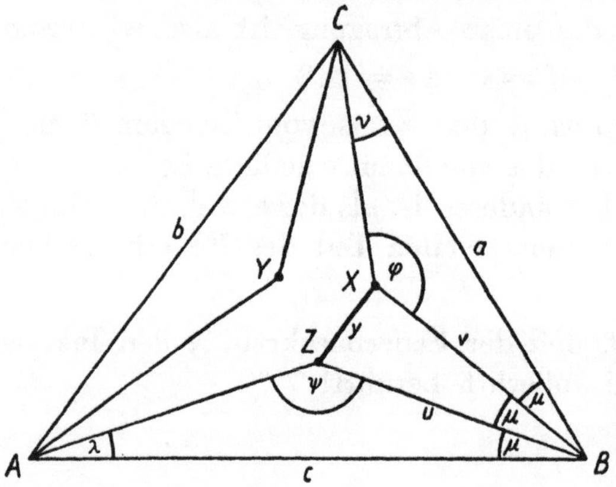

Wir setzen $\alpha = 3\lambda$, $\beta = 3\mu$, $\gamma = 3\nu$, $60^0 = \varepsilon$, $\sphericalangle BXC = \varphi$, $\sphericalangle AZB = \psi$, $BX = v$, $BZ = u$, $YZ = x$, $ZX = y$, $XY = z$, wählen den Umkreisdurchmesser des Dreiecks ABC als Längeneinheit und haben nach der Durchmesserregel $a = \sin\alpha$, $b = \sin\beta$, $c = \sin\gamma$ oder $a = \sin 3\lambda$, $b = \sin 3\mu$, $c = \sin 3\nu$, sowie wegen $\varphi + \mu + \nu = 180^0$, $\psi + \lambda + \mu = 180^0$, $\lambda + \mu + \nu = \varepsilon$ $\sin\varphi = \sin(\varepsilon - \lambda)$ und $\sin\psi = \sin(\varepsilon - \nu)$.

Aus dem Dreieck BCX folgt nach dem Sinussatze

$$v = \frac{a}{\sin\varphi}\sin\nu = \frac{\sin 3\lambda}{\sin(\varepsilon - \lambda)}\sin\nu\ .$$

Ersetzt man hier den Bruch $\sin 3\lambda : \sin(\varepsilon - \lambda)$ gemäß I, so ergibt sich

$$v = 4\sin\lambda \sin\nu \sin(\varepsilon + \lambda).$$

Ebenso liefert Dreieck ABC

$$u = 4 \sin \lambda \sin \nu \sin (\varepsilon + \nu).$$

Darauf gibt der auf das Dreieck BZX angewandte Cosinussatz

$$y^2 = u^2 + v^2 - 2\,u\,v \cos \mu = 16 \sin^2 \lambda \sin^2 \nu \,.\, K$$

mit $K = \sin^2(\varepsilon + \nu) + \sin^2(\varepsilon + \lambda) - 2 \sin(\varepsilon + \nu) \sin(\varepsilon + \lambda) \cos \mu$.

Nun sind aber $\varepsilon + \nu$, $\varepsilon + \lambda$, μ Winkel eines Dreiecks, da ihre Summe 180^0 beträgt. Daher hat die eckige Klammer nach Hilfssatz II den Wert $\sin^2 \mu$.

Mithin wird

$$y = 4 \sin \lambda \sin \mu \sin \nu.$$

Denselben Wert erhält man für z und x, womit die Gleichseitigkeit des Morleyschen Dreiecks XYZ dargetan ist.

Unsere Herleitung liefert aber noch mehr als Morleys Satz; sie zeigt, daß jede Seite des Morleyschen Dreiecks die Länge m Umkreisdurchmesser besitzt

mit

$$m = 4 \sin \frac{\alpha}{3} \sin \frac{\beta}{3} \sin \frac{\gamma}{3}.$$

Dritter Abschnitt.

Kreisfunktionen und Exponentialfunktion.

§ 43

Definition der Eulerschen Zahl e.

Der bequemste Zugang zur Eulerschen Zahl e führt über Cauchys Satz vom arithmetischen und geometrischen Mittel, den wir zunächst herleiten werden. Dabei gehen wir aus vom Satz vom Einheitsprodukt.

Ein Einheitsprodukt ist ein Produkt von positiven Faktoren, welches der Einheit gleicht. Beispielsweise ist

$\frac{2}{3} \cdot 0{,}8 \cdot 0{,}75 \cdot 2{,}5$ ein viergliedriges Einheitsprodukt.

Satz vom Einheitsprodukt:

Die Summe der Faktoren eines Einheitsprodukts ist stets größer als die Anzahl der Faktoren; es sei denn, daß alle Faktoren den Wert 1 hätten, in welchem Ausnahmefalle Faktorensumme und Faktorenanzahl übereinstimmen.

Beweis. Wir beginnen mit dem zweigliedrigen Einheitsprodukt $a\,b\,(=1)$. Wenn der Ausnahmefall nicht vorliegt, muß einer der Faktoren, etwa a, größer, der andere kleiner als 1 sein. Wir setzen $a = 1 + \alpha$ mit $\alpha > 0$. Dann ist

$$(1 + \alpha) \cdot b = b + b\,\alpha = 1.$$

Schreiben wir hier statt $b\,\alpha$ den größeren Wert α (b ist ja ein echter Bruch), so wird natürlich

$$b + \alpha > 1,$$

also, wenn wir beiderseits 1 addieren,

$$a + b > 2,$$

womit der Satz für zweigliedrige Einheitsprodukte bewiesen ist.

Es sei nunmehr $a \cdot b \cdot c$ ein dreigliedriges Einheitsprodukt, dessen Faktoren nicht alle gleich 1 sind. Dann muß mindestens ein Faktor, etwa a, ein unechter, mindestens ein Faktor, etwa b, ein echter Bruch sein. Wir setzen wieder $a = 1 + \alpha$. schreiben $a\,b = b + b\,\alpha$ und haben

$$(b + b\,\alpha) \cdot (c) = 1.$$

Für das so entstandene zweigliedrige Einheitsprodukt ist sicher

$$(b + b\,\alpha) + (c) \geqq 2$$

oder

$$b + b\,\alpha + c \geqq 2.$$

Ersetzen wir hier wieder $b\,\alpha$ durch das größere α, so wird

$$b + \alpha + c > 2$$

und, wenn wir beiderseits 1 addieren,

$$a + b + c > 3.$$

Im Falle des viergliedrigen Einheitsprodukts $a\,b\,c\,d$, wobei nicht $a = b = c = d = 1$ sei, muß wieder mindestens ein Faktor, etwa a, größer, mindestens einer, etwa b, kleiner als 1 sein. Wir schreiben $a = 1 + \alpha$, $ab = b + b\alpha$ und haben

$$(b + b\alpha) \cdot (c) \cdot (d) = 1.$$

Für das entstandene dreigliedrige Einheitsprodukt ist

$$(b + b\alpha) + (c) + (d) \geqq 3$$

oder

$$b + b\alpha + c + d \geqq 3.$$

Wir ersetzen $b\alpha$ durch den größeren Wert α und erhalten

$$b + \alpha + c + d > 3$$

oder, beiderseits 1 addierend,

$$a + b + c + d > 4$$

u. s. w. Allgemein:

Ist $a\,b\,c\,d\,\ldots$ ein n-gliedriges Einheitsprodukt, so ist

$$a + b + c + d + \ldots \geqq n,$$

wo das Gleichheitszeichen nur gilt, wenn alle n Faktoren den Wert 1 haben, w. z. b. w.

Cauchys Satz
vom arithmetischen und geometrischen Mittel:

Das geometrische Mittel mehrerer Positivzahlen ist stets kleiner als das arithmetische Mittel der Zahlen mit Ausnahme des Falles, in dem die Zahlen gleich sind, in welchem Ausnahmefalle auch die beiden Mittel einander gleich sind. [Cauchy, Analyse algébrique, 1821.]

Beweis. $a, b, c, \ldots$ seien n positive Zahlen, die nicht alle denselben Wert haben. Dann ist

$\frac{a + b + c + \ldots}{n} = M$ ihr arithmetisches,

$\sqrt[n]{a \cdot b \cdot c \ldots} = \mu$ ihr geometrisches Mittel. Unsere Behauptung lautet

$$\mu < M.$$

Wir erheben die zweite Gleichung in die n te Potenz und erhalten

$$\frac{a}{\mu} \cdot \frac{b}{\mu} \cdot \frac{c}{\mu} \cdots = 1.$$

Die linke Seite dieser Gleichung ist ein n-gliedriges Einheitsprodukt, dessen Faktoren nicht alle den Wert 1 haben. Nach dem Satze vom Einheitsprodukt ist daher

$$\frac{a}{\mu} + \frac{b}{\mu} + \frac{c}{\mu} + \cdots > n$$

oder
$$\mu < \frac{a + b + c + \cdots}{n}$$

oder
$$\mu < M,$$

womit Cauchys Satz bewiesen ist. Vorstehender Beweis stammt vom Verfasser.

Von Cauchys Satz gelangen wir nun leicht zur Potenzungleichung, d. i. eine Ungleichung für die Potenzfunktion

$$x^k \qquad (k \text{ konstant}),$$

welche eine grundlegende Eigenschaft der Potenz ausdrückt.

Wir betrachten das Monom

$$\sqrt[m]{a^n},$$

in welchem a eine beliebige von 1 verschiedene Positivzahl, n eine natürliche Zahl und m eine oberhalb n liegende natürliche Zahl bedeutet. Wir schreiben es

$$\sqrt[m]{a \cdot a \cdot a \cdot \cdots \cdot a \cdot 1 \cdot 1 \cdot 1 \cdot \cdots \cdot 1},$$

wobei die Wurzelbasis das m-gliedrige Produkt aus den n Faktoren a und den $(m - n)$ Faktoren 1 ist. In dieser Schreibung stellt es ein geometrisches Mittel dar. Daher ist nach Cauchys Satz

$$\sqrt[m]{a^n} < \frac{na + m - n}{m} = 1 + \frac{n}{m}(a - 1)$$

oder
$$\boxed{a^\varepsilon < 1 + \varepsilon(a - 1)} \qquad \text{mit } \varepsilon = n : m.$$

Diese Ungleichung gilt für jedes von 1 verschiedene positive a und für jeden rationalen positiven echten Bruch ε.

Wir zeigen, daß sie auch für irrationale Echtbrüche ε gilt.

Es sei i ein positiver irrationaler Echtbruch.

Zunächst ist klar, daß a^i nicht größer als $1 + i(a - 1)$ sein kann. Wäre nämlich $a^i > 1 + i(a - 1)$, so wähle man einen rationalen positiven Echtbruch r so nahe an i, daß sowohl a^r von a^i als auch $1 + r(a - 1)$ von $1 + i(a - 1)$ um weniger als etwa $^1/_{100}$ des Überschusses von a^i über $1 + i(a - 1)$ abweicht. Dann liegt also auch a^r noch weit oberhalb $1 + r(a - 1)$, was natürlich sinnlos ist, da ja $a^r < 1 + r(a - 1)$ ist.

Daher kann die Annahme $a^i > 1 + i(a - 1)$ nicht aufrecht erhalten werden; vielmehr muß sein

$$a^i \leqq 1 + i(a - 1).$$

Wir zeigen jetzt, daß auch das Gleichheitszeichen nicht möglich ist.

Es sei $\varkappa$ eine so kleine Zahl, daß $i + \varkappa$ und $i - \varkappa$ positive Echtbrüche sind. Dann ist sicher

$$a^{i+\varkappa} \leqq 1 + (i + \varkappa)(a - 1) \text{ und } a^{i-\varkappa} \leqq 1 + (i - \varkappa)(a - 1).$$

Die Addition dieser Ungleichungen liefert

$$a^i\,[a^\varkappa + a^{-\varkappa}] \leqq 2 + 2i(a - 1)$$

oder

$$a^i \cdot \frac{a^\varkappa + a^{-\varkappa}}{2} \leqq 1 + i(a - 1).$$

Da aber nach Cauchys Satz $\frac{a^\varkappa + a^{-\varkappa}}{2}$ ein unechter Bruch ist, muß

$$a^i < 1 + i(a - 1)$$

sein. Folglich:

Für jedes positive von 1 verschiedene a und jeden positiven Echtbruch ε ist

$$\boxed{a^\varepsilon < 1 + \varepsilon(a - 1)}\,.$$

Was wird aus dieser Ungleichung, wenn ε durch den positiven Unechtbruch μ ersetzt wird? Um das zu erkennen, setzen wir

$$1 + \mu(a - 1) = b.$$

Bei positivem b ist

$$b^{1/\mu} < 1 + \frac{1}{\mu}(b - 1) = a$$

oder

$$a^\mu > b.$$

Bei negativem b ist diese Ungleichung eine Selbstverständlichkeit.

Daher ist in jedem Falle

$$\boxed{a^\mu > 1 + \mu(a - 1)}\,,\quad \mu > 1.$$

Wir fassen den Inhalt der beiden gerahmten Ungleichungen in eine Aussage zusammen:

Satz von der Potenzungleichung:

Für jedes von 1 verschiedene positive x ist

$$x^k \lesseqgtr 1 + k(x - 1),$$

je nachdem k ein positiver echter oder unechter Bruch ist.

Nunmehr seien a und b zwei beliebige positive Zahlen mit $a > b$. In der Potenzungleichung ersetzen wir einmal x durch $1 + \frac{1}{b}$, k durch $\frac{b}{a}$, sodann x durch $1 - \frac{1}{b+1}$, k durch $\frac{b+1}{a+1}$. Das gibt

$$\left(1+\frac{1}{b}\right)^{b/a} < 1 + \frac{1}{a} \text{ und } \left(1 - \frac{1}{b+1}\right)^{\frac{b+1}{a+1}} < 1 - \frac{1}{a+1}$$

oder

$$\left(1+\frac{1}{a}\right)^{a} > \left(1+\frac{1}{b}\right)^{b} \text{ und } \left(1-\frac{1}{a+1}\right)^{a+1} > \left(1-\frac{1}{b+1}\right)^{b+1}.$$

Wir schreiben die zweite dieser Ungleichungen noch

$$\left(\frac{a}{a+1}\right)^{a+1} > \left(\frac{b}{b+1}\right)^{b+1}$$

oder besser $$\left(1+\frac{1}{a}\right)^{a+1} < \left(1+\frac{1}{b}\right)^{b+1}$$

und haben das bemerkenswerte Formelpaar

$$\boxed{\left(1+\frac{1}{a}\right)^{a} > \left(1+\frac{1}{b}\right)^{b}} \qquad \boxed{\left(1+\frac{1}{a}\right)^{a+1} < \left(1+\frac{1}{b}\right)^{b+1}}$$

mit $a > b > 0$.

In Worten:

Die Funktion

$$\varphi(x) = \left(1 + \frac{1}{x}\right)^{x} \qquad \text{mit } x > 0$$

wächst mit wachsendem x,

die Funktion

$$\psi(x) = \left(1 + \frac{1}{x}\right)^{x+1} \qquad \text{mit } x > 0$$

fällt mit wachsendem x.

Beispielsweise ist

$$\varphi(1) = 2, \quad \varphi(2) = 2{,}25, \quad \varphi(4) = 2{,}44\ldots,$$
$$\psi(1) = 4, \quad \psi(2) = 3{,}375, \quad \psi(4) = 3{,}05\ldots$$

Um uns diesen merkwürdigen Sachverhalt zu veranschaulichen, denken wir uns das Zahlenpaar $\varphi(x)$, $\psi(x)$ für jedes $x > 1$ auf der Zahlenachse durch einen roten bzw. blauen Punkt markiert. Dabei wandert mit wachsendem x der rote Punkt nach rechts, der blaue nach links, wobei wegen $\psi(x) > \varphi(x)$ jeder blaue Punkt rechts von jedem roten Punkt liegt, der Abstand der beiden Punkte des Paares aber immer kleiner wird. Da dieser Abstand wegen $\psi(x) : \varphi(x) = 1 + \frac{1}{x}$ bei unbegrenzt wachsendem x unbegrenzt abnimmt, so liegt auf der Zahlenachse zwischen den Zahlen 2 und 3 ein Punkt e, dem die roten Punkte von links her, die blauen von rechts her immer näher, bei unbegrenzt wachsendem x unbegrenzt nahe kommen. Dieser merkwürdige Punkt ist die Eulersche Zahl e. Arithmetisch gesprochen:

Die Zahl e ist der Grenzwert des Ausdrucks $\left(1 + \frac{1}{x}\right)^x$ für unbegrenzt wachsendes x.

In Zeichen:

$$\boxed{e = \lim_{x \to \infty} \left(1 + \frac{1}{x}\right)^x}$$

Vielfach beschränkt man sich auf natürliche Zahlen n für x und hat dann

$$e = \lim_{n \to \infty} \left(1 + \frac{1}{n}\right)^n.$$

Natürlich könnte man

$$\text{statt} \quad e = \lim_{x \to \infty} \varphi(x) \qquad \text{auch} \quad e = \lim_{x \to \infty} \psi(x)$$

definieren. Wie wir bald sehen werden, ist

$$e = 2{,}718281828459045\ldots.$$

§ 44

Definition und Grundeigenschaft der Exponentialfunktion.

Unter der Exponentialfunktion versteht man die Funktion

$$E(x) = e^x,$$

wo e die Eulersche Zahl bedeutet. Dabei kann das Argunent x jeden reellen Wert annehmen.

Die Grundeigenschaft der Exponentialfunktion gewinnen wir aus der Definition der Zahl e:

Die Zahl e ist die Zahl, die stets zwischen $\left(1+\frac{1}{p}\right)^p$ und $\left(1+\frac{1}{p}\right)^{p+1}$ liegt, einerlei welchen positiven Wert p hat.

Danach ist erstens

$$e > \left(1+\frac{1}{p}\right)^p.$$

Wir setzen, unter x eine beliebige positive Zahl verstanden, $p = 1 : x$ und bekommen

$$e > (1+x)^{\frac{1}{x}}$$

oder

(1) $$e^x > 1 + x \qquad (x > 0).$$

Zweitens ist

$$e < \left(1+\frac{1}{p}\right)^{p+1}.$$

Wir setzen, unter ξ einen positiven Echtbruch verstanden,

$$p + 1 = \frac{1}{\xi}, \text{ also } 1 + \frac{1}{p} = \frac{1}{1-\xi} \text{ und bekommen}$$

$$e < \left(\frac{1}{1-\xi}\right)^{\frac{1}{\xi}}$$

oder

$$e^{\xi} < \frac{1}{1-\xi} \qquad (0 < \xi < 1)$$

oder

$$e^{-\xi} > 1 - \xi$$

oder, $-\xi = x$ gesetzt,

(2) $$e^x > 1 + x \qquad (-1 < x < 0).$$

Nach (1) und (2) ist e^x für alle positiven Argumentwerte und für alle negativen echt gebrochenen Argumentwerte größer als $1 + x$.

Diese Ungleichheit ist aber für $x = -1$ und für alle negativen unecht gebrochenen x-Werte eine Selbstverständlichkeit:

$$(3) \qquad e^x > 1 + x \qquad (-\infty < x \leqq -1),$$

da die linke Seite dieser Ungleichung positiv, die rechte negativ oder null ist.

Durch Zusammenfassung der drei Relationen (1), (2), (3) erhalten wir die Ungleichung

$$e^x > 1 + x \qquad (x \neq 0).$$

Ergebnis:

Die für jedes positive und negative x gültige Ungleichung der Exponentialfunktion

$$\boxed{e^x > 1 + x}$$

ist die Grundeigenschaft der Exponentialfunktion.

Wir benutzen die Ungleichung der Exponentialfunktion sofort zur Herleitung der Limesformel der Exponentialfunktion.

n sei eine beliebige positive Zahl, die wir jedoch aus gleich hervortretenden Gründen größer als $|x|$ und größer als x^2 voraussetzen.

Nach der Ungleichung der Exponentialfunktion ist für nicht verschwindendes x

$$e^{\frac{x}{n}} > 1 + \frac{x}{n}.$$

Da die rechte Seite dieser Ungleichung in Ansehung der für n getroffenen Annahme positiv ist, können wir die Ungleichung mit n potenzieren. Das gibt

$$(\text{I}) \qquad e^x > \left(1 + \frac{x}{n}\right)^n.$$

Nach der Ungleichung der Exponentialfunktion ist auch

$$e^{-\frac{x}{n}} > 1 - \frac{x}{n},$$

wo die rechte Seite wegen $n > |x|$ wieder positiv ist. Auch diese Ungleichung potenzieren wir mit n, jedoch erst, nachdem wir sie mit (dem positiven Werte) $1 + \frac{x}{n}$ multipliziert haben. Das gibt

$$\left(1 + \frac{x}{n}\right)^n \cdot e^{-x} > \left(1 - \frac{x^2}{n^2}\right)^n$$

Da $n^2 > x^2$ ist, hat die rechts stehende Klammer einen positiven Wert. Daher ist nach der Potenzungleichung

$$\left(1 - \frac{x^2}{n^2}\right)^n > 1 - \frac{x^2}{n},$$

wo die rechte Seite nach Voraussetzung wieder einen positiven Wert darstellt.

Aus den beiden letzten Ungleichungen folgt

$$\left(1 + \frac{x}{n}\right)^n e^{-x} > 1 - \frac{x^2}{n}$$

oder

$$\text{(II)} \qquad e^x < \frac{\left(1 + \frac{x}{n}\right)^n}{1 - \frac{x^2}{n}}.$$

Die Zusammenfassung der Formeln (I) und (II) liefert die wichtige Ungleichung

$$\boxed{\left(1 + \frac{x}{n}\right)^n < e^x < \left(1 + \frac{x}{n}\right)^n : \left(1 - \frac{x^2}{n}\right)},$$

die für jedes die Werte $|x|$ und x^2 überschreitende n gilt, wo x eine beliebige nicht verschwindende reelle Zahl ist.

Setzen wir $\left(1 + \frac{x}{n}\right)^n$ in die Mitte, so nimmt die gefundene Ungleichung die Gestalt

$$\boxed{e^x \left(1 - \frac{x^2}{n}\right) < \left(1 + \frac{x}{n}\right)^n < e^x}$$

an. Aus ihr erkennen wir:

Bei unbegrenzt wachsendem n strebt das „Polynom" $\left(1 + \frac{x}{n}\right)^n$ gegen den Wert e^x.

In Zeichen: $$\boxed{\lim_{n\to\infty}\left(1+\frac{x}{n}\right)^n = e^x}$$

Dies ist die Limesformel der Exponentialfunktion.

§ 45
Die Exponentialreihe.

Wir stellen uns die Aufgabe:

Die Exponentialfunktion e^x in eine nach Potenzen von x fortschreitende Reihe zu verwandeln.

Zur Lösung dieser Aufgabe benötigen wir den Mittelwert μ der Funktion e^x im Intervall $(0,x)$, und diesen finden wir mit Hilfe der Schrankenformel für den Differenzenquotienten

$$\mathfrak{D} = \frac{e^X - e^x}{X - x}$$

der Exponentialfunktion.

Wir nehmen zwei beliebige Argumentwerte x und $X > x$, setzen $X - x = \xi$ und haben nach der Ungleichung der Exponentialfunktion

$$e^{\xi} > 1 + \xi \qquad \text{und} \qquad e^{-\xi} > 1 - \xi .$$

Wir multiplizieren die erste Ungleichung mit e^x, die zweite mit e^X und bekommen

$$e^X > e^x + \xi e^x \qquad \text{und} \qquad e^x > e^X - \xi e^X$$

oder

$$\frac{e^X - e^x}{\xi} > e^x \qquad \text{und} \qquad \frac{e^X - e^x}{\xi} < e^X ,$$

mithin durch Zusammenfassung

$$\boxed{e^x < \frac{e^X - e^x}{X - x} < e^X} .$$

Durch diese Schrankenformel wird der Differenzenquotient $\mathfrak{D}$ in Schranken eingeschlossen.

Ihr bloßer Anblick zeigt, was nicht unerwähnt bleiben darf:

Der Differentialquotient der Funktion e^x ist e^x.

Der Mittelwert μ der Exponentialfunktion e^x im Intervalle $(0,x)$ berechnet sich nun mit Hilfe der eben gewonnenen Schrankenformel folgendermaßen.

Wir teilen das Intervall $(0, x)$ in n gleiche Teile, von denen jeder die Länge d habe, so daß $n\,d = \pm\, x$ ist, je nachdem x positiv oder negativ ist. Die Teilpunkte seien, die Intervallenden mitgezählt, von links nach rechts $x_0, x_1, x_2, \ldots, x_n$, so daß bei positivem x $x_0 = 0$, $x_n = x$, bei negativem x $x_0 = x$, $x_n = 0$ ist.

Wir notieren die Schrankenformel sukzessive für die n Wertepaare (x_0, x_1), (x_1, x_2), ..., (x_{n-1}, x_n) und erhalten das Schema

$$e^{x_0} < \frac{e^{x_1} - e^{x_0}}{d} < e^{x_1}$$

$$e^{x_1} < \frac{e^{x_2} - e^{x_1}}{d} < e^{x_2}$$

$$e^{x_2} < \frac{e^{x_3} - e^{x_2}}{d} < e^{x_3}$$

$$\cdots\cdots\cdots\cdots\cdots\cdots$$

$$e^{x_{n-1}} < \frac{e^{x_n} - e^{x_{n-1}}}{d} < e^{x_n}\,.$$

Wir addieren die n Schemazeilen, wobei wir zur Abkürzung

$$\frac{e^{x_1} + e^{x_2} + \ldots + e^{x_n}}{n} = M$$

und

$$e^{x_n} - e^{x_0} = \Delta$$

setzen, und bekommen

$$n\,M - \Delta < \frac{\Delta}{d} < n\,M$$

oder, nach M aufgelöst,

$$\frac{\Delta}{n\,d} < M < \frac{\Delta}{n\,d} + \frac{\Delta}{n}\,.$$

Nun ist, einerlei ob x positiv oder negitiv ist,

$$q = \frac{\Delta}{n\,d} = \frac{e^x - 1}{x}\,.$$

Mithin entsteht schließlich

$$q < M < q + \frac{\Delta}{n}.$$

Bei unbegrenzt wachsendem n strebt M gegen den gesuchten Mittelwert μ der Funktion e^x, $\Delta : n$ gegen Null, und es wird

$$\mu = q.$$

D. h.

Der Mittelwert der Exponentialfunktion e^x im Intervall $(0, x)$ ist

$$\boxed{\mu = \frac{e^x - 1}{x}},$$

einerlei ob x positiv oder negativ ist.

Nun zur Reihenentwicklung von e^x! Wir gehen aus von der Ungleichung

$$e^x > 1 + x,$$

nehmen x zunächst positiv an und bilden beiderseits die Mittelwerte (als Intervall nehmen wir stets den Bereich von 0 bis x). Das gibt

$$\frac{e^x - 1}{x} > 1 + \frac{x}{2}$$

oder

$$e^x > 1 + x + \frac{x^2}{2!}.$$

Durch abermalige Mittelwertbildung entsteht [der Mittelwert von x^n ist $x^n : (n + 1)$, § 21.]

$$\frac{e^x - 1}{x} > 1 + \frac{x}{2} + \frac{x^2}{3!}$$

oder

$$e^x > 1 + x + \frac{x^2}{2!} + \frac{x^3}{3!}$$

So fahren wir fort nnd erhalteu

(1) $$e^x > 1 + x + \frac{x^2}{2!} + \frac{x^3}{3!} + \ldots + \frac{x^n}{n!}.$$

Um auch eine obere Schranke für e^x zu bekommen, beginnen wir mit der Ungleichung

$$e^{-x} > 1 - x,$$

multiplizieren sie mit e^x und haben $1 > e^x - x\,e^x$ oder

$$\boxed{e^x < 1 + x\,e^x}$$

Bei den nun folgenden Mittelwertbildungen verwenden wir den selbstverständlichen Satz „Der Mittelwert des Produkts zweier positiver Funktionen u und v ist kleiner als das Produkt aus dem Mittelwerte von u und dem Maximum von v im Intervall."

Beim ersten Schritt erhalten wir demgemäß ($u = x$, $v = e^x$)

$$\frac{e^x - 1}{x} < 1 + \frac{x}{2} \cdot e^x$$

oder

$$e^x < 1 + x + \frac{x^2}{2!} \cdot e^x,$$

beim zweiten ($u = x^2 : 2$, $v = e^x$)

$$\frac{e^x - 1}{x} < 1 + \frac{x}{2} + \frac{x^2}{3!} \cdot e^x$$

oder

$$e^x < 1 + x + \frac{x^2}{2!} + \frac{x^3}{3!} \cdot e^x$$

u. s. w., schließlich

(2) $$e^x < 1 + x + \frac{x^2}{2!} + \frac{x^3}{3!} + \ldots + \frac{x^n}{n!} \cdot e^x.$$

Stellen wir dieselben Überlegungen für negatives x an, so wird die Sache etwas einfacher.

Aus

$$e^x > 1 + x$$

folgt wie oben

$$\frac{e^x - 1}{x} > 1 + \frac{x}{2},$$

nun aber, da x negativ ist,

$$e^x < 1 + x + \frac{x^2}{2!}.$$

Die nächste Mittelwertbildung liefert

$$\frac{e^x - 1}{x} < 1 + \frac{x}{2} + \frac{x^2}{3!}$$

oder

$$e^x > 1 + x + \frac{x^2}{2!} + \frac{x^3}{3!},$$

die folgende

$$e^x < 1 + x + \frac{x^2}{2!} + \frac{x^3}{3!} + \frac{x^4}{4!}$$

u. s. w. Das Ergebnis lautet diesmal:

Bei negativem x ist

(3) $$e^x > 1 + x + \frac{x^2}{2!} + \frac{x^3}{3!} + \dots + \frac{x^{2\nu-1}}{(2\nu-1)!}$$

(4) $$e^x < 1 + x + \frac{x^2}{2!} + \frac{x^3}{3!} + \dots + \frac{x^{2\nu}}{(2\nu)!}\,.$$

Die Zusammenfassung der Ungleichungen (1), (2), (3), (4) ergibt den

Schrankensatz der Exponentialfunktion:

Bei positivem x liegt e^x zwischen

$$1 + x + \frac{x^2}{2!} + \frac{x^3}{3!} + \dots + \frac{x^n}{n!} \text{ und } 1 + x + \frac{x^2}{2!} + \frac{x^3}{3!} + \dots + \frac{x^n}{n!} \cdot e^x,$$

bei negativem x zwischen

$$1 + x + \frac{x^2}{2!} + \frac{x^3}{3!} + \dots + \frac{x^n}{n!} \text{ und } 1 + x + \frac{x^2}{2!} + \frac{x^3}{3!} + \dots + \frac{x^{n+1}}{(n+1)!}.$$

Setzen wir also „angenähert"

$$e^x \approx 1 + x + \frac{x^2}{2!} + \frac{x^3}{3!} + \dots + \frac{x^n}{n!},$$

so ist der damit begangene Fehler bei positivem x kleiner als $\frac{x^n}{n!}(e^x - 1)$, bei negativem x kleiner als $\left|\frac{x^{n+1}}{(n+1)!}\right|$.

Nun strebt aber der Bruch $x^n : n!$ für endliches x und unbegrenzt wachsendes n gegen Null (§ 21). Demnach verschwindet der mit unserer Näherungsgleichung verbundene Fehler bei unbegrenzt wachsendem n. Folglich:

Für jedes endliche x gilt die Reihenentwicklung

$$\boxed{e^x = 1 + x + \frac{x^2}{2!} + \frac{x^3}{3!} + \dots \text{ in inf}}$$

Die für jedes endliche x konvergente Potenzreihe

$$1 + x + \frac{x^2}{2!} + \frac{x^3}{3!} + \dots$$

heißt die Exponentialreihe.

Die Exponentialreihe, wohl die wichtigste Reihe der Mathematik, wurde von Newton entdeckt. Die berühmte Abhandlung, in welcher sie steht, enthält auch die Sinusreihe und Cosinusreihe, trägt den Titel „De analysi per aequationes numero terminorum infinitas" und wurde um 1665 verfaßt. Newtons Herleitung ist allerdings ziemlich umständlich und außerdem nicht streng.

Die Exponentialreihe eignet sich vortrefflich zur Berechnung der Eulerschen Zahl e. Setzen wir beispielsweise (für $x = 1$)

$$e = 1 + \frac{1}{1!} + \frac{1}{2!} + \cdots + \frac{1}{10!} = 2{,}7182818012,$$

so ist der begangene Fehler

$$\frac{1}{11!} + \frac{1}{12!} + \cdots = \frac{1}{11!}\left(1 + \frac{1}{12} + \frac{1}{12 \cdot 13} + \cdots\right)$$

kleiner als

$$\frac{1}{11!}\left(1 + \frac{1}{12} + \frac{1}{12^2} + \frac{1}{12^3} + \cdots\right),$$

d. h. kleiner als $\frac{1}{11!} \cdot \frac{12}{11}$, welcher Wert selbst kleiner als 0,000 000 08 ist. Der genaue Wert ist

$$e = 2{,}71828182845904523536\ldots.$$

§ 46
Die Exponentialkurve.

Unter der Exponentialkurve versteht man die Kurve, deren Gleichung in rechtwinkligen kartesischen Koordinaten x, y

$$y = e^x$$

lautet.

Bei der Berechnung des für die Zeichnung der Kurve benötigten Protokolls wird man entweder die Exponentialreihe benutzen, die zu jeder Abszisse x die zugehörige Kurvenkoordinate y zu berechnen gestattet, oder man wird — was meist bequemer sein wird — die zu den für die Zeichnung ausgewählten Abszissenwerten x gehörigen Ordinaten y mittels der Gleichung $y = e^x$ logarithmisch berechnen. Der dabei gebrauchte gemeine Logarithmus von e hat den Wert

$$\log e = 0{,}434294.$$

Die graphische Darstellung ergibt folgendes für den

Verlauf der Exponentialkurve:

Die Kurve liegt gänzlich oberhalb der x-Achse, die y-Achse an der Stelle $x = 0, y = 1$ durchschneidend.

Bei positivem, wachsendem x steigt sie immer höher empor, um bei unbegrenzt wachsenden x-Werten ins Unendliche zu gehen.

Bei negativem, fallendem x sinkt sie dauernd abwärts, um sich bei unbegrenzt fallendem x der Abszissenachse asymptotisch zu nähern.

Sie ist gegen die x-Achse überall konvex.

Die Konvexität der Exponentialkurve gegen die x-Achse bedarf eines (arithmetischen) Beweises.

Eine Kurve heißt konvex gegen die x-Achse, wenn bei jedem Kurvenpunktpaar $p\ (x, y)$, $P\ (X, Y)$ mit $X > x$ die zu jeder Zwischenabszisse ξ: $x < \xi < X$

gehörige Kurvenordinate η kleiner ist als die zur Abszisse ξ gehörige Ordinate H der Kurvensehne $p\,P$.

Um die Konvexität der Exponentialkurve nachzuweisen, seien p (mit der Abszisse x und der Ordinate $y = e^x$) und P (mit der Abszisse $X > x$ und der Ordinate $Y = e^X$) zwei beliebige Punkte der Kurve, sei ferner ξ eine beliebige Zwischenabszisse:

$$x < \xi < X,$$

$\eta = e^\xi$ die zugehörige Kurvenordinate und H die zu ξ gehörige Ordinate der Kurvensehne $p\,P$.

Um zunächst H zu bestimmen, drücken wir die Steigung der Sehne $p\,P$ zweimal aus:

$$\frac{\mathrm{H} - y}{\xi - x} = \frac{Y - \mathrm{H}}{X - \xi}\,.$$

Das gibt

$$\mathrm{H} = \frac{y\,(X - \xi) + Y\,(\xi - x)}{X - x}$$

oder

$$\mathrm{H} = \frac{e^x\,(X - \xi) + e^X\,(\xi - x)}{X - x}\,.$$

Die zu ξ gehörige Kurvenordinate ist

$$\eta = e^{\xi}.$$

Wir haben zu zeigen, daß

$$\eta < H$$

ist.

Demgemäß setzen wir die Ungleichung

$$\eta < H$$

versuchsweise an:

$$e^{\xi} < \frac{e^{x}(X-\xi) + e^{X}(\xi - x)}{X - x}$$

und bilden aus ihr die neuen Ungleichungen

$$e^{\xi}(X-\xi) + e^{\xi}(\xi - x) < e^{x}(X-\xi) + e^{X}(\xi - x),$$

$$(e^{\xi} - e^{x})(X-\xi) < (e^{X} - e^{\xi})(\xi - x),$$

$$\frac{e^{\xi} - e^{x}}{\xi - x} < \frac{e^{X} - e^{\xi}}{X - \xi}.$$

Wenn wir jetzt zeigen können, daß diese letzte Ungleichung richtig ist, so sind auch die vorhergehenden Ungleichungen richtig und ist auch

$$\eta < H.$$

Nach der Schrankenformel für den Differenzenquotienten der Exponentialfunktion (§ 45) ist aber

sowohl $\frac{e^{\xi} - e^{x}}{\xi - x} < e^{\xi}$ als auch $e^{\xi} < \frac{e^{X} - e^{\xi}}{X - \xi}$

Daher ist erst recht

$$\frac{e^{\xi} - e^{x}}{\xi - x} < \frac{e^{X} - e^{\xi}}{X - \xi}.$$

Nach dem oben Gesagten ist damit auch

$$\eta < H,$$

und die Konvexität der Exponentialkurve ist bewiesen.

§ 47
Exponentialfunktion und Kreisfunktionen.

Die Exponentialfunktion e^{x} steht in einem von Euler entdeckten merkwürdigen engen Zusammenhange mit den Kreisfunktionen $\sin x$ und $\cos x$. Um diesen Zusammenhang zu erfassen, ist es notwendig, die Exponetialfunktion für **komplexes** Argument kennen zu lernen. Es sei demgemäß

$$z = x + y i$$

die unabhängige komplexe Variable oder das komplexe Argument, Dabei sind x und y reelle unabhängige Veränderliche, von denen bekanntlich x der reelle Bestandteil oder Realteil, y der „imaginäre" Bestandteil oder Imaginärteil von z heißt.

Nun hatten wir bei reellem z, $z = x$, für die Exponentialfunktion $E(z) = e^z$ die Potenzreihe

$$E(z) = e^z = 1 + z + \frac{z^2}{2!} + \frac{z^3}{3!} + \cdots,$$

die für jedes endliche reelle z konvergiert.

Wir werden jetzt zeigen, daß die Reihe

$$E(z) = 1 + z + \frac{z^2}{2!} + \frac{z^3}{3!} + \cdots$$

auch für jedes endliche komplexe z konvergiert, d. h. einen angebbaren endlichen Wert $E(z)$ darstellt. Es sei demgemäß $z = x + y i$ ein derartiger Wert, $Z = |z| = \sqrt{x^2 + y^2}$ sein Betrag („absoluter Betrag"). Wir achten auf die „Teilsumme"

$$E_n(z) = 1 + z + \frac{z^2}{2!} + \frac{z^3}{3!} + \cdots + \frac{z^n}{n!}$$

und den ihr folgenden „Restteil"

$$\mathfrak{r}_p = \frac{z^{n+1}}{(n+1)!} + \frac{z^{n+2}}{(n+2)!} + \cdots + \frac{z^{n+p}}{(n+p)!},$$

wo p eine beliebige natürliche Zahl bedeutet.

Die Reihe $E(z)$ konvergiert, wenn sich zu jedem positiven ε ein endlicher Zeiger n angeben läßt derart, daß der Betrag $\Re_p$ des Restteils für jedes p kleiner als ε ausfällt. Nun ist

$$\Re_p \leqq \frac{Z^{n+1}}{(n+1)!} + \frac{Z^{n+2}}{(n+2)!} + \cdots + \frac{Z^{n+p}}{(n+p)!},$$

mithin erst recht

$$\Re_p < \frac{Z^{n+1}}{(n+1)!} + \frac{Z^{n+2}}{(n+2)!} + \cdots \text{ in inf}$$

oder

$$\Re_p < e^Z - E_n(Z).$$

Nach der Näherungsgleichung der Exponentialfunktion (§ 45) läßt sich aber ein endlicher Zeiger n angeben, für den

$$e^Z - E_n(Z) < \varepsilon$$

ausfällt. Daher wird für jedes p

$$\mathfrak{R}_p < \varepsilon.$$

Das heißt:

Die Exponentialreihe

$$E(z) = 1 + z + \frac{z^2}{2!} + \frac{z^3}{3!} + \cdots$$

konvergiert für jedes endliche z.

Sie konvergiert, wie man zugleich übersieht, sogar absolut, d. h. sie konvergiert auch noch, wenn jedes ihrer Glieder durch seinen absoluten Betrag ersetzt wird.

Da nun die Potenzreihe

$$E(z) = 1 + z + \frac{z^2}{2!} + \frac{z^3}{3!} \cdots$$

für jedes endliche reelle oder komplexe z einen angebbaren endlichen Wert darstellt, definiert man:

Unter der Exponentialfunktion $E(z)$ versteht man die für jedes reelle oder komplexe z konvergente Potenzreihe

$$1 + z + \frac{z^2}{2!} + \frac{z^3}{3!} + \cdots \text{ in inf},$$

und man setzt, einerlei ob z reell oder komplex ist,

$$e^z = E(z).$$

Die Gleichung

$$e^z = 1 + z + \frac{z^2}{2!} + \frac{z^3}{3!} + \cdots \text{ in inf}$$

ist für reelles z bewiesen, während sie für komplexes z lediglich eine Definition des Symbols bzw. der „Zahl" e^z darstellt.

Diese Definition findet noch eine besondere Rechtfertigung durch die sog. Funktionalgleichung der Exponentialfunktion, die wir jetzt herleiten werden.

a und b seien zwei beliebige komplexe Zahlen, A und B ihre Beträge und $A + B = S$.

Durch Multiplikation von

$$E_n(a) = 1 + a + \frac{a^2}{2!} + \cdots + \frac{a^n}{n!}$$

$$\text{und } E_n(b) = 1 + b + \frac{b^2}{2!} + \cdots + \frac{b^n}{n!}$$

ergibt sich

$$E_n(a) \cdot E_n(b) = 1 + c_1 + c_2 + \cdots + c_{2n} \,,$$

unter c_ν die Summe aller Produkte $\frac{a^r}{r!} \cdot \frac{a^s}{s!}$ verstanden, in denen die Exponenten r und s die Summe ν haben. Solange ν den Wert n nicht übersteigt, kommen in c_ν alle $\nu + 1$ Zeigerpaare (r, s) mit der Summe $r + s = \nu$ vor; für $\nu > n$ dagegen nur ein Teil von ihnen. Nach dem binomischen Satze ist daher

$$\text{für } \nu \leqq n \qquad c_\nu = \frac{(a+b)^\nu}{\nu!} \,,$$

$$\text{für } \nu > n \qquad C_\nu < \frac{S^\nu}{\nu!} \,,$$

wo C_ν den Betrag von c_ν bedeutet.

Folglich ist die Summe der ersten $n + 1$ Glieder von $E_n(a) \cdot E_n(b)$ gleich $E_n(a + b)$, die Summe der folgenden n Glieder betraglich kleiner als $\mathfrak{r}_n(S)$, d. h. erst recht kleiner als

$$\frac{S^{n+1}}{(n+1)!} + \frac{S^{n+2}}{(n+2)!} + \cdots \text{ in inf} = e^S - E_n(S) \doteq \delta \,,$$

so daß wir sie gleich $\Theta\delta$ setzen können, wo $|\Theta| < 1$ ist.

Demnach haben wir die Gleichung

$$E_n(a) \cdot E_n(b) = E_n(a + b) + \Theta\delta.$$

Lassen wir in ihr n unendlich werden, so verwandelt sie sich wegen $\delta \to 0$ in

$$\boxed{E(a) \cdot E(b) = E(a + b)}$$

oder

$$\boxed{e^a \cdot e^b = e^{a+b}} \,.$$

Diese fundamentale Formel ist die

Funktionalgleichung der Exponentialfunktion.

Durch sie wird die obige Definition von e^x vollends gerechtfertigt.

Aus der Funktionalgleichung der Exponentialfunktion folgt noch die wichtige Formel

$$\boxed{(e^z)^n = e^{nz}},$$

in welcher z eine beliebige komplexe Zahl, n eine beliebige ganze Zahl bedeutet.

Beweis. Zunächst ist

$$e^z \cdot e^z = e^{2z},$$

dann

$$e^z \cdot e^z \cdot e^z = e^{2z} \cdot e^z = e^{3z},$$

darauf

$$e^z \cdot e^z \cdot e^z \cdot e^z = e^{3z} \cdot e^z = e^{4z}$$

u. s. w., wobei in jeder Zeile die Funktionalgleichung angewandt wurde. Diese Schlußkette liefert

$$(e^z)^n = e^{nz} \text{ für positives } n.$$

Bei negativem n, $n = -\mu$, haben wir

$$(e^z)^{-\mu} = \frac{1}{(e^z)^\mu} = \frac{1}{e^{\mu z}}.$$

Nach der Funktionalgleichung ist aber

$$e^{\mu z} \cdot e^{-\mu z} = e^0 = 1,$$

so daß

$$\frac{1}{e^{\mu z}} = e^{-\mu z}$$

ist. Folglich wird

$$(e^z)^{-\mu} = e^{-\mu z}. \qquad \text{Q. e. d.}$$

Nachdem wir so über die Funktion e^z des komplexen Arguments $z = x + i\,y$ ins Klare gekommen sind, wählen wir das Argument z rein imaginär:

$$z = y\,i \qquad (y \text{ reell})$$

und haben

$$e^{iy} = 1 + iy + \frac{(iy)^2}{2!} + \frac{(iy)^3}{3!} + \frac{(iy)^4}{4!} + \cdots$$

oder nach Trennung des Reellen vom Imaginären

$$e^{iy} = \left(1 - \frac{y^2}{2!} + \frac{y^4}{4!} - \frac{y^6}{6!} + - \cdots\right) + \left[y - \frac{y^3}{3!} + \frac{y^5}{5!} - \frac{y^7}{7!} + - \cdots\right] i.$$

Nach § 21 hat die runde Klammer den Wert cos y, die eckige den Wert sin y. Daher gilt die berühmte

Gleichung von Euler:

$$\boxed{e^{iy} = \cos y + i \sin y},$$

welche den Zusammenhang der Exponentialfunktion mit den Kreisfunktionen Sinus und Cosinus vermittelt.

Für $z = -yi$ wird natürlich ebenso

$$e^{-iy} = \cos y - i \sin y,$$

welche Gleichung aus der Eulerschen sofort entsteht, wenn man i in $-i$ verwandelt.

Durch Verknüpfung der beiden letzten Gleichungen ergeben sich die beiden Eulerschen Formeln

$$\boxed{\cos y = \frac{e^{iy} + e^{-iy}}{2}} \qquad \boxed{\sin y = \frac{e^{iy} - e^{-iy}}{2i}}\,.$$

Sie zeigen:

Die Kreisfunktionen können vermittels der Exponentialfunktion definiert werden.

Nehmen wir jetzt allgemein

$$z = x + iy,$$

wo x und y beliebige reelle Werte sind, so wird

$$e^z = e^{x+iy} = e^x \cdot e^{iy} = e^x (\cos y + i \sin y).$$

Die Exponentialfunktion e^z kann also, statt durch die Exponentialreihe auch durch die Gleichung

$$\boxed{e^z = e^x (\cos y + i \sin y)}\,, \quad (z = x + iy)$$

definiert werden.

Schreibt man

$$e^z = e^x \cos y + i e^x \sin y,$$

so erkennt man:

Der Realteil von e^z ist $e^x \cos y$, der Imaginärteil $e^x \sin y$.

Zum Schluß betrachten wir der Vollständigkeit halber noch die Ableitung der Exponentialfunktion e^z, d. h. den Grenzwert

$$\lim_{Z \to z} \frac{e^Z - e^z}{Z - z},$$

wo z ein beliebiger festgehaltener Wert des komplexen Arguments ist und Z einen variablen Argumentwert bedeutet, welcher auf irgendeinem Wege der komplexen Zahlenebene (der z-Ebene) der Stelle z unbegrenzt zueilt.

Aus der überall im Endlichen absolut und gleichmäßig konvergenten Potenzreihe für e^z (vgl. § 56, § 57)

$$e^z = 1 + z + \frac{z^2}{2!} + \frac{z^3}{3!} + \cdots$$

ergibt sich sofort die Ableitung zu

$$1 + z + \frac{z^2}{2!} + \frac{z^3}{3!} + \cdots$$

d. h. zu e^z. Ergo:

Die Ableitung der Exponentialfunktion e^z ist die Funktion selbst.

§ 48
Periodizität der Exponentialfunktion.

Da die Exponentialfunktion mit den Kreisfunktionen im engen Zusammenhang steht, ist als sicher anzunehmen, daß auch zwischen der Eulerschen Zahl e, welche die Basis der Exponentialfunktion bildet, und der Archimedischen Zahl π, die in der Lehre von den Kreisfunktionen eine dominierende Rolle spielt, eine enge Beziehung besteht. Diese Beziehung erhalten wir tatsächlich schnell und bequem durch Heranziehung der Eulerschen Formel

$$e^{iy} = \cos y + i \sin y.$$

Wir brauchen in dieser nur $y = \pi$ zu setzen; wegen $\cos \pi = -1$, $\sin \pi = 0$ gibt das die berühmte

Formel von Euler:

$$\boxed{e^{i\pi} = -1}\ .$$

Sie enthält in konzentrierter Form die Beziehung zwischen den beiden wichtigsten Zahlen der Mathematik: e und π.

Wir quadrieren diese Eulersche Formel und gewinnen die noch wichtigere fundamentale Beziehung

$$\boxed{e^{2\pi i} = 1} \qquad \text{oder} \qquad \boxed{e^{\omega} = 1} \qquad \text{mit } \omega = 2\pi i.$$

Damit haben wir zwei Wurzeln der Gleichung

$$e^z = 1,$$

eine reelle, schon bekannte: $z = 0$ und eine imaginäre: $z = \omega$ Außer dieser letzten Wurzel hat die Gleichung $e^z = 1$ aber noch viele andere imaginäre Wurzeln, z. B. $z = 2\,\omega$, $z = 3\,\omega \cdots$, $z = -\omega$, $z = -2\,\omega$, $\cdots$ kurzum jedes ganzzahlige Vielfache von ω. In der Tat ist für jede Ganzzahl n

$$e^{n\omega} = (e^{\omega})^n = 1^n = 1.$$

Andere Wurzeln als die genannten hat die Gleichung nicht.

Aus $e^z = 1$ mit $z = x + i\,y$ folgt nämlich

$$e^x \cos y + i\,e^x \sin y = 1, \text{ mithin}$$

$$e^x \cos y = 1 \quad \text{und} \quad e^x \sin y = 0.$$

Durch Quadrierung und folgende Addition erhalten wir hieraus $e^{2x} = 1$, also — da x reell ist — $x = 0$. Damit wird

$$\cos y = 1 \quad \text{und} \quad \sin y = 0.$$

Dieses Gleichungspaar ist nur für $y = n\,2\,\pi$ erfüllt, wo n eine beliebige Ganzzahl bedeutet, Daher wird $z = n\,\omega$. Folglich:

Die Wurzeln der Gleichung

$$e^z = 1$$

sind die Multipla von $\omega = 2\,\pi\,i$.

Aus diesem Satze ergibt sich sofort der fundamentale

Periodizitätssatz der Exponentialfunktion:

Die Exponentialfunktion $\mathrm{E}(z) = e^z$ ist periodisch; ihre Periode ist $\omega = 2\,\pi\,i$.

Beweis. Es ist

$$e^{z+\omega} = e^z \cdot e^{\omega} = e^z \cdot 1 = e^z,$$

mithin

$$\boxed{e^{z+\omega} = e^z} \qquad \text{oder} \qquad \boxed{\mathrm{E}(z+\omega) = \mathrm{E}(z)}\,.$$

Aus dieser Formel folgt, indem man sie wiederholt anwendet,

$$\mathrm{E}(z + n\,\omega) = \mathrm{E}(z) \qquad \text{oder} \qquad e^{z+n\omega} = e^z,$$

wo n eine beliebige Ganzzahl sein darf. Umgekehrt folgt aus

$$e^{z+\zeta} = e^z,$$

das ζ ein Multiplum von ω ist.

Die Formel schreibt sich nämlich nach Teilung durch e^z $e^{\zeta} = 1$, und diese Gleichung verlangt, daß ζ ein Multiplum von ω ist.

Die Periodizität der Exponentialfunktion ist eine der wichtigsten Eigenschaften der Funktion.

Wir verweisen in diesem Zusammenhange noch kurz auf die Gleichung

$$\boxed{e^z = e^c},$$

in welcher z die Unbekannte, c eine gegebene Konstante ist.

Wir schreiben sie, $z - c = u$ setzend,

$$e^u = 1$$

und erkennen hieraus, daß u ein (beliebiges) Multiplum von ω sein muß: $u = n\,\omega$. Ergo:

Die Gleichung

$$\boxed{e^z = e^c}$$

hat die unendlich vielen Wurzeln

$$\boxed{z = c + n\,\omega} \qquad \text{mit } \omega = 2\,\pi\,i,$$

wo n eine beliebige Ganzzahl ist. Andere Wurzeln hat die Gleichung nicht.

Dieser Satz kann auch aus der Periodizitätseigenschaft der Exponentialfunktion gewonnen werden, indem man aus

$$e^{0+u} = e^0 \qquad u = n\,\omega$$

folgert.

Man merke sich die wichtige Regel:

Aus $e^z = e^c$ folgt $z - c = n\,\omega$ (mit ganzem n) und umgekehrt.

Wir sind nun auch imstande, die Gleichung

$$\boxed{e^z = c}$$

zu behandeln, in welcher $c = a + i\,b$ eine beliebige vorgelegte Konstante bedeutet.

Nach dem letzten Ergebnis genügt es, eine Wurzel, etwa $z = r = p + i\,q$ der Gleichung zu ermitteln. Die Gleichung schreibt sich dann $e^z = e^r$ und hat die unendlich vielen Wurzeln $z = r + n\,\omega$.

Demnach betrachten wir die Gleichung

$e^{p+iq} = a + i\,b$ oder $e^p(\cos q + i \sin q) = d(\cos\alpha + i \sin\alpha)$, wo $d = \sqrt{a^2 + b^2}$ den Betrag, α den durch die Vorschriften

$d \cos \alpha = a$, $d \sin \alpha = b$ bestimmten Winkel von c bedeutet. Um die Gleichung zu lösen, wählen wir $q = \alpha$ und p gleich der Abszisse der Exponentialkurve, die zur Ordinate d gehört (wir können auch sagen: wir wählen p gleich $\operatorname{l} d$ d. h. gleich dem natürlichen Logarithmus von d). Die Wahl von q ist stets durchzuführen, die von p jedoch nur dann, wenn d von Null verschieden ist:

Ergebnis.

Die Gleichung

$$e^z = c$$

hat für jede nicht verschwindende Konstante c unendlich viele Wurzeln. Ist r eine von ihnen, so sind die übrigen $z = r + n\omega$, wo $\omega = 2\pi i$ ist und n alle Ganzzahlen durchläuft.

Die Funktion e^z nimmt demnach jeden von Null verschiedenen Wert unendlich oft an. Den Wert Null vermag sie nicht anzunehmen.

§ 49
Vorteile von Eulers Formel.

Wir zeigen in diesem Paragraphen wie Eulers Formel

$$e^{iy} = \cos y + i \sin y$$

und die mit ihr eng verbundene Periodizitätseigenschaft der Exponentialfunktion vorteilhaft zur Abkürzung trigonometrischer Rechnungen verwandt werden können.

I. Moivres Formel (§ 11).

Aus

$$(e^{i\varphi})^n = e^{n\varphi i}$$

folgt sofort Moivres Formel

$$\boxed{(\cos \varphi + i \sin \varphi)^n = \cos n\varphi + i \sin n\varphi}$$

II. Quasiarithmetische Reihen (§ 19).

Aufgabe: Die beiden Reihen

$$x = \cos \alpha + \cos(\alpha + \delta) + \cos(\alpha + 2\delta) + \cdots + \cos(\alpha + \overline{n-1}\,\delta)$$

und

$$y = \sin \alpha + \sin(\alpha + \delta) + \sin(\alpha + 2\delta) + \cdots + \sin(\alpha + \overline{n-1}\,\delta)$$

auszuwerten.

Lösung. Wir rechnen α und δ im Bogenmaß und bilden

$$z = x + i y = e^{i\alpha} + e^{i(\alpha+\delta)} + e^{i(\alpha+2\delta)} + \cdots + e^{i(\alpha+\overline{n-1}\,\delta)}.$$

Die rechte Seite dieser Gleichung ist eine geometrische Reihe mit dem Anfangsgliede $e^{i\alpha}$, dem Quotienten $e^{i\delta}$ und der Gliederzahl n. Ihre Summe ist daher

$$z = e^{i\alpha} \cdot \frac{e^{n\delta i} - 1}{e^{\delta i} - 1} = \frac{e^{\alpha i} \cdot e^{\frac{n\delta i}{2}}}{e^{\frac{\delta i}{2}}} \cdot \frac{e^{\frac{n\delta i}{2}} - e^{-\frac{n\delta i}{2}}}{e^{\frac{\delta i}{2}} - e^{-\frac{\delta i}{2}}}$$

oder

$$x + i y = e^{i(\alpha + \frac{n-1}{2}\delta)} \cdot \frac{\sin n\frac{\delta}{2}}{\sin\frac{\delta}{2}} =$$

$$\left[\cos\left(\alpha + \frac{n-1}{2}\delta\right) + i \sin\left(\alpha + \frac{n-1}{2}\delta\right)\right] \cdot \frac{\sin n\frac{\delta}{2}}{\sin\frac{\delta}{2}}.$$

$$\boxed{x = \cos\mu \cdot \tilde{n} \quad , \qquad y = \sin\mu \cdot \tilde{n}} \quad ,$$

wo μ der Mittelwert der n Winkel α, $\alpha + \delta$, $\cdots$, $\alpha + (n-1)\delta$ und $\tilde{n}$ der Quotient $\sin n\frac{\delta}{2} : \sin\frac{\delta}{2}$ ist.

III. Die Kreisteilungsgleichung $z^n = 1$.

Gesucht sind die n Wurzeln der Gleichung $z^n = 1$. Offenbar ist $\alpha = e^{\frac{r}{n}\omega}$, wo r eine beliebige Ganzzahl und $\omega = 2\pi i$ ist, eine Wurzel. In der Tat ist $\alpha^n = \left(e^{\frac{r}{n}\omega}\right)^n = e^{r\omega} = 1$.

Setzen wir r sukzessiv gleich 1, 2, 3, . . . , n, so erhalten wir n verschiedene Wurzeln α_1, α_2, α_3, . . . , α_n. Wäre z. B. $\alpha_r = \alpha_s$, wo beide Zeiger n nicht überschreiten, so hätte man

$$e^{\frac{r}{n}\omega} = e^{\frac{s}{n}\omega} \text{ und darum } \frac{r}{n}\omega - \frac{s}{n}\omega = g\,\omega,$$

wo g eine Ganzzahl sein müßte. Das gäbe aber $r - s = g\,n$, so daß $r - s$ durch n teilbar sein müßte, was aber wegen $|r - s| < n$ nicht sein kann.

Anderseits kann die Gleichung $z^n = 1$ nach dem Fundamentalsatz der Algebra nicht mehr als n Wurzeln haben. Folglich sind die angegebenen n Werte $\alpha_1, \alpha_2, \ldots, \alpha_n$ sämtliche Wurzeln der Gleichung.

Ergebnis.

Die Kreisteilungsgleichung $z^n = 1$ hat die n Wurzeln $\alpha_1, \alpha_2, \ldots, \alpha_n$ mit $\alpha_r = e^{\frac{r}{n}\omega}$

Diese Wurzeln bilden in der Gaußschen Zahlenebene die Ecken des regulären n-Ecks, welches dem um den Nullpunkt beschriebenen Einheitskreise einbeschrieben ist, wobei eine Ecke auf den Punkt $z = 1$ fällt.

IV. Zerlegung von $z^n - 1$ in Faktoren.

Die Gleichung $z^n = 1$ wird sicher befriedigt durch $z = \alpha_r = e^{\frac{r}{n}\omega}$ bei beliebigem ganzzahligem r, da $\alpha_r^n = e^{r\omega} = 1$ ist. Wir setzen sukzessive $r = 0, 1, 2, \ldots, \nu, -1, -2, -3, \ldots, -\nu$, wo ν bei gradem n $\frac{n}{2}$, bei ungradem n $\frac{n-1}{2}$ ist, und erhalten dadurch $2\nu + 1$ Wurzeln α unserer Gleichung, also $n + 1$ Wurzeln bei gradem n, n Wurzeln bei ungeradem n. Da die Wurzelzahl n ist, muß im ersten Falle eine Wurzel zweimal vorkommen. In der Tat ist $\alpha_\nu = \alpha_{-\nu}$, da $e^{\frac{\nu}{n}\omega} = e^{i\pi} = -1$ und $e^{\frac{-\nu}{n}\omega} = e^{-i\pi} = -1$. Von diesem Vorkommnis abgesehen, kann aber keine weitere Wurzel zweimal auftreten, da aus $e^{\frac{r}{n}\omega} = e^{\frac{s}{n}\omega}$ folgen würde, daß $\frac{r-s}{n}\omega$ ein Multiplum $g\omega$ von ω, d. h. $r - s$ ein Multiplum von n sein müßte, was aber wegen $|r - s| < 2\nu$ $(= n$ bzw. $= n - 1)$ nicht sein kann.

Die Wurzeln der Gleichung $z^n = 1$ sind demnach bei gradem n $\alpha_0, \alpha_{\pm 1}, \alpha_{\pm 2}, \ldots, \alpha_{\pm(\nu-1)}, \alpha_\nu$, bei ungradem n $\alpha_0, \alpha_{\pm 1}, \alpha_{\pm 2}, \ldots, \alpha_{\pm\nu}$. Nach dem Fundamentalsatz der Algebra ist nun

$$z^n - 1 = \Pi\,(z - \alpha),$$

wo das rechts stehende Produkt alle n Linearfaktoren $z - \alpha$ umfaßt, in denen α eine der n Wurzeln ist.

Bei gradem n fassen wir die Linearfaktoren zu Paaren zusammen, zum Paare $(z - \alpha_0)\,(z - \alpha_\nu)$ und zu den $(\nu - 1)$ Paaren

$(z-\alpha_r)\,(z-\alpha_{-r})$ mit $r = 1, 2, 3, \ldots, \nu - 1$. Das erste Paar wird wegen $\alpha_0 = 1$, $\alpha_\nu = -1$ $(z-1)\,(z+1) = z^2 - 1$, das andere

$$(z-\alpha_r)\,(z-\alpha_{-r}) = z^2 - (\alpha_r + \alpha_{-r})\,z + \alpha_r\,\alpha_{-r} =$$
$$z^2 - \left(e^{\frac{r}{n}\omega} + e^{-\frac{r}{n}\omega}\right) z + 1$$

oder, da $e^{\frac{r}{n}\omega} + e^{-\frac{r}{n}\omega} = 2\cos\frac{r}{n}\,2\pi$ ist,

gleich $z^2 - 2z\cos\frac{r}{n}\,2\pi + 1$.

Damit wird bei gradem n.

$$z^n - 1 = (z^2 - 1)\,\Pi\left(z^2 - 2z\cos\frac{r}{n}\,2\pi + 1\right),$$

wo im rechts stehenden Produkt r alle unterhalb $\frac{n}{2}$ liegenden positiven Zeiger durchläuft.

Bei ungradem n stellen wir den Linearfaktor $z - \alpha_0 = z - 1$ allein, die andern 2ν Faktoren fassen wir wieder zu Paaren von der Form $(z-\alpha_r)\,(z-\alpha_{-r})$ zusammen.

Daher wird bei ungradem n

$$z^n - 1 = (z-1)\,\Pi\left(z^2 - 2z\cos\frac{r}{n}\,2\pi + 1\right),$$

wo wieder r alle unterhalb $\frac{n}{2}$ liegenden positiven Zeiger durchläuft.

Ergebnis.

Satz von der Zerlegung des Polynoms $z^n - 1$:

Bei gradem n ist

$$\boxed{z^n - 1 = (z^2 - 1)\,\Pi\left(z^2 - 2z\cos\frac{r}{n}\,2\pi + 1\right)}\;,$$

bei ungradem n

$$\boxed{z^n - 1 = (z - 1)\,\Pi\left(z^2 - 2z\cos\frac{r}{n}\,2\pi + 1\right)}\;,$$

wobei r im Produkt Π alle unterhalb $\frac{n}{2}$ liegenden Positivzeiger durchläuft.

V. Zerlegung von $z^n + 1$ in Faktoren.

Die Gleichung $z^n = -1$ hat sicher die Wurzel $z = \alpha_r = e^{\frac{r}{n}\tau}$ mit $\boxed{\tau = \pi i}$ bei beliebigem ungradem r, da $\alpha_r^n = e^{r\tau} = e^\tau = -1$. Daher sind die $\nu + 1$ Werte $\alpha_{\pm 1}, \alpha_{\pm 3}, \alpha_{\pm 5}, \ldots, \alpha_{\pm \nu}$ mit $\nu = n - 1$ bei gradem, $\nu = n$ bei ungradem n Wurzeln der Gleichung. Das gibt im ersten Falle n, im zweiten $n + 1$ Wurzeln, so daß im zweiten Falle eine Wurzel doppelt vorkommen muß. In der Tat ist bei ungradem n $\alpha_\nu = \alpha_n = e^\tau = -1$ und auch $\alpha_{-\nu} = \alpha_{-n} = e^{-\tau} = -1$. Von diesem Vorkommnis abgesehen, kann aber keine weitere Wurzel doppelt vorkommen, da aus $\alpha_r = \alpha_s$ oder $e^{\frac{r}{n}\tau} = e^{\frac{s}{n}\tau}$ folgen würde, daß $\frac{r-s}{n}\tau$ ein Multiplum $g\,\omega$ von ω, d. h. $r - s$ ein Multiplum von $2n$ sein müßte, was wegen $|r - s| < 2\nu$ ($= 2n - 2$ bzw. $2n$) nicht sein kann.

Die Wurzeln der Gleichung $z^n = -1$ sind demnach bei gradem n $\alpha_{\pm 1}, \alpha_{\pm 3}, \ldots, \alpha_{\pm \nu}$, bei ungradem n $\alpha_{\pm 1}, \alpha_{\pm 3}, \ldots, \alpha_{\pm(\nu-2)}, \alpha_\nu$. Wieder ist

$$z^n + 1 = \Pi\,(z - \alpha),$$

wo α alle n Wurzeln der Gleichung $z^n + 1 = 0$ durchläuft. Wieder fassen wir die Linearfaktoren $z - \alpha$ zu Paaren von der Form $(z - \alpha_r)(z - \alpha_{-r})$ zusammen, wobei allerdings im zweiten Falle $z - \alpha_\nu = z - \alpha_n$ allein steht. Hier ist

$$(z - \alpha_r)(z - \alpha_{-r}) = z^2 - \left(e^{\frac{r}{n}\tau} + e^{\frac{-r}{n}\tau}\right) z + 1 = z^2 - 2z\cos\frac{r}{n}\pi + 1$$

und bei ungradem n speziell

$$z - \alpha_\nu = z - \alpha_n = z - e^\tau = z + 1.$$

Das gibt den

Satz von der Zerlegung des Polynoms $z^n + 1$:

Bei gradem n ist $\boxed{z^n + 1 = \Pi\left(z^2 - 2z\cos\frac{r}{n}\pi + 1\right)}$,

bei ungradem n $\boxed{z^n + 1 = (z + 1)\cdot\Pi\left(z^2 - 2z\cos\frac{r}{n}\pi + 1\right)}$,

wobei r in jedem Produkt alle unterhalb n liegenden positiven ungraden Zahlen durchläuft.

Aus den Ergebnissen von IV und V lassen sich durch die Annahme besonderer z-Werte noch interessante Spezialformeln gewinnen, von denen wir einige angeben wollen.

Wir teilen die beiden Formeln von IV durch $z - 1$ und setzen dann $z \to 1$. Das gibt, da die linke Seite den Wert n annimmt,

bei gradem n $\quad n = 2\,\Pi\, 2\,(1 - \cos r \frac{2\pi}{n}) = 2^{\frac{n}{2}}\,\Pi\,(1 - \cos r \frac{2\pi}{n})$,

bei ungradem n $\quad n = \Pi\, 2\,(1 - \cos r \frac{2\pi}{n}) = 2^{\frac{n-1}{2}}\,\Pi\,(1 - \cos r \frac{2\pi}{n})$,

wo r alle unterhalb $\frac{n}{2}$ liegenden Positivzeiger durchläuft. Wir ersetzen $1 - \cos r \frac{2\pi}{n}$ durch $2 \sin^2 r \frac{\pi}{n}$ und bekommen

$$\text{bei gradem } n \qquad n = 2^{n-1}\,\Pi \sin^2 r \frac{\pi}{n},$$

$$\text{bei ungradem } n \qquad n = 2^{n-1}\,\Pi \sin^2 r \frac{\pi}{n}.$$

Nun kann man zwei Wege einschlagen. Entweder setzt man $\sin^2 r \frac{\pi}{n} = \sin r \frac{\pi}{n} \sin \rho \frac{\pi}{n}$ mit $\rho + r = n$, oder man radiziert.

Im ersten Falle wird das Produkt

$$\sin \frac{\pi}{n} \sin 2 \frac{\pi}{n} \cdots \sin (\frac{n}{2} - 1) \frac{\pi}{n} * \sin (\frac{n}{2} + 1) \frac{\pi}{n} \cdot \cdots \cdot \sin (n - 1) \frac{\pi}{n},$$

bzw.

$$\sin \frac{\pi}{n} \sin 2 \frac{\pi}{n} \cdots \sin \frac{n-1}{2} \frac{\pi}{n} \cdot \sin \frac{n+1}{2} \frac{\pi}{n} \cdot \ldots . \sin (n-1) \frac{\pi}{n}.$$

Was das erste dieser Produkte angeht, so kann man das bei * fehlende Glied $\sin \frac{n}{2} \frac{\pi}{n}$ (weil $= 1$) einfügen und hat dann beide Mal das Produkt

$$\prod_{s}^{1,\, n-1} \sin \frac{s}{n} \pi.$$

Daher gilt für **jedes** natürliche n die interessante Formel

$$\boxed{\sin \frac{1}{n} \pi \sin \frac{2}{n} \pi \sin \frac{3}{n} \pi \ldots \sin \frac{n-1}{n} \pi = n : 2^{n-1}}\,.$$

Im zweiten Falle wird für jedes n

$$\boxed{\sqrt{n} = 2^{\frac{n-1}{2}} \Pi \sin r \frac{\pi}{n}}$$

wo r in Π alle unterhalb $\frac{n}{2}$ liegenden Positivzeiger durchläuft.

In den beiden Formeln von V setzen wir $z = 1$ und erhalten

bei gradem n $\quad 2 = 2^{\frac{n}{2}} \Pi \left(1 - \cos \frac{r}{n} \pi\right) = 2^n \Pi \sin^2 \frac{r}{n} \varkappa$,

bei ungradem n $\quad 1 = 2^{\frac{n-1}{2}} \Pi \left(1 - \cos \frac{r}{n} \pi\right) = 2^{n-1} \Pi \sin^2 \frac{r}{n} \varkappa$,

wobei $\varkappa = \frac{\pi}{2}$ ist.

Daher haben wir für jedes n

$$1 = 2^{n-1} \Pi \sin^2 \frac{r}{n} \varkappa .$$

Ziehen wir noch die Quadratwurzel, so ergibt sich die für jedes n gültige Formel

$$\boxed{1 = 2^{\frac{n-1}{2}} \Pi \sin \frac{r}{n} \varkappa} \qquad \left(\varkappa = \frac{\pi}{2}\right) .$$

Dabei durchläuft r alle unterhalb n liegenden positiven ungraden Zahlen.

VI. Zerlegung von $z^{2n} - 2z^n \cos \lambda + 1$ in Faktoren.

Um die Faktoren von $z^{2n} - 2z^n \cos \lambda + 1$ zu finden, haben wir zunächst die Wurzeln dieses Trinoms zu ermitteln. Schreiben wir $e^{\lambda i} + e^{-\lambda i}$ statt $2 \cos \lambda$, $e^{\lambda i} \cdot e^{-\lambda i}$ statt 1, so wird

$$z^{2n} - 2z^n \cos \lambda + 1 = (z^n - e^{\lambda i})\,(z^n - e^{-\lambda i}).$$

Die gesuchten Wurzeln sind demnach die Wurzeln der beiden Gleichungen

$$z^n - e^{\lambda i} = 0 \qquad \text{und} \qquad z^n - e^{-\lambda i} = 0.$$

Da wir diese Gleichungen für den Fall, daß λ ein Multiplum von π ist, schon in IV und V untersucht haben, lassen wir diesen Fall hier beiseite, setzen also ausdrücklich voraus, daß λ kein Multiplum von π ist.

Es genügt, die Gleichung

$$z^n = e^{\lambda i}$$

zu betrachten. Offensichtlich hat sie die Wurzel

$$\alpha_r = e^{\frac{r\omega + \lambda i}{n}},$$

wo r eine beliebige Ganzzahl ist.

Setzen wir demnach r sukzessiv gleich $1, 2, 3, \ldots, n$, so bekommen wir sicher n Wurzeln der Gleichung, und zwar sind dies lauter **verschiedene** Wurzeln, da aus $\alpha_r = \alpha_s$ $r - s$ als Multiplum von n folgen würde, was nicht sein kann.

Die n Wurzeln der Gleichung

$$z^n = e^{-\lambda i}$$

sind natürlich

$$\beta_r = e^{-\frac{r\omega + \lambda i}{n}} \qquad (r = 1, 2, 3, \ldots, n).$$

Daher wird

$$z^{2n} - 2z^n \cos\lambda + 1 = \prod_r^{1,n} (z - \alpha_r)(z - \beta_r).$$

Nun ist

$$(z - \alpha_r)(z - \beta_r) = z^2 - 2z\cos\frac{r 2\pi + \lambda}{n} + 1.$$

Folglich gilt der

Satz von der Zerlegung des Polynoms $z^{2n} - 2z^n \cos\lambda + 1$:

Ist λ kein Multiplum von π, so ist

$$\boxed{z^{2n} - 2z^n \cos\lambda + 1 = \prod_r^{1,n} \left(z^2 - 2z\cos\frac{r 2\pi + \lambda}{n} + 1\right)}.$$

§ 50

Der Satz von Cotes.

Wir stellen uns die Aufgabe, das **Polynom** $2n^{\text{ten}}$ **Grades von** z

$$\mathfrak{P}_n = z^{2n} - 2r^n z^n \cos n\alpha + r^{2n}$$

in ein Produkt reeller quadratischer Faktoren von der Form

$$\mathfrak{q}_\nu = z^2 - 2rz\cos\vartheta_\nu + r^2, \quad \nu = 1, 2, \ldots, n$$

zu verwandeln.

Zur Lösung dieser Aufgabe bestimmen wir die $2n$ Wurzeln

$$\alpha_1, \alpha_2, \ldots, \alpha_n, \beta_1, \beta_2, \ldots, \beta_n$$

der Gleichung

$$z^{2n} - 2r^n z^n \cos n\alpha + r^{2n} = 0.$$

Zunächst erhält man, diese Gleichung als quadratische Gleichung in z^n aufgefaßt,

$$z^n = r^n (\cos n\alpha \pm i \sin n\alpha)$$

oder nach Eulers Formel und der Periodizität der Exponentialfunktion

$$z^n = r^n e^{\pm in\alpha} = r^n e^{\pm in(\alpha + \nu\varepsilon)}$$

wo ε den n^{ten} Teil von 2π und ν eine beliebige der n Zahlen $1, 2, 3, \ldots, n$ bedeutet.

Hieraus folgt weiter, daß die $2n$ Werte

$$z = r e^{\pm i(\alpha + \varepsilon\nu)}$$

sicher Wurzeln der Gleichung $\mathfrak{P}_n = 0$ sind. Da aber diese Gleichung nicht mehr als $2n$ Wurzeln haben kann und Vergrößerung von ν über n hinaus stets nur wieder eine der schon notierten Wurzeln liefert, so sind die $2n$ Werte

$$r e^{\pm i(\alpha + \varepsilon)}, \; r e^{\pm i(\alpha + 2\varepsilon)}, \ldots, r e^{\pm i(\alpha + n\varepsilon)}$$

tatsächlich alle Wurzeln der Gleichung. Wir setzen

$$\alpha_\nu = r e^{i(\alpha + \nu\varepsilon)} \quad \text{und} \quad \beta_\nu = r e^{-i(\alpha + \nu\varepsilon)}$$

und fassen die $2n$ Wurzeln zu Paaren (α_ν, β_ν) zusammen.

Nun ist das Polynom $\mathfrak{P}_n$ das Produkt der n Faktoren

$$(z - \alpha_\nu)(z - \beta_\nu) = z^2 - 2rz\cos(\alpha + \nu\varepsilon) + r^2.$$

Folglich gilt die

Formel von Cotes:

$$\boxed{z^{2n} - 2r^n z^n \cos n\alpha + r^{2n} = \prod_{\nu}^{1,n} (z^2 - 2rz\cos\vartheta_\nu + r^2)},$$

wobei

$$\vartheta_\nu = \alpha + \nu\varepsilon \quad \text{und} \quad \varepsilon = 2\pi : n$$

ist.

Die im Produkt von Cotes' Formel stehenden quadratischen Faktoren

$$q_\nu = z^2 - 2rz\cos\vartheta_\nu + r^2$$

haben eine einfache geometrische Bedeutung.

Wir zeichnen einen Kreis $\mathfrak{k}$ mit dem Mittelpunkt O und Radius r sowie die Zentrale $OZ = z$ eines außerhalb oder innerhalb von $\mathfrak{k}$ liegenden festen Punktes Z. Auf dem Kreise nehmen wir den Punkt A so an, daß der Radius OA mit der Zentrale z den Winkel α bildet und teilen nun, im Anfangspunkte A beginnend, den Kreisumfang in n gleiche Teile, die sukzessiv die Teilungspunkte P_1, P_2, P_3, ..., P_n bestimmen, wobei P_n mit A zusammenfällt und der Radius OP_ν mit z den Winkel

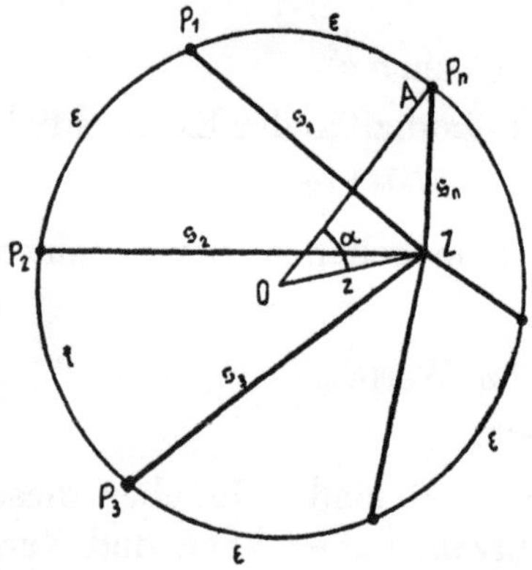

$$\sphericalangle ZOP_\nu = \vartheta_\nu = \alpha + \nu\varepsilon$$

bildet. Nennen wir noch den Abstand des Teilpunktes P_ν vom Fixpunkte Z $\mathfrak{s}_\nu$:

$$ZP_\nu = \mathfrak{s}_\nu\,,$$

so liefert der auf das Dreieck OZP_ν angewandte Cosinussatz die Formel

$$\mathfrak{s}_\nu^2 = z^2 - 2rz\cos\vartheta_\nu + r^2.$$

Folglich: Die quadratischen Faktoren

$$\mathfrak{q}_\nu = z^2 - 2rz\cos\vartheta_\nu + r^2$$

der Cotesschen Zerlegung sind die Quadrate der Distanzen der Teilpunkte P_ν vom Fixpunkte Z.

Demgemäß schreibt sich Cotes' Formel in geometrischer Aufmachung

$$\boxed{z^{2n} - 2r^n z^n \cos n\alpha + r^{2n} = \mathfrak{s}_1^2\,\mathfrak{s}_2^2 \ldots \mathfrak{s}_n^2}\,,$$

wo, um es zu wiederholen, $\mathfrak{s}_1, \mathfrak{s}_2, \ldots, \mathfrak{s}_n$ die Abstände der Teilpunkte $P_1, P_2, \ldots, P_n$ von der Stelle Z sind und der Radius von P_n mit der Zentrale von Z den Winkel α bildet.

Von besonderer Bedeutung sind die beiden speziellen Fälle

$$1^0 \quad \alpha = 0 \quad , \quad 2^0 \quad \alpha = \frac{\pi}{n}\,.$$

Im ersten Falle ist $n\alpha = 0$ und die linke Seite von Cotes' Formel wird zum Quadrat von $z^n - r^n$. Im zweiten Falle ist

$n\alpha = \pi$, und die linke Seite wird zum Quadrat von $z^n + r^n$. Damit ergeben sich die beiden Formeln

$$\boxed{|z^n - r^n| = \mathfrak{s}_1 \mathfrak{s}_2 \ldots \mathfrak{s}_n} \quad \text{im Falle } \alpha = 0$$

$$\boxed{z^n + r^n = \mathfrak{s}_1 \mathfrak{s}_2 \ldots \mathfrak{s}_n} \quad \text{im Falle } \alpha = \pi : n.$$

Diese bemerkenswerten Formeln enthalten den

Satz von Cotes:

Teilt man den Umfang eines Kreises vom Radius r in n gleiche Teilungsbogen und verbindet die Teilungspunkte mit einer vom Kreiszentrum um z entfernten Stelle Z, so hat das Produkt der n Verbindungsstrecken den Wert $|z^n - r^n|$ oder $z^n + r^n$, je nachdem die Stelle Z auf der Zentrale eines Teilungspunktes oder des Mittelpunktes eines Teilungsbogens liegt.

§ 51

Die logarithmische Funktion.

Unter dem gemeinen Logarithmus einer Zahl versteht man bekanntlich den (reellen) Exponenten, mit dem man die „Basis" 10 potenzieren muß, um die Zahl zu erhalten. Außer dem gemeinen Logarithmus betrachtet man in der Mathematik den natürlichen Logarithmus.

Unter dem natürlichen Logarithmus oder kurz Logarithmus einer Zahl z versteht man den Exponenten ζ, mit dem man die Eulersche Zahl e potenzieren muß, um die Zahl z zu erhalten. Ist also

$$e^\zeta = z,$$

so heißt der Exponent ζ der Logarithmus von z und man schreibt

$$\zeta = \operatorname{Log} z \qquad \text{oder} \qquad \zeta = \operatorname{Ln} z \qquad \text{oder} \qquad \zeta = \operatorname{L} z.$$

Auf Grund unserer Betrachtung über die Gleichung

$$e^\zeta = z,$$

in welcher z gegeben, ζ gesucht ist (§ 48), erkennt man, daß eine nicht verschwindende Zahl z unendlich viele Logarithmen besitzt. Ist mämlich ζ ein Exponent, für den $e^{\zeta} = z$ wird, so ist

$$Z = \zeta + n\,\omega \qquad \text{mit } \omega = 2\pi i$$

und beliebig ganzzahligem n ebenfalls ein solcher Exponent. Folglich:

Jede nicht verschwindende reelle oder komplexe Zahl hat unendlich viele Logarithmen; sie bilden eine nach beiden Seiten laufende arithmetische Reihe mit der Differenz $\omega = 2\pi i$.

Da die Größe ζ von z abhängt, ist sie eine Funktion von z; man nennt sie die logarithmische Funktion.

Die logarithmische Funktion ist eine vieldeutige Funktion; wenn zu dem beliebig vorgelegten Argumentwert z ein Funktionswert ζ gefunden ist, muß auch jeder von ζ um ein Multiplum von ω abweichende Wert als zum Argumentwert z gehöriger Funktionswert angesehen werden.

Diese Vieldeutigkeit verliert das Befremdliche, was ihr im ersten Augenblick anhaftet, wenn man bedenkt, daß z. B. bei einer Kurve n^{ter} Ordnung zu jeder Abszisse im allgemeinen n Ordinaten, also n Funktionswerte gehören, so daß die Kurvenordinate eine n-wertige Funktion darstellt.

Auch bei positivem Argumentwert $z = p$ sind unendlich viele Logarithmen vorhanden. Ein einziger von diesen ist reell: die Abszisse der Exponentialkurve $y = e^x$, die zur Ordinate $y = p$ gehört. Diese Abszisse ist der gewöhnliche natürliche Logarithmus, wie er in der Logarithmentafel zu finden ist, und wird ln p oder kurz lp geschrieben. Die anderen Werte von Lp haben die Form

$$\mathrm{L}\,p = \mathrm{l}\,p + n\,\omega \quad \text{mit } \omega = 2\pi \mathrm{i}.$$

Auch wenn z komplex ist:

$$z = r(\cos\vartheta + i\sin\vartheta) \qquad \text{mit} -\pi < \vartheta \leqq \pi,$$

wird einer von den unendlich vielen Logarithmen von z bevorzugt. Die Gleichung

$$e^{\zeta} = z \qquad \text{mit } \zeta = \xi + i\,\eta$$

hat bekanntlich die Wurzel

$$\zeta = \zeta_0 = \xi_0 + i\,\eta_0 \qquad \text{mit } \xi_0 = \mathrm{l}\,r \text{ und } \eta_0 = \vartheta.$$

Die Logarithmen von z haben also die Form

$$\zeta = \mathrm{L}\, z = \zeta_0 + n\,\omega = \mathrm{l}\, r + i\,(\vartheta + n\, 2\,\pi).$$

Unter diesen unendlich vielen Logarithmen hat **einer** den kleinsten Betrag, nämlich der Logarithmus ζ_0. Dieser wird der Hauptwert von $\mathrm{L}\, z$ genannt und mit $\mathrm{l}\, z$ bezeichnet. Demnach ist

$$\boxed{\mathrm{L}\, z = \mathrm{l}\, z + n\,\omega} \quad \text{mit} \quad \boxed{\mathrm{l}\, z = \mathrm{l}\, r + i\,\vartheta}\;,$$

wobei, um es zu wiederholen, r den Betrag und ϑ den zwischen den Grenzen $-\pi$ (ausgeschlossen) und $+\pi$ (eingeschlossen) liegenden Winkel von z bedeutet.

Der Hauptwert von $\mathrm{L}\, z$ oder der Hauptlogarithmus von z ist also der Wert

$$\boxed{\mathrm{l}\, z = \mathrm{l}\,|z| + i \operatorname{arc} z}\;,$$

wo $\operatorname{arc} z$ den oberhalb $-\pi$ und nicht oberhalb $+\pi$ liegenden Winkel von z bedeutet.

Es gilt das logarithmische Hauptgesetz:

Der Logarithmus eines Produkts ist — bis auf ein gewisses Multiplum von $\omega = 2\pi i$ — gleich der Summe der Logarithmen seiner Faktoren.

In Zeichen:

$$\boxed{\mathrm{L}\, u\, v = \mathrm{L}\, u + \mathrm{L}\, v + n\,\omega}\;.$$

Beweis. Aus

$$e^{\mathrm{L}\, u\, v} = u\, v\,, \quad e^{\mathrm{L}\, u} = u\,, \quad e^{\mathrm{L}\, v} = v$$

folgt

$$e^{\mathrm{L}\, u\, v} = e^{\mathrm{L}\, u + \mathrm{L}\, v}$$

und hieraus sofort, daß der Unterschied der beiden Exponenten $\mathrm{L}\, u\, v$ und $\mathrm{L}\, u + \mathrm{L}\, v$ ein ganzzahliges Vielfaches von $\omega = 2\pi i$ sein muß:

$$\mathrm{L}\, u\, v = \mathrm{L}\, u + \mathrm{L}\, v + n\,\omega.$$

Ebenso ist der Logarithmus eines Bruches — bis auf ein Multiplum von ω — die Differenz aus dem Logarithmus des Zählers und dem des Nenners.

In Zeichen:

$$\boxed{\mathrm{L}\,\frac{u}{v} = \mathrm{L}\, u - \mathrm{L}\, v + n\,\omega}\;.$$

Um zu weiteren Kenntnissen über die logarithmische Funktion zu gelangen, betrachten wir die Funktion von z

$$u = e^{\varphi(z)}$$

wo $\varphi(z)$ eine Funktion von z bedeutet, die in einem gewissen Bereich $\mathfrak{B}$ die Ableitung $q = \varphi'(z)$ besitzt. Dann ist die Ableitung u' von u

$$u' = e^{\varphi(z)} \cdot \varphi' = u\,q,$$

so daß die bezogene Ableitung von u den Wert

$$\frac{u'}{u} = q$$

hat. Wir versuchen φ so zu bestimmen, daß die rechte Seite dieser Gleichung gleichfalls eine bezogene Ableitung

$$q = \frac{v'}{v}$$

einer Funktion v von z darstellt. Der Versuch gelingt durch den einfachen Ansatz

$$v = 1 + z \quad , \quad v' = 1\,.$$

Dann wird nämlich

$$q = \frac{1}{1+z} = 1 - z + z^2 - z^3 + z^4 - + \cdots,$$

wobei wir nunmehr, damit die rechts stehende Reihe konvergiert, z auf den Bereich $\mathfrak{B}$ beschränken, welcher durch die Vorschrift $|z| \leqq e$ mit $e < 1$ bestimmt ist, welcher also die Fläche eines um den Nullpunkt $(z = 0)$ beschriebenen Kreises mit echt gebrochenem Radius darstellt. In diesem Bereich konvergiert die Reihe q gleichmäßig und absolut und stellt hier (§ 57) die Ableitung der gleichfalls in $\mathfrak{B}$ gleichmäßig und absolut konvergenten Reihe

$$\varphi(z) = z - \frac{1}{2} z^2 + \frac{1}{3} z^3 - \frac{1}{4} z^4 + \frac{1}{5} z^5 - + \cdots$$

dar, womit wir zugleich die Funktion $\varphi(z)$ mit der oben geforderten Eigenschaft

$$\varphi' = \frac{v'}{v}$$

gefunden haben.

Aus

$$\frac{u'}{u} = \frac{v'}{v}$$

folgt nunmehr

$$v\,u' - u\,v' = 0\,, \qquad (\text{in } \mathfrak{B}),$$

und diese Gleichung sagt aus, daß überall in $\mathfrak{B}$ die Ableitung der Funktion $u:v$ verschwindet. Das heißt: die Funktion $u:v$ ist in $\mathfrak{B}$ eine Konstante:

$$u:v = K.$$

Um K zu bestimmen, setzen wir $z = 0$. Dann wird $u = e^{\varphi(0)} = e^0 = 1$, $v = 1$, also $K = 1$, und wir haben die überall in $\mathfrak{B}$ gültige Gleichung

$$u = v$$

oder

$$e^{\varphi(z)} = 1 + z.$$

Hieraus folgt

$$\varphi(z) = \mathrm{L}(1+z) \qquad [\text{in } \mathfrak{B}].$$

Nun ist

$$\mathrm{L}(1+z) = \mathrm{l}(1+z) + n\,\omega,$$

wo

$$\mathrm{l}(1+z) = \mathrm{l}\,|1+z| + i\,\vartheta \qquad \text{mit } \operatorname{tg}\vartheta = \frac{y}{1+x}$$

den Hauptwert von $\mathrm{L}(1+z)$ bedeutet. Daher muß

$$\varphi(z) = \mathrm{l}\,|1+z| + i\,\vartheta + n\,\omega$$

sein. wo n unbekannt und

$$\varphi(z) = z - \frac{1}{2}z^2 + \frac{1}{3}z^3 - + \cdots$$

ist.

Um n zu bestimmen, setzen wir $z = 0$ und erhalten wegen $\varphi(0) = 0$, $\mathrm{l}\,|1+0| = 0$, $\vartheta = 0$ die Gleichung

$$0 = n\,\omega,$$

d. h. $n = 0$.

Damit haben wir die bemerkenswerte Formel

$$\boxed{\mathrm{l}(1+z) = z - \frac{1}{2}z^2 + \frac{1}{3}z^3 - \frac{1}{4}z^4 + - \cdots},$$

welche für jedes z gilt, dessen Betrag unterhalb der Einheit liegt.

Die hier für den Hauptwert $\mathrm{l}(1+z)$ von $\mathrm{L}(1+z)$ gewonnene Reihe heißt die logarithmische Reihe.

§ 52
Die Kreisfunktionen komplexen Arguments.

Das Eulersche Formelpaar

$$\cos z = \frac{e^{iz} + e^{-iz}}{2}, \qquad \sin z = \frac{e^{iz} - e^{-iz}}{2i}$$

bestimmt den Cosinus und Sinus eines beliebigen reellen Arguments z durch die Exponentialfunktion.

Es steht nichts im Wege, in den rechten Seiten dieser Formeln die Größe z als komplexes Argument

$$z = x + i\,y$$

aufzufassen (wo also x und y reell sind). Tut man das, so erhält man die folgende Definition für den Sinus und Cosinus eines komplexen Argumentes z:

Unter dem Cosinus der komplexen Größe z versteht man den Ausdruck

$$\cos z = \frac{e^{iz} + e^{-iz}}{2},$$

unter dem Sinus von z den Ausdruck

$$\sin z = \frac{e^{iz} - e^{-iz}}{2\,i}.$$

Von besonderem Interesse sind Cosinus und Sinus eines rein imaginären Arguments

$$z = i\,y \qquad (y \text{ reell}).$$

Man erhält

$$\cos i\,y = \frac{e^{y} + e^{-y}}{2} \qquad \sin i\,y = i \cdot \frac{e^{y} - e^{-y}}{2}.$$

Die beiden hier auftretenden reellen Funktionen $(e^{y} + e^{-y}) : 2$ und $(e^{y} - e^{-y}) : 2$ des reellen Arguments y nennt man den hyperbolischen Cosinus und hyperbolischen Sinus von y und schreibt

$$\operatorname{ch} y = \frac{e^{y} + e^{-y}}{2}, \qquad \operatorname{sh} y = \frac{e^{y} - e^{-y}}{2}$$

oder

$$\operatorname{Cos} y = \frac{e^{y} + e^{-y}}{2}, \qquad \operatorname{Sin} y = \frac{e^{y} - e^{-y}}{2}.$$

Die beiden Hyperbelfunktionen Cos y und Sin y sind durch die Relation

$$\boxed{\operatorname{Cos}^2 y - \operatorname{Sin}^2 y = 1}$$

mit einander verbunden.

Die Benennung „Hyperbelfunktion" erklärt sich dadurch, daß die Kurve, deren Gleichung in kartesischen Koordinaten x, y parametrisch

$$x = \operatorname{Cos} t, \quad y = \operatorname{Sin} t$$

lautet, die Hyperbel

$$x^2 - y^2 = 1$$

ist.

Sind α und β zwei reelle Argumentwerte, so ist

$$\mathrm{Cos}\,\alpha\,\mathrm{Cos}\,\beta + \mathrm{Sin}\,\alpha\,\mathrm{Sin}\,\beta = \frac{e^{\alpha}+e^{-\alpha}}{2}\cdot\frac{e^{\beta}+e^{-\beta}}{2} +$$

$$\frac{e^{\alpha}-e^{-\alpha}}{2}\cdot\frac{e^{\beta}-e^{-\beta}}{2} = \frac{e^{\alpha+\beta}+e^{-\alpha-\beta}}{2} = \mathrm{Cos}\,(\alpha+\beta)$$

und ebenso

$$\mathrm{Sin}\,\alpha\,\mathrm{Cos}\,\beta + \mathrm{Cos}\,\alpha\,\mathrm{Sin}\,\beta = \frac{e^{\alpha}-e^{-\alpha}}{2}\cdot\frac{e^{\beta}+e^{-\beta}}{2} +$$

$$\frac{e^{\alpha}+e^{-\alpha}}{2}\cdot\frac{e^{\beta}-e^{-\beta}}{2} = \frac{e^{\alpha+\beta}-e^{-\alpha-\beta}}{2} = \mathrm{Sin}\,(\alpha+\beta).$$

Das Additionstheorem der Hyperbelfunktionen lautet sonach

$$\boxed{\begin{aligned}\mathrm{Cos}\,(\alpha+\beta) &= \mathrm{Cos}\,\alpha\,\mathrm{Cos}\,\beta + \mathrm{Sin}\,\alpha\,\mathrm{Sin}\,\beta\\ \mathrm{Sin}\,(\alpha+\beta) &= \mathrm{Sin}\,\alpha\,\mathrm{Cos}\,\beta + \mathrm{Cos}\,\alpha\,\mathrm{Sin}\,\beta\end{aligned}}\;.$$

Das Subtraktionstheorem läßt sich genau so herleiten. Man kann aber auch den Satz benutzen:

Der Hyperbelcosinus ist eine grade, der Hyperbelsinus eine ungrade Funktion des Arguments.

In Zeichen:

$$\boxed{\mathrm{Cos}\,(-u) = \mathrm{Cos}\,(+u), \quad \mathrm{Sin}\,(-u) = -\,\mathrm{Sin}\,u}\;.$$

(Dieses Gleichungspaar folgt ohne weiteres aus der Definitionsformel.)

Damit lautet das Subtraktionstheorem

$$\mathrm{Cos}\,(\alpha-\beta) = \mathrm{Cos}\,\alpha\,\mathrm{Cos}\,\beta - \mathrm{Sin}\,\alpha\,\mathrm{Sin}\,\beta,$$
$$\mathrm{Sin}\,(\alpha-\beta) = \mathrm{Sin}\,\alpha\,\mathrm{Cos}\,\beta - \mathrm{Cos}\,\alpha\,\mathrm{Sin}\,\beta.$$

Die Potenzreihen der Hyperbelfunktionen lauten

$$\boxed{\begin{aligned}\mathrm{Cos}\,x &= 1+\frac{x^2}{2!}+\frac{x^4}{4!}+\frac{x^6}{6!}+\cdots\\ \mathrm{Sin}\,x &= x+\frac{x^3}{3!}+\frac{x^5}{5!}+\frac{x^7}{7!}+\cdots\end{aligned}}\;,$$

wie man sofort erkennt, wenn man in den Definitionsformeln für $\mathrm{Cos}\,x$ und $\mathrm{Sin}\,x$ e^{x} und e^{-x} durch die zugehörigen Exponentialreihen ersetzt. Die notierten Potenzreihen konvergieren für jedes endliche x.

Wir können auf die Hyperbelfunktionen hier nicht weiter eingehen. Wir bemerken nur noch, daß die **Kettenlinie**, d. h. die Kurve die ein biegsamer, gleichmäßig dünner, homogener, in zwei gleich hoch gelegenen festen Punkten aufgehängter Faden die Gleichung

$$y = a \operatorname{Cos} \frac{x}{a}$$

hat, wo

$$a = \text{Fadenlänge (in cm) mal } \frac{\text{Horizontalspannung (in Dyn)}}{\text{Fadengewicht (in Dyn)}}$$

und der Koordinatenursprung a cm unterhalb des Kurvenscheitels liegt.

Wir kehren zu den Kreisfunktionen zurück. α und β mögen jetzt zwei komplexe Argumentwerte bedeuten. Von der Vermutung ausgehend, daß das Additionstheorem auch für komplexe „Winkel" gelten wird, bilden wir die Binome

$\sin\alpha \cos\beta + \cos\alpha \sin\beta$ und $\cos\alpha \cos\beta - \sin\alpha \sin\beta$.

Das erste wird

$$\frac{e^{i\alpha} - e^{-i\alpha}}{2i} \cdot \frac{e^{i\beta} + e^{-i\beta}}{2} + \frac{e^{i\alpha} + e^{-i\alpha}}{2} \cdot \frac{e^{i\beta} - e^{-i\beta}}{2i} =$$

$$\frac{e^{i(\alpha+\beta)} - e^{-i(\alpha+\beta)}}{2i} = \sin(\alpha + \beta),$$

das zweite

$$\frac{e^{i\alpha} + e^{-i\alpha}}{2} \cdot \frac{e^{i\beta} + e^{-i\beta}}{2} - \frac{e^{i\alpha} - e^{-i\alpha}}{2i} \cdot \frac{e^{i\beta} - e^{-i\beta}}{2i} =$$

$$\frac{e^{i(\alpha+\beta)} + e^{-i(\alpha+\beta)}}{2} = \cos(\alpha + \beta).$$

Daher ist **auch für komplexe Wertpaare** α, β

$$\boxed{\begin{array}{l} \sin(\alpha+\beta) = \sin\alpha\cos\beta + \cos\alpha\sin\beta \\ \cos(\alpha+\beta) = \cos\alpha\cos\beta - \sin\alpha\sin\beta \end{array}}.$$

Das Additionstheorem der Kreisfunktionen gilt auch im Komplexen.

Das Subtraktionstheorem kann genau so hergeleitet oder aus dem Satze gefolgert werden:

Die Cosinusfunktion ist eine grade, die Sinusfunktion eine ungrade Funktion ihres Arguments.

In Zeichen:

$$\boxed{\cos(-z) = \cos z \quad , \quad \sin(-z) = -\sin z} \;,$$

wo nun z beliebig komplex ist.

Um auch noch die Potenzreihen für cos z und sin z zu bekommen, substituieren wir in den Ausdrücken

$$\cos z = \frac{e^{iz} + e^{-iz}}{2} \qquad \text{und} \qquad \sin z = \frac{e^{iz} - e^{-iz}}{2i}$$

für cos z und sin z für e^{iz} und e^{-iz} die diesen beiden Exponentialfunktionen entsprechenden Potenzreihen. Das gibt sofort

$$\boxed{\cos z = 1 - \frac{z^2}{2!} + \frac{z^4}{4!} - \frac{z^6}{6!} + - \ldots}$$

und

$$\boxed{\sin z = z - \frac{z^3}{3!} + \frac{z^5}{5!} - + \ldots} \;.$$

Diese beiden Entwicklungen konvergieren für jedes endliche komplexe z.

Die Potenzreihen der Kreisfunktionen liefern sofort die wichtigen Limesformeln

$$\boxed{\lim_{z \to 0} \frac{\sin z}{z} = 1} \;, \quad \boxed{\lim_{z \to 0} \frac{1 - \cos z}{z} = 0} \;, \quad \boxed{\lim_{z \to 0} \frac{1 - \cos z}{z^2} = \frac{1}{2}} \;.$$

Es genügt, eine von ihnen herzuleiten. Man hat

$$\frac{\sin z}{z} = 1 - \frac{z^2}{3!} + \frac{z^4}{5!} - + \ldots$$

Läßt man auf der rechten Seite z irgendwie gegen Null konvergieren, so nähert sich der Wert der rechten Seite unbegrenzt der Einheit. Folglich ist lim sin $z : z = 1$.

Die ersten beiden dieser Limesformeln werden benötigt, wenn die Ableitungen der Funktionen sin z und cos z gefunden werden sollen. Die Ableitung (der Differentialquotient) von sin z bzw. cos z — hier ist z beliebig komplex zu denken — ist der Grenzwert des Bruches

$$\frac{\sin Z - \sin z}{Z - z} \qquad \text{bzw.} \qquad \frac{\cos Z - \cos z}{Z - z}$$

für $Z \to z$ (wobei man sich z fest, Z variabel denkt). Wir setzen

15*

$Z - z = \zeta$, $Z = z + \zeta$ und haben nach dem Additionstheorem

$$\frac{\sin Z - \sin z}{Z - z} = \cos z \cdot \frac{\sin \zeta}{\zeta} - \sin z \cdot \frac{1 - \cos \zeta}{\zeta},$$

$$\frac{\cos Z - \cos z}{Z - z} = - \sin z \cdot \frac{\sin \zeta}{\zeta} - \cos z \cdot \frac{1 - \cos \zeta}{\zeta}.$$

Bei $Z \to z$ oder $\zeta \to 0$ wird der Rechtsfaktor des ersten bzw. zweiten rechts stehenden Postens 1 bzw. 0. Folglich wird

$$\lim_{Z \to z} \frac{\sin Z - \sin z}{Z - z} = \cos z, \quad \lim_{Z \to z} \frac{\cos Z - \cos z}{Z - z} = - \sin z.$$

In Worten:

Die Ableitung von $\sin z$ ist $\cos z$, die Ableitung von $\cos z$ ist $- \sin z$.

Vierter Abschnitt

Unendliche Reihen und Produkte.

§ 53

Grenzwert und Konvergenz.

Unter einer Zahlenfolge, kurz Folge, versteht man ein System

$$t_1, t_2, t_3, \ldots$$

von fortlaufend numerierten Zahlen. Jeder Zahl t_n der Folge entspricht genau eine Nummer n als „Zeiger" oder „Index", umgekehrt jedem Index n genau eine Zahl t_n der Folge. Die Zahlen $t_1, t_2, t_3, \ldots$ der Folge heißen die Terme oder Glieder oder Elemente der Folge. Wenn nicht ausdrücklich das Gegenteil bemerkt wird, enthält eine Folge stets unendlich viele Glieder. Die Folge $t_1, t_2, t_3, \ldots$ wird oft kurz die Folge $\{t_n\}$ oder auch $\{t_\nu\}$ oder $\{t_r\}$ u. s. w. genannt, wobei also die geschweifte Klammer andeutet, daß der in ihr stehende

Index n bzw. ν oder r sukzessiv alle natürlichen Zahlen durchlaufen soll.

Von besonderer Bedeutung sind konvergente Folgen, die wie folgt definiert werden:

Die Folge $t_1, t_2, t_3, \ldots$ heißt konvergent, wenn es eine Zahl λ gibt so beschaffen, daß zu jedem positiven ε ein endlicher Zeiger n existiert derart, daß für jeden Zeiger $N \geqq n$

$$|t_N - \lambda| < \varepsilon$$

ausfällt. Die Zahl λ heißt der Grenzwert der Folge; man sagt, die Folge $\{t_n\}$ konvergiert gegen den Grenzwert λ und schreibt dies

$$\lim_{n \to \infty} t_n = \lambda \quad \text{oder} \quad \lim t_n = \lambda \quad \text{oder} \quad t_n \to \lambda.$$

Die Zahl λ wird auch als „eigentlicher Grenzwert" der Folge bezeichnet, im Gegensatz zum „uneigentlichen Grenzwert", den eine Folge $\{t_n\}$ dann besitzt, wenn ihre Glieder mit wachsendem n schließlich jeden noch so großen vorgelegten positiven Wert überschreiten. In diesem letzteren Falle sagt man „die Folge konvergiert gegen den uneigentlichen Grenzwert $+\infty$" und schreibt $\lim t_n = +\infty$ oder $t_n \to \infty$.

1°. Der Grenzwert der Folge

$$t_1 = 1{,}3, \; t_2 = 1{,}33, \; t_3 = 1{,}333, \ldots \text{ ist } \lambda = \frac{4}{3}.$$

2°. Der Grenzwert der Folge

$$t_1 = 1 + \frac{1}{2}, \; t_2 = 1 + \frac{1}{2} + \frac{1}{2^2}, \; t_3 = 1 + \frac{1}{2} + \frac{1}{2^2} + \frac{1}{2^3}, \ldots \text{ ist}$$

$\lambda = 2$.

3°. Der Grenzwert der Folge $\{\varphi_n\}$ mit $\varphi_n = \left(1 + \frac{1}{n}\right)^n$ ist die Eulersche Zahl e.

4°, Der Grenzwert der Folge $\{\sqrt[n]{n}\}$ ist 1.

Beweis. Man hat $\left(1 + \sqrt{\frac{2}{n}}\right)^n = 1 + n\sqrt{\frac{2}{n}} + n\frac{n-1}{2} \cdot \frac{2}{n} + \ldots$, mithin $\left(1 + \sqrt{\frac{2}{n}}\right)^n > 1 + n - 1 = n$. Aus

$$1 + \sqrt{\frac{2}{n}} > \sqrt[n]{n} > 1 \qquad \text{folgt } \lim \sqrt[n]{n} = 1.$$

Eine Folge, die nicht konvergiert, heißt divergent.

Zur Entscheidung der Frage, ob eine vorgelegte Folge konvergiert oder divergiert, benutzt man meistens das

Konvergenzkriterium von Cauchy:

Die Folge $\{t_n\}$ konvergiert gegen einen endlichen Grenzwert, wenn zu jedem vorgegebenen positiven ε ein endlicher Zeiger n existiert derart, daß für jeden Zeiger $N \geqq n$

$$|t_N - t_n| < \varepsilon$$

ausfällt.

Um diesen überaus häufig benötigten fundamentalen Satz exakt zu beweisen, müssen wir etwas weiter ausholen.

Dedekinds Schnittsatz.

Von größter Bedeutung für die Analysis ist die 1872 von Dedekind eingeführte Einteilung aller Realzahlen in zwei Klassen: eine Unterklasse und eine Oberklasse derart, daß jede Zahl der Unterklasse kleiner ist als jede Zahl der Oberklasse.

Die Betrachtung der Klasseneinteilungen führt zu

Dedekinds Schnittsatz:

Jede Einteilung aller Realzahlen in Unter- und Oberklasse bestimmt eine einzige Zahl s derart, daß jede Zahl $< s$ zur Unterklasse, jede Zahl $> s$ zur Oberklasse gehört.

Die Zahl s heißt der Schnitt oder Dedekindschnitt oder die Schnittzahl der Einteilung, und die Unterklasse heißt auch die „Unterklasse des Schnitts", die Oberklasse die „Oberklasse des Schnitts".

Die Richtigkeit des Satzes wird sofort klar, wenn man jeden Punkt der Zahlenachse gelb oder blau markiert derart, daß jeder gelb markierte Punkt links von jedem blau markierten liegt; die gelb markierten Punkte bilden die Unterklasse, die blau markierten die Oberklasse. Dann leuchtet ein, daß auf der Zahlenachse genau ein Punkt s (eine Zahl s) liegt derart, daß jeder Punkt links von s (jede Zahl $< s$) gelb, jeder Punkt rechts von s (jede Zahl $> s$) blau markiert ist. Dieses eindeutig bestimmte s ist die Zahl s, der Schnitt s, dessen Existenz der Dedekindsche Satz behauptet.

Oberlimes und Unterlimes.

Unter dem **Oberlimes** einer Folge $\{t_n\}$ versteht man den Schnitt, in dessen Unterklasse jede Zahl kommt, oberhalb welcher unendlich viele Glieder der Folge liegen, in dessen Oberklasse jede Zahl kommt, bei welcher das nicht der Fall ist.

Unter dem **Unterlimes** der Folge $\{t_n\}$ versteht man den Schnitt, in dessen Oberklasse jede Zahl kommt, unterhalb welcher unendlich viele Glieder der Folge liegen, in dessen Unterklasse jede Zahl kommt, bei welcher das nicht der Fall ist.

Die Bezeichnungen für Ober- und Unterlimes sind

$$\limsup t_n \qquad \text{oder auch} \qquad \overline{\lim}\, t_n$$

bzw.

$$\liminf t_n \qquad \text{oder } \underline{\lim}\, t_n\,,$$

umständlicher

$$\limsup_{n\to\infty} t_n\,, \qquad \overline{\lim_{n\to\infty}}\, t_n\,, \qquad \liminf_{n\to\infty} t_n\,, \qquad \underline{\lim_{n\to\infty}}\, t_n\,.$$

Beispiele

1⁰ $t_n = (-1)^n\left(2+\frac{1}{n}\right)$. Die Folge besteht aus den Zahlen

$$-3,\ +2\frac{1}{2},\ -2\frac{1}{3},\ +2\frac{1}{4},\ -2\frac{1}{5},\ +2\frac{1}{6},\ -2\frac{1}{7},\ +2\frac{1}{8},\ldots$$

Der Oberlimes ist $+2$, der Unterlimes -2.

2⁰ $$\frac{1}{2},\ \frac{1}{3},\ \frac{2}{3},\ \frac{1}{4},\ \frac{3}{4},\ \frac{1}{5},\ \frac{2}{5},\ \frac{3}{5},\ \frac{4}{5},\ \frac{1}{6},\ \frac{5}{6},\ \ldots$$

Der Oberlimes ist 1, der Unterlimes ist 0.

3⁰ $t_n = \frac{n-1}{n+1}\cos n\tau$ mit $\tau = \frac{\pi}{3}$. Der Oberlimes ist $+1$, der Unterlimes -1.

4⁰ $$t_n = \sqrt[n]{n}\,. \qquad \overline{\lim}\, t_n = \underline{\lim}\, t_n = 1\,!$$

Fallen wie im Beispiel 4^0 Ober- und Unterlimes zusammen:

$$\overline{\lim}\ t_n = \underline{\lim}\ t_n$$

so ist ihr gemeinsamer Wert $\lim t_n$. In diesem Falle spricht man gewöhnlich nur vom Grenzwert $\lim t_n$ der Folge $\{ t_n \}$.

Nun zum Beweise des Cauchyschen Konvergenzkriteriums!

Der Oberlimes bzw. Unterlimes der Folge $\{ t_n \}$ sei O bzw. U. Zwei Fälle sind denkbar: 1^0 $O > U$, 2^0 $O = U$. Im ersten Falle sei $O - U = 4\varepsilon$. Wir fixieren laut Voraussetzung n so, daß für jedes $N \geqq n$ der Unterschied $t_N - t_n$ betraglich unterhalb ε liegt. Nun liegen sicher im Intervall $(O - \varepsilon, O + \varepsilon)$ unendlich viele Folgeglieder, darunter mindestens eins, t_N, dessen Zeiger oberhalb n liegt. Ebenso liegen im Intervall $(U - \varepsilon, U + \varepsilon)$ unendlich viele Folgeterme, darunter mindestens einer, t_M, dessen Zeiger oberhalb n liegt. Für diese beiden Terme ist

$$t_N - t_M > 2\varepsilon,$$

während doch wegen $|t_N - t_n| < \varepsilon$ und $|t_M - t_n| < \varepsilon$

$$t_N - t_M < 2\varepsilon$$

ist. Annahme 1^0 führt sonach auf einen Widerspruch, so daß nur Fall 2^0 zutrifft:

$$O = U.$$

In unserer Folge fallen daher Unter- und Oberlimes zusammen; ihr gemeinsamer Wert sei λ. Wie klein nun auch ε angenommen wird, oberhalb $\lambda + \varepsilon$ und unterhalb $\lambda - \varepsilon$ können nur endlich viele Folgeglieder liegen. Zu jedem ε existiert mithin ein Zeiger n derart, daß für jeden Zeiger $N \geqq n$ $|t_N - \lambda| < 2\varepsilon$ ausfällt; d. h. unsere Folge konvergiert gegen den Grenzwert λ. Q. e. d.

Zusatz. Die Cauchysche Bedingung

$$|t_N - t_n| < \varepsilon$$

ist für die Konvergenz der Folge gegen einen endlichen Grenzwert nicht nur hinreichend, sondern auch erforderlich.

Ist nämlich λ der Grenzwert, so bestimme man zu $\varepsilon > 0$ den Zeiger n so, daß für jeden Zeiger $N \geqq n$ der Betrag $|t_N - \lambda| < \varepsilon : 2$ ausfällt. Dann ist $|t_N - t_n| = |(t_N - \lambda) + (\lambda - t_n)| \leqq |t_N - \lambda| + |\lambda - t_n| < \varepsilon$.

Bisweilen kann man bei der Feststellung der Konvergenz einer Folge auch ohne Cauchys Konvergenzkriterium auskommen. In dieser Hinsicht sind folgende zwei Fälle von besonderer Wichtigkeit:

I. Eine Folge, deren Glieder dauernd wachsen, ohne eine gewisse obere endliche Schranke zu überschreiten, konvergiert.

II. Eine Folge mit ständig abnehmenden positiven Gliedern konvergiert.

Beweis zu I. Unter der oberen Grenze einer Folge versteht man den Schnitt, in dessen Unterklasse jede Zahl kommt, oberhalb welcher mindestens ein Glied der Folge liegt, in dessen Oberklasse jede Zahl kommt, oberhalb welcher kein Glied der Folge liegt. Es sei nun $\{t_n\}$ eine Folge mit ständig wachsenden Gliedern, von denen aber jedes unterhalb des endlichen positiven Wertes E liegt. Dann besitzt die Folge eine obere Grenze O, die nicht oberhalb E liegen kann. Bedeutet nun ε eine beliebig kleine positive Größe, so liegt rechts von $O - \varepsilon$ mindestens ein Folgeglied, etwa t_n, rechts von $O + \varepsilon$ dagegen kein Folgeterm. Da $t_n < t_{n+1} < t_{n+2} < \cdots$ sein sollte, liegt jedes t_N mit $N \geqq n$ im Intervall $(O - \varepsilon,\ O + \varepsilon)$, ist also sicher

$$|t_N - O| < \varepsilon;$$

und diese Ungleichung sagt aus, daß die Folge $\{t_n\}$ gegen den Grenzwert O konvergiert.

Eine Folge mit ständig aber nicht unbegrenzt zunehmenden Gliedern konvergiert also gegen ihre obere Grenze.

Beweis zu II. Unter der unteren Grenze einer Folge versteht man den Schnitt, in dessen Oberklasse jede Zahl kommt, unterhalb welcher mindestens ein Folgeglied liegt, in dessen Unterklasse jede Zahl kommt, unterhalb welcher kein Folgeglied liegt. Ist nun $\{t_n\}$ eine Folge aus ständig abnehmenden positiven Gliedern, so besitzt sie eine untere nichtnegative Grenze U. Bedeutet nun ε eine beliebige positive Größe, so liegt links von $U + \varepsilon$ mindestens ein Folgeterm, etwa t_n, links von $U - \varepsilon$ kein Term. Da $t_n > t_{n+1} > t_{n+2} > t_{n+3}$ ist, liegt jedes t_N mit $N \geqq n$ im Intervall $(U - \varepsilon, U + \varepsilon)$, ist also sicher

$$|t_N - U| < \varepsilon;$$

und diese Ungleichung sagt aus, daß die Folge $\{t_n\}$ gegen den Grenzwert U konvergiert.

Eine Folge mit ständig fallenden positiven Gliedern konvergiert gegen ihre untere Grenze.

§ 54

Unendliche Reihen und Produkte.

Verbindet man die Terme $t_1, t_2, t_3, \cdot$ einer Folge durch $+$ Zeichen, so entsteht eine „unendliche Reihe"

$$t_1 + t_2 + t_3 + \quad \text{in inf}$$

Die Elemente $t_1, t_2, t_3, \cdot$ heißen jetzt die Glieder oder Terme der Reihe, und wenn man die notierte Reihe, um nicht immer ihre Glieder einzeln aufzählen zu müssen, kurz mit $\mathfrak{S}$ bezeichnet, so schreibt man auch wohl

$$\mathfrak{S} = t_1 + t_2 + t_3 + \cdots,$$

obgleich das Zeichen $\mathfrak{S}$ zunächst noch keine Zahl (die Summe der Reihe) zu bedeuten braucht.

Die Größen

$$s_1 = t_1, \quad s_2 = t_1 + t_2, \quad s_3 = t_1 + t_2 + t_3, \cdots$$

nennt man die Teilsummen oder Partialsummen der Reihe. Man sagt:

Eine Reihe konvergiert, wenn die Folge ihrer Teilsummen gegen einen endlichen Grenzwert konvergiert.

Der Grenzwert σ der Folge heißt die Summe der Reihe und man schreibt

$$\sigma = t_1 + t_2 + t_3 + \cdots$$

Nach Cauchys Konvergenzkriterium ist dazu erforderlich und hinreichend, daß zu jedem $\varepsilon > 0$ ein endlicher Zeiger n existiert derart, daß für jedes $N \geqq n$

$$|s_N - s_n| < \varepsilon$$

ausfällt. Nun ist

$$s_N - s_n = t_{n+1} + t_{n+2} + t_{n+3} + \cdots + t_N.$$

Man nennt die Summe

$$\mathfrak{R}_n^N = t_{n+1} + t_{n+2} + t_{n+3} + \cdots + t_N$$

den zum Zeigerpaare n, N gehörigen Restteil der Reihe $\mathfrak{S}$.

Damit haben wir folgende

Bedingung für die Konvergenz einer Reihe:

Eine Reihe $t_1 + t_2 + t_3 + \cdots$

ist dann und nur dann konvergent, wenn zu jedem $\varepsilon > 0$ ein endlicher Zeiger n existiert derart, daß für jeden Zeiger $N > n$ der Restteil

$$t_{n+1} + t_{n+2} + \cdots + t_N$$

betraglich unterhalb ε liegt.

Sie heißt absolut konvergent, falls sie konvergent bleibt, wenn man ihre Glieder durch deren absolute Beträge ersetzt.

Eine Reihe, die nicht konvergiert, heißt divergent.

Beispiele.

1⁰ $$\mathfrak{S} = \frac{1}{2} + \frac{1}{6} + \frac{1}{12} + \frac{1}{20} + \frac{1}{30} + \frac{1}{42} + \cdots$$

Das allgemeine Glied der Reihe heißt

$$t_n = \frac{1}{n\,(n+1)}\,.$$

Der Restteil $\mathfrak{R}_n^N$ ist

$$\mathfrak{R} = \frac{1}{(n+1)\,(n+2)} + \frac{1}{(n+2)\,(n+3)} + \cdots + \frac{1}{N\,(N+1)} =$$

$$\left(\frac{1}{n+1} - \frac{1}{n+2}\right) + \left(\frac{1}{n+2} - \frac{1}{n+3}\right) + \cdots + \left(\frac{1}{N} - \frac{1}{N+1}\right),$$

so daß

$$\mathfrak{R} = \frac{1}{n+1} - \frac{1}{N+1} < \frac{1}{n+1} < \frac{1}{n}$$

ist. Wählt man also $n > 1 : \varepsilon$, so wird $\mathfrak{R} < \varepsilon$. Die Reihe konvergiert. Aus $s_n = \frac{1}{1} - \frac{1}{n+1}$ folgt ihre Summe $\sigma = 1$.

2⁰ $$\mathfrak{S} = \frac{1}{1} - \frac{1}{2} + \frac{1}{3} - \frac{1}{4} + \frac{1}{5} - + \cdots$$

Aus den Ungleichungen

$$\frac{1}{8}-\frac{1}{9}<\frac{1}{8},\ \frac{1}{8}-\frac{1}{9}+\frac{1}{10}=\frac{1}{8}-\left(\frac{1}{9}-\frac{1}{10}\right)<\frac{1}{8},$$

$$\frac{1}{8}-\frac{1}{9}+\frac{1}{10}-\frac{1}{11}=\frac{1}{8}-\left(\frac{1}{9}-\frac{1}{10}\right)-\left(\frac{1}{11}\right)<\frac{1}{8}\text{ u. s. w.}$$

und den Ungleichungen

$$\frac{1}{8}-\frac{1}{9}+\frac{1}{10}>\frac{1}{8}-\frac{1}{9},\ \frac{1}{8}-\frac{1}{9}+\frac{1}{10}-\frac{1}{11}=\left(\frac{1}{8}-\frac{1}{9}\right)+$$

$$\left(\frac{1}{10}-\frac{1}{11}\right)>\frac{1}{8}-\frac{1}{9},\ \frac{1}{8}-\frac{1}{9}+\frac{1}{10}-\frac{1}{11}+\frac{1}{12}=\left(\frac{1}{8}-\frac{1}{9}\right)+$$

$$\left(\frac{1}{10}-\frac{1}{11}\right)+\left(\frac{1}{12}\right)>\frac{1}{8}-\frac{1}{9}\text{ u. s. w.}$$

erkennt man, daß der Restteilbetrag $\mathfrak{R}=|\mathfrak{R}_n^N|$ zwischen $\frac{1}{n+1}$ und $\frac{1}{n+1}-\frac{1}{n+2}$ liegt, also $<\frac{1}{n}$ ist. Wählt man wieder $n>1:\varepsilon$, so ist $\mathfrak{R}<\varepsilon$. Die Reihe konvergiert.

3⁰ $$\mathfrak{S}=\frac{1}{1}+\frac{1}{2}+\frac{1}{3}+\cdots.$$

Der Betrag des Restteils $\mathfrak{R}_n^N$ ist

$$\mathfrak{R}=\frac{1}{n+1}+\frac{1}{n+2}+\cdots+\frac{1}{N}.$$

Um ihn abzuschätzen, zeichnen wir die Hyperbel $xy=1$ und betrachten das Hyperbeltrapez, das von der x-Achse, der Hyperbel und den beiden Grenzordinaten $y=\frac{1}{n+1}$ und $y=\frac{1}{N+1}$ eingeschlossen wird und den Inhalt $J=l\,\frac{N+1}{n+1}$ hat. Wir zerlegen die Grundlinie des Trapezes in $(N-n)$ der Längeneinheit gleiche Strecken und konstruieren über jeder Strecke als Grundlinie das Rechteck, dessen Höhe die Hyperbelordinate des linken Streckenendes ist. Die von diesen $(N-n)$ Rechtecken gebildete Figur hat den Inhalt $\mathfrak{R}$, und $\mathfrak{R}$ ist größer als J. Aus

$$\mathfrak{R}>l\,\frac{N+1}{n+1}$$

folgt die Unmöglichkeit, $\mathfrak{R}$ für jedes N unter die beliebig kleine positive Größe ε herabzudrücken. Die Reihe divergiert.

Unter dem Cauchybruch der Reihe

$$t_1 + t_2 + t_3 + \ldots$$

versteht man den mit n variablen Bruch

$$c_n = t_{n+1} : t_n \,.$$

Cauchys Konvergenzsatz:

Eine Reihe konvergiert — und das sogar absolut —, wenn der Betrag ihres Cauchybruches einen unterhalb der Einheit liegenden Grenzwert hat.

Beweis. Wir setzen $|t_n| = T_n$ und

$$C_n = T_{n+1} : T_n = |t_{n+1} : t_n| \;.$$

Aus

$$\lim_{n \to \infty} C_n = e < 1$$

folgt, daß ein endlicher Zeiger n existiert derart, daß für jedes $N \geqq n$

$$C_N < E \text{ ist} \qquad \text{mit } E = \frac{1+e}{2} < 1.$$

Demnach ist,

$$\begin{array}{lll} C_n < E & \text{oder} & T_{n+1} < A\,E \qquad \text{mit } A = T_n\,, \\ C_{n+1} < E & \text{oder} & T_{n+2} < E\,T_{n+1} < A\,E^2, \\ C_{n+2} < E & \text{oder} & T_{n+3} < E\,T_{n+2} < A\,E^3, \\ \cdot\;\cdot\;\cdot & \cdot\;\cdot\;\cdot & \cdot\;\cdot\;\cdot\;\cdot\;\cdot\;\cdot \\ C_N < E & \text{oder} & T_N < A\,E^{N-n}. \end{array}$$

Wir zerlegen nun die Reihe in die beiden Teile

$$\mathrm{I} = t_1 + t_2 + \cdots + t_n\,,$$

$$\mathrm{II} = u_1 + u_2 + u_3 + \cdots \quad \text{mit } u_\nu = t_{n+\nu}.$$

Wir brauchen uns um den aus endlich vielen Gliedern bestehenden Teil I nicht zu kümmern; es genügt, die Konvergenz von II nachzuweisen. Von dem Betrag U_ν von u_ν wissen wir, daß

$$U_\nu = T_{n+\nu} < A\,E^\nu$$

ist. Daher ist der Betrag des Restteils $\mathfrak{R}_\nu^N$ der Reihe II — auch dann noch, wenn alle ihre Glieder absolut genommen werden — kleiner als

$$A\,E^{\nu+1} + A\,E^{\nu+2} + \cdots + A\,E^{\nu+N},$$

mithin a. f. kleiner als

$$A\,E^{\nu+1}(1 + E + E^2 + \cdots) = \frac{A\,E^{\nu+1}}{1-E}\,.$$

Dieser Bruch läßt sich aber durch Wahl von ν unter jede noch so kleine Größe ε herunterdrücken. Das heißt: II konvergiert — und das sogar absolut.

In derselben Weise kann man den Satz beweisen:

Eine Reihe mit positiven Gliedern divergiert, wenn der Betrag ihres Cauchybruches einen oberhalb der Einheit liegenden Grenzwert hat.

Die große Bedeutung des Cauchybruches einer unendlichen Reihe geht auch aus folgendem Theorem hervor.

Vergleichungssatz:

Vorgelegt sind zwei Reihen mit positiven Gliedern

$$a_1 + a_2 + a_3 + \cdots, \qquad b_1 + b_2 + b_3 + \cdots.$$

Liegt der Cauchybruch der zweiten Reihe ständig unterhalb des Cauchybruches der ersten, so konvergiert die zweite Reihe, falls die erste konvergiert.

Liegt der Canchybruch der zweiten Reihe stets oberhalb des Cauchybruchs der ersten. so divergiert die zweite Reihe, falls die erste divergiert.

Beweis. Aus den ν Ungleichungen

$$\frac{b_{n+1}}{b_n} < \frac{a_{n+1}}{a_n}, \frac{b_{n+2}}{b_{n+1}} < \frac{a_{n+2}}{a_{n+1}}, \ldots, \frac{b_{n+\nu}}{b^{n+\nu-1}} < \frac{a_{n+\nu}}{a_{n+\nu-1}}$$

folgt durch Multiplikation für jedes positive ν

$$b_{n+\nu} < k\, a_{n+\nu} \qquad \text{mit } k = b_n : a_n .$$

Bildet man diese Ungleichung für die Werte $\nu = 1, 2, 3, \ldots, p$, so entsteht (für jedes $p > 0$)

$$(b_{n+1} + b_{n+2} + \ldots + b_{n+p}) < k\,(a_{n+1} + a_{n+2} + \ldots + a_{n+p}),$$

und diese Ungleichung zeigt, daß die zweite Reihe konvergiert, falls es die erste tut. Sie zeigt zugleich, daß die erste Reihe divergiert, falls es die zweite tut. Q. e. d.

Unendliche Produkte.

Bildet man aus den ersten n Gliedern der Folge

$$t_1, t_2, t_3, \ldots$$

das Produkt

$$p_n = (1 + t_1)(1 + t_2) \ldots .(1 + t_n)$$

und läßt nun n unbegrenzt wachsen, so entsteht das unendliche Produkt

$$\prod_{\nu}^{1,\infty} (1+t_\nu) = (1+t_1)(1+t_2)(1+t_3)\ldots$$

Das unendliche Produkt heißt konvergent, wenn die Folge $\{p_n\}$ einen endlichen nicht verschwindenden Grenzwert besitzt. Dieser Grenzwert wird der Wert des unendlichen Produkts genannt. Konvergiert p_n mit unbegrenzt wachsendem n gegen Null, so sagt man „das unendliche Produkt ist Null". Konvergiert die Folge $\{p_n\}$ nicht, so heißt das unendliche Produkt divergent.

Wir nennen die Größen $t_1, t_2, t_3, \ldots$ die Terme des unendlichen Produkts, die Ausdrücke $1+t_1$, $1+t_2$, $1+t_3, \ldots$ die Faktoren des Produkts.

Das unendliche Produkt heißt absolut konvergent, falls es konvergiert, wenn seine Terme durch deren Beträge ersetzt werden.

Es gilt folgender

Konvergenzsatz für unendliche Produkte:

Ein unendliches Produkt mit nicht verschwindenden Faktoren konvergiert — und das sogar absolut — wenn die Summe seiner Terme absolut konvergiert.

Beweis. Es sei $|t_n| = T_n$, und die Reihe

$$T_1 + T_2 + T_3 + \ldots$$

konvergiere gegen den endlichen Wert α.

Wegen der Konvergenz dieser Reihe existiert zu jedem ε ein endlicher Index n derart, daß für jedes $N \geqq n$

$$\tau = T_{n+1} + T_{n+2} + \ldots + T_N$$

kleiner als ε ausfällt.

Wir bilden den Unterschied $p_N - p_n$:

$$p_N - p_n = p_n [f_{n+1} f_{n+2} \ldots f_N - 1] \qquad \text{mit } f_\nu = 1 + t_\nu .$$

Nach der Ungleichung der Exponentialfunktion ist $|f_\nu| < e^{T_\nu}$, mithin

$$|p_n| = |f_1 f_2 \ldots f_n| < e^{T_1+T_2+\ldots+T_n} < e^{\alpha}$$

und

$$|f_{n+1} f_{n+} \ldots f_N - 1| < e^{\tau} - 1 < e^{\varepsilon} - 1.$$

Folglich wird $$|p_N - p_n| < e^{\alpha}(e^{\varepsilon} - 1),$$
kann also für hinreichend hohes n unter jeden vorgegebenen noch so kleinen positiven Wert herabgedrückt werden. Das heißt aber: das Produkt konvergiert.

Allerdings muß noch gezeigt werden, daß es nicht gegen Null konvergiert. Das gelingt aber sehr einfach. Zunächst ist $p_n \neq 0$, da keiner seiner Faktoren verschwindet. Dann ist
$$|f_{n+1} f_{n+2} \ldots f_N - 1| < e^{\varepsilon} - 1,$$
also bei hinreichend kleinem ε etwa $< 0{,}1$.

Daher ist $$|f_{n+1} f_{n+2} \ldots f_N| > 0{,}9$$
und zwar für jedes N. Folglich kann das Produkt nicht den Wert Null haben.

Zusatz. Ein unendliches Produkt mit positiven Termen konvergiert oder divergiert, je nachdem die Termenreihe konvergiert oder divergiert.

Der erste Teil dieses Satzes folgt sofort aus unserm Konvergenzsatz, der zweite aus der Unformel
$$p_n = (1 + t_1)(1 + t_2) \ldots (1 + t_n) > t_1 + t_2 + \ldots + t_n\,.$$

§ 55

Gauß' Konvergenzkriterium.

Das wichtigste Konvergenzkriterium ist vielleicht dasjenige, welches Gauß in seiner Abhandlung „Disquisitiones generales circa seriem infinitam $1 + \frac{\alpha \cdot \beta}{1 \cdot \gamma} x + \ldots$" (Werke, Bd. III) bekannt machte: Wir sprechen es folgendermaßen aus:

Gauß' Konvergenzmerkmal:

Die Reihe $S = T_1 + T_2 + T_3 \ldots,$
deren Cauchybruch $C_n = T_{n+1} : T_n$
sich auf die Form
$$C_n = \frac{n^p + a\,n^{p-1} + b\,n^{p-2} + \ldots}{n^p + A\,n^{p-1} + B\,n^{p-2} + \ldots}$$
mit positiv ganzzahligem p bringen läßt, konvergiert oder divergiert, je nachdem die Differenz
$$d = A - a$$
die Einheit übertrifft oder nicht.

Der folgende Beweis beruht auf dem Vergleich der Reihe S mit der Rouchéschen Hilfsreihe

$$\mathfrak{S} = \mathfrak{T}_1 + \mathfrak{T}_2 + \mathfrak{T}_3 + \ldots,$$

deren Cauchybruch $\mathfrak{C}_n = \mathfrak{T}_{n+1} : \mathfrak{T}_n$

die Form
$$\mathfrak{C}_n = \frac{n-k+\vartheta}{n-k+1}$$

hat, wo ϑ ein positiver oder negativer Echtbruch oder Null ist und k eine passend gewählte natürliche Zahl bedeutet.

Die Rouchéreihe aber ist die Reihe, in welcher für jeden Zeiger $\nu \leqq k$ $\mathfrak{T}_\nu = 0$, für jeden oberhalb k liegenden Zeiger $k+\nu$ $\mathfrak{T}_{k+} = \mathfrak{p}_\nu$ oder $\mathfrak{q}_\nu$ ist, je nachdem ϑ von Null verschieden ist oder nicht. Dabei haben die Größen $\mathfrak{p}_\nu$ und $\mathfrak{q}_\nu$ die Werte

$$\mathfrak{p}_1 = \vartheta, \; \mathfrak{p}_2 = \vartheta \cdot \frac{1+\vartheta}{2}, \; \mathfrak{p}_3 = \vartheta \cdot \frac{1+\vartheta}{2} \cdot \frac{2+\vartheta}{3},$$

$$\mathfrak{p}_4 = \vartheta \cdot \frac{1+\vartheta}{2} \cdot \frac{2+\vartheta}{3} \cdot \frac{3+\vartheta}{4}, \ldots,$$

$$\mathfrak{q}_1 = 1, \; \mathfrak{q}_2 = 1 \cdot \frac{1}{2}, \; \mathfrak{q}_3 = 1 \cdot \frac{1}{2} \cdot \frac{2}{3}, \; \mathfrak{q}_4 = 1 \cdot \frac{1}{2} \cdot \frac{2}{3} \cdot \frac{3}{4}, \ldots .$$

Bei dieser Festsetzung ist

$$\text{im 1. Falle } \frac{\mathfrak{T}_{k+\nu+1}}{\mathfrak{T}_{k+\nu}} = \frac{\mathfrak{p}_{\nu+1}}{\mathfrak{p}_\nu} = \frac{\nu+\vartheta}{\nu+1},$$

$$\text{im 2. Falle } \frac{\mathfrak{T}_{k+\nu+1}}{\mathfrak{T}_{k+\nu}} = \frac{\mathfrak{q}_{\nu+1}}{\mathfrak{q}_\nu} = \frac{\nu}{\nu+1}$$

oder, wenn man $k+\nu = n$, $\nu = n-k$ schreibt,

$$\text{bei der ersten Reihenform } \frac{\mathfrak{T}_{n+1}}{\mathfrak{T}_n} = \frac{n-k+\vartheta}{n-k+1},$$

$$\text{bei der zweiten Reihenform } \frac{\mathfrak{T}_{n+1}}{\mathfrak{T}_n} = \frac{n-k+0}{n-k+1}.$$

Für die Rouchéreihe

$$\mathfrak{T}_1 + \mathfrak{T}_2 + \mathfrak{T}_3 + \ldots$$

hat demnach der Cauchybruch in jedem der beiden Fälle die Form
$$\mathfrak{C}_n = \frac{\mathfrak{T}_{n+1}}{\mathfrak{T}_n} = \frac{n-k+\vartheta}{n-k+1}, \quad [-1 < \vartheta < 1].$$

Zwar gilt dies nur für die oberhalb k liegenden Zeiger n; bei Konvergenzbetrachtungen braucht man sich aber nur um Reihenglieder zu kümmern, deren Zeiger oberhalb einer festen endlichen Zahl liegen.

Erörtern wir nun zunächst die Konvergenzfrage für die Rouchéreihe!

Im ersten Falle haben wir,

gesetzt,
$$\mathfrak{p}_1 + \mathfrak{p}_2 + \dots + \mathfrak{p}_\nu = \mathfrak{s}_\nu$$
$$\mathfrak{s}_1 + 1 = 1 + \vartheta,$$
$$\mathfrak{s}_2 + 1 = \mathfrak{s}_1 + 1 + \mathfrak{p}_2 = (1 + \vartheta)\left(1 + \frac{\vartheta}{2}\right),$$
$$\mathfrak{s}_3 + 1 = (\mathfrak{s}_2 + 1) + \mathfrak{p}_3 = (1 + \vartheta)\left(1 + \frac{\vartheta}{2}\right)\left(1 + \frac{\vartheta}{3}\right),$$
$$\mathfrak{s}_4 + 1 = (\mathfrak{s}_3 + 1) + \mathfrak{p}_4 = (1 + \vartheta)\left(1 + \frac{\vartheta}{2}\right)\left(1 + \frac{\vartheta}{3}\right)\left(1 + \frac{\vartheta}{4}\right),$$
u. s. w., allgemein
$$\mathfrak{s}_\nu + 1 = \left(1 + \frac{\vartheta}{1}\right)\left(1 + \frac{\vartheta}{2}\right)\left(1 + \frac{\vartheta}{3}\right)\dots\left(1 + \frac{\vartheta}{\nu}\right).$$
Jetzt kommt es darauf an, die rechte Seite R dieser Gleichung in Schranken einzuschließen.

Nach der Ungleichung der Exponentialfunktion (§ 44) ist
$$R < e^{\vartheta} \cdot e^{\vartheta:2} \cdot e^{\vartheta:3} \dots \cdot e^{\vartheta:\nu} = e^{\vartheta H_\nu} \text{ mit } H_\nu = \frac{1}{1} + \frac{1}{2} + \dots + \frac{1}{\nu},$$
womit schon eine obere Schranke ermittelt ist.

Ferner hat man
$$(1 + \vartheta)\left(1 + \frac{\vartheta}{2}\right) > 1 + \vartheta H_2, \text{ folglich}$$
$$(1 + \vartheta)\left(1 + \frac{\vartheta}{2}\right)\cdot\left(1 + \frac{\vartheta}{3}\right) > (1 + \vartheta H_2)\left(1 + \frac{\vartheta}{3}\right) > 1 + \vartheta H_3$$
u. s. w., allgemein $\quad R > 1 + \vartheta H_\nu,$

womit eine untere Schranke gefunden ist.

Daher gilt die Unformel
$$1 + \vartheta H_\nu < \mathfrak{s}_\nu + 1 < e^{\vartheta H_\nu}.$$

Da (§ 54) H_ν mit unbegrenzt wachsendem ν gleichfalls unbegrenzt wächst, lehrt sie:

Die Reihe $\mathfrak{S}$ konvergiert oder divergiert, je nachdem ϑ negativ oder positiv ist.

Im Falle $\vartheta = 0$ ist

$$\mathfrak{S} = \frac{1}{1} + \frac{1}{2} + \frac{1}{3} + \dots,$$

so daß die Rouchéreihe divergiert.

Zusammenfassend können wir sagen:

Die Rouchéreihe konvergiert oder divergiert, je nachdem ϑ negativ ist oder nicht.

Nunmehr vergleichen wir die Cauchybrüche C_n und $\mathfrak{C}_n$ der vorgelegten Reihe S und der Rouchéreihe $\mathfrak{S}$ miteinander, bilden demnach den Quotient

$$q_n = C_n : \mathfrak{C}_n .$$

Eine einfache Rechnung ergibt

$$q_n = \frac{n^{p+1} + (a - k + 1)\, n^p + (b - k\, a + a)\, n^{p-1} + \dots}{n^{p+1} + (A - k + \vartheta)\, n^p + (B - k\, A + A\, \vartheta)\, n^{p-1} + \dots}$$

oder

$$q_n = 1 - \zeta_n$$

mit $\zeta_n = \dfrac{(d - 1 + \vartheta)\, n^p + (B - b - k\, d + A\, \vartheta - a)\, n^{p-1} + \dots}{n^{p+1} + (A - k + \vartheta)\, n^p + \dots}$.

Wir unterscheiden drei Fälle:

$$1^0 \quad d > 1, \qquad 2^0 \quad d = 1, \qquad 3^0 \quad d < 1.$$

Im ersten Falle wählen wir bei willkürlichem k für ϑ einen negativen Echtbruch, dessen Betrag unterhalb $d - 1$ liegt. Bei hinreichend hohem festem α ist dann für jeden Zeiger $n \geqq \alpha$ ζ_n positiv und

$$q_n < 1 \qquad \text{oder} \qquad C_n < \mathfrak{C}_n .$$

Da die Reihe $\mathfrak{S}$ (wegen des negativen ϑ) konvergiert, konvergiert auch S (Vergleichungssatz).

Im zweiten Falle wählen wir zunächst $\vartheta = 0$ und haben

$$\zeta_n = \frac{(B - b - k - a)\, n^{p-1} + \dots}{n^{p+1} + \dots}.$$

Darauf nehmen wir für k einen die Konstante $B - b - a$ übersteigenden Wert. Dann wird bei hinreichend hohem festem α für jedes $n \geqq \alpha$ ζ_n negativ, also

$$q_n > 1 \qquad \text{oder} \qquad C_n > \mathfrak{C}_n .$$

16*

Da für verschwindendes ϑ die Reihe $\mathfrak{S}$ divergiert, divergiert auch S.

Im dritten Falle endlich wählen wir — bei willkürlichem k — $\vartheta = 0$. Dann wird bei hinreichend hohem festem α für jedes $n \geqq \alpha$ ζ_n negativ, also

$$q_n > 1 \qquad \text{oder} \qquad C_n > \mathfrak{C}_n .$$

Auch in diesem Falle divergiert $\mathfrak{S}$ und damit auch S.

Der Beweis des Gaußschen Satzes ist erbracht.

§ 56

Gleichmäßige Konvergenz.

Häufig hängt das allgemeine Glied t_n einer Folge außer vom Zeiger n noch von einer Variablen x ab, ist also eine Funktion $t_n = f_n(x)$ von x. Wenn nun die Folge

$$f_1(x),\ f_2(x),\ f_3(x),\ \ldots$$

für jedes x eines vorgelegten Intervalls I gegen den Grenzwert $\varphi(x)$ konvergiert, so ist damit im Intervall I eine gewisse Funktion $\varphi(x)$ von x definiert, welche die Grenzfunktion der Folge $\left\{f_n(x)\right\}$ heißt, und man schreibt natürlich

$$\lim_{n \to \infty} f_n(x) = \varphi(x).$$

Nach Cauchys Konvergenzkriterium besitzt die in einem Intervall I definierte Funktionenfolge

$$f_1(x),\ f_2(x),\ f_3(x),\ \ldots$$

eine — ebenfalls in I definierte — Grenzfunktion $\varphi(x)$, wenn zu jedem positiven ε und jedem x aus I ein endlicher Zeiger n — der aber von x abhängig sein kann — existiert derart, daß für jeden Zeiger $N \geqq n$

$$|f_N(x) - f_n(x)| < \varepsilon$$

ausfällt.

Die Folge $\left\{f_n(x)\right\}$ heißt in einem vorgelegten Intervall gleichmäßig konvergent, wenn zu jedem positiven ε ein endlicher — **von x unabhängiger!** — Zeiger n existiert, derart, daß für jeden Zeiger $N \geqq n$ und für jedes x des Intervalls

$$|f_N(x) - \varphi(x)| < \varepsilon$$

ausfällt, wo $\varphi(x)$ die Grenzfunktion der Folge bedeutet.

Die Gleichmäßgkeit der Konvergenz einer Folge mit unbekannter Grenzfunktion wird durch folgenden Satz festgestellt:

Die Folge $\{f_n(x)\}$ konvergiert im Intervall I gleichmäßig, wenn zu jedem positiven ε ein endlicher — **von** x **unabhängiger** — Zeiger n existiert derart, daß für jeden Zeiger $N \geqq n$ und **für jedes** x **des Intervalls** I

$$|f_N(x) - f_n(x)| < \varepsilon$$

ausfällt.

Beweis. I. Die Bedingung ist notwendig. Ist nämlich $\varphi(x)$ die Grenzfunktion der gleichmäßig konvergenten Folge $\{f_n(x)\}$, so existiert zu vorgegebenem ε ein Index n derart, daß für jedes $N \geqq n$ und für jedes x aus I

$$|f_n(x) - \varphi(x)| < \frac{\varepsilon}{2} \quad \text{wie auch} \quad |f_N(x) - \varphi(x)| < \frac{\varepsilon}{2}$$

mithin auch

$$|f_N(x) - f_n(x)| < \varepsilon$$

ist.

II. Die Bedingung ist hinreichend. Aus der für jedes x des Intervalls I gültigen Bedingung

$$|f_N(x) - f_n(x)| < \varepsilon$$

folgt zunächst nach Cauchys Konvergenzmerkmal, daß $\lim\limits_{\nu \to \infty} f_\nu(x) = \varphi(x)$, hierauf aus $|f_N(x) - f_\nu(x)| < 2\varepsilon$ mit $N \geqq n$ und $\nu > n$, daß $|f_N(x) - \varphi(x)| \leqq 2\varepsilon$ sein muß (für jedes x aus I), und diese Ungleichung zeigt die gleichmäßige Konvergenz der Folge.

Die Folge

$$\{f_n(x) = x^2 + n\,x\,e^{-nx^2}\}$$

z. B. ist im Intervall [0,1] konvergent; sie konvergiert gegen die Grenzfunktion

$$\varphi(x) = x^2.$$

Aus der Reihe für e^{nx^2} folgt nämlich

$$e^{nx^2} > 1 + n\,x^2 + \frac{1}{2}\,n^2\,x^4 > \frac{1}{2}\,n^2\,x^4$$

so daß

$$\frac{nx}{e^{nx^2}} < \frac{2}{nx^3}$$

ist und $f_n(x)$ für $x > 0$ bei unbegrenzt zunehmendem Zeiger n gegen x^2 konvergiert. Für $x = 0$ selbst ist $f_n(x) = 0$ also auch $\varphi(x) = \lim f_n(x) = 0$.

Unsere Folge ist im vorgelegten Intervall aber **nicht gleichmäßig konvergent**. In der Tat, der Unterschied $f_n(x) - \varphi(x)$ ist $u = f_n(x) - \varphi(x) = n\,x\,e^{-nx^2}$ und hat für $x = 1 : \sqrt{n}$ den Wert $\sqrt{n} : e$; es kann also u nicht für *jedes* x des Intervalls unter den beliebig kleinen positiven Wert ε herabgedrückt werden, wie es das Gleichmaß der Konvergenz doch erfordern würde [Darboux].

Gleichmäßig konvergente Funktionenfolgen erfreuen sich besonders einfacher wichtiger Eigenschaften, von denen wir einige aufführen.

Satz 1:

Die Grenzfunktion einer in einem Intervall gleichmäßig konvergenten Folge stetiger Funktionen ist in diesem Intervalle ebenfalls eine stetige Funktion.

Beweis. $\varphi(x)$ sei die Grenzfunktion der im Intervall I gleichmäßig konvergenten Funktionenfolge $\{f_n(x)\}$, wo $f_n(x)$ in I stetig ist. Wir bestimmen zu beliebig vorgegebenem positiven ε den endlichen Zeiger n so groß, daß

$$|\varphi(x) - f_n(x)| < \varepsilon \quad \text{und} \quad |\varphi(X) - f_n(X)| < \varepsilon$$

ist, wo x und X zwei beliebige Stellen von I sein dürfen. Nun schreiben wir

$$\varphi(X) - \varphi(x) = [\varphi(X) - f_n(X)] + [f_n(X) - f_n(x)] + [f_n(x) - \varphi(x)].$$

Eine Funktion $\varphi(x)$ heißt an einer Stelle x stetig, wenn zu jedem positiven ε eine von Null verschiedene Umgebung $\mathfrak{U}$ der Stelle existiert derart, daß für jedes X dieser Umgebung

$$|\varphi(X) - \varphi(x)| < \varepsilon$$

ausfällt.

Da nun $f_n(x)$ eine stetige Funktion von x in I ist, gibt es eine Umgebung $\mathfrak{U}$ der beliebigen Intervallstelle x derart, daß für jedes X aus $\mathfrak{U}$ die mittlere eckige Klammer betraglich $< \varepsilon$ ausfällt. Da nun sowohl die erste als auch die dritte eckige Klammer betraglich unterhalb ε liegt, ist

$$|\varphi(X) - \varphi(x)| < 3\varepsilon$$

für jedes X der Umgebung $\mathfrak{U}$. Diese Ungleichung aber lehrt die Stetigkeit der Grenzfunktion $\varphi(x)$ an jeder Stelle x des Intervalls I.

Satz 2:

Konvergiert die Ableitung einer konvergenten Folge stetiger Funktionen in einem gegebenen Intervall gleichmäßig, so ist die Ableitung der Grenzfunktion der Folge die Grenzfunktion der Ableitung der Folge.

N. B. Unter der Ableitung der Folge $\{f_n(x)\}$ versteht man die Folge $\{f'_n(x)\}$, wo $f'_n(x)$ die Ableitung der Funktion $f_n(x)$ nach x bedeutet.

Das gegebene Intervall sei I.

Die vorgelegte Folge heiße $\{F_n(x)\}$, ihre Grenzfunktion $\Phi(x)$, die Ableitung von $F_n(x)$ sei $f_n(x)$, so daß $\{f_n(x)\}$ die Ableitung der Folge $\{F_n(x)\}$ bedeutet, und die Grenzfunktion der Folge $\{f_n(x)\}$ heiße $\varphi(x)$.

ε sei eine beliebig kleine vorgegebene positive Größe. Wegen der gleichmäßigen Konvergenz der Folge $\{f_n(x)\}$ läßt sich ein endlicher Zeiger n angeben derart, daß für jeden Zeiger $N \geqq n$ und für jedes x des vorgegebenen Intervalls I

(1) $$|f_N(x) - f_n(x)| < \varepsilon$$

ausfällt. Aus dieser Ungleichung folgt, da $\lim f_N(x) = \varphi(x)$ ist,

(2) $$|\varphi(x) - f_n(x)| \leqq \varepsilon$$

für jedes x aus I.

Wir betrachten die Unterschiede

$$U(x) = F_N(x) - F_n(x) \quad \text{und} \quad u(x) = f_N(x) - f_n(x),$$

von denen der zweite die Ableitung des ersten ist:

$$U'(x) = u(x).$$

Sind x und X zwei beliebige Stellen des Intervalls I, so gilt nach dem Mittelwertsatz die Formel

$$\frac{U(X) - U(x)}{X - x} = u(z),$$

wo z ein gewisser zwischen x und X liegender Wert ist. Diese Formel schreibt sich

$$\frac{F_N(X) - F_N(x)}{X - x} = \frac{F_n(X) - F_n(x)}{X - x} + [f_N(z) - f_n(z)].$$

Da z dem Intervall I angehört, kann man nach (1)

$$[f_N(z) - f_n(z)] = \Theta\varepsilon$$

setzen, wo Θ ein echter Bruch ist, der von x, X und N abhängt, und hat

$$\frac{F_N(X) - F_N(x)}{X - x} = \frac{F_n(X) - F_n(x)}{X - x} + \Theta\varepsilon.$$

In dieser Gleichung halten wir x und X einstweilen noch fest und lassen N unbegrenzt zunehmen. Dann streben $F_N(X)$ und $F_N(x)$ gegen die Werte $\Phi(X)$ und $\Phi(x)$; gleichzeitig strebt Θ gegen einen Grenzwert ϑ, dessen Betrag aber die Einheit nicht überschreiten kann, und unsere Formel verwandelt sich in die Gleichung

$$\frac{\Phi(X) - \Phi(x)}{X - x} = \frac{F_n(X) - F_n(x)}{X - x} + \vartheta\varepsilon \qquad \text{mit } |\vartheta| \leqq 1,$$

deren linke Seite den Differenzenquotient der Funktion $\Phi(x)$ darstellt. Wir subtrahieren $\varphi(x)$ und erhalten

$$\frac{\Phi(X) - \Phi(x)}{X - x} - \varphi(x) = \left[\frac{F_n(X) - F_n(x)}{X - x} - f_n(x)\right] + \left[f_n(x) - \varphi(x)\right] + \vartheta\varepsilon.$$

Nach (2) kann man für die zweite eckige Klammer der rechten Seite $\eta\varepsilon$ schreiben, wo $|\eta| \leqq 1$ ist. Damit wird

$$\frac{\Phi(X) - \Phi(x)}{X - x} - \varphi(x) = \left[\frac{F_n(X) - F_n(x)}{X - x} - f_n(x)\right] + \eta\varepsilon + \vartheta\varepsilon.$$

Nun halten wir x fest und nehmen X willkürlich aus einer Umgebung $\mathfrak{U}$ von x, die wir folgendermaßen fixieren. Da $f_n(x)$ die Ableitung der Funktion $F_n(x)$ ist, gibt es eine Umgebung der Stelle x derart, daß für jedes X dieser Umgebung die eckige Klammer der letzten Gleichung betraglich unterhalb ε liegt; diese Umgebung sei $\mathfrak{U}$. Für jedes X aus $\mathfrak{U}$ ist daher

$$\left| \frac{\Phi(X) - \Phi(x)}{X - x} - \varphi(x) \right| < 3\varepsilon,$$

und diese Ungleichung bedeutet, daß die Funktion $\Phi(x)$ den Differentialquotient $\varphi(x)$ hat, w. z. b. w.

Gleichmäßige konvergente Reihen.

Eine Reihe

$$\mathfrak{S} = f_1(x) + f_2(x) + f_3(x) + \ldots,$$

deren Glieder $f_1(x)$, $f_2(x)$. $f_3(x)$, ... in einem Intervall I stetige Funktionen von x sind, heißt konvergent, bzw. im Intervall I gleichmäßig konvergent, wenn ihre Teilsummen

$$s_1 = f_1(x),\ s_2 = f_1(x) + f_2(x),\ s_3 = f_1(x) + f_2(x) + f_3(x),\ \ldots$$

eine konvergente Folge bzw. eine im Intervall I gleichmäßig konvergente Folge bilden, und die Grenzfunktion σ der Folge $\{s_n\}$ heißt die Summe der Reihe $\mathfrak{S}$.

$\mathfrak{S}$ ist demnach konvergent, wenn zu jedem $\varepsilon > 0$ ein endlicher Zeiger n existiert, derart, daß für jeden Zeiger $N \geqq n$

$$|s_N - s_n| < \varepsilon$$

ausfällt.

$\mathfrak{S}$ ist in I gleichmäßig konvergent, wenn zu jedem $\varepsilon > 0$ ein von x unabhängiger endlicher Zeiger n existiert derart, das für jeden Zeiger $N \geqq n$ und für jedes x aus I

$$|s_N - s_n| < \varepsilon$$

ausfällt.

Nun ist

$$s_N - s_n = f_{n+1}(x) + f_{n+2}(x) + \ldots + f_N(x).$$

Wir setzen $N = n + p$ und

$$f_{n+1}(x) + f_{n+2}(x) + \ldots + f_{n+p}(x) = \Re^p,$$

und nennen $\Re_n^p$ einen Restteil.

Wir können dann sagen:

Eine Reihe

$$\mathfrak{S} = f_1(x) + f_2(x) + f_3(x) + \ldots$$

ist konvergent, wenn zu jedem $\varepsilon > 0$ ein endlicher Index n existiert derart, daß der Betrag des Restteils

$$\Re_n^p = f_{n+1}(x) + f_{n+2}(x) + \ldots + f_{n+p}(x)$$

für jeden positiven Zeiger p unterhalb ε liegt.

Sie ist im Intervall I **gleichmäßig konvergent**, wenn zu jedem $\varepsilon > 0$ ein endlicher von x unabhängiger Zeiger n existiert derart, daß der Restteil $\mathfrak{R}_n^p$ für jeden Zeiger p und für jedes x des Intervalls betraglich unterhalb ε liegt.

Wenn jedes Glied $f_n(x)$ der Reihe $\mathfrak{S}$ eine Ableitung $f'_n(x)$ besitzt, so kann man auch die Reihe

$$\mathfrak{S}' = f'_1(x) + f'_2(x) + f'_3(x) + \dots$$

betrachten ($\mathfrak{S}'$ ist keine Zahl, sondern nur eine Bezeichnung für die neue Reihe); man nennt sie die **formale Ableitung** der Reihe $\mathfrak{S}$, und man sagt, man habe die Reihe $\mathfrak{S}$ **formal abgeleitet**. Diese formale Ableitung braucht durchaus nicht die Ableitung der Reihe zu sein. Unter der Ableitung der Reihe $\mathfrak{S}$ versteht man die Ableitung der Reihensumme σ (falls eine solche Ableitung existiert).

Es kommt vor, daß die Reihe $\mathfrak{S}'$ in einem Intervall I konvergiert, und daß sie für jedes x dieses Intervalls die Ableitung der Funktion σ von x d. h. der Reihensumme

$$\sigma = f_1(x) + f_2(x) + f_3(x) + \dots$$

darstellt. In diesem Falle sagt man:

Die Reihe $\mathfrak{S}$ darf **gliedweise differenziert** werden.

Es steht nichts im Wege, die obigen Sätze 1 und 2 auf Reihen zu übertragen. Sie nehmen dann folgende Gestalt an:

Satz 1:

Eine in einem Intervall gleichmäßig konvergente Reihe ist hier eine stetige Funktion des Arguments.

Satz 2:

Eine konvergente Reihe, deren Glieder in einem Intervall I stetige Funktionen des Arguments sind, darf in I gliedweise differenziert werden, falls die Formalableitung der Reihe in I gleichmäßig konvergiert.

M. a W.:

Konvergiert die formale Ableitung einer in einem Intervall I konvergenten Reihe mit stetigen Gliedern im Intervall gleichmäßig, so stellt sie die Ableitung der Reihe dar.

§ 57

Potenzreihen.

Zu den Reihen, die sich durch besonders einfaches Verhalten auszeichnen, gehören die Potenzreihen, von denen wir in der Sinusreihe, Cosinusreihe, Exponentialreihe, Arcustangensreihe und Arcussinusreihe bemerkenswerte Beispiele hatten. Das sind also Reihen, die nach steigenden Potenzen des Arguments x fortschreiten, d. h. Reihen von der Form

$$c_0 + c_1 x + c_2 x^2 + \ldots,$$

wo die Koeffizienten $c_0, c_1, c_2, \ldots$ konstante Größen sind.

Das einfache Verhalten einer Potenzreihe erscheint schon im

Satz von Abel:

Liegt jedes Glied der Potenzreihe

$$c_0 + c_1 x + c_2 x^2 + \ldots$$

für $x = a$ betraglich unterhalb einer endlichen Schranke E, so konvergiert die Reihe, sogar absolut, für jedes x, dessen Betrag den von a unterschreitet.

Beweis. Wir setzen den Echtbruch $x : a = q$, seinen Betrag $= Q$ und haben

$$|c_n x^n| = |c_n a^n q^n| < E Q^n,$$

so daß der Betrag des Restteils

$$\mathfrak{R}_n^p = c_{n+1} x^{n+1} + c_{n+2} x^{n+2} + \ldots + c_{n+p} x^{n+p}$$

unterhalb

$$O = E Q^{n+1} + E Q^{n+2} + E Q^{n+3} + \ldots = E Q^{n+1} : (1 - Q)$$

liegt, d. h. für hinreichend hohes n unter jedes positive ε herabgedrückt werden kann. Folglich konvergiert die Reihe für $|x| < |a|$. Und da auch die Summe der Beträge der Restteilglieder unterhalb O liegt, konvergiert sie sogar absolut.

Wir fügen hinzu:

Die Reihe $c_0 + c_1 x + c_2 x^2 + \ldots$ konvergiert im Intervall $(-\mathfrak{a}, +\mathfrak{a})$, wo $\mathfrak{a}$ unterhalb $|a|$ liegt, gleichmäßig.

In der Tat, für $|x| \leqq \mathfrak{a}$ ist $Q = |x : a|$ kleiner als der Echtbruch $e = |\mathfrak{a} : a|$, mithin

$$|\mathfrak{R}_n^p| < E e^{n+1} + E e^{n+2} + \ldots = E e^{n+1} : (1 - e).$$

Demnach läßt sich ein von x unabhängiger Zeiger n angeben derart, daß $|\mathfrak{R}_n^p|$ für jedes x aus dem Intervall $(-\mathfrak{a}, +\mathfrak{a})$ und für jedes p unterhalb ε liegt. Das bedeutet aber die gleichmäßige Konvergenz der Reihe im Intervall $(-\mathfrak{a}, +\mathfrak{a})$.

Korollar:

Konvergiert die Reihe

$$c_0 + c_1 x + c_2 x^2 + \ldots$$

an der Stelle $x = a$, so konvergiert sie für jedes x, dessen Betrag den von a unterschreitet, absolut und für jedes x eines Intervalls, das ganz innerhalb des Intervalls $(-a, +a)$ liegt, auch noch gleichmäßig.

Potenzreihen von der Form

$$\mathfrak{p}(x) = a_0 + a_1 x + a_2 x^2 + \ldots$$

erfreuen sich häufig der Eigenschaft, daß der Quotient $a_{n+1} : a_n$ mit unbegrenzt wachsendem n einem endlichen Grenzwert g zustrebt. Wieder werde der Betrag einer durch einen kleinen Buchstaben bezeichneten Größe durch den gleichlautenden großen Buchstaben bezeichnet.

Der Betrag des Cauchybruches der Reihe $\mathfrak{p}(x)$ ist

$$C_n = \frac{A_{n+1} X^{n+1}}{A_n X^n} = \frac{A_{n+1}}{A_n} \cdot X$$

und strebt mit unbegrenzt wachsendem n gegen den endlichen Grenzwert $G X$. Solange also $G X$ ein echter Bruch, d. h.

$$X < 1 : G$$

ist, konvergiert (nach Cauchys Konvergenzsatz § 54) die Reihe $\mathfrak{p}(x)$, sogar absolut, und wenn die Variable x auf das Intervall

$$I\ (-\alpha, +\alpha)$$

beschränkt bleibt, wo α eine unterhalb $1 : G$ liegende positive Zahl ist, konvergiert $\mathfrak{p}(x)$ absolut und gleichmäßig und stellt demnach in I eine stetige Funktion von x dar.

Wir betrachten die Formalableitung $\mathfrak{q}(x)$ von $\mathfrak{p}(x)$:

$$\mathfrak{q}(x) = b_0 + b_1 x + b_2 x^2 + \ldots \text{ mit } b_n = (n+1)\, a_{n+1}$$

und den Grenzwert des Quotienten

$$\frac{b_{n+1}}{b_n} = \frac{n+2}{n+1} \cdot \frac{a_{n+2}}{a_{n+1}}.$$

Wie man sieht, ist dieser Grenzwert gleichfalls g.

Solange also x im Intervall I liegt, konvergiert auch $\mathfrak{q}(x)$ gleichmäßig (und absolut). Daher ist $\mathfrak{q}(x)$ (nach dem Satze von der Ableitung einer Reihe) im Intervall I die Ableitung $\mathfrak{p}'(x)$ von $\mathfrak{p}(x)$.

Ergebnis:

Hat bei der Potenzreihe

$$\mathfrak{p}(x) = a_0 + a_1 x + a_2 x^2 + \dots$$

der Betrag des Quotienten $a_{n+1} : a_n$ einen endlichen Grenzwert G, so konvergiert sowohl $\mathfrak{p}(x)$ als auch seine Formalableitung $\mathfrak{q}(x)$ im Intervall

$$(-\alpha, +\alpha) \quad \text{mit } 0 < \alpha < 1 : G$$

gleichmäßig und absolut, und $\mathfrak{q}(x)$ stellt in diesem Intervall die Ableitung $\mathfrak{p}'(x)$ von $\mathfrak{p}(x)$ dar.

Zusatz. Im Ausnahmefalle

$$\lim a_{n+1} : a_n = g = 0$$

konvergiert $\mathfrak{p}(x)$ für jedes endliche x, in jedem endlichen Intervalle gleichmäßig und absolut.

Was direkt erkannt werden kann, aber auch aus $1 : G = +\infty$ folgt.

Beispiele.

1⁰ $$\sin x = x - \frac{x^3}{3!} + \frac{x^5}{5!} - + \dots .$$

konvergiert in jedem endlichen Intervall gleichmäßig, und seine Ableitung ist

$$\cos x = 1 - \frac{x^2}{2!} + \frac{x^4}{4!} - + \dots .$$

2⁰ $$e^x = 1 + x + \frac{x^2}{2!} + \frac{x^3}{3!} + \dots .$$

konvergiert ebenfalls in jedem endlichen Intervall gleichmäßig, und seine Ableitung ist

$$e^x = 1 + x + \frac{x^2}{2!} + \frac{x^3}{3!} + \dots .$$

3⁰ $$\operatorname{at} x = x - \frac{1}{3} x^3 + \frac{1}{5} x^5 - + \dots$$

konvergiert, da $\lim \frac{1}{2n+1} : \frac{1}{2n-1} = 1$ ist, in jedem innerhalb des Intervalls $(-1, +1)$ liegenden Intervall I gleichmäßig und absolut. Seine Ableitung in I ist

$$\frac{1}{1+x^2} = 1 - x^2 + x^4 - x^6 + - \ldots .$$

4⁰ $$\operatorname{as} x = x + c_1 \frac{x^3}{3} + c_2 \frac{x^5}{5} + c_3 \frac{x^7}{7}$$

konvergiert, da

$$\lim \frac{c_{n+1}}{2n+3} : \frac{c_n}{2n+1} = \frac{2n+1}{2n+2} \cdot \frac{2n+1}{2n+3} = 1$$

ist, ebenfalls gleichmäßig und absolut in I, und seine Ableitung in I ist

$$\frac{1}{\sqrt{1-x^2}} = 1 + c_1 x^2 + c_2 x^4 + c_3 x^6 + \ldots$$

Potenzreihen komplexen Arguments.

Von noch größerer Wichtigkeit als die Potenzreihen reellen Arguments x sind die Potenzreihen komplexen Arguments z, also Reihen von der Form

$$\mathfrak{p}(z) = c_0 + c_1 z + c_2 z^2 + \ldots,$$

wo nun das Argument z beliebig komplex ist, wo übrigens auch die Koeffizienten $c_0, c_1, c_2, \ldots$ dann und wann komplexe Zahlen sind. Wir müssen für unsere trigonometrischen Zwecke wenigstens die allerwichtigsten Eigenschaften dieser Gebilde kennen lernen.

I Konvergenzgebiet.

Auch hier gilt der Satz von Abel mit seinem Korollar, und sein obiger Beweis ist ohne weiteres aufs Komplexe übertragbar. Es genügt daher, den Sachverhalt nochmals anzugeben.

Satz von Abel:

Liegt jedes Glied der Potenzreihe

$$\mathfrak{p}(z) = c_0 + c_1 z + c_2 z^2 + \ldots$$

für $z = \gamma$ betraglich unterhalb einer endlichen positiven Schranke E, so konvergiert die Reihe, absolut für jedes z, dessen Betrag den von γ unterschreitet, und gleichmäßig für alle z, deren Beträge eine unterhalb $|\gamma|$ liegende Positivzahl nicht überschreiten.

Korollar:

Konvergiert die Reihe

$$\mathfrak{p}(z) = c_0 + c_1 z + c_2 z^2 + \dots$$

an der Stelle $z = \gamma$, so konvergiert sie absolut für jedes z, dessen Betrag den von γ unterschreitet und gleichmäßig für alle z, deren Beträge eine unterhalb $|\gamma|$ liegende Positivzahl p nicht überschreiten.

Da alle z, deren Beträge die Unformel $|z| < |\gamma|$ bzw. $|z| \leqq p$ befriedigen, Punkte der um den Nullpunkt $z = 0$ der z-Ebene beschriebenen Kreisfläche vom Radius $|\gamma|$ bzw. p darstellen, so scheint das Gebiet, in dessen Punkten unsere Potenzreihe konvergiert kreisförmig zu sein. Das ist tatsächlich der Fall, wie aus Abels Satze gefolgert werden kann, wie aber mit größerer Vollständigkeit aus dem folgenden Satze von Cauchy hervorgeht.

Cauchys Konvergenzkreissatz:

Zu jeder Potenzreihe

$$\mathfrak{p}(z) = c_0 + c_1 z + c_2 z^2 + \dots$$

existiert ein Kreis um den Nullpunkt — der sogenannte Konvergenzkreis — derart, daß die Reihe in jedem Innenpunkte des Kreises konvergiert, in jedem Außenpunkte divergiert.

Der Radius k dieses Kreises, der sogenannte Konvergenzradius ist der Kehrwert des Oberlimes der Folge $\left\{\sqrt[n]{|c_n|}\right\}$:

$$\boxed{k = 1 : \overline{\lim} \sqrt[n]{|c_n|}}$$

Beweis. Der Kürze wegen bezeichnen wir den Betrag jeder durch einen kleinen Buchstaben bezeichneten Größe durch den gleichlautenden großen Buchstaben. Es sei demnach

$$\overline{\lim} \sqrt[n]{C_n} = L \ .$$

Wir unterscheiden die beiden Fälle

$$Z < 1 : L \qquad \text{und} \qquad Z > 1 : L \ .$$

Im ersten Falle ist

$$\overline{\lim}\sqrt[n]{C_n Z^n} = Z\cdot\overline{\lim}\sqrt[n]{C_n} = LZ = e < 1 \ .$$

Also ist von einem gewissen Zeiger n ab für jeden Zeiger $N \geqq n$ $\sqrt[N]{C_N Z^N} < E$, wo E einen zwischen e und 1 liegenden Echtbruch, etwa den Bruch $E = \frac{1+e}{2}$, bedeutet. Aus dieser Ungleichung folgt

$$C_N Z^N < E^N,$$

und da die geometrische Reihe $\sum E^N$ konvergiert, konvergiert $\sum C_N Z^N$ erst recht. Folglich konvergiert $\mathfrak{p}(z)$, sogar absolut. Im zweiten Falle ist

$$\overline{\lim}\sqrt[n]{C_n Z^n} = Z\,\overline{\lim}\sqrt[n]{C_n} = ZL = M > 1 \ .$$

Daher existieren unendlich viele Zeiger N, für welche $\sqrt[N]{C_N Z^N}$ oberhalb μ liegt, wo μ einen zwischen 1 und M liegenden unechten Bruch, etwa den Bruch $\mu = \frac{1+M}{2}$, bedeutet.

Für alle diese Zeiger ist

$$\sqrt[N]{C_N Z^N} > \mu \qquad \text{oder} \qquad C_N Z^N > \mu^N .$$

Das bedeutet aber, daß $\mathfrak{p}(z)$ divergiert.

Unsere Reihe konvergiert oder divergiert also, je nachdem Z kleiner oder größer als $1 : L$ ist. M. a. W.: Der Konvergenzradius der Reihe hat den Wert $k = 1 : L$, w. z. b. w.

Beispiele.

1⁰ $$\mathfrak{p}(z) = e^z = 1 + z + \frac{z^2}{2!} + \frac{z^3}{3!} + \cdots .$$

Hier ist $C_n = 1 : n!$ Um $\lim\sqrt[n]{C_n}$ zu ermitteln, schreiben wir $1\cdot n = n$, $2\cdot(n-1) > n$, $3\cdot(n-2) > n, \cdots, (n-1)\cdot 2 > n$, $n\cdot 1 = n$ und erhalten durch Multiplikation dieser n Beziehungen

$$n!^2 > n^n \qquad \text{oder} \qquad n! > \sqrt{n}^{\,n} .$$

Daher ist $$0 < \sqrt[n]{C_n} < 1 : \sqrt{n} ,$$

mithin $$\lim\sqrt[n]{C_n} = L = 0$$

und $k = \infty$. Die Exponentialreihe konvergiert — was wir schon wissen — für jedes endliche z.

2⁰ $$\mathfrak{p}(z) = z - \frac{1}{2}z^2 + \frac{1}{3}z^3 - \frac{1}{4}z^4 + - \cdots$$

Hier ist $C_n = \frac{1}{n}$ und $\overline{\lim}\sqrt[n]{C_n} = \overline{\lim}\ 1 : \sqrt[n]{n} = \lim 1 : \sqrt[n]{n} = 1 : \lim \sqrt[n]{n} = 1$. Die logarithmische Reihe $z - \frac{1}{2}z^2 + \frac{1}{3}z^3 - + \cdots$ hat den Konvergenzradius 1, konvergiert demgemäß in allen Innenpunkten des um den Nullpunkt beschriebenen Einheitskreises.

II. Ableitung einer Potenzreihe.

Bildet man aus der Potenzreihe

$$\mathfrak{p}(z) = c_0 + c_1 z + c_2 z^2 + c_3 z^3 + c_4 z^4 + \cdots$$

die neue Reihe

$$\mathfrak{q}(z) = c_1 + 2c_2 z + 3c_3 z^2 + 4c_4 z^3 + \cdots,$$

so nennt man diese die formale Ableitung oder Formalableitung der Reihe $\mathfrak{p}'(z)$.

Die Formalableitung hat denselben Konvergenzradius wie die Ausgangsreihe.

In der Tat, der Konvergenzradius k der Ausgangsreihe ist der Kehrwert von $\overline{\lim}\sqrt[n]{C_n}$, der der Formalableitung der Kehrwert von $\overline{\lim}\sqrt[n]{n\,C_n}$. Es ist aber $\overline{\lim}\sqrt[n]{n\,C_n} = \overline{\lim}\sqrt[n]{n} \cdot \overline{\lim}\sqrt[n]{C_n} = \overline{\lim}\sqrt[n]{C_n}$.

Die Formalableitung

$$\mathfrak{r}(z) = 2c_2 + 2 \cdot 3\, c_3 z + 3 \cdot 4\, c_4 z^2 + 4 \cdot 5\, c_5 z^3 + \cdots$$

von $\mathfrak{q}(z)$ heißt die zweite Formalableitung von $\mathfrak{p}(z)$. Auch diese hat denselben Konvergenzradius wie $\mathfrak{p}(z)$.

Werden $\mathfrak{q}(z)$ und $\mathfrak{r}(z)$ zugleich betrachtet, so heißt $r(z)$ natürlich die erste Formalableitung von $\mathfrak{q}(z)$.

Wie wir sehen werden, steht mit der Formalableitung $\mathfrak{q}(z)$ im engsten Zusammenhange die Ableitung $\mathfrak{p}'(z)$ von $\mathfrak{p}(z)$. Unter der Ableitung der Potenzreihe $\mathfrak{p}'(z)$ versteht man den Grenzwert, dem der Differenzenquotient

$$\mathfrak{D} = \frac{\mathfrak{p}(Z) - \mathfrak{p}(z)}{Z - z}$$

von $\mathfrak{p}(z)$ zustrebt, wenn der irgendwo im Konvergenzkreis $\mathfrak{K}$ von $\mathfrak{p}(z)$ liegende Punkt z festgehalten wird und der variable Punkt Z aus $\mathfrak{K}$ sich der Stelle z unbegrenzt nähert.

Man schreibt

$$\mathfrak{p}'(z) = \lim_{Z \to z} \frac{\mathfrak{p}(Z) - \mathfrak{p}(z)}{Z - z}.$$

Wir werden zeigen, daß dieser Grenzwert existiert und gleich $\mathfrak{q}(z)$ ist.

Zu dem Zwecke bilden wir den Überschuß des Differenzenquotienten $\mathfrak{D}$ über die Formalableitung $\mathfrak{q}(z)$. Das n^{te} Glied dieses Überschusses hat den Wert

$$U_n = c_n \frac{Z^n - z^n}{Z - z} - n\, c_n z^{n-1} = c_n u_n$$

mit

$$u_n = \frac{Z^n - z^n}{Z - z} - n z^{n-1} =$$

$$Z^{n-1} + Z^{n-2} z + Z^{n-3} z^2 + \cdots + z^{n-1} - n z^{n-1} =$$

$$(Z^{n-1} - z^{n-1}) + (Z^{n-2} - z^{n-2})\, z + (Z^{n-3} - z^{n-3})\, z^2$$

$$+ \cdots + (Z - z)\, z^{n-2}.$$

Nun ist $|z| < k$, also auch

$$h = \frac{|z| + k}{2} < k.$$

Wir setzen fest, daß Z bei seiner Wanderung zum festen Punkte z stets innerhalb des mit $\mathfrak{K}$ konzentrischen Kreises vom Radius h bleibt. Dann ist sowohl $|z|$ als auch jedes $|Z| < h$. Daher ist für jeden positiven Zeiger ν

$$\left|\frac{Z^\nu - z^\nu}{Z - z}\right| = \left|Z^{\nu-1} + Z^{\nu-2} z + Z^{\nu-3} z^2 + \cdots + z^{\nu-1}\right| < \nu h^{\nu-1}$$

oder

$$|Z - z| = \delta$$

gesetzt,

$$|Z^\nu - z^\nu| < \nu h^{\nu-1} \delta.$$

Nach dieser Ungleichung ist der letzten Schreibung von u_n zufolge

$$|u_n| < (n-1)h^{n-2}\delta + (n-2)h^{n-2}\delta + \cdots + h^{n-2}\delta$$

oder $$|u_n| < n\frac{n-1}{2}h^{n-2}\delta.$$

Mithin ist $$|U_n| < n(n-1)C_n h^{n-2}\cdot\frac{\delta}{2},$$
wo C_n den Betrag von c_n bedeutet.

Daher wird

$$\left|\mathfrak{D} - \mathfrak{q}(z)\right| < \left[1\cdot 2C_2 + 2\cdot 3C_3 h + 3\cdot 4C_4 h^2 + \cdots\right]\cdot\frac{\delta}{2}.$$

Da aber die Reihe $\mathfrak{r}(z)$ für $z = h$ absolut konvergiert, stellt die eckige Klammer eine feste endliche Zahl E dar, und es ist

$$|\mathfrak{D} - \mathfrak{q}(z)| < \frac{1}{2}E\delta.$$

Dieser Ungleichung zufolge — es ist $\delta = |Z - z|$ — strebt der Überschuß $\mathfrak{D} - \mathfrak{q}(z)$ für $Z \to z$ gegen Null, ist also

$$\lim_{Z\to z}\mathfrak{D} = \lim_{Z\to z}\frac{\mathfrak{p}(Z) - \mathfrak{p}(z)}{Z - z} = \mathfrak{q}(z)$$

oder $$\boxed{\mathfrak{p}'(z) = \mathfrak{q}(z)}\,.$$

In Worten:

Satz von der Ableitung einer Potenzreihe:

Die Potenzreihe

$$\mathfrak{p}(z) = c_0 + c_1 z + c_2 z^2 + c_3 z^3 + c_4 z^4 + \cdots$$

hat in jedem Punkte ihres Konvergenzkreises $\mathfrak{K}$ die Ableitung

$$\mathfrak{p}'(z) = c_1 + 2c_2 z + 3c_3 z^2 + 4c_4 z^3 + \cdots,$$

und diese Ableitung hat gleichfalls den Konvergenzkreis $\mathfrak{K}$.

Der Kreis $\mathfrak{K}$ besteht aus allen Punkten z, für welche $|z| < k$ ist.

§ 58

Abels Stetigkeitssatz.

Im ersten Bande von Crelles Journal hat Abel 1826 den Satz bewiesen:

Eine Potenzreihe

$$\mathfrak{p}(x) = a_0 + a_1 x + a_2 x^2 + \ldots$$

ist an jeder Stelle, wo sie konvergiert, linksseitig oder rechtsseitig stetig, je nachdem die Stelle positiv oder negativ ist.

In Formelsprache: $$\boxed{\lim_{x \to h} \mathfrak{p}(x) = \mathfrak{p}(h)},$$

falls $\mathfrak{p}(h)$ konvergiert und x sich der Stelle h von links oder rechts her nähert, je nachdem h positiv oder negativ ist.

Dieser wichtige Satz wird als

Abels Stetigkeitssatz

bezeichnet.

Der Beweis dieses Satzes beruht auf

Abels Formel:

$$\boxed{f_1 \varphi_1 + f_2 \varphi_2 + \cdots + f_n \varphi_n = s_1 \delta_1 + s_2 \delta_2 + \ldots + s_n \delta_n},$$

wobei

$$s_1 = f_1, \; s_2 = f_1 + f_2, \; s_3 = f_1 + f_2 + f_3, \ldots,$$
$$\delta_1 = \varphi_1 - \varphi_2, \; \delta_2 = \varphi_2 - \varphi_3, \; \delta_3 = \varphi_3 - \varphi_4, \ldots,$$
$$\delta_{n-1} = \varphi_{n-1} - \varphi_n, \; \delta_n = \varphi_n$$

ist. In Worten:

Das Produkt zweier Zahlsysteme ist gleich dem Produkt aus der Summenfolge des ersten und der Differenzenfolge des anderen Systems.

Dabei versteht man unter dem Produkt der beiden Zahlensysteme $a_1, a_2, \ldots, a_n$ und $b_1, b_2, \ldots, b_n$ den Ausdruck

$$a_1 b_1 + a_2 b_2 + \ldots + a_n b_n,$$

unter der Summenfolge des Zahlsystems $c_1, c_2, \ldots, c_n$ das System der n Summen c_1, $c_1 + c_2$, $c_1 + c_2 + c_3, \ldots,$ $c_1 + c_2 + \cdots + c_n$, endlich unter der Differenzenfolge dieses Zahlsystems das System der n Differenzen $c_1 - c_2$, $c_2 - c_3$, $c_3 - c_4, \ldots, c_{n-1} - c_n$, $c_n - 0 = c_n$.

Der Beweis der Abelschen Formel ist ungemein einfach. Wir ersetzen in $f_1 \varphi_1 + f_2 \varphi_2 + \ldots + f_n \varphi_n$ f_1 durch s_1, f_2

durch $s_2 - s_1$, f_3 durch $s_3 - s_2$, ..., f_n durch $s_n - s_{n-1}$ und bekommen

$$s_1 \varphi_1 + (s_2 - s_1)\varphi_2 + (s_3 - s_2)\varphi_3 + \ldots + (s_n - s_{n-1})\varphi_n .$$

Dies aber schreibt sich ohne weiteres

$$s_1(\varphi_1 - \varphi_2) + s_2(\varphi_2 - \varphi_3) + \ldots + s_{n-1}(\varphi_{n-1} - \varphi_n) + s_n \varphi_n$$

oder

$$s_1 \delta_1 + s_2 \delta_2 + \ldots + s_{n-1}\delta_{n-1} + s_n \delta_n .$$

Nun zum Beweise von Abels Stetigkeitssatz!

Wir unterscheiden zwei Fälle

$$1^0\ h = p, \qquad 2^0\ h = -p \qquad \text{mit } p > 0.$$

Im ersten Falle konvergiert die Reihe

$$a_0 + a_1 p + a_2 p^2 + a_3 p^3 + a_4 p^4 + \ldots,$$

im zweiten die Reihe

$$a_0 - a_1 p + a_2 p^2 - a_3 p^3 + a_4 p^4 - + \ldots .$$

Verstehen wir also unter c_n den Wert a_n oder $(-1)^n a_n$, je nachdem h gleich $+p$ oder $-p$ ist, so können wir sagen:

Die Reihe

$$f(p) = c_0 + c_1 p + c_2 p^2 + \ldots$$

konvergiert.

Diese Reihe nun vergleichen wir mit

$$f(x) = c_0 + c_1 x + c_2 x^2 + \ldots \text{ mit } 0 < x < p.$$

Wir haben nun lediglich die linksseitige Stetigkeit von $f(x)$ an der Stelle $x = p$ nachzuweisen, m. a. W. zu zeigen, daß sich die Differenz

$$u = f(x) - f(p)$$

beliebig klein machen läßt, wofern nur x dem Werte p hinreichend nahekommt.

Zu dem Zwecke bestimmen wir zunächst zu dem beliebig kleinen vorgegebenen positiven ε den endlichen Zeiger n so (was wegen der Konvergenz von $f(p)$ möglich ist), daß der Teilrest

$$\mathfrak{r}_\nu = c_{n+1} p^{n+1} + c_{n+2} p^{n+2} + \ldots + c_{n+\nu} p^{n+\nu} \text{ für jedes}$$

positive ν betraglich unterhalb ε liegt.

Darauf betrachten wir den entsprechenden Teilrest

$$\mathfrak{R}_\nu = c_{n+1} x^{n+1} + c_{n+2} x^{n+2} + \cdots + c_{n+\nu} x^{n+\nu}$$

der Reihe $f(x)$. Wir setzen den echten Bruch $x : p = e$, $c_{n+r} p^{n+r} = k_r$ und haben

$$\mathfrak{R}_\nu = k_1 e^{n+1} + k_2 e^{n+2} + \cdots + k_\nu e^{n+\nu}.$$

Nach Abels Formel schreibt sich dieser Ausdruck

$$\mathfrak{R}_\nu = \mathfrak{r}_1 (e^{n+1} - e^{n+2}) + \mathfrak{r}_2 (e^{n+2} - e^{n+3}) + \cdots$$
$$+ \mathfrak{r}_{\nu-1} (e^{n+\nu-1} - e^{n+\nu}) + \mathfrak{r}_\nu e^{n+\nu}.$$

Da die runden Klammern positive Größen sind und jedes $|\mathfrak{r}|$ unterhalb ε liegt, ist

$$|\mathfrak{R}_\nu| < \varepsilon [(e^{n+1} - e^{n+2}) + (e^{n+2} - e^{n+3}) + \cdots + (e^{n+\nu-1} - e^{n+\nu}) + e^{n+\nu}]$$

oder

$$|\mathfrak{R}_\nu| < \varepsilon e^{n+1} < \varepsilon,$$

so daß auch $|\mathfrak{R}_\nu|$ unterhalb ε liegt.

Nun schreiben wir unseren Unterschied

$$u = \mathrm{I} + \mathrm{II} + \mathrm{III}$$

mit

$$\left\{ \begin{aligned} \mathrm{I} &= (c_0 + c_1 x + c_2 x^2 + \cdots + c_n x^n) - \\ &\quad (c_0 + c_1 p + c_2 p^2 + \cdots + c_n p^n), \\ \mathrm{II} &= -(c_{n+1} p^{n+1} + c_{n+2} p^{n+2} + \cdots), \\ \mathrm{III} &= c_{n+1} x^{n+1} + c_{n+2} x^{n+2} + \cdots \end{aligned} \right\}.$$

Wir wählen die linksseitige Nachbarschaft N von $x = p$ so klein, daß für jedes x aus N

$$|\mathrm{I}| < \varepsilon$$

ausfällt. Das ist möglich, da $c_0 + c_1 x + \cdots + c_n x^n$ eine überall im Endlichen stetige Funktion von x ist.

Da ferner nach dem schon Bewiesenen

$$|\mathrm{II}| \leqq \varepsilon \qquad \text{und auch} \qquad |\mathrm{III}| \leqq \varepsilon$$

ist, so folgt nun

$$|u| < 3\varepsilon$$

oder

$$|f(x) - f(p)| < 3\varepsilon.$$

Diese Ungleichung beweist die linksseitige Stetigkeit der Potenzreihe an der Stelle p.

Abels Stetigkeitssatz gilt auch für Potenzreihen komplexen Arguments. Wir geben ihm folgende Fassung:

Abels Stetigkeitssatz:

Konvergiert die Potenzreihe

$$\mathfrak{p}(z) = a_0 + a_1 z + a_2 z^2 + \cdots$$

im Punkte c ihres Konvergenzkreises $\mathfrak{K}$, und wandert der Punkt z auf irgend einem im Sektor des Punktes c verlaufenden Wege nach c, so ist

$$\boxed{\lim_{z \to c} \mathfrak{p}(z) = \mathfrak{p}(c)}\ .$$

Dabei bedeutet der Sektor des Punktes c den in $\mathfrak{K}$ liegenden Kreissektor S, dessen Zentrum der Punkt c ist, der von zwei in c endigenden gleichlangen Sehnen von $\mathfrak{K}$ begrenzt wird, und dessen Radius die Hälfte s jeder dieser Sehnen ist.

Der Beweis verläuft ähnlich wie oben. Wieder zeigen wir, daß sich die Differenz $u = \mathfrak{p}(z) - \mathfrak{p}(c)$ beliebig klein machen läßt, wofern nur der in S liegende Punkt z der Stelle c hinreichend nahe kommt.

Da $\mathfrak{p}(c)$ konvergiert, existiert zu jedem noch so kleinen positiven ε ein endlicher Zeiger n derart, das der Teilrest

$$\mathfrak{r}_\nu = a_{n+1} c^{n+1} + a_{n+2} c^{n+2} + \cdots + a_{n+\nu} c^{n+\nu}$$

für jedes positive ν betraglich unterhalb ε liegt.

Darauf schätzen wir den entsprechenden Teilrest

$$\mathfrak{R}_\nu = a_{n+1} z^{n+1} + a_{n+2} z^{n+2} + \cdots + a_{n+\nu} z^{n+\nu}$$

der Reihe $\mathfrak{p}(z)$ ab. Zu dem Zwecke führen wir den Echtbruch $z : c = q$ ein, dessen unterhalb 1 liegender Betrag Q sei und schreiben, $a_{n+r} c^{n+r} = k_r$ setzend,

$$\mathfrak{R}_\nu = k_1 \cdot q^{n+1} + k_2 \cdot q^{n+2} + \cdots + k_\nu \cdot q^{n+\nu}.$$

Dieses $\mathfrak{R}_\nu$ hat nach Abels Formel den Wert

$$\mathfrak{R}_\nu = \mathfrak{r}_1 (q^{n+1} - q^{n+2}) + \mathfrak{r}_2 (q^{n+2} - q^{n+3}) + \cdots +$$
$$\mathfrak{r}_{\nu-1} (q^{n+\nu-1} - q^{n+\nu}) + \mathfrak{r}_\nu q^{n+\nu}$$
$$= \mathfrak{r}_1 q^{u+1} (1 - q) + \mathfrak{r}_2 q^{n+2} (1 - q) + \cdots + \mathfrak{r}_{\nu-1} q^{n+\nu-1} (1 - q)$$
$$+ \mathfrak{r}_\nu q^{n+\nu}$$

und ist daher betraglich kleiner als

$$\varepsilon \,|\, 1 - q \,|\, (Q^{n+1} + Q^{n+2} + \cdots) + \varepsilon Q^{n+\nu},$$

so daß $|\mathfrak{R}_\nu| < \varepsilon\, Q^{n+1} F$ mit $F = 1 + E$ und $E = \frac{|1-q|}{1-Q}$.

Es handelt sich um die Ermittlung einer oberen Schranke für E. Wir schreiben

$$E = \frac{|1-q|}{1-|q|} = \frac{|z-c|}{|c|-|z|}.$$

Nun ist $|z-c|$ der Abstand e des Punktes z von c, $|c| = k$ der Konvergenzradius, $|z| = r$ der Abstand des Punktes z vom Nullpunkt. Mithin ist

$$E = \frac{e}{k-r}.$$

Diesen Bruch erweitern wir mit der vom Punkte z bis zum Konvergenzkreisrande reichenden Verlängerung f der Strecke e und haben, da der Kreis im Punkte z die Potenz

$$e f = k^2 - r^2$$

hat,

$$E = \frac{e f}{(k-r) \cdot f} = \frac{k^2 - r^2}{f(k-r)} = \frac{k+r}{f},$$

mithin, da $r < k$ und $f > s$ ist,

$$E < \frac{2k}{s}.$$

Daher wird

$$|\mathfrak{R}_\nu| < \varepsilon\, G\, Q^{n+1},$$

wo G die endliche Größe $(2k + s) : s$ bedeutet.

Wieder zerlegen wir u in die drei Posten

$$\mathrm{I} = (a_0 + a_1 z + a_2 z^2 + \ldots + a_n z^n) - (a_0 + a_1 c + a_2 c^2 + \ldots + a_n c^n),$$

$$\mathrm{II} = -(a_{n+1} c^{n+1} + a_{n+2} c^{n+2} + \ldots),$$

$$\mathrm{III} = a_{n+1} z^{n+1} + a_{n+2} z^{n+2} + \ldots,$$

$$u = \mathrm{I} + \mathrm{II} + \mathrm{III}.$$

Wir beschränken z auf eine so kleine zu S gehörige Umgebung U von c, daß für jedes z aus U

$$|\mathrm{I}| < \varepsilon$$

ausfällt. Das ist möglich, da $a_0 + a_1 z + a_2 z^2 + \ldots + a_n z^n$ eine stetige Funktion von z ist.

Da ferner nach dem schon Bewiesenen

$$|\mathrm{II}| \leqq \varepsilon \quad \text{und} \quad |\mathrm{III}| \leqq G\,\varepsilon\, Q^{n+1} \leqq G\,\varepsilon$$

ist, so wird

$$|u| < H\varepsilon \qquad \text{mit } H = 2 + G;$$

und diese Ungleichung beweist die Stetigkeit von $\mathfrak{p}(z)$ an der Stelle c, beweist die behauptete Limesgleichung

$$\lim_{z \to c} \mathfrak{p}(z) = \mathfrak{p}(c).$$

§ 59

Zwei Logarithmusprobleme.

I

Die Basiswinkel eines ungleichschenkligen Dreiecks mit dem Spitzenwinkel α als nach Potenzen des echtgebrochenen Schenkelverhältnisses fortschreitende Reihen darzustellen.

Bedeutet x das echtgebrochene Schenkelverhältnis und y den kleineren Basiswinkel, so ist nach dem Sinussatz

$$\sin y = x \sin(y + \alpha),$$

und es handelt sich darum, y als Potenzreihe in x darzustellen.

Lösung. Wir schreiben

$$\sin y = \frac{e^{iy} - e^{-iy}}{2i}, \quad \sin(y+\alpha) = \frac{e^{i(y+\alpha)} - e^{-i(y+\alpha)}}{2i}$$

und haben
$$e^{iy} - e^{-iy} = x\left[e^{i(y+\alpha)} - e^{-i(y+\alpha)}\right]$$
oder
$$e^{iy}\left[1 - x e^{i\alpha}\right] = e^{-iy}\left[1 - x e^{-i\alpha}\right]$$
oder
$$e^{2iy} = \frac{1 - x e^{-i\alpha}}{1 - x e^{i\alpha}}.$$

Diese Gleichung lehrt, daß $2iy$ ein Logarithmus ihrer rechten Seite ist. Letzterer aber ist — bis auf ein Multiplum von $\omega = 2\pi i$ — $\mathrm{l}(1 - x e^{-i\alpha}) - \mathrm{l}(1 - x e^{i\alpha})$.

Daher gilt die Relation

$$2iy = \mathrm{l}(1 - x e^{-i\alpha}) - \mathrm{l}(1 - x e^{i\alpha}) + g\,\omega,$$

wo g eine vorläufig noch unbekannte Ganzzahl ist.

Da $|x e^{i\alpha}|$ wie auch $|x e^{-i\alpha}|$ unterhalb 1 liegt, gelten die Reihenentwicklungen

$$\mathrm{l}(1 - x e^{-i\alpha}) = -x e^{-i\alpha} - \frac{1}{2} x^2 e^{-2i\alpha} - \frac{1}{3} x^3 e^{-3i\alpha} - \ldots$$

und $$l(1 - x e^{i\alpha}) = -x e^{i\alpha} - \frac{1}{2} x^2 e^{2i\alpha} - \frac{1}{3} x^3 e^{3i\alpha} - \ldots,$$
so daß $$l(1 - x e^{-i\alpha}) - l(1 - x e^{i\alpha})$$
den Wert
$$x(e^{i\alpha} - e^{-i\alpha}) + \frac{1}{2} x^2 (e^{2i\alpha} - e^{-2i\alpha}) + \frac{1}{3} x^3 (e^{3i\alpha} - e^{-3i\alpha}) + \ldots$$
oder $$x \,.\, 2i \sin\alpha + \frac{1}{2} x^2 \cdot 2i \sin 2\alpha + \frac{1}{3} x^3 \,.\, 2i \sin 3\alpha + \ldots$$
hat.

Folglich wird
$$y = x \sin\alpha + \frac{1}{2} x^2 \sin 2\alpha + \frac{1}{3} x^3 \sin 3\alpha + \ldots + g\pi.$$
Zur Ermittlung der Unbekannten g setzen wir x gleich Null. Dann wird nach der Ausgangsbedingung auch y gleich Null. Das gibt $g = 0$.

Die gesuchte Potenzreihe lautet
$$\boxed{y = x \sin\alpha + \frac{1}{2} x^2 \sin 2\alpha + \frac{1}{3} x^3 \sin 3\alpha + \ldots} \;.$$
Daß sie für jedes echtgebrochene positive oder negative x konvergiert, sogar absolut konvergiert, sieht man sofort.

Sie konvergiert aber auch noch, wie sogleich gezeigt werden soll, für $x = \pm 1$.

Wir betrachten sonach die Reihe
$$\mathfrak{S} = e \sin\alpha + \frac{1}{2} e^2 \sin 2\alpha + \frac{1}{3} e^3 \sin 3\alpha + \ldots,$$
wo e die positive oder negative Einheit bedeutet. Wir geben ihr die Form
$$\mathfrak{S} = \sin A + \frac{1}{2} \sin 2A + \frac{1}{3} \sin 3A + \ldots,$$
wo $A = \alpha$ im Falle $e = +1$ und $A = \alpha + \pi$ im Falle $e = -1$ ist.

Der Restteil $\mathfrak{R}_n^p$ dieser Reihe ist
$$\mathfrak{R}_n^p = \frac{1}{n+1} \sin(n+1)A + \frac{1}{n+2} \sin(n+2)A + \ldots + \frac{1}{n+p} \sin(n+p)A$$

und hat nach Abels Formel, wenn wir

$$\sin(n+1)A + \sin(n+2)A + \ldots + \sin(n+\nu)A = s_\nu$$

und

$$\frac{1}{n+\nu} - \frac{1}{n+\nu+1} = \delta_\nu, \quad \frac{1}{n+p} = \delta_p$$

setzen, den Wert $s_1\delta_1 + s_2\delta_2 + \ldots + s_p\delta_p$.

Hier ist wegen

$$s_\nu = \sin\left(n + \frac{\nu+1}{2}A\right) \cdot \frac{\sin \nu \frac{A}{2}}{\sin \frac{A}{2}}$$

$$|s_\nu| < \frac{1}{\left|\sin\frac{A}{2}\right|},$$

mithin

$$|\Re_n^p| < \frac{1}{\left|\sin\frac{A}{2}\right|}[\delta_1 + \delta_2 + \ldots + \delta_p] = \frac{1}{\left|\sin\frac{A}{2}\right|} \cdot \frac{1}{n+1}.$$

Wenn also nicht gerade A ein Multiplum von 2π ist, läßt sich $|\Re_n^p|$ für jedes p durch Wahl eines hinreichend hohen n beliebig klein machen. Das heißt: die Reihe $\mathfrak{S}$ konvergiert. Der Ausnahmefall „A ein Multiplum von 2π", m. a. W. „α ein Multiplum von π" macht uns aber keine Sorge, da in diesem Falle die Reihe $\mathfrak{S}$, weil aus lauter Nullen bestehend, selbstredend konvergiert

Ergebnis.

Die durch die Gleichung

$$\sin y = x \sin(y + \alpha)$$

definierte, an der Stelle $x = 0$ verschwindende Funktion y des echt gebrochenen Arguments x gestattet die Reihenentwicklung

$$\boxed{y = x\sin\alpha + \frac{x^2}{2}\sin 2\alpha + \frac{x^3}{3}\sin 3\alpha + \ldots}\,.$$

Die Reihe konvergiert auch noch an den Intervallgrenzen $x = \pm 1$.

Die Reihe y stellt den kleineren Basiswinkel des ungleichschenkligen Dreiecks mit dem Spitzenwinkel α und dem echtgebrochenen Schenkelverhältnis x dar.

Der größere Basiswinkel dieses Dreiecks ist $Y = \pi - \alpha - y$ und hat demgemäß die Reihenentwicklung

$$Y = A - x \sin A + \frac{x^2}{2} \sin 2A - \frac{x^3}{3} \sin 3A + \frac{x^4}{4} \sin 4A - + \cdots,$$

wo A das Supplement von α bedeutet.

Da die Reihen y und Y auch noch für $x = 1$ konvergieren, gelten nach Abels Stetigkeitssatz die merkwürdigen Formeln

$$\boxed{\frac{\pi - \alpha}{2} = \sin \alpha + \frac{1}{2} \sin 2\alpha + \frac{1}{3} \sin 3\alpha + \cdots}$$

und

$$\boxed{\frac{A}{2} = \sin A - \frac{1}{2} \sin 2A + \frac{1}{3} \sin 3A - \frac{1}{4} \sin 4A + \cdots},$$

in denen α wie auch A ein beliebiger nicht verschwindender spitzer oder stumpfer Winkel sein kann.

II.

Den Unterschied zweier Winkel mit gegebenem positivem Tangensverhältnis in eine Potenzreihe zu entwickeln, deren Argument das Quasireziprok dieses Verhältnisses ist.

Lösung. Wir nennen die Winkel φ und Φ, das gegebene Tangensverhältnis

$$\operatorname{tg} \varphi : \operatorname{tg} \Phi = h : H,$$

wobei $H > h > 0$ und $\Phi > \varphi > 0$ sei.

Der Unterschied der beiden Winkel ist

$$u = \Phi - \varphi,$$

das Quasireziprok des Tangensverhältnisses

$$q = \frac{H - h}{H + h}.$$

Nun ist

$$i \operatorname{tg} \varphi = \frac{e^{i\varphi} - e^{-i\varphi}}{e^{i\varphi} + e^{-i\varphi}} = \frac{v - 1}{v + 1} \quad \text{mit } v = e^{2i\varphi}$$

und ebenso

$$i \operatorname{tg} \Phi = \frac{e^{2i\Phi} - 1}{e^{2i\Phi} + 1} = \frac{V - 1}{V + 1} \quad \text{mit } V = e^{2i\Phi}.$$

Mithin wird

$$\frac{V - 1}{V + 1} = \frac{v - 1}{v + 1} \cdot \frac{H}{h} = \frac{(v - 1)(1 + q)}{(v + 1)(1 - q)}$$

oder

$$V = \frac{v - q}{1 - qv} = v \cdot \frac{1 - q e^{-2i\varphi}}{1 - q e^{2i\varphi}}.$$

Schreibt man die vorletzte Gleichung

$$\frac{v-1}{v+1} = \frac{(V-1)(1-q)}{(V+1)(1+q)},$$

so wird ebenso

$$v = V \cdot \frac{1+q\,e^{-2i\Phi}}{1+q\,e^{2i\Phi}}.$$

Demnach gelten die beiden Gleichungen

$$e^{2iu} = \frac{1-q\,e^{-2i\varphi}}{1-q\,e^{2i\varphi}} \quad \text{und} \quad e^{2iu} = \frac{1+q\,e^{2i\Phi}}{1+q\,e^{-2i\Phi}}.$$

Bei jeder von ihnen ist $2\,i\,u$ ein Logarithmus der rechten Seite. Daher hat man

(1) $$2\,i\,u = \mathrm{l}\,(1-q\,e^{-2i\varphi}) - \mathrm{l}\,(1-q\,e^{2i\varphi}) + g\,\omega,$$

wie auch

(2) $$2\,i\,u = \mathrm{l}\,(1+q\,e^{2i\Phi}) - \mathrm{l}\,(1+q\,e^{-2i\Phi}) + G\,\omega.$$

wo g und G zwei vorerst noch unbekannte Ganzzahlen sind und $\omega = 2\pi i$ ist.

Nun ist wegen der Echtheit von q [§ 51]

$$\mathrm{l}\,(1-q\,e^{-2i\varphi}) = -\,q\,e^{-2i\varphi} - \frac{1}{2}q^2 e^{-4i\varphi} - \frac{1}{3}q^3 e^{-6i\varphi} - \cdots,$$

$$\mathrm{l}\,(1-q\,e^{2i\varphi}) = -\,q\,e^{2i\varphi} - \frac{1}{2}q^2 e^{4i\varphi} - \frac{1}{3}q^3 e^{6i\varphi} - \cdots,$$

mithin laut (1)

$$2\,i\,u = q\,(e^{2i\varphi} - e^{-2i\varphi}) + \frac{1}{2}q^2(e^{4i\varphi} - e^{-4i\varphi}) + \frac{1}{3}q^3(e^{6i\varphi} - e^{-6i\varphi}) + \cdots + g\,\omega$$

oder

$$u = q\sin 2\varphi + \frac{1}{2}q^2\sin 4\varphi + \frac{1}{3}q^3\sin 6\varphi + \cdots + g\,\pi.$$

In derselben Weise folgt aus (2)

$$u = q\sin 2\Phi - \frac{1}{2}q^2\sin 4\Phi + \frac{1}{3}q^3\sin 6\Phi - + \cdots + G\,\pi.$$

Um die Unbekannten g und G zu bestimmen, wählen wir $\varphi = \Phi = 0$ und erhalten $g = 0$ und $G = 0$.

Ergebnis:

Aus dem Tangensverhältnis

$$\boxed{\operatorname{tg}\Phi : \operatorname{tg}\varphi = H : h} \quad \text{mit} \begin{cases} H > h > 0 \\ \Phi > \varphi > 0 \end{cases}$$

folgen für den Unterschied der Winkel Φ und φ die Entwicklungen

$$\boxed{\Phi - \varphi = q \sin 2\varphi + \frac{1}{2} q^2 \sin 4\varphi + \frac{1}{3} q^3 \sin 6\varphi + \cdots}$$

und

$$\boxed{\Phi - \varphi = q \sin 2\Phi - \frac{1}{2} q^2 \sin 4\Phi + \frac{1}{3} q^3 \sin 6\Phi - + \cdots},$$

wobei

$$\boxed{q = \frac{H - h}{H + h}}$$

das Quasireziprok von $h : H$ ist.

Beide Entwicklungen konvergieren absolut für jedes echt gebrochene q, beide konvergieren, wenn auch nicht mehr absolut, auch noch für $q = \pm 1$.

Zusatz. Setzt man

$$\Phi + \varphi = \alpha + y, \qquad \Phi - \varphi = y, \qquad 2\varphi = \alpha,$$

und schreibt man die Ausgangsproportion

$$\sin(\Phi - \varphi) = q \sin(\Phi + \varphi).$$

oder

$$\sin y = q \sin(\alpha + y),$$

so wird

$$y = q \sin \alpha + \frac{1}{2} q^2 \sin 2\alpha + \frac{1}{3} q^3 \sin 3\alpha + \cdots,$$

und man erkennt, daß der Satz in I aus unserem Tangenssatz folgt.

§ 60

Die logarithmische Reihe auf ihrem Konvergenzkreise.

Der Konvergenzkreis der logarithmischen Reihe

$$\mathrm{l}(1 + z) = z - \frac{1}{2} z^2 + \frac{1}{3} z^3 - \frac{1}{4} z^4 + - \cdots$$

ist bekanntlich der um den Nullpunkt beschriebene Einheitskreis $\mathfrak{c}$. Für jeden Punkt z im Innern von $\mathfrak{c}$ konvergiert die Reihe, für jeden Punkt außerhalb des Kreises divergiert sie.

Wir untersuchen jetzt ihr Verhalten auf dem Kreise $\mathfrak{c}$ selbst.

In einem Punkte c von $\mathfrak{c}$ ist

$$c = \cos\Theta + i\sin\Theta,$$

wenn Θ den Winkel von c bedeutet. Nach Moivres Formel gibt das für c^n

$$c^n = \cos n\Theta + i\sin n\Theta.$$

Daher wird der Realteil der Reihe

$$R = \cos\Theta - \frac{1}{2}\cos 2\Theta + \frac{1}{3}\cos 3\Theta - + \cdots,$$

der Imaginärteil

$$I = \sin\Theta - \frac{1}{2}\sin 2\Theta + \frac{1}{3}\sin 3\Theta - + \cdots.$$

Die zweite dieser Reihen konvergiert, wie wir im § 59 gesehen haben, für jedes Θ.

Was die erste anbetrifft, so setzen wir $\Theta = \pi + \vartheta$ und bekommen

$$-R = \cos\vartheta + \frac{1}{2}\cos 2\vartheta + \frac{1}{3}\cos 3\vartheta + \cdots$$

Der Restteil $\mathfrak{R}_n^p$ dieser Reihe lautet

$$\mathfrak{R}_n^p = \frac{1}{n+1}\cos(n+1)\vartheta + \frac{1}{n+2}\cos(n+2)\vartheta + \cdots + \frac{1}{n+p}\cos(n+p)\vartheta.$$

Setzen wir

$$\cos(n+1)\vartheta + \cos(n+2)\vartheta + \cdots + \cos(n+\nu)\vartheta = s_\nu,$$

so wird nach Abels Formel

$$\mathfrak{R}_n^p = s_1\left(\frac{1}{n+1} - \frac{1}{n+2}\right) + s_2\left(\frac{1}{n+2} - \frac{1}{n+3}\right) + \cdots + s_{p-1}\left(\frac{1}{n+p-1} - \frac{1}{n+p}\right) + s_p\,\frac{1}{n+p}\,.$$

Nun hat s_ν den Wert

$$s_\nu = \cos\left(n + \frac{\nu+1}{2}\right)\vartheta \cdot \frac{\sin\nu\frac{\vartheta}{2}}{\sin\frac{\vartheta}{2}},$$

so daß
$$|s_\nu| < \frac{1}{\left|\sin\frac{\vartheta}{2}\right|}$$
ist. Wenn also nicht gerade ϑ ein Multiplum von 2π ist, wird mit Anwendung dieser Ungleichung
$$|\Re_n^p| < \frac{1}{\left|\sin\frac{\vartheta}{2}\right|}\left[\left(\frac{1}{n+1}-\frac{1}{n+2}\right)+\left(\frac{1}{n+2}-\frac{1}{n+3}\right)+\cdots\right.$$
$$\left.+\left(\frac{1}{n+p-1}-\frac{1}{n+p}\right)+\frac{1}{n+p}\right]$$
oder
$$|\Re_n^p| < \frac{1}{(n+1)}\cdot\frac{1}{\left|\sin\frac{\vartheta}{2}\right|},$$
und $|\Re_n^p|$ läßt sich zufolge dieser Ungleichung lediglich durch Wahl von n unter jeden noch so kleinen vorgelegten positiven Wert ε herabdrücken. Das heißt: die Reihe R konvergiert mit alleiniger Ausnahme des Falles, wo Θ ein ungerades Multiplum von π ist. Tatsächlich ist in diesem Ausnahmefalle
$$R = -1 - \frac{1}{2} - \frac{1}{3} - \frac{1}{4} - - \cdots,$$
welche Reihe bekanntlich (§ 54) divergiert. Im Falle $\Theta = \pi$ wird $c = -1$, und wir haben das Resultat:

Die logarithmische Reihe
$$\mathrm{l}(1+z) = z - \frac{1}{2}z^2 + \frac{1}{3}z^3 - \frac{1}{4}z^4 + - \cdots$$
konvergiert in sämtlichen Punkten ihres Konvergenzkreises mit Ausnahme des einzigen Punktes $z = -1$, in welchem sie divergiert.

Da $\mathrm{l}\,0 = -\infty$ ist, kann der letzte Teil dieses Ergebnisses nicht weiter überraschen.

Sehen wir uns jetzt nach dem Realteil ξ und Imaginärteil η von $\mathrm{l}(1+z)$ um, wo z ein Punkt im Innern des Konvergenzkreises ist! Der Betrag von z sei r, der Winkel t, wo wir $t > -\pi$, aber $\leqq \pi$ annehmen, der Betrag von $1+z$ sei ρ, der Winkel von $1+z$ τ mit $-\pi < \tau \leqq +\pi$. Dann ist wegen
$$\xi + i\eta = \mathrm{l}(1+z) = \mathrm{l}\,\rho + i\tau$$
$$\xi = \mathrm{l}\,\rho \quad \text{und} \quad \eta = \tau,$$

wobei

$$\rho^2 = (1 + r\cos t)^2 + (r\sin t)^2 = 1 + 2r\cos t + r^2$$

und

$$\tau = \operatorname{arc\,tg}\frac{r\sin t}{1 + r\cos t}$$

ist.

Wandert nun der Punkt z aus dem Innern des Konvergenzkreises zum Punkte c von $\mathfrak{c}$, wobei c von -1 verschieden angenommen wird, so muß nach Abels Stetigkeitssatz

$$\lim_{z \to c} \xi = R \qquad \text{und} \qquad \lim_{z \to c} \eta = I$$

werden.

Es ist aber wegen $r \to 1$ und $t \to \Theta$

$$\lim \xi = \lim \mathrm{l}\,\rho = \mathrm{l}\sqrt{1 + 2\cos\Theta + 1} = \mathrm{l}\left(2\cos\frac{\Theta}{2}\right)$$

und (wegen $-\varkappa < \tau \leqq +\varkappa$ mit $2\varkappa = \pi$)

$$\lim \eta = \lim \tau = \operatorname{arc\,tg}\frac{\sin\Theta}{1 + \cos\Theta} = \operatorname{arc\,tg}\operatorname{tg}\frac{\Theta}{2} = \frac{\Theta}{2}\,.$$

Demnach erhalten wir die beiden bemerkenswerten trigonometrischen Formeln

$$\boxed{\mathrm{l}\left(2\cos\frac{\Theta}{2}\right) = \cos\Theta - \frac{1}{2}\cos 2\Theta + \frac{1}{3}\cos 3\Theta - \frac{1}{4}\cos 4\Theta + - \cdots}$$

und

$$\boxed{\frac{\Theta}{2} = \sin\Theta - \frac{1}{2}\sin 2\Theta + \frac{1}{3}\sin 3\Theta - \frac{1}{4}\sin 4\Theta + - \cdots}\,.$$

In beiden darf Θ jeden zwischen $-\pi$ und $+\pi$ liegenden Wert annehmen.

§ 61

Tannerys Satz.

Unter einer Tanneryreihe versteht man die aus Funktionen $v_r(n)$ des ganzzahligen positiven Arguments n aufgebaute Reihe

$$t_n = v_1(n) + v_2(n) + \cdots + v_\nu(n)\,,$$

falls folgende drei Bedingungen erfüllt sind:

1° Jedes Glied $v_r(n)$ der Reihe ist eine Funktion von n, die bei festgehaltenem r und unbegrenzt wachsendem n gegen den endlichen Grenzwert w_r strebt.

2° Bei unbegrenzt wachsendem n nimmt auch der Schlußzeiger ν der Reihe unbegrenzt zu.

3° Für jeden eine gewisse feste natürliche Zahl $\mathfrak{a}$ überschreitenden Zeiger r liegt der Betrag von $v_r(n)$ unterhalb oder doch zumindest nicht oberhalb einer endlichen von n unabhängigen Schranke V_r:

$$|v_r(n)| \leqq V_r$$

derart, daß die Schrankenreihe

$$V_{\mathfrak{a}+1} + V_{\mathfrak{a}+2} + V_{\mathfrak{a}+3} + \cdots \text{ in inf}$$

konvergiert.

Unter einem Tanneryprodukt versteht man das Produkt

$$T_n = [1 + v_1(n)]\,[1 + v_2(n)] \cdots \cdot [1 + v_\nu(n)],$$

wenn $v_1(n)$, $v_2(n), \ldots, v_\nu(n)$ die Glieder einer Tanneryreihe sind.

Es gilt der fundamentale

Satz von Tannery:

Bei unbegrenzt wachsendem n strebt die Tanneryreihe

$$t_n = v_1(n) + v_2(n) + \cdots + v_\nu(n)$$

gegen den endlichen Grenzwert

$$t = w_1 + w_2 + w_3 + \cdots \text{ in inf},$$

das Tanneryprodukt

$$T_n = [1 + v_1(n)]\,[1 + v_2(n)] \cdots \cdot [1 + v_\nu(n)]$$

gegen den endlichen Grenzwert

$$\mathrm{T} = [1 + w_1]\,[1 + w_2]\,[1 + w_3] \cdots \text{ in inf.}$$

Beweis. Wegen der Konvergenz der Schrankenreihe läßt sich zu beliebig vorgegebenem positiven ε der endliche Index $\varkappa$ so bestimmen, daß

$$V_{\varkappa+1} + V_{\varkappa+2} + V_{\varkappa+3} + \cdots \leqq \varepsilon$$

ausfällt, wobei wir von vornherein n so groß annehmen, daß ν oberhalb $\varkappa$ liegt. Wir zerlegen den Unterschied $t_n - t$ in drei Teile I, II, III:

$$\mathrm{I} = [v_1(n) + v_2(n) + \cdots + v_\varkappa(n)] - [w_1 + w_2 + \cdots + w_\varkappa],$$
$$\mathrm{II} = v_{\varkappa+1}(n) + v_{\varkappa+2}(n) + \cdots + v_\nu(n),$$
$$\mathrm{III} = -w_{\varkappa+1} - w_{\varkappa+2} - w_{\varkappa+3} - \cdots \text{ in inf.}$$

Laut Bedingung 3° liegt sowohl $|\mathrm{II}|$ als auch $|\mathrm{III}|$ unterhalb ε. Außerdem liegt zufolge 1° der Betrag von I für hinreichend hohe n ebenfalls unterhalb ε. Daher gilt, der Relation

$$t_n - t = \mathrm{I} + \mathrm{II} + \mathrm{III}$$

gemäß, für hinreichend hohe n die Ungleichung

$$|t_n - t| < 3\varepsilon.$$

Sie sagt aus:

$$\lim_{n\to\infty} t_n = t,$$

womit der erste Teil von Tannerys Satz bewiesen ist.

Auch beim Nachweis des zweiten Teils zerlegen wir den Unterschied $T_n - T$ in drei Teile I, II, III:

$$T_n - T = \mathrm{I} + \mathrm{II} + \mathrm{III}.$$

Diesmal ist aber

$$\mathrm{I} = \mathfrak{p}_\varkappa - \mathfrak{P}_\varkappa,\quad \mathrm{II} = (\mathfrak{p}_\varkappa - \mathfrak{P}_\varkappa)(\mathfrak{r}_\varkappa - 1),\quad \mathrm{III} = \mathfrak{P}_\varkappa(\mathfrak{r}_\varkappa - \mathfrak{R}_\varkappa)$$

mit

$$\mathfrak{p}_\varkappa = [1 + v_1(n)][1 + v_2(n)] \cdots \cdot [1 + v_\varkappa(n)],$$
$$\mathfrak{P}_\varkappa = [1 + w_1][1 + w_2] \cdots \cdot [1 + w_\varkappa],$$
$$\mathfrak{r}_\varkappa = [1 + v_{\varkappa+1}(n)][1 + v_{\varkappa+2}(n)] \cdots \cdot [1 + v_\nu(n)],$$
$$\mathfrak{R}_\varkappa = [1 + w_{\varkappa+1}][1 + w_{\varkappa+2}] \cdots \text{ in inf.}$$

Auch setzen wir das vorgegebene ε kleiner als $1/2$ voraus. Dann gilt nämlich für ein Produkt von der Form

$$(1 + x)(1 + y)(1 + z) \cdots,$$

in welchem die Beträge X, Y, Z, ... der reellen oder komplexen Größen $x, y, z, \ldots$ die Bedingung

$$S = X + Y + Z + \cdots < \varepsilon$$

befriedigen, die Weierstraßsche Ungleichung

$$\boxed{|(1 + x)(1 + y)(1 + z) \cdots - 1| < 2\varepsilon}.$$

Beweis. Es ist

$$(1 + x)(1 + y)(1 + z) \cdots - 1 = x + y + z + \cdots + xy + xz + \cdots + xyz + \cdots,$$

18*

und dies kann den Wert

$$X + Y + Z + \cdots + XY + XZ + \cdots + XYZ + \cdots$$
$$= (1+X)(1+Y)(1+Z)\cdots - 1$$

betraglich nicht überschreiten, so daß

$$|(1+x)(1+y)(1+z)\cdots - 1| \leqq (1+X)(1+Y)(1+Z)\cdots - 1$$

ist. Nach der Ungleichung der Exponentialfunktion ist aber $1 + X < e^X$, $1 + Y < e^Y, \ldots$, mithin

$$(1+X)(1+Y)(1+Z)\ldots < e^S \qquad \text{und}$$
$$(1+X)(1+Y)(1+Z)\ldots - 1 < e^S - 1.$$

$e^S - 1$ ist aber $< S e^S$ und damit $< 2S$ (da $e^S < 2$ ist).

Nach Voraussetzung ist $S < \varepsilon$, mithin

$$|(1+X)(1+Y)(1+Z)\cdots - 1| < 2\varepsilon$$

und a. f.

$$|(1+x)(1+y)(1+z)\cdots - 1| < 2\varepsilon, \qquad \text{q. e. d.}$$

Nach Weierstraß' Ungleichung ist nun

$$|\mathfrak{r}_\varkappa - 1| < 2\varepsilon \qquad \text{und} \qquad |\mathfrak{R}_\varkappa - 1| < 2\varepsilon,$$

mithin

$$|\mathfrak{r}_\varkappa - \mathfrak{R}_\varkappa| < 4\varepsilon.$$

Außerdem ist nach der Ungleichung der Exponentialfunktion

$$\mathfrak{P}_\varkappa < e^{w_1 + w_2 + \cdots + w_\varkappa} < e^t = E.$$

Für hinreichend hohe n wird wegen 1^0

$$|\mathfrak{p}_\varkappa - \mathfrak{P}_\varkappa| < \varepsilon.$$

Daher haben wir bei hinreichend hohen n die Schranken

$$|\mathrm{I}| < \varepsilon. \quad |\mathrm{II}| < 2\varepsilon^2, \quad |\mathrm{III}| < 4E\varepsilon,$$

so daß sicher $\quad |\mathrm{I} + \mathrm{II} + \mathrm{III}| < 7E\varepsilon$

ist. Aus $\quad |T_n - T| < 7E\varepsilon$

folgt

$$\lim_{n\to\infty} T_n = T,$$

womit auch der zweite Teil des Tannerysçhen Satzes bewiesen ist.

§ 62

Der Exponentiallimes.

Im § 44 schon lernten wir die Limesformel

$$\lim_{n\to\infty}\left(1 + \frac{x}{n}\right)^n = e^x$$

der Exponentialfunktion e^x kennen. In ihr bedeutete x irgend eine Realzahl.

Wir dehnen diese Betrachtung jetzt etwas weiter aus und fragen nach dem Grenzwert des Ausdrucks

$$\left(1+\frac{u}{n}\right)^n,$$

wo u eine von n abhängige reelle oder komplexe Zahl bedeutet, die mit unbegrenzt wachsendem n einer bestimmten endlichen Grenze

$$\lim_{n\to\infty} u = \mathfrak{u}$$

zustrebt.

Wir setzen n als positiv ganz voraus und entwickeln nach dem binomischen Satze:

$$\left(1+\frac{u}{n}\right)^n = 1 + v_1(n) + v_2(n) + v_3(n) + v_4(n) + \cdots + v_\nu(n)$$

mit

$$v_r(n) = \left(1-\frac{1}{n}\right)\left(1-\frac{2}{n}\right)\left(1-\frac{3}{n}\right)\cdots\left(1-\frac{r-1}{n}\right)\frac{u^r}{r!},\ \nu = n.$$

1° Die Funktion $v_r(n)$ von n strebt bei fest gehaltenem r und unbegrenzt wachsendem n gegen den endlichen Grenzwert

$$w_r = \frac{\mathfrak{u}^r}{r!}.$$

2° Der Schlußzeiger ν der Reihe $\sum_r v_r(n)$ wächst mit unbegrenzt wachsendem n gleichfalls unbegrenzt.

3° Da die Funktion u von n den endlichen Limes $\mathfrak{u}$ hat, gibt es eine endliche obere Schranke U die $|u|$ nicht überschreiten kann:

$$|u| \leqq U,$$

gibt es mithin auch eine endliche obere Schranke V_r für $v_r(n)$ z. B. $V_r = U^r : r!$, und es ist

$$|v_r(n)| < V_r.$$

Außerdem ist die Reihe

$$1+V_1+V_2+V_3+\cdots = 1+U+\frac{U^2}{2!}+\frac{U^3}{3!}+\cdots$$

konvergent.

Die drei Bedingungen 1°, 2°, 3° besagen, daß die Reihe

$$1 + v_1(n) + v_2(n) + v_3(n) + \dots$$

eine Tanneryreihe ist. Sie strebt also mit unbegrenzt wachsendem n gegen den endlichen Grenzwert

$$1 + w_1 + w_2 + w_3 + \dots = e^{\mathfrak{u}}.$$

Folglich wird

$$\boxed{\lim_{n \to \infty} \left(1 + \frac{u}{n}\right)^n = e^{\mathfrak{u}}}.$$

Diese fundamentale Formel enthält den

Satz vom Exponentiallimes:

Strebt die reelle oder komplexe Funktion u von n mit unbegrenzt wachsendem n gegen den endlichen Grenzwert $\mathfrak{u}$, so ist

$$\lim_{n \to \infty} \left(1 + \frac{u}{n}\right)^n = e^{\mathfrak{u}}.$$

Im einfachsten Falle ist $u = x$, also auch $\mathfrak{u} = x$, und wir haben wieder die Schlußformel aus § 44.

Von größerem Interesse ist es, jetzt

$$u = i x$$

zu setzen, wo x irgend eine Realzahl bedeutet. Auch hier ist $\lim u = \mathfrak{u} = i x$, und wir erhalten die bemerkenswerte Formel

$$\boxed{\lim \left(1 + \frac{i x}{n}\right)^n = \cos x + i \sin x}.$$

Entwickeln wir links nach dem binomischen Satze, trennen das Imaginäre vom Reellen und setzen

$$1 - \left(1 - \frac{1}{n}\right) \frac{x^2}{2!} + \left(1 - \frac{1}{n}\right)\left(1 - \frac{2}{n}\right)\left(1 - \frac{3}{n}\right) \frac{x^4}{4!} - + \dots$$

$$= \varphi_n(x),$$

$$x - \left(1 - \frac{1}{n}\right)\left(1 - \frac{2}{n}\right) \frac{x^3}{3!} +$$

$$\left(1 - \frac{1}{n}\right)\left(1 - \frac{2}{n}\right)\left(1 - \frac{3}{n}\right)\left(1 - \frac{4}{n}\right) \frac{x^5}{5!} - + \dots = \psi_n(x),$$

so wird

$$\cos x = \lim \varphi_n(x) \quad , \quad \sin x = \lim \psi_n(x).$$

In diesen Formeln erscheinen die Kreisfunktionen cos x und sin x als Grenzwerte von Polynomen in x.

Wir machen vom Exponentiallimes noch eine Anwendung auf die Bestimmung von

$$\alpha = \lim_{n \to \infty} n(\sqrt[n]{a} - 1) \qquad \text{für } a > 0.$$

Daß dieser Limes existiert und endlich ist, folgt so: Nach der Ungleichung der Potenz (§ 43) ist

$$(\sqrt[m]{a})^{\frac{m}{n}} > 1 + \frac{m}{n}(\sqrt[m]{a} - 1)$$

oder

$$n(\sqrt[n]{a} - 1) > m(\sqrt[m]{a} - 1).$$

Der positive Ausdruck

$$t_n = n(\sqrt[n]{a} - 1)$$

sinkt also mit wachsendem Zeiger. Daher existiert $\lim t_n = \alpha$ und ist $\geqq 0$.

Nach dem Satz vom Exponentiallimes ist nun

$$\lim \left(1 + \frac{t_n}{n}\right)^n = e^\alpha \qquad \text{oder} \qquad a = e^\alpha.$$

Daher ist α der natürliche Logarithmus $\mathrm{l}\, a$ von a:

$$\boxed{\lim n(\sqrt[n]{a} - 1) = \mathrm{l}\, a}\,.$$

§ 63

Die unendlichen Produkte für Sinus und Cosinus.

Wir gehen aus von dem durch die beiden Formeln

(1) $\cos n\varphi = u^n - n_2 u^{n-2} v^2 + n_4 u^{n-4} v^4 - + \ldots,$

(2) $\sin n\varphi = n_1 u^{n-1} v - n_3 u^{n-3} v^3 + n_5 u^{n-5} v^5 - + \ldots$

ausgedrückten Multiplikationstheorem der beiden Kreisfunktionen $u = \cos\varphi$ und $v = \sin\varphi$, die sich sowohl aus dem Additionstheorem (§ 8) als auch aus dem Moivreschen Satze (§ 11) gewinnen lassen.

Da die erste dieser Herleitungen sicher für jeden Winkel φ gilt, einerlei, ob er reell oder komplex ist, so gelten (1) und (2) für jeden reellen oder komplexen Winkel φ.

Wir achten auf die Sinusformel | (2) |, setzen

$$n\varphi = x \quad , \quad v = \sin\frac{x}{n} \quad , \quad u^2 = 1 - v^2$$

und nehmen, um u aus (2) vollkommen beseitigen zu können, für n die ungrade Zahl m, so daß

$$\mu = \frac{m-1}{2}$$

ganzzahlig ist. Dann schreibt sich (2)

$$\sin x = m\,(1-v^2)^{\mu}\,v - m_3\,(1-v^2)^{\mu-1}\,v^3 + m_5\,(1-v^2)^{\mu-2}\,v^5 - + \ldots$$

oder

$$\sin x = m\,v \cdot p\,(v),$$

wo $p\,(v)$ ein Polynom $(m-1)^{\text{ten}}$ Grades in v bedeutet, dessen Freiglied 1 ist. Das Polynom $v \cdot p\,(v)$ hat nach dem Fundamentalsatz der Algebra m Wurzeln $v_1, v_2, \ldots, v_m$, die wir leicht erhalten, wenn wir $\sin x = 0$ setzen. Das gibt

$$x = 0,\; x = \pm\pi,\; x = \pm 2\pi,\; x = \pm\mu\pi$$

und entsprechend

$$v = 0,\; v = \pm\sin\alpha,\; v = \pm\sin 2\alpha,\; \ldots,\; v = \pm\sin\mu\alpha$$

mit

$$\alpha = \pi : m.$$

Daher hat das Polynom $p\,(v)$ die 2μ verschiedenen Wurzeln

$$v_1 = \sin\alpha,\; v_2 = \sin 2\alpha,\; \ldots,\; v_\mu = \sin\mu\alpha,$$
$$-v_1,\; -v_2,\; \ldots,\; -v_\mu;$$

und da es das Freiglied 1 besitzt, läßt es sich nach dem Fundamentalsatz der Algebra als das Produkt der 2μ Linearfaktoren

$$1-\frac{v}{v_1},\; 1-\frac{v}{v_2},\; \ldots,\; 1-\frac{v}{v_\mu},\; 1+\frac{v}{v_1},\; 1+\frac{v}{v_2},\; \ldots,\; 1+\frac{v}{v_\mu}$$

darstellen:

$$p\,(v) = \left(1-\frac{v^2}{v_1^2}\right)\left(1-\frac{v^2}{v_2^2}\right)\cdots\cdot\left(1-\frac{v^2}{v_\mu^2}\right).$$

Damit haben wir die Formel

$$\frac{\sin x}{m \sin \frac{x}{m}} = \prod_{r}^{1,\mu} \left(1 - \frac{\sin^2 \frac{x}{m}}{\sin^2 r\alpha}\right) \quad , \quad \begin{pmatrix} \alpha = \pi : m \\ \mu = \frac{m-1}{2} \end{pmatrix}.$$

In ihr denken wir uns jetzt x als gegebenen (reellen oder komplexen) Winkel, m als positive (ganzzahlige) Variable, setzen

$$-\sin^2 \frac{x}{m} : \sin^2 r \frac{\pi}{m} = \varphi_r(m)$$

und haben

$$(3) \qquad \frac{\sin x}{m \sin \frac{x}{m}} = \prod_{r}^{1,\mu} [1 + \varphi_r(m)].$$

Wir behaupten, daß die rechte Seite dieser Formel ein Tanneryprodukt ist. Die dazu notwendigen Bedingungen 1°, 2° 3° sind in der Tat erfüllt:

1°, weil $\lim\limits_{m \to \infty} \varphi_r(m) = -x^2 : \pi^2 r^2$,

2°, weil der Schlußzeiger μ mit unbegrenzt wachsendem m gleichfalls unbegrenzt wächst,

3°, weil auf Grund der Ungleichungen

$$\left|\sin \frac{x}{m}\right| < \frac{E}{m} \qquad \text{mit} \quad E = \operatorname{Sin}|x|$$

und

$$\left|\sin r \frac{\pi}{m}\right| > \frac{2r}{m}$$

$$|\varphi_r(m)| < \Phi_r \qquad \text{mit} \quad \Phi_r = E^2 : 4r^2$$

ist und die Reihe $\Sigma \Phi_r$ konvergiert.

Daher läßt sich auf die gefundene Gleichung (3) Tannerys Satz anwenden, und da der Grenzwert der linken Seite von (3) für $m \to \infty$ $\sin x : x$ ist, so entsteht die bemerkenswerte Formel

$$\boxed{\frac{\sin x}{x} = \prod_{r}^{1,\infty} \left(1 - \frac{x^2}{r^2 \pi^2}\right)},$$

ausführlich geschrieben:

$$\frac{\sin x}{x} = \left(1 - \frac{x^2}{\pi^2}\right)\left(1 - \frac{x^2}{2^2 \pi^2}\right)\left(1 - \frac{x^2}{3^2 \pi^2}\right) \ldots \text{ in inf.}$$

Damit ist die Kreisfunktion $\sin x$ in ein unendliches Produkt verwandelt.

Die Formel gilt für jeden endlichen reellen oder komplexen Winkel x.

Wir machen von ihr gleich zwei wichtige Anwendungen.

I Die Formel von Wallis.

Wir setzen $x = \frac{\pi}{2}$ und haben

$$\frac{2}{\pi} = \left(1 - \frac{1}{2^2}\right)\left(1 - \frac{1}{4^2}\right)\left(1 - \frac{1}{6^2}\right)\dots$$

oder

$$\frac{2}{\pi} = \lim p_n \quad \text{mit } p_n = \left(1 - \frac{1}{2^2}\right)\left(1 - \frac{1}{4^2}\right)\dots\left(1 - \frac{1}{(2n)^2}\right).$$

Wir schreiben für jedes ν

$$1 - \frac{1}{(2\nu)^2} = \frac{(2\nu-1)(2\nu+1)}{2\nu \cdot 2\nu}$$

und bekommen

$$p_n = \frac{1\cdot 3}{2\cdot 2} \cdot \frac{3\cdot 5}{4\cdot 4} \cdot \frac{5\cdot 7}{6\cdot 6} \cdot \dots \cdot \frac{(2n-1)(2n+1)}{2n\cdot 2n}$$

oder, wenn wir wie im § 27

$$c_n = \frac{1\cdot 3\cdot 5\cdot 7\cdot \dots \cdot (2n-1)}{2\cdot 4\cdot 6\cdot 8\cdot \dots \cdot (2n)}$$

setzen
$$p_n = c_n^2 \cdot (2n+1) = 2n c_n^2 \cdot \left(1 + \frac{1}{2n}\right).$$

Nun ist
$$\lim p_n = 2 \lim n c_n^2 \cdot \lim \left(1 + \frac{1}{2n}\right) = \frac{2}{\pi},$$

mithin
$$\boxed{\frac{1}{\pi} = \lim n c_n^2}.$$

Dies ist die Formel von Wallis.

II. Das unendliche Produkt für $\cos x$.

Nach der Produktformel für $\sin x$ ist

$$\frac{\sin 2x}{2x} = \prod_1^\infty \left(1 - \frac{x^2}{r^2 \varkappa^2}\right) \text{ und } \frac{\sin x}{x} = \prod_1^\infty \left(1 - \frac{x^2}{(2r)^2 \varkappa^2}\right),$$

wo wir statt $\frac{\pi}{2}$ $\varkappa$ geschrieben haben. Demgemäß betrachten wir die beiden Produkte

$$P_n = \prod_1^{2n}\left(1 - \frac{x^2}{r^2 \varkappa^2}\right) \text{ und } p_n = \prod_1^{n}\left(1 - \frac{x^2}{(2r)^2 \varkappa^2}\right),$$

von denen das erste $2n$, das zweite n Faktoren zählt. Durch Division gelangen wir zu dem neuen Produkt

$$\mathfrak{p}_n = \prod_1^{n}\left(1 - \frac{x^2}{(2r-1)^2 \varkappa^2}\right) = P_n : p_n,$$

bei welchem in den Nennern nur die Quadrate der ungraden Zahlen von 1 bis $2n - 1$ einschließlich auftreten.

Nun wird beim Grenzübergang $n \to \infty$

$$\lim \mathfrak{p}_n = \lim P_n : \lim p_n = \frac{\sin 2x}{2x} : \frac{\sin x}{x} = \cos x,$$

und wir erhalten das **unendliche Produkt für die Cosinusfunktion**:

$$\boxed{\cos x = \left(1 - \frac{x^2}{\varkappa^2}\right)\left(1 - \frac{x^2}{3^2 \varkappa^2}\right)\left(1 - \frac{x^2}{5^2 \varkappa^2}\right)\left(1 - \frac{x^2}{7^2 \varkappa^2}\right)\dots},$$

was man auch

$$\boxed{\cos x = \prod_1^{\infty}\left(1 - \frac{x^2}{(2r-1)^2 \varkappa^2}\right)}$$

schreibt. Hierbei ist $\varkappa = \frac{\pi}{2}$.

Auch diese Produktentwicklung gilt für jedes reelle oder komplexe endliche x.

Man wird bemerken, daß die gleich Null gesetzten Faktoren der Produkte für $\sin x$ und $\cos x$ genau die Nullstellen der beiden Funktionen liefern.

§ 64

Teilbruchzerlegung der Cotangens- und Cosecansfunktion.

Wir gehen aus von der Formel

$$\cos n\varphi = u^n - n_2 u^{n-2} v^2 + n_4 u^{n-4} v^4 - + \dots,$$

wo $u = \cos\varphi$, $v = \sin\varphi$ ist (§ 11).

Auf Grund der Relation $u^2 + v^2 = 1$ beseitigen wir rechts v und erhalten zunächst

$$\cos n\varphi = u^n - n_2 u^{n-2}(1 - u^2) + n_4 u^{n-4}(1 - u^2)^2 - n_6 u^{n-6}(1 - u^2)^3 + - \dots.$$

Durch Auflösung der Klammern und Zusammenfassung entsteht rechts ein Polynom n^{ten} Grades in u von der Form

$$A\,u^n + B\,u^{n-2} + C\,u^{n-4} + \dots$$

wobei der Koeffizient A von u^n den Wert

$$A = 1 + n_2 + n_4 + n_6 + \dots$$

hat.

Nun ist nach dem binomischen Satze

$$(1+1)^n = 1 + n_1 + n_2 + n_3 + n_4 + \dots,$$

$$(1-1)^n = 1 - n_1 + n_2 - n_3 + n_4 - + \dots.$$

Durch Addition ergibt sich

$$2^n = 2\,[1 + n_2 + n_4 + n_6 + \dots],$$

so daß

$$A = 2^{n-1}$$

ist. Folglich:

$\cos n\,\varphi$ ist ein Polynom n^{ten} Grades in $u = \cos\varphi$, dessen höchstes Glied den Koeffizient 2^{n-1} hat.

Daran ändert sich auch nichts, wenn wir $\cos n\,\varphi$ noch um eine Konstante vermindern. Als solche wählen wir $\cos n\,\lambda$ und haben den Satz:

Der Unterschied $\cos n\,\varphi - \cos n\,\lambda$ ist ein Polynom n^{ten} Grades in $u = \cos\varphi$ mit dem Anfangskoeffizienten 2^{n-1}.

Nach dem Fundamentalsatz der Algebra hat dieses Polynom n Wurzeln $u_1 .\ u_2, \dots, u_n$ und ist — von dem Faktor 2^{n-1} abgesehen — das Produkt der n Linearfaktoren $u - u_1$, $u - u_2$, $\dots$, $u - u_n$.

Folglich gilt die Gleichung

$$\cos n\,\varphi - \cos n\,\lambda = 2^{n-1}\,(u - u_1)\,(u - u_2)\ \dots\ (u - u_n).$$

Die Wurzeln $u_1, u_2, \dots, u_n$ finden wir leicht durch Nullsetzen der linken Seite dieser Gleichung. Nun wird aber

$$\cos n\,\varphi = \cos n\,\lambda$$

für

$$n\,\varphi = n\,\lambda + r\,2\,\pi,$$

wo r irgend eine Ganzzahl sein darf. Wir wählen

$$r = 0,\ 1,\ 2,\ \dots,\ n-1$$

und bekommen für φ die Werte

$$\varphi = \lambda + r\gamma \qquad \text{mit } \gamma = \frac{2\pi}{n} \quad \text{und} \quad r = 0, 1, 2, \ldots, n-1.$$

Das gibt

$$u_1 = \cos\lambda,\ u_2 = \cos(\lambda + \gamma),\ u_3 = \cos(\lambda + 2\gamma), \ldots,$$
$$u_n = \cos(\lambda + \overline{n-1}\,\gamma).$$

Tatsächlich sind diese n u-Werte paarweise verschieden, da etwa aus

$$\cos(\lambda + r\gamma) = \cos(\lambda + s\gamma)$$
$$r\gamma - s\gamma = (r-s)\gamma = \frac{r-s}{n} 2\pi$$

als ganzzahliges Vielfaches von 2π folgen würde, was wegen $|r-s| < n$ nicht sein kann.

Damit haben wir die Formel

$$\cos n\varphi - \cos n\lambda = 2^{n-1} \prod_{r}^{0,n-1} [\cos\varphi - \cos(\lambda + r\gamma)].$$

In ihr setzen wir

$$\varphi = 0,\ \lambda = 2\vartheta,\ \gamma = 2\alpha$$

und benutzen überall die Relation

$$1 - \cos 2\omega = 2\sin^2\omega.$$

Das gibt
$$\sin^2 n\vartheta = 2^{2n-2} \prod_{r}^{0,n-1} \sin^2(\vartheta + r\alpha)$$

oder
$$\sin n\vartheta = \pm 2^{n-1} \prod_{r}^{0,n-1} \sin(\vartheta + r\alpha).$$

Um das Vorzeichen zu bestimmen, nehmen wir für ϑ den Wert $\pi : 2n$, erhalten links 1 und rechts im Sinusprodukt lauter positive Faktoren, so daß es $+$ heißen muß.

Damit gilt die Formel

$$\boxed{\sin n\vartheta = 2^{n-1} \prod_{r}^{0\,n-1} \sin(\vartheta + r\alpha)}\ ,\ \alpha = \frac{\pi}{n}.$$

In ihr bedeutet ϑ einen beliebigen Winkel.

Schreiben wir sie

$$\frac{\sin n\vartheta}{\sin\vartheta} : 2^{n-1} = \sin(\vartheta + \alpha)\sin(\vartheta + 2\alpha)\ldots\sin(\vartheta + \overline{n-1}\,\alpha)$$

und lassen ϑ gegen Null streben, so geht die linke Seite in $n : 2^{n-1}$ über, und wir erhalten die interessante Relation [§ 49]

$$\boxed{\sin\frac{\pi}{n}\sin\frac{2\pi}{n}\sin\frac{3\pi}{n}\cdots\sin\frac{(n-1)\pi}{n} = n : 2^{n-1}}\,.$$

In der gefundenen Formel fassen wir ϑ als Argument auf und bilden beiderseits die bezogene Ableitung. Das gibt

$$(1) \qquad n\cot n\vartheta = \sum_r^{0,n-1}\cot(\vartheta + r\alpha)\,,$$

und die Ableitung dieser Formel liefert

$$(2) \qquad n^2\operatorname{cosec}^2 n\vartheta = \sum_r^{0,n-1}\operatorname{cosec}^2(\vartheta + r\alpha)\,.$$

Die Formeln (1) und (2) bilden den Ausgangspunkt für die Zerlegung der Funktionen Cotangens und Cosecans in Partialbrüche.

Wir bringen sie zunächst auf eine symmetrische Form, indem wir jeweils die beiden Glieder

$$\left.\begin{matrix} \cot(\vartheta + r\alpha), & \cot(\vartheta + s\alpha) \\ \text{bzw.} & \\ \operatorname{cosec}^2(\vartheta + r\alpha), & \operatorname{cosec}^2(\vartheta + s\alpha) \end{matrix}\right\} \text{ mit } s = n - r$$

zu einem Binom zusammenfassen. Da hierbei aber das Glied $\cot\vartheta$ von (1) und das Glied $\operatorname{cosec}^2\vartheta$ von (2) kein Binom liefert, so müssen wir für das folgende $n - 1$ als grade Zahl 2μ, n als ungrade Zahl m voraussetzen:

$$n = m = 2\mu + 1.$$

Nach den Periodizitätsformeln

$$\cot(\zeta + \pi) = \cot\zeta, \qquad \operatorname{cosec}(\zeta + \pi) = -\operatorname{cosec}\zeta$$

werden unsere Binome nun [es ist $n\alpha = \pi$]

$$\cot(\vartheta + r\alpha) + \cot(\vartheta - r\alpha)$$

bzw.

$$\operatorname{cosec}^2(\vartheta + r\alpha) + \operatorname{cosec}^2(\vartheta - r\alpha)\,,$$

und wir erhalten alle Binome, wenn wir r von 1 bis μ laufen lassen.

Das gibt die beiden Formeln

$$(1') \qquad m\cot m\vartheta = \cot\vartheta + \sum_1^{\mu}[\cot(\vartheta + r\alpha) + \cot(\vartheta - r\alpha)]$$

(2') $m^2 \operatorname{cosec}^2 m\vartheta = \operatorname{cosec}^2\vartheta + \sum_1^{\mu} [\operatorname{cosec}^2(\vartheta + r\alpha) + \operatorname{cosec}^2(\vartheta - r\alpha)]$,

in denen also m eine positive ungrade Zahl und $2\mu = m - 1$ ist.

Da nun nach dem Additionstheorem

$$\cot(\vartheta + r\alpha) + \cot(\vartheta - r\alpha) = \frac{\sin 2\vartheta}{\sin^2\vartheta - \sin^2 r\alpha}$$

und

$$\operatorname{cosec}^2(\vartheta + r\alpha) + \operatorname{cosec}^2(\vartheta - r\alpha) = \frac{\sin^2\sigma + \sin^2\delta}{(\sin^2\vartheta - \sin^2 r\alpha)^2}$$

mit $\sigma = \vartheta + r\alpha$, $\delta = \vartheta - r\alpha$

ist, so nehmen unsere Formeln, wenn wir noch $m\vartheta = x$, $\vartheta = x : m$ setzen, die endgültige Gestalt

$$(1'') \quad \cot x - \frac{1}{m}\cot\frac{x}{m} = \varphi_1(m) + \varphi_2(m) + \cdots + \varphi_\mu(m)$$

$$(2'') \quad \operatorname{cosec}^2 x - \frac{1}{m^2}\operatorname{cosec}^2\frac{x}{m} = \psi_1(m) + \psi_2(m) + \cdots + \psi_\mu(m)$$

an, wobei

$$\varphi_r(m) = \frac{m \sin\frac{2x}{m}}{m^2\left(\sin^2\frac{x}{m} - \sin^2 r\frac{\pi}{m}\right)}, \quad \psi_r(m) = \frac{(m^2\sin^2\sigma + \sin^2\delta)}{m^4\left(\sin^2\frac{x}{m} - \sin^2 r\frac{\pi}{m}\right)^2}$$

ist.

Bei den Schreibungen $\varphi_r(m)$ und $\psi_r(m)$ leitet uns der Gedanke, daß wir jetzt x als gegebenen Winkel, m als Variable auffassen wollen. x darf aber keine Wurzel von $\sin x$ sein.

Wir behaupten: Die rechten Seiten von (1'') und (2'') sind Tanneryreihen.

Beweis. Bedingung 1^0 ist erfüllt, weil

$$\lim_{m\to\infty}\varphi_r(m) = \frac{2x}{x^2 - r^2\pi^2}, \quad \lim_{m\to\infty}\psi_r(m) = 2\frac{x^2 + r^2\pi^2}{(x^2 - r^2\pi^2)^2}.$$

Bedingung 2^0 ist erfüllt, weil bei unbegrenzt wachsendem m der Schlußzeiger μ gleichfalls unbegrenzt wächst.

Bedingung 3^0 endlich ist erfüllt, weil wegen der Ungleichungen

$$\left|\sin\frac{x}{m}\right| < \frac{E}{m}, \quad \left|\sin\frac{2x}{m}\right| < \frac{2E}{m} \quad \text{mit } E = \operatorname{Sin}|x|,$$

$$\sin r\frac{\pi}{m} > \frac{2r}{m}, \quad \sin\frac{r\pi}{m} < \frac{\pi r}{m},$$

$$|\sin^2\sigma + \sin^2\delta| = 2|\sin^2\vartheta\cos 2r\alpha + \sin^2 r\alpha| < 2(E^2 + \pi^2 r^2) : m^2$$

für jedes oberhalb $E:2$ gelegene r

$$\left|\sin^2\frac{x}{m}-\sin r\frac{\pi}{m}\right| \geqq \sin^2\frac{r\pi}{m}-\left|\sin^2\frac{x}{m}\right| > (4r^2-E^2):m^2,$$

mithin

$$\left|\varphi_r(m)\right| < \Phi_r = \frac{2E}{4r^2-E^2}$$

sowie

$$\left|\psi_r(m)\right| < \Psi_r = 2\cdot\frac{\pi^2 r^2+E^2}{(4r^2-E^2)^2},$$

so daß die beiden Schrankenreihen

$$\Sigma\,\Phi_r \qquad \text{und} \qquad \Sigma\,\Psi_r,$$

in denen r alle oberhalb $E:2$ liegenden Zeiger durchläuft, konvergieren.

Daher gestatten die beiden Gleichungen (1″) und (2″) die Anwendung des Tannerysehen Satzes. Der durch ihn vermittelte Grenzübergang liefert wegen

$$\lim\frac{1}{m}\cot\frac{x}{m}=\frac{1}{x} \qquad \text{und} \qquad \lim\frac{1}{m^2}\operatorname{cosec}^2\frac{x}{m}=\frac{1}{x^2}$$

die beiden Relationen

$$\cot x-\frac{1}{x}=\sum_1^\infty\frac{2x}{x^2-\pi^2r^2}.$$

und

$$\operatorname{cosec}^2 x-\frac{1}{x^2}=\sum_1^\infty\frac{2x^2+2\pi^2r^2}{(x^2-\pi^2r^2)^2}=\sum_1^\infty\left[\frac{1}{(x+\pi r)^2}+\frac{1}{(x-\pi r)^2}\right].$$

Damit haben wir die

Partialbruchzerlegungen

der Funktionen $\cot x$ und $\operatorname{cosec}^2 x$:

$$\boxed{\cot x=\sum_{-\infty}^{+\infty}\frac{x}{x^2-\pi^2r^2}},$$

$$\boxed{\operatorname{cosec}^2 x=\sum_{-\infty}^{+\infty}\frac{1}{(x-\pi r)^2}}.$$

Sie gelten für jeden reellen oder komplexen Winkel x, der kein Multiplum von π ist.

Durch Heranziehung der Formel

$$\operatorname{cosec} x = \cot \frac{x}{2} - \cot x$$

gewinnt man aus der Teilbruchzerlegung von $\cot x$ die von $\operatorname{cosec} x$:

$$\operatorname{cosec} x = \sum \frac{2x}{x^2 - 4\pi^2 r^2} - \sum \frac{x}{x^2 - \pi^2 r^2} =$$

$$\sum \frac{x}{x^2 - \pi^2 n^2} - \sum \frac{x}{x^2 - \pi^2 m^2},$$

wo n alle graden, m alle ungraden Zahlen durchläuft. So entsteht

$$\boxed{\frac{1}{\sin x} = \sum_{-\infty}^{+\infty} \frac{\iota^r x}{x^2 - \pi^2 r^2}}\ .$$

§ 65

Das Multiplikationstheorem der Kreisfunktionen.

Unter dem Multiplikationstheorem der Kreisfunktionen Sinus und Cosinus versteht man die Darstellung von

$$\cos n\varphi \qquad \text{und} \qquad \sin n\varphi$$

als Polynome von

$$u = \cos\varphi \qquad \text{und} \qquad v = \sin\varphi.$$

Hierbei bedeutet n zunächst eine natürliche Zahl.

Den einfachsten Zugang zum Multiplikationstheorem bietet die Moivresche Formel

$$\cos n\varphi + i \sin n\varphi = (\cos\varphi + i \sin\varphi)^n .$$

Entwickelt man rechts nach dem binomischen Satze, so entsteht unter Benutzung der Abkürzungen u und v und Trennung des Reellen vom Imaginären

$$\cos n\varphi + i \sin n\varphi = U + i V$$

mit

$$U = u^n - n_2 u^{n-2} v^2 + n_4 u^{n-4} v^4 - n_6 u^{n-6} v^6 + - \dots$$

und

$$V = n_1 u^{n-1} v - n_3 u^{n-3} v^3 + n_5 u^{n-5} v^5 - n_7 u^{n-7} v^7 + - \dots$$

Aus $\cos n\varphi = U$ und $\sin n\varphi = V$ wird also

$$\boxed{\begin{aligned} \cos n\varphi &= u^n - n_2 u^{n-2} v^2 + n_4 u^{n-4} v^4 - n_6 u^{n-6} v^6 + - \dots \\ \sin n\varphi &= n_1 u^{n-1} v - n_3 u^{n-3} v^3 + n_5 u^{n-5} v^5 - n_7 u^{n-7} v^7 + - \end{aligned}}$$

Dieses Formelpaar ist das Multiplikationstheorem der Kreisfunktionen

$$u = \cos\varphi \qquad \text{und} \qquad v = \sin\varphi.$$

Will man auf die Benutzung des Imaginären verzichten, so läßt sich das Formelpaar auch durch Induktion unter Heranziehung des Additionstheorems und der Binomialkoeffizientenformel

$$\boxed{n_\nu + n_\mu = m_\mu} \quad \text{mit } m = n + 1,\ \mu = \nu + 1$$

gewinnen:

Zunächst überzeugt man sich leicht davon, daß das Formelpaar für die einfachen Fälle $n = 2, 3, 4, 5$ gilt. Darauf nimmt man an, daß es für einen gewissen Index n gilt und zeigt wie folgt, daß es dann auch für den Index

$$m = n + 1$$

gilt.

Es ist

$$\cos m\varphi = \cos(n\varphi + \varphi) = \cos n\varphi \cdot \cos\varphi - \sin n\varphi \cdot \sin\varphi = U u - V \cdot v,$$

$$\sin m\varphi = \sin(n\varphi + \varphi) = \sin n\varphi \cos\varphi + \cos n\varphi \sin\varphi = V u + U v,$$

mithin

$$\cos m\varphi = \begin{Bmatrix} u^m - n_2 u^{m-2} v^2 + n_4 u^{m-4} v^4 - n_6 u^{m-6} v^6 + - \ldots \\ - n_1 u^{m-2} v^2 + n_3 u^{m-4} v^4 - n_5 u^{m-6} v^6 + - \ldots \end{Bmatrix},$$

$$\sin m\varphi = \begin{Bmatrix} n_1 u^{m-1} v - n_3 u^{m-3} v^3 + n_5 u^{m-5} v^5 - \\ n_7 u^{m-7} v^7 + - \ldots \\ + u^{m-1} v - n_2 u^{m-3} v^3 + n_4 u^{m-5} v^5 - \\ n_6 u^{m-7} v^7 + - \ldots \end{Bmatrix}.$$

Faßt man hier je zwei untereinander stehende Glieder auf Grund der Binomialkoeffizientenformel zusammen, so entsteht

$$\cos m\varphi = u^m - m_2 u^{m-2} v^2 + m_4 u^{m-4} v^4 - + \ldots,$$

$$\sin m\varphi = m_1 u^{m-1} v - m_3 u^{m-3} v^3 + m_5 u^{m-5} v^5 - + \ldots.$$

Wir haben so durch den Schluß von n auf m gezeigt, daß das Multiplikationstheorem für jeden natürlichen Multiplikator n gilt.

Dieser nur auf dem Additionstheorem beruhende Nachweis hat folgenden Vorzug:

Man hat oft Veranlassung, auch die Sinus und Cosinus von **komplexen** Winkeln zu betrachten, und das Additionstheorem gilt auch für diese Winkel (§ 52).

Damit erweitert sich unser Ergebnis zu dem **Satze**:

Das Multiplikationstheorem der Kreisfunktionen gilt für jeden reellen oder komplexen Winkel φ.

$$\cos n\varphi \quad \text{und} \quad \frac{\sin n\varphi}{\sin\varphi} \text{ als Polynome in } \cos\varphi.$$

Es ist auch möglich, $\cos n\varphi$ und — zwar nicht $\sin n\varphi$, wohl aber — $\sin n\varphi : \sin\varphi$ als Polynome von $u = \cos\varphi$ allein darzustellen. Um das zu erreichen, braucht man in den Entwicklungen

$$U = u^n - n_2 u^{n-2} v^2 + n_4 u^{n-4} v^4 - + \ldots$$

und

$$V : v = n_1 u^{n-1} - n_3 u^{n-3} v^2 + n_5 u^{n-5} v^4 - + \ldots$$

die Potenzen v^2, $v^4 = (v^2)^2$, $v^6 = (v^2)^3$, ... nur gemäß der Relation $v^2 = 1 - u^2$ durch u auszudrücken. Durch Ausrechnung der dabei auftretenden Klammerausdrücke und Zusammenfassung der Glieder gleich hoher Potenzen von u entstehen Ausdrücke von der Form

$$U = a_0 u^n + a_1 u^{n-2} + a_2 u^{n-4} + a_3 u^{n-6} + \ldots$$

bzw.

$$V : v = b_0 u^{n-1} + b_1 u^{n-3} + b_2 u^{n-5} + b_3 u^{n-7} + \ldots .$$

Unsere Aufgabe besteht darin, die Koeffizienten a und b dieser beiden Polynome zu finden.

Am einfachsten gestaltet sich die Ermittlung von a_0. Aus der Schreibung

$$U = u^n - n_2 u^{n-2}(1 - u^2) + n_4 u^{n-4}(1 - u^2)^2 - + \ldots$$

folgt für den Koeffizient von u^n der rechten Seite dieser Gleichung sofort der Wert

$$a_0 = 1 + n_2 + n_4 + n_6 + \ldots .$$

Mithin ist (Vgl. § 64)

$$a_0 = 2^{n-1}.$$

Die übrigen Koeffizienten a_1, a_2, ... finden wir am bequemsten mit Hilfe einer Rekursionsformel.

Um letztere zu erhalten, fassen wir in der Gleichung

$$U = \cos n\varphi = a_0 u^n + a_1 u^{n-2} + a_2 u^{n-4} + \ldots$$

φ als Argument der Funktion U auf. Nun bilden wir die 2te Ableitung U'' der Funktion U. Es wird

$$U' = -n \sin n\varphi \qquad \text{und} \qquad U'' = -n^2 \cos n\varphi,$$

mithin

$$\boxed{U'' = -n^2 U}\ .$$

Die Glieder von U sind alle von der Form $a_r u^{n-2r}$. Um bequemes Schreiben zu haben, seien λ, μ, ν drei sukzessive grade Zahlen der natürlichen Zahlenreihe und die ihnen entsprechenden sukzessiven Glieder des Polynoms U

$$A_\lambda u^{n-\lambda},\ A_\mu u^{n-\mu},\ A_\nu u^{n-\nu},$$

so daß also

$$A_\lambda = a_{\lambda/2},\ A_\mu = a_{\mu/2},\ A_\nu = a_{\nu/2}$$

ist. Wir schreiben

$$U = \ldots + A_\lambda u^{n-\lambda} + A_\mu u^{n-\mu} + A_\nu u^{n-\nu} + \ldots$$

und leiten ab. Das gibt

$$-U' = [\ldots + (n-\lambda) A_\lambda u^{n-\lambda-1} + (n-\mu) A_\mu u^{n-\mu-1} + (n-\nu) A_\nu u^{n-\nu-1}]\, v$$

$$-U'' = \left\{ \begin{array}{l} [\ldots + (n-\lambda) A_\lambda u^{n-\lambda} + (n-\mu) A_\mu u^{n-\mu} + \\ (n-\nu) A_\nu u^{n-\nu} + \ldots] + \\ (u^2 - 1) [(n-\lambda)(n-\lambda-1) A_\lambda u^{n-\mu} + \\ (n-\mu)(n-\mu-1) A_\mu u^{n-\nu} + \ldots] \end{array} \right\}.$$

Der Koeffizient von $u^{n-\mu}$ der rechten Seite dieser Gleichung ist

$$(n-\mu) A_\mu - (n-\lambda)(n-\lambda-1) A_\lambda + (n-\mu)(n-\mu-1) A_\mu$$

oder

$$(n-\mu)^2 A_\mu - (n-\lambda)(n-\lambda-1) A_\lambda\ .$$

Derselbe Koeffizient der linken Seite ist wegen

$$-U'' = n^2 U$$

$$n^2 A_\mu\ .$$

Die Gleichsetzung der beiden Koeffizienten liefert die gesuchte Rekursionsformel

$$A_\mu = -\frac{(n-\lambda)(n-\lambda-1)}{\mu(2n-\mu)} A_\lambda\ .$$

Indem wir wieder zu den Bezeichnungen a zurückkehren, schreiben wir,

$$\lambda = 2\,r, \qquad \mu = 2\,(r+1)$$

gesetzt, statt A_λ a_r, statt A_μ a_{r+1} und haben die Rekursionsformel

$$a_{r+1} = -\frac{1}{4} \cdot \frac{1}{r+1} \cdot \frac{(n-2\,r)(n-2\,r-1)}{n-r-1} \cdot a_r .$$

Sie liefert für $r = 0, 1, 2, 3, 4, \ldots$ die Gleichungen

$$a_1 = -\frac{1}{4} \cdot \frac{1}{1} \cdot \frac{n\,(n-1)}{n-1} \cdot a_0,$$

$$a_2 = -\frac{1}{4} \cdot \frac{1}{2} \cdot \frac{(n-2)\,(n-3)}{n-2} \cdot a_1,$$

$$a_3 = -\frac{1}{4} \cdot \frac{1}{3} \cdot \frac{(n-4)\,(n-5)}{(n-3)} \cdot a_2,$$

$$a_4 = -\frac{1}{4} \cdot \frac{1}{4} \cdot \frac{(n-6)\,(n-7)}{n-4} \cdot a_3,$$

$$a_5 = -\frac{1}{4} \cdot \frac{1}{5} \cdot \frac{(n-8)\,(n-9)}{n-5} \cdot a_4,$$

Die Multiplikation der hingeschriebenen 5 Formeln liefert die Gleichung

$$a_5 = \iota^5 \cdot \frac{1}{4^5} \cdot \frac{n\,(n-6)\,(n-7)\,(n-8)\,(n-9)}{5!} \cdot a_0,$$

so daß allgemein

$$a_r = \iota^r \cdot \frac{1}{4^r} \cdot \frac{n\,(n-r-1)\,(n-r-2)\ldots(n-2\,r+1)}{r!} \cdot a_0.$$

Da nun, wie oben gezeigt, $a_0 = 2^{n-1}$ ist, wird

$$a_r = \iota^r \cdot \frac{n \cdot (n-r-1)\,(n-r-2)\ldots(n-2\,r+1)}{r!} \cdot 2^{n-2r-1}.$$

Damit sind die Koeffizienten a bestimmt.

Die Bestimmung der Koeffizienten b kann in ähnlicher Weise erfolgen. Doch ist es bequemer, sie durch Ableitung der Formel

$$U = a_0\, u^n + a_1\, u^{n-2} + a_2\, u^{n-4} + \cdots$$

zu finden. Wegen $U' = -\,n\,V$ und $u' = -\,v$ ergibt sich so

$$nV : v = n a_0 u^{n-1} + (n-2) a_1 u^{n-3} + (n-4) a_2 u^{n-5} + \cdots,$$

und diese Gleichung sagt aus, daß

$$b_0 = a_0, \quad b_1 = \frac{n-2}{n} a_1, \quad b_2 = \frac{n-4}{n} a_2, \ldots, \quad b_r = \frac{n-2r}{n} a_r$$

ist.

Damit wird

$$b_r = \iota^r \cdot \frac{(n-r-1)(n-r-2)\cdots(n-2r)}{r!} 2^{n-2r-1}.$$

Als Ergebnis unserer Bemühungen erscheint das Multiplikationstheorem der Kreisfunktionen Sinus und Cosinus in der Form

$$\boxed{\begin{aligned} \cos n\varphi &= a_0 u^n + a_1 u^{n-2} + a_2 u^{n-4} + a_3 u^{n-6} + \cdots \\ \frac{\sin n\varphi}{\sin\varphi} &= b_0 u^{n-1} + b_1 u^{n-3} + b_2 u^{n-5} + b_3 u^{n-7} + \cdots \end{aligned}}$$

$$\text{mit} \begin{cases} u = \cos\varphi, \\ a_r = \iota^r \cdot \dfrac{n(n-r-1)(n-r-2)\ldots(n-2r+1)}{r!} \cdot 2^{n-2r-1}, \\ b_r = \iota^r \cdot \dfrac{(n-r-1)(n-r-2)\ldots(n-2r)}{r!} \cdot 2^{n-2r-1}. \end{cases}$$

$\sin m\varphi$ und $\cos n\varphi$ als Polynome in $\sin\varphi$.

Auf Grund des Formelpaares

$$\cos n\varphi = u^n - n_2 u^{n-2} v^2 + n_4 u^{n-4} v^4 - + \cdots$$

$$\sin m\varphi = m_1 u^{m-1} v - m_3 u^{m-3} v^3 + m_5 u^{m-5} v^5 - + \cdots$$

lassen sich $\cos n\varphi$ — bei gradem n — und $\sin m\varphi$ — bei ungradem m — auch in Polynome von

$$v = \sin\varphi$$

verwandeln. Man drückt zu dem Zwecke die vorkommenden Potenzen von u gemäß der Relation $u^2 + v^2 = 1$ durch v aus und erhält Entwicklungen von der Form

(1) $$\cos n\varphi = A_0 + A_2 v^2 + A_4 v^4 + \cdots,$$

(2) $$\sin m\varphi = B_1 v + B_3 v^3 + B_5 v^5 + \cdots.$$

Um die unbekannten Koeffizienten von (1) bequem zu bestimmen, leiten wir diese Gleichung zweimal nach φ ab:

$$-n \sin n\varphi = (2A_2 v + 4A_4 v^3 + 6A_6 v^5 + \cdots) u,$$

$$-n^2 \cos n\varphi = \begin{Bmatrix} (2A_2 + 4\cdot 3A_4 v^2 + 6\cdot 5 A_6 v^4 + \cdots) u^2 \\ -(2A_2 v^2 + 4A_4 v^4 + 6A_6 v^6 + \cdots) \end{Bmatrix},$$

ersetzen u^2 durch $1 - v^2$ und finden für $n^2 \cos n\varphi$ eine nach Potenzen von v fortschreitende Entwicklung, in welcher der Koeffizient von v^ν den Wert

$$\nu(\nu-1)A_\nu - (\nu+2)(\nu+1)A_{\nu+2} + \nu A_\nu = \nu^2 A_\nu - (\nu+2)(\nu+1)A_{\nu+2}$$

hat. Da dieser Koeffizient aber laut (1) den Wert $n^2 A_\nu$ haben muß, so ergibt sich die Rekursionsformel

$$A_{\nu+2} = -\frac{n^2 - \nu^2}{(\nu+1)(\nu+2)} A_\nu,$$

durch die sich alle Koeffizienten A_ν mit Ausnahme von A_0 bestimmen lassen.

A_0 bekommen wir aber aus (1) direkt durch den Ansatz $\varphi = 0$:

$$A_0 = 1.$$

Darauf wird sukzessiv

$$A_2 = -\frac{n^2}{2!},\ A_4 = +\frac{n^2(n^2-2^2)}{4!},\ A_6 = -\frac{n^2(n^2-2^2)(n^2-4^2)}{6!}, \ldots,$$

und die gesuchte Entwicklung lautet (n grade)

$$\boxed{\cos n\varphi = 1 - \frac{n^2}{2!}v^2 + \frac{n^2(n^2-2^2)}{4!}v^4 - \frac{n^2(n^2-2^2)(n^2-4^2)}{6!}v^6 + - \cdots}\ , \quad v = \sin\varphi.$$

Die Entwicklung von $\sin m\varphi$ wird ähnlich gefunden. Man bildet die zweite Ableitung von (2) nach φ:

$$m^2 \sin m\varphi = \begin{Bmatrix} B_1 v + 3B_3 v^3 + 5B_5 v^5 + \cdots \\ + (3\cdot 2B_3 v + 5\cdot 4 B_5 v^3 + \cdots)(v^2 - 1) \end{Bmatrix},$$

findet als Koeffizient von v^μ auf der rechten Seite

$$\mu B_\mu + \mu(\mu-1)B_\mu - (\mu+2)(\mu+1)B_{\mu+2} = \mu^2 B_\mu - (\mu+2)(\mu+1)B_{\mu+2}$$

und durch Vergleich mit dem Koeffizient $m^2 B_\mu$ von v^μ in der aus (2) ohne weiteres ablesbaren Entwicklung der linken Seite die Rekursionsformel

$$B_{\mu+2} = -\frac{m^2 - \mu^2}{(\mu+1)(\mu+2)} B_\mu .$$

Nach Ermittlung von B_1 liefert diese Formel alle Koeffizienten B_μ.

B_1 bekommen wir direkt aus (2). Wir teilen (2) durch v:

$$\frac{\sin m\varphi}{\sin\varphi} = B_1 + B_3 v^2 + \ldots ,$$

setzen $\varphi = 0$ und erhalten $m = B_1$. Darauf wird

$$B_3 = -m\frac{m^2 - 1^2}{3!}, \quad B_5 = +m\frac{(m^2-1^2)(m^2-3^2)}{5!}, \ldots ,$$

und die gesuchte Entwicklung lautet (m ungrade)

$$\boxed{\begin{aligned}\sin m\varphi = m v - m\frac{m^2-1^2}{3!}v^3 + \\ m\frac{(m^2-1^2)(m^2-3^2)}{5!}v^5 - + \ldots\end{aligned}}\,, \quad v = \sin\varphi .$$

In den hier für $\sin k\varphi$ und $\cos k\varphi$ entwickelten Formeln bedeutet k eine Ganzzahl. Man wird die Frage aufwerfen, ob die Formeln sinnlos werden, wenn man k als Nichtganzzahl annimmt. Besteht beispielsweise die schöne Formel

$$\cos k\varphi = A_0 + A_2 v^2 + A_4 v^4 + \ldots$$

mit $A_0 = 1$ und sonst

$$A_{n+2} = \iota^{n/2}\frac{k^2(k^2-2^2)(k^2-4^2)\ldots(k^2-n^2)}{(n+2)!}$$

auch für beliebig reelles k?

Um diese interessante Frage zu beantworten, muß zunächst die Konvergenz der Reihe

$$\mathfrak{R} = A_0 + A_2 v^2 + A_4 v^4 + \ldots$$

festgestellt werden. Wir benutzen dazu den Cauchybruch der Reihe

$$C_n = A_{n+2} v^{n+2} : A_n v^n = \frac{n^2 - k^2}{(n+1)(n+2)} v^2 .$$

Sein Grenzwert für $n \to \infty$ ist

$$\lim_{n\to\infty} C_n = v^2 .$$

Die Reihe konvergiert sicher, wenn dieser Grenzwert ein

echter Bruch ist. Diese Bedingung ist aber wegen $v = \sin\varphi$ erfüllt, wenn φ ein spitzer Winkel ist. Die Reihe konvergiert also sicher, falls — was wir jetzt voraussetzen wollen — φ auf das Intervall $I(-\lambda, +\lambda)$ beschränkt bleibt, wo $\boxed{\lambda < \frac{\pi}{2}}$ sein muß, im übrigen aber dem Werte $\frac{\pi}{2}$ nach Belieben nahe kommen darf. Wir wissen, daß die Reihe im Intervall I sogar absolut und gleichmäßig konvergiert, so daß sie in I eine stetige Funktion $x = f(\varphi)$ von φ darstellt.

Auch die Ableitungen von x (nach φ) konvergieren in I gleichmäßig. Um z. B. die zweite Ableitung x'' zu bekommen, schreiben wir

$$x = \sum_{n}^{0.\infty} \iota^n a_{2n} \frac{v^{2n}}{(2n)!}$$

$$[a_0 = 1,\ a_{2n} = k^2(k^2 - 2^2)(k^2 - 4^2)\ldots(k^2 - \overline{2n-2}^2)].$$

Das gibt zunächst als Erstableitung

$$x' = \cos\varphi \sum_{1}^{\infty} \iota^n a_{2n} \frac{v^{2n-1}}{(2n-1)!}\,.$$

sodann als Zweitableitung

$$x'' = -\sum_{1}^{\infty} \iota^n a_{2n} \frac{v^{2n}}{(2n-1)!} + (1 - v^2)\sum_{1}^{\infty} \iota^n a_{2n} \frac{v^{2n-2}}{(2n-2)!}\,.$$

Der Koeffizient c von v^{2n} in dieser Entwicklung lautet

$$c = -\iota^n \frac{a_{2n}}{(2n-1)!} - \iota^n \frac{a_{2n+2}}{(2n)!} - \iota^n \frac{a^{2n}}{(2n-2)!}\,.$$

Wegen $a_{2n+2} = a_{2n}(k^2 - [2n]^2)$ wird

$$c = -k^2 \cdot \iota^n \frac{a_{2n}}{(2n)!}\,.$$

Dies ist aber — abgesehen von dem Faktor $-k^2$ — auch der Koeffizient von v^{2n} in der Ausgangsentwicklung für x. Daher ist

$$\boxed{x'' = -k^2 x}\,.$$

Unsere Funktion x von φ befriedigt demnach die Differentialgleichung

$$z'' = -k^2 z\,.$$

Dieselbe Untersuchung läßt sich für die Funktion

$$y = k v - k \frac{k^2 - 1^2}{3!} v^3 + k \frac{(k^2 - 1^2)(k^2 - 3^2)}{5!} v^5 - + \cdots$$

durchführen. Auch diese Funktion von φ stellt im Intervall I eine stetige Funktion dar, für welche die Differentialgleichung

$$\boxed{y'' = - k^2 y}$$

gilt.

Die beiden Funktionen x und y von φ befriedigen also beide die Differentialgleichung

$$z'' = - k^2 z.$$

Dabei ist stillschweigend φ als Argument angenommen.

Es handelt sich jetzt darum, kurz die Haupteigenschaften der Differentialgleichung

$$z'' = - k^2 z$$

kennen zu lernen.

Erste Haupteigenschaft.

Sind p und q zwei die Differentialgleichung befriedigende Funktionen des Arguments (φ), so ist die Determinante $\Delta = p q' - q p'$ eine Konstante.

Beweis. Man hat $\Delta' = p q'' - q p'' = 0$, woraus sofort $\Delta = \text{const}$ folgt.

Zweite Haupteigenschaft.

Sind p und q zwei Lösungen der Differentialgleichung mit nicht konstantem Quotienten, so hat jede Lösung r der Differentialgleichung die Form

$$r = A p + B q$$

mit konstanten Koeffizienten A und B.

Beweis. Zunächst bestätigt man durch Einsetzen, daß $A p + B q$ eine Lösung der Differentialgleichung darstellt. Es sei nun r neben p und q eine dritte Lösung der Differentialgleichung.

Nach dem obigen Satze sind dann die Determinanten $s = qp' - pq'$ und $t = qr' - rq'$ Konstanten, womit auch $\frac{t}{s} = \frac{qr' - rq'}{qp' - pq'}$ eine Konstante, etwa A, ist:

$$qr' - rq' = A(qp' - pq')$$

oder

$$\frac{qr' - rq'}{q^2} = A \frac{qp' - pq'}{q^2}$$

oder

$$\mathrm{D}\frac{r}{q} = A\,\mathrm{D}\frac{p}{q} = \mathrm{D}\frac{Ap}{q}.$$

Demnach stimmen die Ableitungen der beiden Funktionen $r : q$ und $Ap : q$ (nach φ) überein, so daß der Unterschied dieser beiden Funktionen konstant, etwa gleich B, ist:

$$\frac{r}{q} - A\frac{p}{q} = B,$$

und hieraus wird

$$r = Ap + Bq.$$

Nun zurück zu unsern Reihen x und y! Beide sind Lösungen der Differentialgleichung. Man kann aber sehr leicht zwei „weit einfachere" Lösungen der Differentialgleichung ausmachen: nämlich

$$p = \cos k\varphi \quad \text{und} \quad q = \sin k\varphi.$$

Da zudem der Quotient dieser Lösungen keine Konstante ist, muß jede Lösung die Form $r = Ap + Bq$ haben. Daher ist auch

(1) $x = ap + bq$ und (2) $y = cp + dq$,

wo a, b, c, d gewisse Konstanten sind. Um diese Konstanten zu bestimmen, leiten wir noch (1) und (2) nach φ ab und bekommen

(1') $x' = kbp - kaq$ und (2') $y' = kdp - kcq$.

Darauf setzen wir in (1), (2), (1'), (2') $\varphi = 0$ und erhalten

$$1 = a, \quad 0 = c, \quad 0 = kb, \quad k = kd,$$

so daß

$$a = 1, \quad b = 0, \quad c = 0, \quad d = 1$$

wird.

Damit haben wir den schönen Satz gewonnen:

Für jede reelle Konstante k und jeden zwischen $-\frac{\pi}{2}$ und $+\frac{\pi}{2}$ liegenden Winkel φ ist

$$\cos k\varphi = 1 - \frac{k^2}{2!}v^2 + \frac{k^2(k^2-2^2)}{4!}v^4 - \frac{k^2(k^2-2^2)(k^2-4^2)}{6!}v^6 + - \cdots,$$

und

$$\sin k\varphi = kv - k\frac{k^2-1^2}{3!}v^3 + k\frac{(k^2-1^2)(k^2-3^2)}{5!}v^5 - + \cdots,$$

wo v den Sinus von φ bedeutet.

Und diese Formeln gelten auch noch für die Intervallgrenzen $\pm\frac{\pi}{2}$.

Das letztere folgt daraus, daß beide Reihen — nach Gauß' Konvergenzkriterium — für $v = 1$ konvergieren, und daß die Formeln dann nach Abels Stetigkeitssatz auch noch an den Intervallgrenzen gelten.

Speziell ist also noch

$$\cos k\frac{\pi}{2} = 1 - \frac{k^2}{2!} + \frac{k^2(k^2-2^2)}{4!} - \frac{k^2(k^2-2^2)(k^2-4^2)}{6!} + - \cdots$$

sowie

$$\sin k\frac{\pi}{2} = k - k\frac{k^2-1^2}{3!} + k\frac{(k^2-1^2)(k^2-3^2)}{5!} - k\frac{(k^2-1^2)(k^2-3^2)(k^2-5^2)}{7!} + - \cdots,$$

zwei wahrlich bemerkenswerte Resultate!

Die entsprechende Untersuchung für die oben betrachteten Polynome in $u = \cos\varphi$ wird der Leser leicht selbst führen.

Zweiter Teil

Sphärik

Erster Abschnitt

Die Hauptsätze der sphärischen Trigonometrie

§ 66

Bogen und Winkel auf der Kugel.

Der zweite Teil dieses Buches handelt vorwiegend von Kugeldreiecken, das sind Dreiecke, deren Seiten Bogen einer Kugelfläche sind. Es wird daher nötig sein, am Anfange unserer Darlegungen über die auf einer Kugel vorkommenden Bogen und die von ihnen gebildeten Winkel einen einfachen Überblick zu geben.

Vorgelegt sei demnach eine Kugel vom Zentrum O, vom Radius r mit der Oberfläche $\mathfrak{S}$. Von den unendlich vielen auf $\mathfrak{S}$ möglichen Kurven betrachten wir im folgenden nur Kreise, sog. Kugelkreise.

Ein Kugelkreis entsteht als Schnitt der Kugelfläche $\mathfrak{S}$ mit einer Ebene $\mathfrak{E}$.

In der Tat. Ein Punkt P durchlaufe die Schnittkurve $\mathfrak{s}$ von $\mathfrak{E}$ mit $\mathfrak{S}$. Wir verbinden den Fußpunkt F des von O auf $\mathfrak{E}$ gefällten Lotes $OF = l$ mit P und P mit O. Dadurch entsteht das bei F rechtwinklige Dreieck OFP mit der Hypotenuse $OP = r$ und den Katheten $OF = l$ und $FP = \rho$. Nach Pythagoras ist

$$\rho^2 = r^2 - l^2 .$$

Der Punkt P behält daher beim Durchlaufen der ebenen Kurve $\mathfrak{s}$ von F stets denselben Abstand $\rho = \sqrt{r^2 - l^2}$, d.h. die Kurve $\mathfrak{s}$ ist ein Kreis vom Radius ρ.

Es gibt zwei Arten von Kugelkreisen: Hauptkreise und Nebenkreise. Ein Hauptkreis ist ein Kugelkreis, dessen Ebene durch das Kugelzentrum läuft, dessen Mittelpunkt im Kugelzentrum liegt. Jeder Bogen eines Hauptkreises heißt Hauptbogen.

Ein Nebenkreis ist ein Kreis, dessen Zentrum nicht mit dem Kugelzentrum zusammenfällt.

Jeder Hauptkreis hat den Radius r, der Radius eines Nebenkreises ist stets kleiner als r. Darum werden die Hauptkreise auch Großkreise, die Nebenkreise Kleinkreise genannt.

Zwei Hauptkreise einer Kugel halbieren einander.

Ist nämlich U ein Schnittpunkt der beiden Hauptkreise, so ist der Endpunkt V der Verlängerung von UO um sich selbst, der sog. Gegenpunkt von U, der andere Schnittpunkt, und UV ist der gemeinsame Durchmesser der beiden Hauptkreise.

Konstruiert man den auf der Fläche eines Kugelkreises $\mathfrak{k}$ vom Radius ρ, lotrechten Kugeldurchmesser d, so trifft dieser die Kugelfläche $\mathfrak{S}$ in seinen Endpunkten A und B, welche die Pole von $\mathfrak{k}$ heißen. Die Punkte A und B heißen auch Pole eines beliebigen Bogens von $\mathfrak{k}$.

Ein beliebiger Halbkreis $\mathfrak{h}$ mit dem Durchmesser d liegt auf der Kugelfläche $\mathfrak{S}$ und schneidet den Kugelkreis $\mathfrak{k}$ in einem Punkte S. Wir unterscheiden zwei Abstände des Punktes S vom Pole A, den innerhalb der Kugel verlaufenden direkten oder kürzesten Abstand $AS = x$ und den auf $\mathfrak{h}$ und damit auf der Kugel liegenden sphärischen Abstand $\widehat{AS} = \mathfrak{x}$. Bedeutet h den Abstand der Ebene $\mathfrak{E}$ von $\mathfrak{k}$ vom Pol A, so ergibt sich aus dem Rechtwinkeldreieck ASB nach dem Satze vom Kathetenquadrat $x^2 = dh$.

Alle Punkte des Kugelkreises 𝔨 haben also vom Pol A des Kugelkreises denselben direkten Abstand x ($= \sqrt{2rh}$), sowie denselben sphärischen Abstand ξ.

Ebenso haben alle Punkte von 𝔨 vom Pol B denselben direkten Abstand $y = \sqrt{dk}$, wo k die Entfernung der Ebene 𝔈 von B bedeutet, sowie auch denselben sphärischen Abstand η.

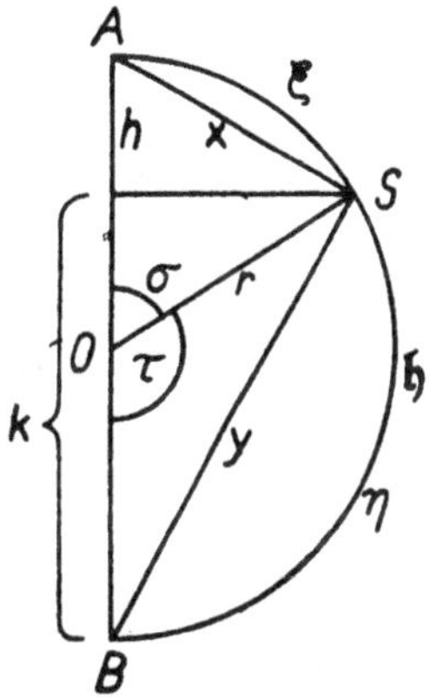

Was den sphärischen Abstand ξ anbetrifft, so berechnet er sich aus der scheinbaren Größe σ der Strecke AS oder des Bogens AS im Kugelzentrum O zu

$$\xi = r\sigma \qquad (\sigma \text{ im Bogenmaß}),$$

während der sphärische Abstand des Punktes S von B

$$\eta = r\tau$$

ist, wo τ die scheinbare Größe der Strecke BS oder des Bogens BS in O bedeutet. Sehr oft drückt man diese sphärischen Abstände im Gradmaß aus; in diesem Falle heißt es: der sphärische Abstand des Punktes S von A bzw. B beträgt ξ bzw. η Grad, wobei die Zahlen ξ und η angeben, wieviel Grad die Bogen AS und BS des Halbkreises 𝔥 umfassen und sich aus den Formeln

$$\sin\frac{1}{2}\xi = \sqrt{h:2r} \quad , \quad \sin\frac{1}{2}\eta = \sqrt{k:2r}$$

berechnen.

Der sphärische Abstand (die sphärische Distanz) zweier beliebiger Punkte der Kugelfläche ist natürlich die [in Grad oder Längeneinheiten gemessene] Länge des kürzeren der beiden sie verbindenden Hauptbogen.

Da alle Punkte des Kugelkreises 𝔨 vom Pol A denselben sphärischen Abstand haben, so nennt man diesen sphärischen Abstand den sphärischen Abstand des Kugelkreises 𝔨 vom Pol A oder auch den sphärischen Abstand des Pols A vom Kugelkreis $\mathfrak{k}$.

Bei einem Hauptkreise $\mathfrak{k}$ sind die beiden sphärischen Abstände ξ und η gleich groß: jeder 90^0 oder ein Quadrant.

Jeder vom Pol eines Hauptkreises nach irgend einem Punkte des Hauptkreises laufende Hauptbogen ist ein Quadrant.

Bei einem Nebenkreise $\mathfrak{k}$ steht einer der beiden Pole — der „Nahpol" — dem Kreise $\mathfrak{k}$ näher als der andere — der „Fernpol". — Gewöhnlich verwendet man die Benennung „Pol" nur für den Nahpol. Der Nahpol wird der sphärische Mittelpunkt, sein sphärischer Abstand von $\mathfrak{k}$ der sphärische Radius des Kreises $\mathfrak{k}$ genannt,

Der sphärische Radius eines Hauptkreises ist $90^0\left(\text{oder } \frac{\pi}{2}\right)$.

Unter dem sphärischen Abstande eines Kugelpunktes P vom Kugelkreise $\mathfrak{k}$ versteht man den zwischen P und $\mathfrak{k}$ liegenden Bogen des durch P laufenden zu $\mathfrak{k}$ normalen Hauptkreises $\mathfrak{h}$ und zwar, da es zwei solche Bogen gibt, den kürzeren dieser beiden Bogen. Dieser sphärische Abstand heißt auch das von P auf $\mathfrak{k}$ gefällte sphärische Lot, der Schnittpunkt von $\mathfrak{k}$ und $\mathfrak{h}$ Fußpunkt des Lots.

Es sei nunmehr $\mathfrak{h}$ ein Hauptkreis mit dem Durchmesser AB, $OP = r$ eine auf der Ebene $\mathfrak{E}$ von $\mathfrak{h}$ errichtete mit $\mathfrak{E}$ starr verbundene Senkrechte, P also der Pol von $\mathfrak{h}$. Dreht man $\mathfrak{E}$ mit $\mathfrak{h}$ und OP um AB als Drehachse um den Drehwinkel $\mathfrak{d}^0$ in eine neue Lage $\mathfrak{E}'$ mit $\mathfrak{h}'$ und OP', so ist der Hauptbogen $PP' = \mathfrak{d}^0$.

Der Winkel $\mathfrak{d}$ ist gleichzeitig Drehungswinkel, Winkel zwischen den Ebenen $\mathfrak{E}$ und $\mathfrak{E}'$, Winkel zwischen den Hauptkreisen $\mathfrak{h}$ und $\mathfrak{h}'$ und sphärische Distanz der Pole P und P'. Wir merken uns speziell:

Der Winkel zwischen zwei Hauptkreisen ist gleich der sphärischen Distanz ihrer Pole.

Dabei sind natürlich Winkel und Distanz beide etwa in Grad zu messen.

Alle durch den Pol P eines vorgelegten Hauptkreises $\mathfrak{a}$ laufenden Halbhauptkreise heißen Meridiane von $\mathfrak{a}$, während $\mathfrak{a}$ der Aequator dieser Meridiane genannt wird. Ein vom Aequator bis zum Pol laufender Meridianbogen heißt ein Meridianquadrant.

Wir prägen uns ein:

Der von zwei Meridianen gebildete Winkel ist gleich dem von ihnen begrenzten Aequatorbogen.

Jeder Kugelkreis, dessen Ebene der Aequatorebene parallel läuft, heißt ein Parallelkreis oder kurzweg Parallel.

Alle Punkte eines Parallels haben vom Aequator denselben Winkelabstand φ, den man die Breite des Parallels nennt; der Parallel selbst wird dann ausführlicher „der Parallel φ" genannt.

Der Radius des Parallels φ ist $r \cos \varphi$, unter r den Kugelradius verstanden.

Bedeutet nämlich M den Mittelpunkt, ρ den Radius, X einen beliebigen Punkt des Parallels φ, $\widehat{XF} = \varphi$ den Winkelabstand des Parallels vom Aequator $\mathfrak{a}$ (das sphärische Lot von X auf $\mathfrak{a}$), so folgt aus dem bei M rechtwinkligen Dreieck OMX, in dem der Winkel bei X als Wechselwinkel dem Winkel $XOF = \varphi$ gleicht, $\rho = r \cos \varphi$.

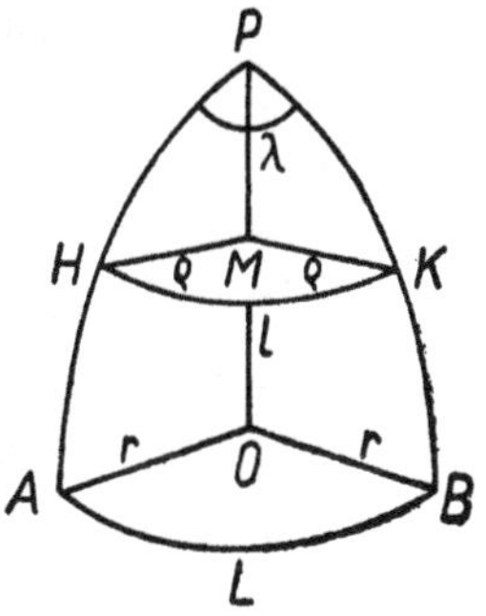

Wir betrachten noch einen Bogen $HK = l$ des Parallels φ und mit ihm die beiden Meridianquadranten PHA und PKB, welche auf $\mathfrak{a}$ den Bogen $AB = L$ begrenzen, während sie am Pol P den Winkel λ einschließen.

Wir wissen schon, daß $\lambda = L$ ist (beide Winkel etwa im Gradmaß). Da $MH \parallel OA$ und $MK \parallel OB$, ist auch $\sphericalangle HMK =$

$\sphericalangle AOB$ oder $l = L$ (beides im Gradmaß). Daher gilt die wichtige Gleichung

$$\boxed{l = \lambda = L},$$

wobei alle drei Größen etwa im Gradmaß zu denken sind. In Worten:

Ein Parallelbogen ist gleich dem Zwischenwinkel der durch seine Endpunkte laufenden Meridiane, zugleich gleich dem von diesen Meridianen begrenzten Aequatorbogen, wobei alle drei Größen im Gradmaß auszudrücken sind.

Kugeldreiecke.

Ein Kugeldreieck ist ein von drei **Hauptbogen** begrenzter Teil der Kugelfläche. Die Endpunkte A, B, C der drei Hauptbogen heißen die Ecken des Dreiecks, das Dreieck selbst heißt A, B, C, die (etwa im Gradmaß ausgedrückten) Hauptbogen

$$BC = a, \qquad CA = b, \qquad AB = c$$

heißen die Seiten des Dreiecks, die drei Winkel

$BAC = \alpha$, gebildet von den Bogen AB und AC,
$CBA = \beta$, gebildet von den Bogen BC und BA,
$ACB = \gamma$, gebildet von den Bogen CA und CB,

heißen die Winkel des Dreiecks ABC.

Man beachte, daß die Seiten des Dreiecks ABC Winkel sind! Wenn man diese Winkel gleichwohl „Seiten" nennt, so nur, um sie von den Winkeln α, β, γ des Dreiecks besser unterscheiden zu können.

Zur Erzielung möglichst einfacher Verhältnisse betrachten wir

nur Kugeldreiecke mit konkaven Seiten,

d. h. Dreiecke, in denen jede Seite unterhalb 180^0 liegt.

Unter dieser Voraussetzung sind auch die Winkel eines Kugeldreiecks konkav.

Beweis. Wäre etwa der Winkel γ (bei C) im Kugeldreieck ABC größer als 180^0, so träfe die sphärische Verlängerung von AC

die Dreiecksseite $BA = c$ in dem zwischen B und A liegenden Punkte Z dieser Seite. Dann wären also der Bogen ACZ und der Bogen AZ der Seite AB Hauptkreisbogen mit den Schnittpunkten A und Z. Da aber Hauptkreise (s. o.) einander halbieren, müßte A Z eine Hauptkreishälfte und damit 180^0 sein, während es doch nur ein Teil der unterhalb 180^0 liegenden Seite AB ist. Dieser Widerspruch verschwindet nur, wenn man zugibt, daß jeder Winkel eines Kugeldreiecks unterhalb 180^0 liegt.

Wir halten fest:

Die im folgenden vorkommenden Kugeldreiecke haben nur konkave Seiten und Winkel.

§ 67

Das Polardreieck.

Ergänzen wir eine Seite x eines Kugeldreiecks zu einem Hauptkreise $\mathfrak{x}$, so zerlegt dieser die Kugelfläche in zwei Hälften, die zu verschiedenen Seiten des Hauptkreises liegen. Wir unterscheiden diese beiden Seiten als positive und negative Seite voneinander, wobei als positive Seite die gelten soll, auf welcher das Dreieck liegt.

Unter dem Pol der Dreiecksseite x versteht man den Pol des Hauptkreises $\mathfrak{x}$ (des Bogens x), der auf der positiven Seite von x liegt. Man bekommt ihn, indem man auf der Fläche $\mathfrak{X}$ des Kreises $\mathfrak{x}$ die Mittelsenkrechte errichtet; die Stelle, wo diese Mittelsenkrechte die positive Seite von $\mathfrak{x}$ schneidet, ist der Pol von x. Wir nennen die Gegenecke von x im Kugeldreieck X, den Pol von x X' und haben die Ungleichung

$$\widehat{XX'} < \varkappa,$$

wo $\varkappa$ die Länge eines Hauptkreisquadranten bedeutet, oder, wenn wir alle Bogen im Grad messen, $\varkappa = 90^0$ ist.

Unter dem Polardreieck des Kugeldreiecks ABC versteht man das Kugeldreieck $A'B'C'$, dessen Ecken A', B', C' die Pole der Seiten a, b, c des gegebenen Kugeldreiecks sind.

Die Ecken A', B', C' sind demnach durch folgende drei Bedingungstripel bestimmt,

$$\left\{\begin{array}{lll} BA' = \varkappa \quad , & CA' = \varkappa \quad , & AA' < \varkappa \\ CB' = \varkappa \quad , & AB' = \varkappa \quad , & BB' < \varkappa \\ AC' = \varkappa \quad , & BC' = \varkappa \quad , & CC' < \varkappa \end{array}\right\},$$

deren Linksseiten Hauptkreisbögen bedeuten.

Es liegt nahe, diese drei Tripel zu drei anderen Tripeln anzuordnen:

$$\left\{\begin{array}{lll} B'A = \varkappa \quad , & C'A = \varkappa \quad , & A'A < \varkappa \\ C'B = \varkappa \quad , & A'B = \varkappa \quad , & B'B < \varkappa \\ A'C = \varkappa \quad , & B'C = \varkappa \quad , & C'C < \varkappa \end{array}\right\}.$$

In dieser Form sagen sie aus, daß ABC das Polardreieck von $A'B'C'$ ist. Somit gilt folgender

Reziprozitätssatz:

Ist $A'B'C'$ das Polardreieck von ABC, so ist ABC das Polardreieck von $A'B'C'$.

Es gilt ferner der

Satz von Snellius:

Die Seiten des Polardreiecks sind die Supplemente der Winkel des Ausgangsdreiecks.

Die Winkel des Polardreiecks sind die Supplemente der Seiten des Ausgangsdreiecks.

Beweis. ABC sei das Ausgangsdreieck, $A'B'C'$ sein Polardreieck. a, b, c seien die Seiten, α, β, γ die Winkel des Ausgangsdreiecks, a', b', c' die Seiten, α', β', γ' die Winkel des Polardreiecks. Das Supplement eines Winkels w werde mit $\overline{w}$ bezeichnet.

Wir kommen bekanntlich zur Ecke A' bzw. B' des Dreiecks $A'B'C'$, indem wir auf der Fläche $\mathfrak{A}$ bzw. $\mathfrak{B}$ des a bzw. b enthaltenden Hauptkreises $\mathfrak{a}$ bzw. $\mathfrak{b}$ die Mittelsenkrechte zeichnen; wo diese die positive Seite von a bzw. b trifft, liegt A' bzw. B'.

Die Seite $A'B' = c'$ ist nichts anderes als der Winkel $A'OB'$, wo O das Kugelzentrum bedeutet. Den nämlichen Winkel erhalten wir, indem wir in C auf $\mathfrak{A}$ und $\mathfrak{B}$ gleichgerichtet mit OA' und OB' die Senkrechten I und II errichten. Die erste dieser Senkrechten steht auf OC und der durch C laufenden Tangente $\mathfrak{a}_0$ des Hauptkreises $\mathfrak{a}$, die zweite auf OC und der durch C laufenden Tangente $\mathfrak{b}_0$ des Hauptkreises $\mathfrak{b}$ senkrecht.

Denken wir uns die Zeichenebene in C auf OC senkrecht gestellt, so gibt beifolgende Figur den Punkt C, die Tangenten $\mathfrak{a}_0$ und $\mathfrak{b}_0$ und ihren Zwischenwinkel γ sowie die Senkrechten I und II mit ihrem Zwischenwinkel c' wieder. Der Raum des Winkels γ ist schraffiert, um anzudeuten, daß ein unendlich kleiner den Punkt C enthaltender Teil dieses Winkelraumes der Fläche des Dreiecks ABC angehört.

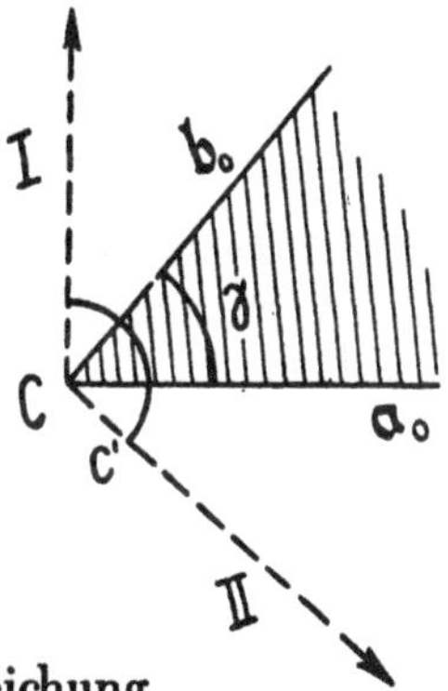

Aus der Figur folgt ohne weiteres die Gleichung

$$(c' - 90^0) + (c' - 90^0) + (\gamma) = c'$$

oder

$$c' = 180^0 - \gamma = \overline{\gamma}.$$

Genau so zeigt man

$$a' = \overline{\alpha} \quad \text{und} \quad b' = \overline{\beta}.$$

Das heißt:

Die Seiten des Polardreiecks sind die Winkelsupplemente des Ausgangsdreiecks.

Wenden wir diesen Satz auf das Dreieck $A'B'C'$ und das zugehörige Polardreieck ABC an, so entstehen die Formeln

$$a = \overline{\alpha}' \quad , \quad b = \overline{\beta}' \quad , \quad c = \overline{\gamma}'$$

oder

$$\alpha' = \overline{a} \quad , \quad \beta' = \overline{b} \quad , \quad \gamma' = \overline{c}.$$

In Worten:

Die Winkel des Polardreiecks sind die Seitensupplemente des Ausgangsdreiecks.

Q. e. d.

Snellius' Untersuchung über das Polardreieck steht in seiner 1627 in Leyden erschienenen Trigonometria.

§ 68
Grundformeln des Kugeldreiecks.

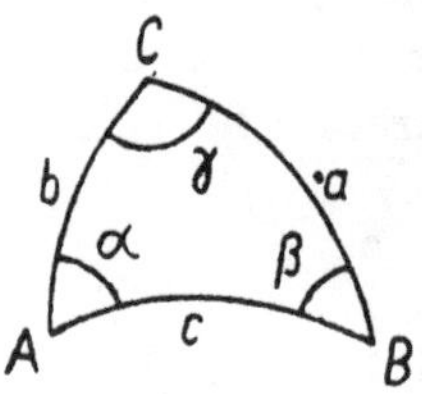

ABC sei ein durch beistehende Skizze veranschaulichtes Kugeldreieck mit den Seiten a, b, c und den Winkeln α, β, γ. Der Mittelpunkt der Kugel heiße O, und der Kugelradius diene als Längeneinheit, so daß $OA = OB = OC = 1$ ist.

Um bequemes Schreiben zu haben, bezeichnen wir im Folgenden den Sinus bzw. Cosinus eines Winkels w mit w_1 bezw. w_0.

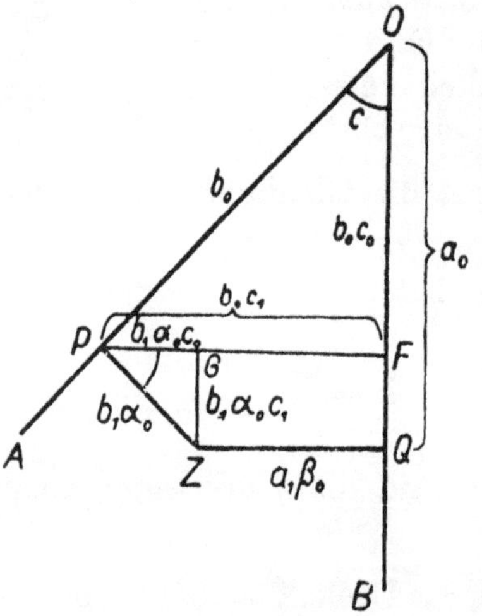

In der folgenden Figur sei die Ebene des Winkels $AOB = c$ dargestellt. Die Figur enthält die Projektionen P und Q der Ecke C auf OA und OB sowie die Projektion Z der Ecke C auf die Zeichenebene, so daß wir uns die Ecke C lotrecht oberhalb Z denken müssen.

Dann sind OPC und OQC (bei P und Q) rechtwinklige Dreiecke, in denen bei O die Winkel b und a liegen, so daß nach der Kathetenregel

$$OP = b_0\,, \; CP = b_1 \quad \text{und} \quad OQ = a_0\,, \; CQ = a_1$$

ist.

Auch die Dreiecke CZP und CZQ mit den Hypotenusen $CP = b_1$ und $CQ = a_1$ sind rechtwinklig, und ihre bei P und Q liegenden spitzen Winkel sind α und β, so daß nach der Kathetenregel

$$ZP = b_1 \alpha_0, \; ZC = b_1 \alpha_1 \quad \text{und} \quad ZQ = a_1 \beta_0, \; ZC = a_1 \beta_1$$

ist.

Wir zeichnen noch die Projektionen F und G von P auf OB und von Z auf PF. Dann ist OFP ein rechtwinkliges Dreieck, in welchem nach der Kathetenregel

$$OF = b_0 c_0 \quad , \quad PF = b_0 c_1$$

ist, und PGZ ist ein rechtwinkliges Dreieck, in welchem laut Kathetenregel (der Winkel bei P ist gleich c, da seine Schenkel auf OA und OB senkrecht stehen)

$$PG = b_1 \alpha_0 c_0 \quad , \quad ZG = b_1 \alpha_0 c_1$$

ist.

Damit haben wir alles beisammen, was zur Aufstellung der Grundformeln des Kugeldreiecks nötig ist. Diese Grundformeln — drei an der Zahl — ergeben sich ohne weiteres aus den beiden Gleichungen

$$OQ = OF + FQ = OF + ZG \ ,$$
$$FP = FG + GP = QZ + GP$$

und dem Gleichungspaare

$$ZC = b_1 \alpha_1 \quad , \quad ZC = a_1 \beta_1 \ .$$

Aus der ersten Gleichung wird

$$a_0 = b_0 c_0 + b_1 c_1 \alpha_0 ,$$

aus der zweiten

$$b_0 c_1 = a_1 \beta_0 + b_1 c_0 \alpha_0 ,$$

aus dem Gleichungspaare

$$b_1 \alpha_1 = a_1 \beta_1 \ .$$

(unmittelbar aus der Figur ablesbar)

Mit Wiedereinführung der ausführlichen Schreibweise entsteht damit das

Formeltripel

(1) $$\boxed{\cos a = \cos b \cos c + \sin b \sin c \cos \alpha}$$

(2) $$\boxed{\sin c \cos b = \sin b \cos c \cos \alpha + \sin a \cos \beta} \ ,$$

(3) $$\boxed{\sin a : \sin b = \sin \alpha : \sin \beta} \ .$$

Diese drei Formeln sind die

Fundamentalformeln der Sphärik.

Sie gelten, wie man sich leicht an Hand der Figuren überzeugt, die andere Projektionslagen zeigen wie unsere Leitfigur, allgemein für alle Kugeldreiecke.

Die erste unserer Formeln ist der sog. Cosinussatz, der in Worten folgendermaßen lautet:

Cosinussatz:

Der Cosinus einer Seite ist gleich dem Produkt der Cosinus der anderen beiden Seiten vermehrt um das mit dem Cosinus des Zwischenwinkels multiplizierte Produkt der Sinus dieser beiden Seiten.

Demnach gelten die drei Formeln

$$\boxed{\begin{aligned} \cos a &= \cos b \cos c + \sin b \sin c \cos \alpha \\ \cos b &= \cos c \cos a + \sin c \sin a \cos \beta \\ \cos c &= \cos a \cos b + \sin a \sin b \cos \gamma \end{aligned}} \quad .$$

Die einfachste Beziehung unseres Formeltripels ist (3). Man nennt sie den Sinussatz. Sie hat folgenden Wortlaut:

Sinussatz:

Im Kugeldreieck verhalten sich die Sinus zweier Winkel wie die Sinus ihrer Gegenseiten.

Daher gilt die Proportion

$$\boxed{\sin a : \sin b : \sin c = \sin \alpha : \sin \beta : \sin \gamma} \quad .$$

Die komplizierteste unserer Formeln ist (2); es gehört schon eine gewisse Überlegung dazu, sie dem Gedächtnisse einzuprägen. Wir nennen sie, da die in ihr vorkommenden Stücke

$$a, \ \beta, \ c, \ \alpha, \ b$$

im Kugeldreieck aufeinander folgen, die Beziehung der fünf Sukzessivstücke, kurzweg auch wohl die Fünferbeziehung. Um sie dem Gedächtnis einzuprägen, können wir etwa so vorgehen:

Die Beziehung enthält alle drei Seiten, aber nur zwei Winkel.

Wir notieren die beiden Winkel und zwischen ihnen ihre Zwischenseite, dann rechts vom rechten Winkel und links vom linken Winkel die andere dem Winkel benachbarte Seite. Das niedergeschriebene Schema zeigt 5 sukzessive Stücke.

Nun setzen wir das Produkt aus dem Sinus der mittleren Seite und dem Cosinus einer Außenseite gleich dem Produkt aus dem Sinus dieser Außenseite und dem Cosinus der mittleren Seite noch multipliziert mit dem Cosinus des Zwischenwinkels und vermehren dieses dreigliedrige Produkt um das Produkt aus dem Sinus der anderen Außenseite und dem Cosinus **des Nachbarwinkels**. Also z. B.:

$$a \quad \gamma \quad b \quad \alpha \quad c$$

$$\underline{\sin b} \cos a = \underline{\sin a} \cos b \cos \gamma + \underline{\sin c} \cos \alpha ,$$

wo noch zur weiteren Gedächtniserleichterung die drei Seitensinus unterstrichen sind.

Wir lösen die Beziehung nach dem Produkt der Cosinus zweier Stücke auf, was bei der niedergeschriebenen Formel

$$\cos b \cos \gamma = \sin b \cdot \frac{\cos a}{\sin a} - \frac{\sin c}{\sin a} \cdot \cos \alpha$$

gibt. Hier ersetzen wir rechts $\cos a : \sin a$ durch $\cot a$, $\sin c : \sin a$ nach dem Sinussatze durch $\sin \gamma : \sin \alpha$, das im zweiten Gliede dann entstehende $\cos \alpha : \sin \alpha$ durch $\cot \alpha$ und erhalten

$$\boxed{\cos b \cos \gamma = \sin b \cdot \cot a - \sin \gamma \cdot \cot \alpha} \; .$$

Diese bemerkenswerte, unmittelbar aus der Beziehung der fünf Sukzessivstücke folgende Formel umfaßt nur noch vier sukzessive Stücke, die Stücke

$$a, \; \gamma, \; b, \; \alpha.$$

Man nennt sie deshalb auch die

Beziehung der vier Sukzessivstücke.

Wegen des zweimaligen Auftretens eines Cotangens heißt sie auch Cotangentensatz.

Um die Formel dem Gedächtnis leicht einzuprägen, gab Gauß seinen Hörern folgendes mnemotechnische Hilfsmittel:

Cotangentensatz:

Das Produkt der Cosinus der beiden Innenstücke ist gleich dem Produkt aus dem Sinus der Innenseite und dem Cotangens der Außenseite, vermindert um das Produkt aus dem Sinus des Innenwinkels und dem Cotangens des Außenwinkels.

Wie wir hier den Cotangentensatz aus der Beziehung der fünf Sukzessivstücke hergeleitet haben. so läßt sich auch umgekehrt die Fünferbeziehung aus dem Cotangentensatze entnehmen. Man kann also mit dem Cotangentensatze allein auskommen. Doch ist es in vielen Fällen vorteilhaft, auch die Fünferbeziehung zur Hand zu haben.

Was die nächstliegenden Anwendungen der Grundformeln anbetrifft, so können wir sagen:

Der Cosinussatz wird verwandt erstens, wenn zwei Seiten a und b und der Zwischenwinkel γ gegeben sind und die dritte Seite c gesucht wird, wie aus dem Anblick der Formel

$$\cos c = \cos a \cos b + \sin a \sin b \cos \gamma$$

sofort hervorgeht,

zweitens, wenn alle drei Seiten gegeben sind und die Winkel gesucht werden, in welchem Falle der Satz in der Form

$$\cos \gamma = \frac{\cos c - \cos a \cos b}{\sin a \sin b}$$

geschrieben wird.

Der Sinussatz wird verwandt, wenn zwei Seiten a und b und der Gegenwinkel α der einen gegeben sind und der Gegenwinkel β der anderen gesucht wird.

β findet sich aus

$$\sin \beta = \frac{\sin b}{\sin a} \sin \alpha ,$$

falls man noch weiß, ob es spitz- oder stumpfwinklig ist. Im Zweifelsfalle hat man zwei Lösungen.

Er wird natürlich auch benutzt, wenn zwei Winkel α und β und die Gegenseite a des einen gegeben sind und die Gegenseite b des andern gesucht wird.

Diesmal schreibt man natürlich

$$\sin b = \frac{\sin \beta}{\sin \alpha} \cdot \sin a \,.$$

Der Cotangenssatz wird angewandt, wenn zwei Winkel α und β und ihre Zwischenseite c gegeben sind und eine andere Seite, etwa a, gesucht wird.

Aus der Viererbeziehung

$$\cos \underline{c} \cos \underline{\beta} = \sin \underline{c} \cot a - \sin \underline{\beta} \cot \underline{\alpha} \,,$$

in welcher die Bekannten unterstrichen sind, ergibt sich ohne weiteres $\cot a$ und damit a.

Er wird ferner angewandt, wenn zwei Seiten a und b und ihr Zwischenwinkel γ gegeben sind und ein anderer Winkel, etwa α, gesucht wird.

Die Viererbeziehung

$$\cos \underline{b} \cos \underline{\gamma} = \sin \underline{b} \cot \underline{a} - \sin \underline{\gamma} \cot \alpha$$

liefert sofort $\cot \alpha$ und damit α.

Doch ist hiermit die Anwendungsfähigkeit dieses wichtigen Satzes keineswegs erschöpft.

Die Beziehung der fünf Sukzessivstücke findet vorwiegend theoretische Anwendung (cfr §§ 81, 118).

§ 69

Der Eckensinus.

Wir greifen auf die Figur des vorigen Paragraphen zurück, die wir nochmals, jedoch ohne die Lote PF und ZG hierher setzen. Das Viereck $OPZQ$ ist wegen der bei P und Q liegenden Rechtwinkel ein Sehnenviereck mit dem Umkreisdurchmesser $OZ = d$. Nennen wir das im Kugeldreieck ABC von C auf die Gegenseite c gefällte sphärische Lot l, so ist dieses l zugleich die Neigung des Radius OC gegen die Zeichenebene, so daß die Katheten des Rechtwinkeldreiecks OZC nach der Kathetenregel

$$OZ = d = l_0 \qquad \text{und} \qquad CZ = l_1$$

sind, womit zugleich der Durchmesser d gefunden ist.

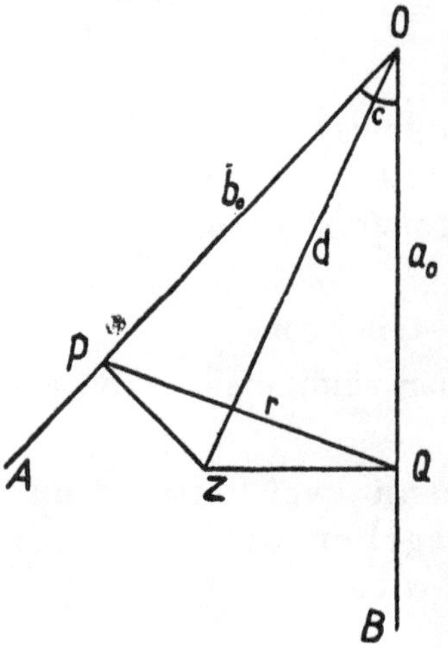

Wir betrachten jetzt die körperliche Ecke $OABC$ bzw. das Tetraeder $OABC$. Wählen wir das Dreieck OAB als Grundfläche, so ist $ZC = l_1$ die Höhe und, da das Dreieck den Inhalt $OA \cdot OB \cdot c_1 : 2 = c_1 : 2$ hat, so wird der Inhalt des Tetraeders oder der Ecke

$$E = \frac{1}{6}\mathfrak{s} \qquad \text{mit } \mathfrak{s} = c_1 l_1 .$$

In unserm Tetraeder hat jede der drei von der Ecke O ausgehenden Kanten OA, OB, OC die Länge 1. Betrachten wir ein Tetraeder mit derselben Ecke O, aber den Kanten $O\mathfrak{A} = \mathfrak{a}$, $O\mathfrak{B} = \mathfrak{b}$, $O\mathfrak{C} = \mathfrak{c}$, so ist seine Grundfläche $O\mathfrak{A}\mathfrak{B}$ gleich $\mathfrak{a}\mathfrak{b}c_1 : 2$, seine Höhe gleich $\mathfrak{c}\,l_1$, sein Inhalt T mithin

$$\boxed{T = \frac{1}{6}\mathfrak{a}\,\mathfrak{b}\,\mathfrak{c} \cdot \mathfrak{s}} \,.$$

In Übertragung des Satzes „Der Inhalt eines Dreiecks mit den Seiten $\mathfrak{a}$ und $\mathfrak{b}$ und dem Zwischenwinkel γ ist

$$I = \frac{1}{2}\mathfrak{a}\,\mathfrak{b} \cdot \sin\gamma\text{“}$$

nennt von Staudt den Faktor $\mathfrak{s}$, mit dem der sechste Teil des Produkts der drei von einer Tetraederecke O ausgehenden Kanten $\mathfrak{a}$, $\mathfrak{b}$, $\mathfrak{c}$ multipliziert werden muß, um den Tetraederinhalt T zu bekommen, den

Sinus der Ecke O, auch wohl den Sinus des Kugeldreiecks ABC.

Wir haben dann den fundamentalen

Tetraedersatz:

Der Inhalt eines Tetraeders wird gefunden, indem man den sechsten Teil des Produkt der drei von einer Ecke auslaufenden Kanten mit dem Sinus dieser Ecke multipliziert.

Was diesen Sinus $\mathfrak{s}$ anbetrifft, so haben wir schon einen Wert für ihn gefunden:

$$\mathfrak{s} = c_1 l_1 \text{ oder } \boxed{\mathfrak{s} = \sin c \cdot \sin l} .$$

Man findet also den Sinus einer Tetraederecke, indem man den Sinus des von zwei in dieser Ecke entspringenden Kanten eingeschlossenen Winkels mit dem Sinus des Winkels multipliziert, um den die dritte Kante gegen die Ebene jener beiden Kanten geneigt ist.

Aus diesem Sachverhalt ergibt sich die wichtige Formel

$$\boxed{\sin a \cdot \sin h = \sin b \cdot \sin k = \sin c \cdot \sin l} ,$$

in welcher a, b, c die Seiten eines Kugeldreiecks, h, k, l die sphärischen Höhen des Kugeldreiecks sind.

Jedes der drei notierten Produkte ist nämlich der Sinus des Kugeldreiecks.

Wir geben noch zwei andere bemerkenswerte Ausdrücke für den Sinus $\mathfrak{s}$ unseres Kugeldreiecks ABC an, wobei wir das Quadrat von $\mathfrak{s}$ kurz $\mathfrak{S}$ schreiben.

Nach der auf das Dreieck OPQ unserer Figur und seinen Umkreisdurchmesser angewandten Durchmesserregel hat die Sehne $PQ = r$ den Wert

$$r = d c_1 = l_0 c_1 ;$$

nach dem Cosinussatze ist

$$r^2 = a_0^2 + b_0^2 - 2 a_0 b_0 c_0 .$$

Daher wird

$$\mathfrak{S} = c_1^2 l_1^2 = c_1^2 (1 - l_0^2) = c_1^2 - r^2 = 1 - c_0^2 - r^2$$

oder

$$\mathfrak{S} = 1 - a_0^2 - b_0^2 - c_0^2 + 2\, a_0\, b_0\, c_0,$$

ausführlich

$$\boxed{\mathfrak{S} = 1 - \cos^2 a - \cos^2 b - \cos^2 c + 2 \cos a \cos b \cos c}$$

oder

$$\boxed{\mathfrak{s} = \sqrt{1 - \cos^2 a - \cos^2 b - \cos^2 c + 2 \cos a \cos b \cos c}}\ .$$

Ein zweiter Ausdruck für $\mathfrak{s}$ ergibt sich wie folgt:
Wir schreiben

$$\begin{aligned}\mathfrak{S} &= 1 - a_0^2 - b_0^2 - c_0^2 + 2\, a_0\, b_0\, c_0 \\ &= a_1^2\, b_1^2 - [c_0^2 + a_0^2\, b_0^2 - 2\, a_0\, b_0\, c_0] \\ &= a_1^2\, b_1^2 - (c_0 - a_0\, b_0)^2 \\ &= (c_0 - a_0\, b_0 - a_1\, b_1)\ (a_0\, b_0 + a_1\, b_1 - c_0) \\ &= [\cos c - \cos(a + b)]\ [\cos(a - b) - \cos c].\end{aligned}$$

Hier wenden wir auf jede eckige Klammer die Verwandlungsformel für Cosinusdifferenzen an und erhalten

$$\begin{aligned}\mathfrak{S} &= 2 \sin \frac{a+b+c}{2} \sin \frac{a+b-c}{2}\ . \\ &\quad 2 \sin \frac{a+c-b}{2} \sin \frac{b+c-a}{2}\ .\end{aligned}$$

Um ein bequemes Schreiben zu haben, setzen wir den Halbumfang des Kugeldreiecks gleich s:

$$\boxed{s = \frac{a+b+c}{2}}$$

und die Überschüsse des Halbumfangs über die Seiten gleich x, y, z:

$$\boxed{x = s - a \quad , \quad y = s - b \quad , \quad z = s - c}\ .$$

Dann wird kurz

$$\boxed{\mathfrak{S} = 4 \sin s \sin x \sin y \sin z}$$

und

$$\boxed{\mathfrak{s} = 2 \sqrt{\sin s \sin x \sin y \sin z}}\ .$$

Die Formel

$$\mathfrak{S} = 1 - \cos^2 a - \cos^2 b - \cos^2 c + 2 \cos a \cos b \cos c$$

bietet vorwiegend theoretisches Interesse, die Formel

$$\mathfrak{s} = 2 \sqrt{\sin s \sin x \sin y \sin z}$$

ist besonders für logarithmische Rechnungen geeignet.

Zum Schluß erörtern wir noch den Zusammenhang des Sinussatzes mit dem Sinus des Kugeldreiecks.

Nach dem Cosinussatze ist

$$\cos \gamma = \frac{\cos c - \cos a \cos b}{\sin a \sin b}$$

oder kurz

$$\gamma_0 = \frac{c_0 - a_0 b_0}{a_1 b_1} .$$

Wir drücken $\sin \gamma = \gamma_1$ durch γ_0 aus:

$$\gamma_1^2 = 1 - \gamma_0^2 = \frac{a_1^2 b_1^2 - (c_0 - a_0 b_0)^2}{a_1^2 b_1^2} = \frac{(1 - a_0^2)(1 - b_0^2) - (c_0 - a_0 b_0)^2}{a_1^2 b_1^2}$$

oder

$$\frac{\gamma_1^2}{c_1^2} = \frac{\mathfrak{S}}{a_1^2 b_1^2 c_1^2}$$

oder endlich

$$\frac{\sin \gamma}{\sin c} = \frac{\mathfrak{s}}{\sin a \sin b \sin c} .$$

Der Sinussatz lautet bekanntlich

$$\boxed{\frac{\sin \alpha}{\sin a} = \frac{\sin \beta}{\sin b} = \frac{\sin \gamma}{\sin c}} .$$

Wie wir sehen, gilt folgendes

Sinussatzkorollar:

Der gemeinsame Wert der beim Sinussatze auftretenden drei gleichen Sinusverhältnisse Winkelsinus : Seitensinus ist

$$\frac{\mathfrak{s}}{\sin a \sin b \sin c} ,$$

wo $\mathfrak{s}$ den Dreieckssinus bedeutet.

Ersetzt man noch in der Formel

$$\frac{\sin \gamma}{\sin c} = \frac{\mathfrak{s}}{\sin a \sin b \sin c}$$

$\mathfrak{s}$ durch den obigen Wert $\sin c \sin l$, so entsteht noch die bemerkenswerte Formel

$$\boxed{\sin c \cdot \sin l = \sin a \sin b \sin \gamma} \,,$$

welche das sphärische Analogon der planimetrischen Inhaltsformel

$$c \cdot l = a\, b \sin \gamma$$

ist, deren Seiten den Doppelinhalt des ebenen Dreiecks darstellen.

§ 70
Das rechtwinklige Kugeldreieck.

Ein Kugeldreieck $A\,B\,C$ heißt rechtwinklig, wenn mindestens einer seiner Winkel ein Rechter ist. Ist γ der rechte Winkel, so sind a und b die „Katheten", c die „Hypotenuse" des Dreiecks.

Rechtwinklige Kugeldreiecke kommen in den Anwendungen der sphärischen Trigonometrie außerordentlich häufig vor. Darum ist es von größter Wichtigkeit, die speziellen Formen kennen zu lernen, die die im § 68 entwickelten allgemeinen Formen der sphärisch trigonometrischen Gleichungen annehmen, wenn γ ein Rechter ist.

Die Anwendung des Cosinussatzes auf die Seite c gibt die Formel

$$(1) \qquad \boxed{\cos c = \cos a \cos b} \,.$$

Sie stellt den pythagoreischen Satz für rechtwinklige Kugeldreicke dar und heißt in Worten:

Pythagoreischer Satz:

Der Hypotenusencosinus ist gleich dem Produkt der Kathetencosinus.

Die Anwendung des Sinussatzes auf die Winkel α und γ gibt die Formel

(2) $$\boxed{\sin\alpha = \frac{\sin a}{\sin c}}\ .$$

Sie überträgt die Sinusvorschrift

$$\sin \sphericalangle = \frac{\text{Gegenkathete}}{\text{Hypotenuse}}$$

des ebenen Rechtwinkeldreiecks auf das sphärische Rechtwinkeldreieck und prägt sich dem Gedächtnis am besten in der Schreibweise

(2) $$\boxed{\sin\alpha = \frac{\text{Sinus Gegenkathete}}{\text{Sinus Hypotenuse}}}$$

ein.

Weitere Formeln ergeben sich durch Anwendung des Cotangenssatzes.

Nehmen wir z. B. die vier sukzessiven Stücke γ, b, α, c, so wird

$$\cos b \cos\alpha = \sin b \cot c - \sin\alpha \cot\gamma$$

oder

(3) $$\boxed{\cos\alpha = \frac{\operatorname{tg} b}{\operatorname{tg} c}}\ ,$$

in der für das Gedächtnis zweckmäßigen Schreibung

(3) $$\boxed{\cos\alpha = \frac{\text{Tangens Ankathete}}{\text{Tangens Hypotenuse}}}\ .$$

Nehmen wir die vier Sukzessivstücke a, γ, b, α, so wird

$$\cos\gamma \cos b = \sin b \cot a - \sin\gamma \cot\alpha$$

oder

(4) $$\boxed{\operatorname{tg}\alpha = \frac{\operatorname{tg} a}{\sin b}}$$

bzw.

(4) $$\boxed{\operatorname{tg}\alpha = \frac{\text{Tangens Gegenkathete}}{\text{Sinus Ankathete}}}$$

Die 5te Formel ergibt sich aus den Gleichungen

$$\operatorname{tg} \alpha = \frac{\operatorname{tg} a}{\sin b} \quad , \quad \operatorname{tg} \beta = \frac{\operatorname{tg} b}{\sin a}$$

durch Multiplikation:

$$\operatorname{tg} \alpha \operatorname{tg} \beta = \frac{1}{\cos a \cos b} .$$

Ersetzt man hier $\cos a \cos b$ nach (1) durch $\cos c$, so entsteht

(5) $$\boxed{\cos c = \cot \alpha \cot \beta}$$

Die sechste und letzte Formel des Rechtwinkeldreiecks resultiert durch Division der beiden Gleichungen

$$\cos \alpha = \frac{\operatorname{tg} b}{\operatorname{tg} c} \quad \text{und} \quad \sin \beta = \frac{\sin b}{\sin c} .$$

Man erhält $$\frac{\cos \alpha}{\sin \beta} = \frac{\operatorname{tg} b}{\sin b} \cdot \frac{\sin c}{\operatorname{tg} c} = \frac{\cos c}{\cos b} .$$

Hier wird noch $\cos c$ gemäß (1) durch $\cos a \cdot \cos b$ ersetzt, und es entsteht

(6) $$\boxed{\cos a = \frac{\cos \alpha}{\sin \beta}} .$$

Während das Verhältnis $\cos \alpha : \sin \beta$ beim ebenen Rechtwinkeldreieck den Wert 1 hat, ist es beim sphärischen Rechtwinkeldreieck gleich $\cos a$.

Die beiden letzten Formeln [(5) und (6)] enthalten den bedeutsamen

Satz:

Die Seiten des sphärischen Rechtwinkeldreicks sind Funktionen der Winkel.

Für ebene Rechtwinkeldreiecke gilt ein derartiger Satz nicht! Die Gleichungen (1) und (4) liefern zwei bei der Berechnung unbekannter Stücke eines Rechtwinkeldreiecks nützliche Regeln. Aus (1) folgt, daß alle drei Seitencosinus positiv sind, oder daß nur einer von ihnen positiv ist. Daher gilt die

Seitenregel:

Im Rechtwinkeldreieck ist jede oder nur eine einzige der drei Seiten spitz.

Aus (4) folgt, daß $\operatorname{tg} \alpha$ und $\operatorname{tg} a$ gleichzeitig positiv oder gleichzeitig negativ sind. Daher gilt die

Kathetenregel:

Im Rechtwinkeldreieck sind eine Kathete und ihr Gegenwinkel stets gleichartig, d. h. beide spitz oder beide recht oder beide stumpf.

Wie wir die 6 Formeln des Rechtwinkeldreiecks hier angegeben haben, sind sie dem Gedächtnis leicht einzuprägen. Gleichwohl wird es von Nutzen sein, noch eine Gedächtnisregel anzugeben, die von dem Engländer Napier herrührt. Dabei gruppiert man die drei in einer Formel vorkommenden Stücke derart, daß eines von ihnen Mittelstück ist, die anderen beiden entweder beide Anliegende Stücke oder beide Nichtanliegende Stücke sind, wobei aber der Rechtwinkel nicht mitzählt.

Die Gedächtnisregel lautet dann

Napiers Regel:

Der Cosinus des Mittelstücks ist gleich dem Produkt der Cotangens der anliegenden Stücke bzw. gleich dem Produkt der Sinus der nichtanliegenden Stücke, jedoch mit der Abänderung, daß anstelle einer **Katheten**funktion die **Co**funktion zu nehmen ist.

Beispiele, $\cos c$ [$\neq \sin a \cdot \sin b$, sondern] $= \cos a \cos b$, $\cos \alpha$ [$\neq \cot b \cot c$, sondern] $= \operatorname{tg} b \cot c$.

§ 71

Der zweite Cosinussatz.

Außer dem im § 68 entwickelten Cosinussatz, welcher eine Beziehung zwischen den drei Seiten eines Kugeldreiecks und einem Winkel darstellt:

$$\cos c = \cos a \cos b + \sin a \sin b \cos \gamma$$

gibt es noch einen zweiten Cosinussatz, welcher eine Beziehung zwischen den drei Winkeln des Kugeldreiecks und einer Seite darstellt.

Man unterscheidet diese beiden Cosinussätze am besten durch die Bezeichnungen Seitencosinussatz und Winkelcosinussatz, wobei allerdings bemerkt werden muß, daß die lange Bezeichnung „Seitencosinussatz" gewöhnlich durch die bequeme Bezeichnung „Cosinussatz" ersetzt wird.

Die einfachste Herleitung des Winkelcosinussatzes führt über das Polardreieck.

ABC sei das vorgelegte Kugeldreieck mit den Seiten a, b, c und den Winkeln α, β, γ; $A'B'C'$ das zugehörige Polardreieck, welches nach dem Satze von Snellius die Seiten $\bar{\alpha}, \bar{\beta}, \bar{\gamma}$ und die Winkel $\bar{a}, \bar{b}, \bar{c}$ besitzt, wobei $\bar{w}$ das Supplement des beliebigen Winkels w bedeutet.

Wenden wir nun den Seitencosinussatz auf das Polardreieck an, so erhalten wir die Gleichung

$$\cos\bar{\gamma} = \cos\bar{\alpha}\cos\bar{\beta} + \sin\bar{\alpha}\sin\bar{\beta}\cos\bar{c},$$

woraus wegen

$$\cos\bar{w} = -\cos w \quad , \quad \sin\bar{w} = \sin w$$

ohne weiteres

$$\boxed{\cos\gamma = -\cos\alpha\cos\beta + \sin\alpha\sin\beta\cos c}$$

wird.

Diese Formel bildet den Winkelcosinussatz oder Zweiten Cosinussatz.

Sie ist dem Seitencosinussatz ganz analog; nur daß das erste Glied der rechten Seite ein negatives Vorzeichen hat.

Wir geben noch eine andere Herleitung des Winkelcosinussatzes. Sie beruht auf dem Cosinus- und Sinussatze.

Nach dem Cosinussatze ist

$$\alpha_0 = \frac{a_0 - b_0 c_0}{b_1 c_1} \quad , \quad \beta_0 = \frac{b_0 - c_0 a_0}{c_1 a_1} \quad , \quad \gamma_0 = \frac{c_0 - a_0 b_0}{a_1 b_1} \,.$$

Folglich wird

$$\gamma_0 + \alpha_0\beta_0 = \frac{(c_0 - a_0 b_0)\,c_1^2 + (a_0 - b_0 c_0)(b_0 - a_0 c_0)}{a_1 b_1 c_1^2}$$

oder, wenn wir im Zähler des Bruches c_1^2 durch $1 - c_0^2$ ersetzen und ausmultiplizieren,

$$\gamma_0 + \alpha_0 \beta_0 = \frac{c_0 \mathfrak{S}}{a_1 b_1 c_1^2} = c_0 \cdot \frac{\mathfrak{s}}{b_1 c_1} \cdot \frac{\mathfrak{s}}{c_1 a_1} .$$

Nun ist aber nach dem Sinussatzkorollar (§ 69) $\mathfrak{s} : b_1 c_1 = \alpha_1$, $\mathfrak{s} : c_1 a_1 = \beta_1$, so daß

$$\gamma_0 + \alpha_0 \beta_0 = \alpha_1 \beta_1 c_0$$

oder

$$\boxed{\cos \gamma = - \cos \alpha \cos \beta + \sin \alpha \sin \beta \cos c}$$

wird, womit der Winkelcosinussatz erneut bewiesen ist.

Der Winkelcosinussatz bietet ein Mittel, die folgenden beiden Aufgaben zu lösen:

Aufgabe 1. Von einem Kugeldreieck sind zwei Winkel α und β und die Zwischenseite c gegeben; der dritte Winkel γ ist zu berechnen.

Die Lösung knüpft unmittelbar an die Cosinusformel

$$\cos \gamma = - \cos \alpha \cos \beta + \sin \alpha \sin \beta \cos c$$

an.

Aufgabe 2. Die Seiten eines Kugeldreiecks zu berechnen, wenn die Winkel gegeben sind.

Die Lösung erfolgt mittels der aus dem Cosinussatze fließenden Formel

$$\cos c = \frac{\cos \gamma + \cos \alpha \cos \beta}{\sin \alpha \sin \beta} .$$

Die Seiten eines sphärischen Dreiecks lassen sich also aus den Dreieckswinkeln berechnen, die Seiten eines ebenen Dreiecks nicht!

Zweiter Cosinussatz und Polardreieckssinus.

Nach dem zweiten Cosinussatz hat man

$$\cos c = \frac{\cos \gamma + \cos \alpha \cos \beta}{\sin \alpha \sin \beta} ,$$

abgekürzt

$$c_0 = \frac{\gamma_0 + \alpha_0 \beta_0}{\alpha_1 \beta_1} .$$

Diese Gleichung kann man auf zwei Weisen umformen. Entweder bildet man

$$1 - c_0^2 = \frac{\alpha_1^2 \beta_1^2 - (\gamma_0 + \alpha_0 \beta_0)^2}{\alpha_1^2 \beta_1^2} =$$

$$\frac{(1 - \alpha_0^2)(1 - \beta_0^2) - (\gamma_0 + \alpha_0 \beta_0)^2}{\alpha_1^2 \beta_1^2}$$

und erhält
$$c_1^2 = \frac{1 - \alpha_0^2 - \beta_0^2 - \gamma_0^2 - 2\alpha_0 \beta_0 \gamma_0}{\alpha_1^2 \beta_1^2}$$

oder
$$\sin^2 c = \frac{\mathfrak{R}}{\sin^2 \alpha \sin^2 \beta}$$

mit

$$\boxed{\mathfrak{R} = 1 - \cos^2 \alpha - \cos^2 \beta - \cos^2 \gamma - 2 \cos \alpha \cos \beta \cos \gamma}$$

oder
$$\boxed{\frac{\sin c}{\sin \gamma} = \frac{\mathfrak{r}}{\sin \alpha \sin \beta \sin \gamma}} \quad \text{mit } \mathfrak{r} = \sqrt{\mathfrak{R}}.$$

Oder aber man schreibt

$$(1 + c_0)(1 - c_0) = \frac{\alpha_1 \beta_1 + \alpha_0 \beta_0 + \gamma_0}{\alpha_1 \beta_1} \cdot \frac{\alpha_1 \beta_1 - \alpha_0 \beta_0 - \gamma_0}{\alpha_1 \beta_1}$$

$$= - \frac{\gamma_0 + (\alpha_0 \beta_0 - \alpha_1 \beta_1)}{\alpha_1 \beta_1} \cdot \frac{\gamma_0 + (\alpha_0 \beta_0 + \alpha_1 \beta_1)}{\alpha_1 \beta_1}$$

$$= - \frac{\cos \gamma + \cos(\alpha + \beta)}{\alpha_1 \beta_1} \cdot \frac{\cos \gamma + \cos(\alpha - \beta)}{\alpha_1 \beta_1}$$

$$= \frac{-2 \cos \frac{\alpha + \beta + \gamma}{2} \cos \frac{\alpha + \beta - \gamma}{2} \cdot 2 \cos \frac{\gamma + \alpha - \beta}{2} \cos \frac{\gamma + \beta - \alpha}{2}}{\alpha_1^2 \beta_1^2}.$$

Durch Einführung der Abkürzungen

$$\sigma = \frac{\alpha + \beta + \gamma}{2}, \quad \xi = \sigma - \alpha = \frac{\beta + \gamma - \alpha}{2}, \quad \eta = \sigma - \beta = \frac{\gamma + \alpha - \beta}{2},$$

$$\zeta = \sigma - \gamma = \frac{\alpha + \beta - \gamma}{2}$$

entsteht dann

$$\frac{\sin c}{\sin \gamma} = \frac{2 \sqrt{-\cos \sigma \cos \xi \cos \eta \cos \zeta}}{\sin \alpha \sin \beta \sin \gamma}.$$

Und hieraus ergibt sich

$$\boxed{\mathfrak{r} = 2\sqrt{-\cos\sigma\cos\xi\cos\eta\cos\zeta}}\ .$$

Die Größe $\mathfrak{r}$, die einmal als Quadratwurzel aus dem in α, β, γ symmetrischen Polynom

$$\mathfrak{R} = 1 - \cos^2\alpha - \cos^2\beta - \cos^2\gamma - 2\cos\alpha\cos\beta\cos\gamma,$$

dann als das Doppelte der Quadratwurzel aus dem Produkt

$$\Pi = -\cos\sigma\cos\xi\cos\eta\cos\zeta$$

erscheint, ist natürlich nichts anderes als der Sinus des (dem vorgelegten Kugeldreieck zugeordneten) Polardreiecks.

Das negative Vorzeichen des Produkts Π erklärt sich durch die Convexität des Winkels $2\sigma = \alpha + \beta + \gamma$. (Vgl. § 72.)

Zweite Fünferbeziehung.

Setzt man in der Formel

$$\cos\alpha = -\cos\beta\cos\gamma + \sin\beta\sin\gamma\cos a$$

für $\cos\gamma$ den Wert $-\cos\beta\cos\alpha + \sin\beta\sin\alpha\cos c$ ein, so entsteht

$$\cos\alpha = \cos\alpha\cos^2\beta - \sin\alpha\sin\beta\cos\beta\cos c + \sin\beta\sin\gamma\cos a$$

oder

$$\cos\alpha\sin^2\beta = -\sin\alpha\sin\beta\cos\beta\cos c + \sin\beta\sin\gamma\cos a$$

oder

$$\boxed{\sin\beta\cos\alpha = -\sin\alpha\cos\beta\cos c + \sin\gamma\cos a}\ .$$

Dies ist die Beziehung der fünf Sukzessivstücke, in der **alle drei Winkel** vorkommen, während die schon im § 68 erörterte Fünferbeziehung **alle drei Seiten** umfaßte. Sie ist — bis auf das Minuszeichen — der dortigen Beziehung ganz analog.

Sie kann übrigens ohne weiteres aus der dortigen Beziehung

$$\boxed{\sin b\cos a = \sin a\cos b\cos\gamma + \sin c\cos\alpha}$$

abgelesen werden, wenn man in dieser die Seiten durch die Supplemente der Winkel, die Winkel α und γ durch die Supplemente der Seiten a und c ersetzt, da nach Snellius' Satz vom Polardreieck jede im Kugeldreieck gültige Formel richtig bleibt, wenn man die in ihr auftretenden Seiten und Winkel durch die Supplemente der Gegenwinkel und Gegenseiten ersetzt.

§ 72
Ungleichungen.

Wir betrachten hier eine Reihe von Ungleichungen, die zwischen den Seiten und Winkeln eines Kugeldreiecks statthaben.

I Seitenungleichungen.

Nach dem Cosinussatz ist

$$\cos c = \cos a \cos b + \sin a \sin b \cos \gamma.$$

Lassen wir rechts $\cos \gamma$ weg, so wird die rechte Seite zu groß, da stets $1 > \cos \gamma$ ist. Mithin ist

$$\cos c < \cos a \cos b + \sin a \sin b = \cos (a - b),$$

wo wir $a \geqq b$ voraussetzen. Da c und $a - b$ beides konkave Winkel sind, folgt aus der Ungleichung $\cos c < \cos (a - b)$

$$\boxed{c > a - b}\text{, d. h.}$$

Im Kugeldreieck ist jede Seite größer als der Unterschied der beiden anderen Seiten.

Wir schreiben die gefundene Ungleichung

$$\boxed{b + c > a}$$

und haben den

Satz:

Im Kugeldreieck ist die Summe zweier Seiten größer als die dritte Seite.

Um eine weitere Ungleichung für die Seiten zu bekommen, führen wir in der Cosinusrelation statt der Stücke a, c und γ ihre Supplemente $\bar{a}$, $\bar{c}$ und $\bar{\gamma}$ ein, wodurch die Formel

$$\cos \bar{c} = \cos \bar{a} \cos b + \sin \bar{a} \sin b \cos \bar{\gamma}$$

entsteht. Hier lassen wir wieder $\cos \bar{\gamma}$ weg und erhalten

$$\cos \bar{c} < \cos (\bar{a} - b) = \cos (b - \bar{a}).$$

Einer der beiden Winkel $\bar{a} - b$ und $b - \bar{a}$ ist positiv und zwar $< 180^0$, der andere negativ; und da auch $\bar{c} < 180^0$ ist, folgt

$$\bar{c} > \bar{a} - b \qquad \text{und} \qquad \bar{c} > b - \bar{a}.$$

Die erste dieser Ungleichungen schreibt sich

$$\boxed{a + b > c}$$

und enthält also nichts Neues, die andere aber schreibt sich

$$\boxed{a + b + c < 360^0}$$

und enthält den wichtigen

Satz:

Der Umfang eines Kugeldreiecks ist stets kleiner als 360°.

Man kann die beiden letzten Ungleichungen zu einer Zeile zusammenfassen:

$$\boxed{c < a + b < 360^0 - c}$$

und hat den

Satz:

Im Kugeldreieck liegt die Summe zweier Seiten stets zwischen der dritten Seite und ihrem Implement.

II Winkelungleichungen.

Auch hier leistet der Cosinussatz das Gewünschte. Das Supplement $\bar{\alpha}$ von α einführend, schreiben wir ihn statt

$\cos\gamma = -\cos\alpha\cos\beta + \sin\alpha\sin\beta\cos c$

$$\cos\gamma = \cos\bar{\alpha}\cos\beta + \sin\bar{\alpha}\sin\beta\cos c.$$

Hier lassen wir den echten Bruch $\cos c$ weg und haben

$$\cos\gamma < \cos(\bar{\alpha} - \beta) = \cos(\beta - \bar{\alpha}).$$

Einer der beiden Winkel $\bar{\alpha} - \beta$ und $\beta - \bar{\alpha}$ ist positiv und konkav, der andere negativ; und da auch γ konkav ist, folgt

$$\gamma > \bar{\alpha} - \beta \quad \text{und} \quad \gamma > \beta - \bar{\alpha}.$$

Die erste Ungleichung schreibt sich

$$\boxed{\alpha + \beta + \gamma > 180^0}$$

und liefert den

Satz:

Im Kugeldreieck übersteigt die Winkelsumme stets 180°.

(Im ebenen Dreieck ist sie stets gleich 180°.)

Die andere Ungleichung schreibt sich

$$\boxed{\alpha + \beta < 180^0 + \gamma}$$

und enthält den

Satz:

Im Kugeldreieck ist die Summe zweier Winkel stets kleiner als der um 180° vermehrte dritte Winkel.

Durch Zusammenfassung der beiden gefundenen Sätze ergibt sich der

Satz:

Im Kugeldreieck liegt die Summe der beiden Winkel α und β stets zwischen $180^0 - \gamma$ und $180^0 + \gamma$.

In Zeichen:

$$\boxed{180^0 - \gamma < \alpha + \beta < 180^0 + \gamma} \; .$$

Welche Winkel dabei α und β genannt werden, ist gleichgültig.
Wir machen noch eine Bemerkung über die Winkel

$$\xi = \sigma - \alpha, \; \eta = \sigma - \beta, \; \zeta = \sigma - \gamma \qquad \text{mit } \sigma = \frac{\alpha + \beta + \gamma}{2} \; .$$

Die Seiten des Polardreiecks sind $a' = 180^0 - \alpha$, $b' = 180^0 - \beta$, $c' = 180^0 - \gamma$. Da nach obigem die Summe zweier Seiten eines Kugeldreiecks die dritte Seite übersteigt, ist $a' + b' > c'$ oder $\alpha + \beta - \gamma < 180^0$ oder $2\zeta < 180^0$ und $\zeta < 90^0$. Andererseits leuchtet ein, daß $\alpha + \beta - \gamma > -180^0$, also $\zeta > -90^0$ ist. Sonach gilt die Ungleichung

$$-90^0 < \zeta < +90^0 \, .$$

Dieselbe Ungleichung gilt für ξ und η. Folglich:

Die drei Winkel ξ, η, ζ sind positive oder negative spitze Winkel; ihre Cosinus sind stets positive Größen.

III Ungleichungen zwischen Seiten und Winkeln.

Nach dem Gleichungspaare

$$\cos \alpha = \frac{\cos a - \cos c \cos b}{\sin c \sin b}, \quad \cos \beta = \frac{\cos b - \cos c \cos a}{\sin c \sin a}$$

folgt zunächst aus der Gleichheit von a und b die Gleichheit von $\cos \alpha$ und $\cos \beta$ und damit die Gleichheit von α und β.

Nach dem Gleichungspaare

$$\cos a = \frac{\cos\alpha + \cos\gamma\cos\beta}{\sin\gamma\sin\beta}, \quad \cos b = \frac{\cos\beta + \cos\gamma\cos\alpha}{\sin\gamma\sin\alpha}$$

folgt ebenso aus der Gleichheit von α und β die Gleichheit von a und b.

Demgemäß gilt der

Satz vom gleichschenkligen Dreieck:

Im Kugeldreieck liegen gleichen Seiten gleiche Winkel gegenüber und umgekehrt.

Nun beweisen wir den

Satz:

Im Kugeldreieck liegt dem größeren von zwei Winkeln die größere Seite gegenüber, liegt umgekehrt der größeren von zwei Seiten der größere Winkel gegenüber.

Beweis. Ist $\alpha > \beta$, so trage man in A an AB den Winkel β an und nenne den Schnittpunkt des freien Schenkels des angetragenen Winkels mit der Seite BC H. (AH ist natürlich ein Hauptbogen). Im Dreieck ABH sind dann die Winkel bei A und B gleich; daher sind auch ihre Gegenseiten BH und AH gleich. Im Kugeldreieck ACH ist die Summe der beiden Seiten AH und HC größer als die dritte Seite $AC = b$. Folglich ist auch $BH + HC > b$ oder $a > b$.

Ist umgekehrt $a > b$, so führen die Annahmen $\alpha = \beta$ und $\alpha < \beta$ auf einen Widerspruch. Mithin muß $\alpha > \beta$ sein. Q.E.D.

Bildet man aus den beiden gleichen Sinusbrüchen $\sin\beta : \sin\alpha$ und $\sin b : \sin a$ die Quasireziproken, so entsteht die Gleichung

$$\operatorname{tg}\frac{\alpha-\beta}{2} : \operatorname{tg}\frac{\alpha+\beta}{2} = \operatorname{tg}\frac{a-b}{2} : \operatorname{tg}\frac{a+b}{2}.$$

Da nach dem eben bewiesenen Satze die Zähler beider Seiten dieser Gleichung dasselbe Vorzeichen haben, einerlei ob $a > b$ oder $a < b$ ist, so gilt dasselbe von den Nennern. Die beiden

Größen tg $\frac{\alpha+\beta}{2}$ und tg $\frac{a+b}{2}$ haben also stets dasselbe Vorzeichen, auch dann noch, wenn $a = b$ ist. [Ist nämlich $a = b$, so liefert der Cosinussatz $\cos a \cdot (1 - \cos c) = \sin a \sin c \cdot \cos \alpha$, so daß $\cos a$ und $\cos \alpha$ gleiche Vorzeichen haben. Dann haben aber auch tg $\frac{\alpha+\beta}{2} = \operatorname{tg} \alpha$ und tg $\frac{a+b}{2} = \operatorname{tg} a$ dasselbe Vorzeichen.] M. a. W.: $\frac{\alpha+\beta}{2}$ und $\frac{a+b}{2}$ sind gleichzeitig spitze oder rechte oder stumpfe Winkel, womit wir den wichtigen Satz gewonnen haben:

Halbsummenregel:

Im Kugeldreieck sind die Summe zweier Seiten und die Summe ihrer Gegenwinkel beide konkave oder beide gestreckte oder beide konvexe Winkel.

Ein anderer wichtiger Satz ist folgender:

Stimmen zwei Kugeldreiecke in zwei Seiten überein, dem Zwischenwinkel aber nicht, so liegt dem größeren der beiden Zwischenwinkel auch die größere Seite gegenüber.

Beweis. Sind a und b die den beiden Dreiecken gemeinsamen Seiten, γ und Γ $(>\gamma)$ die Zwischenwinkel, c und C die Gegenseiten, so gelten die Gleichungen

$$\cos c = \cos a \cos b + \sin a \sin b \cos \gamma,$$
$$\cos C = \cos a \cos b + \sin a \sin b \cos \Gamma.$$

Aus ihnen folgt durch Subtraktion

$$\cos c - \cos C = \sin a \sin b (\cos \gamma - \cos \Gamma)$$

oder

$$2 \sin \frac{C+c}{2} \cdot \sin \frac{C-c}{2} = 2 \sin a \sin b \sin \frac{\Gamma+\gamma}{2} \cdot \sin \frac{\Gamma-\gamma}{2},$$

und diese Gleichung lehrt, daß $\sin \frac{C-c}{2}$ und $\sin \frac{\Gamma-\gamma}{2}$ und damit $\frac{C-c}{2}$ und $\frac{\Gamma-\gamma}{2}$ gleiche Vorzeichen haben.

Die Sätze dieses Paragraphen werden sehr häufig benutzt. Sie finden beispielsweise Anwendung, wenn man entscheiden soll, ob ein Stück eines Kugeldreiecks, von welchem man nur den Sinus kennt, spitz- oder stumpfwinklig ist.

§ 73
Die Halbstückrelationen.

Wir achten jetzt im Kugeldreieck ABC mit den sechs Stücken a, b, c, α, β, γ auf die Halbstücke

$$\frac{a}{2}, \quad \frac{b}{2}, \quad \frac{c}{2}, \quad \frac{\alpha}{2}, \quad \frac{\beta}{2}, \quad \frac{\gamma}{2}.$$

Wir beginnen mit der Betrachtung der Halbwinkel $\frac{\alpha}{2}, \frac{\beta}{2}, \frac{\gamma}{2}$.

Nach dem Cosinussatze ist

$$\cos\alpha = \frac{\cos a - \cos b \cos c}{\sin b \sin c}$$

oder, wieder die schon mehrfach gebrauchten Abkürzungen verwendend,

$$\alpha_0 = \frac{a_0 - b_0 c_0}{b_1 c_1}.$$

Um auf den Halbwinkel $\frac{\alpha}{2}$ zu kommen, benutzen wir die beiden Verwandlungsformeln

$$2\cos^2\frac{\alpha}{2} = 1 + \cos\alpha, \qquad 2\sin^2\frac{\alpha}{2} = 1 - \cos\alpha.$$

Nun ist

$$1 + \alpha_0 = \frac{a_0 - (b_0 c_0 - b_1 c_1)}{b_1 c_1}, \qquad 1 - \alpha_0 = \frac{(b_0 c_0 + b_1 c_1) - a_0}{b_1 c_1}$$

oder

$$1 + \alpha_0 = \frac{\cos a - \cos(b + c)}{b_1 c_1}, \qquad 1 - \alpha_0 = \frac{\cos(b - c) - \cos a}{b_1 c_1}$$

oder mit Verwendung der Verwandlungsformeln

$$1 + \alpha_0 = \frac{2\sin\frac{b+c+a}{2}\sin\frac{b+c-a}{2}}{b_1 c_1},$$

$$1 - \alpha_0 = \frac{2\sin\frac{a+b-c}{2}\sin\frac{a+c-b}{2}}{b_1 c_1}$$

oder endlich, wieder $a+b+c=2s$, $s-a=x$, $s-b=y$, $s-c=z$ setzend,

$$1+\alpha_0=2\,\frac{\sin s\,\sin x}{b_1 c_1}\,,\qquad 1-\alpha_0=2\,\frac{\sin y\,\sin z}{b_1 c_1}\,.$$

Folglich wird

$$(1)\quad \boxed{\cos\frac{\alpha}{2}=\sqrt{\frac{\sin s\,\sin x}{\sin b\,\sin c}}}\,,\qquad (2)\quad \boxed{\sin\frac{\alpha}{2}=\sqrt{\frac{\sin y\,\sin z}{\sin b\,\sin c}}}\,.$$

In diesen Halbwinkelformeln werden der Cosinus und Sinus eines Halbwinkels durch die Seiten ausgedrückt.

Teilen wir noch (2) durch (1), so entsteht der durch die Formel

$$(3)\qquad \boxed{\operatorname{tg}\frac{\alpha}{2}=\sqrt{\frac{\sin y\,\sin z}{\sin x\,\sin s}}}$$

ausgedrückte

Tangenssatz für den Halbwinkel.

Notieren wir ihn für alle drei Winkel, so ergibt sich das Formeltripel

$$\operatorname{tg}\frac{\alpha}{2}=\sqrt{\frac{\sin y\,\sin z}{\sin x\,\sin s}}\,,\qquad \operatorname{tg}\frac{\beta}{2}=\sqrt{\frac{\sin z\,\sin x}{\sin y\,\sin s}}\,,$$

$$\operatorname{tg}\frac{\gamma}{2}=\sqrt{\frac{\sin x\,\sin y}{\sin z\,\sin s}}$$

mit

$$s=\frac{a+b+c}{2}\,,\qquad x=s-a,\qquad y=s-b,\qquad z=s-c\,.$$

Es liefert die — der logarithmischen Rechnung zugängliche! — Lösung der

Aufgabe: Aus den Seiten eines Kugeldreiecks die Winkel zu berechnen.

Die für diese Aufgabe im § 68 gegebene Lösung ist für durchgehende logarithmische Rechnung nicht geeignet.

Halbseitenformeln.

Nach dem zweiten Cosinussatze ist

$$\cos a = \frac{\cos \alpha + \cos \beta \cos \gamma}{\sin \beta \sin \gamma}$$

oder kurz

$$a_0 = \frac{\alpha_0 + \beta_0 \gamma_0}{\beta_1 \gamma_1} .$$

Nach den Verwandlungsformeln ist

$$2 \cos^2 \frac{a}{2} = 1 + a_0 \quad , \qquad 2 \sin^2 \frac{a}{2} = 1 - a_0 .$$

Nun wird aber

$$1 + a_0 = \frac{\alpha_0 + (\beta_0 \gamma_0 + \beta_1 \gamma_1)}{\beta_1 \gamma_1} , \; 1 - a_0 = - \frac{\alpha_0 + (\beta_0 \gamma_0 - \beta_1 \gamma_1)}{\beta_1 \gamma_1}$$

oder

$$1 + a_0 = \frac{\cos \alpha + \cos (\beta - \gamma)}{\beta_1 \gamma_1} , \quad 1 - a_0 = - \frac{\cos \alpha + \cos (\beta + \gamma)}{\beta_1 \gamma_1}$$

oder wegen der Verwandlungsformeln

$$1 + a_0 = \frac{2 \cos \frac{\alpha + \beta - \gamma}{2} \cos \frac{\alpha + \gamma - \beta}{2}}{\beta_1 \gamma_1} ,$$

$$1 - a_0 = - \frac{2 \cos \frac{\alpha + \beta + \gamma}{2} \cos \frac{\beta + \gamma - \alpha}{2}}{\beta_1 \gamma_1} .$$

Hier benutzen wir wieder die schon in den Paragraphen 71 und 72 verwandten Abkürzungen:

$$\frac{\alpha + \beta + \gamma}{2} = \sigma ,$$

$$\sigma - \alpha = \xi , \quad \sigma - \beta = \eta , \quad \sigma - \gamma = \zeta .$$

Dann wird

$$1 + a_0 = 2 \frac{\cos \eta \cos \zeta}{\beta_1 \gamma_1} , \quad 1 - a_0 = - 2 \frac{\cos \sigma \cos \xi}{\beta_1 \gamma_1} ,$$

d. h. mit Rücksicht auf die obigen Werte für $1 \pm a_0$

$$(4) \quad \boxed{\cos \frac{a}{2} = \sqrt{\frac{\cos \eta \cos \zeta}{\sin \beta \sin \gamma}}} \qquad (5) \quad \boxed{\sin \frac{a}{2} = \sqrt{\frac{- \cos \sigma \cos \xi}{\sin \beta \sin \gamma}}} .$$

In diesen beiden Halbseitenformeln werden der Cosinus und Sinus einer Halbseite durch die Winkel ausgedrückt.

Teilen wir (5) durch (4), so entsteht die Formel

$$(6) \quad \boxed{\operatorname{tg}\frac{a}{2} = \sqrt{-\frac{\cos\sigma\cos\xi}{\cos\eta\cos\zeta}}},$$

welche der Tangenssatz für die Halbseite genannt wird.

Das Wurzelzeichen muß in allen 6 Formeln positiv genommen werden, da die linken Formelseiten positive Größen darstellen.

Das Minuszeichen im Radikanden der Formeln (5) und (6) erklärt sich durch den Umstand, daß die Winkelsumme 2σ im Kugeldreieck zwei Rechte überschreitet, daß also σ stumpf und $\cos\sigma$ negativ ist (§ 72).

Notieren wir (6) für alle drei Seiten, so haben wir das Formeltripel

$$\operatorname{tg}\frac{a}{2} = \sqrt{-\frac{\cos\sigma\cos\xi}{\cos\eta\cos\zeta}}, \quad \operatorname{tg}\frac{b}{2} = \sqrt{-\frac{\cos\sigma\cos\eta}{\cos\zeta\cos\xi}},$$
$$\operatorname{tg}\frac{c}{2} = \sqrt{-\frac{\cos\sigma\cos\zeta}{\cos\xi\cos\eta}}.$$

Es liefert die für logarithmische Rechnung bequeme Lösung der Aufgabe: Aus den Winkeln eines Kugeldreiecks die Seiten zu berechnen.

§ 74
Die Formeln von Mollweide und Napier.

Die 1808 von Mollweide gefundenen Formeln der Sphärik bilden ein System von vier Gleichungen über die Sinus und Cosinus der Halbsumme und Halbdifferenz zweier Winkel bzw. zweier Seiten eines Kugeldreiecks.

Wir beginnen mit der Formel für

$$\cos\frac{\alpha \pm \beta}{2}.$$

Es ist

$$\cos\frac{\alpha\pm\beta}{2} = \cos\frac{\alpha}{2}\cos\frac{\beta}{2} \mp \sin\frac{\alpha}{2}\sin\frac{\beta}{2}.$$

Nach den Halbwinkelformeln (1) und (2) des vorigen Paragraphen haben wir

$$\cos\frac{\alpha}{2} = \sqrt{\frac{\sin s \ \sin x}{\sin b \ \sin c}}, \quad \cos\frac{\beta}{2} = \sqrt{\frac{\sin s \ \sin y}{\sin c \ \sin a}},$$

$$\sin\frac{\alpha}{2} = \sqrt{\frac{\sin y \ \sin z}{\sin b \ \sin c}}, \quad \sin\frac{\beta}{2} = \sqrt{\frac{\sin z \ \sin x}{\sin c \ \sin a}}$$

mit $2s = a + b + c$, $x = s - a$, $y = s - b$, $z = s - c$.

Nach Substitution dieser Werte gibt das

$$\cos\frac{\alpha\pm\beta}{2} = \frac{\sin s}{\sin c}\sqrt{\frac{\sin x \ \sin y}{\sin a \ \sin b}} \mp \frac{\sin z}{\sin c}\sqrt{\frac{\sin x \ \sin y}{\sin a \ \sin b}}$$

oder, da die hier stehende Wurzel nach der Halbwinkelformel (2) den Wert $\sin\frac{\gamma}{2}$ hat,

$$\cos\frac{\alpha\pm\beta}{2} = \frac{\sin\frac{\gamma}{2}}{\sin c}(\sin s \mp \sin z).$$

Nun ist nach den Verwandlungsformeln

$$\sin s - \sin z = 2\cos\frac{a+b}{2}\sin\frac{c}{2},$$

$$\sin s + \sin z = 2\sin\frac{a+b}{2}\cos\frac{c}{2}.$$

Folglich wird, wenn man noch $\sin c$ durch $2\sin\frac{c}{2}\cos\frac{c}{2}$ ersetzt,

$$\boxed{\cos\frac{c}{2}\cdot\cos\frac{\alpha+\beta}{2} = \sin\frac{\gamma}{2}\cdot\cos\frac{a+b}{2}}$$

und

$$\boxed{\sin\frac{c}{2}\cdot\cos\frac{\alpha-\beta}{2} = \sin\frac{\gamma}{2}\cdot\sin\frac{a+b}{2}}$$

Dies ist das erste Mollweidesche Formelpaar.

Um das zweite Paar zu bekommen, beginnen wir mit der Formel

$$\sin\frac{\alpha\pm\beta}{2} = \sin\frac{\alpha}{2}\cos\frac{\beta}{2} \pm \cos\frac{\alpha}{2}\sin\frac{\beta}{2}.$$

Die Substitution der oben schon angegebenen Werte $\sin\frac{\alpha}{2}$, $\cos\frac{\beta}{2}$, $\cos\frac{\alpha}{2}$, $\sin\frac{\beta}{2}$ gibt

$$\sin\frac{\alpha\pm\beta}{2} = \sqrt{\frac{\sin y}{\sin b}\,\frac{\sin z}{\sin c}}\sqrt{\frac{\sin s}{\sin c}\,\frac{\sin y}{\sin a}} \pm \sqrt{\frac{\sin s}{\sin b}\,\frac{\sin x}{\sin c}}\sqrt{\frac{\sin z}{\sin c}\,\frac{\sin x}{\sin a}}$$

oder

$$\sin\frac{\alpha\pm\beta}{2} = \frac{\sin y}{\sin c}\sqrt{\frac{\sin s}{\sin a}\,\frac{\sin z}{\sin b}} \pm \frac{\sin x}{\sin c}\sqrt{\frac{\sin s}{\sin a}\,\frac{\sin z}{\sin b}}\,.$$

Die hier noch stehende Wurzel hat den Wert $\cos\frac{\gamma}{2}$, so daß

$$\sin\frac{\alpha\pm\beta}{2} = \frac{\cos\frac{\gamma}{2}}{\sin c}(\sin y \pm \sin x)$$

wird. Hier schreiben wir nach den Verwandlungsformeln

$$\sin y + \sin x = 2\sin\frac{c}{2}\cos\frac{a-b}{2}\,,$$

$$\sin y - \sin x = 2\cos\frac{c}{2}\sin\frac{a-b}{2}$$

und ersetzen $\sin c$ durch $2\sin\frac{c}{2}\cos\frac{c}{2}$.

Das gibt

$$\boxed{\cos\frac{c}{2}\cdot\sin\frac{\alpha+\beta}{2} = \cos\frac{\gamma}{2}\cdot\cos\frac{a-b}{2}}$$

und

$$\boxed{\sin\frac{c}{2}\cdot\sin\frac{\alpha-\beta}{2} = \cos\frac{\gamma}{2}\cdot\sin\frac{a-b}{2}}\,.$$

Dies ist das zweite Mollweidesche Formelpaar.

Die schon 1614 von Napier gefundenen Sphärikformeln bilden ein System von vier Formeln über die Tangenten der Halbsumme und Halbdifferenz zweier Winkel und zweier Seiten eines Kugeldreiecks. Diese Formeln lassen sich mühelos den Mollweideschen Formeln entnehmen, indem wir diese passend zu Paaren zusammenstellen und jeweils die Gleichungen eines Paares durch einander teilen.

So erhalten wir

$$\operatorname{tg}\frac{\alpha+\beta}{2}=\cot\frac{\gamma}{2}\cdot\frac{\cos\frac{a-b}{2}}{\cos\frac{a+b}{2}}$$

$$\operatorname{tg}\frac{\alpha-\beta}{2}=\cot\frac{\gamma}{2}\cdot\frac{\sin\frac{a-b}{2}}{\sin\frac{a+b}{2}}$$

und

$$\operatorname{tg}\frac{a+b}{2}=\operatorname{tg}\frac{c}{2}\cdot\frac{\cos\frac{\alpha-\beta}{2}}{\cos\frac{\alpha+\beta}{2}}$$

$$\operatorname{tg}\frac{a-b}{2}=\operatorname{tg}\frac{c}{2}\cdot\frac{\sin\frac{\alpha-\beta}{2}}{\sin\frac{\alpha+\beta}{2}}.$$

Dies sind Napiers Formelpaare.

Wir machen gleich auf eine bedeutsame Anwendung aufmerksam, die diese Formelpaare gestatten.

Das erste Paar löst unter Hinzunahme einer beliebigen Formel des anderen Paares die

Aufgabe: Von einem Kugeldreieck sind zwei Seiten a und b und der Zwischenwinkel γ gegeben; die andern zwei Winkel α und β und die dritte Seite c zu berechnen.

Man berechnet auf Grund der Paarformeln $\frac{\alpha+\beta}{2}$ und $\frac{\alpha-\beta}{2}$ und findet hieraus durch Addition und Subtraktion α und β. Hierauf liefert eine beliebige Formel des zweiten Paares $\frac{c}{2}$ und damit c.

Das zweite Formelpaar mit Hinzunahme einer beliebigen Formel des ersten Paares löst ganz ähnlich die

Aufgabe: Die fehlenden Stücke eines Kugeldreiecks zu berechnen, von dem zwei Winkel und die Zwischenseite bekannt sind.

Die mit Napiers Formeln bewirkten Lösungen dieser beiden wichtigen oft vorkommenden Aufgaben haben den großen Vorteil ununterbrochener logarithmischer Rechnung.

§ 75

Der sphärische Exzeß.

In § 72 haben wir gesehen, daß die Winkelsumme im Kugeldreieck zwei Rechte überschreitet. Der Überschuß der Winkelsumme $2\sigma = \alpha + \beta + \gamma$ über 180^0 heißt sphärischer Exzeß und wird mit dem Buchstaben ε bezeichnet:

$$\boxed{\varepsilon = \alpha + \beta + \gamma - 180^0} .$$

Wir lösen die wichtige

Aufgabe: Den sphärischen Exzeß zu ermitteln, wenn die drei Seiten des Kugeldreiecks gegeben sind.

Wir benutzen dazu die beiden Mollweideschen Formeln für $\frac{\alpha+\beta}{2}$:

$$\cos\frac{c}{2}\cdot\sin\frac{\alpha+\beta}{2} = \cos\frac{\gamma}{2}\cdot\cos\frac{a-b}{2} ,$$

$$\cos\frac{c}{2}\cdot\cos\frac{\alpha+\beta}{2} = \sin\frac{\gamma}{2}\cdot\cos\frac{a+b}{2} ,$$

die wir nach Winkelsinusverhältnissen auflösen:

$$\frac{\sin\left(90^0 - \frac{\gamma}{2}\right)}{\sin\frac{\alpha+\beta}{2}} = \frac{\cos\frac{c}{2}}{\cos\frac{a-b}{2}} ,$$

$$\frac{\sin\left(90^0 - \frac{\alpha+\beta}{2}\right)}{\sin\frac{\gamma}{2}} = \frac{\cos\frac{a+b}{2}}{\cos\frac{c}{2}} .$$

In jeder dieser beiden Gleichungen nehmen wir links und rechts die Quasireziproken, dabei die bekannten Abkürzungen

$$\frac{a+b+c}{2}=s,\ s-a=x,\ s-b=y,\ s-c=z,$$

$$\frac{\alpha+\beta+\gamma}{2}=\sigma,\ \frac{\alpha+\beta-\gamma}{2}=\zeta$$

verwendend, und erhalten

$$\frac{\operatorname{tg}\frac{\sigma-90^0}{2}}{\operatorname{tg}\frac{\zeta+90^0}{2}}=\operatorname{tg}\frac{x}{2}\operatorname{tg}\frac{y}{2}\quad,\quad\frac{\operatorname{tg}\frac{\sigma-90^0}{2}}{\operatorname{tg}\frac{90^0-\zeta}{2}}=\operatorname{tg}\frac{s}{2}\operatorname{tg}\frac{z}{2}\,.$$

Die Multiplikation dieser beiden Gleichungen liefert, da das Produkt der Tangens der beiden Komplemente $(\zeta+90^0):2$ und $(90^0-\zeta):2$ den Wert 1 hat,

$$\operatorname{tg}^2\frac{\sigma-90^0}{2}=\operatorname{tg}\frac{s}{2}\operatorname{tg}\frac{x}{2}\operatorname{tg}\frac{y}{2}\operatorname{tg}\frac{z}{2}$$

oder

$$\boxed{\operatorname{tg}\frac{\varepsilon}{4}=\sqrt{\operatorname{tg}\frac{s}{2}\operatorname{tg}\frac{x}{2}\operatorname{tg}\frac{y}{2}\operatorname{tg}\frac{z}{2}}}$$

mit $s=\frac{a+b+c}{2}$, $x=s-a$, $y=s-b$, $z=s-c$.

Dies ist L'Huiliers Formel für den sphärischen Exzeß ε des Kugeldreiecks.

Der Italiener Cagnoli hat einen beachtlichen Ausdruck für den Sinus der Exzeßhälfte angegeben.

Nach den Halbseitenformeln ist

$$\sin\frac{a}{2}=\sqrt{\frac{-\cos\sigma\cos\xi}{\sin\beta\sin\gamma}},\ \sin\frac{b}{2}=\sqrt{\frac{-\cos\sigma\cos\eta}{\sin\gamma\sin\alpha}},$$

$$\cos\frac{c}{2}=\sqrt{\frac{\cos\xi\cos\eta}{\sin\alpha\sin\beta}},$$

mithin

$$\sin\gamma\,\frac{\sin\frac{a}{2}\sin\frac{b}{2}}{\cos\frac{c}{2}}=\sqrt{(-\cos\sigma)^2}=-\cos\sigma=\sin\frac{\varepsilon}{2}.$$

Nun ist aber $\sin\gamma=\mathfrak{s}:\sin a\sin b,$

wo $\mathfrak{s}$ den Sinus des Dreiecks bedeutet. Diesen Wert setzen wir ein und bekommen

$$\frac{\mathfrak{s}}{\cos\frac{c}{2}} \cdot \frac{\sin\frac{a}{2}\sin\frac{b}{2}}{\sin a \sin b} = \sin\frac{\varepsilon}{2}$$

oder, $\sin a = 2\sin\frac{a}{2}\cos\frac{a}{2}$, $\sin b = 2\sin\frac{b}{2}\cos\frac{b}{2}$ schreibend,

$$\boxed{4\sin\frac{\varepsilon}{2} = \frac{\mathfrak{s}}{\cos\frac{a}{2}\cos\frac{b}{2}\cos\frac{c}{2}}}\,.$$

Dies ist Cagnolis Formel.

Eine ganz ähnliche Formel erhält man, wenn man das Produkt $\cos\frac{a}{2}\cdot\cos\frac{b}{2}$ durch $\cos\frac{c}{2}$ dividiert. Aus

$$\cos\frac{a}{2} = \sqrt{\frac{\cos\eta\cos\zeta}{\sin\beta\sin\gamma}}, \qquad \cos\frac{b}{2} = \sqrt{\frac{\cos\zeta\cos\xi}{\sin\gamma\sin\alpha}},$$

$$\cos\frac{c}{2} = \sqrt{\frac{\cos\xi\cos\eta}{\sin\alpha\sin\beta}}$$

folgt

$$\cos\zeta = \sin\gamma\cdot\frac{\cos\frac{a}{2}\cos\frac{b}{2}}{\cos\frac{c}{2}}$$

oder, wenn man wieder $\sin\gamma$ durch $\mathfrak{s} : \sin a \sin b$ ersetzt,

$$4\cos\zeta = \frac{\mathfrak{s}}{\sin\frac{a}{2}\sin\frac{b}{2}\cos\frac{c}{2}}$$

oder endlich, da ζ und $\gamma - \frac{\varepsilon}{2}$ Komplemente sind,

$$4\sin\left(\gamma - \frac{\varepsilon}{2}\right) = \frac{\mathfrak{s}}{\sin\frac{a}{2}\sin\frac{b}{2}\cos\frac{c}{2}}\,.$$

Es liegt nahe, $4\sin\left(\gamma - \frac{\varepsilon}{2}\right)$ durch $4\sin\frac{\varepsilon}{2}$ zu teilen. Das gibt

$$\sin\gamma\cot\frac{\varepsilon}{2} - \cos\gamma = \cot\frac{a}{2}\cot\frac{b}{2}$$

oder

$$\cot\frac{\varepsilon}{2} = \cot\gamma + \frac{\cot\frac{a}{2}\cot\frac{b}{2}}{\sin\gamma}.$$

Geometrische Darstellung des sphärischen Exzeß. Man wird den sphärischen Exzeß auch geometrisch darzustellen wünschen. Zu einer solchen Darstellung gelangt man wie folgt. Man bringt die Mittellinie der Seiten a und b, d. h. die sphärische Verbindungslinie der Mitten L und M der Seiten a und b mit den Verlängerungen von AB und BA in S und T zum Schnitt, so daß also $SBAT$ und $SLMT$ zwei Halbhauptkreise sind. Man fällt von C das sphärische Lot CF auf LM und verlängert FL und FM um sich selbst bis H und K. Dann stimmen die Dreiecke CFL und BHL, ebenso die Dreiecke CFM und AKM in zwei Seiten und dem Zwischenwinkel und damit in allen Stücken überein. Folglich sind die Winkel BHL und AKM Rechte, haben die Winkel LBH und LCF denselben Wert φ, ebenso die Winkel MAK und MCF denselben Wert ψ, und die Hauptbogen BH und AK dieselbe sphärische Länge l.

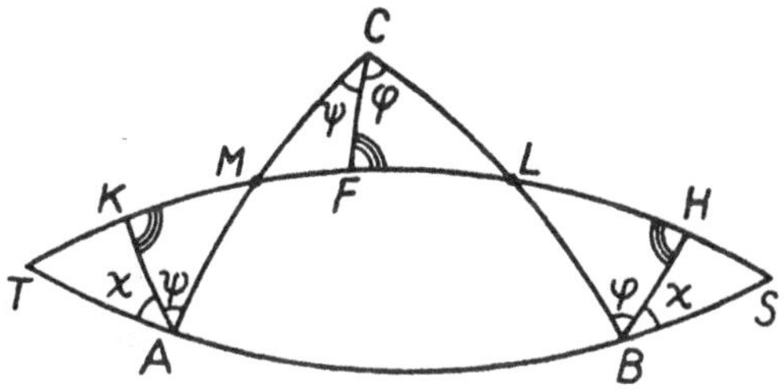

Darauf stimmen die Rechtwinkeldreiecke BHS und AKT in der Kathete l und ihrem Gegenwinkel (bei S und T) überein, mithin in allen Stücken überein, haben also z. B. die Winkel HBS und KAT denselben Wert χ.

Da nun die Supplemente $\bar{\alpha}$ und $\bar{\beta}$ von α und β den Summen $\chi + \psi$ und $\chi + \varphi$ gleichen, gilt die Gleichung

$$\bar{\alpha} + \bar{\beta} = 2\chi + \varphi + \psi$$

oder wegen $\varphi + \psi = \gamma$

$$\bar{\alpha} + \bar{\beta} = 2\chi + \gamma \qquad \text{oder} \qquad 360^0 - 2\sigma = 2\chi$$

oder schließlich

$$\boxed{\frac{\varepsilon}{2} = \text{co}\,\chi}\,.$$

Ergebnis:

Die Exzeßhälfte ist das Komplement des Winkels, den das vom Endpukt A der Seite AB auf die Mittellinie der anderen beiden Dreiecksseiten gefällte sphärische Lot mit der Verlängerung von BA bildet.

Dabei ist dieser Winkel positiv oder negativ zu rechnen, je nachdem sein Raum und der Dreiecksraum auf derselben Seite des Hauptkreises AB liegen oder nicht.

Der sphärische Exzeß eines Dreiecks steht im engsten Zusammenhang mit dem Inhalt I des Dreiecks, den wir vermittels des Exzesses ε berechnen wollen.

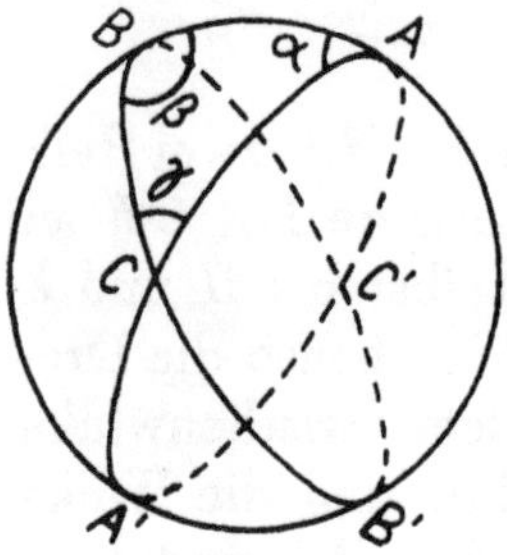

Wir ergänzen die Seite AB des Dreiecks ABC zu einem Hauptkreise, der dann die Oberfläche O der Kugel in zwei Hälften teilt, eine „vordere" V, der das Dreieck angehöre, und die wir uns zugewandt denken, und eine hintere H. Wir ergänzen auch die Seiten AC und BC zu Hauptkreisen, die sich außer in C in dem auf H liegenden Gegenpunkte C' von C schneiden. Die Gegenpunkte A' von A und B' von B sehen wir als noch zu V gehörig an.

Durch unsere drei Hauptkreise zerfällt V in vier Kugeldreiecke

$$ABC,\ BCA',\ CAB',\ A'B'C$$

mit den Inhalten

$$I\ ,\quad X\ ,\quad Y\ ,\quad Z\ .$$

Die beiden Dreiecke ABC und BCA' bilden zusammen ein Kugelzweieck mit dem Winkel α, ebenso die beiden Dreiecke ABC und CAB' ein Zweieck mit dem Winkel β, während das Dreieck ABC zwar nicht mit $A'B'C$ zusammen, wohl aber mit dem Dreieck ABC' (von H) zusammen ein Zweieck mit dem Winkel γ bildet.

Da ein Zweieck mit dem Winkel 1^0 $\frac{1}{360}$ der Kugeloberfläche O bedeckt, haben die oben genannten Zweiecke — indem wir die Dreieckswinkel in Grad gemessen denken, — die Inhalte $\frac{\alpha}{360} O$, $\frac{\beta}{360} O$, $\frac{\gamma}{360} O$. Daher gelten die drei Gleichungen

$$I + X = \frac{\alpha}{360} O \quad , \quad I + Y = \frac{\beta}{360} O \quad \quad I + Z = \frac{\gamma}{360} O \quad ,$$

wobei wir in der dritten Gleichung berücksichtigt haben, daß der Inhalt des Dreiecks $A B C'$ durch den Inhalt Z des in Bezug auf das Kugelzentrum symmetrisch liegenden Dreiecks $A' B' C$ ersetzt werden darf.

Die Addition dieser Gleichungen ergibt, insofern

$$I + X + Y + Z = V = \frac{O}{2}$$

ist,

$$2 I + \frac{O}{2} = \frac{\alpha + \beta + \gamma}{360} O$$

oder

$$720 I = (2 \sigma - 180) O$$

oder endlich

$$\boxed{I = \frac{O}{720} \cdot \varepsilon} \; .$$

In Worten:

Satz von Girard:

Der Inhalt des Kugeldreiecks ist dem sphärischen Exzeß proportional. Die Proportionalitätskonstante ist der 720ste Teil der Kugelfläche.

Dabei muß der Exzeß in Grad gemessen werden.

Wird der Exzeß im Bogenmaß ausgedrückt, so ist einfach

$$\boxed{I = r^2 \varepsilon} \; ,$$

wobei r den Kugelradius bedeutet. [Man hat $O = 4 \pi r^2$. Das gibt $I = r^2 \cdot \frac{\pi}{180} \varepsilon$, wobei ε nach Grad zählt. Daher wird $I = r^2 \operatorname{arc} \varepsilon$.]

(Girard, Invention nouvelle en Algèbre, Amsterdam, 1629.)

Zusatz. Versteht man unter dem Exzeß eines sphärischen Vielecks den Überschuß seiner Winkelsumme über die Winkelsumme des ebenen Vielecks mit ebensoviel Seiten, so erhält man sofort den analogen

Satz von Gauß:

Der Inhalt eines sphärisohen Vielecks ist seinem Exzeß proportional.

Die Proportionalitätskonstante ist der 720ste Teil der Kugelfläche.
In Zeichen

$$\boxed{I = \frac{O}{720}\,\varepsilon} \qquad \varepsilon \text{ in Grad!}$$

Bei im Bogenmaß ausgedrückten Exzeß wird einfach

$$\boxed{I = r^2\,\varepsilon} \; .$$

(Gauß, Disquisitiones circa Superficies Curvas, § 20).

§ 76

Stewarts Satz.

Einer der wichtigsten metrischen Sätze der ebenen Geometrie ist der viel zu wenig bekannte

Satz von Stewart:

Zerlegt eine von der Spitze C des Dreiecks ABC gezogene Transversale $CT = t$ die Basis AB in die beiden Abschnitte $AT = u$ und $BT = v$, so gilt die Relation

I $$\boxed{c\,t^2 = u\,a^2 + v\,b^2 - c\,u\,v} \; .$$

Der Beweis ergibt sich, wenn man die Cosinus der Zwischenwinkel von u und t und von v und t nach dem Cosinussatz ausdrückt und dann entgegengesetztgleichsetzt.

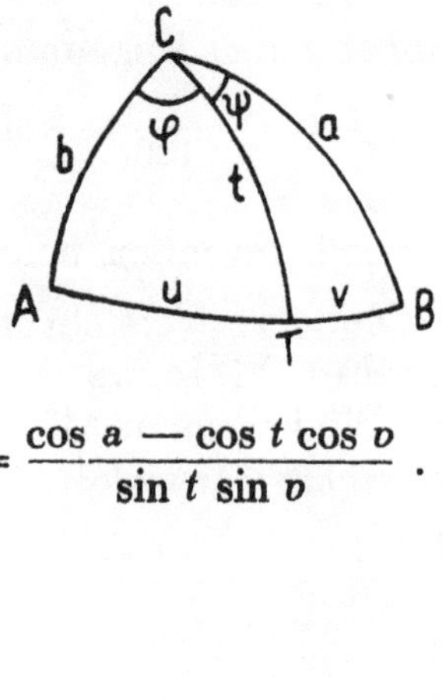

Der entsprechende Satz für das Kugeldreieck wird genau so hergeleitet. Wir setzen $\sphericalangle\, ATC = \lambda$, $\sphericalangle\, BTC = \mu$ und haben nach dem Cosinussatze

$$\cos\lambda = \frac{\cos b - \cos t \cos u}{\sin t \sin u}, \quad \cos\mu = \frac{\cos a - \cos t \cos v}{\sin t \sin v}\,.$$

Da λ und μ Supplemente sind, ist $\cos\lambda + \cos\mu = 0$ oder

$$\frac{\cos b - \cos t \cos u}{\sin t \sin u} + \frac{\cos a - \cos t \cos v}{\sin t \sin v} = 0$$

oder

$$(\sin u \cos v + \cos u \sin v) \cos t = \sin u \cos a + \sin v \cos b.$$

Nun ist die runde Klammer $\sin(u+v)$ oder $\sin c$. Folglich wird

II $\boxed{\sin c \cos t = \sin u \cos a + \sin v \cos b}$.

Dies ist Stewarts Formel für Kugeldreiecke. Sie ist insofern einfacher als die Stewartsche Formel für ebene Dreiecke, als sie statt vier nur drei Glieder umfaßt. Gleichwohl folgt I aus II, wenn man die Kugel so groß und das Kugeldreieck so klein wählt, daß das Kugeldreieck als eben angesehen werden kann.

In der Tat: Auf einer Kugel mit sehr großem Radius R sei eine Stewartsche Figur $ABCT$ gezeichnet, deren Bogen als Strecken aufgefaßt werden können. Die Längen dieser Strecken seien

$BC = \mathfrak{a}$, $CA = \mathfrak{b}$, $AB = \mathfrak{c}$, $CT = \mathfrak{t}$, $AT = \mathfrak{u}$, $BT = \mathfrak{v}$. Dann sind die durch die Kugelbogen BC, CA, AB, CT, AT, BT dargestellten (im Bogenmaß ausgedrückten) Winkel $a = \frac{\mathfrak{a}}{R}$, $b = \frac{\mathfrak{b}}{R}$, $c = \frac{\mathfrak{c}}{R}$, $t = \frac{\mathfrak{t}}{R}$, $u = \frac{\mathfrak{u}}{R}$, $v = \frac{\mathfrak{v}}{R}$. Wegen der Winzigkeit dieser Winkel ist hinreichend genau

$$\sin c = \frac{\mathfrak{c}}{R} - \frac{1}{6}\frac{\mathfrak{c}^3}{R^3}, \quad \sin u = \frac{\mathfrak{u}}{R} - \frac{1}{6}\frac{\mathfrak{u}^3}{R^3}, \quad \sin v = \frac{\mathfrak{v}}{R} - \frac{1}{6}\frac{\mathfrak{v}^3}{R^3},$$

$$\cos t = 1 - \frac{1}{2}\frac{\mathfrak{t}^2}{R^2}, \quad \cos a = 1 - \frac{1}{2}\frac{\mathfrak{a}^2}{R^2}, \quad \cos b = 1 - \frac{1}{2}\frac{\mathfrak{b}^2}{R^2}.$$

Setzt man diese sechs Werte in II ein, so entsteht

$$\frac{\mathfrak{c}^3}{3} + \mathfrak{c}\,\mathfrak{t}^2 - \frac{1}{6}\frac{\mathfrak{c}^3\mathfrak{t}^2}{R^2} =$$

$$\frac{\mathfrak{u}^3}{3} + \mathfrak{u}\,\mathfrak{a}^2 - \frac{1}{6}\frac{\mathfrak{u}^3\mathfrak{a}^2}{R^2} + \frac{\mathfrak{v}^3}{3} + \mathfrak{v}\,\mathfrak{b}^2 - \frac{1}{6}\frac{\mathfrak{v}^3\mathfrak{b}^2}{R^2}.$$

Hier können wir die Brüche mit den Nennern R^2 vernachlässigen (wegen ihres verschwindend kleinen Wertes), und wir bekommen, wenn wir noch

$$\frac{\mathfrak{c}^3}{3} - \frac{\mathfrak{u}^3}{3} - \frac{\mathfrak{v}^3}{3} = \frac{(\mathfrak{u}+\mathfrak{v})^3 - \mathfrak{u}^3 - \mathfrak{v}^3}{3}$$

durch $\mathfrak{u}\,\mathfrak{v}\,\mathfrak{c}$ ersetzen,

$$\mathfrak{c}\,\mathfrak{t}^2 = \mathfrak{u}\,\mathfrak{a}^2 + \mathfrak{v}\,\mathfrak{b}^2 - \mathfrak{c}\,\mathfrak{u}\,\mathfrak{v},$$

d. h. die Stewartsche Formel für ebene Dreiecke.

Wenn wir die Lage der Transversale t statt durch die Abschnitte u und v, in die sie die Basis c zerlegt, durch die Winkel $A\,C\,T = \varphi$ und $B\,C\,T = \psi$, in die sie den Winkel γ zerlegt, fixieren, kommen wir zu einem ähnlichen Satze, den man den zweiten Stewartschen Satz nennen kann.

Wir teilen II durch $\sin c \sin t$ und bekommen

$$\cot t = \frac{\cos a \sin u + \cos b \sin v}{\sin c \sin t}.$$

Hier erweitern wir rechts mit dem Sinus des Winkels τ, den die Transversale mit der Basis $A\,B$ bildet, und ersetzen $\sin u \sin \tau$, $\sin v \sin \tau$, $\sin t \sin \tau$ nach dem Sinussatze durch bzw. $\sin b \sin \varphi$, $\sin a \sin \psi$, $\sin a \sin \beta$. Das gibt

$$\cot t = \frac{\cos a \sin b \sin\varphi + \cos b \sin a \sin \psi}{\sin c \sin a \sin \beta}.$$

Hier multiplizieren wir mit $\sin \gamma$, dividieren rechts aus und schreiben

$$\sin \gamma \cos t = \sin \varphi \cot a \cdot \frac{\sin b \sin \gamma}{\sin c \sin \beta} + \sin \psi \cot b \cdot \frac{\sin b \sin \gamma}{\sin c \sin \beta}.$$

Die beiden Brüche dieser Gleichung haben nach dem Sinussatze den Wert 1, und es verbleibt einfach

$$\boxed{\sin \gamma \cot t = \sin \varphi \cot a + \sin \psi \cot b}\,.$$

Dies ist die zweite Stewartsche Formel. Ihre Ähnlichkeit mit der ersten fällt in die Augen.

Ihr ebenes Analogon erhalten wir sofort, wenn wir — unter Benutzung der obigen Bezeichnungen — die drei Cotangens in erster Annäherung durch $R : \mathfrak{t}$, $R : \mathfrak{a}$, $R : \mathfrak{b}$ ersetzen, nämlich

$$\frac{\sin \gamma}{\mathfrak{t}} = \frac{\sin \varphi}{\mathfrak{a}} + \frac{\sin \psi}{\mathfrak{b}}$$

oder

$$\mathfrak{a}\,\mathfrak{b} \sin \gamma = \mathfrak{b}\,\mathfrak{t} \sin \varphi + \mathfrak{a}\,\mathfrak{t} \sin \psi,$$

in welcher Schreibung es ausdrückt, daß der Inhalt des ebenen

Dreiecks ABC sich aus den Inhalten der beiden Dreiecke ACT und BCT zusammensetzt.

Anwendungen von Stewarts Satz.

I Der Seitenhalbierer.

Für den Halbierer $CM = s$ der Seite AB liefert Stewarts Satz unmittelbar die Gleichung

$$\sin c \cos s = \sin \frac{c}{2} \cos a + \sin \frac{c}{2} \cos b,$$

so daß

$$\boxed{\cos s = \frac{\cos a + \cos b}{2 \cos \frac{c}{2}}}$$

wird.

II Der Winkelhalbierer.

Für den Halbierer $CW = w$ des Winkels γ liefert der zweite Stewartsche Satz ebenso die Gleichung

$$\boxed{\cot w = \frac{\cot a + \cot b}{2 \cos \frac{\gamma}{2}}}.$$

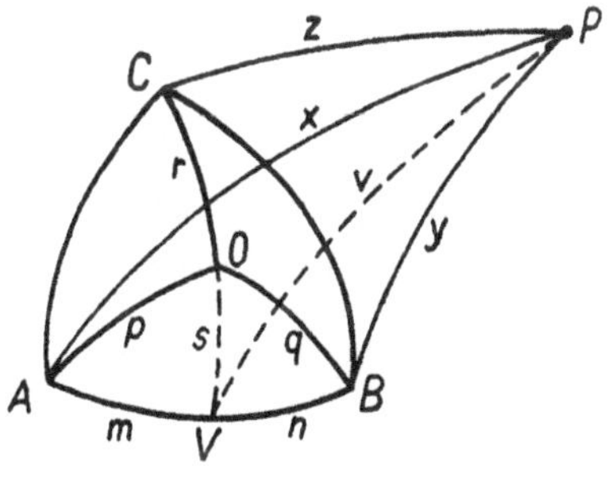

III Caseys Satz.

Ist O ein Innenpunkt des Kugeldreiecks ABC, P ein beliebiger Kugelpunkt mit den sphärischen Abständen x, y, z, t von A, B, C, O, so gilt Caseys Formel

$$\boxed{\mathfrak{d} \cos t = \mathfrak{a} \cos x + \mathfrak{b} \cos y + \mathfrak{c} \cos z},$$

wo $\mathfrak{a}, \mathfrak{b}, \mathfrak{c}, \mathfrak{d}$ die Sinus der Kugeldreiecke BCO, CAO, ABO, ABC bedeuten.

Beweis. Wir verlängern CO bis zum Treffpunkt V mit AB und setzen

$$OA = p,\ OB = q,\ OC = r,\ OV = s,\ AV = m,\ BV = n,$$
$$PV = v,\ CV = u.$$

Wir wenden Stewarts Formel auf die Figuren $ABPV$ und $CPVO$ an:

$$\sin m \cos y + \sin n \cos x = \sin c \cos v,$$
$$\sin r \cos v + \sin s \cos z = \sin u \cos t.$$

Wir substituieren $\cos v$ aus der zweiten Gleichung in die erste und erhalten

$$\sin r \sin m \cdot \cos y + \sin r \sin n \cdot \cos x + \sin c \sin s \cdot \cos z = \sin c \sin u \cdot \cos t.$$

Hier behaften wir jeden der vier vor den Malzeichen stehenden Koeffizienten mit dem Faktor $\sin V$, wo V einen der beiden Winkel bedeutet. die der Hauptbogen CV mit AB bildet. Das erste der dadurch entstehenden vier Sinusprodukte hat den Wert $\sin r \cdot \sin m \sin V$. Nun ist $\sin m \cdot \sin V$ gleich dem Sinus des von A auf CO gefällten sphärischen Lots, d. h. gleich dem Sinus der Höhe des Dreiecks CAO, wenn r als Grundlinie dient. Mithin ist unser Sinusprodukt der Sinus des Dreiecks CAO. Ebenso ist das zweite, dritte, vierte der erwähnten Sinusprodukte der Sinus des Dreiecks BCO bzw. ABO bzw. ABC, woraus die Formel $\mathfrak{a} \cos x + \mathfrak{b} \cos y + \mathfrak{c} \cos z = \mathfrak{d} \cos t$ sofort resultiert.

§ 77
Die Projektionssätze.

Zu den wichtigsten Sätzen der Trigonometrie gehören die Projektionssätze.

Wir betrachten zunächst die Projektionen von Strecken auf Graden. Dabei schreiben wir jeder Grade und jeder Strecke eine gewisse Richtung zu, die Richtung nämlich, in welcher ein Mobil M die Grade bzw. Strecke durchläuft, und die wir die positive Richtung der Grade bzw. Strecke nennen und durch einen an die Grade bzw. Strecke gesetzten Pfeil kenntlich machen. Bewegt sich das Mobil M in entgegengesetzter Richtung auf der Grade oder Strecke, so ist damit eine zweite, der ersten entgegengesetzte Richtung auf Grade und Strecke bestimmt, welche die negative Richtung der Grade oder Strecke genannt wird. Bei einer Grade ist zur Richtungsangabe ein Pfeil notwendig, bei einer Strecke $A\,B$ kann man auf den Pfeil verzichten, wenn man festsetzt, daß von den beiden Streckenenden zuerst das genannt werden soll, wo das Mobil seine Wanderung zur Durchlaufung der Strecke in positiver Richtung beginnt. Will man auf den Pfeil nicht verzichten, so schreibt man $\overrightarrow{A\,B}$. Wir wollen es hier so halten, daß das Zeichen $A\,B$ nicht nur die Länge der Strecke $A\,B$, sondern auch noch die Richtung bedeuten soll, die von A nach B weist.

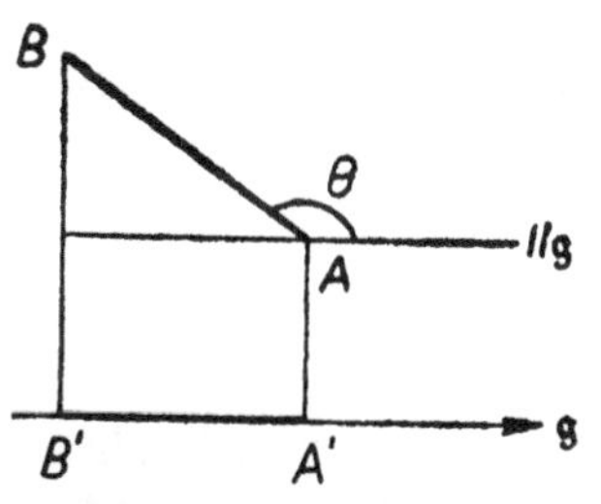

Unter der Projektion einer Strecke $A\,B$ auf eine Grade $\mathfrak{g}$ versteht man die Strecke $A'\,B'$ von $\mathfrak{g}$, die man erhält, wenn man von A und B die Lote $A\,A'$ und $B\,B'$ auf $\mathfrak{g}$ fällt, mit der zusätzlichen Bestimmung, daß $A'\,B'$ positiv oder negativ genommen werden soll, je nachdem die Richtung $\overrightarrow{A'B'}$ mit der Richtung von $\mathfrak{g}$ zusammenfällt oder nicht.

Unter der Neigung (dem Neigungswinkel) der Strecke $A\,B$ gegen die Grade $\mathfrak{g}$ versteht man den Unterschied der Richtungen von $A\,B$ und $\mathfrak{g}$.

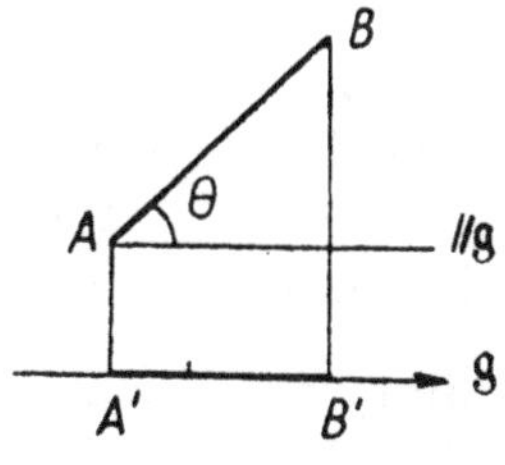

Bei diesen Vereinbarungen gilt folgender

Projektionssatz:

Die Projektion $A'\,B'$ einer Strecke $A\,B$ auf eine Grade $\mathfrak{g}$ wird gefunden, indem man die Länge der Strecke $A\,B$ mit dem Cosinus ihrer Neigung Θ gegen die Grade multipliziert:

$$\boxed{A'\,B' = A\,B\cos\Theta}\;.$$

Hierbei ist also $A\,B$ eine positive Größe, während $A'\,B'$ infolge der obigen Abmachung positiv oder negativ ist, je nachdem der Neigungswinkel Θ spitz oder stumpf ist.

So lange $\mathfrak{g}$ und AB in einer Ebene liegen, ist dieser Satz, wie aus den umstehenden Figuren hervorgeht, ohne weiteres klar. Wenn aber $\mathfrak{g}$ und AB windschief sind, bedarf es noch der folgenden kleinen Überlegung.

Wir ziehen durch A die mit $\mathfrak{g}$ gleichgerichtete Grade $\mathfrak{g}_0$ und legen durch B die, zu $\mathfrak{g}$ und $\mathfrak{g}_0$ senkrechte Ebene E, welche $\mathfrak{g}$ in der Projektion B' von B auf $\mathfrak{g}$, $\mathfrak{g}_0$ in H trifft. Dann stehen sowohl BB' als auch HB' auf $\mathfrak{g}$ senkrecht. Ziehen wir also die Parallele AA' zu HB', so steht auch AA' auf $\mathfrak{g}$ senkrecht, und A' ist die Projektion von A.

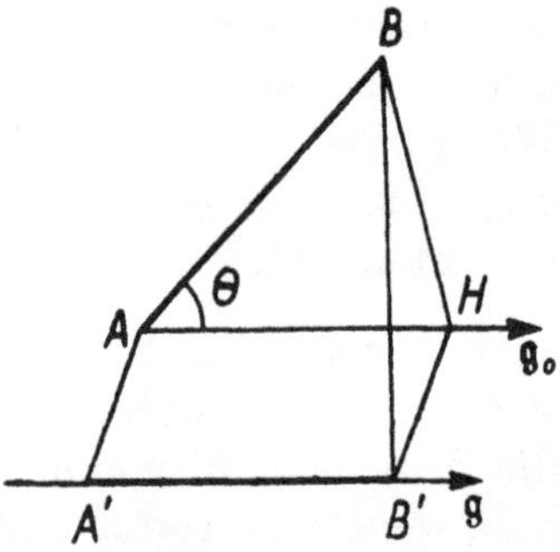

Nun ist einerseits im Parallelogramm $A'B'HA$ $A'B' = AH$, andererseits im Rechtwinkeldreieck AHB $\sphericalangle HAB = \Theta$. Da aber $AH = AB \cos\Theta$ ist so folgt

$$A'B' = AB \cos\Theta,$$

und diese Formel bleibt bestehen, wenn Θ ein stumpfer Winkel ist.

Unter der Projektion eines aus den gerichteten Strecken AB, BC, CD, ... bestehenden Streckenzuges auf eine Grade versteht man die Summe

$$A'B' + B'C' + C'D' + \ldots$$

der Projektionen der Strecken des Zuges auf die Grade.

Nunmehr sei $ABC \ldots MNA$ irgend ein ebenes oder windschiefes n-seitiges Polygon im Raume mit den gerichteten n Seiten AB, BC, CD, ..., LM, MN, NA und $\mathfrak{g}$ eine beliebig im Raum liegende gerichtete Grade. Wenn wir die Polygonseiten AB, BC, ..., MN, NA sukzessiv als $A'B'$, $B'C'$, ..., $M'N'$, $N'A'$ auf $\mathfrak{g}$ projizieren, so kommen wir schließlich im Anfangspunkte A' der Konstruktion wieder an, so daß die Summe

$$A'B' + B'C' + \ldots + M'N' + N'A'$$

der Seitenprojektionen gleich Null sein muß. Der hierin liegende Satz ist einer der wichtigsten Sätze der Geometrie. Wir sprechen ihn folgendermaßen aus:

Satz von der Polygonprojektion:

Die Projektion eines Polygons auf eine Grade verschwindet.

Auch eine andere Fassung des Satzes kann nützlich sein.

Wir betrachten zwei zwischen dem Anfangspunkt A und dem Endpunkt E verlaufende ebene oder windschiefe Streckenzüge $AHK \ldots MNE$ und $APQ \ldots STE$. In der Reihenfolge $AHK \ldots MNETS \ldots QPA$ bestimmen die aufgeführten Punkte ein Polygon. Die Projektion dieses Polygons auf die Grade g ist Null. Das ist nur möglich, wenn die Projektionen der beiden Streckenzüge gleich sind. Folglich:

Die Projektionen zweier Streckenzüge mit gleichen Anfangs- und Endpunkten auf eine Grade sind gleich.

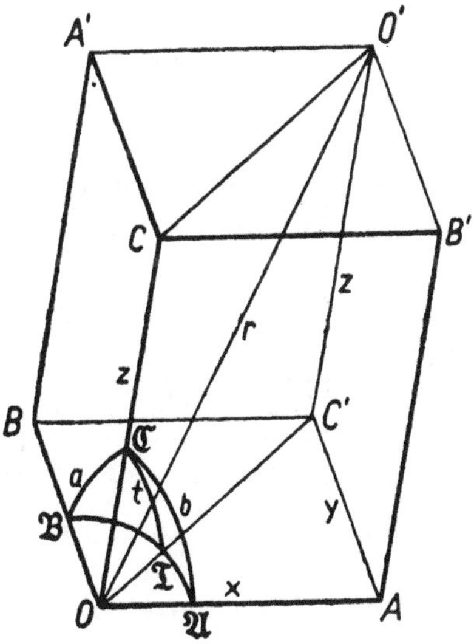

Unsere Ableitung des Fundamentalsatzes der Sphärik, des Cosinussatzes, § 68, war nichts anderes als eine einfache Anwendung des Polygonsatzes. Es wurden dort die Projektionen der beiden konterminalen Streckenzüge

OC und $OPZC$

auf die Grade OB gleichgesetzt; diese Gleichsetzung ergab den Cosinussatz.

Wir machen sogleich eine andere sehr wichtige Anwendung des Polygonsatzes.

Fundamentalaufgabe: Die Raumdiagonale $r = OO'$ eines Spats (Parallelepipeds) mit den drei coinitialen

Kanten $OA = x$, $OB = y$, $OC = z$ zu berechnen, wenn die Kantenzwischenwinkel

$$\sphericalangle yz = \sphericalangle BOC = a, \qquad \sphericalangle zx = \sphericalangle COA = b, \qquad \sphericalangle xy = \sphericalangle AOB = c$$

gegeben sind.

Lösung. Der Spat habe die acht Ecken $O, A, B, C, O', A', B', C'$, wo O', A', B', C' die Gegenecken von O, A, B, C sind. Wir betrachten das Polygon $OAC'O'O$ mit den Sukzessivstrecken $OA = x$, $AC' = y$, $C'O' = z$ und $O'O = r$. Es führt uns zu den vier Streckenzugpaaren

$$(OO', OAC'O'), (OA, OO'C'A), (AC', AOO'C'), (C'O', C'AOO'),$$

auf die wir unsern Polygonsatz anwenden, wobei wir als Projektionsgrade die gerichtete Strecke (Grade) OO', OA, AC', $C'O'$ zugrunde legen. Das gibt sukzessive, wenn wir die Neigungen von OO' gegen OA, OB, OC mit λ, μ, ν bezeichnen,

$$r = x\cos\lambda + y\cos\mu + z\cos\nu \;,$$
$$x = r\cos\lambda - z\cos b - y\cos c \;,$$
$$y = -x\cos c + r\cos\mu - z\cos a \;,$$
$$z = -y\cos a - x\cos b + r\cos\nu \;.$$

Hier multiplizieren wir jede Gleichung mit ihrer linken Seite und subtrahieren dann die 2te, 3te, 4te Gleichung von der ersten. Das gibt

$$r^2 - x^2 - y^2 - z^2 = 2yz\cos a + 2zx\cos b + 2xy\cos c$$

oder

$$\boxed{r^2 = x^2 + y^2 + z^2 + 2yz\cos a + 2zx\cos b + 2xy\cos c} \;,$$

womit das Quadrat der gesuchten Diagonale gefunden ist.

Das Resultat kann sofort verwandt werden, um die Gleichung der Kugel für schiefwinklige kartesische Koordinaten anzugeben.

Sind x, y, z die Koordinaten des variablen Kugelpunktes O' einer Kugel vom Radius r und Zentrum O, so lautet die Gleichung der Kugel

$$\boxed{x^2 + y^2 + z^2 + 2ayz + 2bzx + 2cxy = r^2} \;,$$

wo a, b, c die Cosinus der Winkel sind, die die Koordinatenachsen miteinander bilden.

$$[a = \cos(y, z)\ , \quad b = \cos(z, x)\ , \quad c = \cos(x, y)].$$

Eine andere Lösung des Raumdiagonalenproblems ist folgende.

Aus dem Parallelogramm $O\,C'\,O'\,C$ ergibt sich

$$r^2 = z^2 + \rho^2 + 2\,z\,\rho\cos t,$$

wo t den Winkel $C\,O\,C'$ und ρ die Diagonale $O\,C'$ des Parallelogramms $O\,A\,C'\,B$ bedeutet.

Zur Umformung dieses Ausdrucks betrachten wir das Kugeldreieck $\mathfrak{A}\mathfrak{B}\mathfrak{C}$, dessen von O gleich weit entfernte Ecken auf den Kanten $O\,A$, $O\,B$, $O\,C$ liegen, welches mithin die Seiten a, b, c hat. In diesem Dreieck findet sich der Winkel t als sphärische Transversale $\mathfrak{C}\mathfrak{T}$, wo $\mathfrak{T}$ den Schnittpunkt der Seite $\mathfrak{A}\mathfrak{B} = c$ mit der Diagonale $\rho = O\,C'$ bedeutet. Nennen wir noch die Stücke $\mathfrak{A}\mathfrak{T}$ und $\mathfrak{B}\mathfrak{T}$, in die die Seite $\mathfrak{A}\mathfrak{B}$ durch $\mathfrak{T}$ zerlegt wird, φ und ψ, so ist nach dem Satze von Stewart (§ 76)

$$\sin c \cos t = \sin\varphi\,\cos a + \sin\psi\cos b$$

oder, da sich nach dem Sinussatze die drei Sinus $\sin c$, $\sin\varphi$, $\sin\psi$ wie die Seiten ρ, y, x des Dreiecks $O\,A\,C'$ verhalten,

$$\rho\cos t = y\cos a + x\cos b.$$

Setzen wir diesen Wert und

$$\rho^2 = x^2 + y^2 + 2\,x\,y\cos c$$

oben ein, so entsteht sofort die Raumdiagonalenformel

$$\boxed{r^2 = x^2 + y^2 + z^2 + 2\,y\,z\cos a + 2\,z\,x\cos b + 2\,x\,y\cos c}$$

Neben den Projektionen von Strecken auf Graden betrachtet man die **Projektionen von Flächenstücken auf Ebenen.**

Was zunächst die Projektion eines Punktes P auf eine Ebene E — die **Projektionsebene** oder **Bildebene** — anbetrifft, so ist sie der Fußpunkt P' des von P auf E gefällten Lots, und die Projektion einer Strecke $A\,B$ auf die Ebene ist die Strecke $A'\,B'$, deren Endpunkte die Projektionen A' und B' der Punkte

A und B auf E sind. Für diese Projektion gilt die leicht einzusehende Gleichung

$$\boxed{A'B' = AB\cos\Theta}\ ,$$

wo Θ die Neigung der Strecke AB gegen die Projektionsebene bedeutet. Da hier nur spitzwinklige Neigungen vorkommen, hat man auf keinerlei Vorzeichen zu achten.

Die Projektion einer Fläche F endlich auf E ist das in E gelegene Flächenstück, dessen Punkte aus den Projektionen der Punkte von F auf E bestehen.

Wir betrachten zunächst die Projektion eines Trapezes $ABCD$ mit den parallelen Grundlinien $AB = a$ und $CD = c$, der Höhe h und dem Inhalt T, dessen Ebene Φ — die Objektebene — mit der Projektionsebene E den spitzen Neigungswinkel Θ bilde, und dessen Parallelseiten auf der Schnittlinie $\mathfrak{s}$ der beiden Ebenen Φ und E senkrecht stehen. Dann ist die Neigung jeder dieser Seiten gegen E auch Θ, so daß die Projektionen $A'B'$ und $C'D'$ der Parallelseiten auf E die Längen

$$a' = a\cos\Theta \qquad \text{und} \qquad c' = c\cos\Theta$$

haben. Da die Höhe der Projektion $A'B'C'D'$ des Trapezes $ABCD$ ebenfalls h ist, so hat das Bildtrapez den Inhalt

$$T' = \frac{a' + c'}{2}\,h = \frac{a + c}{2}\,h\cos\Theta$$

oder

$$\boxed{T' = T\cos\Theta}\ .$$

D i e P r o j e k t i o n u n s e r e s T r a p e z e s a u f E h a t d e m n a c h d e n m f a c h e n I n h a l t d e s O b j e k t t r a p e z e s, w o m d e n C o s i n u s d e r N e i g u n g d e r O b j e k t e b e n e g e g e n d i e B i l d e b e n e b e d e u t e t.

Es sei nunmehr $\mathfrak{F}$ irgendein in der Objektebene Φ liegendes Flächenstück vom Inhalt F, dessen Projektion $\mathfrak{F}'$ auf E den Inhalt F' habe. Wir zerlegen $\mathfrak{F}$ durch parallele Normalen zu $\mathfrak{s}$ in eine große Anzahl sehr schmaler Trapeze $\mathfrak{T}_1, \mathfrak{T}_2, \mathfrak{T}_3, \ldots$ die durch die Projektion in die Trapeze $\mathfrak{T}_1', \mathfrak{T}_2', \mathfrak{T}_3', \ldots$ übergehen. Da der Inhalt des Trapezes $\mathfrak{T}_r'$ das m-fache des Inhalts des Trapezes $\mathfrak{T}_r$ ist, so muß auch die aus den Trapezen $\mathfrak{T}_1'$, $\mathfrak{T}_2'$, $\mathfrak{T}_3'$, ... zusammengesetzte Figur $\mathfrak{F}'$ den m-fachen Inhalt der Figur $\mathfrak{F}$ haben. Mithin gilt die

Fundamentalformel

$$\boxed{F' = F \cos \Theta} \, .$$

In Worten:

Der Inhalt der Projektion eines ebenen Flächenstücks auf eine Ebene wird gefunden, indem man den Inhalt des Flächenstücks mit dem Cosinus des Neigungswinkels der Objektebene gegen die Bildebene multipliziert.

Wir machen von diesem Satze noch eine wichtige Anwendung. Wir betrachten ein Tetraeder, dessen Grundfläche $\mathfrak{G}$ den Inhalt G hat, dessen Seitenflächen $\mathfrak{A}$, $\mathfrak{B}$, $\mathfrak{C}$ die Inhalte A, B, C haben und gegen die Grundfläche um die Winkel λ, μ, ν geneigt sind. Die Neigungen der Seitenflächen unter einander seien

$$\sphericalangle \mathfrak{B}\mathfrak{C} = \alpha \quad , \quad \sphericalangle \mathfrak{C}\mathfrak{A} = \beta \quad , \quad \sphericalangle \mathfrak{A}\mathfrak{B} = \gamma .$$

Fassen wir irgend eine der vier Seiten des Tetraeders als Bildebene auf, auf welche die anderen drei Seiten projiziert werden, so besteht der Inhalt dieser Seite aus der Summe der Inhalte der Projektionen jener andern drei Seiten. Wählen wir sukzessiv jede Tetraederseite als Projektionsebene, so kommen wir unter Anwendung der obigen Fundamentalformel zu den vier Gleichungen

$$\begin{aligned} G &= A \cos \lambda + B \cos \mu + C \cos \nu \, , \\ A &= B \cos \gamma + C \cos \beta + G \cos \lambda \, , \\ B &= C \cos \alpha + A \cos \gamma + G \cos \mu \, , \\ C &= A \cos \beta + B \cos \alpha + G \cos \nu \, . \end{aligned}$$

Multiplizieren wir jede dieser Gleichungen mit ihrer linken Seite, so erhalten wir ähnlich wie oben

$$G^2 - A^2 - B^2 - C^2 = -2\,BC \cos \alpha - 2\,CA \cos \beta - 2\,AB \cos \gamma$$

oder

$$\boxed{G^2 = A^2 + B^2 + C^2 - 2\,BC \cos \alpha - 2\,CA \cos \beta - 2\,AB \cos \gamma} \, .$$

Diese Formel bildet den

Cosinussatz des Tetraeders.

Sie stellt das Quadrat einer beliebigen Tetraederseite als Funktion der anderen drei Seiten und der Zwischenwinkel dieser drei Seiten dar.

§ 78

Regula sex quantitatum.

Unter einem ebenen Dreiseit ABC versteht man bekanntlich das System der drei Graden BC, CA, AB, der „Seiten des Dreiseits".

Drei auf den Seiten BC, CA, AB liegende Punkte X, Y, Z bestimmen die drei Teilverhältnisse

$$BX:CX \quad , \quad CY:AY \quad , \quad AZ:BZ$$

[der Punkte X, Y, Z für die Punktpaare (B, C), (C, A), (A, B)].

Das Produkt
$$\frac{BX}{CX} \cdot \frac{CY}{AY} \cdot \frac{AZ}{BZ}$$

der drei Teilverhältnisse heißt der Sechsgrößenbruch der Punkte X, Y, Z für das Dreiseit ABC.

Für diesen merkwürdigen Bruch gilt die fundamentale

Regula sex quantitatum:

Der Sechsgrößenbruch hat den Wert $+1$ dann und nur dann, wenn die drei Ecktransversalen AX, BY, CZ durch **einen** Punkt laufen.

Er hat den Wert -1 dann und nur dann, wenn die drei Punkte X, Y, Z auf **einer** Graden liegen.

Die erste dieser Aussagen nennt man den Satz von Ceva, die zweite den Satz von Menelaos.
(Ceva, italienischer Mathematiker, 1648-1737. Menelaos, griechischer Mathematiker, ungefähr um 80 n. Chr.)

Nun zur Übertragung dieser Sätze auf die Kugel! Der Kugelradius sei beliebig, das Kugelzentrum heiße M.

Ein Kugeldreiseit ABC ist natürlich das System der drei Hauptkreise BC, CA, AB, der „Seiten des Dreiseits".

Unter dem Teilverhältnis besser gesagt dem Sinusteilverhältnis des Punktes P für das mit ihm auf einem Hauptkreise liegende Punktpaar H, K versteht man das Sinusteilverhältnis des Strahls MP für das Strahlpaar MH, MK. Man schreibt dieses Sinusteilverhältnis $\sin HP : \sin KP$, da ja die Bogen HP und KP — im Winkelmaß ausgedrückt — nichts anderes sind als die Winkel, die der Strahl MP mit den Strahlen MH und MK bildet (§ 39). Das Sinusteilverhältnis $\sin HP : \sin KP$ ist also positiv oder negativ, je nachdem P auf einem der beiden Bogen HK und $H'K'$ oder auf einem der beiden Bogen HK' und KH' liegt, wo H' und K' die Gegenpunkte von H und K sind. Dabei wird der Bogen HK als konkav vorausgesetzt.

I. Sind nun X, Y, Z drei Punkte auf den Seiten BC, CA, AB des Kugeldreiseits ABC, so heißt das Produkt

$$\frac{\sin BX}{\sin CX} \cdot \frac{\sin CY}{\sin AY} \cdot \frac{\sin AZ}{\sin BZ}$$

der drei Sinusteilverhältnisse

$$\sin BX : \sin CX, \qquad \sin CY : \sin AY, \qquad \sin AZ : \sin BZ$$

der Sechsgrößenbruch der Punkte X, Y, Z für das Dreiseit ABC.

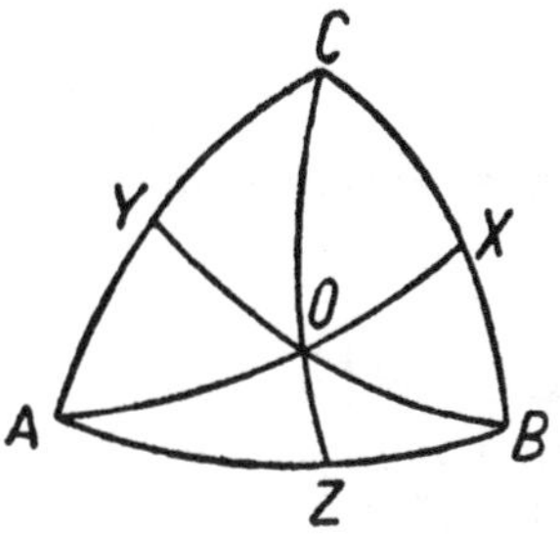

Für diesen Bruch gilt die wichtige Regula sex quantitatum:

Der Sechsgrößenbruch hat dann und nur dann den Wert $+1$, wenn die Ecktransversalen AX, BY, CZ des Kugeldreiseits ABC durch **einen** Punkt laufen. Er hat dann und nur dann den Wert -1, wenn die drei Punkte X, Y, Z auf **einem** Hauptkreise liegen.

Beweis. Wenn die drei Ecktransversalen AX, BY, CZ durch einen Punkt O laufen, so gelten nach dem Sinussatz folgende zwei Gleichungen

$$\frac{\sin BX}{\sin OB}=\frac{\sin BOX}{\sin X}, \qquad \frac{\sin CX}{\sin OC}=\frac{\sin COX}{\sin X},$$

wo $\sin X$ den Sinus des Winkels bedeutet, den die Transversale AX mit der Seite BC bildet. Durch Division erhalten wir aus ihnen für das erste Teilverhältnis den Wert

$$\frac{\sin BX}{\sin CX}=\frac{\sin BOX}{\sin COX}.$$

Genau so gelten die Gleichungen

$$\frac{\sin CY}{\sin AY}=\frac{\sin COY}{\sin AOY} \quad \text{und} \quad \frac{\sin AZ}{\sin BZ}=\frac{\sin AOZ}{\sin BOZ}.$$

Die Multiplikation der drei letzten Gleichungen ergibt

$$\frac{\sin BX}{\sin CX}\cdot\frac{\sin CY}{\sin AY}\cdot\frac{\sin AZ}{\sin BZ}=\frac{\sin BOX}{\sin AOY}\cdot\frac{\sin COY}{\sin BOZ}\cdot\frac{\sin AOZ}{\sin COX}.$$

Hier hat jeder der drei rechts stehenden Faktoren als Quotient der Sinus zweier Scheitelwinkel den Wert 1. Folglich ist der Sechsgrößenbruch gleich $+1$.

Nunmehr sei umgekehrt $\frac{\sin BX}{\sin CX}\cdot\frac{\sin CY}{\sin AY}\cdot\frac{\sin AZ}{\sin BZ}=+1.$

Wir behaupten: Die drei Hauptbogen AX, BY, CZ laufen durch **einen** Punkt.

Beweis. Der Schnittpunkt der beiden Hauptbogen AX und BY sei Q, und die Transversale CQ treffe die Seite AB in $\mathfrak{Z}$. Dann ist nach dem oben Bewiesenen

$$\frac{\sin BX}{\sin CX}\cdot\frac{\sin CY}{\sin AY}\cdot\frac{\sin A\mathfrak{Z}}{\sin B\mathfrak{Z}}=+1.$$

Aus unseren beiden Gleichungen folgt

$$\frac{\sin A\mathfrak{Z}}{\sin B\mathfrak{Z}}=\frac{\sin AZ}{\sin BZ}.$$

Die beiden Punkte $\mathfrak{Z}$ und Z haben also für die Fixpunkte A und B dasselbe Sinusteilverhältnis. Das ist nur möglich, wenn $\mathfrak{Z}$ auf Z fällt, da zwei verschiedenen Punkten des Bogens AB auch verschiedene Sinusteilverhältnisse entsprechen.

II. Wenn die drei Punkte X, Y, Z auf einen Hauptbogen liegen, so gelten folgende drei Gleichungen (vgl. Fig.)

$$\frac{\sin BX}{-\sin BZ}=\frac{\sin Z}{\sin X}, \quad \frac{\sin CY}{\sin CX}=\frac{\sin X}{\sin Y}, \quad \frac{\sin AZ}{\sin AY}=\frac{\sin Y}{\sin Z},$$

wo $\sin X$, $\sin Y$, $\sin Z$ die Sinus der Winkel bedeuten, die die drei Dreiseitsseiten BC, CA, AB mit der Transversale XYZ bilden. [Da $\sin BZ$ laut Vereinbarung über das Vorzeichen der Koordinate BZ negativ ist, steht im Nenner des ersten Bruches ein Minuszeichen.] Das Produkt der drei Gleichungen ergibt die Formel

$$\frac{\sin BX}{\sin CX} \cdot \frac{\sin CY}{\sin AY} \cdot \frac{\sin AZ}{\sin BZ} = -1.$$

Sind umgekehrt X, Y, Z drei Punkte auf den Seiten BC, CA, AB eines Dreiseits ABC derart, daß

$$\frac{\sin BX}{\sin CX} \cdot \frac{\sin CY}{\sin AY} \cdot \frac{\sin AZ}{\sin BZ} = -1$$

ist, so liegen die drei Punkte X, Y, Z auf einem Hauptkreise.

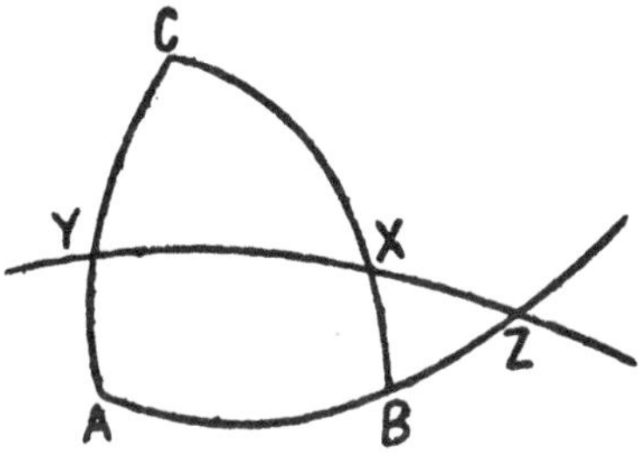

Beweis. Der durch X und Y laufende Hauptkreis schneide den Hauptkreis AB in $\mathfrak{Z}$. Dann ist nach dem soeben Bewiesenen

$$\frac{\sin BX}{\sin CX} \cdot \frac{\sin CY}{\sin AY} \cdot \frac{\sin A\mathfrak{Z}}{\sin B\mathfrak{Z}} = -1.$$

Diese Formel im Verein mit der Voraussetzungsgleichung liefert

$$\frac{\sin A\mathfrak{Z}}{\sin B\mathfrak{Z}} = \frac{\sin AZ}{\sin BZ},$$

und hieraus schließt man wie oben, daß der Punkt $\mathfrak{Z}$ auf Z fällt, womit gezeigt ist, daß die Punkte X, Y, Z auf einem Hauptkreise liegen.

Damit ist die Regula sex quantitatum in allen Punkten bewiesen.

Drei Anwendungen der regula sex quantitatum.

I. Die Seitenhalbierer eines Kugeldreiecks laufen durch einen Punkt.

Beweis. Sind L, M, N die Mitten der Seiten BC, CA, AB des Kugeldreiecks ABC, so haben die drei Sinusteilverhältnisse

$$\frac{\sin BL}{\sin CL}, \quad \frac{\sin CM}{\sin AM}, \quad \frac{\sin AN}{\sin BN}$$

alle drei den Wert 1. Daher ist

$$\frac{\sin BL}{\sin CL} \quad \frac{\sin CM}{\sin AM} \quad \frac{\sin AN}{\sin BN} = +1.$$

Nach Cevas Satz laufen also die sphärischen Transversalen AL, BM, CN durch einen Punkt.

II. Die Winkelhalbierer eines Kugeldreiecks laufen durch einen Punkt.

Beweis. Sind AU, BV, CW die sphärischen Winkelhalbierer des Kugeldreiecks ABC, so ist nach dem Sinussatz

$$\frac{\sin BU}{\sin AU} = \frac{\sin \frac{\alpha}{2}}{\sin \beta} \quad \text{und} \quad \frac{\sin CU}{\sin AU} = \frac{\sin \frac{\alpha}{2}}{\sin \gamma},$$

mithin

$$\frac{\sin BU}{\sin CU} = \frac{\sin \gamma}{\sin \beta}.$$

Genau so entstehen die Proportionen

$$\frac{\sin CV}{\sin AV} = \frac{\sin \alpha}{\sin \gamma} \quad \text{und} \quad \frac{\sin AW}{\sin BW} = \frac{\sin \beta}{\sin \alpha}.$$

Die Multiplikation dieser drei Proportionen liefert die Relation

$$\frac{\sin BU}{\sin CU} \quad \frac{\sin CV}{\sin AV} \cdot \frac{\sin AW}{\sin BW} = +1,$$

und diese Gleichung zeigt nach Cevas Satz, daß die drei sphärischen Transversalen AU, BV, CW — die Winkelhalbierer des Dreiecks ABC — durch einen Punkt laufen.

III. Die drei Höhen eines Kugeldreiecks laufen durch einen Punkt.

Beweis. $AH = h$, $BK = k$, $CL = l$ seien die drei von A, B, C auf die Gegenseiten des Dreiecks gefällten Lote, die drei Höhen des Dreiecks ABC.

Auf Grund des Satzes, daß im rechtwinkligen Kugeldreieck Kathete und Gegenwinkel stets gleichartig sind, erkennt man zunächst, daß der Fußpunkt eine Höhe auf der zugehörigen Seite selbst oder auf der Verlängerung der Seite liegt, je nachdem die Anwinkel dieser Seite gleichartig oder ungleichartig sind.

Demgemäß gelten z. B. für das Rechtwinkeldreieckspaar BAH, CAH die Formeln

$$\operatorname{tg}\beta = \operatorname{tg} h : \sin BH \quad , \quad \operatorname{tg}\gamma = \operatorname{tg} h : \sin CH,$$

wo $\sin BH$ (bzw. $\sin CH$) — nach den Abmachungen von § 78 — positiv oder negativ gerechnet wird, je nachdem H und C (bzw. H und B) auf derselben Seite oder auf entgegengesetzten Seiten von B (bzw. C) liegen. Aus diesen Formeln erhalten wir für das Sinusteilverhältnis $\sin BH : \sin CH$ den Wert

$$\frac{\sin BH}{\sin CH} = \frac{\operatorname{tg}\gamma}{\operatorname{tg}\beta}.$$

Genau so gelten die Gleichungen

$$\frac{\sin CK}{\sin AK} = \frac{\operatorname{tg}\alpha}{\operatorname{tg}\gamma} \quad \text{und} \quad \frac{\sin AL}{\sin BL} = \frac{\operatorname{tg}\beta}{\operatorname{tg}\alpha}.$$

Die Multiplikation dieser drei Gleichungen gibt

$$\frac{\sin BH}{\sin CH} \cdot \frac{\sin CK}{\sin AK} \cdot \frac{\sin AL}{\sin BL} = +1.$$

Folglich laufen die drei Höhen durch einen Punkt.

§ 79
Der Satz von Legendre.

Legendre hat im Jahre 1787 in den Mémoires de Paris einen interessanten Satz aufgestellt, der in einfachster Weise die Winkel eines kleinen Kugeldreiecks aus denen eines ebenen Dreiecks zu berechnen gestattet, wenn die beiden Dreiecke in den Seitenlängen übereinstimmen. Der Satz bezieht sich auf Kugeldreiecke, deren Seiten nur wenige Grad umfassen; wir nehmen etwa an, daß keine Seite drei Grad überschreitet. Ein solches Dreieck soll wegen seiner von Legendre entdeckten Eigenschaften kurz ein Legendredreieck heißen, und das ebene Dreieck, dessen Seiten ebenso lang sind wie die des Kugeldreiecks, soll das zugeordnete Plandreieck heißen.

Satz von Legendre:

Jeder Winkel eines Legendredreiecks vom Exzeß ε ist um $\frac{1}{3}\varepsilon$ größer als der entsprechende Winkel des zugeordneten Plandreiecks.

Beweis. Die Winkel des Legendredreiecks ABC seien wie üblich α, β, γ, die Seiten a, b, c, die Seitenlängen $\mathfrak{a}, \mathfrak{b}, \mathfrak{c}$. Das zugeordnete Plandreieck $\mathfrak{A}\mathfrak{B}\mathfrak{C}$ hat ebenfalls die Seiten $\mathfrak{a}, \mathfrak{b}, \mathfrak{c}$, während die Winkel λ, μ, ν sein mögen. Die drei Größen

$$a = \mathfrak{a} : r \qquad b = \mathfrak{b} : r \qquad c = \mathfrak{c} : r\,,$$

wo r den Kugelradius bedeutet, sind voraussetzungsgemäß kleine Echtbrüche. Der sphärische Exzeß des Dreiecks ABC sei ε. Nach dem Tangenssatz für den Halbwinkel ist

$$\operatorname{tg}^2 \frac{\alpha}{2} = \frac{\sin y \ \sin z}{\sin x \ \sin s} \quad , \quad \operatorname{tg}^2 \frac{\lambda}{2} = \frac{\mathfrak{y}\,\mathfrak{z}}{\mathfrak{x}\,\mathfrak{s}}$$

mit $\begin{Bmatrix} 2\,s = a + b + c, & x = s - a, & y = s - b, & z = s - c \\ 2\,\mathfrak{s} = \mathfrak{a} + \mathfrak{b} + \mathfrak{c}, & \mathfrak{x} = \mathfrak{s} - \mathfrak{a}, & \mathfrak{y} = \mathfrak{s} - \mathfrak{b}, & \mathfrak{z} = \mathfrak{s} - \mathfrak{c} \end{Bmatrix}$.

Zugleich hat man

$$x = \mathfrak{x} : r \quad , \quad y = \mathfrak{y} : r \quad , \quad z = \mathfrak{z} : r.$$

Wegen der Kleinheit der Winkel a, b, c und damit auch der Winkel x, y, z kann man schreiben

$$\sin x = x - \frac{1}{6}\,x^3, \ \sin y = y - \frac{1}{6}\,y^3, \ \sin z = z - \frac{1}{6}\,z^3,$$

$$\sin s = s - \frac{1}{6}\,s^3,$$

und damit wird

$$\operatorname{tg}^2 \frac{\alpha}{2} = \frac{\left(1 - \frac{1}{6}\,y^2\right)\left(1 - \frac{1}{6}\,z^2\right)}{\left(1 - \frac{1}{6}\,x^2\right)\left(1 - \frac{1}{6}\,s^2\right)} \cdot \operatorname{tg}^2 \frac{\lambda}{2}\,.$$

Da aber x und s kleine Echtbrüche sind, darf man mit großer Annäherung

$$\frac{1}{1 - \frac{1}{6}\,x^2} = 1 + \frac{1}{6}\,x^2 \text{ und ebenso } \frac{1}{1 - \frac{1}{6}\,s^2} = 1 + \frac{1}{6}\,s^2$$

setzen, so daß

$$\operatorname{tg}^2 \frac{\alpha}{2} : \operatorname{tg}^2 \frac{\lambda}{2} =$$

$$\left(1 - \frac{1}{6}y^2\right)\left(1 - \frac{1}{6}z^2\right)\left(1 + \frac{1}{6}x^2\right)\left(1 + \frac{1}{6}s^2\right)$$

wird. Multipliziert man rechts aus, und bedenkt wieder, daß

die Größen x^2, y^2, z^2, s^2 winzige Echtbrüche sind, so wird hinreichend genau

$$\operatorname{tg}^2\frac{\alpha}{2}:\operatorname{tg}^2\frac{\lambda}{2}=1+\frac{1}{6}[x^2+s^2-y^2-z^2]=1+\frac{1}{3}bc$$

oder

$$\operatorname{tg}\frac{\alpha}{2}:\operatorname{tg}\frac{\lambda}{2}=\sqrt{1+\frac{1}{3}bc}=1+\frac{1}{6}bc$$

(da bc ein sehr kleiner Echtbruch ist). Wir schreiben

$$\operatorname{tg}\frac{\lambda}{2}:\operatorname{tg}\frac{\alpha}{2}=1:\left(1+\frac{1}{6}bc\right)$$

und bilden die Quasireziproken. Das gibt

$$\sin\frac{\alpha-\lambda}{2}:\sin\frac{\alpha+\lambda}{2}=\frac{\frac{1}{12}bc}{1+\frac{1}{12}bc}=\frac{1}{12}bc$$

oder

$$\sin\frac{\alpha-\lambda}{2}=\frac{1}{12}bc\sin\frac{\alpha+\lambda}{2}\,.$$

Diese Gleichung lehrt, daß $\frac{\alpha-\lambda}{2}$ ein sehr kleiner Winkel sein muß, so daß statt $\sin\frac{\alpha+\lambda}{2}$ auch $\sin\alpha$, statt $\sin\frac{\alpha-\lambda}{2}$ auch $\frac{\alpha-\lambda}{2}$ geschrieben werden kann:

$$\alpha-\lambda=\frac{1}{6}bc\sin\alpha=\frac{1}{6r^2}\cdot\mathfrak{b}\,\mathfrak{c}\sin\alpha.$$

Nun ist $\frac{1}{2}\mathfrak{b}\,\mathfrak{c}\sin\alpha$ der Inhalt $\mathfrak{S}$ des Dreiecks $\mathfrak{A}\,\mathfrak{B}\,\mathfrak{C}$, und es wird

$$\alpha-\lambda=\frac{1}{3}\frac{\mathfrak{S}}{r^2}\,.$$

In derselben Weise entstehen die analogen Formeln

$$\beta-\mu=\frac{1}{3}\frac{\mathfrak{S}}{r^2}\quad,\quad\gamma-\nu=\frac{1}{3}\frac{\mathfrak{S}}{r^2}\,.$$

Die Addition der drei gefundenen Gleichungen liefert

$$2\sigma-\pi=\frac{\mathfrak{S}}{r^2}$$

oder, da die linke Seite dieser Gleichung der Exzeß ε ist,

$$\varepsilon=\frac{\mathfrak{S}}{r^2}\,.$$

Als Ergebnis erscheint

Legendres Formeltripel

$$\boxed{\alpha = \lambda + \frac{\varepsilon}{3} \quad , \quad \beta = \mu + \frac{\varepsilon}{3} \quad , \quad \gamma = \nu + \frac{\varepsilon}{3}} \quad , \text{ q. e. d.}$$

Zusatz. Da für den Inhalt S des Kugeldreiecks ABC die Formel

$$S = r^2 \varepsilon$$

gilt, folgt noch

$$\boxed{\mathfrak{S} = S} \, .$$

In Worten: Ein Legendredreieck und sein zugeordnetes Plandreieck haben nahezu denselben Flächeninhalt. [Die Formel $S = r^2 \varepsilon$ ist genau, die Formel $\mathfrak{S} = r^2 \varepsilon$ gilt nur angenähert!]

§ 80

Gaußs' Näherungsformeln.

In der Abhandlung Disquisitiones generales circa superficies curvas hat Gauß die Legendreschen Näherungsformeln

$$\varepsilon = \frac{\mathfrak{S}}{r^2} \, ,$$

$$\alpha = \lambda + \frac{\varepsilon}{3} \quad , \quad \beta = \mu + \frac{\varepsilon}{3} \qquad \gamma = \nu + \frac{\varepsilon}{3}$$

wesentlich verbessert.

Wir entwickeln zuerst die Gaußsche Formel für den sphärischen Exzeß, wobei wir die L'Huiliersche Formel (§ 75)

$$\operatorname{tg} \frac{\varepsilon}{4} = \sqrt{\operatorname{tg} \frac{s}{2} \operatorname{tg} \frac{x}{2} \operatorname{tg} \frac{y}{2} \operatorname{tg} \frac{z}{2}}$$

zugrunde legen.

Als Näherungsgleichung für den Tangens eines kleinen Winkels φ benutzen wir dabei die Formel

$$\operatorname{tg} \varphi = \varphi + \frac{1}{3} \varphi^3 .$$

Der damit begangene Fehler ist wegen der Ungleichung (§ 38)

$$\varphi + \frac{1}{3} \varphi^3 < \operatorname{tg} \varphi < \varphi + \frac{1}{3} \varphi^3 + \frac{1}{5} \varphi^5$$

geringer als der 5te Teil der 5ten Potenz von φ, welcher bei unserer Voraussetzung $\varphi < 3^0$ eine außerordentlich geringe Größe ist.

Demgemäß wird der Radikand unserer Wurzel

$$\mathfrak{N} = \frac{s\,x\,y\,z}{16} \cdot \left(1 + \frac{s^2}{12}\right)\left(1 + \frac{x^2}{12}\right)\left(1 + \frac{y^2}{12}\right)\left(1 + \frac{z^2}{12}\right) \cdot$$

Der erste Faktor dieses Produkts hat den Wert

$$\frac{s\,x\,y\,z}{16} = \frac{\mathfrak{s}\,\mathfrak{x}\,\mathfrak{y}\,\mathfrak{z}}{16\,r^4} = \frac{\mathfrak{S}^2}{16\,r^4},$$

für den zweiten kann man wegen der Kleinheit der Brüche $s^2 : 12$, $x^2 : 12$, $y^2 : 12$, $z^2 : 12$

$$1 + \frac{s^2 + x^2 + y^2 + z^2}{12} = 1 + \frac{\mathfrak{s}^2 + \mathfrak{x}^2 + \mathfrak{y}^2 + \mathfrak{z}^2}{12\,r^2}$$

schreiben. Da sich für den Zähler des rechten Bruches der Wert $\mathfrak{a}^2 + \mathfrak{b}^2 + \mathfrak{c}^2$ errechnet, so hat dieser Faktor den Wert

$$1 + \frac{\mathfrak{a}^2 + \mathfrak{b}^2 + \mathfrak{c}^2}{12\,r^2},$$

seine Quadratwurzel also in großer Annäherung den Wert

$$1 + \frac{\mathfrak{a}^2 + \mathfrak{b}^2 + \mathfrak{c}^2}{24\,r^2}.$$

Somit wird

$$\operatorname{tg}\frac{\varepsilon}{4} = \sqrt{\mathfrak{N}} = \frac{\mathfrak{S}}{4\,r^2}\left(1 + \frac{\mathfrak{a}^2 + \mathfrak{b}^2 + \mathfrak{c}^2}{24\,r^2}\right)$$

und wegen der Kleinheit von $\varepsilon : 4$

$$\boxed{\varepsilon = \frac{\mathfrak{S}}{r^2}\left(1 + \frac{\mathfrak{a}^2 + \mathfrak{b}^2 + \mathfrak{c}^2}{24\,r^2}\right)},$$

Dies ist die Gaußsche Formel für den sphärischen Exzeß. Sie zeigt, daß Legendres Näherungswert

$$\varepsilon = \frac{\mathfrak{S}}{r^2}$$

um $\frac{\mathfrak{N}}{24\,r^2}\,\varepsilon$ zu klein ist, wo $\mathfrak{N}$ die Norm des zugeordneten Plandreiecks bedeutet ($\mathfrak{N} = \mathfrak{a}^2 + \mathfrak{b}^2 + \mathfrak{c}^2$). Um einen möglichst genauen Wert des Überschusses $\alpha - \lambda$ ausfindig zu machen, berechnet Gauß

$$\sin\frac{\alpha - \lambda}{2} = \sin\frac{\alpha}{2}\cos\frac{\lambda}{2} - \cos\frac{\alpha}{2}\sin\frac{\lambda}{2}$$

auf Grund der Halbwinkelrelationen

$$\sin\frac{\alpha}{2} = \sqrt{\frac{\sin y \ \sin z}{\sin b \ \sin c}}, \quad \cos\frac{\lambda}{2} = \sqrt{\frac{s \ x}{b \ c}},$$

$$\cos\frac{\alpha}{2} = \sqrt{\frac{\sin s \ \sin x}{\sin b \ \sin c}}, \quad \sin\frac{\lambda}{2} = \sqrt{\frac{y \ z}{b \ c}}.$$

Dadurch wird

$$\sin\frac{\alpha - \lambda}{2} = \frac{\mathfrak{S}}{r^2 b c} \cdot \frac{\sqrt{\frac{\sin y}{y}} \cdot \sqrt{\frac{\sin z}{z}} - \sqrt{\frac{\sin s}{s}} \cdot \sqrt{\frac{\sin x}{x}}}{\sqrt{\frac{\sin b}{b}} \cdot \sqrt{\frac{\sin c}{c}}}.$$

Die hier vorkommenden Wurzeln haben alle sechs die Form $\sqrt{\sin\varphi : \varphi}$, wo φ ein kleiner Winkel ist. Hier bedient sich Gauß der Näherungsformel

$$\sqrt{\frac{\sin\varphi}{\varphi}} = 1 - \frac{1}{12}\varphi^2 + \frac{1}{1440}\varphi^4,$$

welche sogar noch das außerordentlich kleine Glied $\varphi^4 : 1440$ mit berücksichtigt, und deren Richtigkeit leicht durch Quadrierung nachgewiesen werden kann. Wir kürzen $\frac{1}{12}$ mit E, $\frac{1}{1440}$ mit e ab und bekommen z. B. für $\sqrt{\sin y : y} \cdot \sqrt{\sin z : z}$ das Produkt

$$(1 - E y^2 + e y^4) \cdot (1 - E z^2 + e z^4) =$$
$$1 - E(y^2 + z^2) + e(y^4 + z^4) + E^2 y^2 z^2,$$

wobei wir alle Glieder von höherer als 4ter Dimension weggelassen haben. Genau so wird $\sqrt{\sin s : s} \cdot \sqrt{\sin x : x}$ gleich

$$(1 - E s^2 + e s^4)(1 - E x^2 + e x^4) =$$
$$1 - E(s^2 + x^2) + e(s^4 + x^4) + E^2 s^2 x^2.$$

Daher hat der Zähler unseres großen Bruches den Wert

$$E(s^2 + x^2 - y^2 - z^2) - e[s^4 + x^4 - y^4 - z^4] -$$
$$E^2 \{s^2 x^2 - y^2 z^2\}.$$

Die Ausrechnung ergibt für die runde, eckige, geschweifte Klammer die Werte

$$2bc, \quad bc[3a^2 + b^2 + c^2], \quad bc\,\frac{b^2 + c^2 - a^2}{2}.$$

Das gibt für den Zähler

$$\frac{bc}{6}\left[1 - \frac{3a^2 + b^2 + c^2}{240} - \frac{b^2 + c^2 - a^2}{48}\right].$$

Der Nenner wird

$$(1 - E b^2 + e b^4)(1 - E c^2 + e c^4) = 1 - \frac{b^2 + c^2}{12},$$

indem wir alle Glieder von höherer als zweiter Dimension — weil überflüssig — fortlassen. Statt nun weiter durch $1 - \frac{b^2 + c^2}{12}$ zu dividieren, multiplizieren wir mit $1 + \frac{b^2 + c^2}{12}$ und bekommen als Näherungswert des großen Bruches

$$\frac{bc}{6}\left[1 + \frac{b^2 + c^2}{12} - \frac{3a^2 + b^2 + c^2}{240} - \frac{b^2 + c^2 - a^2}{48}\right] =$$

$$\frac{bc}{6}\left[1 + \frac{a^2 + 7b^2 + 7c^2}{120}\right].$$

Aus

$$\sin\frac{\alpha - \lambda}{2} = \frac{\mathfrak{S}}{6r^2}\left[1 + \frac{a^2 + 7b^2 + 7c^2}{120}\right]$$

folgt nun sofort die Gaußsche Formel

$$\alpha - \lambda = \frac{\mathfrak{S}}{3r^2}\left[1 + \frac{a^2 + 7b^2 + 7c^2}{120}\right] =$$

$$\frac{\mathfrak{S}}{3r^2}\left[1 + \frac{\mathfrak{a}^2 + 7\mathfrak{b}^2 + 7\mathfrak{c}^2}{120 r^2}\right]$$

für den Überschuß $\alpha - \lambda$. Um den Exzeß ε in ihr einzuführen, ersetzen wir noch $\mathfrak{S} : r^2$ nach der obigen Exzeßformel durch $\varepsilon\left(1 - \frac{\mathfrak{a}^2 + \mathfrak{b}^2 + \mathfrak{c}^2}{24 r^2}\right)$ und bekommen

$$\alpha - \lambda = \frac{\varepsilon}{3}\left[1 + \frac{\mathfrak{b}^2 + \mathfrak{c}^2 - 2\mathfrak{a}^2}{60 r^2}\right].$$

oder

$$\boxed{\alpha - \lambda = \frac{\varepsilon}{3} + \frac{\mathfrak{b}^2 + \mathfrak{c}^2 - 2\mathfrak{a}^2}{180 r^2} \cdot \varepsilon}.$$

Dies ist Gauß' Formel für den Ueberschuß $\alpha - \lambda$.
Sie zeigt, daß Legendres Näherungswert für den Überschuß $\alpha - \lambda$

$$\alpha - \lambda = \frac{\varepsilon}{3}$$

noch um $\frac{\mathfrak{b}^2 + \mathfrak{c}^2 - 2\mathfrak{a}^2}{180 r^2}\,\varepsilon$ vermehrt werden muß, um den genaueren Gaußschen Näherungswert zu erhalten.

Das Ergebnis unserer Betrachtung ist der

Satz von Gauß:

Die Überschüsse der Winkel eines kleinen Kugeldreiecks über die Winkel des zugeordneten Plandreiecks sind

$$\frac{\varepsilon}{3} + \frac{\mathfrak{b}^2 + \mathfrak{c}^2 - 2\mathfrak{a}}{60\, r^2} \cdot \frac{\varepsilon}{3} \qquad \frac{\varepsilon}{3} + \frac{\mathfrak{c}^2 + \mathfrak{a}^2 - 2\mathfrak{b}^2}{60\, r^2} \cdot \frac{\varepsilon}{3},$$

$$\frac{\varepsilon}{3} + \frac{\mathfrak{a}^2 + \mathfrak{b}^2 - 2\mathfrak{c}^2}{60\, r^2} \cdot \frac{\varepsilon}{3},$$

wo r der Kugelradius, $\mathfrak{a}, \mathfrak{b}, \mathfrak{c}$ die Seitenlängen beider Dreiecke sind und ε den sphärischen Exzeß des Kugeldreiecks bedeutet. Letzterer bestimmt sich durch die Formel

$$\varepsilon = \frac{\mathfrak{S}}{r^2}\left(1 + \frac{\mathfrak{a}^2 + \mathfrak{b}^2 + \mathfrak{c}^2}{24\, r^2}\right),$$

in welcher $\mathfrak{S}$ den Inhalt des Plandreiecks darstellt.

§ 81

Änderung des Kugeldreiecks.

Die Formel der fünf Sukzessivstücke (§ 68, § 71) bietet vorwiegend theoretisches Interesse. Wir betrachten als Beispiel die Veränderung eines Kugeldreiecks, d. h. die Erscheinung, daß sich die Ecken des Dreiecks auf der Kugel bewegen. Sie mögen zur Zeit t die Lagen A, B, C, eine sehr kleine Zeitspanne τ später die Lagen A', B', C' einnehmen. Nennen wir die Geschwindigkeiten oder Anstiege der sechs Dreiecksstücke $a, b, c, \alpha, \beta, \gamma$ [d. h. die sekundlichen Zunahmen dieser Größen, genauer gesagt: die nach der Zeit genommenen Ableitungen dieser Größen] $\dot a, \dot b, \dot c, \dot\alpha, \dot\beta, \dot\gamma$, so hat das Dreieck $A'B'C'$ die sechs Stücke $a + \dot a\tau,\; b + \dot b\tau,\; c + \dot c\tau,\; \alpha + \dot\alpha\tau,\; \beta + \dot\beta\tau,\; \gamma + \dot\gamma\tau$.

Bilden wir nun von den beiden Cosinusrelationen

$$\cos a = \cos b \cos c + \sin b \sin c \cos \alpha$$

und

$$\cos \alpha = -\cos \beta \cos \gamma + \sin \beta \sin \gamma \cos a$$

die Anstiege, so erhalten wir die Gleichungen

$$-\dot a \sin a = \left\{\begin{array}{c} -\dot b \sin b \cos c + \dot b \cos b \sin c \cos \alpha \\ -\dot c \cos b \sin c + \dot c \sin b \cos c \cos \alpha \\ -\dot\alpha \sin b \sin c \sin \alpha \end{array}\right\}$$

und

$$-\dot\alpha \sin \alpha = \left\{\begin{array}{c} +\dot\beta \sin \beta \cos \gamma + \dot\beta \cos \beta \sin \gamma \cos a \\ +\dot\gamma \cos \beta \sin \gamma + \dot\gamma \sin \beta \cos \gamma \cos a \\ -\dot a \sin \beta \sin \gamma \sin a \end{array}\right\}$$

oder

$$+\dot a \sin a = \left\{\begin{array}{c} \dot b (\sin b \cos c - \cos b \sin c \cos \alpha) \\ +\dot c\, [\sin c \cos b - \cos c \sin b \cos \alpha] \\ +\dot\alpha \sin b \sin c \sin \alpha \end{array}\right\}$$

und

$$-\dot\alpha \sin \alpha = \left\{\begin{array}{c} \dot\beta (\sin \beta \cos \gamma + \cos \beta \sin \gamma \cos a) \\ +\dot\gamma\, [\sin \gamma \cos \beta + \cos \gamma \sin \beta \cos a] \\ -\dot a \sin \beta \sin \gamma \sin a \end{array}\right\}.$$

Nach der Beziehung der fünf Sukzessivstücke hat die erste runde Klammer den Wert $\sin a \cos \gamma$, die zweite den Wert $\sin \alpha \cos c$, die erste eckige Klammer den Wert $\sin a \cos \beta$, die zweite den Wert $\sin \alpha \cos b$. Folglich wird

$$\dot a = \dot b \cos \gamma + \dot c \cos \beta + \dot\alpha \sin b \sin c \sin \alpha : \sin a,$$
$$\dot\alpha = -\dot\beta \cos c - \dot\gamma \cos b + \dot a \sin \beta \sin \gamma \sin a : \sin \alpha.$$

In der ersten dieser Gleichungen schreiben wir noch statt $\sin \alpha : \sin a$ nach dem Sinussatze $\sin \beta : \sin b$, in der zweiten statt $\sin a : \sin \alpha$ $\sin b : \sin \beta$ und bekommen

$$\dot a = \dot b \cos \gamma + \dot c \cos \beta + \dot\alpha \sin c \sin \beta,$$
$$\dot\alpha = -\dot\beta \cos c - \dot\gamma \cos b + \dot a \sin b \sin \gamma.$$

Nun ist sowohl $\sin c \sin \beta$ als auch $\sin b \sin \gamma$ gleich $\sin h$, wo h die zur Seite a gehörige sphärische Höhe des Dreiecks ABC bedeutet. Demnach wird schließlich

$$\dot a = \dot b \cos \gamma + \dot c \cos \beta + \dot\alpha \sin h,$$
$$\dot\alpha = -\dot\beta \cos c - \dot\gamma \cos b + \dot a \sin h.$$

Ein ähnliches Formelpaar ergibt sich für $\dot b$ und $\dot\beta$, ein weiteres für $\dot c$ und $\dot\gamma$ (Zyklische Vertauschung).

Daher gelten die beiden Formeltripel

$$\boxed{\begin{array}{l} \dot a = \dot b \cos \gamma + \dot c \cos \beta + \dot\alpha \sin h \\ \dot b = \dot c \cos \alpha + \dot a \cos \gamma + \dot\beta \sin k \\ \dot c = \dot a \cos \beta + \dot b \cos \alpha + \dot\gamma \sin l \end{array}}$$

und

$$\begin{array}{|l|}\hline \dot\alpha = -\dot\beta\cos c - \dot\gamma\cos b + \dot a\sin h \\ \dot\beta = -\dot\gamma\cos a - \dot\alpha\cos c + \dot b\sin k \\ \dot\gamma = -\dot\alpha\cos b - \dot\beta\cos a + \dot c\sin l \\ \hline\end{array}$$

In diesen Formeln sind h, k, l die sphärischen Höhen des Dreiecks $A\ B\ C$, so daß man im Bedarfsfalle statt $\sin k$ z. B. $\sin a\cdot\sin\beta$ oder $\sin b\sin\alpha$ substituieren kann.

Bezeichnen wir die kleinen Zuwächse, die die sechs Stücke unseres Dreiecks in der kleinen Zeitspanne τ erfahren, mit $\Delta a, \Delta b, \Delta c, \Delta\alpha, \Delta\beta, \Delta\gamma$, so lassen sich die beiden Formeltripel auch folgendermaßen schreiben:

$$\begin{array}{|l|}\hline \Delta a = \cos\beta\cdot\Delta c + \cos\gamma\cdot\Delta b + \sin h\cdot\Delta\alpha \\ \Delta b = \cos\gamma\cdot\Delta a + \cos\alpha\cdot\Delta c + \sin k\cdot\Delta\beta \\ \Delta c = \cos\alpha\cdot\Delta b + \cos\beta\cdot\Delta a + \sin l\cdot\Delta\gamma \\ \hline\end{array}$$

$$\begin{array}{|l|}\hline \Delta\alpha = -\cos b\cdot\Delta\gamma - \cos c\cdot\Delta\beta + \sin h\cdot\Delta a \\ \Delta\beta = -\cos c\cdot\Delta\alpha - \cos a\cdot\Delta\gamma + \sin k\cdot\Delta b \\ \Delta\gamma = -\cos a\cdot\Delta\beta - \cos b\cdot\Delta\alpha + \sin l\cdot\Delta c \\ \hline\end{array}\ .$$

Bei dieser Schreibung erhalten die beiden Formeltripel folgenden Sinn:

Sind $a, b, c, \alpha, \beta, \gamma$ die sechs Stücke eines Kugeldreiecks, so bilden auch die von ihnen **nur wenig** abweichenden Größen $a+\Delta a$, $b+\Delta b$, $c+\Delta c$, $\alpha+\Delta\alpha$, $\beta+\Delta\beta$, $\gamma+\Delta\gamma$ die sechs Stücke eines Kugeldreiecks dann und nur dann, wenn eins der beiden Formeltripel erfüllt ist.

Zweiter Abschnitt

Anwendungen der sphärischen Trigonometrie auf räumliche Gebilde.

§ 82

Der Umkreis.

Jedes Kugeldreieck ABC besitzt — wie jedes ebene Dreieck — einen Umkreis, d. h. einen Kugelkreis, welcher durch die drei Dreiecksecken läuft. Wir stellen uns die

Aufgabe: Den Mittelpunkt U und den sphärischen Radius

$$UA = UB = UC = r$$

des Umkreises $\mathfrak{U}$ des vorgelegten Kugeldreiecks ABC zu bestimmen.

Lösung. Zur Ermittlung des Zentrums U benötigen wir folgenden

Ortsatz:

Der Ort des Punktes, der von zwei gegebenen Kugelpunkten H und K gleiche sphärische Abstände hat, ist die Mittelsenkrechte des Hauptbogens HK, d. h. der Hauptkreis, der durch die Mitte M von HK läuft und auf HK senkrecht steht.

Beweis. Ist P ein Punkt des gesuchten Ortes, $HP = x$, $KP = y$, $HM = h$, $KM = k$, $MP = m$, $\sphericalangle HMP = \lambda$, $\sphericalangle KMP = \mu$, so ist nach dem Cosinussatz

$$\cos\lambda = \frac{\cos x - \cos h \cos m}{\sin h \sin \mathrm{m}} \quad \text{und} \quad \cos\mu = \frac{\cos y - \cos k \cos m}{\sin k \sin m}.$$

Wegen $h = k$, $x = y$, ist also

$$\cos\lambda = \cos\mu \qquad \text{oder} \qquad \lambda = \mu$$

und, da λ und μ Supplemente sind,

$$\lambda = \mu = 90^0.$$

Daher steht der Hauptbogen MP auf HK senkrecht, ist mithin die Mittelsenkrechte von HK.

Bedeutet jetzt P irgendeinen Punkt dieser Mittelsenkrechte, so ist unter Beibehaltung der obigen Bezeichnungen nach dem Cosinussatze ($\lambda = \mu = 90^\circ$!)

$$\cos x = \cos h \cos m \qquad \text{und} \qquad \cos y = \cos k \cos m,$$

d. h. wegen $h = k$ auch $x = y$, q. e. d.

Um den Mittelpunkt U des Umkreises $\mathfrak{U}$ des Kugeldreiecks ABC zu finden, zeichnen wir die Mittelsenkrechten der beiden Seiten $BC = a$ und $CA = b$. Ihr Schnittpunkt heiße U, die Mitten von BC, CA, AB seien bzw. L, M, N.

Da U auf der Mittelsenkrechten von BC liegt, ist $BU = CU$; da U auf der Mittelsenkrechten von CA liegt, ist $CU = AU$. Folglich ist

$$AU = BU = CU.$$

Der gemeinsame Wert dieser drei Bogen sei r. Zeichnen wir also einen Kugelkreis mit dem Zentrum U und dem sphärischen Radius r, so läuft dieser Kreis durch die drei Ecken A, B, C, ist also der gesuchte Umkreis $\mathfrak{U}$.

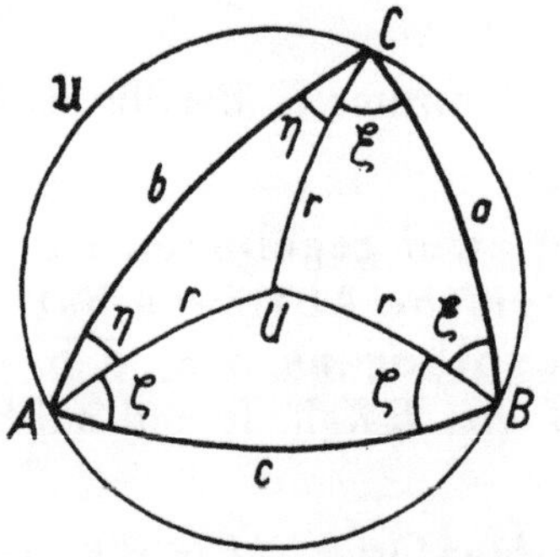

Da $AU = BU$ ist, liegt U auf der Mittelsenkrechten von AB, und wir haben zugleich den Satz bewiesen:

Die drei Mittelsenkrechten der Seiten eines Kugeldreiecks laufen durch **einen** Punkt.

Es handelt sich jetzt um die Berechnung von r aus den gegebenen Seiten a, b, c oder den gegebenen Winkeln α, β, γ des Dreiecks ABC.

Wir bestimmen zunächst die Basiswinkel ξ, η, ζ der drei gleichschenkligen Dreiecke BCU, CAU, ABU. Sie befriedigen das Gleichungstripel

$$\eta + \zeta = \alpha, \qquad \zeta + \xi = \beta, \qquad \xi + \eta = \gamma.$$

Hieraus findet sich

$$\xi = \sigma - \alpha \quad , \quad \eta = \sigma - \beta \quad , \quad \zeta = \sigma - \gamma \quad \text{mit } \sigma = \frac{\alpha + \beta + \gamma}{2}.$$

Nun folgt, etwa aus dem Rechtwinkeldreieck AUN,

$$\operatorname{tg} r = \operatorname{tg} \frac{c}{2} : \cos \zeta.$$

Wenn man Seiten und Winkel als bekannt ansehen darf, ist damit schon r gefunden. Sind aber nur die Seiten oder nur die Winkel gegeben, muß erst noch ζ bzw. c beseitigt werden.

Am einfachsten ist der zweite Fall, da man nach den Halbseitenrelationen (§ 73) $\operatorname{tg} \frac{c}{2}$ direkt durch die Winkel ausdrücken kann:

$$\operatorname{tg} \frac{c}{2} = \sqrt{\frac{-\cos \sigma \cos \zeta}{\cos \xi \ \cos \eta}}.$$

Damit wird

$$\boxed{\operatorname{tg} r = \sqrt{\frac{-\cos \sigma}{\cos \xi \cos \eta \cos \zeta}}}$$

oder, wenn man den Sinus $\mathfrak{r}$ des Polardreiecks einführt,

$$\boxed{\operatorname{tg} r = \frac{-2 \cos \sigma}{\mathfrak{r}}}.$$

Bei gegebenen Seiten verfahren wir wie folgt. Aus

$$\cos \frac{a}{2} = \sqrt{\frac{\cos \eta \cos \zeta}{\sin \beta \sin \gamma}}, \qquad \cos \frac{b}{2} = \sqrt{\frac{\cos \zeta \cos \xi}{\sin \gamma \sin \alpha}},$$

$$\cos \frac{c}{2} = \sqrt{\frac{\cos \xi \cos \eta}{\sin \alpha \sin \beta}}$$

ergibt sich

$$\cos \frac{a}{2} \cdot \cos \frac{b}{2} \cdot \sin \gamma = \cos \zeta \cdot \cos \frac{c}{2}$$

und hieraus

$$\operatorname{tg} r = \frac{\sin \frac{c}{2}}{\cos \frac{a}{2} \cos \frac{b}{2} \sin \gamma}.$$

Ersetzen wir noch $\sin \gamma$ durch

$$\sin \gamma = \frac{\mathfrak{s}}{\sin a \sin b},$$

wo $\mathfrak{s}$ den Sinus des Dreiecks ABC bedeutet, so entsteht schließlich

$$\boxed{\operatorname{tg} r = 4\,\frac{\sin\frac{a}{2}\sin\frac{b}{2}\sin\frac{c}{2}}{\mathfrak{s}}}\,.$$

Zusatz. Bei etwaiger logarithmischer Berechnung von r ist natürlich für $\mathfrak{r}$ der Wurzelwert $2\sqrt{-\cos\sigma\cos\xi\cos\eta\cos\zeta}$, für $\mathfrak{s}$ der Wert $2\sqrt{\sin s\sin x\sin y\sin z}$ zu nehmen.

Der zweite der für r angegebenen Ausdrücke gestattet noch eine bemerkenswerte Umformung.

Es ist

$$\sin x+\sin y = 2\sin\frac{x+y}{2}\cos\frac{x-y}{2} = 2\sin\frac{c}{2}\cos\frac{a-b}{2}\,,$$

$$\sin s-\sin z = 2\cos\frac{s+z}{2}\sin\frac{s-z}{2} = 2\sin\frac{c}{2}\cos\frac{a+b}{2}$$

Hieraus folgt durch Subtraktion

$$\sin x+\sin y+\sin z-\sin s = 2\sin\frac{c}{2}\left(\cos\frac{a-b}{2}-\cos\frac{a+b}{2}\right) =$$

$$4\sin\frac{a}{2}\sin\frac{b}{2}\sin\frac{c}{2}$$

oder

$$4\sin\frac{a}{2}\sin\frac{b}{2}\sin\frac{c}{2} = \sin x+\sin y+\sin z-\sin s.$$

Setzen wir diesen Wert oben ein, so ergibt sich

$$\boxed{\operatorname{tg} r = \frac{\sin x+\sin y+\sin z-\sin s}{\mathfrak{s}}}\,.$$

§ 83

Der Inkreis.

Jedes Kugeldreieck besitzt — wie jedes ebene Dreieck — einen Inkreis, d. h. einen auf der Kugel liegenden Kreis, der die drei Seiten des Dreiecks berührt.

Daher die Aufgabe: Den Mittelpunkt I, die Berührungspunkt X, Y, Z mit den Seiten und dem sphärischen Radius

$$IX = IY = IZ = \rho$$

des Inkreises $\mathfrak{J}$ des vorgelegten Kugeldreiecks ABC zu finden.

Lösung. Wir zeichnen die Halbierer der Winkel α und β und nennen ihren Schnittpunkt I. Wir fällen von I die sphärischen Lote IX, IY, IZ auf die Seiten a, b, c des Dreiecks. Dadurch entstehen zwei paar Rechtwinkeldreiecke: (AIY, AIZ) und (BIZ, BIX). Beim ersten Paare haben wir

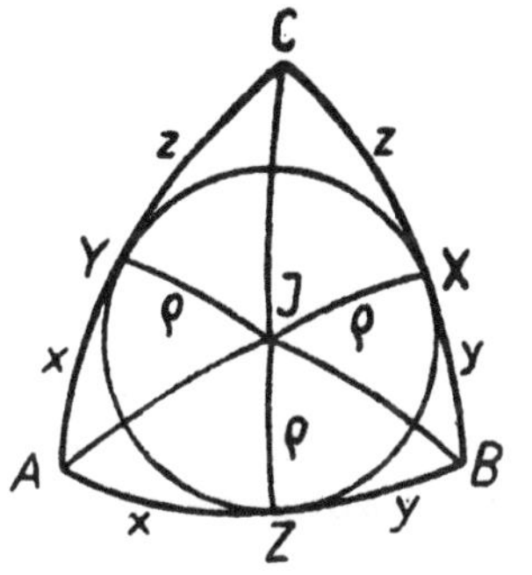

$$\operatorname{tg} AY = \cos\frac{\alpha}{2}\cdot\operatorname{tg} AI,$$

$$\operatorname{tg} AZ = \cos\frac{\alpha}{2}\cdot\operatorname{tg} AI,$$

so daß die Bogen AY und AZ denselben Winkel x bedeuten. Aus dem Cosinussatze folgt nun weiter

$$\cos IY = \cos AI \cos x + \sin AI \sin x \cos\frac{\alpha}{2}$$

und

$$\cos IZ = \cos AI \cos x + \sin AI \sin x \cos\frac{\alpha}{2}\cdot$$

Daher ist $IY = IZ$.

Genau so zeigt man, daß die Bogen BZ und BX denselben Winkel y darstellen, und daß $IZ = IX$ ist.

Zeichnet man also einen Kreis mit dem Zentrum I und dem sphärischen Radius $IX = IY = IZ = \rho$,

so berührt dieser die drei Seiten a, b, c des Dreiecks in den Punkten X, Y, Z. Der Punkt I ist sonach der Mittelpunkt des Inkreises.

Wir werfen noch einen Blick auf das Rechtwinkeldreiecks-paar (CIX, CIY). Nach dem pythagoreischen Satze ist
$\cos CI = \cos CX \cdot \cos\rho$ und $\cos CI = \cos CY \cdot \cos\rho$,
woraus noch folgt, daß die Bogen CX und CY denselben Winkel z darstellen. Schließlich ergibt sich noch aus
$\cos ICX = \operatorname{tg} z : \operatorname{tg} CI$ und $\cos ICY = \operatorname{tg} z : \operatorname{tg} CI$,
daß die Winkel ICX und ICY gleich sind, daß m. a. W. CI der Halbierer des Winkels γ ist.

Ergebnis:

Die drei Winkelhalbierer eines Kugeldreiecks laufen durch **einen** Punkt I. Dieser Punkt ist das Zentrum des Inkreises. Die Berührungspunkte X, Y, Z des Inkreises mit den Dreiecksseiten a, b, c bestimmen auf diesen Seiten drei Paar gleicher Stücke:

$$AY = AZ = x \quad , \quad BZ = BX = y \quad , \quad CX = CY = z!$$

dies sind die von den Dreiecksecken an den Inkreis laufenden Tangenten.

Diese Tangenten befriedigen das Gleichungstripel

$$y + z = a \quad , \quad z + x = b \quad , \quad x + y = c$$

und haben demgemäß die Werte

$$\boxed{x = s - a, \quad y = s - b, \quad z = s - c} \quad \text{mit } s = \frac{a + b + c}{2}.$$

Nun zur Berechnung des Inkreisradius ρ!

Aus dem Rechtwinkeldreieck AIZ z. B. folgt sofort

$$\operatorname{tg} \rho = \operatorname{tg} \frac{\alpha}{2} \cdot \sin x.$$

Sofern Seiten und Winkel bekannt sind, ist damit die Berechnung schon vollzogen. Sind aber nur die Seiten oder nur die Winkel bekannt, so muß α bzw. x beseitigt werden. Die Beseitigung von α ist auf Grund der Halbwinkelrelation

$$\operatorname{tg} \frac{\alpha}{2} = \sqrt{\frac{\sin y \ \sin z}{\sin x \ \sin s}}$$

(§ 73) schnell bewerkstelligt. Wir erhalten die symmetrische Formel

$$\boxed{\operatorname{tg} \rho = \sqrt{\frac{\sin x \ \sin y \ \sin z}{\sin s}}}$$

oder

$$\boxed{\operatorname{tg} \rho = \frac{\mathfrak{s}}{2 \sin s}},$$

wo $\mathfrak{s}$ den Dreieckssinus bedeutet.

Die Beseitigung von x ist etwas umständlicher. Aus den Halbwinkelformeln

$$\sin \frac{\alpha}{2} = \sqrt{\frac{\sin y \ \sin z}{\sin b \ \sin c}}, \quad \sin \frac{\beta}{2} = \sqrt{\frac{\sin z \ \sin x}{\sin c \ \sin a}},$$

$$\sin\frac{\gamma}{2} = \sqrt{\frac{\sin x \sin y}{\sin a \sin b}}$$

ergibt sich

$$\sin a \sin\frac{\beta}{2}\sin\frac{\gamma}{2} = \sin x \sin\frac{\alpha}{2}.$$

Dadurch wird

$$\operatorname{tg}\rho = 2\sin\frac{\alpha}{2}\sin\frac{\beta}{2}\sin\frac{\gamma}{2}\cdot\frac{\sin a}{\sin\alpha},$$

und, wenn man hier noch

$$\frac{\sin a}{\sin\alpha} = \frac{\mathfrak{r}}{\sin\alpha\sin\beta\sin\gamma}$$

setzt, wo $\mathfrak{r}$ den Sinus des Polardreiecks bedeutet,

$$\boxed{\operatorname{tg}\rho = \frac{\mathfrak{r}}{4\cos\frac{\alpha}{2}\cos\frac{\beta}{2}\cos\frac{\gamma}{2}}}$$

oder

$$\boxed{\operatorname{tg}\rho = \frac{\sqrt{-\cos\sigma\cos\xi\cos\eta\cos\zeta}}{2\cos\frac{\alpha}{2}\cos\frac{\beta}{2}\cos\frac{\gamma}{2}}}\,.$$

Der zweite der für $\operatorname{tg}\rho$ angegebenen Werte gestattet noch eine bemerkenswerte Umformung.

Es ist

$$\cos\xi + \cos\eta = 2\cos\frac{\xi+\eta}{2}\cos\frac{\xi-\eta}{2} = 2\cos\frac{\gamma}{2}\cos\frac{\alpha-\beta}{2},$$

$$\cos\zeta + \cos\sigma = 2\cos\frac{\sigma+\zeta}{2}\cos\frac{\sigma-\zeta}{2} = 2\cos\frac{\alpha+\beta}{2}\cos\frac{\gamma}{2},$$

mithin

$$\cos\xi + \cos\eta + \cos\zeta + \cos\sigma = 2\cos\frac{\gamma}{2}\left[\cos\frac{\alpha+\beta}{2} + \cos\frac{\alpha-\beta}{2}\right] =$$

$$4\cos\frac{\alpha}{2}\cos\frac{\beta}{2}\cos\frac{\gamma}{2}$$

oder

$$4\cos\frac{\alpha}{2}\cos\frac{\beta}{2}\cos\frac{\gamma}{2} = \cos\xi + \cos\eta + \cos\zeta + \cos\sigma.$$

So ergibt sich

$$\boxed{\cot\rho = \frac{\cos\xi + \cos\eta + \cos\zeta + \cos\sigma}{\mathfrak{r}}}\,.$$

§ 84
Der Tetraederinhalt.

Auf den Tetraederinhalt stießen wir zwanglos schon im § 69 anläßlich der Einführung des Eckensinus. Dort wurde der Satz bewiesen:

Der Inhalt eines Tetraeders wird gefunden, indem man den sechsten Teil des Produkts der von einer Ecke des Tetraeders ausgehenden Kanten mit dem Sinus dieser Ecke multipliziert.

Im Anschluß an diesen Satz lösen wir hier die

Aufgabe von Euler:

Den Inhalt eines Tetraeders als Funktion der sechs Tetraederkanten darzustellen.

Die Ecken des Tetraeders seien O, A, B, C; die sechs Kanten $OA = p$, $OB = q$, $OC = r$; $BC = a$, $CA = b$. $AB = c$, der gesuchte Inhalt T.

Bedeutet $\mathfrak{s}$ den Sinus der Tetraederecke O, so gilt für T die Formel

$$6T = pqr\mathfrak{s}.$$

Demgemäß handelt es sich jetzt darum, den Eckensinus $\mathfrak{s}$ durch die Kanten auszudrücken. Zu diesem Zwecke benötigen wir die drei Winkel

$$BOC = \alpha \quad , \quad COA = \beta \quad , \quad AOB = \gamma.$$

Durch sie drückt sich $\mathfrak{s}$ wie folgt aus:

$$\mathfrak{s}^2 = 1 - \cos^2\alpha - \cos^2\beta - \cos^2\gamma + 2\cos\alpha\cos\beta\cos\gamma.$$

Nun ist aber

$$\cos\alpha = \frac{q^2 + r^2 - a^2}{2qr} \qquad \cos\beta = \frac{r^2 + p^2 - b^2}{2rp}$$

$$\cos\gamma = \frac{p^2 + q^2 - c^2}{2pq}.$$

Diese Werte sind in der Formel für $\mathfrak{s}^2$ zu substituieren. Die Ausführung der Substitution, bei welcher die Abkürzungen

$$a^2 = A,\ b^2 = B,\ c^2 = C,\ p^2 = P,\ q^2 = Q,\ r^2 = R$$

gute Dienste leisten, führt nach den ordnungsmäßigen Vereinfachungen auf die Gleichung

$$4p^2q^2r^2\mathfrak{s}^2 = \left\{ \begin{array}{c} AP(\bar{A} + \bar{P}) + BQ(\bar{B} + \bar{Q}) + CR(\bar{C} + \bar{R}) \\ - AQR - BRP - CPQ - ABC \end{array} \right\},$$

wobei zur weiteren Abkürzung

$$B+C-A=\overline{A},\quad C+A-B=\overline{B},\quad A+B-C=\overline{C},$$
$$Q+R-P=\overline{P},\quad R+P-Q=\overline{Q},\quad P+Q-R=\overline{R}$$

gesetzt wurde.

Damit haben wir

Eulers Tetraederformel:

$$144\,T^2 = \left\{\begin{array}{l} A\,P\,(\overline{A}+\overline{P})+B\,Q\,(\overline{B}+\overline{Q})+C\,R\,(\overline{C}+\overline{R}) \\ -A\,Q\,R-B\,R\,P-C\,P\,Q-A\,B\,C \end{array}\right\}.$$

Sie drückt das 144 fache Tetraederinhaltsquadrat durch die Quadrate (A, P), (B, Q), (C, R) der Gegenkantenpaare $(a, p)\,(b, q)$, (c, r) aus.

Sie erscheint auch oft in der Schreibung

$$144\,T^2 = \left\{\begin{array}{l} \overline{A}\,P\,A+\overline{B}\,Q\,B+\overline{C}\,R\,C-A\,B\,C \\ -A(P-Q)(P-R)-B(Q-R)(Q-P)-C(R-P)(R-Q) \end{array}\right\}.$$

§ 85

Die Vierpunktrelation.

Fundamentalaufgabe:

Auf einer Kugel liegen vier Punkte A, B, C, O mit den gegenseitigen sphärischen Abständen

$$B\,C=a,\quad C\,A=b,\quad A\,B=c;\quad O\,A=x,\quad O\,B=y,\quad O\,C=z.$$

Welche Beziehung besteht zwischen den sechs Winkeln a, b, c, x, y, z?

Zur Lösung dieser Aufgabe ziehen wir die Winkel ξ, η, ζ heran, die am Punkte O durch die von O ausgehenden Bogen x, y, z bestimmt werden, wobei also ξ durch die Bogen y und z, η durch die Bogen z und x, ζ durch die Bogen x und y gebildet wird und wir ξ, η, ζ etwa so wählen, daß

$$\xi+\eta+\zeta=360^0$$

ausmacht.

Dann ist

$$\cos(\xi+\eta)=\cos\zeta$$

oder

$$\sin\xi\,\sin\eta=\cos\xi\,\cos\eta-\cos\zeta,$$

Diese Gleichung quadrieren wir, ersetzen $\sin^2\xi$ und $\sin^2\eta$ durch $1-\cos^2\xi$ und $1-\cos^2\eta$ und erhalten nach Vereinfachung die Relation

$$1-\cos^2\xi-\cos^2\eta-\cos^2\zeta+2\cos\xi\cos\eta\cos\zeta=0.$$

Nun ist nach dem auf die Dreiecke BCO, CAO, ABO angewandten Cosinussatze

$$\cos\xi=\frac{\cos a-\cos y\cos z}{\sin y\sin z}, \qquad \cos\eta=\frac{\cos b-\cos z\cos x}{\sin z\sin x},$$

$$\cos\zeta=\frac{\cos c-\cos x\cos y}{\sin x\sin y}$$

oder, abgekürzt,

$$\cos\xi=\frac{a_0-y_0z_0}{y_1z_1}, \quad \cos\eta=\frac{b_0-z_0x_0}{z_1x_1}, \quad \cos\zeta=\frac{c_0-x_0y_0}{x_1y_1}.$$

Diese Werte setzen wir in der obigen Relation ein, ersetzen dann x_1^2, y_1^2 und z_1^2 durch $1-x_0^2$, $1-y_0^2$ und $1-z_0^2$, vereinfachen und erhalten die Gleichung

$$1-a_0^2-b_0^2-c_0^2+2a_0b_0c_0=\left\{\begin{array}{l} x_0^2+y_0^2+z_0^2\\ -a_0^2x_0^2-b_0^2y_0^2-c_0^2z_0^2\\ -2a_0y_0z_0-2b_0z_0x_0-2c_0x_0y_0\\ +2b_0c_0y_0z_0+2c_0a_0z_0x_0+2a_0b_0x_0y_0 \end{array}\right\}$$

oder, ausführlich geschrieben,

$$\boxed{\begin{array}{l} 1-\cos^2a-\cos^2b-\cos^2c+2\cos a\cos b\cos c=\\ \left\{\begin{array}{l} (\cos^2x+\cos^2y+\cos^2z)\\ -(\cos^2a\cos^2x+\cos^2b\cos^2y+\cos^2c\cos^2z)\\ -2(\cos a\cos y\cos z+\cos b\cos z\cos x+\cos c\cos x\cos y)\\ +2(\cos b\cos c\cos y\cos z+\cos c\cos a\cos z\cos x\\ \qquad +\cos a\cos b\cos x\cos y) \end{array}\right\} \end{array}}.$$

Dies ist die Vierpunktrelation für die Kugel, so genannt, weil sie die Relation darstellt, die die sechs sphärischen Verbindungslinien miteinander verknüpft, die zwischen vier Punkten der Kugeloberfläche gezogen werden können.

§ 86

Der Umkugelradius des Tetraeders.

Fundamentalaufgabe:

Den Umkugelradius eines Tetraeders zu bestimmen, dessen sechs Kanten bekannt sind.

Lösung. Wir nennen die Ecken des Tetraeders O, A, B, C, die Kanten $OA = \mathfrak{x}$, $OB = \mathfrak{y}$, $OC = \mathfrak{z}$; $BC = \mathfrak{a}$, $CA = \mathfrak{b}$, $AB = \mathfrak{c}$, den Inhalt T, den gesuchten Radius der dem Tetraeder umschriebenen Kugel r.

Die Ecken des Tetraeders bestimmen auf der Umkugel die sechs sphärischen Verbindungslinien

$$OA = x,\quad OB = y,\quad OC = z;\quad BC = a,\quad CA = b,\quad AB = c,$$

zwischen denen die Vierpunktrelation

$$\left.\begin{aligned} & 1 - \cos^2 a - \cos^2 b - \cos^2 c + 2\cos a \cos b \cos c = \\ & \cos^2 x + \cos^2 y + \cos^2 z \\ & - \cos^2 a \cos^2 x - \cos^2 b \cos^2 y - \cos^2 c \cos^2 z \\ & - 2(\cos a \cos y \cos z + \cos b \cos z \cos x + \cos c \cos x \cos y) \\ & + 2(\cos b \cos c \cos y \cos z + \cos c \cos a \cos z \cos x \\ & \qquad + \cos a \cos b \cos x \cos y) \end{aligned}\right\}$$

besteht.

Bedeutet M den Mittelpunkt der Kugel, so sind die sechs Dreiecke MBC, MCA, MAB, MOA, MOB, MOC gleichschenklig mit den Spitzenwinkeln a, b, c, x, y, z, und ihre 12 Schenkel haben alle dieselbe Länge r. Nun ist nach dem Cosinussatze z. B.

$$\cos a = (r^2 + r^2 - \mathfrak{a}^2) : 2rr$$

oder

$$\cos a = 1 - \frac{\mathfrak{a}^2}{2r^2}.$$

Genau so wird

$$\cos b = 1 - \frac{\mathfrak{b}^2}{2r^2},\qquad \cos c = 1 - \frac{\mathfrak{c}^2}{2r^2},\qquad \cos x = 1 - \frac{\mathfrak{x}^2}{2r^2},$$

$$\cos y = 1 - \frac{\mathfrak{y}^2}{2r^2},\qquad \cos z = 1 - \frac{\mathfrak{z}^2}{2r^2}.$$

Diese Werte setzen wir in die Vierpunktrelation ein, wobei wir zur Abkürzung

$$\mathfrak{a}^2 = \mathfrak{A},\ \mathfrak{b}^2 = \mathfrak{B},\ \mathfrak{c}^2 = \mathfrak{C},\ \mathfrak{x}^2 = \mathfrak{X},\ \mathfrak{y}^2 = \mathfrak{Y},\ \mathfrak{z}^2 = \mathfrak{Z},\ r^2 = R$$

setzen. Nach Durchrechnung und Vereinfachung erhalten wir eine lineare Gleichung für R, in welcher der Koeffizient von R das 576 fache des Tetraederinhaltsquadrats darstellt und das Freiglied den Wert

$$2FG + 2GE + 2EF - E^2 - F^2 - G^2$$

mit $$E = \mathfrak{A}\,\mathfrak{X}, \qquad F = \mathfrak{B}\,\mathfrak{Y}, \qquad G = \mathfrak{C}\,\mathfrak{Z}$$

hat. Also:

$$576\,T^2 r^2 = 2(FG + GE + EF) - E^2 - F^2 - G^2$$

oder, wenn man die drei Gegenkantenprodukte

$$e = \mathfrak{a}\,\mathfrak{x}, \qquad f = \mathfrak{b}\,\mathfrak{y}, \qquad g = \mathfrak{c}\,\mathfrak{z}$$

einführt,

$$576\,T^2 r^2 = 2f^2 g^2 + 2g^2 e^2 + 2e^2 f^2 - e^4 - f^4 - g^4.$$

Nun stellt die rechte Seite dieser Gleichung das 16 fache Quadrat des Inhalts Δ eines Dreiecks mit den Seiten e, f, g dar. Damit vereinfacht sich unsere Formel zu

$$\boxed{6\,T r = \Delta},$$

und wir erhalten den eleganten

Satz vom Umkugelradius des Tetraeders:

Das sechsfache Produkt aus dem Inhalt und dem Umkugelradius des Tetraeders gleicht dem Inhalt eines Dreiecks, dessen Seiten die Gegenkantenprodukte des Tetraeders sind.

Bekanntlich läßt sich der Ausdruck

$$2f^2 g^2 + 2g^2 e^2 + 2e^2 f^2 - e^4 - f^4 - g^4$$

in das Produkt der vier Faktoren

$$e + f + g, \qquad f + g - e, \qquad g + e - f, \qquad e + f - g$$

zerlegen. Demnach gilt die bemerkenswerte Formel

$$\boxed{576\,T^2 r^2 = (e + f + g)(f + g - e)(g + e - f)(e + f - g)},$$

in welcher $e = \mathfrak{a}\,\mathfrak{x}$, $f = \mathfrak{b}\,\mathfrak{y}$, $g = \mathfrak{c}\,\mathfrak{z}$ die Gegenkantenprodukte des Tetraeders bedeuten.

§ 87

Eulers Polyedersatz.

Euler hat eine Beziehung aufgestellt, die zwischen der Eckenzahl, Flächenzahl und Kantenzahl eines konvexen Vielflächners besteht.

Unter einem konvexen Polyeder versteht man ein solches, dessen Punkte immer nur auf ein und derselben Seite einer Begrenzungsfläche des Polyeders liegen, welche Begrenzungsfläche man auch betrachten möge.

Um die angedeutete Beziehung abzuleiten, wählen wir irgendeinen Punkt O im Innern des Polyeders zum Zentrum einer beliebigen, etwa das Polyeder umschließenden Kugel und projizieren sämtliche Oberflächenpunkte des Polyeders von O aus auf die Kugeloberfläche $\mathfrak{S}$. Dadurch wird $\mathfrak{S}$ mit einem Netz polygonförmiger Maschen überdeckt. Wir erhalten die Eulersche Beziehung, wenn wir die Inhalte dieser sphärischen Polygone addieren und die erhaltene Summe dem Inhalt der Kugeloberfläche gleich setzen.

Sei e die Anzahl der Ecken, f die Anzahl der Flächen, k die Anzahl der Kanten des Polyeders, endlich r der Kugelradius.

Der Inhalt J eines unserer sphärischen Polygone ist $\frac{\pi}{180} r^2 \varepsilon$, wenn ε den Exzeß des Polygons bedeutet. Bezeichnet w irgend einen in Grad gemessenen Winkel, $\sum w$ die Summe aller Winkel des Polygons, n die Anzahl der Seiten des Polygons, so ist $\varepsilon = \sum w - (n-2)\,180$. Der Inhalt J hat sonach den Wert $\frac{\pi}{180} r^2 \sum w - \pi r^2 (n-2)$. Dieser Ausdruck ist so oft zu bilden, wie Polygone vorhanden sind, also f mal; dann liefert die Summe aller J, $\sum J$, den Inhalt $4\pi r^2$ der Kugelfläche. Das gibt

$$4\pi r^2 = \sum J = \frac{\pi}{180} r^2 \sum \sum w - \pi r^2 \sum (n-2).$$

Nun ist $\sum\sum w$ nichts anderes als die Summe sämtlicher auf $\mathfrak{S}$ vorkommenden Polygonwinkel. Wir summieren eckenweise und erhalten an jeder Ecke 360°; das macht im ganzen, da e Ecken vorhanden sind, $e\,360$. Also $\sum\sum w = e\,360$. Der Ausdruck $\sum (n-2)$ ist eine Summe von f Gliedern von der Form $(n-2)$, hat mithin, da jede Seite zweimal gezählt wird, den Wert $2k - f \cdot 2$. Setzen wir die gefundenen Werte für $\sum\sum w$ und $\sum (n-2)$ ein, so erhalten wir

$$4\pi r^2 = \frac{\pi}{180} r^2 \cdot e\,360 - \pi r^2 (2k - 2f),$$

oder $$2 = e + f - k,$$
oder endlich $$\boxed{e + f = k + 2}\,.$$

Diese berühmte Relation stellt den **Eulerschen Polyedersatz** dar. Man kann sie folgendermaßen in Worte fassen:

Bei allen konvexen Polyedern hat die um die Kantenzahl verminderte Summe aus Ecken- und Flächenzahl denselben Wert, nämlich den Wert 2.

Beispiele:

1. Würfel. $e = 8$, $f = 6$, $k = 12$; $e + f - k = 2$.
2. Pyramide mit n Seitenflächen.
   $e = n + 1$, $f = n + 1$, $k = 2n$; $e + f - k = 2$.

§ 88

Die reguläre Ecke.

Der Begriff der regulären Ecke schließt sich ungezwungen an den Begriff des regulären sphärischen Polygons an.

Unter einem regelmäßigen Kugelpolygon versteht man ein aus Hauptbögen gebildetes Vieleck auf der Kugelfläche mit lauter gleichen Seiten und lauter gleichen Winkeln.

Verbindet man die Ecken eines regulären Kugelpolygons mit dem Zentrum der Kugel, so entsteht die reguläre körperliche Ecke. Hat das Kugelpolygon die n Ecken $A_1, A_2, \ldots A_n$, und ist O das Kugelzentrum, so sind die Winkel $A_1 O A_2$, $A_2 O A_3, \ldots A_n O A_1$ die n gleichen Seiten der Ecke. Diese Winkel stellen zugleich die Seiten des Kugelpolygons dar. Die Neigungswinkel zwischen den Ebenen $A_1 O A_2$ und $A_2 O A_3$, $A_2 O A_3$ und $A_3 O A_4$ usw. sind die sogenannten Winkel der körperlichen Ecke. Sie stimmen überein mit den Winkeln des Kugelpolygons.

Die **Grundaufgabe** der regulären körperlichen Ecke lautet:

Aus der Seite a und der Seitenzahl n der regulären Ecke den Winkel α der Ecke zu bestimmen.

In der folgenden Figur stelle $A_1 A_2$ eine Seite des die Ecke erzeugenden Kugelpolygons, M den Mittelpunkt des Polygons dar. (Unter dem Mittelpunkt des Kugelpolygons versteht man den im Innern des Polygons auf der Kugelfläche gelegenen Punkt, der von den Polygonecken gleich weit entfernt ist.) Der Punkt M ist mit den Polygonecken A_1, A_2 durch Hauptbögen verbunden, wodurch das gleichschenklige Kugeldreieck $M A_1 A_2$ mit der Basis $A_1 A_2 = a$, mit dem Basiswinkel $M A_1 A_2 = M A_2 A_1 = \frac{1}{2}\,\alpha$ und dem Winkel an der Spitze $A_1 M A_2 = 360^0 : n$ entsteht. Durch die sphärische Basishöhe $M N$ zerfällt das gleichschenklige Dreieck in zwei gleiche rechtwinklige Dreiecke. Aus einem derselben, etwa aus $M N A_1$, folgt nun auf Grund der Formeln für das rechtwinklige Kugeldreieck:

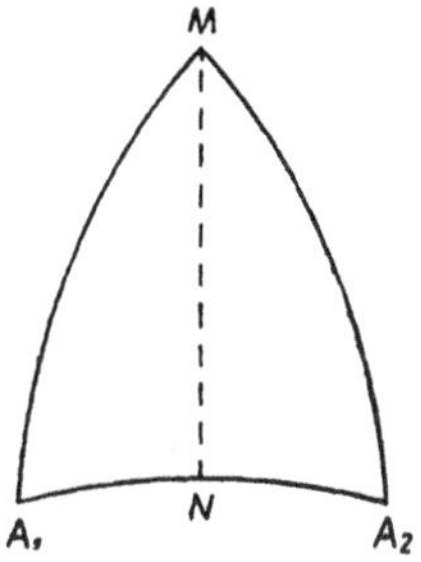

$$\cos A_1 N = \cos A_1 M N : \sin M A_1 N \text{ oder}$$

$$\cos \frac{a}{2} = \cos \frac{180^0}{n} : \sin \frac{\alpha}{2},$$

d. h. endlich

$$\boxed{\sin \frac{\alpha}{2} = \frac{\cos \frac{180^0}{n}}{\cos \frac{a}{2}}},$$

womit die Grundaufgabe gelöst ist.

§ 89

Die regulären Polyeder.

Unter einem regulären Polyeder versteht man ein konvexes Polyeder, welches von lauter kongruenten regulären Polygonen und kongruenten regulären Ecken begrenzt wird.

Mit andern Worten: Unter einem regulären Polyeder versteht man ein Polyeder, dessen Ecken auf einer Kugelfläche liegen und dort die Ecken eines Netzes kongruenter regulärer sphärischer Polygone bilden, von denen die Kugelfläche lückenlos überdeckt ist.

Sind die Polygone n-Ecke, und stoßen an jeder Ecke des Polyeders m Polygone oder, was dasselbe besagt, m Kanten zusammen, so ist $n f = 2 k$ und $m e = 2 k$,

wenn, wie im vorigen Paragraphen, mit e die Anzahl der Ecken, mit f die Anzahl der Flächen und mit k die Anzahl der Kanten des Polyeders bezeichnet wird.

Nach Euler hat man $e + f = k + 2$,

hier also

$$\frac{2k}{m} + \frac{2k}{n} = k + 2,$$

oder

$$\boxed{\frac{1}{n} + \frac{1}{m} = \frac{1}{2} + \frac{1}{k}}.$$

Hieraus folgt, daß die Summe der Brüche $\frac{1}{n}$ und $\frac{1}{m}$ sicher größer als $\frac{1}{2}$ sein muß. Da aber keine der beiden Zahlen n und m kleiner als 3 sein kann, so ergeben sich nur die folgenden fünf Möglichkeiten:

1) $n = 3,\ m = 3$; 2) $n = 3,\ m = 4$;
3) $n = 3,\ m = 5$; 4) $n = 4,\ m = 3$;
5) $n = 5,\ m = 3$.

Es kann also nur fünf reguläre Polyeder geben.

Im ersten Falle ist der Körper von regulären Dreiecken begrenzt, von denen drei in jeder Ecke zusammenstoßen; wir haben das regelmäßige Tetraeder.

Der zweite Fall liefert das reguläre Oktaeder, auch von gleichseitigen Dreiecken begrenzt, von denen an jeder Ecke vier zusammenstoßen.

Der dritte Fall führt auf das reguläre Ikosaeder, gleichfalls von lauter gleichseitigen Dreiecken begrenzt, von denen jedesmal fünf an einer Ecke zusammenstoßen.

Im vierten Falle erhalten wir den Würfel, das regelmäßige Hexaeder.

Endlich im fünften Falle gelangen wir zum regulären Dodekaeder, das von regulären Fünfecken begrenzt ist, von denen drei an jeder Ecke zusammenstoßen.

Im folgenden werden wir zeigen, wie die fünf regulären Körper konstruiert werden können.

I. Das Tetraeder.

Wir gehen aus von einem gleichseitigen Dreieck $A\,B\,C$, errichten in seinem Mittelpunkte auf seiner Ebene eine Senkrechte und machen diese so lang, daß ihr Endpunkt D von den drei Ecken A, B, C dieselbe Entfernung hat, wie diese Ecken untereinander. Dann ist $A\,B\,C\,D$ das reguläre Tetraeder.

II. Das Oktaeder.

Wir verfahren ganz ähnlich, nur daß diesmal die Ausgangsfigur ein Quadrat $A\,B\,C\,D$ ist, und daß die im Mittelpunkte des Quadrats auf seiner Ebene errichtete Senkrechte nach beiden Seiten des Quadrats verläuft, natürlich so weit läuft, bis die Endpunkte E, F von den vier Ecken A, B, C, D dieselben Entfernungen haben, wie A von B.

$A\,B\,C\,D\,E\,F$ ist dann das reguläre Oktaeder.

III. Das Hexaeder.

Der Würfel ist so einfach, daß sich seine Besprechung hier erübrigt.

IV. Das Ikosaeder.

Zum regulären Ikosaeder gelangen wir am einfachsten durch eine lückenlose Überdeckung der Oberfläche einer Kugel mit 20 regulären Kugeldreiecken.

Wir wählen auf der Kugel zwei Gegenpunkte N und S, die wir kurz als Nordpol und Südpol bezeichnen, und konstruieren in gleichen Winkelabständen (Längenunterschieden) 10 Meridiane, von denen in unserer Figur, die eine Orthogonalprojektion der Kugel darstellt, sechs Stück, die Meridiane 1, 2 3, 4, 5, 6 zu sehen sind. Zwei von diesen, 1 und 6, bilden die Begrenzungshalbkreise zwischen Vorderseite und Rückseite der Kugelfläche, die andern vier, 2, 3, 4, 5, liegen auf der Vorderfläche der Kugel. Die auf der Rückseite der Kugel liegenden Meridiane 7, 8, 9, 10 sind nicht zu sehen, sie werden in unserer Projektion von 5, 4, 3, 2 bedeckt. Der Längenunterschied zwischen je zwei benachbarten Meridianen ist 36°.

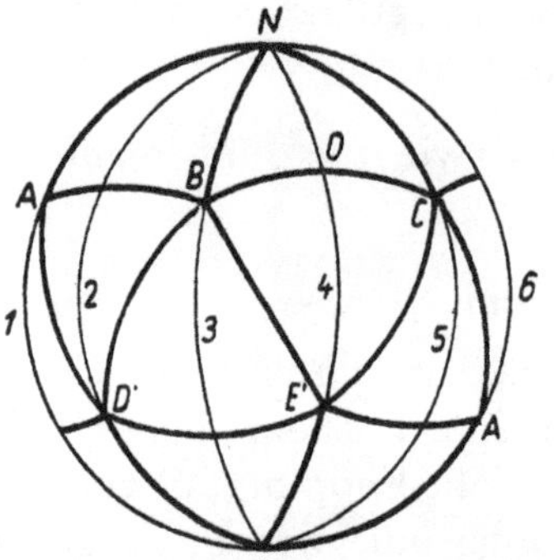

Um N und S herum gruppieren wir nun je fünf gleichseitige Kugeldreiecke vom Winkel 72° $N\,A\,B$, $N\,B\,C$, $N\,C\,D$, $N\,D\,E$, $N\,E\,A$, bzw. $S\,A'\,B'$, $S\,B'\,C'$, $S\,C'\,D'$, $S\,D'\,E'$, $S\,E'\,A'$, deren an N bzw. S stoßende Seiten auf die Meridiane 1, 3, 5, 7, 9 bzw. 6, 8, 10, 2, 4 fallen. In unserer Figur sind die Ecken A, B, C, D', E', A', zu sehen, die Ecken D, E, B', C' sind durch die Ecken C, B, E', D' verdeckt. Die Meridiane mit gerader Ziffer gehen durch die Basismitten der 5 gleichseitigen Dreiecke mit der Spitze N, die andern Meridiane durch die Basismitten der am Südpol gelegenen fünf Dreiecke. So ist z. B. O die Mitte der Seite $B\,C$.

In der nächsten Figur ist eins der 10 gleichseitigen Dreiecke besonders gezeichnet. Die Seite sei $l = 2\,k$, die Höhe h. Jedes der beiden rechtwinkligen Dreiecke, in welche h das ganze Dreieck zerlegt, gestattet die Berechnung von l. Wir haben dafür die Gleichung $\cos l = \operatorname{cotg} 72^\circ \operatorname{cotg} 36^\circ$. Verlängern wir h über seinen Fußpunkt hinaus um sich selbst, und verbinden wir den Endpunkt der Verlängerung mit einer Dreiecksecke, die nicht zu h gehört, so entsteht ein neues gleichschenkliges Kugeldreieck mit dem Schenkel l, der Basis $2\,h$, dem Basiswinkel 36° und dem Winkel an der Spitze 144°.

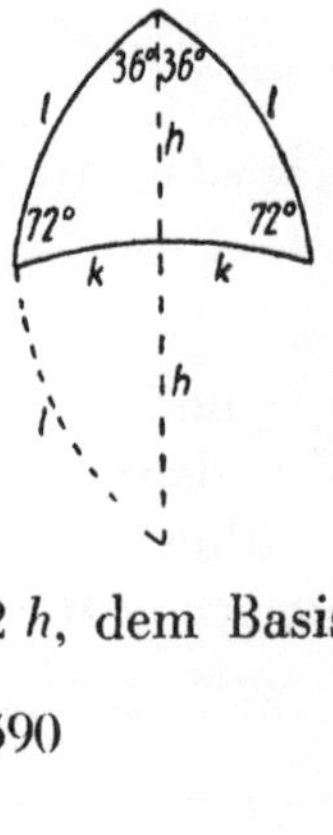

Da sin $144^0 = \sin 36^0$ ist, so liefert der auf dieses Dreieck angewandte Sinussatz die Beziehung $\sin 2h = \sin l$, d. h. aber: l und $2h$ sind Supplemente.

Kehren wir nun zu unserer großen Figur zurück. Da $NO = h$, $SE' = l$ und $SN = 180^0$ ist, muß wegen $l + 2h = 180^0$ $E'O = h$ sein. Verbinden wir also E' mit B und C durch Hauptbögen, so ist das Kugeldreieck BCE' jedem der 10 gleichseitigen Ausgangsdreiecke kongruent. Dasselbe gilt natürlich auch für die analogen Dreiecke ABD', $E'D'B$, $A'E'C$ usw. Wir erkennen: in dem Gürtel zwischen den beiden von den 2 mal 5 gleichseitigen Ausgangsdreiecken gebildeten Oberflächenteilen lassen sich gerade noch einmal 10 den Ausgangsdreiecken kongruente reguläre Dreiecke unterbringen, womit dann die ganze Kugel von 20 regulären Dreiecken lückenlos überdeckt ist.

Damit ist der Existenzbeweis für das reguläre Ikosaeder erbracht. Die gefundenen Punkte $N, S, A, B, C, D, E, A', B', C', D', E'$ stellen die 12 Ecken des regulären Ikosaeders dar. Wir zählen 30 Kanten und 20 Flächen, in Übereinstimmung mit dem Eulerschen Satze $e + f = k + 2$.

V. Das Dodekaeder.

Auch beim Dodekaeder gehen wir von seiner Umkugel aus, deren Oberfläche wir in 12 kongruente reguläre Fünfecke zerlegen.

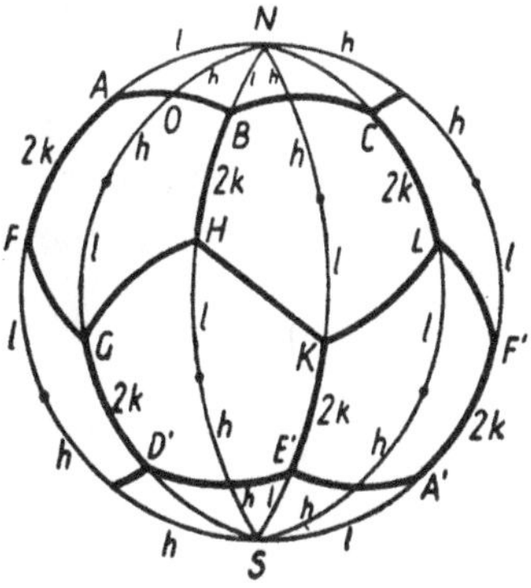

Wie beim Ikosaeder zerlegen wir die Oberfläche der Kugel durch 10 äquidistante Meridiane in ebensoviel kongruente Zweiecke mit den gemeinsamen Ecken N und S. Um den Nordpol N als gemeinsame Spitze gruppieren wir 5 kongruente gleichschenklige Kugeldreiecke mit dem Basiswinkel 60^0, deren Schenkel NA, NB, NC, ND, NE auf den Meridianen 1, 3, 5, 7, 9 liegen, deren Winkel an der Spitze mithin 72^0 ausmacht. Dadurch erhalten wir das reguläre Kugelfünfeck $ABCDE$

mit dem Mittelpunkt N. Um S als Mittelpunkt zeichnen wir in derselben Weise das reguläre Fünfeck $A' B' C' D' E'$, wo die gestrichelten Buchstaben die Gegenpunkte der ungestrichelten bedeuten, wo also A', B', C', D', E' bzw. auf den Meridianen 6, 8, 10, 2, 4 liegen.

Ehe weiter gezeigt werden kann, daß der Gürtel zwischen den beiden gezeichneten Fünfecken mit 10 ebenso großen regulären Fünfecken lückenlos ausgefüllt werden kann, muß das Bestimmungsdreieck NAB des ersten Fünfecks näher untersucht werden. Es hat den Schenkel $NA = NB = l$, die Basis $AB = 2k$ und zerfällt durch die Basishöhe $NO = h$ in zwei rechtwinklige Dreiecke mit der Hypotenuse l, den Katheten k und h und den beiden Winkeln 60^0 und 36^0. Nebenstehende kleine Skizze zeigt das rechtwinklige Dreieck.

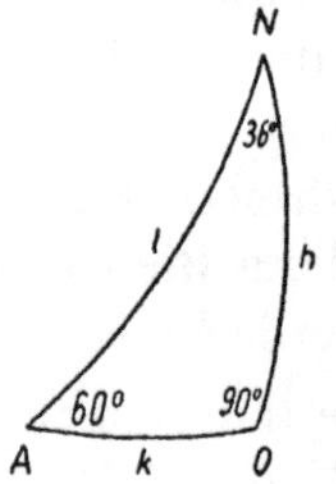

Nun hat ein rechtwinkliges Kugeldreieck mit den Winkeln 60^0 und 36^0 die merkwürdige Eigenschaft, daß sein Umfang gerade 90^0 ist.

Um das einzusehen, berechnen wir etwa $\cos(k + h)$ und $\sin l$ und zeigen, daß diese beiden Werte gleich sind. Da die Kreisfunktionen der Winkel 60^0 und 36^0 früher (§ 6) angegeben wurden, macht die Berechnung keine Schwierigkeiten. Dennoch mögen die einzelnen Werte hier angegeben werden, wobei r als Abkürzung für $\sqrt{5}$ dienen soll. Es ist

1) $\cos l = \operatorname{cotg} 60^0 \cdot \cot 36^0 = \sqrt{\frac{5+2r}{15}}$, also $\sin l = \sqrt{\frac{10-2r}{15}}$,

2) $\cos h = \cos 60^0 : \sin 36^0 = \sqrt{\frac{5+r}{10}}$, also $\sin h = \sqrt{\frac{5-r}{10}}$,

3) $\cos k = \cos 36^0 : \sin 60^0 = \sqrt{\frac{3+r}{6}}$, also $\sin k = \sqrt{\frac{3-r}{6}}$.

Hieraus folgt

$$\cos(h + k) = \cos h \cos k - \sin h \sin k =$$

$$\sqrt{\frac{5+2r}{15}} - \sqrt{\frac{5-2r}{15}} = \sqrt{\frac{10-2r}{15}} = \sin l\,.$$

Aus der Gleichung

$$l + h + k = 90^0$$

folgt, daß sich jeder unserer Meridiane aus den Bestandteilen l, $2k$, $l + h$ und h zusammensetzen läßt. Diese Zusammensetzung ist in der Figur ersichtlich gemacht, und die zwischen den beiden Bestandteilen $2k$ und $l + h$ gelegenen Teilpunkte sind durch die Buchstaben F, G, H, K, L, F' hervorgehoben. Die Konstruktion ist auch auf die Rückseite der Kugel zu übertragen und liefert dann noch die weiteren Teilpunkte G', H', K', L', die aber durch L, K, H, G verdeckt sind.

Alles weitere ist nun höchst einfach. Die gefundenen 10 Teilpunkte F bis L und F' bis L' sind die fehlenden Ecken der 10 regulären Fünfecke, die den Gürtel zwischen den Zickzacklinien $ABCDEA$ und $A'B'C'D'E'A'$ ausfüllen. Wir brauchen nur noch die Bögen FG, GH, HK usw. auszuziehen, und die lückenlose Bedeckung der Kugel mit 12 kongruenten regelmäßigen Fünfecken ist bewirkt. (Daß z. B. HK gleich der Fünfecksseite $2k$, oder daß $\sphericalangle HKE'$ z. B. 120^0 ausmacht, ist ohne Schwierigkeit zu zeigen.)

Die gefundenen 20 Ecken $A, B, C, D, E, F, G, H, K, L, A', B'$, usw. bis L' sind nun zugleich die Ecken eines regulären Dodekaeders mit der Kante AB. Der Existenzbeweis des Dodekaeders ist erbracht.

Das Dodekaeder hat, wie das Ikosaeder, 30 Kanten, aber nur 12 Flächen, in Übereinstimmung mit der Eulerschen Relation

$$e + f = k + 2.$$

Wir schließen unsere Betrachtungen über reguläre Körper ab mit der Lösung der **fundamentalen Aufgabe:**

Aus der Kante c eines von f ebenen n-Ecken und e körperlichen m-Ecken begrenzten regulären Polyeders Inhalt, Oberfläche, Umkugel und Inkugel des Polyeders zu bestimmen.

Wir nennen den Winkel des n-Ecks, der zugleich Seite der m-Ecke ist, a, den Winkel jeder Polyederecke (jeder m-Ecke) α.

Dann ist $a = 180^0 - \frac{360^0}{n}$, mithin nach § 88

$$\sin\frac{\alpha}{2} = \cos\frac{180}{m} : \sin\frac{180}{n}.$$

Der Radius ρ der Inkugel wird

$$\rho = \frac{c}{2}\,\mathrm{tg}\,\frac{a}{2}\,\mathrm{tg}\,\frac{\alpha}{2}$$

oder auch

$$\rho = \frac{c}{2}\,\mathrm{tg}\,\frac{\alpha}{2}\,\mathrm{cotg}\,\frac{180^0}{n}.$$

Den Radius r der Umkugel finden wir aus der pythagoreischen Beziehung

$$r^2 = \rho^2 + \left(\frac{c}{2}\sec\frac{a}{2}\right)^2.$$

Drücken wir in dieser Formel alles durch α und m aus, so entsteht nach einigen Umformungen die einfache Beziehung

$$r = \frac{c}{2}\,\mathrm{tg}\,\frac{\alpha}{2}\,\mathrm{tg}\,\frac{180^0}{m}.$$

Nennen wir den Inhalt einer der f Begrenzungsflächen C, so haben wir sofort die Oberfläche $O = f\,C$ und den Inhalt V des Polyeders

$$V = \frac{1}{3} f\,C\,\rho.$$

Führen wir die angedeutete Berechnung für Oberfläche und Inhalt in den fünf möglichen Fällen durch, so erhalten wir folgende Zusammenstellung:

	Oberfläche	Inhalt
Tetraeder	$c^2\sqrt{3}$	$\frac{1}{12}c^3\sqrt{2}$
Oktaeder	$2c^2\sqrt{3}$	$\frac{1}{3}c^3\sqrt{2}$
Ikosaeder	$5c^2\sqrt{3}$	$\frac{5}{12}c^3(3+\sqrt{5})$
Hexaeder	$6c^2$	c^3
Dodekaeder	$3c^2\sqrt{25+10\sqrt{5}}$	$\frac{1}{4}c^3(15+7\sqrt{5})$

§ 90
Der Satz von Ptolemäus.

Vorgelegt ist die Frage:

Wann liegen vier Punkte einer Kugelfläche auf einem Kreise?

Wenn ein beweglicher Punkt einen Kugelkreis $\mathfrak{K}$ durchläuft und dabei sukzessiv die vier Stellen A, B, C, D passiert, ist $A\,B\,C\,D$ ein ebenes Kreisviereck mit den gradlinigen Seiten

$$A\,B = \mathfrak{a}, \qquad B\,C = \mathfrak{b}, \qquad C\,D = \mathfrak{c}, \qquad D\,A = \mathfrak{d}$$

und den gradlinigen Diagonalen

$$A\,C = \mathfrak{e} \quad , \qquad B\,D = \mathfrak{f},$$

zugleich ein Kugelviereck mit den sphärischen Seiten (Hauptbogen)

$$A\,B = a, \qquad B\,C = b, \qquad C\,D = c, \qquad D\,A = d$$

und den sphärischen Diagonalen

$$A\,C = e \quad , \qquad B\,D = f.$$

Zwischen den sphärischen und gradlinigen Stücken bestehen die Beziehungen

$$\mathfrak{a} = 2r \sin\frac{a}{2}, \quad \mathfrak{b} = 2r \sin\frac{b}{2}, \quad \mathfrak{c} = 2r \sin\frac{c}{2}, \quad \mathfrak{d} = 2r \sin\frac{d}{2},$$

$$\mathfrak{e} = 2r \sin\frac{e}{2}, \quad \mathfrak{f} = 2r \sin\frac{f}{2},$$

wenn r den Kugelradius bedeutet.

Nach dem Satze von Ptolemäus § 31 für ebene Kreisvierecke ist

$$\mathfrak{e}\,\mathfrak{f} = \mathfrak{a}\,\mathfrak{c} + \mathfrak{b}\,\mathfrak{d}.$$

Durch Substitution der eben aufgeführten Werte wird hieraus

$$\boxed{\sin\frac{e}{2}\sin\frac{f}{2} = \sin\frac{a}{2}\sin\frac{c}{2} + \sin\frac{b}{2}\sin\frac{d}{2}}\;.$$

Folglich:

Im Kugelkreisviereck $A\,B\,C\,D$, in dem die Ecken in dieser Ordnung aufeinander folgen, ist das Produkt aus den Sinus der Diagonalenhälften gleich der Summe der Produkte aus den Sinus der Gegenseitenhälften.

Nunmehr sei umgekehrt A, B, C, D ein System von vier beliebigen Punkten einer Kugel, kurz $ABCD$ ein Viereck auf einer Kugel vom Radius r mit den gradlinigen Verbindungslinien

$$AB = \mathfrak{a},\quad BC = \mathfrak{b},\quad CD = \mathfrak{c},\quad DA = \mathfrak{d},\quad AC = \mathfrak{e},\quad BD = \mathfrak{f}$$

und den sphärischen Verbindungslinien

$$AB = a,\quad BC = b,\quad CD = c,\quad DA = d,\quad AC = e,\quad BD = f$$

so beschaffen, daß

$$\sin\frac{e}{2}\cdot\sin\frac{f}{2} = \sin\frac{a}{2}\cdot\sin\frac{c}{2} + \sin\frac{b}{2}\cdot\sin\frac{d}{2}$$

ist. (Es wird nicht vorausgesetzt, daß AC und BD Diagonalen sind, auch nicht, daß das Viereck konvex ist.) Wir behaupten, daß das Viereck einem Kugelkreise $\mathfrak{K}$ einbeschrieben ist.

Beweis. Zunächst verwandelt sich die Voraussetzungsgleichung in

$$\mathfrak{e}\mathfrak{f} = \mathfrak{a}\mathfrak{c} + \mathfrak{b}\mathfrak{d}.$$

Wenn wir also zeigen können, daß das Viereck $ABCD$ ein ebenes Viereck ist, folgt nach dem Satze von Ptolemäus (§ 31), daß die vier Ecken A, B, C, D auf einem Kreise und damit auf einem Kreise $\mathfrak{K}$ unserer Kugel liegen. Diesen Nachweis führen wir indirekt. Angenommen, das Viereck $ABCD$ wäre nicht eben, sondern der Punkt D läge außerhalb der Ebene des Dreiecks ABC. Dann ist der Inhalt T des Tetraeders $ABCD$ von Null verschieden. Außerdem gilt nach der Umkugelradiusformel von § 86 die Relation

$$576\,T^2 r^2 = (\mathfrak{a}\mathfrak{c} + \mathfrak{b}\mathfrak{d} + \mathfrak{e}\mathfrak{f})(\mathfrak{a}\mathfrak{c} + \mathfrak{b}\mathfrak{d} - \mathfrak{e}\mathfrak{f})(\mathfrak{b}\mathfrak{d} + \mathfrak{e}\mathfrak{f} - \mathfrak{a}\mathfrak{c})(\mathfrak{e}\mathfrak{f} + \mathfrak{a}\mathfrak{c} - \mathfrak{b}\mathfrak{d}).$$

Letzteres ist aber unmöglich, da die linke Seite dieser Gleichung von Null verschieden, die rechte Seite wegen des Faktors $\mathfrak{a}\mathfrak{c} + \mathfrak{b}\mathfrak{d} - \mathfrak{e}\mathfrak{f}$ aber gleich Null ist. Dieser Widerspruch verschwindet nur, wenn man zugibt, daß die vier Ecken A, B, C, D in einer Ebene liegen.

Das Ergebnis unserer Untersuchung ist der

Satz von Ptolemäus für die Kugel:

Vier Punkte A, B, C, D einer Kugel liegen dann und nur dann auf einem Kreise, wenn **eins** der drei Produkte

$$\sin\frac{BC}{2}\sin\frac{DA}{2}, \qquad \sin\frac{CA}{2}\sin\frac{DB}{2}, \qquad \sin\frac{AB}{2}\sin\frac{DC}{2}$$

der Summe der anderen beiden gleicht.

§ 91
Lexells Satz.

Aus der Planimetrie kennt man den Satz:

Der Ort der freien Ecke C eines Dreiecks ABC mit den beiden festen Ecken A und B und dem vorgeschriebenen Sinus des Winkels γ ist ein durch A und B laufender Kreis mit dem Radius

$$r = \frac{c}{2} : \sin\gamma.$$

Für Kugeldreiecke existiert ein entsprechender Satz nicht. Die Übertragung von der Ebene auf die Kugel gelingt aber leicht, wenn man den Satz wie folgt umformt.

Zunächst erinnern wir an die Abkürzungen

$$\sigma = \frac{\alpha + \beta + \gamma}{2}, \qquad \xi = \sigma - \alpha, \qquad \eta = \sigma - \beta, \qquad \zeta = \sigma - \gamma.$$

Daraufhin sprechen wir den Satz so aus:

Der Ort der freien Ecke C eines ebenen Dreiecks ABC mit den beiden festen Ecken A und B und dem vorgeschriebenen Cosinus des Winkels ζ ist ein durch A und B laufender Kreis mit dem Radius

$$r = \frac{c}{2} : \cos\zeta.$$

Die Übertragung auf die Kugel lautet:

Satz:

Der Ort der freien Ecke C des Kugeldreiecks ABC mit den beiden festen Ecken A und B und dem vorgeschriebenen Cosinus des Winkels ζ ist ein durch A und B laufender Kugelkreis mit dem durch die Formel

$$\operatorname{tg} r = \operatorname{tg}\frac{c}{2} : \cos\zeta$$

fixierten sphärischen Radius r.

Beweis. Wir tragen in A an AB und in B an BA den Winkel ζ an und nennen den Schnittpunkt der freien Schenkel U, den Bogen (Winkel) UA und UB r. Aus dem gleichschenkligen Kugeldreieck ABU folgt dann

$$\operatorname{tg} r = \operatorname{tg} \frac{c}{2} : \cos \zeta.$$

Wir tragen weiter in A an AU den Winkel η und in B an BU den Winkel ξ an und nennen den Schnittpunkt der freien Schenkel C, den Hauptbogen UC $\mathfrak{r}$, die Winkel BCU und ACU und ACU φ und ψ. Dann ist nach dem Sinussatz

$$\sin \varphi : \sin \xi = \sin r : \sin \mathfrak{r} \qquad \text{und} \qquad \sin \psi : \sin \eta = \sin r : \sin \mathfrak{r},$$

mithin

$$\sin \varphi : \sin \psi = \sin \xi : \sin \eta.$$

Durch Bildung der Quasireziproken folgt hieraus

$$\operatorname{tg} \frac{\varphi - \psi}{2} : \operatorname{tg} \frac{\varphi + \psi}{2} = \operatorname{tg} \frac{\xi - \eta}{2} : \operatorname{tg} \frac{\xi + \eta}{2}.$$

Nun ist aber

$$1^0 \quad \varphi + \psi = \gamma \quad , \quad 2^0 \quad \xi + \eta = \gamma,$$

folglich

$$\frac{\varphi + \psi}{2} = \frac{\xi + \eta}{2}$$

und weiter

$$\operatorname{tg} \frac{\varphi - \psi}{2} = \operatorname{tg} \frac{\xi - \eta}{2}$$

oder

$$\frac{\varphi - \psi}{2} = \frac{\xi - \eta}{2}.$$

Daher ist

$$\varphi = \xi \qquad \text{und} \qquad \psi = \eta.$$

Die Dreiecke BCU und ACU sind also gleichschenklig, und wir erhalten

$$\mathfrak{r} = r.$$

Das heißt: Die freie Ecke C beschreibt bei ihrer Bewegung einen Kugelkreis mit dem Zentrum U und dem sphärischen Radius r. Q. E. D.

Satz von Lexell:

Der Ort der freien Ecke C eines Kugeldreiecks ABC mit gegebener Grundlinie AB und gegebenem Inhalt ist ein durch die Gegenpunkte von A und B laufender Kugelkreis.

Dieser Kugelkreis wird der Lexellsche Kreis genannt. (Lexell, Acta Petropolitana, 1781, Bd. I).

Beweis. Wir ergänzen den Hauptbogen AB zu einem Hauptkreise $\mathfrak{H}$ und markieren auf $\mathfrak{H}$ die Gegenpunkte A' und B' von A und B, wodurch die Halbhauptkreise ACA' und BCB' entstehen. Nun nennen wir für den Augenblick den Punkt C noch C' und achten auf das Kugeldreieck $A'B'C'$. Es hat zwei feste Ecken: A' und B', während die Ecke C' frei beweglich ist. Seine Winkel sind

$$\alpha' = 180^0 - \alpha, \qquad \beta' = 180^0 - \beta, \qquad \gamma' = \gamma,$$

die zugehörigen Winkel ξ', η', ζ' sind

$$\xi' = \frac{\beta' + \gamma' - \alpha'}{2} = \eta, \qquad \eta' = \frac{\gamma' + \alpha' - \beta'}{2} = \xi,$$

$$\zeta' = \frac{\alpha' + \beta' - \gamma'}{2} = 180^0 - \sigma.$$

Nun hat der Exzeß des Dreiecks ABC den Betrag $\varepsilon = 2\sigma - 180^0$. Folglich ist

$$\zeta' = 90^0 - \frac{\varepsilon}{2}.$$

Da der Inhalt des Dreiecks ABC einerseits einen vorgeschriebenen Wert hat, anderseits dem Arcus von ε gleicht, wenn der Kugelradius als Längeneinheit dient, so ist ε und damit auch der Winkel ζ' des Dreiecks $A'B'C'$ eine Konstante.

Daher ist der Ort von C' — oder was dasselbe ist, der Ort von C — ein Kugelkreis, der durch die beiden Fixpunkte A' und B' läuft. Dieser Kreis — ein Nebenkreis der Kugel — ist Lexells Ortskreis.

§ 92

Die Kreispotenz.

In der Zeichenebene seien ein Kreis $\mathfrak{K}$ und ein Punkt O vorgelegt. Dann gilt folgender

Satz von der Kreispotenz:

Dreht sich eine durch O laufende, den Kreis in den veränderlichen Punkten X und Y schneidende Sekante um O, so bleibt das Produkt

$$OX \cdot OY$$

unverändert.

Der konstante Wert dieses Produkts heißt die Potenz des Kreises $\mathfrak{K}$ im Punkte O (auch wohl die Potenz des Punktes O in Bezug auf den Kreis $\mathfrak{K}$) und wird mit $\mathfrak{K}O$ bezeichnet. Ist z die Zentrale des Punktes O, r der Radius des Kreises, so ist

$$\mathfrak{K}O = z^2 - r^2 \qquad \text{oder} \qquad = r^2 - z^2,$$

je nachdem O außerhalb oder innerhalb des Kreises $\mathfrak{K}$ liegt.

Ein ähnlicher Satz gilt, wenn der Kreis $\mathfrak{K}$ und der Punkt O auf der Oberfläche einer Kugel liegen. Um ihn herzuleiten, benötigen wir einen Hilfssatz über das gleichschenklige Kugeldreieck, den wir folgendermaßen aussprechen:

Spitzentransversalensatz:

Jede von der Spitze eines gleichschenkligen Kugeldreiecks vom Schenkel s nach der Basis laufende Transversale t erzeugt auf der Basis zwei Abschnitte u und v, die die Beziehung

$$\operatorname{tg}\frac{u}{2}\cdot\operatorname{tg}\frac{v}{2} = \operatorname{tg}\frac{s+t}{2}\cdot\operatorname{tg}\frac{s-t}{2} \quad \text{oder} = \operatorname{tg}\frac{t+s}{2}\cdot\operatorname{tg}\frac{t-s}{2}$$

befriedigen, je nachdem die Transversale die Basis selbst oder ihre Verlängerung trifft.

Beweis. Das gleichschenklige Dreieck heiße ABS, S sei die Spitze, $SA = SB = s$ der Schenkel, AB die Basis; $ST = t$ sei die zum Basispunkt T laufende Transversale, u sei der größere, v der kleinere der beiden Basisabschnitte AT und BT. Wir zeichnen die nach der Basismitte M laufende Basishöhe $SM = h$, setzen $MA = MB = k$ und $MT = l$. Zwei Fälle sind möglich: 1° T liegt zwischen A und B, 2° T liegt außerhalb AB. Im ersten Falle ist $l < k$ und $t < s$, im zweiten $l > k$ und $t > s$.

Durch Anwendung des pythagoreischen Satzes auf die rechtwinkligen Dreiecke AMS und TMS erhalten wir die Gleichungen

$$\cos s = \cos k \cos h \qquad \text{und} \qquad \cos t = \cos l \cos h.$$

Ihre Division liefert

$$\text{ad } 1^0 \quad \frac{\cos s}{\cos t} = \frac{\cos k}{\cos l}, \qquad \text{ad } 2^0 \quad \frac{\cos t}{\cos s} = \frac{\cos l}{\cos k}.$$

Durch Bildung der Quasireziproken (§ 10) wird hieraus

$$\operatorname{tg}\frac{s+t}{2}\cdot\operatorname{tg}\frac{s-t}{2} = \operatorname{tg}\frac{k+l}{2}\cdot\operatorname{tg}\frac{k-l}{2} \quad \text{bzw.}$$

$$\operatorname{tg}\frac{t+s}{2}\cdot\operatorname{tg}\frac{t-s}{2} = \operatorname{tg}\frac{l+k}{2}\cdot\operatorname{tg}\frac{l-k}{2}.$$

Hier ersetzen wir $k+l$ durch u, $k-l$ durch v bzw. $l+k$ durch u, $l-k$ durch v und bekommen

$$\operatorname{tg}\frac{u}{2}\operatorname{tg}\frac{v}{2} = \operatorname{tg}\frac{s+t}{2}\operatorname{tg}\frac{s-t}{2} \text{ bzw. } \operatorname{tg}\frac{u}{2}\operatorname{tg}\frac{v}{2} = \operatorname{tg}\frac{t+s}{2}\operatorname{tg}\frac{t-s}{2},$$

womit der Satz bewiesen ist. Der Spitzentransversalensatz ist natürlich nichts anderes als ein Sonderfall des Satzes von Stewart.

Nun zum Satze von der Kreispotenz! $\mathfrak{K}$ sei ein Nebenkreis der Kugel mit dem Mittelpunkt M und dem sphärischen Radius r, O sei ein beliebiger fester Punkt auf der Kugel, $MO = z$ die sphärische Zentrale von O mit $z < 180^0$. Wir zeichnen einen beliebigen Hauptbogen durch O, welcher $\mathfrak{K}$ in den Punkten X und Y trifft, sowie die von M nach X und Y laufenden sphärischen Radien von $\mathfrak{K}$. Dann stellt die Figur $MOXY$ ein gleichschenkliges Dreieck MXY mit der Spitze M und dem Schenkel r nebst der durch die Spitze M laufenden Transversale $MO = z$ dar. Die beiden Abschnitte, die die Spitzentransversale auf der Basis XY des gleichschenkligen Dreiecks erzeugt, sind $OX = x$ und $OY = y$.

Nach dem Spitzentransversalensatze ist dann

$$\boxed{\operatorname{tg}\frac{x}{2}\cdot\operatorname{tg}\frac{y}{2} = \operatorname{tg}\frac{z+r}{2}\cdot\operatorname{tg}\frac{z-r}{2} \text{ oder } = \operatorname{tg}\frac{r+z}{2}\cdot\operatorname{tg}\frac{r-z}{2}},$$

je nachdem der Punkt O außerhalb oder innerhalb des Kreises $\mathfrak{K}$ liegt.

Rotiert nunmehr die Sekante OXY — stets auf der Kugel bleibend — um den Drehpunkt O, so ändern sich dauernd die Abschnitte $OX = x$ und $OY = y$; jedoch das

Produkt der Tangens ihrer Hälften ändert sich nicht, behält vielmehr den unveränderlichen Wert

$$\operatorname{tg}\frac{z+r}{2}\cdot\operatorname{tg}\frac{z-r}{2}\quad \text{bzw.}\quad \operatorname{tg}\frac{r+z}{2}\cdot\operatorname{tg}\frac{r-z}{2}\,.$$

Und dieser Sachverhalt stellt den Satz von der Kreispotenz für die Kugel dar.

Der unveränderliche Wert

$$\operatorname{tg}\frac{OX}{2}\cdot\operatorname{tg}\frac{OY}{2}$$

der um O rotierenden Sekante OXY des Kreises $\mathfrak{K}$ heißt die Potenz des Kreises $\mathfrak{K}$ im Punkte O.

Man schreibt diese Potenz wie in der ebenen Geometrie $\mathfrak{K}O$ und hat die

fundamentale Relation

$$\boxed{\mathfrak{K}O=\operatorname{tg}\frac{OX}{2}\cdot\operatorname{tg}\frac{OY}{2}=\left|\operatorname{tg}\frac{z+r}{2}\cdot\operatorname{tg}\frac{z-r}{2}\right|}\,.$$

Zusatz. Die Potenz eines Kreises in einem Punkte ist das Quadrat des Tangens der Hälfte der sphärischen Tangente, die von diesem Punkte an den Kreis gezogen werden kann.

Das folgt unmittelbar daraus, daß das Produkt $\operatorname{tg}\frac{OX}{2}\cdot\operatorname{tg}\frac{OY}{2}$ in $\operatorname{tg}^2\frac{OT}{2}$ übergeht, wenn die rotierende Sekante den Kreis nur streift, wo OT die von O an $\mathfrak{K}$ laufende Tangente darstellt.

§ 93

Die Chordale.

Sind in einer Ebene zwei Kreise gegeben, so betrachtet man oft den Ort des Punktes, in dem die beiden Kreise dieselbe Potenz haben. Dieser Ort ist eine auf der Zentrale der beiden Kreise senkrechte Grade, die sog. Chordale der beiden Kreise. Da die von irgend einem Punkte der Chordale an die beiden Kreise gezogenen Tangenten dieselbe Länge haben, wird die Chordale auch Linie gleicher Tangenten genannt.

Ähnliche Betrachtungen lassen sich auf einer Kugelfläche anstellen.

Zunächst versteht man unter der Zentrale zweier Kugelkreise den durch ihre Zentra laufenden Hauptkreis, und unter einer Tangente eines Kugelkreises versteht man einen Hauptkreis, der den Kugelkreis berührt.

Es seien nunmehr zwei Kreise $\mathfrak{A}$ und $\mathfrak{B}$ mit den Mittelpunkten A und B und den sphärischen Radien a und b auf der Kugel vorgelegt. Wir suchen den Ort des Punktes, in dem die beiden Kreise gleiche Potenzen haben.

Ist P ein Punkt des Ortes, $AP = x$ bzw. $BP = y$ die (sphärische) Zentrale von P für $\mathfrak{A}$ bzw. $\mathfrak{B}$, so hat man

$$\mathfrak{A}P = \operatorname{tg}\frac{x+a}{2}\cdot\operatorname{tg}\frac{x-a}{2} \quad \text{und} \quad \mathfrak{B}P = \operatorname{tg}\frac{y+b}{2}\operatorname{tg}\frac{y-b}{2}.$$

Da

$$\mathfrak{A}P = \mathfrak{B}P$$

sein soll, wird

$$\operatorname{tg}\frac{x+a}{2}\cdot\operatorname{tg}\frac{x-a}{2} = \operatorname{tg}\frac{y+b}{2}\cdot\operatorname{tg}\frac{y-b}{2}.$$

Da die beiden Seiten dieser Gleichung die Quasireziproken $\cos x : \cos a$ und $\cos y : \cos b$ haben, ist

$$\frac{\cos x}{\cos a} = \frac{\cos y}{\cos b}$$

oder

$$\frac{\cos x}{\cos y} = \frac{\cos a}{\cos b}.$$

Fällen wir von P das sphärische Lot $PF = z$ auf die Zentrale AB der beiden Kreise, so folgt aus den Rechtwinkeldreiecken APF und BPF

$$\cos x = \cos z \cos p \qquad \text{und} \qquad \cos y = \cos z \cos q,$$

wo p und q die Hauptbogen AF und BF bedeuten. Setzen wir diese Werte oben ein, so ergibt sich

$$\frac{\cos p}{\cos q} = \frac{\cos a}{\cos b}.$$

Durch Quasireziprokenbildung folgt hieraus

$$\operatorname{tg}\frac{p+q}{2}\cdot\operatorname{tg}\frac{p-q}{2} = \operatorname{tg}\frac{a+b}{2}\cdot\operatorname{tg}\frac{a-b}{2}.$$

Da $p + q = AB$ bekannt ist, liefert diese Gleichung p und q als zwei von der Lage von P völlig unabhängige Größen. Daher ist der Punkt F ein fester nur von der Lage und Größe der beiden Kreise abhängiger Punkt.

Wie aus
$$\frac{\cos p}{\cos a} = \frac{\cos q}{\cos b}$$
oder
$$\operatorname{tg}\frac{p+a}{2}\cdot\operatorname{tg}\frac{p-a}{2} = \operatorname{tg}\frac{q+b}{2}\cdot\operatorname{tg}\frac{q-b}{2}$$
hervorgeht, ist F der Punkt der Zentrale AB, in welchem $\mathfrak{A}$ und $\mathfrak{B}$ gleiche Potenz haben.

Wir behaupten jetzt: Jeder Punkt Z des zu AB normalen durch F laufenden Hauptkreises hat für $\mathfrak{A}$ und $\mathfrak{B}$ dieselbe Potenz.

Zum Beweise sei $AZ = \xi$, $BZ = \eta$, $FZ = \zeta$. Aus den Rechtwinkeldreiecken AFZ und BFZ folgt
$$\cos\xi = \cos p \cos\zeta \qquad \text{und} \qquad \cos\eta = \cos q \cos\zeta$$
und hieraus
$$\frac{\cos\xi}{\cos p} = \frac{\cos\eta}{\cos q} \qquad \text{oder} \qquad \frac{\cos\xi}{\cos a} = \frac{\cos\eta}{\cos b}$$
oder endlich, zu den Quasireziproken übergehend,
$$\operatorname{tg}\frac{\xi+a}{2}\cdot\operatorname{tg}\frac{\xi-a}{2} = \operatorname{tg}\frac{\eta+b}{2}\cdot\operatorname{tg}\frac{\eta-b}{2},$$
d. h.
$$\mathfrak{A}Z = \mathfrak{B}Z.$$

Ergebnis.

Chordalensatz:

Der Ort des Punktes, in dem zwei Kugelkreise dieselbe Potenz haben, ist ein auf der Zentrale der beiden Kreise normaler Hauptkreis.

Dieser Hauptkreis heißt die Chordale der beiden Kugelkreise.

Die Gleichung der Chordale zweier Kreise mit den sphärischen Radien a und b lautet
$$\boxed{\frac{\cos x}{\cos a} = \frac{\cos y}{\cos b}},$$

wo x und y die sphärischen Abstände des die Chordale durchlaufenden Punktes von den sphärischen Zentren der beiden Kreise bedeuten.

Die Chordale wird auch Linie gleicher Tangenten genannt, weil die von einem beliebigen Chordalenpunkt P an die beiden Kreise $\mathfrak{A}$ und $\mathfrak{B}$ laufenden (sphärischen) Tangenten $PH = h$ und $PK = k$ gleich lang sind. In der Tat ist wegen

$$\mathfrak{A}P = \operatorname{tg}^2 \frac{h}{2}, \qquad \mathfrak{B}P = \operatorname{tg}^2 \frac{k}{2} \qquad \text{und } \mathfrak{A}P = \mathfrak{B}P$$

$$h = k.$$

Zusatz. Die Chordale zweier sich schneidender Kreise ist der durch die beiden Schnittpunkte laufende Hauptkreis. [Die von einem Schnittpunkt an die Kreise laufenden Tangenten haben beide die Länge Null.]

Zeichnet man den Kugelkreis $\mathfrak{K}$ mit dem Zentrum P und dem sphärischen Halbmesser $PH = PK$, so schneidet dieser den Kreis $\mathfrak{A}$ in H, den Kreis $\mathfrak{B}$ in K rechtwinklig. Daher folgende neue

Definition der Chordale:

Die Chordale zweier Kugelkreise ist der Ort der Zentra aller Kugelkreise, die die beiden vorgelegten Kreise orthogonal schneiden.

§ 94

Kugelkreisbüschel.

Ein System von Kugelkreisen, die alle dieselbe Chordale haben, heißt ein Kugelkreisbüschel, wenn kein Mißverständnis zu befürchten ist, kurz ein Kreisbüschel. Die Mittelpunkte der Büschelkreise liegen auf einem Hauptkreise der Kugel, der Büschelbasis oder Büschelachse. Der Schnittpunkt O von Basis $\mathfrak{g}$ und Chordale χ heißt das Büschelzentrum. Im Büschelzentrum haben alle Kreise des Büschels dieselbe sphärische Potenz Π. Dieser Wert Π heißt die Büschelpotenz.

Wir erörtern die einzelnen Möglichkeiten.

I. Das Büschel besteht aus der Gesamtheit aller Kreise, die durch zwei feste Punkte H und K laufen. Die Punkte H und K heißen die Grundpunkte oder Fundamentalpunkte des Büschels. Ihre sphärische Verbindungslinie ist die allen Büschelkreisen gemeinsame Chordale χ und ihre sphärische Mittelsenkrechte die Büschelbasis $\mathfrak{g}$.

Ein beliebiger Büschelkreis $\mathfrak{K}$ schneidet die Basis in zwei auf verschiedenen Seiten von χ liegenden Punkten, die die Endpunkte eines sphärischen Durchmessers von $\mathfrak{K}$ bilden, und für jedes solche Schnittpunktpaar (P, Q) ist

$$\operatorname{tg} \frac{OP}{2} \cdot \operatorname{tg} \frac{OQ}{2} = \Pi.$$

II. Jeder Büschelkreis $\mathfrak{K}$ schneidet die Basis in zwei auf derselben Seite von χ liegenden Punkten, aber nach wie vor, wenn (P, Q) ein solches Schnittpunktpaar bedeutet, ist

$$\operatorname{tg} \frac{OP}{2} \cdot \operatorname{tg} \frac{OQ}{2} = \Pi,$$

unter Π wieder die Büschelpotenz verstanden. In diesem Falle spielen zwei Punkte E und F der Basis eine große Rolle, die von O denselben sphärischen Abstand $OE = OF = e$ haben, für den

$$\operatorname{tg} \frac{e}{2} = \sqrt{\Pi} \qquad \text{oder} \qquad \operatorname{tg}^2 \frac{e}{2} = \Pi$$

ist. Dieser Abstand e ist zugleich die sphärische Tangente, die vom Büschelzentrum an irgend einen Büschelkreis läuft, was sofort aus

$$\operatorname{tg} \frac{OP}{2} \cdot \operatorname{tg} \frac{OQ}{2} = \operatorname{tg}^2 \frac{e}{2}$$

hervorgeht. Führen wir den Radius r von $\mathfrak{K}$ und die Entfernung z des Zentrums Z von $\mathfrak{K}$ von O ein, so schreibt sich diese Relation

$$\operatorname{tg} \frac{z + r}{2} \cdot \operatorname{tg} \frac{z - r}{2} = \operatorname{tg}^2 \frac{e}{2}$$

und lehrt, $(e < 90^0)$, daß $z \geqq e$, d. h. daß jeder Büschelkreis sein Zentrum außerhalb des Bogens EF hat. Umgekehrt ist jeder außerhalb des Bogens EF auf $\mathfrak{g}$ liegende Punkt Z Zentrum eines

Büschelkreises $\mathfrak{K}$ vom durch diese Relation oder durch die quasireziproke Relation $\cos z : \cos r = \cos e$ bestimmten Radius r, welcher dieser Relation gemäß zugleich die von Z an den Kreis $\mathfrak{C}$ vom Zentrum O und Radius e laufende Tangente ist.

In diesem Falle II besteht sonach das Büschel aus der Gesamtheit aller Kreise, die auf einem vorgelegten Kreise $\mathfrak{C}$ senkrecht stehen, und deren Zentra auf einem durch das Zentrum O von $\mathfrak{C}$ laufenden Hauptkreise $\mathfrak{g}$ liegen.

Je näher das Zentrum Z des Kreises $\mathfrak{K}$ dem Kreise $\mathfrak{C}$ rückt, desto kleiner wird der Radius r von $\mathfrak{K}$, um schließlich, wenn Z in E oder F ankommt, gleich Null zu werden. Die Punkte E und F sind demnach Büschelkreise mit verschwindend kleinem Radius — die Verschwindungskreise oder Nullkreise des Büschels — und man nennt sie aus diesem Grunde die Grenzpunkte des Büschels.

III. Läßt man die auf der Basis $\mathfrak{g}$ liegenden Grenzpunkte E und F zusammenrücken, so nimmt die Büschelpotenz ab, um schließlich, wenn E und F beide mit O koinzidieren, gleich Null zu werden. In diesem Grenzfalle besteht das Büschel aus sämtlichen Kugelkreisen, die den Hauptkreis χ an der Stelle O berühren. Die Büschelpotenz Π ist dann Null.

Dieser III. Fall wird auch erzielt, wenn die Grundpunkte H und K eines Büschels der I. Art zusammenrücken. In dem Augenblicke, wo H und K mit O koinzidieren, entsteht dieselbe Büschelfigur, die wir durch Zusammenrücken der Grenzpunkte des Büschels II[ter] Art erhalten haben.

Das aus der Gesamtheit aller die Chordale χ in O berührenden Kreise bestehende Büschel kann also sowohl als Grenzfall eines Büschels erster Art — eines Büschels mit reellen Schnittpunkten H und K — als auch eines Büschels zweiter Art — eines Büschels mit Nullkreisen E und F — aufgefaßt werden.

Wir fügen hinzu:

Satz von der Büschelkonstante:

Bedeutet r den Radius eines beliebigen Büschelkreises, z den sphärischen Abstand des Kreiszentrums vom Büschelzentrum, so ist der Quotient $\cos z : \cos r$ eine Konstante, die Büschelkonstante:

$$\boxed{\cos z : \cos r = k} \, .$$

Das Büschel ist von erster, zweiter oder dritter Art, je nachdem diese Konstante größer als 1, kleiner als 1 oder gleich 1 ist.

Zwischen k und dem obigen Π besteht die Beziehung

$$k = \frac{1+\Pi}{1-\Pi} \qquad \text{oder} \qquad k = \frac{1-\Pi}{1+\Pi},$$

je nachdem das Büschel von erster oder zweiter Art ist.

Zwei vorgelegte Nebenkreise der Kugel bestimmen stets genau ein Kreisbüschel.

Wenn sich die beiden Kreise schneiden, besteht das Büschel aus sämtlichen durch die beiden Schnittpunkte laufenden Kugelkreisen.

Wenn sich die beiden Kreise in einem Punkte O berühren, so besteht das Büschel aus sämtlichen Kreisen, die den durch O laufenden die vorgelegten Kreise berührenden Hauptkreis in O berühren.

Wenn die beiden Kreise keinen Punkt gemeinsam haben, bestimme man zunächst den Punkt O ihrer sphärischen Zentrale, in dem sie dieselbe Potenz haben. Darauf lege man von O an einen der beiden Kreise die sphärische Tangente $OT = e$. Dann schneidet der Kreis mit dem Zentrum O und sphärischen Radius e die Zentrale in den Grenzpunkten E und F des durch die vorgelegten Kreise bestimmten Büschels.

§ 95
Berührung zweier Kugelkreise.

Wir suchen die analytische Bedingung, unter welcher zwei Kugelkreise einander berühren.

Zur Lösung dieses Berührungsproblems benötigen wir zwei Hilfssätze über die Tangente, die von einem Punkte eines Kugelkreises an einen andern Kugelkreis gezogen werden kann.

Wir stellen uns also zunächst die Aufgabe „Die von einem beliebigen Punkte eines Kugelkreises an einen andern Kugelkreis laufende sphärische Tangente durch die als gegeben anzusehenden Stücke auszudrücken".

Der zu berührende Kugelkreis heiße $\mathfrak{R}$, sein Zentrum R, sein Radius r, der andere Kugelkreis heiße $\mathfrak{S}$, sein Zentrum S, sein Radius s, die Zentrale der beiden Kreise sei $RS = z$. P sei der Punkt des Kreises $\mathfrak{S}$, von dem die Tangente $PT = t$ an $\mathfrak{R}$ laufe, F der Fußpunkt des von P auf z gefällten sphärischen Lots $PF = l$, $SF = p$ die sphärische Projektion des Radius SP auf z. Das durch die beiden Kreise $\mathfrak{R}$ und $\mathfrak{S}$ bestimmte Kreisbüschel habe das Zentrum O, und es sei $OR = \rho$, $OS = \sigma$. Nach Pythagoras erhalten wir für den Cosinus des Hauptbogens RP die beiden gleichen Werte

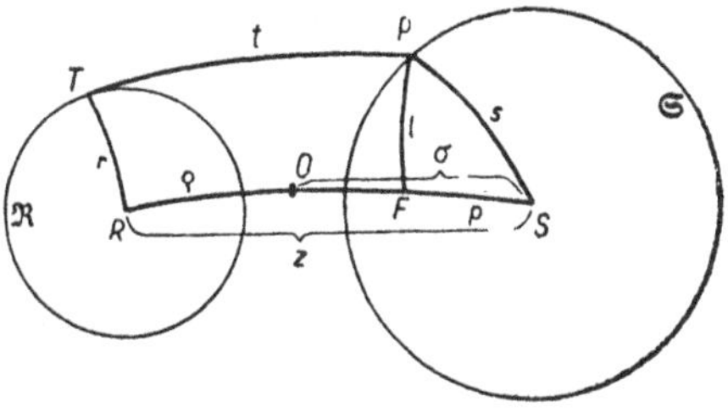

$$\cos r \cos t = \cos l \cos (z - p).$$

Hier ersetzen wir, ebenfalls nach Pythagoras, $\cos l$ durch $\cos s : \cos p$ und bekommen

$$\cos t = \frac{\cos s}{\cos r} \cdot \frac{\cos (z - p)}{\cos p}\,.$$

Ersetzen wir das Verhältnis $\cos s : \cos r$ nach dem Satz von der Büschelkonstante durch $\cos \sigma : \cos \rho$, so entsteht

$$\cos t = \frac{\cos \sigma}{\cos \rho} \cdot \frac{\cos (z - p)}{\cos p}$$

oder, das „Tangentenaequivalent"

$$\tilde{t} = \sin \frac{t}{2}$$

einführend,

$$2\,\tilde{t}^2 = 1 - \frac{\cos \sigma}{\cos \rho} \cdot \frac{\cos (z - p)}{\cos p} =$$

$$\frac{\cos (z - \sigma) \cos p - \cos (z - p) \cos \sigma}{\cos \rho \cos p} = \sin z \frac{\cos \sigma}{\cos \rho} (\operatorname{tg} \sigma - \operatorname{tg} p)$$

oder

$$\boxed{2\,\tilde{t}^2 = \sin z \cdot \frac{\cos s}{\cos r} \cdot (\operatorname{tg} \sigma - \operatorname{tg} p)}\,.$$

Durch diese Formel wird das Tangentenaequivalent als Funktion der gegebenen Stücke r, s, z, σ, p dargestellt. Sie bildet den ersten der für die Lösung unseres Problems benötigten Hilfssätze.

Der zweite Hilfssatz, der unmittelbar aus dem ersten hervorgeht, enthält eine Aussage über die Tangenten, die von einem beweglichen Punkte eines Büschelkreises an zwei andere Kreise des Büschels gehen.

$\mathfrak{R}$, $\mathfrak{r}$ und $\mathfrak{s}$ seien drei Kugelkreise eines Kreisbüschels mit den Radien R, r und s, Z und z seien die Zentralen der Kreispaare $(\mathfrak{R}, \mathfrak{s})$ und $(\mathfrak{r}, \mathfrak{s})$, σ der (sphärische) Abstand des Büschelzentrums vom Zentrum des Kreises $\mathfrak{s}$. Ein beweglicher Punkt P durchlaufe den Kreis $\mathfrak{s}$, wobei die Projektion des nach P laufenden Radius auf die Büschelbasis p sei. In jeder Lage des Punktes P denken wir uns die (sphärischen) Tangenten T und t von P an die Büschelkreise $\mathfrak{R}$ und $\mathfrak{r}$ gezogen. Dann gelten nach der Tangentenaequivalentformel die beiden Relationen

$$2\,\widetilde{T}^2 = \sin Z \cdot \frac{\cos s}{\cos R} \cdot (\operatorname{tg} \sigma - \operatorname{tg} p),$$

$$2\,\widetilde{t}^2 = \sin z \cdot \frac{\cos s}{\cos r} \cdot (\operatorname{tg} \sigma - \operatorname{tg} p).$$

Aus ihnen folgt durch Division

$$\boxed{\frac{\widetilde{T}^2}{\widetilde{t}^{\,2}} = \frac{\sin Z}{\sin z} \cdot \frac{\sec R}{\sec r}}\ .$$

Diese Formel enthält den

Satz von den drei Büschelkreisen:

Durchläuft ein beweglicher Punkt einen Kreis eines Büschels, so bleibt das Aequivalentverhältnis der von ihm an zwei feste Büschelkreise laufenden Tangenten unveränderlich.

Das Quadrat dieses konstanten Verhältnisses ist das Produkt aus dem Sekansverhältnis der Radien der beiden Berührungskreise und dem Sinusverhältnis der mit diesen Kreisen durch den ersten Kreis bestimmten Zentralen.

Dieser wichtige Satz befähigt uns, die Bedingung zu formulieren, unter der zwei vorgelegte Kugelkreise einander berühren.

Zwei Kugelkreise $\mathfrak{K}$ und $\mathfrak{k}$ berühren sich dann und nur dann, wenn das Zentrum O des durch sie bestimmten Kreisbüschels ihnen angehört; O ist dann der Berührungspunkt.

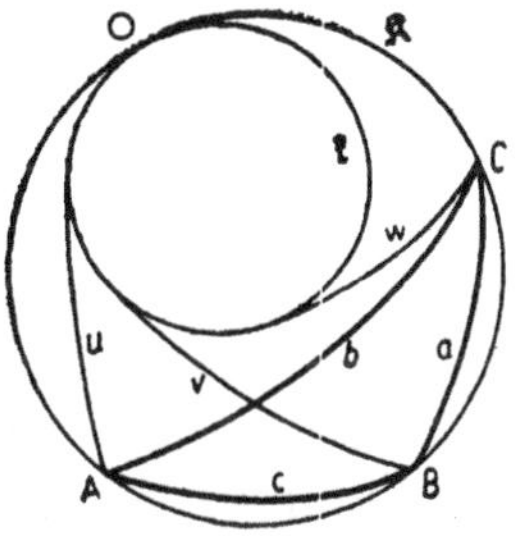

Wir wählen auf $\mathfrak{K}$ drei beliebige Punkte A, B, C, die das Kugeldreieck ABC mit den Seiten a, b, c bilden. Von den Dreiecksecken legen wir an $\mathfrak{k}$ die Tangenten u, v, w und an den Nullkreis O des Büschels die Tangenten $AO = p$, $BO = q$, $CO = r$.

Nach dem Satz von den drei Büschelkreisen gilt die Proportion

$$\frac{\tilde{p}}{\tilde{u}} = \frac{\tilde{q}}{\tilde{v}} = \frac{\tilde{r}}{\tilde{w}} .$$

Nach dem Satze von Ptolemäus, bezogen auf das Viereck $ABCO$, ist eins der drei Produkte

$$\sin\frac{a}{2}\sin\frac{p}{2}, \quad \sin\frac{b}{2}\sin\frac{q}{2}, \quad \sin\frac{c}{2}\sin\frac{r}{2}$$

gleich der Summe der beiden andern.

Folglich ist auch eins der drei Produkte

$$\sin\frac{a}{2}\sin\frac{u}{2}, \quad \sin\frac{b}{2}\sin\frac{v}{2}, \quad \sin\frac{c}{2}\sin\frac{w}{2}$$

gleich der Summe der beiden andern, und diese Gleichheit stellt die gesuchte Berührungsbedingung dar.

Unser Ergebnis ist folgender

Berührungssatz:

Zwei Kugelkreise berühren sich dann und nur dann, wenn eins der drei Produkte

$$\sin\frac{a}{2}\sin\frac{u}{2}, \quad \sin\frac{b}{2}\sin\frac{v}{2}, \quad \sin\frac{c}{2}\sin\frac{w}{2}$$

der Summe der andern beiden gleicht.

Dabei sind a, b, c die Seiten irgend eines dem einen Kreise einbeschriebenen Kugeldreiecks, u, v, w die von den Dreiecksecken an den andern Kreis laufenden Tangenten.

§ 96

Polarität auf der Kugel.

Es gibt eine einfache Möglichkeit, die Punkte und Hauptkreise einer Kugel eindeutig einander zuzuordnen derart, daß jedem Punkt P genau ein Hauptkreis $\mathfrak{H}$, jedem Hauptkreis $\mathfrak{K}$ genau ein Punkt Q zugeordnet ist und zwar so, daß, wenn der Hauptkreis $\mathfrak{H}$ dem Punkte P zugeordnet ist, auch umgekehrt der Punkt P dem Hauptkreise $\mathfrak{H}$ zugeordnet ist.

Um diese Zuordnung zu erreichen, müssen wir den Begriff des Kugelkreises etwas modifizieren.

Wir denken uns jeden Kugelkreis $\mathfrak{k}$ doppelt, indem wir dem Kreise $\mathfrak{k}$ einen bestimmten — durch einen Pfeil (den Pfeil des Kreises $\mathfrak{k}$) angedeuteten — Umlaufssinn zuschreiben, den wir den dem Kreise $\mathfrak{k}$ eingeprägten Umlaufssinn oder kurz den Umlaufssinn des Kreises $\mathfrak{k}$ (auch den positiven Umlaufssinn von $\mathfrak{k}$) nennen, und uns einen zweiten mit $\mathfrak{k}$ zusammenfallenden Kreis $\bar{\mathfrak{k}}$ vorstellen, dem wir den entgegengesetzten Umlaufssinn beilegen.

Ein Kugelkreis $\mathfrak{k}$ ist also von jetzt an erst dann völlig bestimmt, wenn ihm (durch seinen Pfeil) sein Umlaufssinn zugeschrieben ist. Der auf $\mathfrak{k}$ liegende mit $\mathfrak{k}$ kongruente Kreis mit entgegengesetztem Umlaufssinn wird gewöhnlich mit $\bar{\mathfrak{k}}$ bezeichnet.

Wir unterscheiden die Kreise $\mathfrak{k}$ und $\bar{\mathfrak{k}}$ durch ihren Umlaufssinn voneinander. Es gibt noch ein zweites Unterscheidungsmerkmal. Wir denken uns den Kreis $\mathfrak{k}$ (bzw. $\bar{\mathfrak{k}}$) als Rand einer unendlich dünnen undurchsichtigen Scheibe; diese hat dann zwei Seiten, eine, I, die zur Linken eines den Kreis $\mathfrak{k}$ in seinem Umlaufssinne durcheilenden Beobachters liegt, die andere, dem Beobachter unsichtbare Seite II, die zur Linken eines den Kreis $\bar{\mathfrak{k}}$ in seinem Umlaufssinne durchwandernden Beobachters liegt. Wir nennen I *die Fläche von* $\mathfrak{k}$, II die Fläche von $\bar{\mathfrak{k}}$. Soll auch II auf $\mathfrak{k}$ bezogen werden, so nennt man I die positive, II die negative Seite von $\mathfrak{k}$.

Läuft ein beweglicher Punkt auf $\mathfrak{k}$ im Umlaufssinne dieses Kreises von einer Stelle A bis zu einer andern B, so nennen wir den durchlaufenen Bogen den Bogen AB, während wir in diesem Falle unter dem Bogen BA den entgegengesetzten Wert des Bogens AB verstehen.

Durch diese neue Auffassung eines Kugelkreises wird jeder Stelle des Kreises eine bestimmte Richtung zugeordnet, die Richtung nämlich, in welcher ein den Kreis in seinem Umlaufssinne durchlaufender Punkt die Stelle passiert.

Und hieran schließt sich weiter eine neue Auffassung über das Schneiden und Berühren zweier Kugelkreise. Unter dem Schnittwinkel, kurz Winkel zweier sich schneidender Kreise versteht man nunmehr den Unterschied der Richtungen der beiden Kreise an der Schnittstelle; und zwei Kreise berühren einander an einer Stelle, wenn sie an dieser Stelle **dieselbe** Richtung haben.

Zu der angekündigten eineindeutigen Zuordnung zwischen den Punkten und Hauptkreisen einer Kugel gelangen wir nun folgendermaßen.

Jedem Hauptkreise $\mathfrak{H}$ der Kugel vom Zentrum O ordnen wir den Punkt P zu, für den der Radius OP auf der Ebene des Kreises $\mathfrak{H}$ senkrecht steht und zwar derart, daß einem mit den Füßen in O, mit dem Kopfe in P befindlichen Beobachter der dem Kreise $\mathfrak{H}$ eingeprägte Umlaufssinn positiv (d. h. wie der entgegengesetzte Uhrzeigersinn) erscheint. So wird z. B. dem westöstlich durchlaufenen Aequator der Erdkugel der Nordpol zugeordnet.

Umgekehrt wird dem Punkte P der Hauptkreis $\mathfrak{H}$ zugeordnet.

Dem Gegenpunkte $\bar{P}$ von P wird der Hauptkreis $\bar{\mathfrak{H}}$, umgekehrt dem Hauptkreise $\bar{\mathfrak{H}}$ der Punkt $\bar{P}$ zugeordnet.

Diese gegenseitige Zuordnung von Punkten und Hauptkreisen der Kugel ist eine sog. Abbildung; sie führt — in

Anlehnung an eine in der Lehre vom Kreise bei ebenen Figuren vorkommende ähnliche Abbildung — den Namen Polarität, und man nennt P den Pol von $\mathfrak{H}$, den Hauptkreis $\mathfrak{H}$ die Polare von P. Da wir hier nur mit dieser Abbildung zu tun haben, nennen wir kurzweg $\mathfrak{H}$ das Bild von P (des Objekts P) und P das Bild von $\mathfrak{H}$ (oder des Objekts $\mathfrak{H}$).

Was die Bezeichnungen anbetrifft, so benennt man die Punkte der Kugel zumeist mit großen, die Hauptkreise zumeist mit kleinen lateinischen Buchstaben, ihre Bilder mit den gleichlautenden kleinen bzw. großen Buchstaben, so daß also A das Bild von a und auch a das Bild von A bedeutet.

Eine andere gleichfalls sehr häufige praktische Bezeichnungsart besteht darin, das Bild eines Objekts G mit G' zu bezeichnen.

Die erste fundamentale Eigenschaft unserer Abbildung ist das

Wechselseitigkeitsgesetz:

Die Polarität ist eine wechselseitige Abbildung.

Das heißt: Ist p das Bild von P, so ist auch P das Bild von p.

Es handelt sich jetzt darum, weitere Gesetze unserer Abbildung ausfindig zu machen.

Wir denken uns einen beliebigen Hauptkreis h der Kugel und einen beliebigen Punkt A auf ihm. Wir wählen die Ebene von h als Zeichenebene Δ derart, daß der Umlaufssinn von h dem Beschauer positiv erscheint, und daß der zu OA senkrechte Durchmesser EOF von h waagrecht von links nach rechts, der Radius OA also lotrecht von O nach oben läuft (und die Reihenfolge F, A, E den Umlaufssinn von h angibt). Das Bild a des Punktes A versinnlichen wir uns durch den Rand a einer auf OA und damit auf Δ senkrechten Kreisscheibe $\mathfrak{S}$, die Δ im Durchmesser EF schneidet. Der auf Δ senkrechte Durchmesser

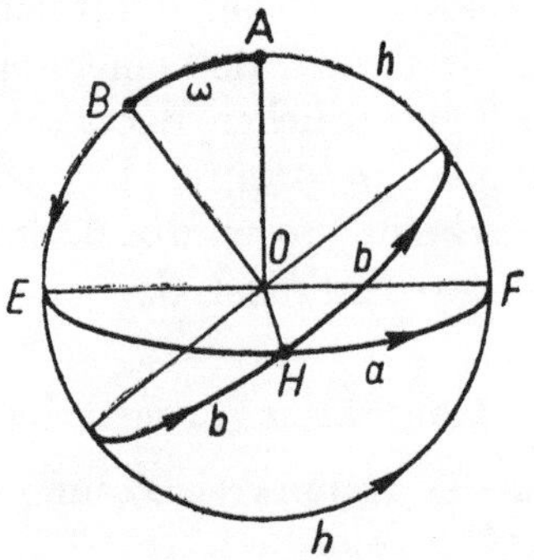

von a habe den vor Δ liegenden Endpunkt H, den hinter Δ liegenden Endpunkt $\overline{H}$. Es ist dann H ($\equiv h'$) das Bild von h (ebenso $\overline{H}$ das Bild von $\overline{h}$) und umgekehrt h das Bild von H. Zugleich folgt das zweite Gesetz unserer Abbildung, der

Satz des Ineinanderliegens:

Liegt H auf der Polare von A, so liegt auch A auf der Polare von H.

Oder: Läuft a durch den Pol von h, so läuft auch h durch den Pol von a.

Oder: Das Ineinanderliegen eines Punktes und eines Hauptkreises wird durch die polare Abbildung nicht aufgehoben.

Nun lassen wir die Scheibe $\mathfrak{S}$ und den mit ihr starr verbunden gedachten auf ihr senkrechten, zunächst mit OA zusammenfallenden Kugelradius OP um OH als Drehachse im positiven Sinne, also im Umlaufssinne von h um einen konkaven Winkel ω rotieren. Dabei wandert der Endpunkt P des Radius OP auf dem Kreise h in dessen Umlaufssinne und gelangt aus seiner ursprünglichen Lage OA in die neue Lage OB, wobei der Punkt B von A den Winkelabstand ω hat. Gleichzeitig dreht sich auf der Kugelfläche der Scheibenrand um OH als Drehachse (um H als Drehpunkt) für einen die Umgebung der Stelle H betrachtenden Beobachter im positiven Sinne aus der Ausgangslage a in die neue Lage b, welche das Bild (B') von B darstellt und (in der unmittelbaren Umgebung von H) zu a um den Winkel ω geneigt ist. Diese Überlegung führt zum dritten Abbildungsgesetz der Polarität, zum

Winkelerhaltungssatz:

Durchläuft ein beweglicher Punkt P eines Hauptkreises h im Umlaufssinne dieses Kreises einen Bogen AB vom Winkelmaß ω, so rotiert das Bild $p \equiv P'$ von P um das Bild $H \equiv h'$ von h als Drehpunkt für einen die Umgebung der Stelle H betrachtenden Beschauer im positiven Sinne um denselben Winkel ω aus der Lage $a \equiv A'$ in die Lage $b \equiv B'$.

Und umgekehrt:

Rotiert ein beweglicher Hauptkreis p um einen festen Punkt H für einen die Stelle H betrachtenden Beobachter im positiven Sinne aus der Anfangslage a um den Drehwinkel ω in die Endlage b, so durchläuft das Bild P von p auf der Polare h von H im Umlaufssinne von h einen Bogen AB vom Winkelmaß ω aus der Anfangslage A in die Endlage B, wo A das Bild von a, B das Bild von b bedeutet.

Abbildung eines Kugelkreises.

Wir wollen jetzt die Abbildung eines Nebenkreises $\mathfrak{k}$ der Kugel betrachten. Der Kreis der Figur sei ein Hauptkreis der Kugel, AB ein Durchmesser, M das Zentrum, S der sphärische Mittelpunkt, also Nahpol, T der Fernpol des Kugelkreises $\mathfrak{k}$, dessen Ebene auf der Zeichenebene Δ senkrecht steht, so daß die in A liegende Ecke des schraffierten Rechtwinkeldreiecks OMA bei der von S aus beobachteten positiven Rotation dieses Dreiecks um die Drehachse TOS den Kreis $\mathfrak{k}$ in dem ihm eingeprägten Umlaufssinne beschreibt. Um das Bild $\mathfrak{k}'$ des Kugelkreises $\mathfrak{k}$ zu definieren, müssen wir jeden Kugelkreis als Enveloppe seiner Tangenten auffassen. Das heißt, wir zeichnen in jedem Punkte eines vorgelegten Kugelkreises die sphärische Tangente des Kreises, d. h. den Hauptkreis, der in dem Punkte den Kugelkreis berührt, wobei der Umlaufssinn des Hauptkreises der Berührungsbedingung gemäß jeweils mit dem eingeprägten Umlaufssinn des Kugelkreises übereinstimmt. Die Enveloppe der so entstandenen Hauptkreisschar ist der vorgelegte Kugelkreis.

Wenn ein beweglicher Punkt P den Kreis $\mathfrak{k}$ im Umlaufssinne durchläuft, bewegt sich das Bild p von P auf der Kugel und wird dabei eine gewisse Kurve $\mathfrak{k}'$ umhüllen. Diese Kurve $\mathfrak{k}'$ heißt das **polare Bild des Kugelkreises** $\mathfrak{k}$, falls auch noch die Gesamtheit der Bilder der Punkte von $\mathfrak{k}'$ die Enveloppe $\mathfrak{k}$ liefert, d. h. falls das Bild jedes Punktes von $\mathfrak{k}'$ den Kreis $\mathfrak{k}$ berührt. Kürzer ist folgende Definition:

Unter dem polaren Bilde eines Nebenkreises versteht man die Gesamtheit der Bilder der sphärischen Tangenten des Nebenkreises.

Dieser Überlegung gemäß bestimmen wir nun das Bild $\mathfrak{a}$ des Punktes A unseres Kreises $\mathfrak{k}$. Es ist der Hauptkreis $\mathfrak{a}$ der Kugel mit dem zu OA senkrechten Durchmesser HOE, dessen Ebene zu Δ normal ist, und sein Umlaufssinn weise dem Kreise $\mathfrak{a}$ in H die Δ von unten nach oben, in E die Δ von oben nach unten durchsetzende Richtung zu. Der Punkt E heiße zum Punkte A konjugiert.

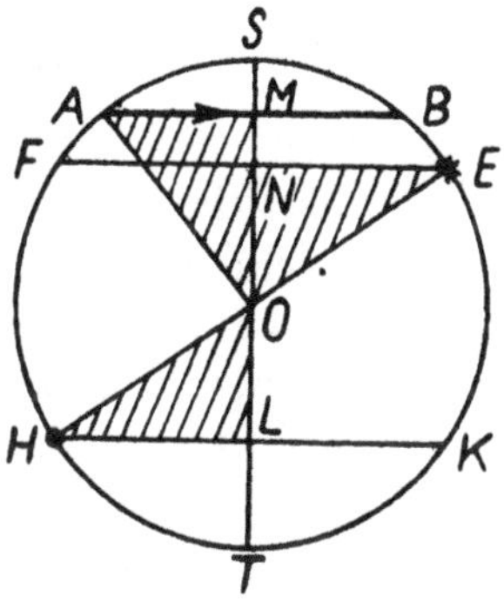

Wir zeichnen die zu AB parallelen Sehnen EF und HK mit den Mittelpunkten N und L und achten auf die schraffierten Rechtwinkeldreiecke ONE und OLH.

Wenn die schraffierte Fläche um die Drehachse im Umlaufssinne des Kreises $\mathfrak{k}$ rotiert, beschreibt der Punkt A den Kreis $\mathfrak{k}$, der Punkt E einen Parallelkreis $\mathfrak{k}'$, der Punkt H einen Parallelkreis $\mathfrak{k}''$, beide im Umlaufssinne von $\mathfrak{k}$. Dabei berührt der mitrotierende Hauptkreis $\mathfrak{a}$ ständig die Kreise $\mathfrak{k}'$ und $\mathfrak{k}''$, so daß beide Kreise Enveloppen von $\mathfrak{a}$ sind. Da aber nur das Bild von E den Kreis $\mathfrak{k}$ (in A) berührt, das Bild von H dagegen nicht (es bildet in A einen gestreckten Winkel mit $\mathfrak{k}$), so kommt als Bild des Kreises $\mathfrak{k}$ nur der Kreis $\mathfrak{k}'$ in Frage. Der Kreis $\mathfrak{k}''$ ist weder das Bild von $\mathfrak{k}$ noch von $\overline{\mathfrak{k}}$; das Bild von $\overline{\mathfrak{k}}$ ist vielmehr der Kreis $\overline{\mathfrak{k}''}$.

Da die Kreisbogen SA, SE, TH die sphärischen Radien der Kreise $\mathfrak{k}$, $\mathfrak{k}'$, $\mathfrak{k}''$ darstellen und $\sphericalangle AOE = \sphericalangle AOH = 90^0$ ist, so sind die Radien der Kreise $\mathfrak{k}'$ und $\mathfrak{k}''$ beide das Komplement des Radius von $\mathfrak{k}$.

Ergebnis:

Satz von der Nebenkreispolare:

Das polare Bild eines Nebenkreises ist ein Parallelkreis mit demselben Umlaufssinn. Der Bildkreisradius ist das Komplement des Objektkreisradius. Das sphärische Bildkreiszentrum ist das sphärische Objektkreiszentrum oder dessen Gegenpunkt, je nachdem die Fläche (positive Seite) des Objektkreises dem sphärischen Objektkreiszentrum zugewandt ist oder nicht.

Dabei ist das Bild *p* eines beliebigen Objektkreispunktes *P* die sphärische Tangente *p* des Bildkreises in dem zu *P* konjugierten Bildkreispunkte *Q*, welcher das Bild der den Objektkreis in *P* berührenden sphärischen Tangente *q* ist. Wenn der Punkt *P* den Objektkreis durchwandert, durchläuft der konjugierte Punkt *Q* gleichsinnig und gleichschnell (d. h. sekundlich gleichviel Grad zurücklegend) den Bildkreis.

(Der konjugierte Punkt zu *A* ist in unserer Figur für das Bild von $\mathfrak{k}$ der Punkt *E*, für das Bild von $\bar{\mathfrak{k}}$ der Punkt *H*.)

§ 97
Polarbild eines Nebenkreispaares.

Wir betrachten das polare Bild eines Nebenkreispaares.

Die beiden vorgelegten Nebenkreise seien $\mathfrak{h}$ und $\mathfrak{k}$, ihre beiden gemeinsamen sphärischen Tangenten *t* und *u*. *t* berühre $\mathfrak{h}$ in *A*, $\mathfrak{k}$ in *B*, *u* berühre $\mathfrak{h}$ in *C*, $\mathfrak{k}$ in *D*. Die Tangenten *t* und *u* gehen durch die Polarität in die Punkte *T* und *U* über, und da *t* (wie auch *u*) $\mathfrak{h}$ und $\mathfrak{k}$ berührt, liegt der Punkt *T* (wie auch *U*) auf $\mathfrak{H}$ und $\mathfrak{K}$, wo $\mathfrak{H}$ das Bild von $\mathfrak{h}$, $\mathfrak{K}$ das Bild von $\mathfrak{k}$ bedeutet. Die Punkte *T* und *U* sind daher die Schnittpunkte der Bildkreise $\mathfrak{H}$ und $\mathfrak{K}$.

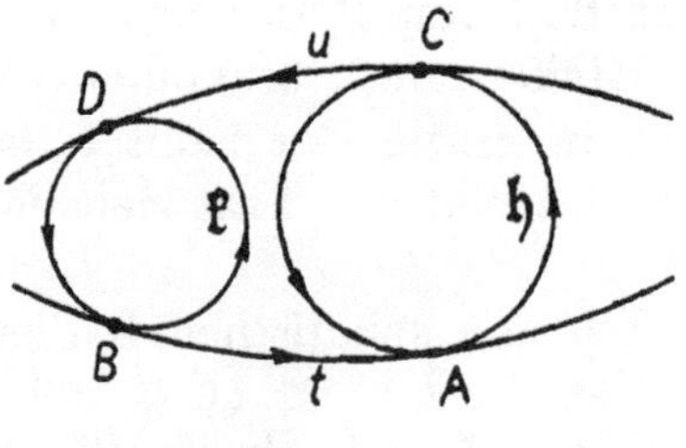

Der Winkel, den die Bildkreise $\mathfrak{H}$ und $\mathfrak{K}$ in *T* (wie auch in *U*) miteinander bilden, ist ebenso groß wie die im Winkelmaß ausgedrückte Länge des Tangentenbogens *BA* oder *CD*.

Die gegenseitige Beziehung der beiden Figuren kann auch so formuliert werden, daß die zweite Figur als Objekt, die erste als ihr polares Bild aufgefaßt wird.

Es gilt demnach der

Kreispaarsatz:

Das polare Bild eines Nebenkreispaares mit zwei gemeinsamen Tangenten ist ein Paar sich schneidender Nebenkreise.

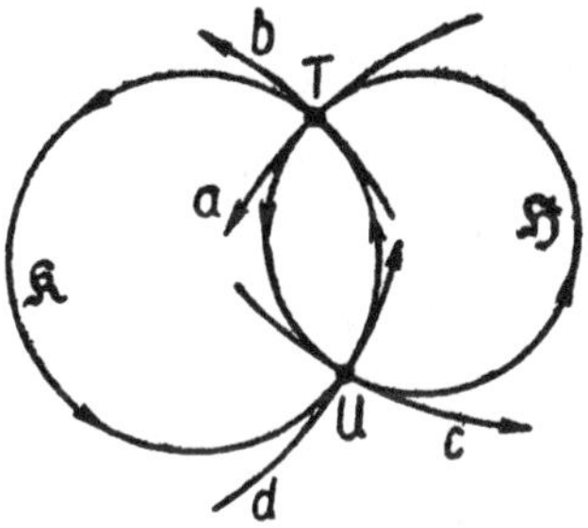

Das Bild eines Schnittkreispaares ist ein Nebenkreispaar mit zwei gemeinsamen Tangenten.

Schnittwinkel und Tangente im Winkelmaß sind gleich groß.

Wenn einer der beiden Kreise, etwa $\mathfrak{k}$, zu einem Nullkreise oder Punkte S zusammenschrumpft, geht das gemeinsame Tangentenpaar in das Paar der von S an $\mathfrak{h}$ laufenden Tangenten und das Bild $\mathfrak{s}$ des Schrumpfkreises S in einen den Kreis $\mathfrak{H}$ schneidenden Hauptkreis $\mathfrak{s}$ über. Daher folgendes

Korollar:

Das Bild einer aus einem Nebenkreise $\mathfrak{h}$, einem Außenpunkte S und den von S an $\mathfrak{H}$ laufenden Tangenten bestehenden Figur besteht aus einem Nebenkreise $\mathfrak{H}$, einem diesen durchschneidenden Hauptkreise $\mathfrak{s}$ und dem Schnittpunktpaar von $\mathfrak{H}$ und $\mathfrak{s}$.

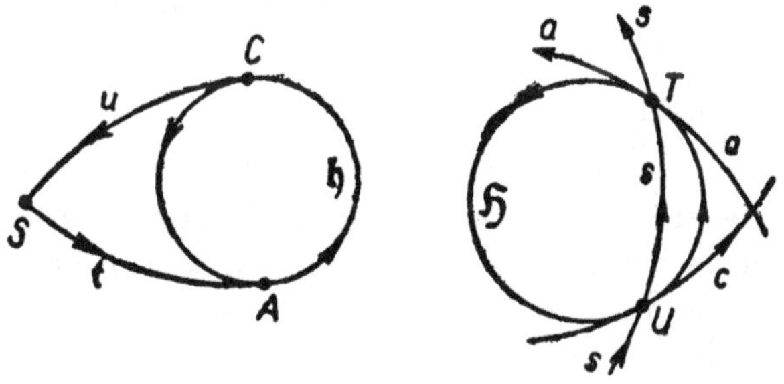

Die Neigung des Hauptkreises $\mathfrak{s}$ gegen den Nebenkreis $\mathfrak{H}$ ist ebenso groß wie die im Winkelmaß ausgedrückte Länge jeder der beiden Tangenten.

Bleibt noch die Bedingung zu erörtern, unter welcher zwei vorgelegte Nebenkreise $\mathfrak{h}$ und $\mathfrak{k}$ ein gemeinsames Tangentenpaar besitzen.

t sei die sphärische Tangente, welche $\mathfrak{h}$ in A, $\mathfrak{k}$ in B berühre, T ihr Pol, so daß $TA = TB = \varkappa = \frac{\pi}{2}$ der sphärische Radius von t ist. Die sphärischen Zentra von $\mathfrak{h}$ und $\mathfrak{k}$ seien H und K, die sphärischen Radien h und k ($\leqq h$), die sphärische Zentrale im Bogenmaß z.

Nun ist im Kugeldreieck HKT die Summe zweier Seiten größer als die dritte Seite. Durch Anwendung dieser Ungleichung erhalten wir, falls beide Kreise $\mathfrak{h}$ und $\mathfrak{k}$ innerhalb des Hauptkreises t liegen, die Bedingungen

$$(\varkappa - h) + (\varkappa - k) > z, \quad z + (\varkappa - h) > (\varkappa - k),$$
$$z + (\varkappa - k) > (\varkappa - h),$$

die wir in die Ungleichung

$$h - k < z < \pi - (h + k)$$

zusammenfassen können, falls nur $\mathfrak{h}$ innerhalb, $\mathfrak{k}$ dagegen außerhalb t liegt, die Bedingungen

$$(\varkappa - h) + (\varkappa + k) > z, \quad (\varkappa - h) + z > (\varkappa + k),$$
$$(\varkappa + k) + z > (\varkappa - h),$$

die wir zu

$$h + k < z < \pi - (h - k)$$

zusammenfassen. Folglich:

Bedingung gemeinsamer Tangenten:

Zwei Nebenkreise, deren sphärische Radien die Summe s und den Unterschied u haben, besitzen zwei gemeinsame Außentangenten oder Innentangenten, je nachdem ihre sphärische Zentrale zwischen u und $\pi - s$ oder zwischen s und $\pi - u$ liegt.

Das Bild eines Nebenkreispaares $\mathfrak{h}$, $\mathfrak{k}$ mit nur einer durch den gemeinsamen Berührpunkt G laufenden gemeimsamen sphärischen Tangente t ist ein ebensolches Nebenkreispaar $\mathfrak{H}$, $\mathfrak{K}$ mit nur einer durch den gemeinsamen Berührpunkt T laufenden gemeinsamen sphärischen Tangente g. Die Art der Berührung bleibt durch die Abbildung unverändert, d. h. berühren

z. B. die Objektkreise einander äußerlich, so berühren sich auch die Bildkreise äußerlich. Man präge sich ein:

Berührung und Berührungsart bleiben durch Polarität unverändert.

Haben endlich die Objektkreise weder Punkte noch Tangenten gemeinsam, so haben auch die Bildkreise weder Punkte noch Tangenten gemeinsam.

§ 98

Nochmals Umkreis und Inkreis.

Wir wollen die polare Abbildung eines Kugeldreiecks mit seinem Umkreis und Inkreis untersuchen.

Lassen wir für den Augenblick die beiden Kreise beiseite, und betrachten wir erst einmal die Abbildung eines Kugeldreiecks ABC mit den Winkeln α, β, γ und den zu den Hauptkreisen $\mathfrak{a}$, $\mathfrak{b}$, $\mathfrak{c}$ gehörigen Seiten a, b, c! Dabei wird der Umlaufssinn jedes der drei Hauptkreise $\mathfrak{a}$, $\mathfrak{b}$, $\mathfrak{c}$ so festgelegt, daß ein irgend einen der drei Hauptkreise in seinem Umlaufssinne durcheilender Beobachter beim Passieren des Dreiecksrandes die Fläche des Dreiecks zur Linken hat.

Zugleich wird auch dem Dreieck ABC ein Umlaufssinn beigelegt: der Sinn nämlich, bei welchem ein den Dreiecksumfang durchlaufender Beochachter die Dreiecksfläche zur Linken hat.

Die polaren Bilder der drei Ecken A, B, C nennen wir $\mathfrak{a}'$, $\mathfrak{b}'$, $\mathfrak{c}'$, die der drei Hauptkreise $\mathfrak{a}$, $\mathfrak{b}$, $\mathfrak{c}$ A', B', C'.

Dann sind A', B', C' nicht nur die Bilder der drei Hauptkreise $\mathfrak{a}$, $\mathfrak{b}$, $\mathfrak{c}$, sondern auch die Pole der drei Hauptkreise bzw. Seiten a, b, c, wie sie bei der Einführung des Polardreiecks im § 67 definiert wurden.

Demnach ist $A'B'C'$ das Polardreieck des Dreiecks ABC.

Das Dreieck $A'B'C'$ wird von den Bogen $B'C'$, $C'A'$, $A'B'$ der drei Hauptkreise $\mathfrak{a}'$, $\mathfrak{b}'$, $\mathfrak{c}'$ berandet, wobei der durch die Abbildung fixierte Umlaufssinn der Hauptkreise a', b', c' so beschaffen ist, daß ein Beobachter, der sukzessiv die drei Dreiecksseiten $B'\,C'$, $C'\,A'$, $A'\,B'$ — wir sagen auch die drei Dreiecksseiten a', b', c' — im Umlaufssinne der Hauptkreise a', b', c' durchläuft, die Fläche des Dreiecks $A'\,B'\,C'$ stets zur Linken hat, welcher Umlaufssinn zugleich der Umlaufssinn des Dreiecks $A'\,B'\,C'$ ist.

Aus dem Winkelerhaltungssatz folgt nun unmittelbar:

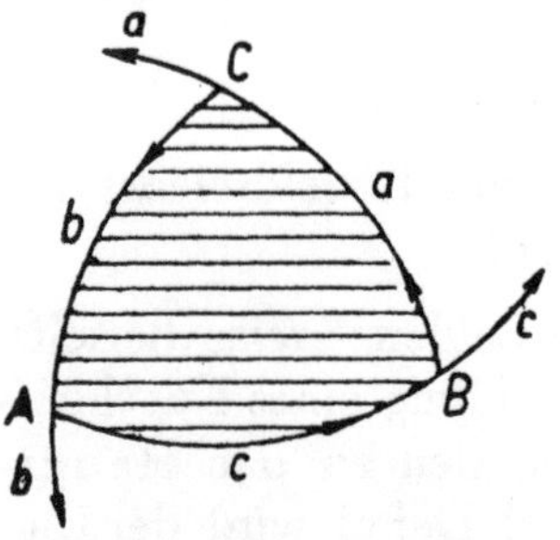

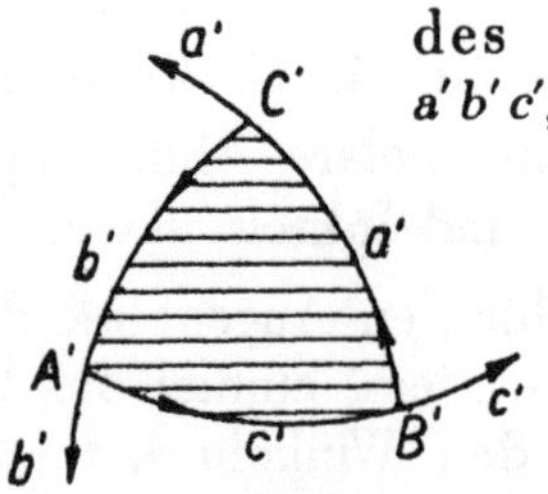

Die Außenwinkel des Bilddreiecks $a'\,b'\,c'$, also des Dreiecks $A'\,B'\,C'$ sind gleich den Seiten des Objektdreiecks $A\,B\,C$, die Außenwinkel des Objektdreiecks sind gleich den Seiten des Bilddreiecks.

Damit haben wir einen neuen überaus einfachen Beweis des Snelliusschen Satzes vom Polardreieck gefunden. Nennen wir die Winkel des Dreiecks $A'\,B'\,C'$ α', β', γ', die Seiten (wie schon gesagt) a', b', c', so besteht der Inhalt unseres Abbildungssatzes aus den beiden Snelliusschen Formeltripeln

$$\overline{\alpha'} = a,\ \overline{\beta'} = b,\ \overline{\gamma'} = c \qquad \text{und} \qquad \overline{\alpha} = a',\ \overline{\beta} = b',\ \overline{\gamma} = c'$$

ausführlich:

$$\boxed{\begin{array}{lll} \alpha' = 180^0 - a, & \beta' = 180^0 - b, & \gamma' = 180^0 - c \\ a' = 180^0 - \alpha, & b' = 180^0 - \beta, & c' = 180^0 - \gamma \end{array}}\ .$$

Nun zum Um- und Inkreis! Wir nennen den Umkreis und Inkreis des Objektdreiecks $A\,B\,C$ $\mathfrak{U}$ und $\mathfrak{J}$, den Umkreis und Inkreis des Dreiecks $A'\,B'\,C'$ $\mathfrak{U}'$ und $\mathfrak{J}'$ und legen den Kreisen $\mathfrak{U}$ und $\mathfrak{J}$ den Umlaufssinn des Dreiecks $A\,B\,C$, den Kreisen $\mathfrak{U}'$ und $\mathfrak{J}'$ den Umlaufssinn des Dreiecks $A'\,B'\,C'$ bei.

Wir achten zunächst auf den Kreis 𝔘. Da er durch die drei Punkte A, B, C läuft, so berührt sein Bild die drei Bilder a', b', c' von A, B, C. Dieses Bild kann also nichts anderes sein als der Kreis $\mathfrak{J}'$.

Was weiter den Kreis $\mathfrak{J}$ anbetrifft, so berührt dieser die drei Hauptkreise a, b, c. Daher läuft sein Bild durch die drei Bilder $A'\ B'\ C'$ dieser Hauptkreise. Das Bild von $\mathfrak{J}$ ist demnach der Kreis $\mathfrak{U}'$. Damit haben wir den merkwürdigen

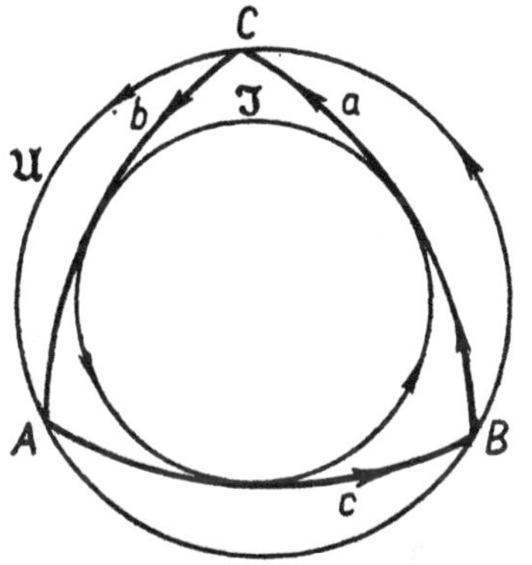

Satz:

Das polare Bild des Umkreises bzw. Inkreises eines Kugeldreiecks ABC ist der Inkreis bzw. Umkreis des Bilddreiecks, also des Polardreiecks $A'B'C'$.

Dieser Satz enthält eine einfache Möglichkeit, den Radius eines der beiden Kreise als Funktion der Dreiecksseiten oder -winkel darzustellen, wenn eine solche Darstellung für den Radius des andern Kreises schon bekannt ist.

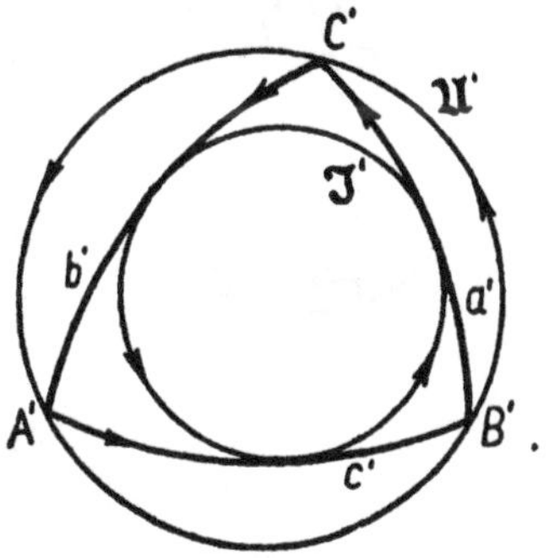

Bedeutet nämlich r bzw. ρ, r', ρ' den Radius von $\mathfrak{U}$ bzw. $\mathfrak{J}$, $\mathfrak{U}'$, $\mathfrak{J}'$, so gelten, da $\mathfrak{U}'$ das Bild von $\mathfrak{J}$, $\mathfrak{J}'$ das Bild von $\mathfrak{U}$ ist, die Beziehungen

$$r' + \rho = 90^0 \quad \text{und} \quad \rho' + r = 90^0$$

oder

$$\cot \rho = \operatorname{tg} r' \qquad \text{und} \qquad \cot r = \operatorname{tg} \rho'.$$

Nun ist z. B. (§ 82)

$$\operatorname{tg} r = \frac{2 \sin \frac{a}{2} \sin \frac{b}{2} \sin \frac{c}{2}}{\sqrt{\sin s \sin x \sin y \sin z}} = \sqrt{\frac{-\cos \sigma}{\cos \xi \cos \eta \cos \zeta}}.$$

Folglich ist, da die Seiten bzw. Winkel des Dreiecks $A' B' C'$
$a' = \bar{\alpha} = 180^0 - \alpha$, $b' = \bar{\beta} = 180^0 - \beta$, $c' = \bar{\gamma} = 180^0 - \gamma$ bzw.
$\alpha' = \bar{a} = 180^0 - a$, $\beta' = \bar{b} = 180^0 - b$, $\gamma' = \bar{c} = 180^0 - c$ sind,

$$\cot \rho = \operatorname{tg} r' = \frac{2 \cos \frac{\alpha}{2} \cos \frac{\beta}{2} \cos \frac{\gamma}{2}}{\sqrt{- \cos \sigma \cos \xi \cos \eta \cos \zeta}} = \sqrt{\frac{\sin s}{\sin x \sin y \sin z}} .$$

§ 99
Der Satz von Hart.

Im Jahre 1861 entdeckte der Engländer Hart, daß der Feuerbachsche Satz für ebene Dreiecke eine gewisse Übertragung auf Kugeldreiecke gestattet. Unter den Eigenschaften des Feuerbachkreises eignet sich für die Übertragung auf sphärische Dreiecke am besten der Satz, daß der Feuerbachkreis des ebenen Dreiecks $A B C$ die Seiten a, b, c des Dreiecks unter den Winkeln λ, μ, ν schneidet, wo λ, μ, ν die Unterschiede der Anwinkel der Seiten a, b, c sind.

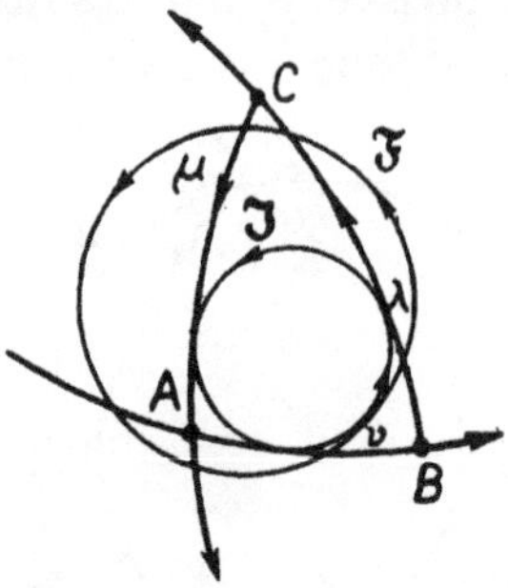

Demgemäß sei $A B C$ ein Kugeldreieck mit den Seiten a, b, c, und λ bzw. μ, ν sei der Unterschied der Anwinkel der Seite a bzw. b, c, also z. B. wenn $\alpha \geqq \beta \geqq \gamma$ ist, $\lambda = \beta - \gamma, \mu = \alpha - \gamma$, $\nu = \alpha - \beta$.

Unter dem Feuerbachkreis des Kugeldreiecks $A B C$ versteht man den Kugelkreis $\mathfrak{F}$, welcher die Seiten a, b, c unter den Winkeln λ, μ, ν schneidet.

Satz von Hart:

Der Feuerbachkreis eines Kugeldreiecks berührt den Inkreis und die drei Ankreise des Dreiecks.

Der folgende Beweis des Hartschen Satzes beruht auf dem

Lemma:

Ist $\mathfrak{t}$ ein Kugelkreis, der die Seiten a, b, c des Kugeldreiecks berührt, $\mathfrak{s}$ ein Kugelkreis, der sie unter den Winkeln λ, μ, ν schneidet, und ist eins der Produkte

$$I = \sin\frac{bc}{2}\sin\frac{\lambda}{2},\ II = \sin\frac{ca}{2}\sin\frac{\mu}{2},\ III = \sin\frac{ab}{2}\sin\frac{\nu}{2}$$

gleich der Summe der beiden andern, so berühren sich die Kreise 𝔱 und 𝔰.

Beweis des Lemma. Wir betrachten die polare Abbildung der aus den Nebenkreisen 𝔱 und 𝔰 und den Hauptkreisen *a*, *b*, *c* bestehenden Figur. Der Kreis 𝔱 geht in den Umkreis des Kugeldreiecks $A'B'C'$ über, dessen Ecken die Bilder der Hauptkreise *a*, *b*, *c* sind, der Kreis 𝔰 in einen gewissen Nebenkreis 𝔖, seine Schnittpunkte mit der Seite *a* bzw. *b*, *c* in die von A' bzw. B', C' an 𝔖 laufenden Tangenten *u*, *u* bzw. 𝔳, 𝔳; 𝔴, 𝔴; und da die Bogen $B'C'$, $C'A'$, $A'B'$ (im Winkelmaß) den Winkeln *bc*, *ca*, *ab*, ferner die Schnittwinkel λ, μ, ν den Tangenten *u*, 𝔳, 𝔴 gleichen, so ist

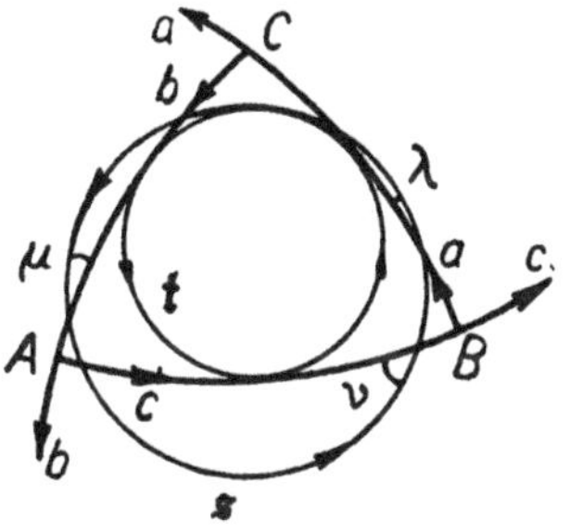

$$I = \sin\frac{B'C'}{2}\sin\frac{u}{2},\ II = \sin\frac{C'A'}{2}\sin\frac{\mathfrak{v}}{2},\ III = \sin\frac{A'B'}{2}\sin\frac{\mathfrak{w}}{2}.$$

Da nun eine dieser drei Größen I, II, III der Summe der andern beiden gleicht, so berühren (nach dem Berührungssatze von § 95) die Kreise 𝔖 und 𝔗 einander. Folglich müssen auch die Objektkreise 𝔰 und 𝔱 einander berühren.

Beweis des Hartschen Satzes.

1⁰. Wir zeigen, daß der Feuerbachkreis 𝔉 des Kugeldreiecks *ABC* den Inkreis 𝔍 des Dreiecks berührt. Dreieck, Inkreis und Feuerbachkreis mögen denselben Umlaufssinn haben, und es sei $\alpha \geqq \beta \geqq \gamma$, so daß die Neigungen des Feuerbachkreises gegen die Hauptkreise *a*, *b*, *c* $\lambda = \beta - \gamma$, $\mu = \alpha - \gamma$, $\nu = \alpha - \beta$ und die Winkel *bc*, *ca*, *ab* die Außenwinkel $\bar{\alpha} = 180^0 - \alpha$, $\bar{\beta} = 180^0 - \beta$, $\bar{\gamma} = 180^0 - \gamma$ des Dreiecks sind.

Wir bilden die Produkte

$$I = 2\sin\frac{bc}{2}\sin\frac{\lambda}{2},\ II = 2\sin\frac{ca}{2}\sin\frac{\mu}{2},\ III = 2\sin\frac{ab}{2}\sin\frac{\nu}{2}:$$

$$\text{I} = 2\cos\frac{\alpha}{2}\sin\frac{\beta-\gamma}{2}, \text{II} = 2\cos\frac{\beta}{2}\sin\frac{\alpha-\gamma}{2}, \text{III} = 2\cos\frac{\gamma}{2}\sin\frac{\alpha-\beta}{2}$$

oder mit $\beta+\gamma-\alpha = 2\xi$, $\gamma+\alpha-\beta = 2\eta$, $\alpha+\beta-\gamma = 2\zeta$

$$\text{I} = \sin\zeta - \sin\eta,\quad \text{II} = \sin\zeta - \sin\xi,\quad \text{III} = \sin\eta - \sin\xi.$$

Wie man sieht, ist $\quad \text{II} = \text{I} + \text{III},$

und diese Gleichung sagt nach dem Lemma aus, daß der Feuerbachkreis den Inkreis berührt.

2°. Wir zeigen, daß der Feuerbachkreis $\mathfrak{F}$ jeden Ankreis, etwa den Ankreis $\mathfrak{E}$ des Dreiecks $A\,B\,C$ berührt, welcher die Seite $B\,C$ und die Verlängerungen der Seiten $A\,C$ und $A\,B$ berührt.

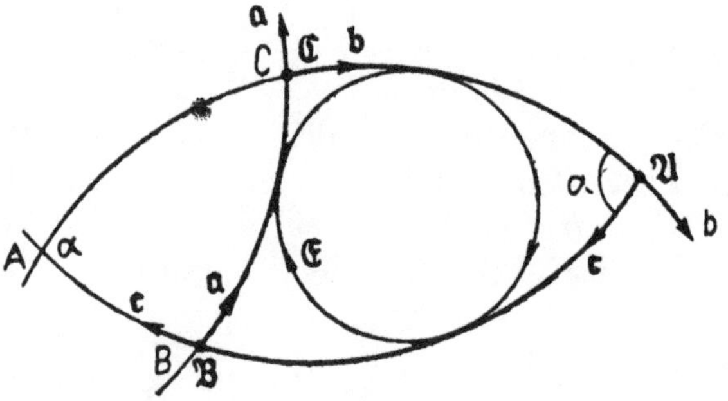

Wir fassen $\mathfrak{E}$ als Inkreis des Kugeldreiecks $\mathfrak{A}\mathfrak{B}\mathfrak{C}$ auf, dessen Ecken der Gegenpunkt von A und die Punkte B und C sind, dessen Seiten auf den Hauptkreisen $\mathfrak{B}\,\mathfrak{C}$ oder $\mathfrak{a} \equiv a$, $\mathfrak{C}\,\mathfrak{A}$ oder $\mathfrak{b} \equiv \bar{b}$, $\mathfrak{A}\,\mathfrak{B}$ oder $\mathfrak{c} \equiv \bar{c}$ liegen, dessen Umlaufssinn dem des Dreiecks $\mathfrak{A}\,\mathfrak{B}\,\mathfrak{C}$ entgegengesetzt ist, so daß auch der Kreis $\mathfrak{E}$ diesen entgegengesetzten Umlaufssinn besitzt.

Die Winkel $\mathfrak{b}\,\mathfrak{c}$, $\mathfrak{c}\,\mathfrak{a}$, $\mathfrak{a}\,\mathfrak{b}$, die wir gleich benötigen werden, sind $\bar{\alpha} = 180^\circ - \alpha$, β, γ, so daß

$$\sin\frac{\mathfrak{b}\,\mathfrak{c}}{2} = \cos\frac{\alpha}{2},\qquad \sin\frac{\mathfrak{c}\,\mathfrak{a}}{2} = \sin\frac{\beta}{2},\qquad \sin\frac{\mathfrak{a}\,\mathfrak{b}}{2} = \sin\frac{\gamma}{2}$$

ist. Die Winkel l, m, n, unter denen $\mathfrak{F}$ die Seiten $\mathfrak{a}$, $\mathfrak{b}$, $\mathfrak{c}$ schneidet, sind $l = \lambda$, $m = \bar{\mu} = 180^\circ - \mu$, $n = \bar{\nu} = 180^\circ - \nu$, so daß

$$\sin\frac{l}{2} = \sin\frac{\lambda}{2},\qquad \sin\frac{m}{2} = \cos\frac{\mu}{2},\qquad \sin\frac{n}{2} = \cos\frac{\nu}{2}$$

ist.

Wir bilden wieder die Produkte

$$\text{I} = 2\sin\frac{\mathfrak{b}\,\mathfrak{c}}{2}\sin\frac{l}{2},\quad \text{II} = 2\sin\frac{\mathfrak{c}\,\mathfrak{a}}{2}\sin\frac{m}{2},\quad \text{III} = 2\sin\frac{\mathfrak{a}\,\mathfrak{b}}{2}\sin\frac{n}{2}\ :$$

$$I = 2\cos\frac{\alpha}{2}\sin\frac{\lambda}{2}, \quad II = 2\sin\frac{\beta}{2}\cos\frac{\mu}{2}, \quad III = 2\sin\frac{\gamma}{2}\cos\frac{\nu}{2}$$

oder

$$I = \sin\zeta - \sin\eta, \quad II = \sin\zeta + \sin\xi, \quad III = \sin\eta + \sin\xi.$$

Hier ist

$$II = I + III,$$

und diese Gleichung sagt aus, daß der Kreis $\mathfrak{F}$ den Kreis $\mathfrak{E}$ berührt.

Damit ist Harts Satz bewiesen.

Dritter Abschnitt

Sphärische Astronomie

§ 100

Die Mercatorkarte.

Die wichtigste Karte der Nautik ist die von Gerhard Kremer (1512—1594), genannt Mercator, ersonnene Mercatorkarte. Ihre Wichtigkeit beruht auf dem Umstande, daß die Loxodrome oder Kurslinie, d. h. die Linie der Erdkugeloberfläche, welche alle Meridiane unter demselben Winkel schneidet, auf der Karte als grade Linie erscheint.

Der einfachste Zugang zur Mercatorkarte führt über die stereographische Karte, die für die Kartenkunde gleichfalls von großer Wichtigkeit ist und wahrscheinlich von dem Astronomen Hipparch (160—125 v. Chr.) stammt, weswegen sie auch Hipparchkarte genannt wird.

Wir beschreiben deshalb zunächst kurz die Hipparchkarte.

Wir legen einen Globus zugrunde, dessen Radius als Längeneinheit dient, und nennen seine Oberfläche Ω. Als Kartenebene wählen wir die durch den Südpol S des Globus laufende

Tangentialebene Φ des Globus und projizieren nun jeden vorgelegten Punkt—Objektpunkt—P vom Nordpol N aus als Projektionszentrum auf Φ, wodurch dann in der Kartenebene Φ das stereographische Bild, kurz Bild P' des Objekts P entsteht. Die wichtigste Eigenschaft dieser „stereographischen Projektion" ist der

Satz von der Winkeltreue:

Das stereographische Bild eines Globuswinkels ist letzterem gleich.

M. a. W.: Winkel werden durch stereographische Projektion nicht verändert.

Beweis. Der Objektwinkel ω habe den auf Ω liegenden Scheitel P und die Ω berührenden Schenkel I und II. Die Papierebene diene als Ebene Δ des Dreiecks NSP, so daß die Kartenebene Φ die Ebene Δ in der durch S laufenden Globustangente t schneidet und auf Δ senkrecht steht. Die Verlängerung von NP trifft t im Bilde P' von P. Die in Δ liegende durch P laufende Kugeltangente treffe t in H. Da HP und HS als Tangenten an Ω gleich lang sind, bildet der Punkt H die Mitte der Hypotenuse SP' des Rechtwinkeldreiecks SPP', so daß

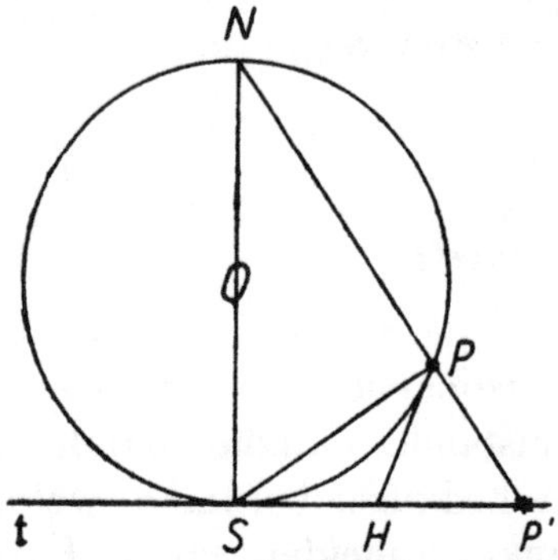

$$\boxed{HP' = HP}$$

ist. Da nun HP' das stereographische Bild von HP ist, gilt der Satz:

Das stereographische Bild einer vom Globus und von der Kartenebene begrenzten Globustangente gleicht dieser Tangente.

Nun liegen die Schenkel I und II des Winkels ω in der PH enthaltenden auf Δ senkrechten Ebene, I etwa oberhalb, II unterhalb PH. Das auf Δ in H errichtete Lot treffe I in A, II in B.

Dann ist $\sphericalangle\ A P' B = \omega'$, das stereographische Bild des Objektwinkels $A P B = \omega$. Aus der Kongruenz der Rechtwinkeldreiecke $P' H A$ und $P H A$ und der Kongruenz der Rechtwinkeldreiecke $P' H B$ und $P H B$ folgt

$$\sphericalangle\ H P' A = \sphericalangle\ H P A \qquad \text{und} \qquad \sphericalangle\ H P' B = \sphericalangle\ H P B.$$

Die Addition dieser beiden Gleichungen gibt

$$\boxed{\omega' = \omega}\ , \qquad \text{w. z. b. w.}$$

Behalten wir N als Projektionszentrum bei, wählen aber als Kartenebene die Aequatorebene, so ist die neue Karte einfach ein im Maßstabe 1 : 2 entworfenes homothetisches Bild der obigen Karte. Daher gilt auch für diese stereographische Karte der Satz von der Winkeltreue.

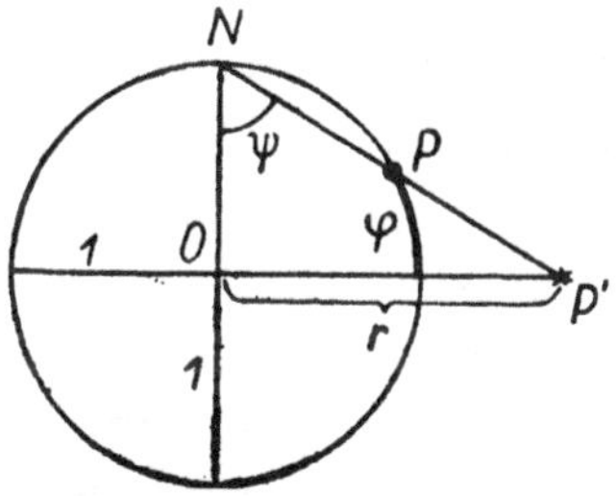

Diese neue Karte hat den Vorzug, den Aequator längentreu abzubilden, weswegen wir sie auch der folgenden Betrachtung zugrundelegen. Der Kartenmittelpunkt ist das Globuszentrum O. Die Breitenkreise sind dem Aequator konzentrische Kreise, die Meridiane von O auslaufende äquidistante Strahlen.

Bedeutet φ die Breite des Punktes P, P' das Kartenbild von P, $O P' = r$ die Zentraldistanz von P', zugleich den Radius des Kartenbreitenkreises φ, so hat man, weil $\sphericalangle\ O N P' = \psi = \frac{\pi}{4} + \frac{\varphi}{2}$ ist,

$$\boxed{r = \operatorname{tg} \psi = \operatorname{tg}\left(\frac{\pi}{4} + \frac{\varphi}{2}\right)}\ .$$

Diese Formel liefert den Radius des Kartenbreitenkreises als Funktion der Breite φ.

Nun zur Mercatorkarte!

Sie wird nach folgender Vorschrift entworfen:

Der Kartenaequator ist eine waagerechte Strecke $\mathfrak{a}$. Die Breitenkreise sind gleich lange zu $\mathfrak{a}$ parallele Strecken. Die Meridiane sind aequidistante Normalen zu $\mathfrak{a}$. Außerdem soll die Karte winkeltreu sein.

Man drückt diese Forderungen durch den Satz aus:

Die Mercatorkarte ist eine winkeltreue echte Zylinderprojektion.

Wir wählen den Kartenaequator als x-Achse, den Mittelmeridian oder Nullmeridian als y-Achse eines rechtwinkligen Koordinatensystems und nennen die Koordinaten des Kartenbildes des in der Breite φ und Länge λ liegenden Globuspunktes P x und y. Dann ist

$$\boxed{x = \lambda},$$

während die Kartenbreite y einstweilen noch unbekannt ist.

Um y als Funktion von φ darzustellen, teilen wir y in n gleiche Teile δ, wo n eine sehr große Zahl, etwa $n = 100^{100}$, bedeutet, und denken uns sowohl auf unserer Hipparchkarte als auch auf der Mercatorkarte die den Mercatorkartenbreiten δ, $2\,\delta$, $3\,\delta$, $\ldots$, $n\,\delta = y$ entsprechenden Breitenparallelen gezogen. Die beiden Meridiane $x = \lambda$ und $x = \lambda + l$, wo l einen sehr kleinen Winkel, etwa $\pi : 10^{100}$, bedeutet, bilden dann mit den Breitenkreisen $\nu\,\delta$ und $\mu\,\delta$ (mit $\mu = \nu + 1$) zwei äußerst kleine Rechtecke, deren Seiten in der Mercatorkarte das Verhältnis $\delta : l$, in der Hipparchkarte das Verhältnis $(r_\mu - r_\nu) : l\,r_\nu$ haben, wo r_ν den Radius des Hipparchkartenparallels bedeutet, der der Mercatorbreite $\nu\,\delta$ entspricht.

Wegen der Winkeltreue beider Karten müssen diese Seitenverhältnisse übereinstimmen:

$$\frac{r_\mu - r_\nu}{l\,r_\nu} = \frac{\delta}{l}.$$

Daraus folgt

$$r_\mu = r_\nu \left(1 + \frac{y}{n}\right).$$

Wir bilden diese Gleichung für $\nu = 0, 1, 2, \ldots, n-1$, multiplizieren die entstehenden Gleichungen mit einander und erhalten, da $r_0 = 1$, $r_n = r$ ist,

$$r = \left(1 + \frac{y}{n}\right)^n.$$

Wegen des riesigen Wertes von n hat die rechte Seite der gefundenen Gleichung (§ 44) den Wert e^y, wo e Eulers Zahl ist. Daher wird

$$r = e^y .$$

Durch Logarithmieren entsteht hieraus schließlich

$$\boxed{y = \mathrm{l}\, r = \mathrm{l}\ \mathrm{tg}\left(\frac{\pi}{4} + \frac{\varphi}{2}\right)} \ .$$

Ergebnis:

Das Bild des Globuspunktes (λ, φ) hat auf der Mercatorkarte die Koordinaten

$$\boxed{x = \lambda \quad , \quad y = \mathrm{l}\ \mathrm{tg}\left(\frac{\pi}{4} + \frac{\varphi}{2}\right)} \ .$$

Die Größe $\mathrm{l}\ \mathrm{tg}\left(\frac{\pi}{4} + \frac{\varphi}{2}\right)$ heißt die „vergrößerte Breite".

Da die Meridiane der Mercatorkarte parallele Graden sind und die Karte winkeltreu ist, erscheint die Loxodrome d. h. die Globuskurve, welche alle Globusmeridiane unter demselben Winkel $\varkappa$ — dem sog. Kurswinkel — schneidet, in der Mercatorkarte als grade Linie, die mit jedem Kartenmeridian den Winkel $\varkappa$ bildet.

§ 101

Die Loxodrome.

Das Loxodromenproblem lautet „die Länge der loxodromischen Verbindungslinie zweier Punkte der Erdoberfläche zu bestimmen".

Da ein in Fahrt befindliches Schiff seinen Kurs nicht gern ändert, behält es den Kurswinkel $\varkappa$, d. h. die Abweichung seiner Fahrtrichtung von der Süd-Nordrichtung so lange wie möglich bei, es „fährt auf einer Loxodrome", womit die große Bedeutung des Loxodromenproblems für die Nautik deutlich wird.

Wir haben bei der Betrachtung der Mercatorkarte den Globusradius als Längeneinheit gewählt. Die Seefahrer verwenden als

Längeneinheit die Seemeile (sm), das ist die Länge einer auf einem Erdmeridian liegenden Breitenminute oder auch die Länge einer auf dem Aequator liegenden Längenminute zu je 1852 m. Da ein Meridian π Erdradien lang ist und 10800 Breitenminuten enthält, ist der Erdradius $n = 10800 : \pi$ sm lang. Denken wir uns nun eine Mercatorkarte im Maßstabe 1 : 1, in der also der Aequator so lang ist wie in Wirklichkeit, so beträgt der Abstand des der Breite φ entsprechenden Kartenparallels vom Kartenaequator — die sog. vergrößerte Breite —

$$\Phi = n \operatorname{l} \operatorname{tg}\left(\frac{\pi}{4} + \frac{\varphi}{2}\right) \quad \text{sm.}$$

Die beiden Erdorte O und O', deren loxodromische Distanz d bestimmt werden soll, sind durch ihre Längen λ und λ' und Breiten φ und φ' (mit $\varphi' > \varphi$) gegeben Die vergrößerten Breiten sind (in sm)

$$\Phi = n \operatorname{l} \operatorname{tg}\left(\frac{\pi}{4} + \frac{\varphi}{2}\right) \quad \text{und} \quad \Phi' = n \operatorname{l} \operatorname{tg}\left(\frac{\pi}{4} + \frac{\varphi'}{2}\right),$$

die Abstände der Kartenmeridiane vom Nullmeridian Λ und Λ' sm, wo Λ bzw. Λ' die Anzahl Längenminuten bedeutet, die λ bzw. λ' umfaßt.

Der Kartenmeridian durch O und der Kartenparallel durch O' mögen sich in S schneiden. Dann ist

$$OS = B = \Phi' - \Phi \qquad \text{(sm)}$$

der „vergrößerte Breitenunterschied",

$$O'S = L = \Lambda' - \Lambda \qquad \text{(sm)}$$

der in sm ausgedrückte Längenunterschied (auf der Karte), OO' die Kartenloxodrome und

$$\sphericalangle\, O'OS = \varkappa$$

der Kurswinkel.

Aus dem rechtwinkligen Kartendreieck OSO' finden wir den Kurswinkel $\varkappa$ vermöge der Gleichung

$$(1) \qquad \boxed{\operatorname{tg} \varkappa = L : B}\,.$$

Um die loxodromische Distanz d der beiden Erdkugelorte zu ermitteln, zerlegen wir d in N sehr kleine als gradlinig aufzufassende Stücke e. Legen wir durch den einen von zwei benachbarten Teilpunkten den Meridian, durch den anderen den Breitenkreis, so entsteht ein sehr kleines Rechtwinkeldreieck mit der Hypotenuse e, dessen meridionale Kathete der (in sm gemessene) Breitenunterschied β der beiden Teilpunkte ist und mit dem Loxodromenelement e den Winkel $\varkappa$ bildet, so daß

$$\beta = e \cos \varkappa$$

ist. Je zwei benachbarte Teilpunkte haben demnach denselben Breitenunterschied β. Der gesamte (in sm gemessene) Breitenunterschied b der beiden Erdorte O und O' ist daher

$$b = N\beta = Ne \cos \varkappa = d \cos \varkappa.$$

Mithin ist die gesuchte loxodromische Distanz

(2) $$\boxed{d = b \sec \varkappa}\ .$$

Die Formeln (1) und (2) enthalten die Lösung unseres Problems.

Beispiel. Wie groß ist die loxodromische Distanz von Valdivia ($\lambda = 286^0\,34{,}9'$ O, $\varphi = -39^0\,53{,}1'$) bis Yokohama ($\lambda' = 139^0\,39{,}2'$ O, $\varphi' = +35^0\,26{,}6'$)?

Hier beträgt der Längenunterschied $L = 8815{,}7$ Minuten, der Breitenunterschied $b = 4519{,}7$ Minuten oder Seemeilen, der vergrößerte Breitenunterschied $B = \Phi' - \Phi = 4890$ sm, $\varkappa$ laut (1) $60^0\,58'\,50''$ und die loxodromische Distanz nach (2)

$$d = 9317 \quad \text{sm}.$$

Zusatz. Die sphärische Distanz oder kürzeste Entfernung k der beiden Orte findet man durch Anwendung des Cosinussatzes auf das Kugeldreieck NVY (Nordpol, Valdivia, Yokohama). In diesem ist $NV = 90^0 - \varphi = 129^0\,53{,}1'$, $NY = 90^0 - \varphi'$, $\sphericalangle VNY = \lambda - \lambda'$ und $VY = k$.

Nach dem Cosinussatz ist

$$\cos k = \cos NV \cos NY + \sin NV \sin NY \cos(\lambda - \lambda')$$

oder

$$\cos k = \sin\varphi \sin\varphi' + \cos\varphi \cos\varphi' \cos(\lambda - \lambda').$$

Hieraus ergibt sich

$$k = 153^0\,36{,}1' = 9216{,}1' = 9216{,}1 \text{ sm}.$$

Die sphärische oder kürzeste Entfernung ist sonach um 101 Seemeilen kürzer als die loxodromische.

Der Name „Loxodrome" stammt von Snellius. Der Portugiese Nuñez (1492-1577) erkannte als erster, daß die loxodromische Distanz nicht die kürzeste Distanz ist, und daß die Loxodrome dem Pol immer näher kommt, ohne ihn jemals zu erreichen.

§ 102

Das Horizontalsystem.

In der sphärischen Astronomie betrachtet man die Örter der Gestirne an der Himmelskugel. Die Himmelskugel ist eine um den Erdmittelpunkt als Zentrum beschriebene Kugel von sehr großem Halbmesser, an welcher die Sterne zu haften scheinen. Ihrer ungeheuren Größe gegenüber kann die Erdkugel im allgemeinen als Punkt aufgefaßt werden.

Unter dem scheinbaren Horizont eines Beobachtungsortes Q auf der Oberfläche der Erdkugel versteht man die in Q an die Erdkugel gelegte Tangentialebene; die zum scheinbaren Horizont durch den Erdmittelpunkt M parallel laufende Ebene ist der wahre Horizont des Beobachtungsortes, im folgenden kurzweg Horizont genannt.

Der Hauptkreis, in welchem der wahre Horizont die Himmelskugel schneidet, wird gleichfalls kurz als Horizont bezeichnet. Auf diesem Hauptkreise liegen in den von Q aus gerechneten vier Himmelsrichtungen die vier Kardinalpunkte des Horizonts: der Nordpunkt N, der Südpunkt S, der Ostpunkt O und der Westpunkt W. Der Halbkreis $N\,O\,S$ ist die östliche, der Halbkreis $N\,W\,S$ die westliche Hälfte des Horizonts.

Die Verlängerung des Erdradius $M\,Q$ trifft die Himmelskugel an einer Stelle Z, die man das Zenit des Beobachters Q nennt. Der Gegenpunkt Z' von Z an der Himmelskugel heißt Nadir.

Unter einem Vertikalkreis versteht man einen Hauptkreis der Himmelskugel, der durch Zenit und Nadir läuft, also auf dem Horizont senkrecht steht. Oft wird nur der von Z bis zum Horizont herablaufende Quadrant des Vertikalkreises ins Auge gefaßt und kurzweg Vertikal genannt. Der durch Nord- und Südpunkt laufende Vertikalkreis führt den besonderen Namen Mittagskreis oder Meridian des Beobachtungsortes.

Unter einem Höhenparallel versteht man einen Nebenkreis der Himmelskugel, dessen Ebene der des Horizonts parallel läuft.

Das System der Vertikalkreise und Höhenparallelen, welches die ganze Himmelskugel überzieht, ist zu vergleichen mit dem System der Meridiane und Breitenkreise auf der Oberfläche der Erdkugel.

Bekanntlich wird die Lage eines Punktes auf der Erdoberfläche durch zwei Koordinaten oder Standgrößen bestimmt: durch seine Breite φ und seine Länge λ.

So dienen auch dem Beobachter Q zwei Koordinaten zur Festlegung eines Sternortes an der Himmelskugel:

1) die Höhe des Sterns,
2) das Azimut des Sterns.

Unter der Höhe des Sterns versteht man den auf dem Vertikal gemessenen Winkelabstand des Sterns vom Horizont. Die Höhe wird gewöhnlich durch den Buchstaben h bezeichnet.

Unter dem Azimut des Sterns versteht man den auf dem Horizont gemessenen Winkelabstand des Höhenfußpunktes von einem Fixpunkte des Horizontes, etwa vom Südpunkte oder Nordpunkte.

Man kann auch sagen:

Unter dem Azimut des Sterns versteht man den Winkel zwischen der Ebene des Sternvertikals und der Ebene eines fest angenommenen »Null«-Vertikals, etwa des Vertikals durch den Nordpunkt, mit anderen Worten den Winkel, den der Sternvertikal mit dem Nullvertikal (am Zenit) bildet.

Das Azimut wird gewöhnlich durch den Buchstaben *a* bezeichnet.

Während die Höhe eines Sterns nie größer als 90° sein kann, wird das Azimut oft in einer vorher festzusetzenden Umlaufsrichtung von 0° bis 360° gezählt. Bisweilen findet man die Zählung nur von 0° bis 180° ausgedehnt und unterscheidet westliche Azimute (bei Sternen an der Westhälfte der Himmelskugel) und östliche Azimute. Am besten ist es, durch zwei beigesetzte Buchstaben den Anfangspunkt und die Richtung der Azimutzählung mit anzugeben. Man schreibt z. B. »das Azimut ist *N* 43° *O*« und weiß dann sofort, daß die Azimutzählung im Nordpunkte beginnt und in östlicher Richtung, d. h. für einen auf dem scheinbaren Horizont stehenden Beobachter im Sinne des Uhrzeigers, vorgenommen wird.

Durch die beiden Koordinaten Höhe *h* und Azimut *a* ist die Lage eines Punktes an der Himmelskugel bestimmt.

Da unser Koordinatensystem vom Horizont als Grundebene seinen Ausgangspunkt nahm, nennt man es kurz das Horizontalsystem.

§ 103

Das Äquatorialsystem.

Da die Koordinaten eines Gestirns im Horizontalsystem sich in jedem Falle nur auf den Horizont eines einzigen Erdortes beziehen, hat man sich nach einem System umgesehen, dessen Koordinaten für jeden Erdort geeignet sind. Das ist das Äquatorialsystem, dessen Grundebene der Himmelsäquator ist.

Unter dem Himmelsäquator versteht man den Hauptkreis der Himmelskugel, dessen Ebene mit der Ebene des Erdäquators zusammenfällt. Ihm zugeordnet ist die Himmelsachse, d. i. die bis zur Himmelskugel verlängerte Erdachse. Die Himmelsachse steht auf der Ebene des Himmelsäquators senkrecht. Die

Stellen, wo sie die Himmelskugel trifft, heißen **Pole** — Nordpol und Südpol — und werden durch die Buchstaben P — auf der nördlichen Halbkugel — und P' — auf der südlichen Halbkugel — bezeichnet.

Die Himmelsachse ist zugleich die Drehungsachse, um welche die scheinbare tägliche Drehung des gestirnten Himmels stattfindet. Diese scheinbare Drehung der Himmelskugel von Ost nach West ist bewirkt durch die wirkliche Drehung der Erdkugel von West nach Ost.

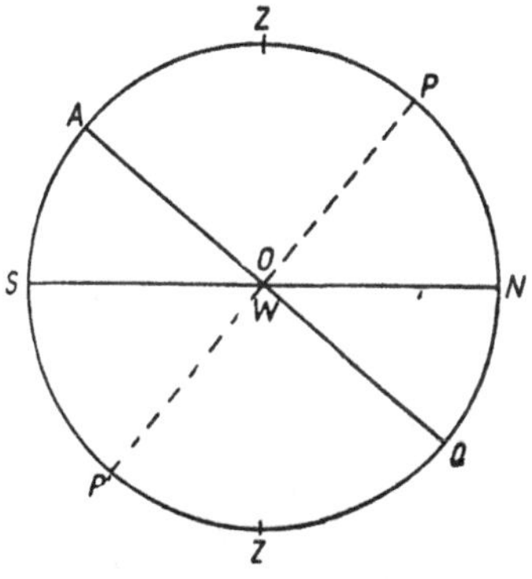

Nebenstehende Figur enthält eine Orthogonalprojektion des Horizonts und des Äquators auf die Ebene des Mittagskreises, so daß beide Hauptkreise als Durchmesser des Mittagskreises erscheinen. SN ist der Horizont, S der Südpunkt, N der Nordpunkt; Ostpunkt O und Westpunkt W fallen in der Projektion zusammen. AQ ist der Äquator, A sein Durchschnittspunkt mit dem oberhalb des Horizonts gelegenen, Q sein Durchschnittspunkt mit dem unterhalb des Horizonts gelegenen Bogen des Meridians. Die Durchschnittspunkte des Äquators mit dem Horizont sind der Ostpunkt und der Westpunkt. Z ist das Zenit, Z' der Nadir, P der Nordpol, P' der Südpol, PP' die Weltachse.

Der Winkelabstand PN des Nordpols vom Horizont ist die Höhe des Nordpols, die sogenannte **Polhöhe**. Der Winkelabstand AS des Punktes A vom Horizont ist die sogenannte Äquatorhöhe.

Äquatorhöhe und Polhöhe sind stets Komplemente.

Für die Polhöhe gilt der **wichtige**

Satz:

Die Polhöhe ist gleich der geographischen Breite.

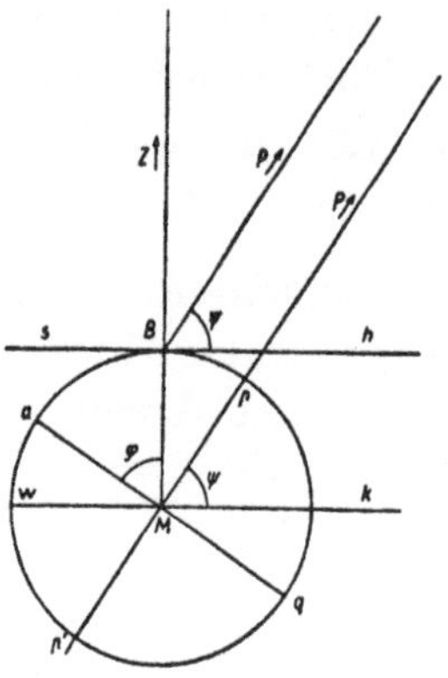

Beweis. In der nebenstehenden Figur stelle der gezeichnete Kreis den durch den Beobachtungsort B laufenden Längenkreis der Erdkugel vor. M sei der Mittelpunkt der Erdkugel, aq der zum Meridian aBq gehörige Äquatordurchmesser. Dann ist $\sphericalangle\, aMB = \varphi$ die geographische Breite von B. pp' ist die Erdachse; sie, wie auch die Parallele zu ihr durch B, zielen zum Nordpol P der unendlich weit entfernten Himmelskugel. Beide Linien bilden mit dem scheinbaren Horizont sh und auch mit dem wahren Horizont wk des Beobachtungsortes B den gleichen Winkel ψ, der die Polhöhe für den Beobachtungsort B darstellt. Da aber die Schenkel von ψ und φ paarweise aufeinander senkrecht stehen, ist $\psi = \varphi$ w.z.b.w.

Unter Zugrundelegung des Himmelsäquators überdeckt man nun, ähnlich wie beim Horizontalsystem, die Himmelskugel mit zwei Scharen von sich rechtwinklig schneidenden Kreisen, den Stundenkreisen und den Deklinationsparallelen.

Unter einem Zeitkreis, Stundenkreis oder Himmelsmeridian versteht man einen Hauptkreis der Himmelskugel, der durch die beiden Pole läuft, also auf dem Äquator senkrecht steht. Der durch Süd- und Nordpunkt des Horizonts laufende Stundenkreis heißt speziell Mittagskreis oder auch „Meridian" schlechthin; und zwar heißt seine durch das Zenit Z laufende Hälfte PZP' oberer Meridian, die andere durch den Nadir laufende Hälfte $PZ'P'$ unterer Meridian.

Unter einem Deklinationsparallel versteht man einen Nebenkreis der Himmelskugel, dessen Ebene der Äquatorebene parallel ist.

Die scheinbare tägliche Bewegung eines Sterns vollzieht sich auf „seinem" Deklinationsparallel, dessen oberhalb des Horizonts verlaufender Teil Tagbogen, dessen unter dem Horizont verlaufender Teil Nachtbogen genannt wird.

Der Stern geht auf bzw. unter, wenn er die östliche bzw. westliche Horizonthälfte passiert; er kulminiert oben bzw. unten, wenn er den oberen bzw. unteren Meridian passiert.

Das Netz dieser beiden Kreisscharen ermöglicht nun die Festlegung eines Gestirnortes an der Himmelskugel vermöge seiner Koordinaten im Äquatorialsystem. Diese Koordinaten sind Deklination und Rektaszension.

Unter der Deklination eines Sternes versteht man seinen Winkelabstand vom Himmelsäquator.

Man unterscheidet entweder nördliche Deklination (bei Sternen an der nördlichen Halbkugel) und südliche Deklination (bei Sternen, die auf der südlichen Seite des Äquators stehen), oder man spricht von positiver und negativer Deklination, indem man den Deklinationen der nördlich vom Äquator gelegenen Sterne das positive Vorzeichen, den Deklinationen der auf der südlichen Halbkugel gelegenen Sterne das negative Vorzeichen beilegt. Zur Bezeichnung dient der Buchstabe δ.

Die Deklination im Äquatorialsystem entspricht der Höhe im Horizontalsystem.

Es handelt sich jetzt darum, die dem Azimut des Horizontalsystems entsprechende Koordinate des Äquatorialsystems festzulegen.

Es liegt nahe sie auf dem Äquator zu messen. Dazu bedarf es aber eines Anfangspunktes (Nullpunktes) der Zählung, d. h. eines Fixpunktes auf dem Äquator. Das ist der sogenannte Widderpunkt oder Frühlingspunkt ♈.

Am 21. März, zu Frühlingsanfang, durchschreitet die Sonne an einer ganz bestimmten Stelle den Himmelsäquator. Diese Stelle ♈ haben die Astronomen sozusagen markiert, als Frühlingspunkt bezeichnet und zum Ausgangspunkt der Zählungen auf dem Äquator gewählt.

Unter der Rektaszension eines Sterns versteht man den Winkelabstand des Fußpunktes seiner Deklination vom Frühlingspunkt.

Die Rektaszension, auch Gerade Aufsteigung genannt, wird stets von 0^0 bis 360^0 oder, wie es meist geschieht, von 0^h bis 24^h ($1^h = 15^0$) gezählt und zwar in dem der scheinbaren täglichen Bewegung der Gestirne entgegengesetzten Sinne, d. h. von Westen über Süden nach Osten.

Die Rektaszension wird durch den Buchstaben α oder A bezeichnet.

Durch die beiden Koordinaten Rektaszension A und Deklination δ ist der Ort eines Gestirns an der Himmelskugel (im Äquatorialsystem) festgelegt.

§ 104
Zeitwinkel und Sternzeit.

Im Horizontalsystem war es möglich, die Azimutkoordinate außer auf dem Horizont auch am Zenit als Winkel zwischen Vertikalen zu messen. Im Äquatorialsystem bleibt die Rektaszension auf den Äquator beschränkt, die Winkel zwischen Zeitkreisen erhalten eine andere Benennung.

Unter dem Zeitwinkel eines Gestirns versteht man den am Pol gemessenen Winkel zwischen dem Zeitkreise des Gestirns und dem unteren Meridian. Der Zeitwinkel wird durch den Buchstaben T bezeichnet und vom unteren Meridian aus im Sinne der scheinbaren täglichen Bewegung der Gestirne von 0^0 bis 360^0 oder meist von 0^h bis 24^h gezählt.

Natürlich ist es auch möglich, den Zeitwinkel auf dem Äquator zu messen. Anfangspunkt der Zählung ist dabei der Schnittpunkt Q des Äquators mit dem unteren Meridian, die Zählung geschieht im Sinne $Q\,O\,A\,W$, wo wieder O den Ostpunkt und W den Westpunkt, die Schnittpunkte des Äquators mit dem Horizont bedeuten.

Neben dem Zeitwinkel benutzt man auch oft den Stundenwinkel. Unter dem Stundenwinkel eines Sterns versteht man den am Pol gemessenen Winkel zwischen dem Stundenkreis des Sterns und dem oberen Meridian.

Unter den Zeitwinkeln der verschiedenen Punkte an der Himmelskugel spielt der Zeitwinkel des Frühlingspunktes eine besondere Rolle. Man nennt ihn Sternzeit.

Wir bezeichnen die Sternzeit mit dem Buchstaben $\mathfrak{S}$.

Durch die Sternzeit wird die Beziehung vermittelt, die zwischen dem Zeitwinkel T_* und der Rektaszension A_* eines beliebigen Sterns $*$ besteht.

Diese fundamentale Beziehung lautet

$$\boxed{\mathsf{A}_* + T_* = \mathfrak{S}} \;.$$

Wir nennen sie kurz die **Sternzeitrelation.** Sie heißt in Worten:

Addiert man Rektaszension und Zeitwinkel eines beliebigen Sterns, so erhält man die Sternzeit.

Sie gestattet, bei gegebener Rektaszension des Sterns seinen Zeitwinkel bzw. umgekehrt bei gegebenem Zeitwinkel die Rektaszension des Sterns zu berechnen, insofern die Sternzeit für jeden Augenblick einer nautischen Tafel entnommen werden oder an einer Uhr, die Sternzeit zeigt, abgelesen werden kann.

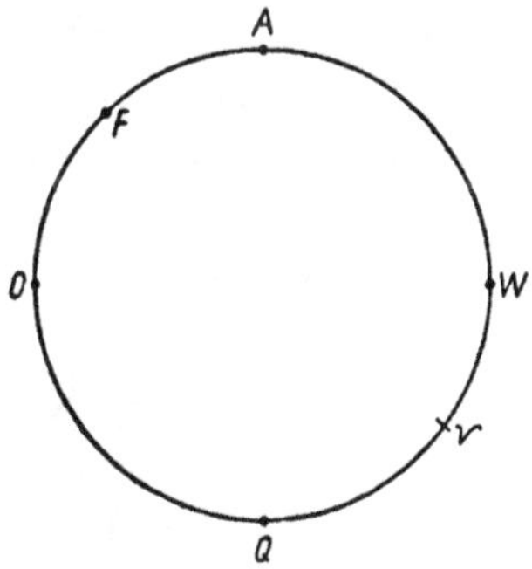

Der Beweis dieser Gleichung wird durch die nebenstehende Figur erbracht.

In dieser stellt der Kreis $AWQO$ den Äquator dar, und zwar ist A der Schnittpunkt des Äquators mit dem oberen Meridian, W der Westpunkt, Q der Schnittpunkt des Äquators mit dem unteren Meridian, O der Ostpunkt. Bedeutet ferner ♈ den Widderpunkt, F den Fußpunkt der Deklination des Sterns $*$, so ist

$$\begin{aligned} \mathsf{A}_* &= \text{Bogen } ♈ W A F \\ T_* &= \text{Bogen } Q O F \\ \mathfrak{S} &= \text{Bogen } Q O F A W ♈, \end{aligned}$$

so daß die Gleichung $A_* + T_* = \mathfrak{S}$
ohne weiteres abzulesen ist.

Zusatz. Befindet sich F auf dem Bogen $Q\Upsilon$, so fallen sowohl A als auch T größer als 12^h aus, so daß sich für die Summe $A + T$ mehr als 24^h ergibt. In diesem Falle hat man von der Summe noch 24^h abzuziehen, um die Sternzeit zu erhalten.

§ 105

Die Sonnenuhr.

Wir betrachten zunächst die einfachsten Sonnenuhren: die Horizontaluhr und die vertikale Mittagsuhr.

Bei der ersteren läuft die Zifferblattebene E horizontal, bei der zweiten vertikal so, daß sie den Ost- und Westpunkt des Horizonts enthält. Die Weltachse wird durch einen Stift, den Zeiger oder Stiel, dargestellt, der auf E einen Schatten wirft. Dieser Schatten befindet sich mittags in seiner Mittellage, der Mittagslinie der Uhrebene, und bildet t^h vor oder nach Mittag mit der Mittagslinie den Schattenwinkel s bzw. σ.

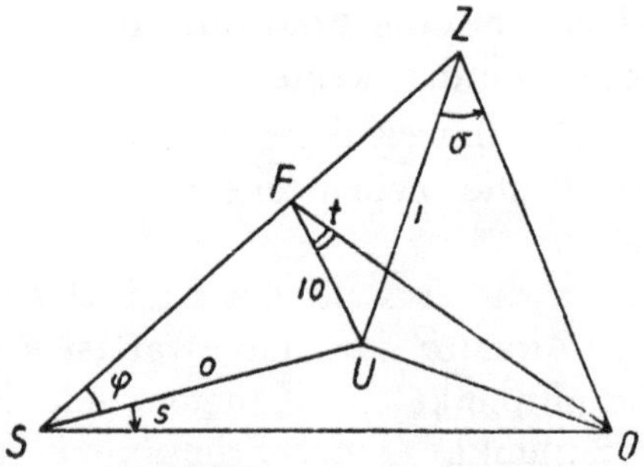

Es handelt sich um die Ermittlung der Beziehung zwischen der Zeit t und dem Schattenwinkel s bzw. σ.

Wir nennen die von Sonne und Weltachse (Zeiger) gebildete Ebene die Schattenebene, da in ihr der Schatten liegen muß. Die Schattenebene geht mittags, in ihrer Mittellage, durch Nordpunkt und Südpunkt des Horizonts und bildet zur Zeit t mit der Mittellage den Winkel t ($t^h = 15\, t^0$).

In der Figur seien US, UO und UZ Strecken, die von einem Punkte U des Beobachtungshorizonts nach dem (jenseits der Figur liegenden) Südpunkt, Ostpunkt und Zenit des Horizonts laufen, so zwar, daß SZ den Zeiger, also $\sphericalangle\, USZ$ die Breite φ des Beobachtungsorts und SOZ die Schattenebene darstellt. Dann ist SO der Schatten, $\sphericalangle\, USO$ der Schattenwinkel s der Horizontaluhr, ZO der Schatten, $\sphericalangle\, UZO$ der Schattenwinkel der vertikalen Mittagsuhr.

Der Winkel t zwischen der Schattenebene SOZ und ihrer Mittellage SUZ ist der Winkel UFO, den das von O auf SZ gefällte Lot OF mit UF bildet. Wählen wir SZ als Längeneinheit und kürzen $\cos\varphi$ und $\sin\varphi$ mit o und i ab, so folgt aus dem Rechtwinkeldreieck SUZ $US = o$, $UZ = i$, $UF = oi$, aus dem Rechtwinkeldreieck UOF

$$UO = o\, i \operatorname{tg} t$$

und aus den Rechtwinkeldreiecken USO und UZO

$$UO = o \operatorname{tg} s \qquad \text{und} \qquad UO = i \operatorname{tg} \sigma.$$

Die Gleichsetzung der drei für UO gefundenen Werte liefert die Formeln

$$(1) \quad \boxed{\operatorname{tg} s = i \operatorname{tg} t} \qquad \text{und} \quad (2) \quad \boxed{\operatorname{tg} \sigma = o \operatorname{tg} t}\ ,$$

welche die gesuchten Beziehungen zwischen der Zeit t und dem Schattenwinkel s bzw. σ enthalten.

Um das Zifferblatt zu zeichnen, berechnet man laut (1) bzw. (2) zu verschiedenen passend gewählten Zeiten t die zugehörigen Schattenwinkel, zeichnet sie ein, schreibt aber an ihre freien Schenkel nicht s bzw. σ, sondern die entsprechenden Zeiten t.

Die Berechnung der Winkel s und σ kann auch durch eine Zeichnung ersetzt werden. Man trägt auf einer beliebigen Strecke AB von B aus ihr i- bzw. o-faches bis C ab, beschreibt den Halbkreis mit dem Zentrum C und Bogenmittelpunkt B und zieht durch B die Halbkreistangente, die zugleich auf AB senkrecht steht. Macht man nun den Bogen BT gleich dem Zeitwinkel t (also z. B. 45^0 für 3^h nachmittags), verlängert CT bis zum Schnitt I mit der Tangente und verbindet I mit A, so ist

$\sphericalangle\, BAI = \omega$ der zur Zeit t gehörige Schattenwinkel s bzw. σ. Aus den Rechtwinkeldreiecken ABI- und CBI folgt nämlich:

$$BI = AB \operatorname{tg} \omega \qquad \text{und} \qquad BI = BC \operatorname{tg} t$$

und aus diesen beiden Gleichungen wegen

$$BC = i \cdot AB \text{ bzw. } = o \cdot AB$$

$$\operatorname{tg} \omega = i \operatorname{tg} t \qquad \text{bzw.} \qquad \operatorname{tg} \omega = o \operatorname{tg} t.$$

Nach (1) und (2) ist also $\omega = s$ bzw. $= \sigma$.

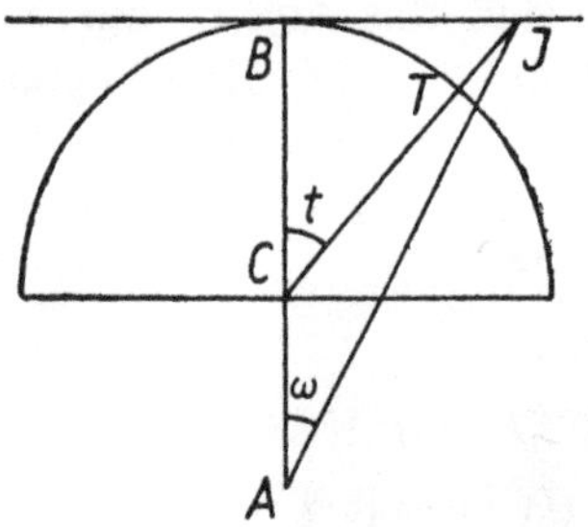

Die beschriebene Zeichnung wird für möglichst viele Zeitwinkel t durchgeführt und liefert dann in der Gesamtheit der Graden AI mit den daran geschriebenen zugehörigen Zeiten das Zifferblatt. Um es aufzustellen, legt man die Zeichenebene entweder horizontal so, daß BA vom Nordpunkt des Horizonts zum Südpunkt zeigt, oder vertikal, so, daß BA lotrecht nach oben zeigt und die Tangente west-östlich läuft, und befestigt den Stiel parallel zur Weltachse in A.

Vertikaluhr im beliebigen Azimut.

Wir betrachten noch den Fall, wo an einer vertikalen Hauswand, die nicht westöstlich streicht, eine Sonnenuhr angebracht werden soll.

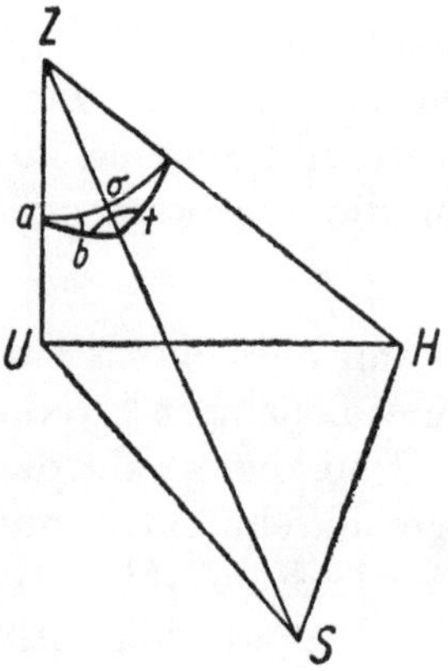

In der Figur sei UZ bzw. UH eine in der Wand verlaufende Lotrechte bzw. Waagrechte, US die zum Südpunkte zielende Waagrechte, ZS der Zeiger, also $\sphericalangle\, USZ = \varphi$ und $\sphericalangle\, UZS = b = 90^0 - \varphi$, UZS die Mittagsebene und $\sphericalangle\, SUH = a$ das (vom Südpunkt gezählte) Azimut der Wand, ferner ZH der Schatten zur Zeit t, also ZSH die Schattenebene, der Winkel, den sie mit der Mittagsebene ZSU bildet, der Zeitwinkel t, endlich der Winkel, den ZH mit ZU bildet, der Schattenwinkel σ.

Die körperliche Ecke Z mit den Kanten ZU, ZH, ZS schneidet aus einer Kugel vom Zentrum Z ein in der Figur angedeutetes sphärisches Dreieck heraus, in welchem die Seite σ, der Winkel a, die Seite b und der Winkel t vier Sukzessivstücke sind. Nach dem Cotangenssatze ist daher

$$\cos a \cos b = \sin b \cot \sigma - \sin a \cot t.$$

oder

$$\boxed{\cos \varphi \cot \sigma - \sin a \cot t = \sin \varphi \cos a} \; .$$

Dies ist die Beziehung zwischen der Zeit t und dem Schattenwinkel σ. Sie gestattet, zu jedem t das zugehörige σ zu berechnen.

§ 106

Das nautische Dreieck.

Nach Einführung der beiden Koordinatensysteme des Horizontes und des Äquators handelt es sich um die **fundamentale Aufgabe**, die Koordinaten des einen Systems in die des andern zu transformieren oder überzuführen, mit andern Worten um die Aufgabe, die Koordinaten eines Gestirns in dem einen System zu berechnen, wenn man die Koordinaten des Gestirns im andern System kennt.

Diese Aufgabe wird gelöst mit Hilfe der Sternzeitrelation des vorigen Paragraphen und des nautischen Dreiecks.

Das nautische Dreieck ist ein sphärisches Dreieck an der Himmelskugel, dessen drei Ecken der Pol P, das Zenit Z und der Stern $*$ sind.

Die drei Seiten des nautischen Dreiecks sind 1) $PZ = b$, das sogenannte Breitenkomplement, 2) $P* = p$, die Poldistanz, und 3) $Z* = z$, die Zenitdistanz des Sterns.

Die drei Winkel des nautischen Dreiecks sind 1) $\sphericalangle PZ* = a$, das Azimut, 2) $\sphericalangle ZP* = t$, der Stundenwinkel im nautischen Dreieck, meist einfach der Stundenwinkel genannt, 3) der Winkel $\sphericalangle Z*P$, der sogenannte parallaktische Winkel.

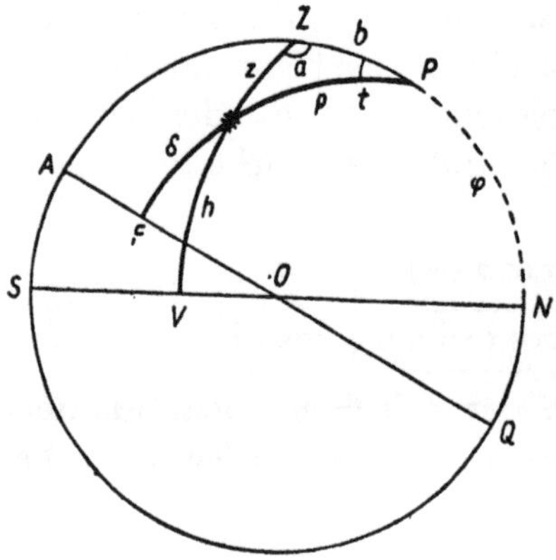

Nebenstehende Figur enthält eine Projektion des nautischen Dreiecks auf die Mittagskreisebene $SAZPNQ$. Wieder bedeutet SN den Horizont, AQ den Äquator, Z das Zenit, P den Pol, $NP = \varphi$ die Polhöhe. ZV ist der Vertikal, PF der Stundenkreis des Sterns. Auf ersterem sind $V * = h$, die Sternhöhe, $* Z = z$, die Zenitdistanz, auf letzterem sind $F * = \delta$, die Deklination, und $* P = p$, die Poldistanz, ausgebreitet. Aus der Figur liest man die wichtigen Gleichungen ab

1) $$\boxed{z + h = 90^0},$$

in Worten: Zenitdistanz und Höhe sind Komplemente,

2) $$\boxed{p + \delta = 90^0},$$

in Worten: Poldistanz und Deklination sind Komplemente;

3) $$\boxed{b + \varphi = 90^0},$$

in Worten: Der Bogen zwischen Pol und Zenit ist Komplement der Breite.

Mit der dritten dieser Gleichungen findet die schon oben für den Bogen ZP verwendete Bezeichnung Breitenkomplement ihre Rechtfertigung.

Auch Azimut a und Stundenwinkel t sind in der Figur markiert. Nimmt man an, daß der Stern $*$ sich an der östlichen Hälfte der Himmelskugel befindet, so ist N der Anfangspunkt der Azimutzählung und $N - O$ der Sinn derselben. Doch steht nichts im Wege, auch den Nebenwinkel von a, d. h. den Winkel $AZ*$, Azimut zu nennen, nur daß dann S den Nullpunkt und SO den Sinn der Zählung angibt. Bei obiger Annahme ist ferner t das Supplement des Zeitwinkels T:

$$T + t = 180^0 = 12^h.$$

Steht der Stern auf der westlichen Halbkugel, so wird man zweckmäßig die Linien AQ, SN, ZV, PF punktiert zeichnen. In diesem Falle ist der Zeitwinkel gleich dem um 12^h vermehrten Stundenwinkel t:

$$T = 12^h + t.$$

Aus dem nautischen Dreieck erhält man drei Grundgleichungen, die die geforderte Koordinatentransformation gestatten.

Wendet man den Cosinussatz auf die Seite z an, so erhält man

$$\cos z = \cos b \cos p + \sin b \sin p \cos t$$

oder I. $$\boxed{\sin h = \sin \varphi \sin \delta + \cos \varphi \cos \delta \cos t}\ .$$

Dies ist die **erste Grundgleichung der Nautik.**

Wendet man den Cosinussatz auf die Seite p an, so erhält man ganz ähnlich

II. $$\boxed{\sin \delta = \sin \varphi \sin h + \cos \varphi \cos h \cos a}\ .$$

Dies ist die **zweite nautische Grundgleichung.**

Endlich folgt aus dem Sinussatz

$$\sin a : \sin t = \sin p : \sin z \quad \text{oder}$$

$$\sin a : \sin t = \cos \delta : \cos h \quad \text{oder auch}$$

III. $$\boxed{\cos h \sin a = \cos \delta \sin t}\ .$$

Dies ist die **dritte Grundgleichung der Nautik.**

Sind nun z. B. die Koordinaten h und a des Sterns im Horizontalsystem des Ortes in der Breite φ gegeben, so berechnet man mittels II die Deklination δ. Darauf berechnet man den Stundenwinkel t vermöge III (oder auch mit Hilfe der Beziehung zwischen den vier aufeinander folgenden Stücken z, a, b, t). Aus t folgt sofort T und hieraus mittels der Sternzeitrelation — die Sternzeit ist als bekannt anzusehen — die gesuchte Rektaszension A.

Sind umgekehrt die Koordinaten A und δ im Äquatorialsystem gegeben, so berechnet man mittels der Sternzeitrelation T bzw. t und hierauf vermöge I die gesuchte Höhe h. Das unbekannte Azimut a kann man dann mit Hilfe von II oder III berechnen.

Zusatz. Setzt man in den nautischen Grundgleichungen $h = 0$ oder, falls man im Interesse größerer Genauigkeit die astronomische Strahlenbrechung berücksichtigen will (die für Sterne im Horizont ungefähr 35′ beträgt), $h = -35'$, so liefern sie die Untergangszeit t (sowie die Aufgangszeit $12^h - t$) und das Komplement a der sogenannten Morgenweite oder Abendweite w des Sterns. (Morgenweite ist der Winkelabstand des Aufgangspunktes V vom Ostpunkte, Abendweite der Winkelabstand des Untergangspunktes vom Westpunkte.)

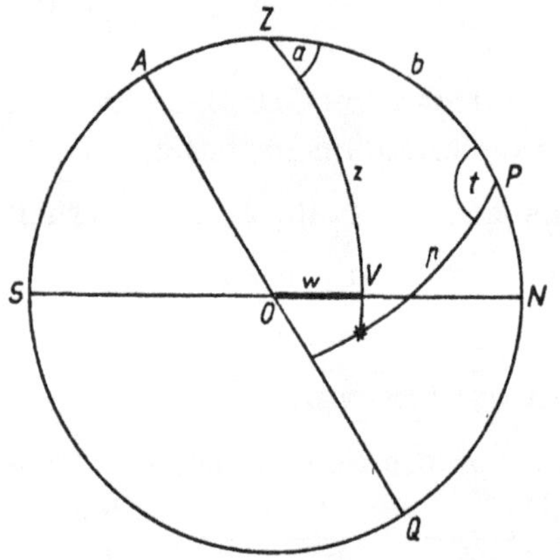

§ 107

Bestimmung des Schiffsorts auf See.

Eine der wichtigsten Aufgaben der Nautik ist die Ermittlung des Ortes eines auf dem Meere befindlichen Schiffes. Ihre Lösung erfolgt gewöhnlich nach dem Verfahren des astronomischen Mittagsbestecks, welches am folgenden Beispiel auseinandergesetzt werden soll.

Aufgabe: An Bord eines im Pazifik befindlichen Schiffes maß man vormittags, als das Chronometer den 20. Oktober 1923 $18^h\ 50^m$ mittlerer Greenwicher Zeit zeigte, die Sonnenhöhe $h = 21^\circ\ 40{,}5'$ und stellte aus dem Nautischen Jahrbuch für die Beobachtungszeit die Sonnendeklination zu $\delta = 10^\circ\ 10{,}2'$ S, die Zeitgleichung zu $e = -15^m\ 3^s$ fest. Darauf segelte man bis zum Mittag 15,2 sm WNW, maß die Höhe der kulminierenden Sonne

$H = 35^0\,2{,}7'$ und bestimmte die Sonnendeklination zu $\Delta = 10^0\,13'$.

Wo stand das Schiff?

Die Lösung der Aufgabe erfolgt in vier Schritten:

I. Bestimmung der Mittagsbreite Φ.

Bei der Kulmination bedecken die sukzessiven Bogen: Sonnenhöhe, Poldistanz und Polhöhe die über dem Horizont liegende Mittagskreishälfte, so daß

$$H + (90^0 + \Delta) + \Phi = 180^0 \qquad \text{ist. Das gibt}$$

$$\Phi = 90^0 - H - \Delta = 44^0\,44{,}3'.$$

II. Bestimmung des Breitenunterschiedes β und des Längenunterschieds l der beiden Beobachtungsorte sowie der Vormittagsbreite φ.

Denkt man sich auf der Erdkugel zwei hinreichend naheliegende Orte A und B im gegenseitigen Abstande d sm, deren sphärische Verbindungslinie mit dem durch die Mitte M von AB laufenden Meridian den Winkel $\varkappa$ bildet, so beträgt der Breitenunterschied der beiden Orte $d \cos \varkappa$ sm, der Längenunterschied $d \sin \varkappa$ sm. Da 1 sm Breitenunterschied zugleich $1'$ Breitenunterschied, 1 sm Längenunterschied in der Breite φ $(\sec \varphi)'$ Längenunterschied bedeutet, so sind Breiten- und Längenunterschied von A und B in Minuten

$$\beta = d \cos \varkappa \quad , \quad l = d \sin \varkappa \sec \mu,$$

wo μ die Breite von M, die sog. Mittelbreite von A und B bedeutet.

In unserem Beispiel ($d = 15{,}2$, $\varkappa = 67\tfrac{1}{2}^0$) wird zunächst

$$\beta = 5{,}8'.$$

Hieraus folgt die Vormittagsbreite

$$\varphi = \Phi - \beta = 44^0\,38{,}5',$$

sowie die Mittelbreite

$$\mu = \frac{\Phi + \varphi}{2} = 44^0\,41{,}4'.$$

Sodann findet sich der Längenunterschied zu

$$l = 19{,}75'.$$

III. Bestimmung der Vormittagslänge λ.

Im nautischen Dreieck PZO (Pol-Zenit-Sonne) der Vormittagsbeobachtung gilt die Formel

$$\cos z = \cos p \cos b + \sin p \sin b \cos t,$$

wo $p = 90^0 + \delta$ die Poldistanz, $b = 90^0 - \varphi$ das Breitenkomplement, $t = \sphericalangle ZPO$ den Stundenwinkel im nautischen Dreieck und $z = 90^0 - h$ die Zenitdistanz bedeutet, oder, wenn wir noch den Zeitwinkel

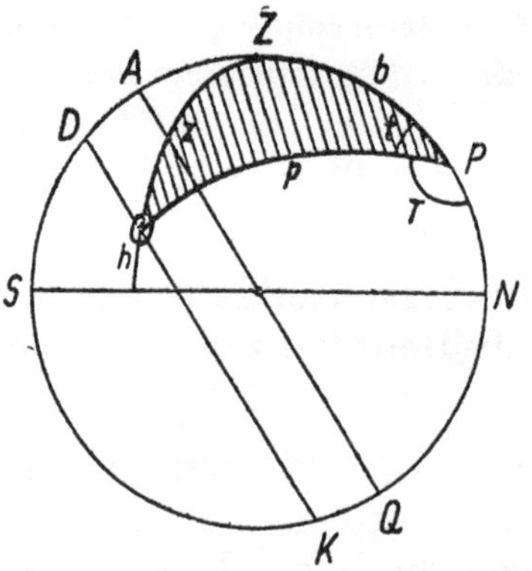

$$T = 180^0 - t = 12^h - t$$

einführen,

$$-\cos T = \operatorname{tg} \delta \operatorname{tg} \varphi + \frac{\sin h}{\cos \delta \cos \varphi}.$$

Hieraus ergibt sich die wahre Ortszeit T der Vormittagsbeobachtung

$$\text{W. O. Z.} = T = 134^0\,47{,}5' = 8^h\,59^m\,10^s.$$

Aus ihr und der Zeitgleichung e (§ 112) folgt weiter die mittlere Ortszeit der Beobachtung

$$\text{M. O. Z.} = \text{W. O. Z.} + e = 8^h\,44^m\,7^s.$$

Vermindert man die mittlere Greenwich-Zeit der Beobachtung um die mittlere Ortszeit, so bekommt man die westliche Länge λ des Beobachtungsorts in Zeit:

$$\lambda = \text{M. G. Z.} - \text{M. O. Z.} = 10^h\,5^m\,53^s.$$

Das macht im Winkelmaß (1^h Längenzeit = 15 Längengrad)

$$\lambda = 151^0\,28\frac{1}{4}'\ \text{W.}$$

IV. Bestimmung der Mittagslänge Λ.

$$\Lambda = \lambda + l = 151^0\,48'.$$

Ergebnis:

Vormittagsort: 44^0 38,5 N, $151^0\,28\frac{1}{4}'$ W; Mittagsort: $44^0\,44{,}3'$ N, $151^0\,48'$ W.

§ 108
Standlinien.

Eine der wichtigsten Methoden zur Bestimmung des Schiffsorts auf See ist die 1837 von dem amerikanischen Kapitän Sumner entdeckte Methode der Standlinien.

Wir sehen im § 115, daß alle Punkte der Erdoberfläche, in denen in einem bestimmten Augenblicke dieselbe Höhe eines Sterns beobachtet wird, auf der Höhengleiche des Sterns liegen. Nun hat zwar diese Höhengleiche auf der Seekarte (Merkatorkarte) keineswegs die Gestalt eines Kreises, sondern die einer ziemlich schwierig zu zeichnenden Kurve. Da aber dem Seemann, der den wahren Ort O seines Schiffes festlegen will, der gegißte Schiffsort O' [d. h. der Ort, der aus einer etwa tags zuvor gemachten astronomischen Messung und den anschließenden terrestrischen Beobachtungen über die Fortbewegung des Schiffes bestimmt wird] bekannt ist, und dieser gegißte Schiffsort vom wahren Ort nicht weit abliegt, so kommt für den Seemann nur ein kleines in der Nähe des gegißten Schiffsortes verlaufendes Stück der Höhengleiche in Betracht, ein Stück, welches auf der Karte als gradlinig angesehen werden kann. Dieses gradlinige Stück der Höhengleiche heißt Standlinie, weil auf ihm das Schiff steht.

Um eine solche Standlinie zu bekommen, verfährt man etwa wie folgt.

1° Man beobachtet die Zenitdistanz z des Sterns, zugleich den Abstand des wahren Schiffsorts O vom Sternbild S_0.

2° Man berechnet die zum gegißten Schiffsort O' gehörige Zenitdistanz z' des Sterns für den Beobachtungsaugenblick, zugleich den Abstand des Punktes O' vom Sternbild S_0.

Je nachdem z größer oder kleiner als z' ist, liegt der wahre Ort O dem Sternbild entfernter oder näher als der gegißte Schiffsort O', während bei Übereinstimmung von z und z' beide Schiffsorte von S_0 gleichweit abstehen.

Man vermerkt den gegißten Ort O' in der Karte und zieht durch O' eine Grade $\mathfrak{g}$ im beobachteten Azimut. Auf $\mathfrak{g}$ trägt

29*

man von O′ aus in der aus der obigen Angabe folgenden Richtung den Unterschied der beiden Zenitdistanzen ab, wobei jeder Minute eine Seemeile entspricht, und zieht durch den Endpunkt der Abtragung die Senkrechte zu g. Diese Senkrechte ist die gesuchte Standlinie, auf welcher *O* liegt.

Bisweilen genügt diese eine Standlinie zur Bestimmung von *O*, dann nämlich, wenn noch eine zweite Ortsangabe für O vorhanden ist.

Bisweilen muß man noch eine zweite Standlinie zeichnen, wobei sich dann der gesuchte Schiffsort O als Schnittpunkt der beiden Standlinien ergibt. Wenn diese zweite Standlinie zu einem späteren Beobachtungsmoment gehört, muß die erste Standlinie auf den zweiten Beobachtungsmoment reduziert werden; d. h. sie muß in der Richtung der in der Zwischenzeit erfolgten Schiffsbewegung um den Betrag dieser Fortbewegung verschoben werden.

Bisweilen benutzt man auch drei Standlinien. Infolge der unvermeidlichen Beobachtungsfehler wird das Schiff im allgemeinen auf keiner der drei Standlinien stehen. Der wahrscheinlichste Schiffsort ist dann der Lemoinepunkt des von den drei Standlinien gebildeten Dreiecks.

Der Lemoinepunkt eines Dreiecks ist der Punkt, dessen Abstände x, y, z von den drei Dreiecksseiten eine möglichst kleine Norm $x^2 + y^2 + z^2$ haben; er ist der Schnittpunkt der drei Symedianen des Dreiecks. (Die zur Seite BC des Dreiecks ABC gehörige Symediane ist das Spiegelbild der Mediane AM im Winkelhalbierer AW.)

§ 109
Das Ekliptiksystem.

Außer dem Horizontal- und Äquatorialsystem betrachtet man in der sphärischen Astronomie noch ein drittes Koordinatensystem: das System der Ekliptik.

Die Sonne verändert von Tag zu Tag ihre Stellung gegenüber den Fixsternen. Sie beschreibt im Laufe eines Jahres unter den Fixsternen einen gewissen Hauptkreis der Himmelskugel, den man Ekliptik nennt. Diese scheinbare Bewegung der Sonne wird bewirkt durch die wirkliche Bewegung der Erde in ihrer elliptischen Bahn um die Sonne.

Der Sinn dieser jährlichen Bewegung der Sonne unter den Fixsternen ist dem ihrer scheinbaren täglichen Bewegung entgegengesetzt.

Die Ekliptik schneidet den Äquator zweimal: im Widderpunkte ♈ und im Herbstpunkte ♎, dem Gegenpunkte des Frühlingspunktes. Vom Widderpunkt anfangend, teilt man die Ekliptik in zwölf gleiche Teile, zu deren beiden Seiten die zwölf Sternbilder des Tierkreises liegen. Es sind dies die Sternbilder

Widder, Stier, Zwillinge,
Krebs, Löwe, Jungfrau,
Wage, Skorpion, Schütze,
Steinbock, Wassermann, Fische;

auch zu merken durch die beiden Hexameter

Sunt Aries, Taurus, Gemini, Cancer, Leo, Virgo,
Libraque, Skorpius, Arcitenens, Caper, Amphora, Pisces.

Dieselben Namen legt man den zwölf Teilpunkten der Ekliptik bei, die die sogenannten Zeichen des Tierkreises darstellen.

Da sich die Sonne unter den Sternbildern des Tierkreises im ganzen und großen gleichförmig bewegt, so benötigt sie zum Durchlaufen eines Sternbildes rund einen Monat.

Der Durchmesser der Himmelskugel, welcher auf der Ekliptik senkrecht steht, trifft die Himmelskugel in den beiden Polen der Ekliptik, Π und Π'. Unter Zugrundelegung der Ekliptik überziehen wir die Himmelskugel mit zwei Scharen von Kreisen: Längenkreisen und Breitenkreisen.

Unter einem Längenkreis versteht man einen Hauptkreis der Himmelskugel, der durch die Pole Π und Π' der Ekliptik läuft, also auf der Ekliptik senkrecht steht.

Unter einem **Breitenkreis** verstehen wir einen Nebenkreis der Himmelskugel, dessen Ebene der Ebene der Ekliptik parallel läuft.

Längenkreise und Breitenkreise der Himmelskugel sind den gleichnamigen Kreisen auf der Erdkugel analog, nur die Grundebenen, hier die Ekliptikebene, dort die Äquatorebene, sind verschieden.

Jeder Punkt der Himmelskugel wird nunmehr durch zwei Koordinaten, seine Breite B und seine Länge L bestimmt.

Unter der Breite B eines Sterns versteht man den Winkelabstand des Sterns von der Ekliptik.

Sie wird positiv in Rechnung gestellt, wenn Stern und Nordpol P auf derselben Seite der Ekliptik liegen, negativ im entgegengesetzten Falle.

Unter der Länge L eines Sterns versteht man den Winkelabstand des Fußpunktes der Sternbreite vom Widderpunkt.

Sie wird vom Widderpunkte aus im Sinne der scheinbaren jährlichen Bewegung der Sonne, d. h. im entgegengesetzten Sinne ihrer scheinbaren täglichen Bewegung, von 0^0 bis 360^0 gezählt.

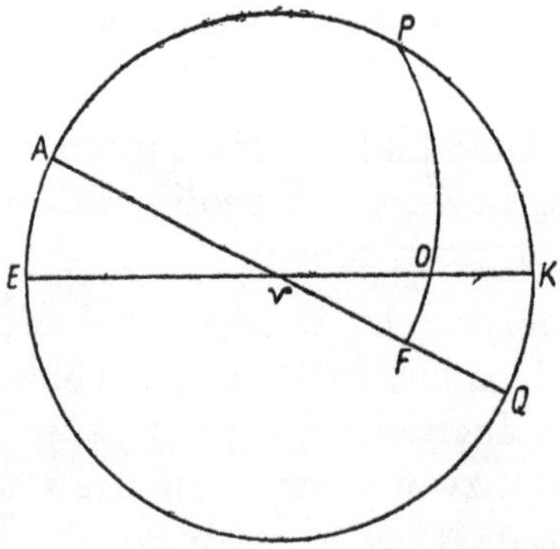

Da die Sonne sich immer in der Ekliptik befindet, ist ihre Breite beständig gleich Null. Im Ekliptiksystem ist mithin die Lage der Sonne durch eine einzige Koordinate, nämlich durch ihre Länge L bestimmt.

In der nebenstehenden Figur sind Äquator AQ und Ekliptik EK mit einer beliebigen Sonnenstellung O und dem zugehörigen Stundenkreise PF gezeichnet, in der Weise, daß die Himmelskugel auf eine zur Schnittgraden von Äquatorebene und Ekliptikebene senkrecht gestellte Ebene orthogonal projiziert würde.

Dadurch erscheinen Äquator und Ekliptik als gerade Linien, der Stundenkreis PF als Ellipsenbogen.

Der Winkel zwischen Ekliptikebene und Äquatorebene heißt Schiefe der Ekliptik und wird durch den Buchstaben ε bezeichnet. Es ist zur Zeit

$$\boxed{\varepsilon = 23^0\,27'}\ .$$

Dies ist zugleich der größte Wert, den die Deklination der Sonne im Laufe eines Jahres anzunehmen vermag.

Nimmt man an, daß die Sonne zwischen Frühlingspunkt Υ und Sommerpunkt K steht, so ist $\Upsilon\,O =$ die Länge, $\Upsilon\,F = \mathsf{A}$ die Rektaszension der Sonne. Aus dem bei F rechtwinkligen Kugeldreieck $\Upsilon\,O\,F$, in dem noch $F\,O$ die Sonnendeklination δ und $\sphericalangle\,F\,\Upsilon\,O$ die Schiefe ε der Ekliptik darstellt, ergeben sich die **fundamentalen Relationen**

$$\boxed{\begin{aligned} \sin\delta &= \sin\varepsilon\cdot\sin L\\ \operatorname{tg}\mathsf{A} &= \cos\varepsilon\cdot\operatorname{tg}L \end{aligned}}\ ,$$

welche die Berechnung von Rektaszension A und Deklination δ der Sonne gestatten, wenn die Sonnenlänge L bekannt ist, oder umgekehrt L zu berechnen erlauben, wenn δ oder A gegeben ist.

§ 110
Das astronomische Dreieck.

Neben dem nautischen Dreieck ist noch ein zweites Kugeldreieck für die sphärische Astronomie von großer Bedeutung, das Dreieck nämlich, von dem der Himmelspol P und der Ekliptikpol Π zwei Ecken, irgendein Stern $*$ die dritte Ecke bilden. Dieses Dreieck $P\Pi *$ heißt das astronomische Dreieck. In der folgenden Figur ist das astronomische Dreieck in Orthogonalprojektion dargestellt. Wie im vorigen Paragraphen, steht die Projektionsebene auf der Schnittgeraden von Äquator und Ekliptik senkrecht, so daß Äquator $A\,Q$ und Ekliptik $E\,K$ in der Figur als Gerade erscheinen. Wir verstehen unter Π den Pol der Ekliptik, der mit dem Nordpol P auf derselben Seite der Ekliptik liegt. Eingezeichnet sind der Stundenkreis PF und der Längenkreis $\Pi\,\Phi$ des Sterns $*$, so daß $F*$ die Deklination δ, $\Phi*$ die Breite B des Sterns darstellt. Die bei P und Π gelegenen Winkel des astronomischen Dreiecks stehen in engsten Beziehungen zur Sternrektaszension A und zur Sternlänge L. Wir wollen annehmen, Rektaszension A $= \gamma F$ und Länge $L = \gamma\,\Phi$ seien spitze Winkel. Dann ist $\sphericalangle * \Pi P = 90^0 - L$, $\sphericalangle * P \Pi = 90^0 + \mathsf{A}$.

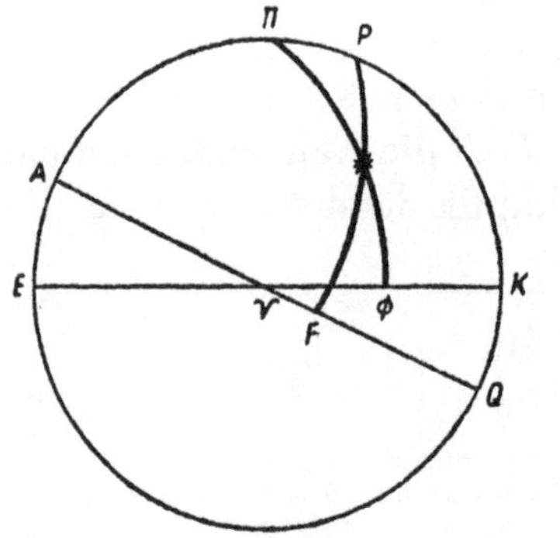

Da ferner die Seiten $P\Pi$, $\Pi *$, $* P$ des astronomischen Dreiecks die Größen ε, $90^0 - B$, $90^0 - \delta$ darstellen, so liefern uns die auf das astronomische Dreieck angewandten Grundgleichungen der Sphärik die **Transformationsgleichungen für die Koordinaten** A/δ **und** L/B, d. h. also die Beziehungen, welche gestatten, Länge und Breite seine Sterns zu berechnen, wenn seine Äquatorialkoordinaten Rektaszension und Deklination bekannt sind, und umgekehrt A und δ zu bestimmen, wenn die Ekliptikkoordinaten L und B des Sterns gegeben sind.

Wenden wir den Cosinussatz nacheinander auf die Seiten $P*$ und $\Pi *$ an, so entstehen nach einfachen Umformungen die Gleichungen

I. $$\boxed{\sin B = \cos\varepsilon \sin\delta - \sin\varepsilon \cos\delta \sin \mathsf{A}}\,,$$

II. $$\boxed{\sin\delta = \cos\varepsilon \sin B + \sin\varepsilon \cos B \sin L}\,,$$

während der Sinussatz zur Formel

III. $$\boxed{\cos B \cos L = \cos\delta \cos \mathsf{A}}$$

führt.

Dies sind die erwähnten **Transformationsgleichungen.**

Bei gegebenem A und δ liefert I. B und III. dann L; sind L und B bekannt, so liefert II. δ und III. dann A.

§ 111.

Die Zeitmessung.

Mit Hilfe einer gleichförmig gehenden Pendeluhr hat man festgestellt, daß alle Fixsterne sowie auch der Widderpunkt zu ihrer scheinbaren täglichen Umdrehung stets genau gleich viel Zeit gebrauchen. Diese Zeit, die mit der Umdrehungsdauer der Erdkugel zusammenfällt, ist ein sogenannter Sterntag. Er wird in 24 Sternstunden (h) eingeteilt. Richtet man die Pendeluhr so ein, daß sie im Augenblicke der unteren Kulmination (d. h. des Durchganges durch den unteren Meridian) des Widderpunktes 0^h und im Augenblicke der nächsten Kulmination 24^h zeigt, so gibt diese Uhr in jedem Augenblick die Sternzeit an. Da auf 360^0 24 Sternstunden kommen, erkennt man, daß die so definierte Sternzeit mit der früheren Größe $\mathfrak{S}$, die zunächst einen reinen Winkel darstellte, gleichbedeutend ist.

Auch erkennt man, daß sich die Sternzeiten zweier Orte um ebensoviel unterscheiden wie die geographischen Längen der Orte, derart daß der östlich gelegene Ort die größere Sternzeit aufweist.

Die Hauptuhr jeder Sternwarte ist nach dem Frühlingspunkt reguliert, zeigt also Sternzeit an.

Da die Sonne unter den Fixsternen eine rückwärtige Bewegung ausführt, die im Jahre 360^0 beträgt, so muß die Zeit zwischen zwei aufeinander folgenden unteren Sonnenkulminationen — der wahre Sonnentag — länger sein als der Sterntag. Da der tägliche Schritt der Sonne in der Ekliptik durchschnittlich $360^0 : 365\frac{1}{4} = 59{,}1'$ beträgt und der Widderpunkt zur Drehung von $59{,}1'$ beiläufig $3^m\ 56^s$ gebraucht, so wird der wahre Sonnentag ungefähr $3^m\ 56^s$ länger sein als der Sterntag. Im Laufe der Zeit werden also zwischen Frühlingspunktkulmination und Sonnenkulmination erhebliche Zeitunterschiede zustande kommen, so daß eine Sternzeituhr für das bürgerliche Leben nicht in Betracht kommen kann. Da sich aber die Sonne (wegen der ungleichförmigen Bewegung der Erde in ihrer elliptischen Bahn) in der Ekliptik nicht gleichförmig bewegt, und da außerdem die Ekliptik mit dem Äquator einen verhältnismäßig großen Winkel bildet, sind die einzelnen Sonnentage von ungleicher Dauer, so daß auch die Sonne selbst nicht unmittelbar zur genauen Zeitmessung für das tägliche Leben verwendet werden kann.

Deshalb haben die Astronomen eine fingierte Sonne erdacht, die gleichförmig im Himmelsäquator fortschreitet und diesen im Laufe eines Jahres, d. h. in der Zeit zwischen zwei aufeinander folgenden Durchgängen der wahren Sonne durch den Frühlingspunkt, einmal durchläuft, und zwar in derselben Fortschreitungsrichtung wie die wahre Sonne in der Ekliptik. Diese fingierte Sonne heißt zum Unterschiede von der wahren Sonne mittlere Sonne.

Um die genaue Stellung der mittleren Sonne im Äquator zu bezeichnen, ist noch eine weitere Angabe erforderlich, die durch die folgende Betrachtung geliefert wird.

In der Figur bedeute $\mathfrak{A}$ die elliptische Erdbahn, F den Brennpunkt, in dem die Sonne steht, $\mathfrak{B}$ die Ekliptik. E, E_0 und E_1 seien drei Stellungen der Erde; E eine beliebige, E_0 das Perihel[1]) und E_1 die Erdstellung zu Frühlingsanfang. Dementsprechend ist O eine beliebige Sonnenstellung in der Ekliptik, O_0 die Stellung der Sonne, wenn sie sich im Perigäum[1]) befindet, und γ endlich der Frühlingspunkt.

Dann ist $\sphericalangle E_0 F E = W$ die wahre Anomalie von E, $\gamma O = L$ die Länge der Sonne für die Stellung O und der überstumpfe Winkel $\gamma O O_0 = \Pi$ die Länge der Sonne, wenn sie im Perigäum steht.

[1]) Perihel ist der Punkt der Erdbahn, in dem die Erde der Sonne am nächsten steht. Die zugehörige Sonnenstellung heißt Perigäum (der Sonne).

Aus der Figur liest man ab

$$\Pi = L + (180^0 - W) + 180^0,$$

d. h. von dem Summanden 360^0 abgesehen,

$$\boxed{L = W + \Pi}\ , \qquad (1)$$

eine Vorschrift, welche gestattet, aus der wahren Anomalie der Erde die zugehörige Länge der Sonne und umgekehrt zu finden. Der Winkel Π ist zur Zeit (1950,0)

$$\Pi = 282^0\ 5'$$

und nimmt jährlich um 1′ 1,9″ zu.

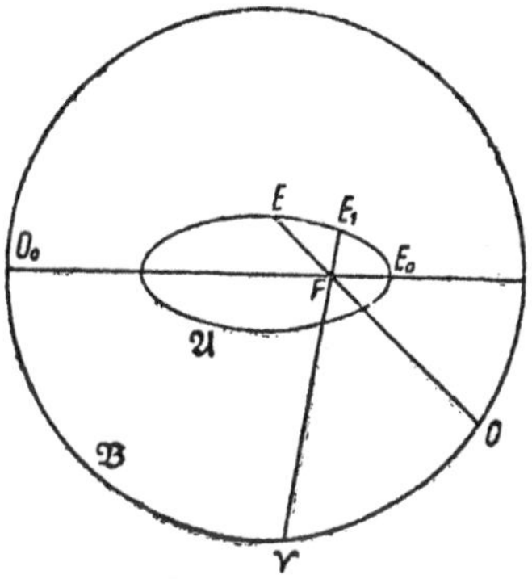

Denkt man sich eine „mittlere“ Erde, die sich gleichförmig auf dem Kreise vom Halbmesser FE_0 um F bewegt, mit der wahre Erde in E_0 abgeht, sowie dieselbe Umlaufszeit und Umlaufsrichtung besitzt, so heißt der Winkel M, den sie beschrieben hat, wenn die wirkliche Erde den Winkel W zurückgelegt hat, bekanntlich mittlere Anomalie. Die mittlere Anomalie ist mit der wahren durch die **Relationen von Kepler**

$$\boxed{E - \varepsilon \sin E = M} \qquad (2)$$

und Gauß

$$\boxed{\operatorname{tg} \frac{W}{2} = \sqrt{\frac{1 + \varepsilon}{1 - \varepsilon}} \operatorname{tg} \frac{E}{2}} \qquad (3)$$

(§ 112) verbunden, in denen E die sogenannte exzentrische Anomalie und $\varepsilon = 0{,}01674$ die Exzentrizität der Erdbahn bedeutet.

Dieselben Überlegungen, die oben mit der wahren Erde und wahren Sonne angestellt wurden, lassen sich auf die mittlere Erde übertragen und führen zu einer mittleren Sonne der Ekliptik, deren Stellung für jeden Augenblick durch die (1) analoge Gleichung

$$\boxed{L_0 = M + \Pi} \qquad (1')$$

definiert ist, in welcher L_0 die Länge dieser mittleren Ekliptiksonne angibt. Die mittlere Äquatorsonne, kurz nur mittlere Sonne genannt, wird nun folgendermaßen festgelegt:

Die mittlere Sonne ist durch ihre Rektaszension A_0 und diese durch die Gleichung

$$\boxed{\mathsf{A}_0 = L_0}$$

definiert.

Diese mittlere Sonne ist es, auf deren Bewegung die Zeitmessung im bürgerlichen Leben und in der Wissenschaft gegründet ist. Eine nach der mittleren Sonne regulierte Uhr zeigt also 0 Uhr, wenn die mittlere Sonne unten kulminiert, und 24 Uhr, wenn sie wieder unten kulminiert. Von dieser Uhr sagen wir, daß sie mittlere Zeit anzeigt. Das zwischen beiden Kulminationen gelegene Zeitintervall umfaßt demnach 24 Stunden (24^h) mittlerer Zeit, einen mittleren Sonnentag.

Der mittlere Sonnentag ist natürlich länger als der Sterntag. Es gelten die Beziehungen

1 mittl. Sonnentag = $24^h\,3^m\,56^s,55536$ Sternzeit,

1 Sterntag = $23^h\,56^m\,4^s,09058$ mittl. Zeit,

oder auch

1 mittl. Sonnentag = 1,002737909 Sterntage,

1 Sterntag = 0,997269567 mittl. Sonnentage,

oder auch

1 mittl. Stunde = $1^h\,9^s,85647$ Sternzeit,

1 Sternstunde = $59^m\,50^s,17044$ mittl. Zeit.

Zur Verwandlung von mittlerer Zeit in Sternzeit kann folgende Regel benutzt werden:

Für je 1^h 1^m addiere $10{,}02^s$, für je $1^m\,1^s$ addiere $\frac{1}{6}^s$, für je 4^s Rest addiere $0{,}01^s$.

Nach einer Sternzeituhr beurteilt verspätet sich also die Sonnenkulmination jeden Tag um $3^m\,56{,}55536^s$.

Nach einer mittlere Zeit zeigenden Uhr beurteilt, verfrüht sich die Kulmination eines Fixsterns täglich um $3^m\,5590942^s$. Man kann auch sagen: Die Rektaszension der mittleren

Sonne nimmt täglich (in jedem mittl. Tage) um den Winkel $3^m 56{,}55536^s = 3548{,}33043''$ zu, stündlich also um rund $9{,}86^s$.

Die Zeit zwischen zwei aufeinander folgenden Durchgängen der Sonne durch den Frühlingspunkt, das sogenannte tropische Jahr, hat 365,24219879 mittl. Tage oder 366,24219879 Sterntage, d. h. einen Sterntag mehr als mittl. Tage.

§ 112

Die Zeitgleichung.

Um anzudeuten, daß die mittlere Zeit vom Beobachtungsort abhängt, spricht man von mittlerer Ortszeit und kürzt diese gewöhnlich mit M.O.Z. ab. Ist die mittlere Ortszeit 1^h, ist also seit der unteren Kulmination der mittleren Sonne 1 mittlere Stunde verflossen, so hat der Äquatorpunkt, in dem die mittlere Sonne im Augenblick der unteren Kulmination stand, seit jenem Augenblick einen Winkel von $15^0\, 2'\, 28''$ an der Himmelskugel beschrieben, da

1 mittlere Stunde = 1 Sternstunde + 9,86 Sternsekunden

ist, was im Winkelmaß obigen Betrag ausmacht. In dieser mittleren Stunde hat sich aber die mittlere Sonne auf dem Äquator um den Winkel $9{,}86^s = 2'\, 28''$ zurückbewegt. Daher ist der Winkelabstand der mittleren Sonne vom unteren Meridian um 1 Uhr mittlerer Zeit genau 15^0, so daß zur mittleren Ortszeit n Uhr der Zeitwinkel der mittleren Sonne $15n^0$ ausmacht. Man kann also sagen;

Die mittlere Ortszeit gleicht dem Zeitwinkel der mittleren Sonne, wenn, wie üblich, 1^h zu 15^0 gerechnet wird.

Deutet man die mittlere Sonne durch den Index 0 an, so erhält ihr Zeitwinkel die Bezeichnung T_0, und man hat die Gleichung

$$\boxed{\text{M. O. Z.} = T^0}\ .$$

Neben der mittleren Sonne achtet man auf die wahre Sonne. Unter wahrer Ortszeit, W. O. Z., versteht man die seit der unteren

Kulmination der wahren Sonne verflossene Zeit, wie sie z. B. einer Sonnenuhr entnommen werden kann, m. a. W. den Zeitwinkel der wahren Sonne.

Verwendet man für die wahre Sonne den Index $\odot$, so ist ihr Zeitwinkel mit $T_\odot$ zu bezeichnen, und man hat die Gleichung

$$\boxed{\text{W.O.Z.} = T_\odot}\ .$$

Mittlere und wahre Ortszeit stimmen nicht überein. Vielmehr besteht ein Unterschied zwischen ihnen, welcher Zeitgleichung genannt und mit dem Buchstaben e bezeichnet wird:

$$\boxed{e = \text{M. O. Z} - \text{W. O. Z.}}\ .$$

Schreibt man

$$\boxed{\text{M. O. Z.} = \text{W. O. Z.} + e}\ ,$$

so kann man sagen:

Zeitgleichung ist die Korrektion, die an der wahren Ortszeit angebracht werden muß, um die mittlere Ortszeit zu erhalten.

Die Zeitgleichung ändert sich im Laufe der Zeit. Viermal im Jahre, etwa Mitte April, Mitte Juni, Ende August und Ende Dezember verschwindet sie; Anfang November erreicht sie ihr Minimum -16^m, Mitte Februar ihr Maximum $+14^m$.

Gewöhnlich entnimmt man ihren Wert für einen gegebenen Augenblick einem nautischen Jahrbuch.

Die Zeitgleichung steht in enger Beziehung zu den Rektaszensionen $A_\odot$ der wahren und A_0 der mittleren Sonne. Schreibt man nämlich die Sternzeitrelation für die wahre und mittlere Sonne auf:

$$A_\odot + T_\odot = \mathfrak{S} \quad , \quad A_0 + T_0 = \mathfrak{S},$$

so folgt sofort durch Subtraktion

$$A_\odot - A_0 = T_0 - T_\odot.$$

Da die rechte Seite dieser Gleichung die Zeitgleichung e ist, so haben wir die wichtige Formel

$$\boxed{e = A_\odot - A_0}\ .$$

Man findet also die Zeitgleichung, indem man die Rektaszension der wahren Sonne um jene der mittleren Sonne vermindert.

Berechnung der Zeitgleichung.

Soll die Zeitgleichung für einen gegebenen Moment (ohne Zuhilfenahme des nautischen Jahrbuches) berechnet werden, so kann man wie folgt verfahren.

1° Man bestimmt die Rektaszension A_0 der mittleren Sonne für den gegebenen Zeitpunkt.

Dazu ist nichts weiter nötig als die Kenntnis der Rektaszension für einen festen Zeitpunkt, etwa für den Anfang des Jahres 1920. Sie betrug damals, am 1. Januar 1920, d. h. als die mittlere Sonne in der Sylvesternacht in Greenwich kulminierte,

$$A_{00} = 18^h\ 37^m\ 26^s\ .$$

Da sie täglich um $3^m\ 56{,}55536^s$ zunimmt, kann man A_0 für den vorgelegten Moment leicht ausrechnen.

2° Man ermittelt die mittlere Anomalie M der Erde für den gegebenen Moment gemäß der Vorschrift

$$A_0 = M + \Pi,$$

wo Π die Länge der Sonne bedeutet, wenn diese im Perigäum steht.

[Π war 1920,0 $281^\circ\, 33{,}9'$ und nimmt jährlich $1'\ 1{,}9''$ zu.]

3° Man berechnet die exzentrische Anomalie E auf Grund der Keplerschen Gleichung (§ 113)

$$E - \varepsilon \sin E = M, \qquad (\varepsilon = 0{,}01674).$$

4° Man bestimmt die wahre Anomalie W vermittels der Gaußschen Formel

$$\operatorname{tg} \frac{W}{2} = \sqrt{\frac{1+\varepsilon}{1-\varepsilon}}\ \operatorname{tg} \frac{E}{2}\ .$$

5° Man findet die Länge L der wahren Sonne aus

$$L = W + \Pi.$$

6° Man berechnet endlich die Rektaszension A der wahren Sonne aus

$$\operatorname{tg} A = \cos \varepsilon \operatorname{tg} L,$$

wo ε die Ekliptikschiefe bedeutet.

7° Dann ist die Zeitgleichung

$$e = A - A_0.$$

Ein Beispiel möge durchgerechnet werden.

Wie groß war die Zeitgleichung am 2. Dezember 1925 nachmittags 4 Uhr M. E. Z.?

1° $$A_0 = 16^h\ 43^m\ 44^s = 250°\ 56'.$$

2° Aus $\Pi = 281°\ 39'\ 59''$ folgt

$$M = A_0 + 360° - \Pi = 329°\ 16'\ 1''.$$

3° Berechnung von E (Vgl. § 113). Der erste Näherungswert ist $E_1 = M + \varepsilon \sin M = 328°\ 46'\ 38''$ ($\varepsilon \sin M = -0{,}008555 = -29'\ 23''$), der zweite $E_2 = M + \varepsilon \sin E_1 = 328°\ 46'\ 12''$ ($\varepsilon \sin E_1 = -0{,}008678 = -29'\ 49''$). E_3 liefert nichts Neues. Daher ist auf Sekunden genau

$$E = 328°\ 46'\ 12''.$$

4° Gauß' Formel liefert $W = 328°\ 16'\ 10''$.

5° $$L = W + \Pi = 249°\ 56'\ 9''.$$

6° Aus $\operatorname{tg} A = \cos \varepsilon \operatorname{tg} L$ ergibt sich $A = 248°\ 17'\ 28'' = 16^h\ 33^m\ 10^s$.

7° $e = A - A_0 = -10^m\ 34^s$. (Das Nautische Jahrbuch zeigt $-10^m\ 35^s$.)

Eine andere, bequemere Berechnung der Zeitgleichung findet sich im § 115.

Zusatz.

Die eingangs dieses Paragraphen angedeutete Abhängigkeit der M. O. Z. vom Ort dokumentiert sich in der Formel

$$\boxed{\text{M. O. Z.} = \text{M. G. Z.} + \lambda},$$

in der M. G. Z. die mittlere Zeit des Greenwicher Meridians und λ die östliche Länge des Ortes O bedeutet.

Die Richtigkeit dieser Formel folgt aus den beiden Gleichungen

$$A_0 + \text{M. O. Z.} = \mathfrak{S} \qquad A_0 + \text{M. G. Z.} = \mathfrak{s},$$

in denen $\mathfrak{S}$ die Sternzeit des Ortes O, $\mathfrak{s}$ die Greenwicher Sternzeit ist. Durch Subtraktion dieser Gleichungen entsteht

$$\text{M. O. Z.} - \text{M. G. Z.} = \mathfrak{S} - \mathfrak{s}.$$

Nach § 111 ist aber $\mathfrak{S} - \mathfrak{s} = \lambda$.

§ 113
Keplers Gleichung.

Aufgabe: Aus der mittleren Anomalie eines Planeten die exzentrische und wahre Anomalie zu berechnen.

Diese berühmte und für die Astronomie und Nautik fundamentale Aufgabe findet sich erstmalig in dem 1609 zu Prag erschienenen Keplerschen Hauptwerk „Astronomia nova."

Eine kurze Erläuterung über die drei Anomalien möge der Lösung des Problems vorausgehen.

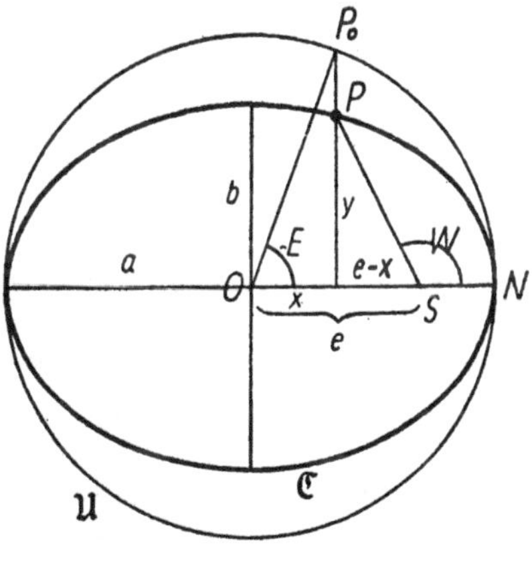

Es sei S bzw. P der Mittelpunkt der Sonne bzw. des Planeten, N der Punkt der Planetenbahn, in welchem der Planet der Sonne am nächsten kommt, sogenanntes „Perihel", O der Mittelpunkt der Bahnellipse $\mathfrak{E}$ und zugleich ihres Umkreises $\mathfrak{U}$, P_0 der Schnittpunkt von $\mathfrak{U}$ mit der durch P laufenden Parallele zur Nebenachse der Bahn, a bzw. b die große bzw. kleine Halbachse von $\mathfrak{E}$, $OS = e$ die lineare, $\varepsilon = e : a$ die astronomische Exzentrizität oder Formzahl der Bahn, T die Umlaufszeit des Planeten und t die in seiner Stellung P seit dem Periheldurchgange verflossene Zeit.

Wahre Anomalie W ist der Winkel NSP, d. h. der Winkel, den der Brennstrahl des Planeten in der Zeit t beschreibt, Mittlere Anomalie M der Winkel, den der Brennstrahl in der Zeit t beschreiben würde, wenn er sich — bei derselben Umlaufszeit T — gleichmäßig drehen würde, so daß

$$M = \frac{2\pi}{T} t$$

ist, Exzentrische Anomalie E endlich ist der Winkel NOP_0, den der nach P_0 laufende Umkreisradius mit ON bildet.

Die Koordinaten der Punkte P und P_0 im Rechtwinkelsystem mit großer bzw. kleiner Bahnachse als x — bzw. y — Achse sind dann

$$x = a \cos E, \qquad y = b \sin E,$$

und

$$x_0 = a \cos E, \qquad y_0 = a \sin E.$$

Zwischen E und W besteht die aus dem Rechtwinkeldreieck mit den Katheten $e - x$ und y abzulesende Beziehung

$$\operatorname{tg} W = \frac{b \sin E}{a \cos E - e}.$$

Sie geht durch Quadrieren und Benutzung der Formeln $a^2 = b^2 + e^2$, $e = a\varepsilon$, $\cos^2 E + \sin^2 E = 1$, $\sec^2 W - \operatorname{tg}^2 W = 1$ in

$$\boxed{\cos W = \frac{\cos E - \varepsilon}{1 - \varepsilon \cos E}}$$

über. Um auch eine für logarithmisches Rechnen bequeme Formel zu haben, hat Gauß die Halbwinkel $\frac{W}{2}$ und $\frac{E}{2}$ eingeführt und die letzte Formel auf Grund der Relationen

$$1 + \cos \varphi = 2 \cos^2 \frac{\varphi}{2}, \qquad 1 - \cos \varphi = 2 \sin^2 \frac{\varphi}{2}$$

umgestaltet. Indem wir die Formel

$$\frac{1 - \cos W}{1 + \cos W} = \frac{1 + \varepsilon}{1 - \varepsilon} \, \frac{1 - \cos E}{1 + \cos E}$$

schreiben, erhalten wir so die

Formel von Gauß:

$$\boxed{\operatorname{tg} \frac{W}{2} = \sqrt{\frac{1 + \varepsilon}{1 - \varepsilon}} \operatorname{tg} \frac{E}{2}}\,.$$

Zwischen der (im Bogenmaß ausgedrückten) exzentrischen und mittleren Anomalie besteht die berühmte

Keplersche Gleichung

$$\boxed{E - \varepsilon \sin E = M}\,.$$

Beweis: Da der Kreissektor ONP_0 den Inhalt $I_0 = \frac{1}{2} a^2 E$ hat und jede Ordinate des elliptischen Sektors ONP das μ-fache [$\mu = b : a$] der auf ihr liegenden Kreisordinate ist, so hat der

Sektor ONP den Inhalt $\mu I_0 = \frac{1}{2} ab E$. Mithin ist der Inhalt I des elliptischen Sektors SNP, welcher um den Inhalt $\frac{1}{2} e y = \frac{1}{2} ab \varepsilon \sin E$ des Dreiecks OSP kleiner ist als ONP,

$$I = \frac{1}{2} ab \, [E - \varepsilon \sin E].$$

Nun gilt nach Keplers Flächensatz „Der Brennstrahl des Planeten bestreicht in gleichen Zeiten gleiche Flächen" die Proportion

$$I : \pi ab = t : T,$$

(in welcher πab den Inhalt der Ellipse darstellt). Die Verbindung der beiden letzten Gleichungen gibt sofort die Keplersche Gleichung.

Der Kern des Keplerschen Problems besteht nun in der Auflösung der Keplerschen Gleichung

$$E - \varepsilon \sin E = M$$

nach der Unbekannte E bei bekanntem M und ε.

Die folgende Auflösung beruht darauf, daß die Formzahl ε ein echter Bruch ist — bei der Erdbahn z. B. $\varepsilon = 0{,}01674$ —, und besteht darin, eine Reihe

$$E_1, E_2, E_3, \ldots$$

von Näherungswerten der exzentrischen Anomalie zu bestimmen, die vom wahren Werte E mit wachsendem Zeiger immer weniger abweichen, und ihm schon bei relativ kleinem Zeiger hinreichend nahe kommen.

Als ersten Näherungswert wählen wir

$$E_1 = M + \varepsilon \sin M.$$

Seine Abweichung vom wahren Werte E ist

$$E - E_1 = \varepsilon (\sin E - \sin M).$$

Da aber

$$|\sin E - \sin M| < |E - M| = |\varepsilon \sin E| < \varepsilon$$

ist, so folgt

$$|E - E_1| < \varepsilon^2.$$

30*

Als zweiten Näherungswert nehmen wir

$$E_2 = M + \varepsilon \sin E_1 .$$

Seine Abweichung von E ist

$$E - E_2 = \varepsilon (\sin E - \sin E_1).$$

Da aber

$$|\sin E - \sin E_1| < |E - E_1|$$

und letzterer Betrag, wie eben gezeigt, $< \varepsilon^2$ ist, so wird

$$|E - E_2| < \varepsilon^3.$$

Der dritte Näherungswert ist

$$E_3 = M + \varepsilon \sin E_2 .$$

Seine Abweichung von E liegt unterhalb ε^4 usw.

Der n^{te} Näherungswert weicht vom wahren Werte um weniger als die $(n+1)^{\text{te}}$ Potenz der Formzahl ε ab.

Die Näherungswerte nähern sich demnach dem wahren Werte E um so schneller, je kleiner ε ist.

Bei der Erdbahn z. B. ist $\varepsilon = 0{,}01674$, $\varepsilon^3 = 0{,}00000469$, arc $1'' = 0{,}00000485$. Folglich:

Bei der Erdbahn ist schon der zweite Näherungswert auf Sekunden genau.

Bei der Marsbahn mit der ziemlich großen Formzahl 0,0933 ist $\varepsilon^5 = 0{,}0000071$, gibt sonach der vierte Näherungswert E mit einem Fehler von weniger als $2''$.

Nach der Bestimmung von E berechnet sich die wahre Anomalie gemäß der Gaußschen Formel.

§ 114

Die wahre Anomalie als Funktion der mittleren.

Die Gaußsche Formel über die wahre Anomalie W und exzentrische Anomalie E lautet (§ 113)

$$\operatorname{tg} \frac{W}{2} = \sqrt{\frac{1+\varepsilon}{1-\varepsilon}} \operatorname{tg} \frac{E}{2} ,$$

wo ε die Formzahl der Planetenbahn bedeutet.

Wir führen den Hilfswinkel $\varkappa$ ein, dessen Sinus gleich ε ist, und setzen

$$\operatorname{tg}\frac{\varkappa}{2} = q \qquad \text{sowie} \qquad W = 2v, \qquad E = 2u.$$

Dann ist zunächst

$$\sin\varkappa = \frac{2q}{1+q^2}\,, \text{ mithin } \frac{1+\varepsilon}{1-\varepsilon} = \frac{1+\sin\varkappa}{1-\sin\varkappa} = \left(\frac{1+q}{1-q}\right)^2$$

und weiter

$$\operatorname{tg} v = \frac{1+q}{1-q}\operatorname{tg} u\,.$$

Da das Quasireziprok des Echtbruches $(1-q):(1+q)$ den Wert q hat, so wird nach dem Tangenssatz von § 59

$$v - u = q\sin 2u + \frac{1}{2}q^2\sin 4u + \frac{1}{3}q^3\sin 6u + \ldots$$

oder

$$\frac{W-E}{2} = q\sin E + \frac{1}{2}q^2\sin 2E + \frac{1}{3}q^3\sin 3E + \ldots$$

mit $q = \operatorname{tg}\frac{\varkappa}{2}$.

Bei den meisten Planetenbahnen, z. B. bei der Erdbahn, ist die Formzahl $\varepsilon = \sin\varkappa$, mithin erst recht

$$q = \operatorname{tg}\frac{\varkappa}{2} = 2\sin\frac{\varkappa}{2}\cos\frac{\varkappa}{2} : 2\cos^2\frac{\varkappa}{2} = \sin\varkappa : (1+\cos\varkappa)$$

sehr klein, so daß drei Glieder unserer Reihenentwicklung in den meisten Fällen völlig ausreichen. Demgemäß setzen wir

$$\frac{W-E}{2} = q\sin E + \frac{1}{2}q^2\sin 2E + \frac{1}{3}q^3\sin 3E\,.$$

Hier drücken wir jetzt q durch ε aus:

$$q = \frac{\sin\varkappa}{1+\cos\varkappa} = \frac{\varepsilon}{1+\sqrt{1-\varepsilon^2}} = \frac{1-\sqrt{1-\varepsilon^2}}{\varepsilon}\,.$$

Nun war (§ 27)

$$\frac{1}{\sqrt{1-\varepsilon^2}} = 1 + \frac{1}{2}\varepsilon^2 + \frac{1\cdot 3}{2\cdot 4}\varepsilon^4 + \frac{1\cdot 3\cdot 5}{2\cdot 4\cdot 6}\varepsilon^6 + \cdots\,.$$

Wegen der Kleinheit von ε können wir uns hier auf drei Glieder beschränken und schreiben

$$\frac{1}{\sqrt{1-\varepsilon^2}} = 1 + \frac{1}{2}\varepsilon^2 + \frac{3}{8}\varepsilon^4\,.$$

Damit wird

$$\sqrt{1-\varepsilon^2} = \frac{1}{\sqrt{1-\varepsilon^2}} \cdot (1-\varepsilon^2) = 1 - \frac{1}{2}\varepsilon^2 - \frac{1}{8}\varepsilon^4$$

und

$$q = \frac{1-\sqrt{1-\varepsilon^2}}{\varepsilon} = \frac{1}{2}\varepsilon + \frac{1}{8}\varepsilon^3.$$

Diesen Wert setzen wir oben ein, wobei wir höhere Potenzen von ε als die dritte ihrer Kleinheit wegen fortlassen. Das gibt schließlich

$$(1) \quad \boxed{W = E + \left(\varepsilon + \frac{1}{4}\varepsilon^3\right)\sin E + \frac{1}{4}\varepsilon^2 \sin 2E + \frac{1}{12}\varepsilon^3 \sin 3E} \; .$$

Diese Näherungsformel stellt die wahre Anomalie als Funktion der exzentrischen dar.

Es handelt sich jetzt darum, die wahre Anomalie als Funktion der mittleren Anomalie M darzustellen.

Da haben wir zunächst Keplers Gleichung

$$E = M + \varepsilon \sin E$$

und wie in § 113 als ersten Näherungswert für E den Wert

$$E_1 = M + \varepsilon \sin M,$$

als zweiten Näherungswert

$$E_2 = M + \varepsilon \sin E_1 = M + \varepsilon \sin(M + \varepsilon \sin M).$$

Hier ist nach dem Additionstheorem

$$\sin(M + \varepsilon \sin M) = \sin M \cos(\varepsilon \sin M) + \cos M \sin(\varepsilon \sin M).$$

Wegen der Kleinheit von $\varepsilon \sin M$ ist angenähert

$$\cos(\varepsilon \sin M) = 1, \qquad \sin(\varepsilon \sin M) = \varepsilon \sin M,$$

mithin

$$E_2 = M + \varepsilon \sin M + \frac{1}{2}\varepsilon^2 \sin 2M.$$

Der dritte, mit E schon so gut wie zusammenfallende Näherungswert wird

$$E_3 = M + \varepsilon \sin E_2.$$

Nun ist (angenähert) $\sin E_2 =$

$$\sin M \cos\left(\varepsilon \sin M + \frac{1}{2}\varepsilon^2 \sin 2M\right) +$$

$$\cos M \sin\left(\varepsilon \sin M + \frac{1}{2}\varepsilon^2 \cdot \sin 2M\right) =$$

$$\sin M\left(1-\frac{\varepsilon^2\sin^2 M}{2}\right)+\cos M\left(\varepsilon\sin M+\frac{1}{2}\varepsilon^2\sin 2M\right)=$$

$$\sin M+\varepsilon\sin M\cos M+\frac{\varepsilon^2}{2}\left[\cos M\sin 2M-\sin^3 M\right]$$

Die eckige Klammer läßt sich schreiben

$$2\sin M-3\sin^3 M=\frac{3}{4}\left(3\sin M-4\sin^3 M\right)-\frac{1}{4}\sin M=$$

$$\frac{3}{4}\sin 3M-\frac{1}{4}\sin M,$$

und wir bekommen

$$\sin E_2=\left(1-\frac{\varepsilon^2}{8}\right)\sin M+\frac{\varepsilon}{2}\sin 2M+\frac{3\varepsilon^2}{8}\sin 3M.$$

Das gibt, wenn wir statt E_3 gleich E schreiben,

$$\boxed{E=M+\left(\varepsilon-\frac{\varepsilon^3}{8}\right)\sin M+\frac{\varepsilon^2}{2}\sin 2M+\frac{3\varepsilon^3}{8}\sin 3M}\quad. \tag{2}$$

Diese Näherungsformel stellt die exzentrische Anomalie als Funktion der mittleren dar.

Um die wahre Anomalie durch die mittlere auszudrücken, müssen wir aber außer E auch $\sin E$, $\sin 2E$ und $\sin 3E$ durch M ausdrücken. Da indessen in (1) $\sin E$ mit dem Faktor ε, $\sin 2E$ mit dem Faktor ε^2 und $\sin 3E$ sogar mit dem Faktor ε^3 behaftet erscheint, genügt es, für $\sin E$ den Wert $\sin E_2$ zu nehmen, also

$$\sin E=\left(1-\frac{\varepsilon^2}{8}\right)\sin M+\frac{\varepsilon}{2}\sin 2M+\frac{3\varepsilon^3}{8}\sin 3M \tag{2 a}$$

zu setzen.

Für $\sin 2E$ nehmen wir entsprechend

$$\sin 2E=(2M+2\varepsilon\sin M)=$$

$$\sin 2ME=\sin 2M+2\varepsilon\cos 2M\sin M=\sin 2M+\varepsilon\cdot(\sin 3M-\sin M) \tag{2 b}$$

und für $\sin 3E$ einfach

$$\sin 3E\ \sin 3M. \tag{2 c}$$

Wenn wir die in (2), (2 a), (2 b), (2 c) angenommenen Werte in (1) substituieren und höhere Potenzen von ε als die dritte vernachlässigen, entsteht die Formel

$$\boxed{W=M+\left(2\varepsilon-\frac{1}{4}\varepsilon^3\right)\sin M+\frac{5}{4}\varepsilon^2\sin 2M+\frac{13}{12}\varepsilon^3\sin 3M}\quad.$$

Diese astronomische Fundamentalformel stellt mit großer Annäherung die wahre Anomalie eines Planeten als Funktion der mittleren Anomalie dar.

§ 115

Approximation der Zeitgleichung.

Aus den beiden Formeln

$$L = W + \Pi \qquad \text{und} \qquad L_0 = M + \Pi$$

für die Längen der wahren und mittleren Ekliptiksonne finden wir durch Subtraktion die Relation

$$L - L_0 = W - M.$$

Nun war (§ 114)

$$W - M = \left(2\varepsilon - \frac{\varepsilon^3}{4}\right) \sin M + \frac{5}{4} \varepsilon^2 \sin 2M + \frac{13}{12} \varepsilon^3 \sin 3M,$$

so daß, wenn wir noch L_0 durch die Rektaszension A_0 der mittleren Äquatorsonne und M durch $\mathsf{A}_0 - \Pi$ ersetzen,

$$L = \mathsf{A}_0 + \left(2\varepsilon - \frac{1}{4}\varepsilon^3\right) \sin\left(\mathsf{A}_0 - \Pi\right) + \frac{5}{4}\varepsilon^2 \sin\left(2\,\mathsf{A}_0 - 2\Pi\right) + \frac{13}{12}\varepsilon^3 \sin\left(3\,\mathsf{A}_0 - 3\Pi\right)$$

wird, durch welche Formel L als Funktion der Rektaszension A_0 dargestellt wird.

Nun folgt aus dem astronomischen Dreieck ♈☉F, in welchem ♈ den Frühlingspunkt, ☉ die wahre Sonne, F den Fußpunkt ihrer Deklination bedeutet,

$$\operatorname{tg} \mathsf{A} = \cos \omega \operatorname{tg} L,$$

unter ω die Ekliptikschiefe und A die Rektaszension der wahren Sonne verstanden.

Nach dem Tangenssatz von § 59 läßt sich diese Formel in

$$L - \mathsf{A} = a^2 \sin 2L - \frac{1}{2} a^4 \sin 4L + \frac{1}{3} a^6 \sin 6L - + \cdots$$

verwandeln, wo

$$a = \operatorname{tg} \frac{\omega}{2}$$

die Quadratwurzel aus dem Quasireziprok

$$\frac{1 - \cos\omega}{1 + \cos\omega} = \frac{\sin^2 \omega/2}{\cos^2 \omega/2} = \operatorname{tg}^2 \frac{\omega}{2}$$

von $\cos \omega$ ist.

In dieser Formel können wir L auf Grund des oben für L gefundenen Wertes durch A_0 ausdrücken und bekommen dadurch die Zeitgleichung

$$e = A - A_0$$

als Funktion der Rektaszension A_0 der mittleren Äquatorsonne. Da es uns nur darauf ankommt, die Glieder hinzuschreiben, die den stärksten Anteil am Aufbau von e haben, so lassen wir alle Ausdrücke, die mit den Faktoren $\varepsilon^2, \varepsilon^3, \ldots, a^4, a^6 \ldots,$ $\varepsilon a^2, \ldots$ behaftet auftreten, ihrer Geringfügigkeit wegen fort und bekommen dadurch zunächst

$$L = A + a^2 \sin 2L$$

und weiter, hier

$$L = A_0 + 2\varepsilon \sin (A_0 - \Pi)$$

substituierend,

$$e = 2\varepsilon \sin (A_0 - \Pi) - a^2 \sin 2L .$$

Rechts nochmals substituierend, entsteht schließlich

$$\boxed{e = 2\varepsilon \sin (A_0 - \Pi) - a^2 \sin 2A_0} \; .$$

Durch diese einfache Approximationsformel ist in der Tat die Zeitgleichung durch die Rektaszension A_0 der mittleren Sonne ausgedrückt.

Sie ist im Bogenmaß angegeben. Um sie in Grad anzugeben, muß die rechte Seite der Formel mit $180 : \pi$ multipliziert werden. Da man die Zeitgleichung aber gewöhnlich in Zeit angibt, so ist der Multiplikator $12 : \pi$ anzubringen, wenn e in Stunden angegeben werden soll. Zur Angabe in Sekunden, die für die Praxis allein in Frage kommt, muß man den Multiplikator $43\,200 : \pi$ nehmen. Tut man das, zerlegt noch $\sin (A_0 - \Pi)$ in $\sin A_0 \cos \Pi - \cos A_0 \sin \Pi$ und ersetzt ε und a^2 durch ihre numerischen Werte 0,01674 und 0,0431, so ergibt sich schließlich

$$\boxed{e = 96 \sin A_0 + 450 \cos A_0 - 592 \sin 2A_0} \; ,$$

wo das Resultat die Benennung „Sekunden" (s) erhält.

§ 116

Gauß' Zweihöhenproblem.

Im Jahre 1812 veröffentlichte Gauß in Bodes astronomischem Jahrbuch die Lösung der für Astronomen und Seefahrer wichtigen Aufgabe:

„Aus den Höhen zweier bekannter Sterne Zeit und Ort der Beobachtung zu bestimmen."

Zwei Sterne heißen bekannt, wenn ihre Äquatorialkoordinaten: Rektaszension und Deklination bekannt sind. Diese Koordinaten der beiden Sterne S und S' seien (α, δ) und (α', δ'). Bei der vorliegenden Aufgabe genügt übrigens die Kenntnis des Rektaszensionsunterschiedes $\alpha' - \alpha$. In der Figur bedeute P den Weltpol, also $PS = p = 90^0 - \delta$ den Polabstand von S, $PS' = p' = 90^0 - \delta'$ den Polabstand von S und $\sphericalangle SPS' = \tau$ den Winkel zwischen den Stundenkreisen der beiden Sterne, zugleich den Betrag des Rektaszensionsunterschiedes, ferner Z das Zenit des Beobachtungsortes, also $PZ = b = 90^0 - \varphi$ das Komplement der Breite φ, $ZS = z$ bzw. $ZS' = z'$ den Zenitabstand von S bzw. S', zugleich das Komplement der Höhe h bzw. h'.

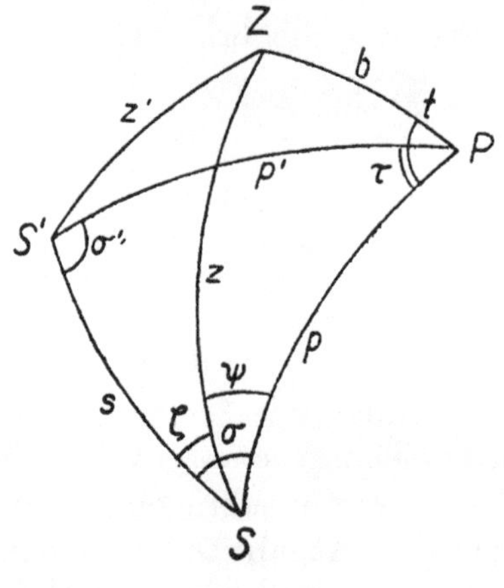

Man benötigt die Hilfsgrößen
$\sphericalangle PSS' = \sigma$, $\sphericalangle PS'S = \sigma'$, $\sphericalangle PSZ = \psi$, $\sphericalangle ZSS' = \zeta$, $\sphericalangle ZPS = t$, $SS' = s$.

Die einfache Rechnung besteht aus drei Schritten, den drei Dreiecken PSS', ZSS', PZS entsprechend, die sukzessiv betrachtet werden.

I. Dreieck PSS'.

Bestimmung der Winkel σ und σ' nach Napiers Formeln

$$\operatorname{tg}\frac{\sigma+\sigma'}{2}=\frac{\cos\frac{p'-p}{2}}{\cos\frac{p'+p}{2}}\cot\frac{\tau}{2}\quad,\quad \operatorname{tg}\frac{\sigma-\sigma'}{2}=\frac{\sin\frac{p'-p}{2}}{\sin\frac{p'+p}{2}}\cot\frac{\tau}{2}$$

und Ermittlung der Seite s nach der Sinusformel

$$\sin s : \sin p = \sin\tau : \sin\sigma'.$$

II. Dreieck ZSS'.

Berechnung des Winkels ζ nach dem Tangenssatze für den Halbwinkel:

$$\operatorname{tg}\frac{\zeta}{2}=\sqrt{\frac{\sin(\Sigma-z)\sin(\Sigma-s)}{\sin\Sigma\sin(\Sigma-z')}}\ .$$

wo Σ die Halbsumme der Dreiecksseiten z, z', s bedeutet. Im Anschluß daran Bestimmung von

$$\psi=\sigma-\zeta.$$

III. Dreieck PZS, Ermittlung von Ort und Zeit.

Die **gesuchte Breite** φ folgt etwa aus

$$\cos b=\cos p\cos z+\sin p\sin z\cos\psi$$

oder

$$\sin\varphi=\sin\delta\sin h+\cos\delta\cos h\cos\psi\ .$$

Der gesuchte Zeitwinkel T, d. h. der Winkel am Pol, den der Stundenkreis des Sterns S seit seiner unteren Kulmination beschrieben hat, folgt aus

$$\cos t=\frac{\cos z-\cos p\cos b}{\sin p\sin b}=\frac{\sin h-\sin\delta\sin\varphi}{\cos\delta\cos\varphi}$$

und

$$T=12^{h}\pm\tau,$$

wobei das untere oder obere Vorzeichen gilt, je nachdem der Stern S im Beobachtungsmoment an der östlichen oder westlichen Himmelshalbkugel steht.

Hieraus ergibt sich sofort die gesuchte Zeit — Sternzeit $\mathfrak{S}$ (Zeitwinkel des Widderpunktes) — der Beobachtung, indem wir den Zeitwinkel T um die Rektaszension α vermehren:

$$\mathfrak{S}=T+\alpha\,.$$

Um die mittlere Ortszeit — M. O. Z. — der Beobachtung zu bekommen, bestimmen wir zunächst mit einem angenäherten Werte $\bar{\alpha}_0$ der Rektaszension der mittleren Sonne für den Beobachtungsmoment die angenäherte mittlere Ortszeit $\mathfrak{S} - \bar{\alpha}_0$ der Beobachtung, darauf mittels dieser schon ziemlich genauen mittleren Ortszeit die genaue Rektaszension α_0 der mittleren Sonne für den Beobachtungsmoment und endlich die genaue **mittlere Ortszeit**

$$\text{M. O. Z.} = \mathfrak{S} - \alpha_0 .$$

Die Lösung des Zweihöhenproblems gestattet ohne weiteres die Lösung der für die Nautik wichtigen

Aufgabe von Douwes:

Aus zwei Höhen eines Sterns (der Sonne) mit bekannter Deklination und Zwischenzeit der beiden Beobachtungen die Breite des Beobachtungsorts zu ermitteln.

Wir brauchen uns dazu nur S bew. S' als den Ort, δ bzw. δ' als die Deklination des Sterns bei der ersten bzw. zweiten Beobachtung vorzustellen. Bei Fixsternen ist dann $\delta' = \delta$, während bei der Sonne und den Planeten δ' etwas von δ abweicht. τ ist der durch die bekannte Zwischenzeit bestimmte Winkel zwischen den zu den beiden Beobachtungsmomenten gehörigen Stundenkreisen des Sterns.

Da die beiden gemessenen Höhen gewöhnlich an verschiedenen Orten A und B beobachtet werden, obige Rechnung sich aber auf einen Ort, etwa B, bezieht, so muß die in A gemessene Höhe „auf den Ort B reduziert werden". Demnach ist die Aufgabe zu lösen:

An einem Orte A wird zu einer gewissen Zeit $\mathfrak{Z}$ die Höhe eines Sterns beobachtet; wie groß ist in demselben Zeitpunkte die Sternhöhe am Orte B?

Zunächst leuchtet ein, daß alle Erdorte, an denen der Stern im Moment $\mathfrak{Z}$ dieselbe Höhe bzw. dieselbe Zenitdistanz hat, auf einem Kreise der Erdkugel liegen, dessen sphärisches

Zentrum der Endpunkt S_0 des vom Erdmittelpunkt nach dem Stern zielenden Erdradius ist, und dessen sphärischer Radius der Zenitdistanz des Sterns gleicht. Dieser Kreis heißt Höhengleiche des Sterns, sein sphärischer Mittelpunkt S_0 Sternbild.

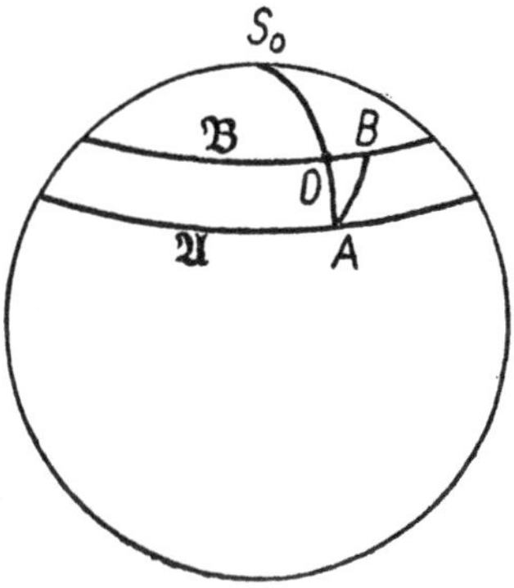

In nebenstehender Figur seien $\mathfrak{A}$ und $\mathfrak{B}$ die beiden Höhengleichen des Sterns im Augenblicke $\mathfrak{Z}$, auf denen die Orte A und B liegen, S_0 sei das Sternbild, O der Schnittpunkt des Hauptbogens $S_0 A$ mit $\mathfrak{B}$. Wir nehmen die Entfernung AB so klein an, daß das Dreieck AOB als eben gelten kann. Dann ist der Unterschied der Zenitabstände, also auch der Unterschied der Höhen des Sterns in A und B

$$AO = AB \cos \omega ,$$

wo ω den Winkel zwischen dem Schiffskurse AB und der Peilung des Sterns in A bedeutet.

Wir erhalten demnach die gesuchte Sternhöhe h in B zur Zeit $\mathfrak{Z}$ der in A angestellten Beobachtung, wenn wir die in A gemessene Sternhöhe um das Produkt aus der durchfahrenen Distanz AB und dem Cosinus des Winkels zwischen Kurs und Sternpeilung in A vermehren oder vermindern, je nachdem das Schiff auf den Stern zufährt oder sich von ihm entfernt.

Die so gefundene „reduzierte Höhe" ist dann in der obigen Rechnung für h zu nehmen, während für h' die in B gemessene Höhe anzusetzen ist.

Das durch die Rechnung sich ergebende φ ist natürlich die Breite des zweiten Beobachtungsortes B.

§ 117
Gauß' Dreihöhenproblem.

Aus den Zeiträumen zwischen den Augenblicken, in denen drei bekannte Sterne gleiche Höhen erreichen, die Zeitpunkte der Beobachtungen, die Breite des Beobachtungsortes und die Höhe der Sterne zu finden.

Die Bedeutung dieses Gaußschen Problems für die Bestimmung von Ort und Zeit liegt vornehmlich darin, daß es die durch die atmosphärische Strahlenbrechung bedingten Beobachtungsfehler ausschaltet.

Lösung. Wir nennen die Äquatorialkoordinaten (Rektaszension und Deklination) der drei Sterne (α, δ), (α', δ') und (α'', δ''), die Breite des Beobachtungsorts φ, die Zeitpunkte der Beobachtungen t, t', t'', die Zeitwinkel der drei Sterne in diesen Momenten T, T', T'', so daß die Differenzen

$$T' - T = t' - t \quad \text{und} \quad T'' - T = t'' - t$$

bekannt sind.

Dann gelten die drei Gleichungen

$$\sin h = \sin \delta \ \sin \varphi - \cos \delta \ \cos \varphi \cos T, \tag{1}$$

$$\sin h = \sin \delta' \ \sin \varphi - \cos \delta' \ \cos \varphi \cos T', \tag{2}$$

$$\sin h = \sin \delta'' \sin \varphi - \cos \delta'' \cos \varphi \cos T''. \tag{3}$$

Durch Subtraktion der beiden ersten entsteht

$$\sin \varphi (\sin \delta - \sin \delta') = \cos \varphi (\cos \delta \cos T - \cos \delta' \cos T'). \tag{4}$$

Jetzt führen wir die Halbsumme und Halbdifferenz

$$s = \frac{\delta' + \delta}{2} \quad \text{und} \quad u = \frac{\delta' - \delta}{2}$$

bzw.

$$S = \frac{T' + T}{2} \quad \text{und} \quad U = \frac{T' - T}{2}$$

der Deklinationen δ' und δ bzw. Zeitwinkel T' und T ein und ersetzen demgemäß in (4) δ' und δ durch $s + u$ und $s - u$, sowie T' und T durch $S + U$ und $S - U$. In der so geänderten Gleichung wenden wir dann überall das Additionstheorem an und bekommen

$$-\sin\varphi \cos s \sin u =$$
$$\cos\varphi\,(\sin S \sin U \cos s \cos u + \cos S \cos U \cdot \sin s \sin u).$$

Hier teilen wir durch $\cos\varphi \, \cos s \, \sin u$ und erhalten

$$-\operatorname{tg}\varphi = \sin S \sin U \cot u + \cos S \cos U \operatorname{tg} s.$$

Da U, u und s bekannt sind, bestimmen wir die Hilfsgrößen r und w so, daß

$$r \cos w = \sin U \cot u \qquad \text{und} \qquad r \sin w = \cos U \operatorname{tg} s$$

ist (w aus $\operatorname{tg} w = \operatorname{tg} s \operatorname{tg} u \cot U$). Dadurch geht die gefundene Gleichung in

(I) $$-\operatorname{tg}\varphi = r \sin [S + w]$$

über.

In ganz ähnlicher Weise finden wir durch Subtraktion der beiden Gleichungen (1) und (3) und Einführung der Halbsummen

$$\mathfrak{s} = \frac{\delta'' + \delta}{2} \quad , \quad \mathfrak{S} = \frac{T' + T}{2}$$

und Halbdifferenzen

$$\mathfrak{u} = \frac{\delta'' - \delta}{2} \quad , \quad \mathfrak{U} = \frac{T'' - T}{2} \; ,$$

sowie der durch die Bedingungen

$$\mathfrak{r} \cos \mathfrak{w} = \sin \mathfrak{U} \cot \mathfrak{u} \quad , \quad \mathfrak{r} \sin \mathfrak{w} = \cos \mathfrak{U} \operatorname{tg} \mathfrak{s}$$

bestimmten Hilfsgrößen $\mathfrak{r}$ und $\mathfrak{w}$ die Gleichung

(II) $$-\operatorname{tg}\varphi = \mathfrak{r} \sin (\mathfrak{S} + \mathfrak{w}) .$$

Durch Division von (II) und (I) ergibt sich nun das Sinusverhältnis der beiden unbekannten Winkel $(\mathfrak{S} + \mathfrak{w})$ und $[S + w]$

(III) $$\sin (\mathfrak{S} + \mathfrak{w}) : \sin [S + w] = r : \mathfrak{r} .$$

Da aber die Differenz

$$\left(\mathfrak{S} + \mathfrak{w}\right) - \left[S + w\right] = \frac{T'' - T'}{2} + \mathfrak{w} - w$$

dieser Winkel bekannt ist, gestattet der Sinustangenssatz die Berechnung der S u m m e dieser Winkel. Aus Summe und Differenz ergeben sich sofort die Winkel $\mathfrak{S} + \mathfrak{w}$ und $S + w$ selbst und damit auch die unbekannten Winkel

$$\mathfrak{S} = \frac{T'' + T}{2} \qquad \text{und} \qquad S = \frac{T' + T}{2} .$$

Aus S und der bekannten Differenz $T' - T$ folgen dann die gesuchten Zeitwinkel T und T', aus $\mathfrak{S}$ und der bekannten Differenz $T'' - T$ ebenso die Zeitwinkel T und T''.

Durch Addition der Rektaszension zum Zeitwinkel erhalten wir schließlich die

Zeitpunkte der Beobachtungen in Sternzeit.

Die gesuchte Breite folgt dann aus (I) oder (II), die gesuchte Höhe aus (1), (2) oder (3).

Zusatz. Soll die Breite aus zwei Beobachtungen gleicher Sternhöhen und der Zwischenzeit ermittelt werden, so haben wir nur die Gleichungen (1) und (2) zur Verfügung und müssen den Zeitwinkel T für eine der Beobachtungen als bekannt voraussetzen. Gleichung (I), deren rechte Seite nur Bekannte enthält, liefert dann φ.

Ein merkwürdiger Sonderfall hiervon ist die

Aufgabe von Riccioli: Aus der Zeit zwischen den Kulminationen zweier bekannter Sterne, die gleichzeitig auf- oder untergehen, die Breite des Beobachtungsortes zu finden.

Diese im Jahre 1651 von Riccioli gestellte Aufgabe ist von besonderem Interesse, weil das Verfahren Breitenbestimmungen ohne Winkelmessungen ermöglicht.

Sind T und T' die Zeitwinkel der Sternaufgänge, so ist ihr Unterschied $2U = T' - T$ zugleich die Zeit zwischen ihren Kulminationen. Unsere Ausgangsgleichungen (1) und (2) vereinfachen sich hier wegen $h = 0$ zu

$$\cos T = \operatorname{tg} \delta \operatorname{tg} \varphi \qquad \text{und} \qquad \cos T' = \operatorname{tg} \delta \operatorname{tg} \varphi .$$

Durch Einführung der Komplemente τ und τ' der Zeitwinkel erhalten wir

$$\sin \tau = \operatorname{tg} \delta \operatorname{tg} \varphi \quad , \qquad \sin \tau' = \operatorname{tg} \delta' \operatorname{tg} \varphi$$

und hieraus durch Division das Sinusverhältnis der Winkel τ und τ':

$$\sin \tau : \sin \tau' = \operatorname{tg} \delta : \operatorname{tg} \delta'.$$

Da $\tau - \tau' = T' - T$ bekannt ist, folgt aus dieser Gleichung nach dem Sinustangenssatz $\tau + \tau'$. Darauf wird $2\tau = (\tau + \tau') + (\tau - \tau')$, und φ ergibt sich aus $\sin \tau = \operatorname{tg} \delta \operatorname{tg} \varphi$.

§ 118
Sternuntergang.

Zeit und Azimut des Unterganges eines bekannten Sterns für einen gegebenen Ort und Tag zu berechnen.

Wann ging z. B. am 31. Dezember 1932 in Nördlingen ($\varphi = 48^0\ 51{,}1'$, $\lambda = 10^0\ 29{,}4'$) der Saturn unter?

Das Nautische Jahrbuch gibt für den 31. Dezember 1932 0 Uhr mittlerer Greenwicher Zeit folgende Daten:
Rektaszension des Saturn $\alpha = 20^h\ 25^m 30^s$,
stündliche Zunahme 1, 2^s
Deklination des Saturn $\delta = 19^0\ 47{,}4'$ S,
stündliche Abnahme 0,06′,
Rektaszension der mittleren Sonne $\alpha_0 = 18^h\ 36^m 50^s$,
stündliche Zunahme $9{,}86^s$.
Im Untergangsmoment steht der Stern infolge der atmosphärischen Strahlenbrechung in Wirklichkeit schon einen gewissen Betrag h unter dem Horizont. Die Horizontalrefraktion h kann im Durchschnitt mit 35′ angesetzt werden, ist jedoch bei genauen Rechnungen besonderen Refraktionstafeln zu entnehmen.

Aus dem nautischen Dreieck $PZ*$, in welchem $PZ = b = 90^0 - \varphi$ das Breitenkomplement, $P* = p = 90^0 + \delta$ den Polabstand, $Z* = z = 90^0 + h$ den Zenitabstand, $\sphericalangle ZP* = t$ den Stundenwinkel und $\sphericalangle PZ* = a$ das Azimut des Sterns bedeutet, folgt nach dem Cosinussatze

$$\cos z = \cos b \cos p + \sin b \sin p \cos t$$

oder

$$\cos t = \operatorname{tg} \varphi \operatorname{tg} \delta - \frac{\sin h}{\cos \varphi \cos \delta}.$$

Man berechnet zuerst die angenäherte Zeit t des Untergangs, indem man für den Untergangsmoment $\delta = 19^0\ 47{,}4'$ nimmt. Die aufgestellte Formel gibt dann (mit $h = 35'$) $t = 66^0\ 42{,}8' = 4^h\ 26^m\ 51^s$, d. h. für den Zeitwinkel T des Untergangsmoments

$$T = 16^h\ 26^m\ 51^s.$$

Hieraus findet man für die Sternzeit $\mathfrak{S}$ den Näherungswert

$$\mathfrak{S} = T + \alpha = 36^h\ 51^m\ 81^s,$$

mithin für die mittlere Ortszeit des Untergangs

$$\text{M. O. Z.} = \mathfrak{S} - \alpha_0 = 18^h\,15^m\,31^s$$

und für die mittlere Greenwicher Zeit

$$\text{M. G. Z.} = \text{M. O. Z.} - (\lambda = 41^m\,58^s) = 17^h\,33^m\,33^s\,.$$

Im Untergangsmoment sind somit seit 0^h mittlerer Greenwicher Zeit ungefähr $17{,}55^h$ verflossen. In diesen $17{,}55^h$ wachsen die drei Größen α, δ, α_0 um 21^s, $-1{,}1'$, $2^m\,53^s$, so daß sie im Untergangsmoment die Werte

$$\alpha = 20^h\,25^m\,51^s, \quad \delta = 19^0\,46{,}3', \quad \alpha_0 = 18^h\,39^m\,43^s$$

haben.

Mit diesen genauen Werten ist die Rechnung zu wiederholen. Das gibt

$$\begin{aligned} T &= 16^h\,26^m\,57^s \\ \alpha &= 20^h\,25^m\,51^s \\ \hline \mathfrak{S} &= 36^h\,52^m\,48^s \\ \alpha_0 &= 18^h\,39^m\,43^s \\ \hline \text{M. O. Z.} &= 18^h\,13^m\,\;5^s \\ \text{M. G. Z.} &= 17^h\,31^m\,\;7^s\,. \end{aligned}$$

Das gesuchte Azimut a berechnet sich aus der Sinusformel

$$\sin a : \sin t = \sin p : \sin z$$

zu

$$a = 120^0\,10'.$$

Ergebnis: Der Saturn ging um $18^h\,31{,}1^m$ M.E.Z. im Azimut S $59^0\,50'$ W unter.

Zusatz. Das beschriebene Verfahren paßt natürlich auch für die Aufgangszeit oder für den Moment, in dem der Stern eine vorgeschriebene Höhe erreicht. Soll im besonderen der Zeitpunkt der Kulmination ermittelt werden, so fällt die logarithmische Rechnung weg, da der Zeitwinkel der Kulmination, $T = 12^h$, bekannt ist.

§ 119

Fehlerabschätzung.

Bei astronomischen Beobachtungen ist es von größter Wichtigkeit, jede Winkelmessung so vorzunehmen, daß der mit ihr verbundene Messungsfehler das Ergebnis einer auf der Messung aufgebauten Rechnung in möglichst geringem Maße beeinflußt.

Einige Spezialfälle werden das noch klarer machen.

Nehmen wir beispielsweise an, daß der Seefahrer zur Prüfung der Zeitangaben des Schiffschronometers den Zeitwinkel der Sonne heranziehen will. Die dafür in Betracht kommende Formel lautet

(1) $$\sin h = \sin \delta \sin \varphi - \cos \delta \cos \varphi \cos t\ ,$$

wo δ die Sonnendeklination, φ die Breite des Beobachtungsorts, h die gemessene Sonnenhöhe und t den gesuchten Zeitwinkel der Sonne bedeutet. Führen wir die Rechnung durch, so wird wegen des kleinen Beobachtungsfehlers, mit dem die Höhe behaftet ist, der Zeitwinkel um ein Geringes falsch werden.

Ist H die wahre Höhe, T der wahre Zeitwinkel, so hat man neben (1) die Formel

(2) $$\sin H = \sin \delta \sin \varphi - \cos \delta \cos \varphi \cos T.$$

Durch Subtraktion der Gleichungen (1) und (2) ergibt sich

(3) $$(\sin H - \sin h) = - \cos \delta \cos \varphi (\cos T - \cos t).$$

Die Differenz

$$H - h = \mathfrak{h} \qquad \text{bzw.} \qquad T - t = \mathfrak{t}$$

ist die Korrektion, die an der gemessenen Höhe h bzw. dem aus (1) berechneten Zeitwinkel t angebracht werden muß, um die wahre Höhe H, bzw. den wahren Zeitwinkel T zu erhalten:

$$H = h + \mathfrak{h} \quad , \quad T = t + \mathfrak{t}$$

Diese Korrektion, deren entgegengesetzten Werte $-\mathfrak{h}$ und $-\mathfrak{t}$ die begangenen Fehler darstellen [man muß den Fehler vom fehlerhaften Werte abziehen, um den richtigen Wert zu bekommen], können wir nun zwar nicht g e n a u, aber doch wenigstens a n g e n ä h e r t ermitteln.

Bekanntlich (§ 23) liegt der Quotient

$$\frac{\sin H - \sin h}{H - h}$$

zwischen den Schranken $\cos H$ und $\cos h$, der Quotient

$$\frac{\cos T - \cos t}{T - t}$$

zwischen den Schranken $-\sin T$ und $-\sin t$. Da nun diese nur wenig von einander abweichen, läßt sich angenähert setzen

$$\frac{\sin H - \sin h}{H - h} = \cos h \quad , \quad \frac{\cos T - \cos t}{T - t} = - \sin t$$

und dieser Ansatz trifft um so genauer zu, je geringer der begangene Höhenfehler ist.

Wir können also die eingeklammerten Differenzen in (3) durch

$$\mathfrak{h} \cos h \qquad \text{und} \qquad - \mathfrak{t} \sin t$$

ersetzen und erhalten

$$\mathfrak{h} \cos h = \mathfrak{t} \cos \delta \cos \varphi \sin t.$$

Nun ist aber, wenn a das Azimut im nautischen Dreieck bedeutet, nach dem Sinussatz

$$\frac{\sin z}{\sin p} = \frac{\sin t}{\sin a} \qquad \text{oder} \qquad \frac{\cos h}{\cos \delta} = \frac{\sin t}{\sin a} .$$

Mit Berücksichtigung dieser Proportion verwandelt sich die gefundene Fehlergleichung in

$$\boxed{\mathfrak{t} = \mathfrak{h} \cdot \frac{\sec \varphi}{\sin a}} .$$

Sie lehrt: Der Einfluß des Höhenfehlers auf den Zeitfehler ist um so größer, je kleiner das Azimut und je höher die Breite ist. Daraus ergeben sich zwei wichtige

Nautische Regeln:

I.

Höhenmessungen, die der Zeitbestimmung dienen, sollten nur vorgenommen werden, wenn das Gestirn in der Nähe des Ost- oder Westvertikals steht.

II.

In hohen Breiten führt ein kleiner Höhenfehler zu einem großen Zeitfehler.

Wenn der zur Beobachtung ausgewählte Stern (wegen südlicher Deklination) den Vertikal nicht passiert, kann a den aus der Gleichung $\cos p = \sin b \cos a$ oder

$$- \sin \delta = \cos \varphi \cos a$$

folgenden stumpfen Wert nicht unterschreiten. Dann ist also der größtmögliche Wert von $\sin a$

$$\sqrt{1 - \sin^2 \delta \sec^2 \varphi} \quad ,$$

mithin der kleinstmögliche Faktor, mit dem der Höhenfehler behaftet werden muß, um den Zeitfehler zu bekommen,

$$1 : \sqrt{\cos^2 \varphi - \sin^2 \delta}$$

In diesen Fällen ist demnach der Zeitfehler (im Winkelmaß) immer mindestens

$$\mathfrak{H} : \sqrt{\cos^2 \varphi - \sin^2 \delta} \quad ,$$

wenn $\mathfrak{H}$ den Höhenfehler bedeutet.

Als zweites Beispiel betrachten wir die

Bestimmung der geographischen Breite

auf Grund einer Höhenmessung bei bekannter Beobachtungszeit.

Unsere Ausgangsformel lautet wieder

(I) $$\sin h = \sin \delta \sin \varphi - \cos \delta \cos \varphi \cos t \quad .$$

Diesmal ist aber der Zeitwinkel t bekannt, h ist die gemessene Höhe, φ die daraufhin berechnete Breite, die natürlich infolge des Höhenfehlers mit einem kleinen Fehler behaftet ist.

Bedeutet H die wahre Höhe, Φ die wahre Breite, so gilt ebenso

(II) $$\sin H = \sin \delta \sin \Phi - \cos \delta \cos \Phi \cos t$$

Die Subtraktion der Gleichungen (I) und (II) gibt

(III) $$(\sin H - \sin h) = \sin \delta (\sin \Phi - \sin \varphi) - \cos \delta \cos t \cdot (\cos \Phi - \cos \varphi).$$

Hier ersetzen wir ähnlich wie oben bei (3) die eingeklammerten Differenzen durch

$\mathfrak{h} \cos h$, $\mathfrak{v} \cos \varphi$, $-\mathfrak{v} \sin \varphi$,

wo $\mathfrak{h} = H - h$ die Höhenkorrektion, $\mathfrak{v} = \Phi - \varphi$ die Breitenkorrektion bedeutet. Dadurch entsteht

$$\mathfrak{h} \cos h = \mathfrak{v} [\sin \delta \cos \varphi + \cos \delta \sin \varphi \cos t].$$

Nun ist aber nach der Beziehung der fünf Sukzessivstücke, angewandt auf die sukzessiven Stücke z, a, b, $\tau = 180 - t$, p des nautischen Dreiecks

$$\sin b \cos p - \cos b \sin p \cos \tau = \sin z \cos a$$

oder

$$[\sin \delta \cos \varphi + \cos \delta \sin \varphi \cos t] = \cos h \cos a.$$

Damit verwandelt sich die obige Fehlergleichung in $\mathfrak{h} = \mathfrak{v} \cos a$ oder

$$\boxed{\mathfrak{v} = \mathfrak{h} \cdot \sec a} \ .$$

Man findet demnach die (durch die fehlerhafte Höhe bedingte) Breitenkorrektion, indem man die Höhenkorrektion mit dem Sekans des (vom Nordpunkte aus gerechneten) Azimuts multipliziert.

Zugleich erkennt man die

Nautische Regel:

Bei Breitenbestimmungen, die auf bekannter Zeit und Höhenmessung beruhen, ist die Höhe in möglichster Nähe des Meridians zu messen.

Als drittes Beispiel diene die Bestimmung der Sonnenrektaszension α mittels der Sonnendeklination δ.

Die diesbezügliche Formel lautet

$$\sin \alpha = \cot \varepsilon \operatorname{tg} \delta \quad ,$$

wo ε die Eliptikschiefe bedeutet. δ sei der der Beobachtung entnommene — also nicht ganz richtige — Wert der Deklination mithin α die mehr oder weniger fehlerhafte Rektaszension, Δ die wahre Deklination und A die gesuchte wahre Rektaszension.

Dann gilt neben der obigen die Gleichung

$$\sin A = \cot \varepsilon \operatorname{tg} \Delta .$$

Die Subtraktion beider Gleichungen liefert

$$\sin A - \sin \alpha = \cot \varepsilon (\operatorname{tg} \Delta - \operatorname{tg} \delta).$$

Hier können wir wegen der Geringfügigkeit der Korrektion

$\mathfrak{a} = A - \alpha$ und $\mathfrak{d} = \Delta - \delta$

und wegen der Verwandlungsformel

$$\operatorname{tg} \Delta - \operatorname{tg} \delta = \frac{\sin (\Delta - \delta)}{\cos \Delta \cos \delta}$$

$\sin A - \sin \alpha = \mathfrak{a} \cos \alpha$, $\operatorname{tg} \Delta - \operatorname{tg} \delta = \mathfrak{d} \sec^2 \delta$

schreiben und erhalten

$$\boxed{\mathfrak{a} = \mathfrak{d} \cot \varepsilon \sec^2 \delta \sec \alpha} .$$

Um den Faktor $\sec^2 \delta$ braucht man sich nicht zu sorgen, da sein Höchstwert $\sec^2 \varepsilon$, mithin der Höchstwert von $\cot \varepsilon \sec^2 \delta$

$2 : \sin 2\varepsilon = 2,74$ ist. Von großem Einfluß auf den Rektaszensionsfehler kann dagegen der Faktor $\sec \alpha$ werden, da z. B. $\sec 90^0 = \infty$ ist!

Demnach muß die Messung vorgenommen werden, wenn α in der Nähe von 0^0 oder 180^0 liegt. Das gibt die Regel:

Bestimmungen der Sonnenrektaszension müssen ungefähr zur Zeit der Tag- und Nachtgleichen, also im März, April, September oder Oktober vorgenommen werden.

§ 120

Problem der kürzesten Dämmerung.

An welchem Tage des Jahres ist in einem Orte gegebener Breite die Dämmerung am kürzesten?

Dies Problem stammt von dem Portugiesen Nuñez. Die folgende einfache Lösung findet sich in Brünnows Lehrbuch der sphärischen Astronomie.

Man unterscheidet bürgerliche und astronomische Dämmerung. Die bürgerliche endigt, wenn der Sonnenmittelpunkt $6\frac{1}{2}{}^0$ unter dem Horizont steht. Ungefähr in diesem Augenblicke muß man, um arbeiten zu können, Licht anzünden. Die astronomische Dämmerung endigt, wenn der Sonnenmittelpunkt 18^0 unter dem Horizont steht; ungefähr zu dieser Zeit kann der Astronom seine Beobachtungen beginnen.

Als Beginn der Dämmerung wählen wir zweckmäßig den Zeitpunkt, in dem der Sonnenmittelpunkt den Horizont durchsetzt.

Die Breite des Beobachtungsorts sei φ, die Poldistanz der Sonne p.

Die Dauer der Dämmerung wird durch den Winkel d gemessen, den die beiden Stundenkreisbogen der durch die Sonne für Beginn und Ende der Dämmerung bestimmten nautischen Dreiecke mit einander bilden. Legen wir also diese beiden Dreiecke so aufeinander, daß sich die beiden Poldistanzen decken, so stellt der Winkel zwischen den beiden (nunmehr nur noch den Weltpol P gemeinsam habenden) Breitenkomplemente b die Dämmerungsdauer d dar. In dieser Lage seien die Dreiecke PCX und PCY, mit $PC = p$, $PX = PY = b = 90^0 - \varphi$, $CX = 90^0$, $CY = 90^0 + h$, (unter h die Tiefe der Sonne unter dem Horizont am Ende der Dämmerung verstanden) und

$$\sphericalangle XPY = d$$

Sei ferner $XY = u$, $\sphericalangle XCY = \psi$.

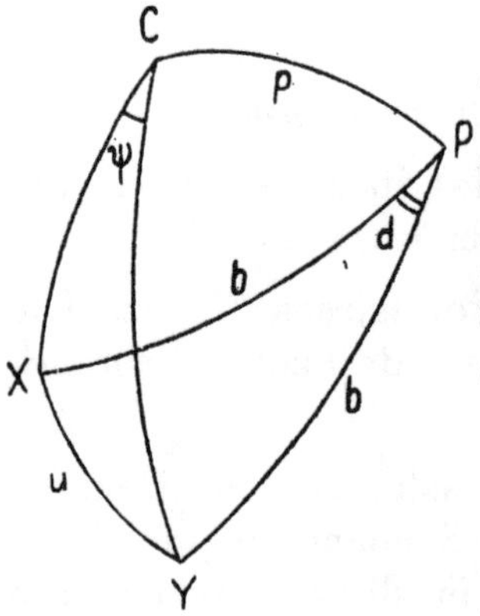

Aus dem gleichschenkligen Dreieck PXY folgt nach dem Cosinussatze

$$(1) \qquad \cos d = \frac{\cos u - \sin^2 \varphi}{\cos^2 \varphi}$$

Daher wird d ein Minimum oder $\cos d$ ein Maximum, wenn $\cos u$ möglichst groß ausfällt.

Aus dem Dreieck CXY folgt aber

$$\cos u = \cos CX \cos CY + \sin CX \sin CY \cos \psi$$

oder, da

$$\cos CX = 0, \ \sin CX = 1, \ \sin CY = \cos h$$

ist,

$$\cos u = \cos h \cos \psi .$$

$\cos u$ erreicht also sein Maximum, wenn $\cos \psi$ möglichst groß, d. h. wenn

$$\psi = 0$$

wird.

Am Tage der kürzesten Dämmerung fällt demnach der Punkt X auf die Seite CY, und die Basis $XY = u$ des gleichschenkligen Dreiecks PXY wird h. Zugleich ergibt sich aus (1) für das Minimum $\mathfrak{d}$ der Dämmerungsdauer

$$\cos \mathfrak{d} = \frac{\cos h - \sin^2 \varphi}{\cos^2 \varphi}$$

oder auf Grund der beiden Formeln

$$\cos \mathfrak{d} = 1 - 2 \sin^2 \frac{\mathfrak{d}}{2} \quad , \quad \cos h = 1 - 2 \sin^2 \frac{h}{2}$$

(I) $$\boxed{\sin \frac{\mathfrak{d}}{2} = \sin \frac{h}{2} : \cos \varphi} \; .$$

Um die zugehörige Sonnendeklination δ zu finden, drücken wir den Cosinus des Winkels $\omega = \sphericalangle PCX = \sphericalangle PCY$ nach dem Cosinussatze zweimal aus und setzen die entstehenden Werte einander gleich.

Aus Dreieck PCX folgt wegen $CX = 90^0$

$$\cos \omega = \sin \varphi : \sin p \; ,$$

aus Dreieck PCY wegen $CY = 90^0 + h$

$$\cos \omega = (\sin \varphi + \cos p \sin h) : \sin p \cos h \; .$$

Die Gleichsetzung gibt

$$\sin \varphi \cos h = \sin \varphi + \cos p \sin h$$

oder

$$- \cos p \sin h = \sin \varphi \, (1 - \cos h)$$

oder

$$\cos p = - \sin \varphi \operatorname{tg} \frac{h}{2} \; .$$

Für Nordbreiten ist wegen des Minuszeichens die Poldistanz p stumpf, die Sonnendeklination δ also südlich und

(II) $$\boxed{\sin \delta = \sin \varphi \operatorname{tg} \frac{h}{2}} \; .$$

Durch (I) ist die kürzeste Dämmerungsdauer, durch (II) die südliche Sonnendeklination des Tages bestimmt, an dem jene eintritt.

Aus der Deklination läßt sich der gesuchte Tag mittels des Nautischen Jahrbuchs bestimmen.

Man findet das Datum aber auch hinreichend genau, wenn man sich der Formel

$$\sin \delta = \sin \varepsilon \sin l$$

bedient, in der ε die Ekliptikschiefe ($23^0 \, 27'$) und l den Winkelabstand der Sonne vom Herbst- bzw. Frühlingspunkt bedeutet. Da sich dieser Winkelabstand täglich um durchschnittlich $m = 59{,}1'$ ändert, weicht das gesuchte Datum um $n = l : m$ Tage vom 23. September bzw. 21. März ab.

Aufgaben.

Ebene Trigonometrie.

1. Rechtwinklige und gleichschenklige Dreiecke.

1. Wie groß sind die Winkel eines rechtwinkligen Dreiecks, dessen Hypotenuse 25, dessen Höhe 12 m lang ist?

2. Wie groß sind die Winkel eines rechtwinkligen Dreiecks, dessen Hypotenusenabschnitte 32 und 18 cm sind?

3. Winkel und Inhalt eines rechtwinkligen Dreiecks zu berechnen, von dem die Hypotenuse 25, der Inkreisradius 3 cm lang ist.

4. Die Winkel eines gleichschenkligen Dreiecks zu ermitteln, dessen Umfang 36, dessen Höhe 12 m lang ist.

5. Wie groß sind Umfang und Inhalt eines regelmäßigen Fünfecks, dessen Diagonale 100 mm lang ist?

6. Wie groß ist der Inhalt eines regelmäßigen Neunecks von 1 m Umfang?

7. Welche Winkel hat ein Rhombus von 20 m Umfang und 24 m² Inhalt?

8. Jemand behauptet, den Winkel α an der Spitze eines gleichschenkligen Dreiecks dadurch in drei gleiche Teile teilen zu können, daß er die Basis in drei gleiche Teile teilt und

die Teilpunkte mit der Spitze verbindet. Wie groß sind indessen die entstehenden Winkelteile, wenn α 30^0, 60^0, 90^0 bzw. 120^0 ist?

9. Wie groß ist der Inhalt eines Kreises, der einem Kreissektor von $r = 10$ cm Radius und $\alpha = 45^0$ Zentriwinkel einbeschrieben ist?

10. Welchen Winkel bilden die beiden äußeren Tangenten von zwei sich berührenden Kreisen mit den Radien 9 und 4 m?

11. Wie lang ist ein Treibriemen, der zwei Scheiben von 58 und 20 cm Durchmesser umschlingt, deren Zentra 1,81 m voneinander entfernt sind?

12. Wie groß ist die Entfernung des Mondes von der Erde, wenn die Parallaxe des Mondes zu $57'$ und der Erdhalbmesser zu 6370 km angenommen wird?

13. Wie weit ist ein Schiff von einem 50 m hohen Leuchtturm entfernt, dessen Höhenwinkel auf dem Schiffe $50'$ beträgt?

14. In welche Entfernung vom Auge muß eine kreisrunde Scheibe von 20 cm Durchmesser gehalten werden, damit sie den Mond, dessen scheinbarer Durchmesser $30'$ beträgt, gerade verdeckt?

15. Wie hoch ist ein Turm, wenn die Höhenwinkel seiner Spitze in den Endpunkten einer 50 m langen Standlinie, deren Verlängerung durch den Turmfuß läuft, $\alpha = 61^0\ 3{,}4'$, $\beta = 36^0\ 59{,}5'$ sind?

16. Wie breit ist ein Fluß, dessen Uferränder von einem $h = 14{,}2$ m hochgelegenen Fenster eines Hauses unter den Senkungswinkeln $\alpha = 30^0\ 53'$, $\beta = 4^0\ 12'$ erscheinen?

17. Wie hoch ist ein Berg, wenn Fuß und Spitze eines auf dem Berggipfel stehenden 30 m hohen Turmes von einem Talpunkte aus unter den Höhenwinkeln $\alpha = 45^0\ 34{,}9'$, $\beta = 44^0\ 26{,}1'$ erscheinen?

18. Um die Breite eines Stromes zu ermitteln, mißt man in einem Uferpunkte den Höhenwinkel eines am gegenüberliegenden Ufer sich erhebenden Turmes zu $\alpha = 14^0\ 5'$ und an

einer senkrecht zur Uferlinie 50 m weiter landeinwärts gelegenen Stelle den Höhenwinkel desselben Turmes zu $\beta = 11^0 20'$. Wie breit ist der Fluß?

19. Wie hoch schwebt eine Wolke über der Erde, wenn auf der Spitze einer 100 m über einem See aufragenden Klippe ihr Höhenwinkel zu $\alpha = 50^0 5'$ und der Tiefenwinkel ihres Spiegelbildes im See zu $\beta = 52^0 22'$ gemessen wird?

20. Wie hoch schwebt ein kugelförmiger Ballon über der Erde, wenn der Höhenwinkel seines oberen Randes zu $\alpha = 31^0 12'$, der seines unteren Randes zu $\beta = 30^0 57'$ gemessen wird und der Durchmesser des Ballons 12 m beträgt?

21. Wie hoch ist ein Turm, wenn seine Höhenwinkel in zwei 75 bzw. 48 m von ihm entfernten, in seiner Basisebene gelegenen Punkten komplementär sind?

22. Wie groß ist die geographische Breite von Wiesbaden, wenn die Sonne hier am längsten Tage mittags von einer 2 m langen Stange einen 1 m langen Schatten wirft?

23. Ein auf einer horizontalen Ebene sich erhebender Berg soll durchtunnelt werden. Auf der Bergspitze mißt man die Senkungswinkel α, α', β von drei in einer Geraden, der späteren Bahnlinie liegenden Punkten A, A', B, von denen A und A' vor, B hinter dem Berge liegen. Wie lang ist der Tunnel, wenn es von A bzw. A' bis zur vorderen Tunnelöffnung a bzw. a', von B bis zur hinteren Tunnelöffnung b m sind? $\alpha = 10^0\ 1{,}2'$, $\alpha' = 11^0\ 19{,}1'$, $\beta = 13^0\ 2{,}0'$; $a = 500$, $a' = 300$, $b = 400$ m.

24. Wie lang ist ein Brückenbogen von 20 m Spannweite und 5 m Pfeilhöhe?

25. Welche Krümmung hat eine Eisenbahnkurve, die die Bahnlinie aus ostnordöstlicher Richtung in östliche Richtung überführt, wenn die Kurvensehne 190 m lang ist?

II. Schiefwinklige Dreiecke.

26. Ein Leuchtturm wird von einem Schiff aus *NNO* gepeilt[1]), und nachdem das Schiff *ONO* 7 sm[2]) weitergesegelt ist, nochmals, und zwar *NW*, gepeilt. Wie weit ist das Schiff an dem zweiten Beobachtungsorte von dem Leuchtturm entfernt?

27. Ein Schiff peilt eine Bake *N* 13^0 *O*, einen Leuchtturm *N* 37^0 *W*. In welchen Abständen von den beiden Landmarken steht das Schiff, wenn die Bake 5,6 sm *ONO* vom Leuchtturm entfernt liegt?

28. Ein Schiff segelt *OzN* mit 8,5 Knoten[3]) Geschwindigkeit. Es gelangt in eine Meeresströmung, die mit 2,1 Knoten *SSO* setzt. Welches ist der wahre Kurs und welches die wahre Geschwindigkeit des Schiffes?

29. Wie hoch ist ein Berg, auf dessen Spitze zwei in gleicher Höhe gelegene $e = 400$ m voneinander entfernte Talpunkte unter den Senkungswinkeln $\alpha = 38^0\,40'$, $\beta = 33^0\,40'$ in den Peilungen *N* $32^0\,34'$ *O*, *N* $104^0\,24'$ *O* erscheinen?

30. Ein Schiff peilt einen Leuchtturm *NNW*, segelt dann $a = 6{,}3$ sm *OzN* und peilt nun einen Kirchturm *NOzN*. Wie weit ist das Schiff an den beiden Beobachtungsorten von den beiden Landmarken entfernt, wenn der Kirchturm $b = 10{,}1$ sm *OzS* vom Leuchtturm steht?

21. Man peilt die Spitze eines Berges in dem einen Endpunkte einer horizontalen $e = 405$ m langen Standlinie *N* $46^0\,13'$ *O* unter dem Höhenwinkel $\alpha = 63^0\,29{,}6'$, in dem andern Endpunkte *N* $22^0\,3'$ *W* unter dem Höhenwinkel $\beta = 45^0\,1{,}2'$. Wie hoch ist der Berg?

32. Auf einem Berghange mit $p = 24{,}9\,\%$ Steigung schreitet man $d = 50$ m auf einen Turm zu, der auf dem Berge steht, und mißt am Anfange und Ende der abgeschrittenen Strecke

---

[1]) Peilen heißt die Richtung feststellen, in der ein Gegenstand vom Beobachter aus liegt.

[2]) sm bedeutet Seemeile; 1 sm = 1852 m.

[3]) Knoten heißt »Seemeilen pro Stunde«.

die Höhenwinkel der Turmspitze zu $\alpha = 21^\circ 54'$, $\beta = 24^\circ 14'$. Wie hoch ist der Turm?

33. Wie lang sind die Seiten eines Dreiecks, von dem der Inhalt J und die Winkel α, β, γ bekannt sind? Beispiel: $J = 100$, $\alpha = 49^\circ 41{,}2'$, $\beta = 70^\circ 0{,}1'$, $\gamma = 60^\circ 18{,}7'$.

34. Wie groß sind die Winkel eines Dreiecks, dessen Höhen 42, 39 und 36,4 cm sind?

35. Unter welchem Winkel schneiden sich zwei Kreise von den Halbmessern $r = 4$, $\rho = 3$ und der Zentrale $c = 6$?

36. Wie lang ist die gemeinsame Sehne zweier Kreise mit den Radien $r = 12$, $\rho = 10$ und der Zentrale $c = 11$?

37. Inhalt und Winkel eines Parallelogramms zu berechnen, von dem die Seiten und eine Diagonale bekannt sind.

38. Wie groß sind die Winkel eines Trapezes, dessen Seiten 100, 10, 96, 9 m lang sind?

39. Wie groß ist der Inhalt eines gleichschenkligen Trapezes, dessen parallele Seiten $a = 30$, $b = 20$ m lang sind, dessen nicht parallele Seiten den Neigungswinkel $\gamma = 25^\circ 14' 23''$ miteinander bilden?

40. Wie groß sind die Winkel eines Sehnenvierecks mit den Seiten $a = 1$, $b = 2$, $c = 3$, $d = 4$ m?

41. Seiten und Inhalt eines Dreiecks zu berechnen, von dem der Inkreisradius ρ und zwei Winkel α und β bekannt sind. $\rho = 4$, $\alpha = 67^\circ 22' 48{,}5''$, $\beta = 53^\circ 7' 48{,}5''$.

42. Wie groß sind die Winkel eines Dreiecks, von dem sich zwei Seiten wie $3 : 2$ und deren Gegenwinkel $2 : 1$ verhalten?

43. Seiten und Winkel eines Dreiecks zu berechnen, von dem die zur Grundlinie gehörigen drei Haupttransversalen $h = 24$, $w = 25$, $m = 26$ gegeben sind.

44. Den Inhalt eines Vierecks zu ermitteln, von dem die Diagonalen e und f und ihr Zwischenwinkel ε bekannt sind.

45. Die Seiten eines Dreiecks sind $a = 51$, $b = 52$, $c = 53$ m; wie groß ist der Inhalt des Dreiecks der Höhenfußpunkte?

46. Wie lang sind die Winkelhalbierer eines Dreiecks, von dem zwei Seiten $a = 28$, $b = 26$ und der Zwischenwinkel $\gamma = 67^{0}\,22'\,48{,}5''$ bekannt sind?

47. Von einem Viereck sind bekannt eine Diagonale e und die vier Teile β_1, β_2; δ_1, δ_2, in die die andere Diagonale f die beiden Viereckswinkel zerlegt, deren Scheitel sie verbindet. Wie groß ist f?

48. Die Radien der zu einem Dreieck gehörigen Kreise — Umkreis, Inkreis, Ankreise — durch die Seiten und Winkel des Dreiecks auszudrücken.

49. Welche Winkel bilden drei in einem Punkte angreifende Kräfte von 13, 14, 15 kg* miteinander, die sich das Gleichgewicht halten?

50. Welches ist der größte Winkel des Dreiecks mit den Seiten $3\,m^2 + 2\,m\,n$, $2\,m\,n + n^2$, $3\,m^2 + 3\,m\,n + n^2$?

51. Um die Meereshöhe H einer Bergspitze S zu ermitteln, mißt man in einem $h\,m$ über dem Meere gelegenen Punkte O die Höhenwinkel E und ε des Punktes S und eines von O $e\,m$ entfernten zugänglichen Hilfspunktes s, sowie in O die Horizontalprojektion ω des Winkels $S\,O\,s$, in s die Horizontalprojektion σ des Winkels $S\,s\,O$. Wie hoch ist der Berg?

Beispiel: $e = 360$, $E = 40^{0}\,2'$, $\varepsilon = 2^{0}\,33'$, $\omega = 54^{0}\,54'$, $\sigma = 114^{0}\,37'$, $h = 354$.

52. Beim Bau einer Eisenbahn sind zwei Bergvorsprünge A und B, zwischen denen ein Tal liegt, durch einen Viadukt zu verbinden. Man kennt die wirklichen Höhen a und b von A und B über dem Talpunkte O, die in O gemessenen Höhenwinkel α und β von A und B und die Horizontalprojektion γ des Winkels $A\,O\,B$. Wie lang wird die über den Viadukt führende Bahnstrecke, und welche Steigung erhält sie?

Beispiel: $a = 66{,}09$ m, $b = 58{,}15$ m, $\alpha = 10^{0}\,33{,}9'$, $\beta = 8^{0}\,20{,}3'$, $\gamma = 49^{0}\,27{,}4'$.

53. Eine Bake B liegt 5,1 sm SW, ein Leuchtturm L 7,3 sm O von einer Kirche K. Ein südlich[1]) stehendes Schiff mißt die scheinbaren Größen der Strecken KB und KL zu 25° bzw. 46°. Wie weit ist das Schiff von den drei Landmarken entfernt?

54. Um die Entfernung x von zwei unzugänglichen Punkten X und Y einer horizontalen Ebene zu bestimmen, mißt man eine zugängliche Standlinie $AB = e = 300$ m und peilt in A die Punkte B, Y, X; in B die Punkte A, X, Y der Reihe nach $N\,80^0\,O$, $N\,60^0\,O$, $N\,5^0\,W$; $N\,100^0\,W$, $N\,W$, $N\,z\,O$. Wie groß ist x?

55. Am 23. Februar 1752 beobachtete Lalande in Berlin bei der Kulmination des Mondes den Zenitabstand seines unteren Randes $z = 32^0\,4'\,48''$ und Lacaille am Kap der guten Hoffnung den Zenitabstand des für ihn oberen (also desselben) Randes $z' = 55^0\,42'\,48''$. Wie groß ist die in Erdradien ausgedrückte Entfernung des Mondes von der Erde, wenn die Breite des ersten Beobachtungsortes $\varphi = 52^0\,31'\,13''$, die des zweiten $\varphi' = 33^0\,56'\,3''$ ist, und wenn man annehmen darf, daß beide Beobachtungsorte auf demselben Meridian liegen?

56. Wie groß ist die Entfernung der Sonne von der Erde, wenn man die Horizontal-Parallaxe der Sonne (d. h. den Winkel, den eine von der Sonne an die Erdkugel gezogene Tangente mit der Zentrale der beiden Himmelskörper bildet) zu 8,8″ annimmt?

57. Wie weit ist ein Schiff von einem 50 m hohen Leuchtturm entfernt, wenn die Spitze des Leuchtturms vom 20 m hohen Mastkorb aus am Horizont auftaucht?

58. Nach einer chinesischen Beobachtung vom Jahre 1100 v. Chr. soll ein achtfüßiger Obelisk im jetzigen Honan zur Zeit der Sommersonnenwende einen Schatten von $1\frac{1}{2}$ Fuß, zur Zeit der Wintersonnenwende einen solchen von 13 Fuß ergeben haben. Wie groß war demnach damals die Schiefe der Ekliptik? (Strahlenbrechung im ersten Falle 11″, im zweiten 1′ 34″; Sonnenhalbmesser: 15′ 46″ bzw. 16′ 17″).

---

[1]) Das Wort »südlich« dient hier nur zur rohen Orientierung.

59. Ein Dreieck zu berechnen, von dem die Grundlinie $a = 12$, ihr Gegenwinkel $\alpha = 43^0$ und die zugehörige Höhe $h = 10$ ist.

60. Ein Dreieck zu berechnen, von dem ein Winkel $\alpha = 42^0$, die Gegenseite $a = 12$ und der zugehörige Seitenhalbierer $m = 13$ ist.

61. Ein Dreieck zu berechnen, von dem ein Winkel α und die Stücke u und v bekannt sind, in die sein Halbierer die Gegenseite teilt. $\alpha = 50^0$, $u = 2$, $v = 3$.

62. Zu zeigen, daß sich in jedem Dreieck die Abschnitte. in die Höhe zur Seite c durch den Höhenschnittpunkt zerfällt, wie $\cos\gamma : \cos\alpha \cos\beta$ verhalten.

63. Aus den Inhalten A und B des einem Kreise um- und einbeschriebenen regelmäßigen n-Ecks den Inhalt des regelmäßigen einbeschriebenen $2n$-Ecks zu berechnen.

64. Aus den Umfängen a und b des einem Kreise um- und einbeschriebenen regelmäßigen n-Ecks den Umfang des regelmäßigen Umecks von doppelter Seitenzahl zu bestimmen.

65. Wie groß ist der Inhalt des einem Viereck mit den Diagonalen e und f und dem Inhalt J umbeschriebenen Quadrats?

66. Wie groß ist der Umfang des Höhenfußpunktdreiecks eines Dreiecks mit gegebenem Inhalt I und Umkreisdurchmesser d?

67. Die Abstände x, y, z des Höhenschnittpunkts eines Dreiecks mit den Seiten a, b, c von den Ecken des Dreiecks befriedigen die Beziehung

$$\frac{a}{x} \cdot \frac{b}{y} \cdot \frac{c}{z} = \frac{a}{x} + \frac{b}{y} + \frac{c}{z}.$$

68. Die Abstände x, y, z des Umkreiszentrums eines Dreiecks mit den Seiten a, b, c von den Seiten des Dreiecks befriedigen die Beziehung

$$\frac{a}{x} \cdot \frac{b}{y} \cdot \frac{c}{z} = 4\left(\frac{a}{x} + \frac{b}{y} + \frac{c}{z}\right).$$

69. Den Winkel zu ermitteln, dessen Schenkel gegen den Horizont die Neigungen α und β haben und dessen Horizontalprojektion p ist.

70. Welchen Winkel bildet die Ebene eines Dreiecks mit dem Horizont, wenn die vom tiefsten Eckpunkte des Dreiecks ausgehenden Dreiecksseiten miteinander den Winkel γ, mit dem Horizonte die Winkel α und β bilden?

71. Drei aufeinanderfolgende Strecken $a = 4$, $b = 3$, $c = 5$ einer Geraden erscheinen in einem Außenpunkte gleich groß. Wo liegt dieser Außenpunkt, und welches ist jene scheinbare Größe?

72. Von zwei je mit 20 Knoten Geschwindigkeit fahrenden Schiffen steuert das eine westlich, das andere südsüdwestlich. In dem Augenblicke, wo das erste schon den Schnittpunkt der beiden Kurslinien passiert, ist das andere noch 1 sm entfernt. Wann kommen sich die Schiffe am nächsten, und wie groß ist diese kürzeste Entfernung?

73. Welche Beziehung besteht zwischen Kolbenweg x und Kurbelwinkel ϑ einer Dampfmaschine, wenn l die Länge der Schubstange und r der Kurbelradius ist?

74. Eine $G = 50$ kg schwere Kugel ruht auf zwei schiefen Ebenen mit den Winkeln $\alpha = 45^0$, $\beta = 30^0$; welches sind die Drucke, die die Ebenen von der Kugel erfahren?

75. Zwei gleichschwere 20 cm dicke Kugeln hängen an zwei je 60 cm langen Fäden und tragen eine dritte halb so schwere und nur halb so dicke Kugel. Welche Neigung bilden die Fäden mit der Vertikalen?

76. Welche Ablenkung erfährt ein Lichtstrahl, der unter dem Winkel 45^0 auf ein Prisma mit dem brechenden Winkel 30^0 fällt, beim Durchgange durch das Prisma, wenn der Brechungsquotient 1,5 ist?

77. Welche Gesamtablenkuug erfährt ein Lichtstrahl nach zweimaliger Brechung und Reflexion in einem Regentropfen, wenn der Brechungsquotient 1,67 ist?

Aufgaben analytischen Charakters.

Metrische Beziehungen im Dreieck.

78. $s = 4r \cos\frac{\alpha}{2} \cos\frac{\beta}{2} \cos\frac{\gamma}{2}$. 79. $s - a = 4r \sin\frac{\beta}{2} \sin\frac{\gamma}{2} \cos\frac{\alpha}{2}$.

80. $\rho = 4r \sin\frac{\alpha}{2} \sin\frac{\beta}{2} \sin\frac{\gamma}{2}$. 81. $\rho_a = 4r \cos\frac{\beta}{2} \cos\frac{\gamma}{2} \sin\frac{\alpha}{2}$.

82. $2r + 2\rho = a \cot\alpha + b \cot\beta + c \cot\gamma$.

83. $\rho_a + \rho_b + \rho_c = \rho + 4r$. 84. $\rho_b \rho_c + \rho_c \rho_a + \rho_a \rho_b = s^2$.

85. $\frac{1}{\rho_a} + \frac{1}{\rho_b} + \frac{1}{\rho_c} = \frac{1}{\rho}$. 86. $\rho_a \rho_b \rho_c = J^2 : \rho$.

87. $s^2 + \rho^2 + 4r\rho = bc + ca + ab$.

Goniometrische Formeln.

88. $\sin(\alpha + \beta) \sin(\alpha - \beta) = \sin^2\alpha - \sin^2\beta$.

89. $\cos(\alpha + \beta) \cos(\alpha - \beta) = \cos^2\alpha + \cos^2\beta - 1$.

90. Für Dreieckswinkel α, β, γ ist

$$\cos\alpha + \cos\beta + \cos\gamma = 1 + 4 \sin\frac{\alpha}{2} \sin\frac{\beta}{2} \sin\frac{\gamma}{2},$$

91. $\cot\frac{\alpha}{2} + \cot\frac{\beta}{2} + \cot\frac{\gamma}{2} = \cot\frac{\alpha}{2} \cdot \cot\frac{\beta}{2} \cdot \cot\frac{\gamma}{2}$,

92. $\operatorname{tg}\frac{\beta}{2} \operatorname{tg}\frac{\gamma}{2} + \operatorname{tg}\frac{\gamma}{2} \operatorname{tg}\frac{\alpha}{2} + \operatorname{tg}\frac{\alpha}{2} \operatorname{tg}\frac{\beta}{2} = 1$,

93. $\cos\frac{\alpha}{2} + \cos\frac{\beta}{2} + \cos\frac{\gamma}{2} = 4 \cos\frac{\beta + \gamma}{4} \cos\frac{\gamma + \alpha}{4} \cos\frac{\alpha + \beta}{4}$.

Für Viereckswinkel α, β, γ, δ, ist

94. $\cos\alpha + \cos\beta + \cos\gamma + \cos\delta = 4 \cos\frac{\beta + \gamma}{2} \cos\frac{\gamma + \alpha}{2} \cos\frac{\alpha + \beta}{2}$.

95. $\sin\alpha + \sin\beta + \sin\gamma + \sin\delta = 4 \sin\frac{\beta + \gamma}{2} \sin\frac{\gamma + \alpha}{2} \sin\frac{\alpha + \beta}{2}$.

Elimination.

Den Winkel x aus den beiden Gleichungen

96. $a \cos x + b \sin x = c$, $a \cos 2x + b \sin 2x = d$

zu eliminieren.

Welche Beziehung besteht zwischen den beiden Größen

97. $x = \sec\varphi - \cos\varphi$, $y = \csc\varphi - \sin\varphi$?

98. $x = \sec\varphi + \operatorname{tg}\varphi$, $y = \sec\varphi - \operatorname{tg}\varphi$?

99. $x = \sec\varphi + \cos\varphi$, $y = \csc\varphi + \sin\varphi$?

Man eliminiere x und y aus den drei Gleichungen

100. $\cos x + \cos y = a$, $\sin x + \sin y = b$, $x - y = c$,

Ebenso aus den Gleichungen

101. $\operatorname{tg} x + \operatorname{tg} y = a$, $\cot x + \cot y = b$, $x + y = c$.

Ausdrücke, die ohne Zuhilfenahme trigonometrischer Tafeln zu berechnen sind.

102. $\operatorname{tg} 75^0$. 103. $\operatorname{tg} 7{,}5^0$.

104. $\sin 59^0 + \sin 1^0 - \sin 61^0$.

105. $\cos 35^0 + \cos 85^0 + \cos 155^0$.

106. $\cos^2 66^0 + \cos^2 6^0$.

107. $\sin^2 36^0 \cos^2 18^0 - \cos 36^0 \sin 18^0$.

108. $\cos\frac{\pi}{13} + \cos\frac{3\pi}{13} + \cos\frac{9\pi}{13}$. 109. $\cos\frac{5\pi}{13} + \cos\frac{7\pi}{13} + \cos\frac{11\pi}{13}$.

110. $\operatorname{tg}\frac{3\pi}{11} + 4\sin\frac{2\pi}{11}$.

111. $\frac{1}{4}\operatorname{tg}\frac{\pi}{4} + \frac{1}{8}\operatorname{tg}\frac{\pi}{8} + \frac{1}{16}\operatorname{tg}\frac{\pi}{16} - \frac{1}{16}\cot\frac{\pi}{16}$.

112. $\operatorname{at}\frac{1}{2} - \operatorname{at}\frac{1}{3} - \operatorname{at}\frac{1}{7}$. 113. $\operatorname{at}\frac{1}{3} + \operatorname{at}\frac{1}{5} + \operatorname{at}\frac{1}{7} + \operatorname{at}\frac{1}{8}$.

Bestimmungsgleichungen.

114. $4\sin x + 7\cos x = 8$. 115. $\sin x + \cos x = \sin\alpha + \cos\alpha$.

116. $\sin x + \sin 3x = 0{,}5$. 117. $\sin x \cdot \sin 3x = 0{,}5$.

118. $\cos x + \cos 2x = \cos 3x$. 119. $\operatorname{tg} x + \operatorname{tg} 2x = \operatorname{tg} 3x$.

120. $\cos 3x + \cos 7x = \cos 2x + \cos 8x$.

121. $\cos 3x \cdot \cos 7x = \cos 2x \cdot \cos 8x$.

122. $\operatorname{tg}^3 x - \cot^3 x = a^3 + 3a$. 123. $\cos x + \cos 2x + \cos 4x = 0$.

124. $\operatorname{tg} x + \operatorname{tg} 2x + \operatorname{tg} 4x = 0$. 125. $\sin x + \cos x + \operatorname{tg} x = \cot x$.

126. $\sin x + \sin 2x + \sin 3x + \sin 4x = 0$.

127. $\operatorname{tg} x + \operatorname{tg} 2x + \operatorname{tg} 3x + \operatorname{tg} 4x = 0$.

128. $\operatorname{tg} x + 2 \operatorname{tg} 2x + 4 \operatorname{tg} 4x + 8 \cot 8x = m$.

129. $\cos 8x + 28 \cos 4x = 64(\cos^8 \alpha + \sin^8 \alpha) - 35$.

130. $\cos x = x$.

131. $1000 \sin x = 999 x$,

132. $\operatorname{as} x + \operatorname{as} \sqrt{3}\, x = \pi : 2$.

133. $\operatorname{at} x + \operatorname{at} 3x = \pi : 4$.

Ungleichungen.

134. Die Wurzel der Gleichung $\cos x = x$ liegt unterhalb $\pi/4$.

135. Für jeden von 45^0 verschiedenen spitzen Winkel x ist
$$\cot x > 1 + \cot 2x.$$

136. Für jeden spitzen Winkel x ist $\sqrt{\cos x} < \cos \frac{x}{\sqrt{2}}$.

137. Die Funktion $\operatorname{tg} x : x$ wächst im Intervall $\left[0, \frac{\pi}{2}\right]$.

138. Im ersten Quadranten ist $x - \sin x > \frac{1}{7} x^3$.

139. Im ersten Quadranten ist $\cos x < (10 - 4x^2) : (10 + x^2)$

140. Die Funktion $\frac{1}{\sin x} - \frac{1}{x}$ wächst im ersten Quadranten.

141. Sind α und β die Bogen AH und HK des Kreisquadranten AB, so ist $\alpha + \frac{\alpha^2}{\beta} < a + \frac{a^2}{b}$, wo a und b die Projektionen von α und β auf den zum Punkte B führenden Quadrantenradius bedeuten.

142. Für reelle Winkel φ und ψ ist $|e^{i\varphi} - e^{i\psi}| < |\varphi - \psi|$.

143. Die Summe der drei spitzen Winkel α, β, γ übertrifft 90^0, falls $\sin^2 \alpha + \sin^2 \beta + \sin^2 \gamma = 1$ ist.

144. Zu zeigen, daß das Dreieck, dessen Ecken die Schnittpunkte der Winkelhalbierer eines vorgelegten Dreiecks mit dem Umkreis dieses Dreiecks sind, im allgemeinen größer als das vorgelegte Dreieck ist.

Extreme.

145. In welchem Dreieck ist $\cos\frac{\alpha}{2}\cdot\cos\frac{\beta}{2}\cdot\cos\frac{\gamma}{2}$ am größten?

146. In welchem Dreieck ist $\sin\frac{\alpha}{2}\cdot\sin\frac{\beta}{2}\cdot\sin\frac{\gamma}{2}$ am größten?

147. In welchem Dreieck wird $\sin^2\frac{\alpha}{2}+\sin^2\frac{\beta}{2}+\sin^2\frac{\gamma}{2}$ ein Minimum?

148. An welcher Stelle erreicht die Funktion $2\sin x - \sin 2x$ ihren größten Wert?

149. Für welche spitzen Winkel x, y, z der Summe 90^0 wird der Ausdruck $\sin^2 x+\sin^2 y+\sin^2 z$ am kleinsten?

150. Welches ist der kleinste Wert, den die Summe $\operatorname{tg}^2 x + \operatorname{tg}^2 y + \operatorname{tg}^2 z$ unter der Bedingung $x+y+z=90^0$ annehmen kann?

151. Für welche Dreieckswinkel α, β, γ erreicht der Ausdruck $\cot^2\alpha+\cot^2\beta+\cot^2\gamma$ ein Minimum?

Reihen und Produkte.

152. $\frac{1}{3}+\frac{1}{35}+\frac{1}{99}+\frac{1}{195}+\frac{1}{323}+\cdots$.

153. $\frac{1}{4}\operatorname{tg}\frac{\pi}{4}+\frac{1}{8}\operatorname{tg}\frac{\pi}{8}+\frac{1}{16}\operatorname{tg}\frac{\pi}{16}+\frac{1}{32}\operatorname{tg}\frac{\pi}{32}+\cdots$.

154. $\operatorname{tg}\alpha+\frac{1}{2}\operatorname{tg}\frac{\alpha}{2}+\frac{1}{4}\operatorname{tg}\frac{\alpha}{4}+\frac{1}{8}\operatorname{tg}\frac{\alpha}{8}+\cdots$.

155. $\operatorname{tg}\alpha+2\operatorname{tg}2\alpha+4\operatorname{tg}4\alpha+8\operatorname{tg}8\alpha+\cdots+2^n\operatorname{tg}2^n\alpha$.

156. $\operatorname{cosec}\alpha+\operatorname{cosec}2\alpha+\operatorname{cosec}4\alpha+\cdots+\operatorname{cosec}2^n\alpha$.

157. $\frac{1^2}{2!}+\frac{2^2}{3!}+\frac{3^2}{4!}+\frac{4^2}{5!}+\cdots$.

158. Für welche x-Werte konvergieren bzw. divergieren die Reihen $\sum_1^\infty\frac{\cos^2 nx}{n}$ und $\sum_1^\infty\frac{\sin^2 nx}{n}$?

159. $\sum_{-\infty}^{+\infty}\frac{1}{n^2+\alpha^2}$. 160. $\sum_{-\infty}^{+\infty}\frac{1}{n^3+\alpha^3}$. 161. $\sum_{-\infty}^{+\infty}\frac{1}{n^4+\alpha^4}$.

162. $\sin^3 x$ in eine Potenzreihe zu entwickeln.

163. Dgl. $\operatorname{as}^2 x$.

164. $\prod_2^\infty\frac{n^3-1}{n^3+1}$. 165. $\prod_2^\infty\frac{n^2-1}{n^2+1}$.

Sphärische Trigonometrie.

I. Reine Geometrie.

166. Die Winkel eines Rechtwinkeldreiecks zu berechnen, von dem die Hypotenuse ($c = 60^0$) und die Kathetensumme ($a + b = 70^0$) bekannt sind.

167. Welche Beziehung besteht im Rechtwinkeldreieck zwischen der Hypotenusenhöhe h und den Abschnitten p und q, in welche sie die Hypotenuse zerlegt?

168. Welche Gestalt hat der euklidische Satz vom Kathetenquadrat im rechtwinkligen Kugeldreieck?

169. Im Rechtwinkeldreieck befriedigt der Hypotenusenhalbierer m die Beziehung

$$\sin^2 m = (\sin^2 a + \sin^2 b) : 4 \cos^2 \frac{c}{2} .$$

170. Welche Beziehung besteht im Rechtwinkeldreieck zwischen den Katheten a und b und der Hypotenusenhöhe h?

171. Zwischen welchen Schranken liegt im Rechtwinkeldreieck die Summe der beiden Kathetengegenwinkel?

172. Ist die Seite c eines Kugeldreiecks mit den Seiten a, b, c ein Rechter, so gilt für ihre Höhe h die Relation

$$\cos^2 h = \cos^2 a + \cos^2 b.$$

173. Wie groß sind Um- und Inkreisradius des regulären Dreiecks von 100^0 Seite?

174. Die Winkel eines Dreiecks zu berechnen, von dem zwei Seiten ($a = 30^{0}$, $b = 28^{0}$) und der Umkreisradius ($r = 17^{0}$) gegeben sind.

175. Die Seiten eines Dreiecks zu berechnen, von dem zwei Winkel ($\alpha = 59^{0}$, $\beta = 67^{0}$) und der Inkreisradius ($\rho = 15^{0}$) gegeben sind.

176. Wie groß sind Seiten und Winkel eines Dreiecks, von dem ein Winkel ($\alpha = 120^{0}$) und die beiden Stücke ($u = 40^{0}$, $v = 60^{0}$) bekannt sind, in die der Halbierer des Winkels γ die Seite c zerlegt?

177. Die Winkel eines Dreiecks zu berechnen, von dem zwei Seiten ($a = 75^{0}$, $b = 50^{0}$) und der Halbierer ($m = 60^{0}$) der dritten Seite gegeben sind.

178. Welchen Bruchteil der Kugeloberfläche bildet das gleichseitige Dreieck mit der Seite 100^{0}?

179. Seiten und Winkel eines regulären Dreiecks zu bestimmen, das den dritten Teil der Kugelfläche bedeckt.

180. Welchen Bruchteil der Kugelfläche bedeckt das reguläre Dreieck, in dem der Seitenhalbierer zur Seitenhälfte komplementär ist.?

181. Welchen Bruchteil der Kugelfläche bedeckt ein einem Kugelkreise vom Radius 45^{0} einbeschriebenes reguläres Dreieck?

182. Welchen Wert hat im regulären Dreieck das Verhältnis der Tangenten des Um- und Inkreishalbmessers?

183. Welche Form hat ein Kugeldreieck, in welchem $\operatorname{tg} r = 2 \operatorname{tg} \rho$ ist?

184. Welchen Bruchteil der Kugelfläche bedeckt das reguläre sphärische Viereck mit dem Winkel 108^{0}?

185. Seiten und Winkel eines regulären Fünfecks zu ermitteln, dessen Inhalt einen Kugeloktant ausmacht.

186. Zwischen welchen Schranken liegen Seiten und Winkel des regulären Kugeldreiecks?

187. Wie groß sind die Halbmesser von drei gleichen Kreisen, die einander und die Seiten eines gleichseitigen Dreiecks mit dem Winkel 120^0 berühren?

188. Ist ABC ein reguläres Dreieck, O bzw. r das Zentrum bzw. der Radius seines Umkreises, P ein beliebiger Kugelflächenpunkt, so ist

$$\cos AP + \cos BP + \cos CP = 3 \cos r \cos OP.$$

189. Zu zeigen, daß der Satz vom Außenwinkel der ebenen Geometrie auch für spitzwinklige Kugeldreiecke gilt.

190 Wie groß ist der Halbierer einer Seite eines Kugeldreiecks, wenn die andern beiden Seiten supplementär sind?

191. Wie groß ist die Summe zweier Winkel eines Kugeldreiecks, deren Gegenseiten supplementär sind?

192. Ist die Summe zweier Seiten eines Kugeldreiecks kleiner als 180^0, so liegt auch die Summe ihrer Gegenwinkel unterhalb 180^0.

193. Ist ein Winkel eines Kugeldreiecks gleich der Summe der andern beiden Winkel, so ist seine Gegenseite doppelt so groß wie ihr Halbierer.

194. Im Kugeldreieck mit der Winkelsumme 360^0 gleicht die Summe der Seitencosinus der negativen Einheit.

195. Im Kugeldreieck mit der Winkelsumme 360^0 sind die Mittellinien Quadranten.

196. Zu zeigen, daß die Höhen eines Kugeldreiecks Winkelhalbierer des Höhenfußpunktdreiecks sind.

197. Die Cagnolische Formel

$$\sin a \sin b + \cos a \cos b \cos \gamma = \sin \alpha \sin \beta - \cos \alpha \cos \beta \cos c$$

zu beweisen.

198. Welche Relation besteht zwischen den drei Winkelhalbierern eines Kugeldreiecks mit den Seiten a, b, c und Winkeln α, β, γ?

199. Welche Relation zwischen den drei an die Ecken stoßenden Stücken dieser Winkelhalbierer?

200. Welche Beziehung besteht zwischen den sphärischen Loten x, y, z, die von einem beliebigen Punkte der Kugelfläche auf die Seiten des Kugeldreiecks gefällt werden?

201. Das Produkt aus den Cosinus der Exzeßhälfte und der Hälfte einer Seite gleicht dem Cosinus der Mittellinie der andern beiden Seiten.

202. Die Verbindungslinien der Ecken eines Kugeldreiecks mit den Polen der Gegenseiten laufen durch einen Punkt.

203. Im Kugelviereck mit den Seiten a, b, c, d und den Diagonalen e, f ist

$\cos a + \cos b + \cos c + \cos d = 4 \cos \frac{e}{2} \cos \frac{f}{2} \cos m$, wo m die sphärische Verbindungslinie der Diagonalenmitten bedeutet (Gudermann).

204. Im Kugelviereck mit orthogonalen Gegenseiten sind die Diagonalen orthogonal.

205. Im Kugelviereck gilt Gauß' Formel

$$\cos e \cos f = \cos a \cos c + \sin b \sin d \cos bd .$$

206. Sind zwei Diagonalen eines vollständigen sphärischen Vierecks Quadranten, so ist auch die dritte Diagonale ein Quadrant. (Joachimsthal).

207. Im Spat gleicht die Summe der Diagonalenquadrate der vierfachen Summe der Kantenquadrate.

208. Im Tetraeder hat der Quotient aus dem Produkt der Längen zweier Gegenkanten und dem Produkt der Sinus der an diesen Kanten liegenden Flächenwinkel für alle drei Gegenkantenpaare denselben Wert.

II. Anwendungen.

1. Terrestrische Aufgaben.

209. Wie groß ist die Entfernung von Köln bis Königsberg, wenn $\varphi = 50^0 56' 33''$ die Breite, $\lambda = 6^0 57' 46''$ die Länge von Köln, $\Phi = 54^0 42' 50''$ die Breite, $\Lambda = 20^0 30' 4''$ die Länge von Königsberg ist? (Vom Kölner Dom bis zur Königsberger Sternwarte.)

210. Dieselbe Aufgabe für die Entfernung Konstanz-Arkona.
Konstanz: ($\varphi = 47^0\,39'\,51''$, $\lambda = 9^0\,10'\,47''$),
Arkona: ($\varphi = 54^0\,40'\,54''$, $\lambda = 13^0\,26'\,12''$).

211. Wieviel Seemeilen hat ein auf einem Hauptkreise segelndes Schiff zurückgelegt, wenn der Anfangskurs *ONO*, der Endkurs *O* und die erreichte Breite 50^0 war?

212. Wo geht der nordöstlich durch Berlin ($\varphi = 52^0\,30'$) laufende Hauptkreis in östliche Richtung über?

213. Wie nahe kommt der durch Mainz ($\varphi = 49^0\,59{,}7'$, $\lambda = 8^0\,16{,}4'$) und Magdeburg ($\varphi = 52^0\,8.1'$, $\lambda = 11^0\,38{,}7'$) laufende Hauptkreis dem Nordpol?

214. Führen die den Äquator ostnordöstlich durchsetzenden Hauptkreise aus der heißen Zone heraus?

215. Welchen Anfangs- und welchen Endkurs muß ein Schiff halten, wenn es auf einem Hauptkreise von Kapstadt ($\varphi = 33^0\,56{,}1'$ *S*, $\lambda = 18^0\,28'$ *O*) nach Rio de Janeiro ($\varphi = 22^0\,54{,}4'$ *S*, $\lambda = 43^0\,10'$ *W*) segeln will?

216. An welcher Stelle und unter welchem Kurs durchschneidet ein Schiff den Äquator, das von St. Franzisko ($\varphi = 37^0\,48{,}5'$ *N*, $\lambda = 122^0\,29'$ *W*) auf dem Hauptkreise nach Valparaiso ($\varphi = 33^0\,2{,}2'$ *S*, $\lambda = 71^0\,39'$ *W*) fährt?

217. Wieviel sm erspart ein Schiff, das den Längenunterschied l zweier Häfen gleicher Breite φ nicht auf dem Breitenkreise, sondern auf dem Hauptkreise gutmacht?

218. Um wieviel Kilometer unterscheiden sich die beiden Wege von St. Franzisko nach einem in gleicher Breite gelegenen Orte ($\lambda = 141^0\,10'$ *O*) an der Ostküste Japans, von denen der eine dem Hauptkreise, der andere dem Breitenkreise folgt? (Erdradius = 6370 km.)

219. Zwei Punkte eines Breitenkreises, deren Längenunterschied 150^0 ausmacht, sind durch einen Hauptbogen verbunden, dessen nördlichster Punkt vom Pol ebenso weit entfernt ist wie vom Breitenkreise. Auf welcher Breite liegen die Punkte?

220. Wie lang ist der Äquator einer Merkatorkarte, auf welcher der Abstand zwischen 45^0 und 46^0 Nordbreite 1 cm beträgt?

221. Welche Form hat die Gleichung eines Globushauptkreises auf der Merkatorkarte?

2. Dreiecke an der Himmelskugel.

222. Wann geht die Sonne am längsten Tage in Konstanz und wann in Arkona auf? (Ohne Berücksichtigung der Strahlenbrechung. Breiten siehe Nr. 210.)

223. Wie groß ist die Morgenweite der Sonne am längsten Tage in Berlin? ($\varphi = 52^0 30'$).

224. Wie lange dauert der kürzeste Tag in Leipzig? ($\varphi = 51^0 20{,}1'$). Ohne und mit Berücksichtigung der Refraktion).

225. Auf welcher Breite dauert der längste Tag 16 Stunden? (Ohne und mit Berücksichtigung der Strahlenbrechung).

226. Auf welcher Breite geht die Sonne am längsten Tage im Nordosten auf?

227. Wie hoch steht die Sonne am kürzesten Tage vormittags 9 Uhr in München? ($\varphi = 48^0 8{,}8'$).

228. Wo steht die Sonne am längsten Tage vormittags 10 Uhr in Dresden? ($\varphi = 51^0 2{,}3'$).

229. Um wieviel weicht in Stuttgart ($\varphi = 48^0 46{,}6'$) am 21. März die Tagesdauer von 12 Stunden ab?

230. Auf welcher Breite steht die Sonne am längsten Tage vormittags 9 Uhr 45^0 hoch?

231. Auf welcher Breite steht die Sonne am längsten Tage vormittags 9 Uhr im Ostnordosten?

232. Welche Richtung hat in Hamburg eine Straße, die am längsten Tage vormittags 9 Uhr schattenlos ist? ($\varphi = 53^0 33{,}1'$).

233. Wie groß ist die Deklination der Sonne, wenn sie für einen Beobachter in Berlin südöstliches Azimut und 45^0 Höhe hat?

234. Wie lange dauert der Sonnenaufgang am kürzesten Tage in Leipzig? ($\varphi = 51^0 20{,}1'$, Sonnenhalbmesser $= 16{,}3'$, Strahlenbrechung $= 35'$).

235. Mit welchem Vertikal bildet der Deklinationsparallel der Sonne den kleinsten Winkel; und wie groß ist dieses Minimum am längsten Tage in Berlin?

236. Eine Stange von 5 m Länge wirft eines Mittags einen Schatten von 4,17 m Länge und an demselben Tage nachmittags 3 Uhr einen Schatten von 6,09 m Länge. Auf welchem Breitenkreise liegt der Beobachtungsort?

237. Wie groß sind Rektaszension und Deklination der Sonne am 1. Juli? (Bei der Lösung dieser Aufgabe werde angenommen, daß sich die Sonne in der Ekliptik gleichförmig bewegt, und zwar $59' 8''$ pro Tag).

238. An welchem Tage des Jahres ist die Sonnendeklination $11^0 43'$ N?

239. Wie hoch steht die Sonne in Wiesbaden ($\varphi = 50^0 5'$) am 10. Oktober vormittags 9 Uhr?

240. Wann geht die Sonne am 1. Januar in Frankfurt ($\varphi = 50^0 6{,}7'$) auf? (Mit Berücksichtigung der Refraktion.)

241. Welchen Fehler kann man höchstens begehen, wenn man für die Rektaszension der Sonne einfach ihre Länge nimmt?

242. Wie lange dauert die Polarnacht in Tromsö? ($\varphi = 69^0 40'$; täglicher Schritt der Sonne in der Ekliptik $= 59' 8''$.)

243. Wie lange dauert am 21. März der Durchgang der Sonne durch den Himmelsäquator?

244. Wie lange dauert in Leipzig am 15. Oktober die Dämmerung? (Die Dämmerung hört auf, wenn die Sonne 18^0 unter dem Horizont steht.

245. An welchem Tage ist die Dämmerungsdauer in Leipzig ($\varphi = 51^0 20{,}1'$) am kürzesten?

246. An welchem Erdorte steht die Sonne gerade im Zenit, wenn bei uns in der Sylvesternacht das neue Jahr eingeläutet wird? (Zeitgleichung $= 3^m 21^s$.)

247. Um wieviel Uhr und in welcher Höhe kulminiert die Wega ($A = 18^h 34^m 26^s$, $\delta = 38^0 42{,}9'$ N) am 1. Juli 1925 in Wiesbaden ($\varphi = 50^0 5'$, $\lambda = 8^0 14'$), wenn die Rektaszension

der mittleren Sonne im mittleren Greenwicher Mittage dieses Tages $A_0 = 6^h\,36^m\,5^s$ ist?

248. Wie groß kann das Azimut eines Zircumpolarsterns von 60^0 Deklination in 45^0 Nordbreite höchstens werden?

249. Wie lange bleibt ein Stern von der Deklination δ über dem Horizont eines Orts der Breite φ?

250. Welche Zeit verfließt zwischen den Durchgängen eines Fixsterns durch zwei gegen den Meridian eines Orts der Breite φ um das gleiche Azimut geneigten Vertikalen?

251. Auf welcher Breite gehen zwei Fixsterne gleichzeitig durch den Ostvertikal und gleichzeitig durch den Westhorizont?

252. Auf welcher Breite ist die Zeit zwischen den Durchgängen eines beliebigen Fixsterns durch Ostvertikal und Westhorizont eine von den Koordinaten des Sterns unabhängige Konstante?

253. Wann und wo ging der Sirius ($A = 6^h\,41^m\,42^s$, $\delta = 16^0\,36{,}6'$S) am 25. Dezember 1920 in Bremen ($\varphi = 53^0\,4{,}8'$, $\lambda = 8^0\,48{,}3'$) auf, wenn die Rektaszension der mittleren Sonne im mittleren Greenwicher Mittage dieses Tages $A_0 = 18^h\,14^m\,47^s$ war?

254. Wann ging die Venus am 16. März 1905 in Köln ($\varphi = 50^0\,56{,}6'$, $\lambda = 6^0\,57{,}8'$) unter? Das nautische Jahrbuch gibt für den 16. März 1905 folgende Daten. Koordinaten der Venus: $A = 2^h\,13^m\,48^s$ (stündliche Zunahme $= 5{,}8^s$), $\delta = 18^0\,36{,}7'$ N (stündliche Zunahme $0{,}78'$); $A_0 = 23^h\,33^m\,37^s$ (stündliche Zunahme $9{,}9^s$) alles bezogen auf den mittleren Greenwicher Mittag.

255. Ein auf der Berliner Sternwarte ($\varphi = 52^0\,30'\,17''$) beobachteter Fixstern, dessen Deklination $\delta = 52^0\,23'\,49''$ war, erreichte $4^h\,25^m\,47^s$ (Sternzeit) nach seiner Kulmination die am Theodoliten abgelesene Höhe 51^0. Wie groß war demnach die Strahlenbrechung für diese Höhe?

256. Am 5. Oktober 1878 Berliner M. O. Z. $7^h\,58{,}1^m$ waren die Äquatorialkoordinaten des Mondes $A = 20^h\,55^m\,24^s$, $\delta = 17^0\,23{,}7'$ S. Wie groß war in diesem Augenblicke Länge und Breite des Mondes, wenn die Eliptikschiefe den Wert $\varepsilon = 23^0\,27'\,18''$ hatte?

257. Um wieviel muß man die Verbindungslinie $\beta\alpha$ der beiden Hinterräder α und β des großen Himmelwagens verlängern, um zum Polarstern Q zu kommen?

Koordinaten der drei Sterne:

$$\alpha\ (A = 10^h\,57^m\,17{,}4^s,\quad \delta = 62^0\,18'\,48''),$$
$$\beta\ (A = 10^h\,55^m\,32{,}5^s,\quad \delta = 56^0\,56'\,28''),$$
$$Q\ (A = \ \ 1^h\,20^m\,16{,}2^s,\quad \delta = 88^0\,45'\,16{,}5'').$$

Die folgenden vier Aufgaben enthalten ebensoviele Methoden zur Bestimmung der geographischen Breite eines Ortes.

258. Methode von Rotmann (Kassel, 1600) auch Methode des größten Ost- und Weststandes genannt.

Um die Breite von Wiesbaden zu bestimmen, wurden die von einem gewissen Fixpunkte aus gezählten Azimute des Sternes α im großen Bären im Augenblicke seines weitesten Ost- und Weststandes zu $A_1 = 10^0\,3'$, $A_2 = 103^0\,26'$ gemessen. Wie groß ist hiernach die Breite von Wiesbaden, wenn die Deklination des Sternes im Augenblicke der Beobachtung $62^0\,9'\,54''$ *N* war?

Anmerkung. Die Methode ist nur bei Zirkumpolarsternen anwendbar.

259. Methode von Bessel, Methode der Sterndurchgänge durch den Ost-West-Vertikal. (Bessel, 1825.)

Um die Breite von Naumburg zu bestimmen, wurde der Durchgang der Wega ($\delta = 38^0\,43'$ *N*) durch den Ost-West-Vertikal beobachtet und die Zwischenzeit zu $6^h\,38^m\,18^s$ Sternzeit gemessen. Wie groß ist danach die Breite von Naumburg?

260. Methode des Regiomontanus (J. Müller aus Königsberg in Franken, 1436—1476), auch Methode gleicher Höhen genannt.

Um die Breite von Hannover zu bestimmen, wurden die Azimute des Aldebaran ($\delta = 16^0\,21'\,12''$ *N*), als er im *SO* und

SW*) die Höhe 45° erreicht hatte, zu $A_1 = 20^0\,13'$, $A_2 = 119^0\,53'$ gemessen. Wie groß ist die Breite von H?

261. Methode des Nebenmeridians, so genannt, weil sich zu ihrer Anwendung nur Sternenhöhenmessungen in der Nähe des Meridians eignen. Die Methode wird vielfach auf See angewandt, wenn die Länge des Schiffsortes bekannt ist.

Am 9. August 1903 vormittags auf Nordbreite und 26° 44′ westlicher Länge beobachtete man auf einem Schiff, als das Chronometer M. G. Z. $= 1^h\,32^m\,54^s$ den 9. August zeigte, die Höhe der Sonne zu $h = 52^0\,20'$. Auf welcher Breite stand das Schiff, wenn im Augenblicke der Beobachtung die Deklination der Sonne $\delta = 16^0\,7'\,N$, die Zeitgleichung $e = +5^m\,28^s$ war?

262. Nordsternbreite. Aus der Poldistanz p, der Höhe h und dem Zeitwinkel T des Polarsterns findet man die Breite φ mit großer Annäherung zu

$$\varphi = h + p \cos T + \frac{1}{2} p^2 \operatorname{tg} h \sin^2 T.$$

263. Chronometerstand. Um die Abweichung eines Chronometers zu bestimmen, welches nicht mehr genaue M. G. Z. anzeigte, las man in Naumburg im Augenblicke des Durchgangs der Wega durch den Westvertikal am Chronometer $8^h\,2^m\,10^s$ ab. Das Jahrauch lieferte für die Beobachtungszeit $A_* = 18^h\,34^m\,16^s$, $\delta_* = 38^0\,43'$, $A_0 = 13^h\,0^m\,41^s$; die Breite von Naumburg ist $\varphi = 51^0\,9{,}1'$, die Länge $\lambda = 11^0\,46{,}4'$. Wie groß war der Chronometerfehler?

264. Wie groß kann die Abweichung der exzentrischen Anomalie der Erde in ihrer Bahn von der wahren höchstens werden?

265. Wie groß war die wahre Anomalie der Erde am 5. Mai 1925 im mittleren Greenwicher Mittage?

---

*) Diese beiden Richtungsangaben gelten nur ungefähr.

Register.